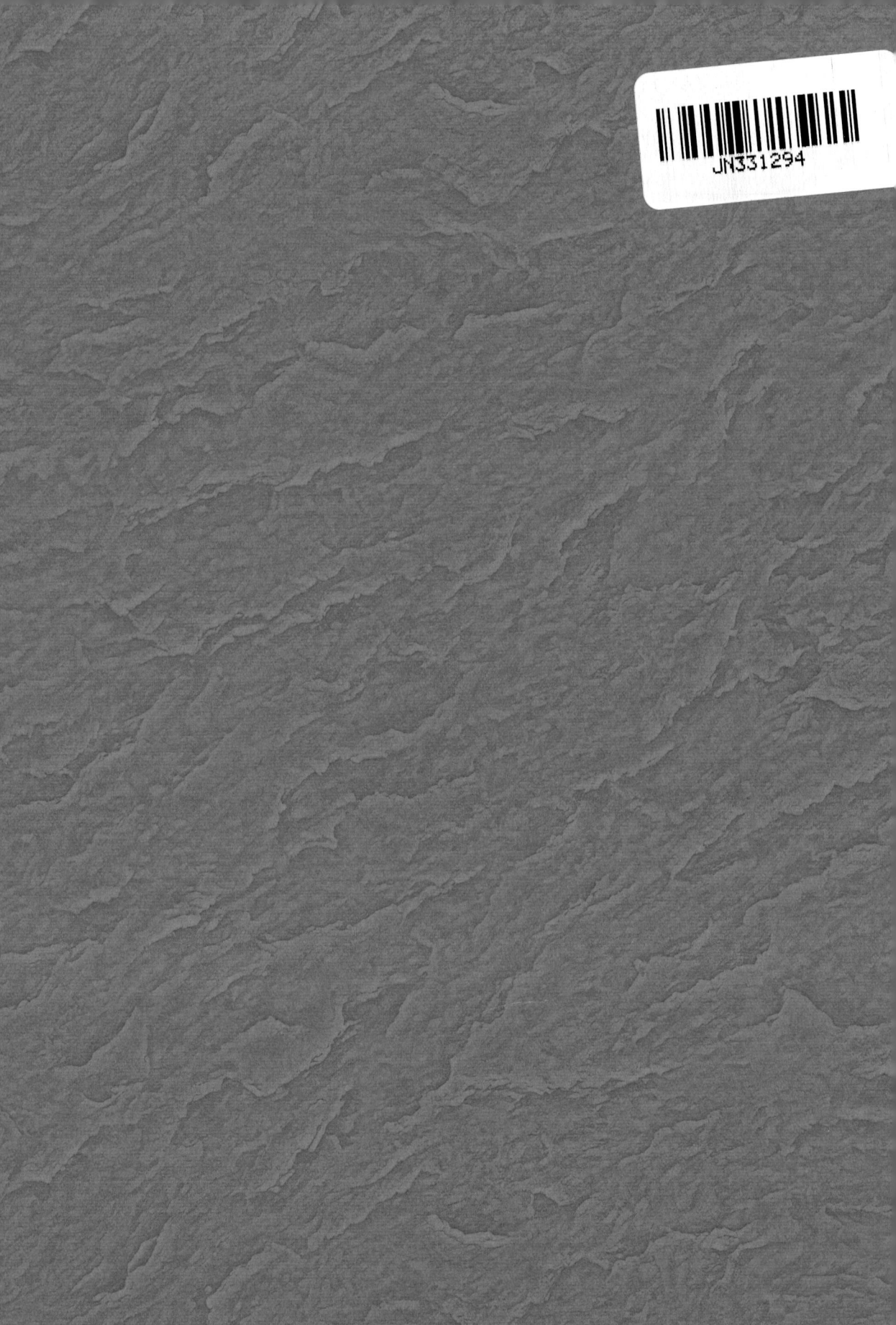

Ecosystem and its conservation

in the Sea of Okhotsk

Edited by

Yasunori SAKURAI, Kay I. OHSHIMA and Noriyuki OHTAISHI

オホーツク海及びその周辺の地図
Map of the Sea of Okhotsk and its surroundings

オホーツクの生態系と
その保全

桜井泰憲・大島慶一郎・大泰司紀之［編著］

北海道大学出版会

本扉写真
宇宙から見たオホーツク海と流氷。北見工業大学より提供の 1998 年 2 月 24 日の AVHRR
（赤外線）画像。
The Sea of Okhotsk and sea ice from space. AVHRR (infrared) image of 24 February,
1998, provided by Kitami Institute of Technology.

Ecosystem and its conservation in the Sea of Okhotsk
© 2013 by Yasunori SAKURAI, Kay I. OHSHIMA and Noriyuki OHTAISHI
All rights reserved. No part of this publication may be reproduced or transmitted in any
form or by any means, electronic of mechanical, including photocopy, recording, or any
information storage and retrieval system, without permission in writing from the publisher.

はじめに

　本書は，オホーツク海とその沿岸域を含む生態系に関する研究について，生物多様性保全と生物資源の持続的利用も踏まえて，日露の研究者が積み上げてきた成果を取り纏めたものである。

　オホーツク海の生態系に関する調査・研究やその成果については，これまで海洋物理・化学・生物学，水産学，海獣類・鯨類・鳥類の生態学など，各分野や学会において別個に発表されてきた。そのため，ひとつの海洋生態系として一覧され総合的に扱われたことはなかった。

　2005年7月，知床が世界自然遺産に登録され，知床世界自然遺産地域科学委員会(通称：知床科学委)が環境省を事務局として設置された。この委員会において，地元漁業者の意向も踏まえた知床の保全は，オホーツク海全域の保全と密接に関連していることから，日露協力が欠かせないことが提起された。外務省は環境省による提案を受けてロシア側と協議を重ね，2009年5月に両国により日露隣接地域における生態系保全協力プログラムが署名された。この動きに対応して，2009年3月に第1回オホーツク生態系保全・日露協力シンポジウムが，2011年5月に第2回同シンポジウムが，札幌で開催された。

　2009年と2011年に開催されたシンポジウムの内容は，それぞれ2009年5月，2011年12月に，同シンポジウム事務局発行として出版された。本書は，過去2回のシンポジウムの内容をまとめたものである。本書によって，幅広い研究分野の多くの研究者に，オホーツク生態系が抱える多様な課題，それに対する取り組み，加えて日露協同プログラムの方向などを紹介することができると考えている。本書には，今まで日本の研究者が読むことが難しかったロシア側の研究も多く含まれている。

　オホーツク海では多量に海氷ができるために北太平洋で一番重い水がつくられ，それが潜り込むことで北太平洋の中層までも及ぶ循環が生じている。その際に鉄分などの栄養分も運ばれ，豊かな生物生産を育んでいる。アムール川が「巨大魚附林」としてそれを支えている。まず第I部「流氷の海をめぐる海洋物理化学」では，これらの最新の成果を紹介する。温暖化による生態系へのインパクト，流出油の漂流拡散予測にまで話題は及ぶ。

　第II部「海洋生態系と魚類・漁業」では，総論に続いて，オホーツク海及び隣接する親潮生態系について，生物群集と水産資源の特質を比較検討する。その動態と海洋・大気変動との関連を論じつつ，持続的利用のあり方を論じる。また，日露両国で近年盛んな，サケマス類増殖プログラムについての紹介と問題提起を行う。

　第III部「海生哺乳類I　鯨類」では，オホーツク海には特徴ある多種の鯨類が回遊し，近年では鯨類資源の持続的管理を目的に日露共同による鯨類目視調査が精力的に実施されていることなどを紹介する。また，北西太平洋鯨類捕獲調査(JARPN II)等の調査研究や鯨類資源の実情を分析し，オホーツク海における鯨類研究のあり方を検討する。

第Ⅳ部「海生哺乳類Ⅱ　トド・アザラシ類」では，旧ソ連により年間10万頭が捕獲されていた海獣猟の中止の後，アザラシ類が増加して，漁業との軋轢をもたらしていることなどを紹介する。40年間に及ぶトド・オットセイの共同調査や現在の発達した調査方法による成果を示し，今後の共同研究と漁業被害対策についての検討も行う。

　第Ⅴ部「海鳥と希少猛禽類」では，海鳥類の分布特性をタイプ別に解説し，その食性を豊富な魚類相や海氷との関連から考察を行う。オジロワシ・オオワシ・シマフクロウ等の希少鳥類については，繁殖状況や遺伝的多様性，渡りルートや越冬状況について解説する。繁殖地や越冬地における保全上の問題をとりあげ，日露協力による保全の重要性も考察する。

　第Ⅵ部「陸生哺乳類　ヒグマとコウモリ類」では，北海道・シベリアのヒグマの特性を理解する上で重要な共同研究や，近年の成果である国後・択捉の白いヒグマについても紹介する。サケ類を介して海洋生態系にもつながることからその保全も課題とする。コウモリは両国とも最近分布が判明しつつあり，今後の共同研究も含めて，分類・移動に関する検討を行う。

　第Ⅶ部「生物多様性保全のためのデータベース作りと保護区管理」では，生態系保全や環境問題への対処を効率的に進めるためのGISデータベース構築，および地域レベルでの事例として，知床と中部シホテアリンの2つの世界自然遺産地域について，現状と課題の議論を行う。

　第Ⅷ部「ロシアとの共同研究と今後の課題」は，シンポジウムの報告書では総合討論の記録となっている部分である。それらの内容について各セッション(各部)の編集担当者が中心となってとりまとめた。なお，ロシア側研究者の原稿は，同時通訳等を参考に作成された。

　日露の各分野の専門家が結集して本書をまとめることができたのは，日露隣接地域における生態系保全協力プログラムの存在に依るものである。本プログラムは，知床科学委を立ち上げた環境省自然環境局自然環境計画課・渡邉綱男課長(当時)の尽力と，外務省欧州局ロシア課・武藤顕課長(当時)の粘り強い交渉の賜物である。シンポジウムの開催と報告書の作成は，ロシア課の室谷政克事務官(当時)及び林直樹専門官(当時)の並々ならぬ尽力なくしては実現困難であった。また，ロシア連邦外務省日本部，及び天然資源環境省の関係者には大きなサポートを頂いた。以上の方々に加え，知床科学委の委員と同委員会を支えて下さっている地元や関連行政機関，大学，研究機関の方々，そして長年お付き合い頂いているロシア科学アカデミー極東支部及びチンロ，サフニロ等の研究機関の方々に厚くお礼申し上げたい。

　なお，上記協力プログラムにおいて，日露政府は，「このプログラム，このプログラムに従って行われる協力及びこのプログラムの実施に関する措置は，このプログラムに関連するいかなる問題についてもいずれの一方の側の法的立場及び見解をも害するものとみなしてはならない」ことで一致しており，本書に記載された報告及び議論はいずれもそのような了解の下で行われたものであることを申し添えたい。

　本書の刊行にあたっては日本学術振興会より「平成24年度科学研究費助成事業(科学研究費補助金(研究成果公開促進費))学術図書」の援助を受けた。お礼申し上げる。

2013年1月10日　　　　　　　　　　　　　　　　　　　　　　　　　編者一同

目　　次

まえがき　i

I　流氷の海をめぐる海洋物理化学　1

1　オホーツク海の循環と温暖化・流出油　3

1. はじめに　3 / 2. 北半球の海氷の南限，オホーツク海　3 / 3. 北太平洋の心臓，オホーツク海　4 / 4. 温暖化で変わるオホーツク海　8 / 5. 東樺太海流と反時計回りの循環　11 / 6. Summary　17

2　環オホーツク海域の物質循環と生物生産　19

1. 植物プランクトンの増殖と鉄　19 / 2. 環オホーツク海域の海洋循環と物質の移送　20 / 3. 親潮域の生物生産を支える鉄分の供給過程　21 / 4. 将来の予測に向けて　23 / 5. Summary　25

3　オホーツク海の長期変動　27

1. 高密度陸棚水（DSW）の低塩分化——太平洋からの流入水の影響　27 / 2. 中層水温に対するEOF解析　30 / 3. オホーツク海沿岸の気象データに見られる時間変化——海氷生産量への影響　30 / 4. 今後の課題　32 / 5. Summary　33

4　オホーツク海及び親潮域における物質循環のモデリング　35

1. はじめに　35 / 2. オホーツク海北西陸棚域における高密度陸棚水の形成過程　36 / 3. 千島列島における潮汐混合　37 / 4. オホーツク海中層循環の数値実験　38 / 5. 物質循環（フロン）のシミュレーション　41 / 6. 全球生態系モデルによる鉄循環シミュレーション　42 / 7. Summary　44

5　鉄が結ぶ「巨大魚附林」——アムール・オホーツクシステム　47

1. 魚附林とはなにか　47 / 2. 親潮・オホーツク海の「巨大魚附林」としてのアムール川流域　48 / 3. 顕在化する人為的影響　51 / 4. Summary　52

II　海洋生態系と魚類・漁業　53

1　「ESSAS，亜寒帯海洋生態系研究プロジェクト」の概要　55

1. ESSASプログラムの背景と概要　55 / 2. ESSASの成果の概要　57 / 3. 日本ESSASの成

果の概要　60 / 4. 知床世界自然遺産海域における順応的漁業　61 / 5. 津波などの大規模災害への対応　63 / 6. Summary　64

2　オホーツク海における気候海洋学的イベントと魚類の資源変動に対するいくつかの考察　65

3　親潮生態系の生物生産と漁業資源──オホーツク海との関わり　77

1. はじめに　77 / 2. 沿岸親潮とスケトウダラの再生産　77 / 3. 親潮域の生物相　78 / 4. 親潮海域の環境変動と漁業資源への影響　79 / 5. Summary　81

4　北海道オホーツク海沿岸における漁業の現状とその果たす役割　83

1. 水産資源の特徴　83 / 2. 漁業の果たす役割　83 / 3. 北海道のオホーツク海沿岸における漁業の現状　84 / 4. Summary　88

5　サハリン沿岸の日本海及びオホーツク海における気候トレンドと外洋性魚類の種組成並びに豊度の長期変動　91

6　北海道産サケ類の持続的利用と保全　101

7　サハリン─千島周辺地域におけるカラフトマスとシロザケの野生魚及びふ化場魚の再生産並びに漁獲量　105

8　日本系シロザケの生命線オホーツク海──日本とロシアの架け橋　109

1. はじめに　109 / 2. オホーツク海と北海道系シロザケ　109 / 3. 地球温暖化とシロザケ　112 / 4. Summary　115

9　生態系ベースの持続的漁業──知床世界自然遺産を例として　117

1. はじめに　117 / 2. 知床の海の特徴　117 / 3. 知床の海の生物多様性と食物連鎖　120 / 4. 知床の漁獲対象種の変遷　122 / 5. タラ類の繁殖生態と羅臼のスケトウダラ漁業　124 / 6. 根室海峡のスケトウダラは復活できるのか　126 / 7. 知床の生態系ベースの持続的漁業の成立に向けて　127 / 8. Summary　128

10　オホーツク海南西部と国後島と択捉島沿岸におけるスケトウダラの分布特性と資源動向　131

11　国後・択捉島周辺海域における底生魚の種構成及び資源構造──トロール調査の結果　139

12　気候変動とそのオホーツク海の生態系への影響　147

コラム 1　根室海峡のスケトウダラ底刺し網は優れた資源管理型漁具　153

III 海生哺乳類Ⅰ　鯨類　155

1 オホーツク海における鯨類——日本・ロシア共同調査の結果　157

1. はじめに　157 / 2. 調査の方法　159 / 3. 調査結果　160 / 4. 将来課題　165 / 5. Summary　166

2 オホーツク海における鯨類の食性と生態系モデリング　169

1. オホーツク海に分布する鯨類とその食性　169 / 2. 海域や年による餌生物の違い　170 / 3. 鯨類による餌生物の消費量推定　170 / 4. 鯨類と生態系モデルの関わり　171 / 5. Summary　173

3 北海道東部及び北方四島におけるシャチの移動　175

1. シャチという動物　175 / 2. 北海道東部及び北方四島のシャチ　176 / 3. 研究の進捗と今後の課題　183 / 4. Summary　185

4 北西太平洋鯨類捕獲調査の現状と成果　187

1. JARPN Ⅱとは？　187 / 2. JARPN Ⅱの調査結果　193 / 3. JARPN，JARPN Ⅱにおけるオホーツク海調査　197 / 4. まとめ——ミンククジラなど鯨類の資源管理におけるオホーツク海調査の重要性　202 / 5. Summary　204

5 鯨類総括——オホーツク海における日露共同鯨類資源研究の将来展望　207

1. 序に代えて　207 / 2. オホーツク海における鯨類相と必要情報　208 / 3. どのようにして情報を集めるか　209 / 4. 近未来の共同研究について　212 / 5. Summary　213

Ⅳ 海生哺乳類Ⅱ　トド・アザラシ類　215

1 ロシア海域におけるトドの資源動態　217

1. はじめに　217 / 2. 調査の概要　217 / 3. 個体群構造　219 / 4. 個体群パラメータの変異　219 / 5. 個体群動態　220 / 6. Summary　221

2 北海道におけるトドの越冬生態と資源管理　223

1. はじめに　223 / 2. 越冬回遊　223 / 3. 越冬期の分布　225 / 4. 越冬期の摂餌　225 / 5. トドによる漁業被害と資源管理　227 / 6. Summary　228

3 オットセイの資源動態と回遊生態　229

1. はじめに　229 / 2. キタオットセイとは　229 / 3. キタオットセイ産業と資源動態　231 / 4. キタオットセイの日本への回遊　233 / 5. 北海道日本海沿岸におけるキタオットセイ　234 / 6. Summary　236

4 オホーツク海に生息する鰭脚類の過去と現在　237

1. オホーツク海で生息する鰭脚類　237 / 2. チュレニー島におけるオットセイ及びトドの個体数変動　237 / 3. アザラシ類の捕獲　238 / 4. 繁殖期におけるオホーツク海のアザラシ類の分布　239 / 5. ゴマフアザラシの夏の上陸場　240 / 6. 今後の課題　240 / 7. Summary　241

5 サハリンや千島列島周辺でのアザラシ類によるサケ・マスの捕食 2009　243

1. サハリンや千島列島周辺におけるアザラシ類　243 / 2. アザラシと太平洋サケ・マスとの関係　244 / 3. まとめ　246 / 4. Summary　248

6 ゴマフアザラシの近年の生態変化と海洋生態系への影響　251

1. 北海道に来遊・生息するアザラシ類　251 / 2. ゴマフアザラシとは　252 / 3. ゴマフアザラシの近年の生態変化　253 / 4. ゴマフアザラシの生態の変化　255 / 5. アザラシ類の現況と今後　255 / 6. Summary　257

コラム2　北海道・千島列島周辺におけるゼニガタアザラシの資源動態　259

V 海鳥と希少猛禽類　263

1 オホーツク海の海鳥類の分布と食性　265

1. はじめに　265 / 2. オホーツク海の海鳥分布　266 / 3. 主要種の分布特性　267 / 4. オホーツク海で混獲数の多いハシブトウミガラスの食性　272 / 5. オホーツク海では中深層魚類も豊富である　274 / 6. オホーツク海を豊穣な海域としている要因　276 / 7. まとめ　276 / ［追記］最近のオホーツク海に関する情報　277 / 8. Summary　280

2 日露共同オオワシ・オジロワシ調査の成果と北海道の越冬状況　281

1. オオワシの日露共同調査　281 / 2. オオワシ，オジロワシの越冬分布　283 / 3. オオワシの内陸部への分布拡大と鉛中毒問題　286 / 4. 海鳥と海ワシの油汚染問題　287 / 5. 今後のオオワシの動態予測　287 / 6. Summary　289

3 オホーツク海北部におけるオオワシの過去20年間のモニタリング結果　291

4 サハリン北部のオオワシ個体群の現状と開発地域における保全の展望　299

5 北海道におけるオオワシへの脅威と保護の取り組み　309

1. 鉛弾による鉛中毒　311 / 2. 感電事故　313 / 3. 列車事故　315 / 4. Summary　317

6 北海道におけるオジロワシの繁殖の現状と保全上の課題　319

1. はじめに　319 / 2. 北海道におけるオジロワシの繁殖状況と保全上の問題点　320 / 3. 極東地域におけるオジロワシ個体群の今後の研究課題と保全　323 / 4. Summary　324

7 シマフクロウの保護と研究の現状，将来　325

1. シマフクロウの概要と生息数の変化　325 / 2. シマフクロウの生態と生息環境　327 / 3. 北海道以外の地域のシマフクロウ　329 / 4. 日露のシマフクロウ協力　329 / 5. Summary　331

8 チャイボ湾周辺の石油・天然ガス開発地域における鳥類多様性の保護　333

VI　陸生哺乳類　ヒグマとコウモリ類　343

1 ヒグマ研究におけるユーラシア東部の重要性とサケとクマがつなぐ海と森　345

1. はじめに　345 / 2. ヒグマとタイヘイヨウサケ　345 / 3. サケの補食とクマの大きさ　347 / 4. サケとヒグマを通した陸海の物質循環　348 / 5. ヒグマを通したユーラシア東部地域生態系の理解へ向けて　350 / 6. Summary　350

2 ロシア極東のヒグマ　353

1. 極東地域におけるヒグマの分布　353 / 2. 生物学的特徴　353 / 3. ヒグマとサケ・マス類との関係　356 / 4. ヒグマと人間との関係　357 / 5. おわりに　358 / 6. Summary　358

3 北海道及び周辺地域におけるヒグマの遺伝的構造　361

1. はじめに　361 / 2. 北海道のヒグマの遺伝的構造　361 / 3. 知床キムンカムイ・プロジェクト　362 / 4. 北方圏フォーラムヒグマワーキンググループによるプロジェクト　365 / 5. Summary　367

4 国後島・択捉島のヒグマ──特に白いヒグマについて　369

1. はじめに　369 / 2. 白いヒグマ　369 / 3. 文献から見たイニンカリグマ　371 / 4. 聞き取り調査から見たイニンカリグマ　371 / 5. 写真から見たイニンカリグマ　371 / 6. 現地調査から見たイニンカリグマ　372 / 7. ヒグマの毛色多型　373 / 8. 国後島・択捉島にだけ生息する白いヒグマ──イニンカリグマ　373 / 9. 国後島・択捉島のヒグマと北海道本島のヒグマ──食性の比較　374 / 10. まとめ　376 / 11. Summary　376

5 ロシア極東地域のコウモリの分布　379

1. ロシア極東地域におけるコウモリ相研究の概要　379 / 2. コウモリ類研究における分類　380 / 3. コウモリ類研究における分子系統学的研究と分類学的研究の課題　385 / 4. コウモリ研究のこれからの課題と日露の協力　386 / 5. Summary　388

6　北海道東部と国後島のコウモリ類　389

1. はじめに　389 / 2. 北海道本島東部のコウモリ相　389 / 3. 知床半島のコウモリと海上のコウモリ　391 / 4. 国後島　395 / 5. まとめ　397 / 6. Summary　398

7　北海道のコウモリ類とその保全について　399

1. 生態系の中のコウモリ類　399 / 2. 北海道のコウモリ類研究の現状と分類学的課題　400 / 3. 日本のホオヒゲコウモリ属 *Myotis* について　401 / 4. 北海道におけるコウモリ類研究の取り組み　403 / 5. ヒメヒナコウモリ *Vespertilio murinus*　405 / 6. 今後の課題　405 / 7. Summary　407

VII　生物多様性保全のためのデータベース作りと保護区管理　409

1　オホーツク海及び沿岸陸域の生態系並びに生物多様性保全のための統一データベース作成について　411

2　知床世界自然遺産地域の管理　417

3　シホテアリン世界自然遺産地域の管理　425

1. シホテアリン国立自然保護区——シホテアリン世界自然遺産地域の概要及び知床世界自然遺産地域との比較　425 / 2. シホテアリン国立自然保護区の業務　426 / 3. シホテアリン国立自然保護区の地域的特性　428 / 4. 保護区管理の課題　430 / 5. Summary　432

VIII　ロシアとの共同研究と今後の課題　433

1　日露米共同観測により一挙にわかってきた海洋循環・物質循環　435

2　アムール・オホーツクコンソーシアムの設立とその意義　439

1. 問題が顕在化しつつあるアムール川・オホーツク海システム　439 / 2. アムール・オホーツクコンソーシアムの設立と運営　440

3　北海道の水産試験場とサハリン漁業海洋学研究所との研究交流　443

1. 第1期共同研究「スケトウダラ共同調査」(1993～1997年度)　444 / 2. 第2期共同研究「宗谷海峡及び隣接海域における日露共同海洋観測と卵稚仔分布調査(ラ・ペルーズ プロジェクト)」(1998～2002年度)　444 / 3. 第3期共同研究「オホーツク海における貝毒プランクトンに関する日ロ共同調査」(2003～2007年度)　445 / 4. 第4期共同研究「コンブ漁場の環境変化に関する日ロ比較調査」(2008～2012年度)　445

4　オホーツク海における漁業資源の日露共同調査　447

1. 日露間の漁業研究交流　447 / 2. 漁業資源調査　447 / 3. 鰭脚類調査　448

　5　日露連携による鯨類資源共同研究と管理の今後　　449

コラム3　国後・択捉・色丹及び歯舞群島における生態系共同調査　　451

　　1. 海棲哺乳類　451 / 2. 海鳥類・稀少猛禽類　454 / 3. ヒグマ・コウモリ類・海洋由来MDM　454

　6　アザラシ類調査のこれまでの成果と日露の今後の課題　　457

　7　鳥類の日露共同研究における今後の課題　　459

　8　ヒグマを通じた日露環オホーツク生態系研究の今後　　461

　9　コウモリ類の日露共同研究の状況とこれからの課題　　463

　　1. はじめに　463 / 2. ロシアとの共同研究　463 / 3. 今後の課題　466

　10　オホーツク生態系保全のための地理情報システムの活用について　　467

　11　オホーツク生態系保全の観点から見た保護区の管理について　　469

　12　オホーツクと海洋保全生態学　　471

索　引　475

I

流氷の海をめぐる海洋物理化学

Physical and chemical observations and future prediction of the Sea of Okhotsk

オホーツク海流氷域を進む砕氷巡視船「そうや」。そうや搭載のヘリコプターより。
撮影：大島慶一郎
Icebreaker Patrol Vessel "Soya" navigating in the pack ice region in the Sea of Okhotsk.
A view from the helicopter of "Soya".   Photo by Kay I. OHSHIMA

1

オホーツク海の循環と
温暖化・流出油

Circulation of the Okhotsk Sea and its relation to the global warming and oil spill

大島慶一郎(北海道大学低温科学研究所)
Kay I. OHSHIMA (Institute of Low Temperature Science, Hokkaido University)

1. はじめに

　オホーツク海の海洋循環を理解することは，生態系を理解するための基盤にもなる。海洋循環は，最も基本的な環境要素であるが，オホーツク海に関しては最近になるまでよくわかっていなかった。この章では，オホーツク海の循環について，最新の成果を中心に，温暖化による影響や流出油との関連なども含めて解説する。

　海洋循環は，大きく2つに分けることができる。1つは鉛直(上下方向の)循環で，オホーツク海から重い水が潜り込むことでできる北太平洋中層まで及ぶ循環で，ゆっくりした大きな循環である。この循環は生態系にまで重要な役割を果たす可能性がある。また，この循環が近年の温暖化によって弱まっていることが示唆されている。もう1つの循環は，水平的な循環で，オホーツク海内には反時計回りの循環があり，サハリン沖の強い南下流，東樺太海流で特徴づけられる。サハリン油田などで油流出事故が起こると，流出油がこの海流に乗って南下する可能性がある。

　まず，北太平洋スケールでの鉛直(上下方向の)循環の話から始める。この循環には，海氷が大きく関わっている。一般には「流氷」という言葉が使われる場合が多いが，海の水が凍ったものは学術的には「海氷」という言い方がより正確なので，以降は「海氷」という言葉を使うことにする。

2. 北半球の海氷の南限，オホーツク海

　冬季，北海道沖では海氷が見られるが，北緯44度というような緯度で本格的な海氷が見ら

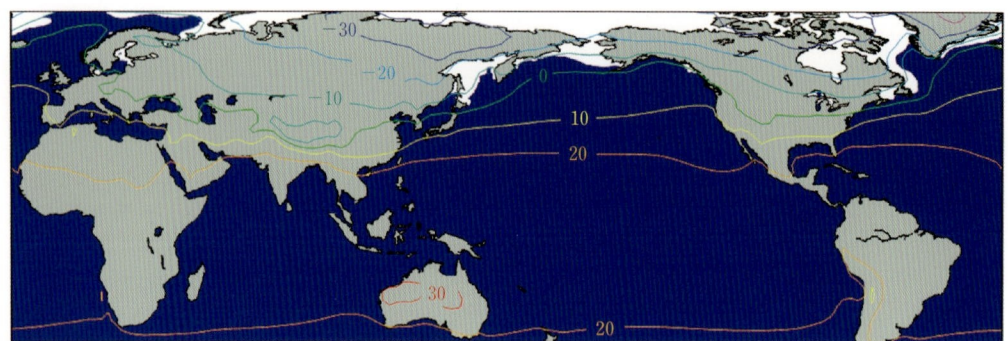

図 I.1.1　地球全体での2月の平均海氷分布(白)と平均気温(等値線)。Nihashi *et al.* (2009)を加筆・修正
Figure I.1.1　Climatology of global sea ice distribution (white) and surface air temperatures (isograms) in February. Modified from Nihashi *et al.* (2009)

れるというのはオホーツク海南端の北海道沖だけである。図I.1.1には，冬季における海氷分布を白で示している。ノルウェーの沖などでは北緯70度でも海は凍らない。図I.1.1から，オホーツク海が北半球の海氷の南限であることがわかる。素朴に，なぜこんな緯度が低いのに海氷が出現するのであろうか？ それは実は結構単純で，非常に寒いから，というのが一番の理由なのである。図I.1.1のカラーの等値線は冬季(2月)の平均気温を示している。オホーツク海の風上，ロシア内陸に，マイナス30℃以下の領域，北半球の寒極(一番寒い所)があることがわかる(オホーツク海の北西に位置するベルホヤンスクとオイミヤコンという町で北半球の最低気温−68℃が記録されている)。オホーツク海上には冬季この寒極からの厳しい寒気が季節風として吹き込み，それが海氷域の南限にならしめているのだ。

　この他に，北・北西季節風と後述する東樺太海流によって，海氷がより南へと運ばれることも海氷域をより南へと拡げている要因となっている。さらに，オホーツク海に多量の淡水をもたらすアムール川も海氷生成を有利にする一因になっている。このアムール川の淡水流入の影響を受ける海域(サハリン東岸沖から北海道沖にかけて)では，冬季の海の対流が(淡水の影響で表層水が重くなれずに)深くまで及ばない。つまり，表層の水だけを冷却すれば海氷は生成される。これに対し，例えば同緯度の太平洋では，表層の海水は冬季冷却されると下の水より重くなりどんどん対流が深まっていく。そして，深い対流層が結氷温度まで冷えきらないうちに春を迎えることになる。なお，アムール川の水そのものが凍るというのではなく，この淡水によって塩分濃度が薄まった表層の水が結氷しやすくなる，という意味であることに注意する必要がある。

3. 北太平洋の心臓，オホーツク海

　オホーツク海は北半球の海氷域の南限であり，海氷が多量に生成される場所であるが，海氷が多量にできると重い水ができる(詳しくは後ほど説明)。北太平洋表層では一番重い水がオホーツク海でできることになる。この重い水は，潜り込んで北太平洋中層(200〜800 m)にまで拡

がっていく．つまり，オホーツク海から水が潜り込んで北太平洋規模の大きな鉛直(上下方向の)循環が作られているのだ．

では，どうやってそういうことがわかってきたのであろうか？このようなオホーツク海の重要性がわかってきたのは1990年代以降である．それまではオホーツク海は海洋学にとってはマイナーな海であった．オホーツク海が北太平洋にとって非常に重要な海であることを示唆しているのが図I.1.2である．この図は，北太平洋における中層の，同じ密度の面($27.0\sigma_\theta$：水深にすると300〜500 m)での(a)水温と(b)溶存酸素量の分布を示したものである．低温で酸素の多い水がオホーツク海をソースにして拡がっているような分布になっていることがわかる．これはどういうことを意味しているのか？ 中層では海水というのは，

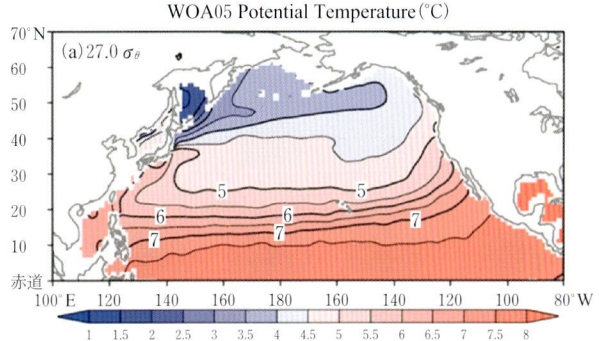

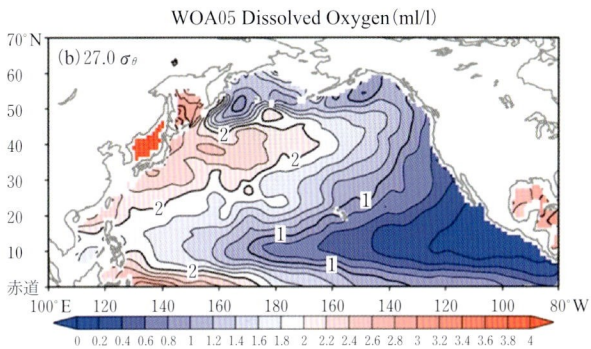

図I.1.2 北太平洋における、等密度面$27.0\sigma_\theta$での(a)水温と(b)溶存酸素量の分布．$27.0\sigma_\theta$は水深にするとおおよそ300-500 mの層．中野渡拓也氏作成

Figure I.1.2 Horizontal distribution of (a) potential temperature (°C) and (b) dissolved oxygen content (ml/l) on the $27.0\sigma_\theta$ isopycnal surface in the North Pacific. These maps are based on World Ocean Atlas 2005. Boyer *et al.* (2006) and drawn by T. Nakanowatari.

同じ密度の面に沿って循環するという性質があるので，これらの図から水の起源や拡がり方が推定できる．酸素は海表面から取り込まれ，海洋内部では生物生産に使われ徐々に減少する．従って，酸素が多い水というのは海表面から取り込まれて時間が経っていない水であることを意味する．図I.1.2からは表面起源の水がオホーツク海から押し込まれて北太平洋中層に拡がっているということがわかる．また，その水は非常に冷たい水であることもわかる．なお，日本海も酸素量が多いが，日本海と太平洋の間の海峡は浅い(200 m以下)ので，日本海の影響は北太平洋の中層には影響しない．このように，オホーツク海は，北太平洋全体の中層に表層起源の冷たい水を送り込むという，北太平洋の心臓のような役割を果たしている．

オホーツク海は，冷戦時代まではなかなか観測することが難しく，本当にそういったことが起こっているのか，起こっているとするとオホーツク海のどこで潜り込みがあるのか，といったことを直接示すような観測データはなかった．そこで，冷戦が終了して，日本とロシア，さらにアメリカが共同してオホーツク海を観測しようということになり，ロシア極東海気象研究所に所属する観測船クロモフ号により，1998年から2010年まで計7回，大規模な国際共同

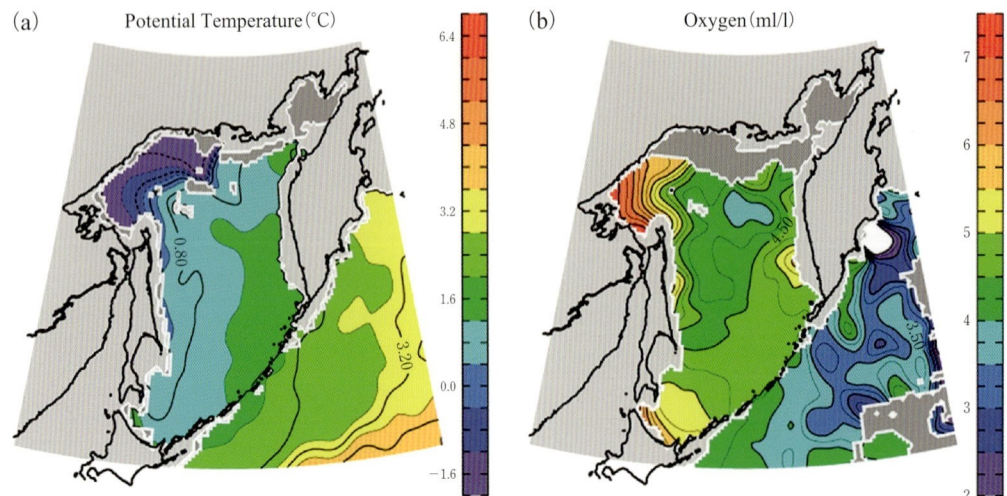

図 I.1.3　オホーツク海における、等密度面 26.8 σ_θ での、(a)水温と(b)溶存酸素量の分布。26.8 σ_θ は水深にするとおおよそ 150〜350 m の層。Itoh *et al.* (2003)にデータを追加・修正
Figure I.1.3　Horizontal distribution of (a) potential temperature (°C) and (b) dissolved oxygen content (ml/l) on the 26.8σ_θ isopycnal surface in the Sea of Okhotsk. Modified from Itoh *et al.* (2003)

観測がオホーツク海で行われた。日本では北大低温科学研究所が中心となり，JAMSTEC（海洋開発研究機構），北大地球環境科学研究科が初期から参加している研究機関で，JST（科学技術振興機構）の CREST 研究（代表：若土正暁）のサポートによってプロジェクトはスタートした。後からは，東京大学大気海洋研究所，総合地球環境学研究所などの研究機関も参加している。アメリカからはスクリップス海洋研究所，ワシントン大学が参加した。

　さて，これらの観測でどんなことが明らかになったのか？　図 I.1.3 は，図 I.1.2 と同様の図を，オホーツク海内で示したものである。中層の同じ密度の面(26.8 σ_θ：水深にすると 150〜350 m)での(a)水温と(b)溶存酸素量の分布を示している。過去のデータに加え，国際共同観測の成果を取り入れて作ったものである。この図からオホーツク海の中のどこで潜り込みが起こっているか推定できる。北西部の沿岸に沿った所に水温が低くて酸素量の大きい海域があり，ここから重く冷たい水が潜り込んでいるということが示唆される。図 I.1.2 と図 I.1.3 を合わせると，ここから冷たい水が中層に潜り込んで北太平洋全体に拡がっているということになる。

　ここはどんな場所かというと，寒極からの厳しい寒気が海へ吹き出す海域で，できた海氷がどんどん吹き流されて多量の海氷ができる場所なのである。このような場所を沿岸ポリニヤ(coastal polynya：polynya はロシア語が語源)と言うのだが，ここではなぜ冷たい水の潜り込みが生ずるのであろうか？　海氷は成長して厚くなると，海氷自身が断熱材として働き，厳しい寒気の中でも海氷はあまり成長しない。ところが，沖向きの風が卓越する海域では，できた海氷が次々に吹き流され疎氷・薄氷域が維持され，沿岸ポリニヤが形成される。沿岸ポリニヤでは，熱が奪われ続け多量の海氷が生成されることになる。言わば，海氷の生産工場になっているのだ。海氷ができる時には，塩分は一部しか氷に残らないので，冷たくて塩分の高い水がはき出

されることになる。海水は冷たいほど、また塩分が高いほど重くなる。このようにして、多量の海氷ができる沿岸ポリニヤ域では重い水が作られることになる。この水は、北太平洋表層で作られる水としては最も重く中層まで達するような密度を持つので、潜り込んで中層に拡がっていくというわけである。

海氷がたくさんできる所ほど重い水ができるので、海氷生産がどこでどのくらいあるかがわかると、重い水ができる場所を推定することができる。図I.1.4は、人工衛星のマイクロ波放射計データによる海氷の厚さ情報と大気のデータセットを使って、奪われた熱量分だけ海氷が生産されるとして、オホーツク海での年間積算の海氷生産量分布を見積ったものである。北西部の沿岸ポリニヤ域で多量の海氷が生産されていることがわかり、図I.1.3で示された低温・高酸素域(海水が潜り込む場所)とよく対応している。

オホーツク海の海氷は、このような沿岸ポリニヤで生成されて拡がっていくものが多い。しばしば、「オホーツク海の流氷(海氷)はアムール川起源の水が凍ったもので、それが漂流して北海道沖まで到来する」という言い方をされるが、これは間違いである。オホーツク海で見られる海氷のうち、アムール川の水が凍った分の氷はオホーツク全体の氷からす

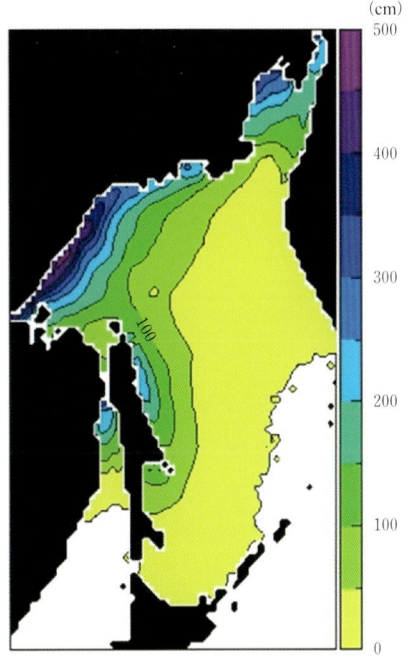

図I.1.4 オホーツク海での年間の海氷生産量分布。海氷の厚さ(cm)に換算して示したもの。人工衛星のマイクロ波放射計による海氷情報と熱収支計算から見積もったもの。Ohshima et al. (2003)より加筆・修正
Figure I.1.4 Annual mean cumulative sea ice production, represented by the ice thickness (cm). Estimation is based on the sea ice information from the satellite microwave and heat budget calculation. Modified from Ohshima et al. (2003)

るとほんのわずかでしかない。むしろ、沿岸ポリニヤ域・北西部域で大量の海氷ができている。

図I.1.4の成果は人工衛星データなどを使った間接的な研究であり、直接観測したものではない。海氷が生成される冬季に直接行って観測するのは現実には非常に難しい。そこで、冬に本当に重い水ができているのかを測るために、国際共同プロジェクトでは、重い水ができていると考えられる北西部沿岸ポリニヤ域の海底に測器を設置して冬季を含む1年間の観測をした後回収する、ということを行った。その結果、沿岸ポリニヤでは、海氷ができはじめると、海氷から排出される塩分により海水の塩分・密度がどんどん高くなり(水温は結氷温度の$-1.8°C$)、2～3月には中層まで潜り込むような重い水ができている、ということを直接観測で示すことにはじめて成功した(Shcherbina et al., 2003)。

以上をまとめると、オホーツク海の北西部では非常に高い海氷生産によって冷たくて重い水が生成され、それが中層まで潜り込み、オホーツク海だけではなく北太平洋まで拡がって、上下方向の大きな鉛直循環を作っているということになる。いわば、オホーツク海は北太平洋の

心臓・ポンプの役割を果たしているのだ．

4. 温暖化で変わるオホーツク海

　地球温暖化の影響は北極海で顕著に出ていて，夏の北極海の海氷は大きく減っており（10年で約10％のスピードで），夏には早晩海氷はなくなってしまうという予測も出ている．同じ海氷域であるオホーツク海も温暖化の影響を大きく受けているのであろうか．この節では，オホーツク海は温暖化の影響を受けているのか，受けているとすると，どのような形で受けているのか，ということを最新の研究から紹介する．

　第2節では，オホーツク海が海氷の南限であるのは，風上が非常に寒いからということを述べた．つまり，オホーツク海の海氷にとっては，風上の気温が非常に重要になる．図I.1.5には，オホーツク海の風上域での50年間の気温の変化を赤線で示している．この50年間で2℃気温が上昇していることがわかる．IPCC(2007)では，温暖化により地球全体の気温というのはこの50年で平均0.65℃上昇していると報告されており，それに比べると3倍もの上昇率ということになる．つまりオホーツク海の風上域は地球温暖化に非常に敏感・高感度な場所なのである．

　図I.1.5の青線で示したのがオホーツク海の海氷面積の30年間の変化である．海氷の拡がりや面積がある程度正確に観測できるようになったのは，人工衛星によるマイクロ波放射計の観測が可能となった1970年代後半からで，それまでは正確なデータはなかった．オホーツク海の海氷面積は大きな年々変動をしているが，この30年では約20％の減少となっている．図I.1.5では，気温の変化と比較しやすいように，海氷面積は上ほど小さいように示しているので，右肩上がりということはだんだん海氷が減っている，ということを意味する．図I.1.5からは，海氷面積は風上の気温と非常に相関が良いこともわかる．つまり，気温が高いと海氷面積が小さくなるという相関である．この関係からは，50年間スケールで海氷面積が減っていることも推定される．これらから，海氷生産も減ってきているということも推

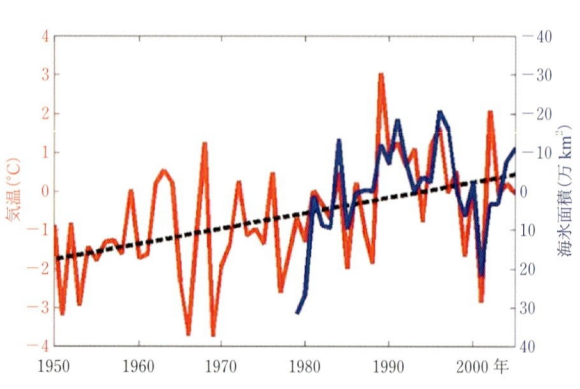

図 I.1.5　オホーツク海の2月の海氷面積(青線)とその風上での地上気温(赤線)の年々変動．偏差(平均からのずれ)で示しており，海氷面積(右端の軸)は上ほど小であることに注意．地上気温は10〜3月の平均．Nakanowatari *et al.* (2007)より加筆・修正

Figure I.1.5　Time series of sea ice extent anomaly in the Sea of Okhotsk in February (blue line: $10^4 \times km^2$) and surface air temperatures anomaly in the upwind region of the Okhotsk (red line). Note that the scale of the sea ice extent is inverted (the axis on the right). Surface air temperatures are the mean values between October and March. Modified from Nakanowatari *et al.* (2007)

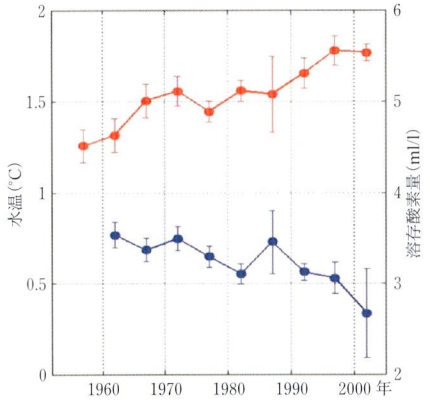

図 I.1.6 オホーツク海の中層水の水温(赤線)と溶存酸素量(青線)のこの50年の変化。中層の密度面 27.0 σ_θ(水深約500 m の層)で比べたもの。Nakanowatari *et al*. (2007)より加筆・修正

Figure I.1.6 Time series of temperature (red line) and dissolved oxygen (blue line) of the intermediate water in the Sea of Okhotsk during the past 50 years. Comparison was made at the isopycnal of 27.0σ_θ, corresponding to approx. 500 m deep. Modified from Nakanowatari *et al*. (2007)

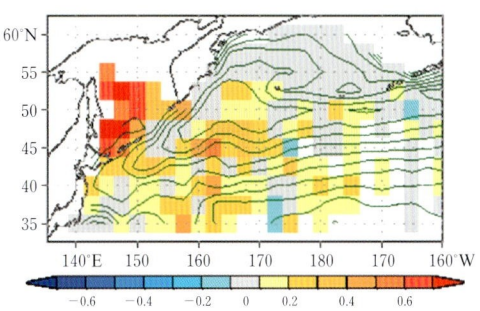

図 I.1.7 北太平洋及びオホーツク海の中層水温のこの50年の変化。中層の密度面 27.0 σ_θ(水深約300〜500 m の層)で、この50年間で何度変化したかを示す。Nakanowatari *et al*. (2007)より加筆・修正

Figure I.1.7 Trends in temperature of the intermediate water in the North Pacific and the Sea of Okhotsk over the past 50 years. The trends were calculated at the isopycnal of 27.0σ_θ, corresponding to approx. 300−500 m deep. Modified from Nakanowatari *et al*. (2007)

定される。さらに，今までの話から，冷たくて重い水の潜り込む量も減るのでは，ということになる。実際はどうなのか？

　図 I.1.6 は過去から最近のデータまで含めて，この50年間のオホーツク海の中層の水温と酸素量を見たものである。予想通り，水温が上がって酸素量が減っている。つまり，本来海氷が多量にできることによって冷たくて酸素を多く含んだ水が表面から多量に潜り込んでいるはずが，海氷生産が減っているために水温が上昇し酸素が減っていることを示している。つまり，水の潜り込みが減っているということを意味する。

　オホーツク海が北太平洋で一番重い水ができる所なので，オホーツク海の潜り込みの減少は北太平洋にも影響するのではないかということになる。そこで，北太平洋まで拡げて，この50年間で中層の水温がどれだけ変化しているかということを調べたのが図 I.1.7 である。この図からは，オホーツク海を含め北太平洋の中層では水温が概ね上昇していること，昇温が一番大きいのがオホーツク海であること，がわかる。図 I.1.7 では，緑線で加速度ポテンシャルという流線に相当するものを示しているが，北太平洋の亜寒帯域ではこの緑線に沿った反時計回りの循環になっている。図 I.1.7 からはオホーツク海を起点にして昇温のシグナルがこの循環に沿って拡がっているということがわかる。つまりこの図は，オホーツク海で冷たい水の潜り込みが弱まったことが，北太平洋に及ぶ鉛直循環をも弱めていることを示唆している図，ということになる。

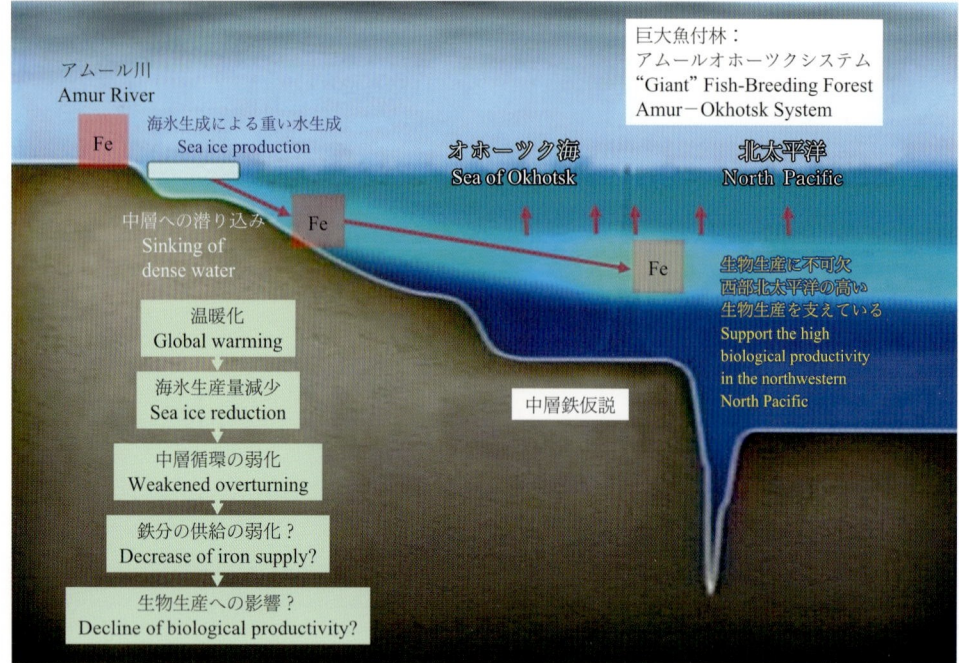

図 I.1.8 オホーツク海を起源とする鉛直(中層)循環と鉄分の循環,その温暖化による影響。
Figure I.1.8 Schematics of overturning and iron circulation originating from the Sea of Okhotsk and the effects of global warming on them.

　このように,水の潜り込み・鉛直方向の循環が弱くなるということは,物質の循環にとっても重要になってくる。特に重要となるのは鉄分の循環である。実はロシアとの共同観測では,もう1つ大きな発見があった。海氷生成によって塩分が排出されて重い水ができ,それが中層に潜り込む時に,同時に多量の鉄分も一緒に運ばれているということが明らかになったのである。この鉄分の詳しい話は,第I部第2章に詳しくあるが,鉄分は今,海洋学で非常に注目されている成分の1つである。生物生産というのが,この鉄分の多いか少ないかで決まるということが,最近の研究で徐々にわかってきたからである。循環の弱まりは鉄分の循環に関わってくる可能性がある。

　図 I.1.8 は,鉄分の循環も含めて今までの話をまとめた模式図である。オホーツク海の北西部のポリニヤでは多量の海氷が生産され,その塩分排出によって重い水が作られる。それが中層へ潜り込む時に一緒に鉄分も運び込まれる。鉄というのは元々陸起源なのであるが,この鉄の起源はアムール川にあると考えられている(白岩,2011)。中層に運ばれた鉄分は,上下方向に混合したり,じわじわ湧昇することによって,表層へ輸送され,オホーツク海さらには親潮,西部北太平洋での,高い生物生産を支えている,という仮説が提案されている(中層鉄仮説:Nishioka et al., 2007)。まさに,オホーツク海は海水だけでなく栄養分も送り込む,北太平洋の心臓の役目を果たしているということになる。

　さて,こういうシステムが成り立っているとした時に,温暖化によって水の潜り込みが減る

とどういうことが起こりうるのであろうか？　海氷が減り，重い水の潜り込みが減ると，鉛直(中層)循環も弱くなり，鉄分の供給も減少し，ひいては生態系，生物生産量，漁獲量にも影響する，というシナリオも成り立つことになる。ただし，こういったシナリオでは，どこまでが裏づけのある話で，どこまでが仮説なのか，しっかり見極める必要がある。温暖化によって重い水の潜り込みが弱くなっているという所まではデータから明らかになっている。鉄分の供給の変化が具体的にどのように生物に影響を与えるかというのは，まだわかっていないことも多く，仮説の段階にある。今後，さらなる検証のための観測を行う必要がある。これには，北太平洋全体の生態系に関わる問題ということを考えると，国境を越え，また，物理，化学，生物，水産，といった分野を越えた研究がこれからは不可欠となる。

5. 東樺太海流と反時計回りの循環

オホーツク海北西部でできた冷たい重い水は，東樺太海流によって南へ運ばれ(図 I.1.3 参照)，主にブッソル海峡から太平洋へ流出する。オホーツク海内の流れとしては，このような水平的な循環が流速としては鉛直循環よりもずっと大きい。この節では，水平的な循環を詳しく述べる。

オホーツク海の循環については，1990 年代まで日本・ロシアの古い文献(Watanabe, 1963；Moroshkin, 1966)による模式的な抽象以上のことはよくわかっていなかった。これらの文献によると，オホーツク海には大きな反時計回りの循環があり，最も顕著な流れはその循環の西側，サハリン東岸沿いにできる強い南下流(東樺太海流)ということになっている。但し，これらは十分な実測に基づいたものではなく，船のドリフトや水塊・海氷の動きなどから類推したものである。東樺太海流(East Sakhalin Current)という用語は 1960 年代より使われているが，この海流の流量・構造やその季節変化といった定量的なことは，ほとんどわかっていなかった。

前述した日露米国際共同観測プロジェクトによって，長くベールに包まれていた東樺太海流やオホーツク海の循環の実態が一挙に明らかになった。図 I.1.9 はこのプロジェクトにより 1999 年に投下された 20 個の表層漂流ブイの軌跡を示したものであ

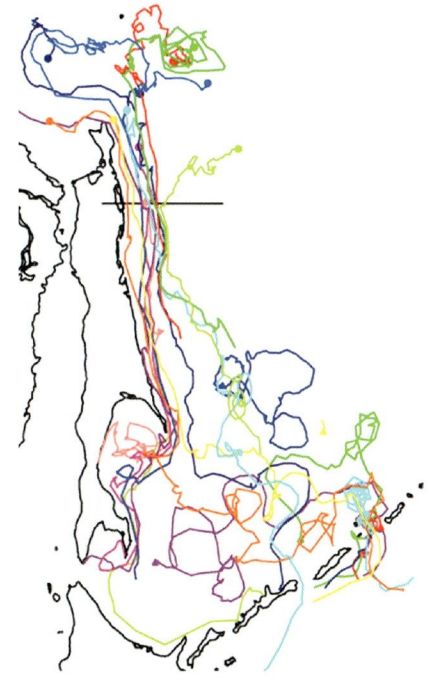

図 I.1.9　表層漂流ブイの軌跡。漂流期間は 1999 年 9 月～2000 年 2 月。丸印はブイを投下した点(始点)を示す。Ohshima *et al.* (2002)を加筆・修正

Figure I.1.9　Trajectories for 20 surface drifters with a sampling interval of 1-day from September 1999 to February 2000. Circle symbols indicate the deployment locations for each drifter. Modified from Ohshima *et al.* (2002).

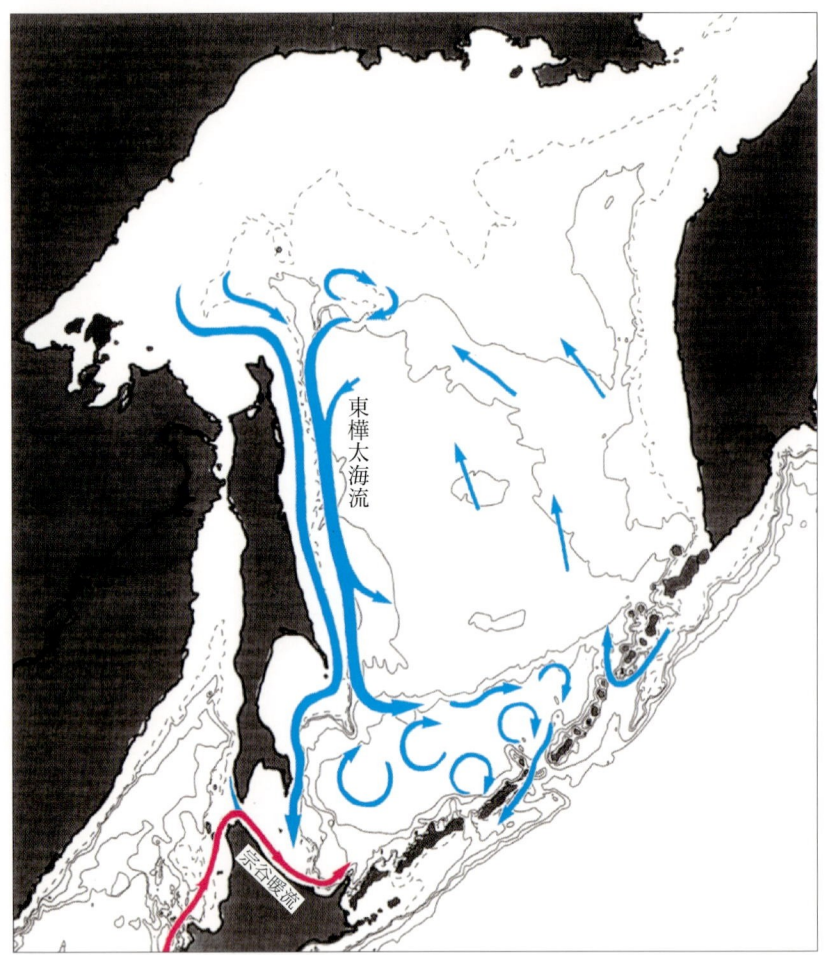

図 I.1.10　オホーツク海の表層循環の模式図。表層漂流ブイの結果などに基づいたもの。Ohshima *et al.* (2002) より加筆修正

Figure I.1.10　Schematic of near-surface circulation for the Sea of Okhotsk as derived from the satellite-tracked drifter data. Blue line: the East Sakhalin Current, red line: the Soya Warm Current. Thicker arrows represent stronger flow. Modified from Ohshima *et al.* (2002)

る。サハリン島北方及び東方に投下されたブイはすべて樺太沖を海底地形に沿って 0.2〜0.4 ms^{-1} のスピードで南下しており，この観測で東樺太海流の存在が実測によって明確になった。海流の幅は 150 km 程度で，北海道沖まで南下するものと，途中北緯 48〜52 度あたりで東へ向かうものとの 2 つに分かれる。一方，水深の大きい南部の千島海盆では，渦的な動きが卓越していることもわかる。オホーツク海に投下されたブイの多くは半年以内に千島海峡(主にブッソル海峡)から太平洋に抜ける。

図 I.1.10 は，表層漂流ブイの結果などに基づいて，オホーツク海の循環を模式的に示したものである。詳しく見ると，東樺太海流は大きな反時計回り循環の西岸境界流の成分(沖合い分枝)と，沿岸に沿って北西陸棚から北海道沖まで達する成分(沿岸分枝)の 2 つの分枝から成って

1 オホーツク海の循環と温暖化・流出油   13

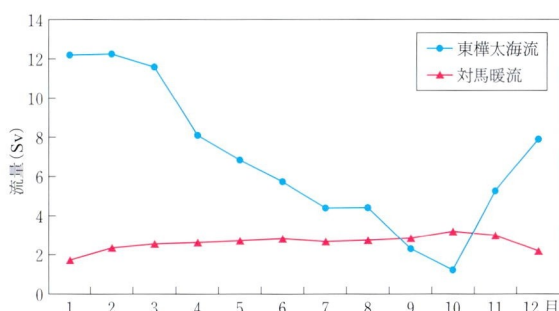

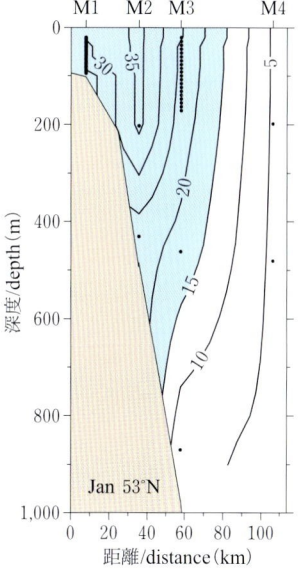

図 I.1.11 東樺太海流と対馬暖流の流量の季節変化。単位は Sv($1\,Sv=10^6\,m^3\,s^{-1}$)。東樺太海流は北緯53度(図 I.1.9 の黒直線)に沿って横切る長期係留測流の結果。Mizuta *et al.* (2003)に基づく。対馬暖流は対馬海峡でのフェリーによる超音波流速プロファイラーの結果。Takikawa *et al.* (2005) に基づく。

Figure I.1.11 Monthly variation of the volume transport of the East Sakhalin Current (blue line) and the Tsushima Warm Current (red line). Units are $10^6\,m^3\,s^{-1}$ ($=1Sv$). The result of the East Sakhalin Current is based on the moored observations (Mizuta *et al.*, 2003) across the 53°N (black line in Fig.I.1.9). The result of the Tsushima Warm Current is based on the Ferry observations with Acoustic Doppler Current Profiler (Takikawa *et al.*, 2005).

図 I.1.12 東樺太海流の鉛直断面構造。北緯53度(図 I.1.9 の黒直線)に沿って横切る長期係留測流(Mizuta *et al.*, 2003)から、1999年1月における南下流成分を示したもの。単位は $cm\,s^{-1}$。陰影は $15\,cm\,s^{-1}$ 以上の領域。

Figure I.1.12 Vertical structure (contours of monthly mean north-south velocity in $cm\,s^{-1}$) of the East Sakhalin Current along the cross section at 53°N (black line in Fig.I.1.9) in January 1999. Positive value indicates a southward flow. Shaded region indicates velocity more than $15\,cm\,s^{-1}$. (Modified from Mizuta *et al.*, 2003).

いる。プロジェクトでは，長期海中に測器を係留して流れの場を測るなどの観測も行われた。図 I.1.11 は，その観測を基に東樺太海流の流量の季節変化を，日本海の主海流である対馬暖流と比較して示したものである。海流の強さの示標としては，海流の断面を毎秒横切る水の体積で定義される「流量」がよく使われる。東樺太海流の年平均の流量は約 7 Sv($1\,Sv=10^6\,m^3\,s^{-1}$)と見積もられる。これは黒潮の流量の2～3割，日本海の対馬暖流の流量の約3倍に相当し，縁海の流れとしてはかなり大きなものである。これは流れが表層のみでなく海底まで達するような深い構造を持つという特徴による(図 I.1.12)。また東樺太海流は，流量・流速が冬季に最大で夏季に最小となる大きな季節変動をすることも特徴の1つとなっている(図 I.1.11)。

現在サハリン油田の開発が進んでいるが，もし油田やタンカーから油流出事故が起こったらどうなるであろうか。また，知床が世界遺産に認められた直後の2006年2～3月，油まみれの海鳥が知床に5,000羽以上漂着するということが起こった。これはどこからやってきたのか？

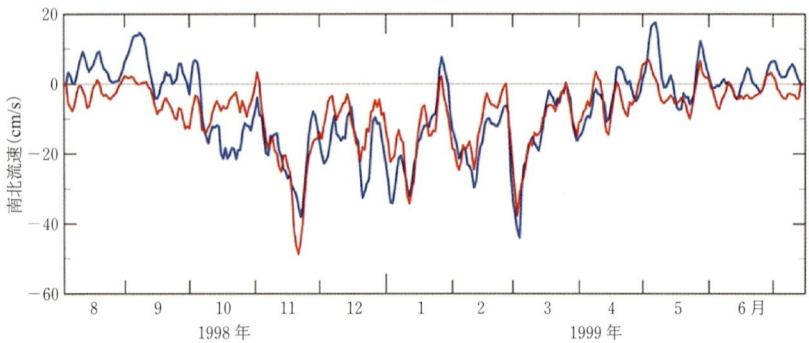

図 I.1.13　サハリン東岸沖での係留系観測による南北流速(赤線)と数値モデルによる南北流速(青線)の時系列の比較。流速は5日の移動を施している。Ohshima ＆ Simizu (2008)より加筆・修正

Figure I.1.13　Time series of north-south velocity at 50 m depth off the east Sakhalin coast from August, 1998 to July, 1999, simulated in the model (blue lines), and measured with the bottom-mounted ADCP (red lines). 5-day running mean values are plotted and the northward component is positive. Modified from Ohshima ＆ Simizu (2008)

さらに，2005年11月にアムール川の上流の中国の松花江から多量のベンゼンなどの汚染物質が流出した事故があり，これらの一部がアムール川よりオホーツク海に流出した可能性もある。この影響は？　東樺太海流は，アムール河口を起源とする海水やサハリン油田あたりを起源とする海水を南下させ，サハリン南部や北海道沖まで運んでいく海流にもなるわけである。

最近の観測によってオホーツク海の海流や循環の実態はかなりわかってきたが，観測ではどうしても限られた場所での情報しか得られない。オホーツク海全域の流れを知るには高精度のコンピューターを使った数値モデルシミュレーションが有効になってくる。現在はモデルを検証するのに十分な実測データも得られており，再現性の高いモデルも作成されている。図 I.1.13 は，サハリン東岸沖での係留系観測による南北流速(赤線)とモデルによる南北流速(青線)を比較したものである。短周期の変動を含めてモデルは極めてよく実測を再現していることがわかる。これほど海流の再現性が高いシミュレーションは世界でも他にあまり例がない。このような再現性の高いモデルが作られると，汚染物質の漂流・拡散の予測にも大いに役に立つ。

図 I.1.14 は，このモデルを使って，サハリンの海底油田海域(サハリンII)起源の表層の粒子(海水)がどう漂流・拡散していくかをシミュレーションしたものである。10月に粒子を投下した場合((a))は，その直後に東樺太海流が強まるので，2～3カ月で粒子は北海道沖まで流れていく。但し，年々の風の違いによる表層流の違いで粒子が東樺太海流のメインストリームからはずれ，沖へ拡散する場合もある((b)の1999年の例)。また，春から夏に投下した場合は東樺太海流が弱いため，南下するより沖へ拡散する場合が多くなる((c)の6月に投下した例)。ここで注意しなければならないのは，これらの結果は表層の海水の漂流・拡散をシミュレーションしているのであって，流出油そのもののシミュレーションではないことである。流出油は1週間程度で，かなりの部分は蒸発したり分解したりするので，流出油がそのまますべて東樺太海流

1 オホーツク海の循環と温暖化・流出油 15

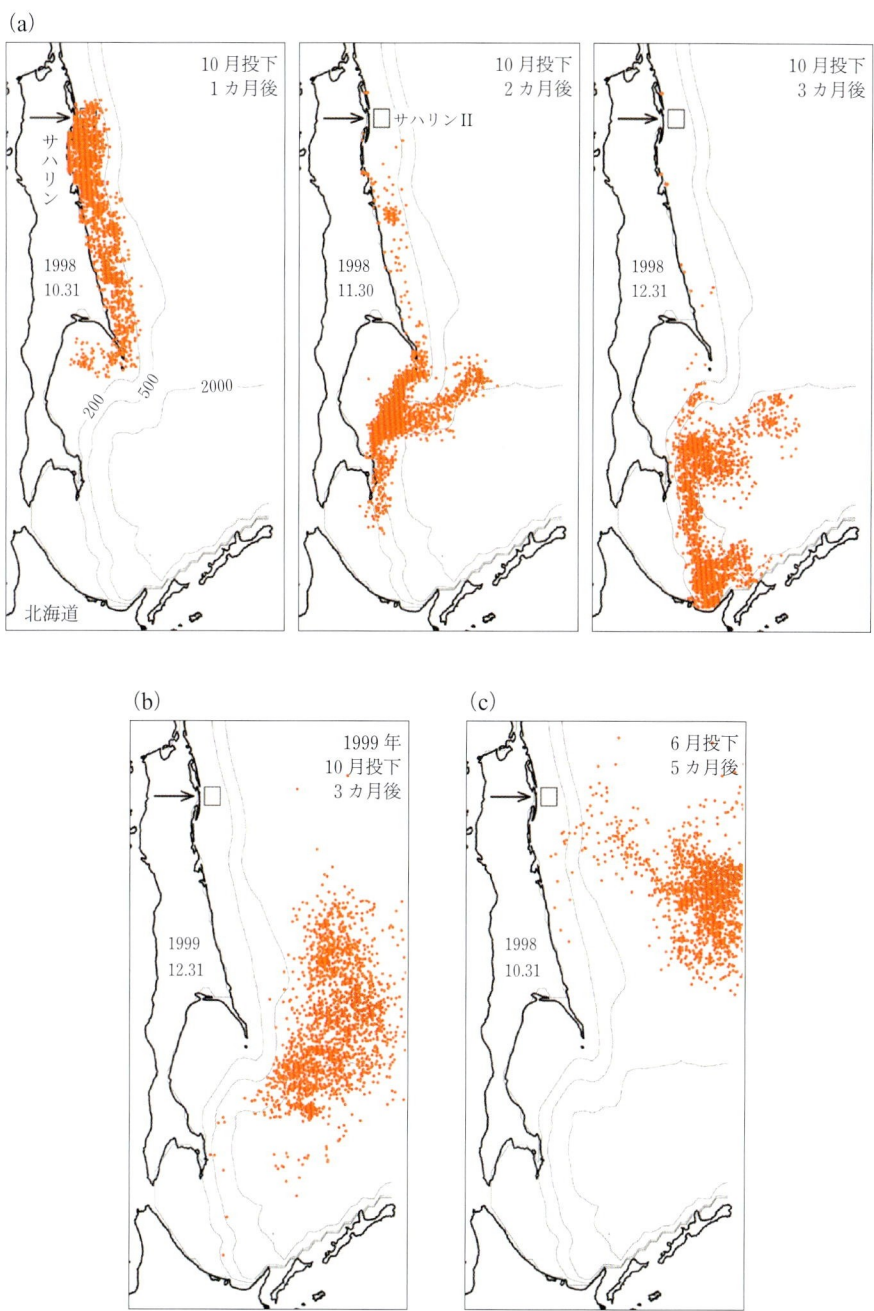

図 I.1.14 数値モデルシミュレーションの流速場を用いて、サハリン II 海域(矢印)から 1 カ月間粒子を海面に投下したときの粒子の分布。(a)1998 年 10 月に粒子を投下した場合の 1 カ月後、2 カ月後、3 カ月後の分布。(b)1999 年 10 月に投下した場合の 3 カ月後の分布。(c)1998 年 6 月に投下した場合の 5 カ月後の分布。細線は 200, 500, 2,000 m の等深線。Ohshima & Simizu (2008)より加筆・修正

Figure I.1.14 Simulated particle distributions at surface from the particle tracking experiments when the particles are released for one month from Sakhalin II oil field (designated by arrow and rectangular box) for the cases of (a) one month, two month, and three month later after the deployment in October 1998, (b) three month later after the deployment in October 1999, and (c) five month later after the deployment in June 1998. Bottom contours of 200, 500, and 2,000 m are denoted by thin lines. Modified from Ohshima and Simizu (2008)

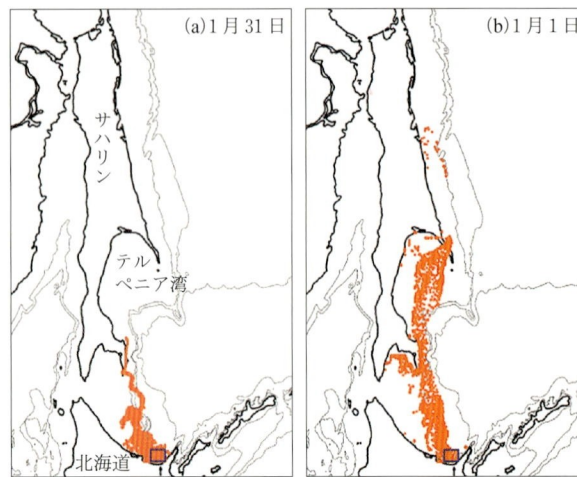

図 I.1.15　数値モデルシミュレーションの流速場を用いて、2月末日より知床沖(四角)に粒子を1カ月間投下し、後方粒子追跡を行った結果。(a)が1カ月前(1月31日)、(b)が2カ月前(1月1日)の粒子分布。細線は200，500，2,000 m の等深線。大島ほか(2008)を加筆・修正

Figure I.1.15　Simulated particle distribution at the surface on (a) 31 January and (b) 1 January, obtained by the backward-tracking experiment, in which particles were released from the coast of Shiretoko (designated by arrow and rectangular box) every day from 28 February. Bottom contours of 200, 500, and 2000 m are denoted by thin lines. Modified from Ohshima et al. (2008)

に乗って北海道沖まで到達するものではない。

次に油まみれの海鳥の起源を海洋循環の立場から考察する。知床に死骸として漂着した海鳥の数は約5,500羽で，これは日本の海鳥の事故の中で最大の数である。海鳥の死骸がどこから来たのかということに関しては，公にははっきりした結論は出ていない。数値シミュレーションを用いると，後方粒子追跡という手法によって，粒子や海水がどこから来たのかを推定することができる。時間を逆方向にしてモデル流速から粒子を追跡するという手法で，ビデオの逆回しのような手法である。これを用いると漂着したものがどこから来たのか推定できる可能性がある。

発見時の2月下旬から遡って1カ月間，発見海域の知床沖に粒子を投下し，後方追跡実験を行った結果を示す。図 I.1.15 が後方追跡による1カ月前と2カ月前の結果である。粒子の起源を追っていくと，東樺太海流の上流側，テルペニア湾を経由して，さらにはサハリン東岸沖に起源を持つという結果になる。この結果を見ると，海鳥の起源は，具体的にここだということまでは言えないが，北方よりおそらくはサハリン東岸のどこかから東樺太海流に乗って知床沿岸まで漂着した可能性が高いことが示唆される。

【引用・参考文献】

Boyer, T. P. et al. (2006): World Ocean Database 2005, Chapter 1: Introduction, NOAA Atlas NESDIS 60 (Levitus, S. ed.), U.S. Government Printing Office, Washington, D.C., 182 pp., DVD.

Itoh, M., Ohshima, K.I. & Wakatsuchi, M. (2003): Distribution and formation of Okhotsk Sea Intermediate Water: An analysis of isopycnal climatology data, Journal of Geophysical Research, 108, 3258, doi: 10.1029/2002JC001590.

Mizuta, G., Fukamachi, Y., Ohshima, K. I. & Wakatsuchi, M. (2003): Structure and seasonal variability of the East Sakhalin Current, Journal of Physical Oceanography, 33, 2430-2445.

Moroshkin, K. V. 1966: Water masses of the Sea of Okhotsk, Joint Pub. Res. Serv., 43942, U.S. Department of Commerce, Washington, D.C., 98 pp.

Nakanowatari, T., Ohshima, K. I. & Wakatsuchi, M. (2007): Warming and oxygen decrease of intermediate water in the northwestern North Pacific, originating from the Sea of Okhotsk, 1955-2004, Geophysical Research Letters, 34, L04602, doi:10.1029/2006GL028243.

Nihashi, S., Ohshima, K. I., Tamura, T., Fukamachi, Y. & Saitoh, S. (2009): Thickness and production of sea ice in the Okhotsk Sea coastal polynyas from AMSR-E. Journal of Geophysical Research, 114, C10025, doi:10.1029/2008JC005222.

Nishioka, J., Ono, T., Saito, H., Nakatsuka, T., Takeda, S., Yoshimura, T., Suzuki, K., Kuma, K., Nakabayashi, S., Tsumune D., Mitsudera, H., Johnson, W. K. & Tsuda, A. (2007): Iron supply to the western subarctic Pacific: importance of iron export from the Sea of Okhotsk, Journal of Geophysical Research, 112, C10012, doi:10.1029/2006JC004055.

Ohshima, K. I., Wakatsuchi, M., Fukamachi, Y. & Mizuta, G. (2002): Near-surface circulation and tidal currents of the Okhotsk Sea observed with the satellite-tracked drifters, Journal of Geophysical Research, 107, 3195, doi:10.1029/2001JC001005.

Ohshima, K. I., Watanabe, T. & Nihashi, S. (2003): Surface heat budget of the Sea of Okhotsk during 1987-2001 and the role of sea ice on it, Journal of the Meteorological Society of Japan, 81, 653-677.

Ohshima, K. I., Simizu, D. (2008): Particle tracking experiments on a model of the Okhotsk Sea: toward oil spill simulation, Journal of Oceanography, 64, 103-114.

大島慶一郎・小野純・清水大輔(2008)：オホーツク海における漂流物の粒子追跡モデル実験, 沿岸海洋研究, 45, 115-124.

Shcherbina, Y. A., Talley, L. D. & Rudnick, D. L. (2003): Direct observations of North Pacific ventilation: Brine rejection in the Okhotsk Sea, Science, 302, 1952-1955.

Takikawa, T., Yoon, J.-H. & Cho, K.-D. (2005): The Tsushima Warm Current through Tsushima Straits estimated from ferryboat ADCP data, Journal of Physical Oceanography, 35, 1154-1168.

Watanabe, K. (1963): On the reinforcement of the East Sakhalin Current preceding to the sea ice season off the coast of Hokkaido; Study on the sea ice in the Okhotsk Sea (IV), The Oceanographical Magazine, 14, 117-130.

6. Summary

The Sea of Okhotsk is the southern limit of sea ice in the Northern Hemisphere. This is because the cold pole in the Northern Hemisphere is located in the upwind region of the Sea of Okhotsk. When sea ice is formed, most of the salt content is rejected from the ice and thus cold, saline and dense water is released into the ocean below. Since large amounts of sea ice are formed in the Sea of Okhotsk, the densest water on the surface of the North Pacific is produced there. Sinking of this dense water creates the vertical circulation (overturning) down to the intermediate depths (approx. 200 to 800 m deep) in the North Pacific scale. Over the last three decades, the area of sea ice in the Sea of Okhotsk has decreased by about 20%, because the upwind region of the Sea of Okhotsk is highly sensitive to the current global warming. Over the past 50 years, the level of sea ice production has decreased and the amount of dense water sinking has thus declined, thereby weakening the overturning in the North Pacific scale.

The weakened overturning has various implications. Of particular note is iron circulation, which is considered an important factor in determining biological productivity according to recent research. It has been recently revealed that when dense water sinks to the intermediate layer in the Sea of Okhotsk, the iron from the continental shelf is also brought to this layer. This iron, originating from the Amur River, is further brought to the western North Pacific, supporting high biological productivity there. Therefore, the current global warming would possibly reduce the iron supply and thus levels of biological productivity in the North Pacific.

The horizontal circulation of the Okhotsk Sea is characterized as the anti-clockwise circulation with the strong southward East Sakhalin Current (ESC). If an oil spill incident occurs in the Sakhalin oil field, spilled oil would be brought southward by the ESC. Particle tracking experiments have been conducted in the Sea of Okhotsk, using the 3-demensional ocean general circulation model which successfully reproduces the velocity field. Experiments have been carried out for the case that particles are released from the Sakhalin II oil field and Prigorodnoye. The drift of particles is primary determined by the ESC, which has the large seasonal variation with the maximum in winter and the minimum in summer. The wind is the secondary factor for the drift of particles. To detect the origin of thousands of dead seabirds with massive amounts of oil beaching on the shores of Shiretoko, Hokkaido in February/March 2006, a backward-tracking experiment has also been done, suggesting that these birds were transported from the north (possibly east Sakhalin coast) via the ESC.

2

環オホーツク海域の
物質循環と生物生産

Biogeochemistry of iron and phytoplankton growth in the pan-Okhotsk region

西岡純[1]・中塚武[2]([1]北海道大学低温科学研究所・[2]名古屋大学大学院環境科学研究科)
Jun NISHIOKA[1] and Takeshi NAKATSUKA[2]
([1]Institute of Low Temperature Science, Hokkaido University;
[2]Graduate School of Environmental Studies, Nagoya University)

1. 植物プランクトンの増殖と鉄

　海洋の植物プランクトンは,海洋表層で光合成を行い有機物を作り出す一次生産者である。海洋生態系内では,植物プランクトンの作り出した有機物を動物プランクトンが食べ,それらをさらに高次の捕食者である魚が食べ,その魚を哺乳類が食べている。つまり,この海洋内の食物連鎖の底辺を支えているのが植物プランクトンなのである。このような重要な役割を持つ海洋の植物プランクトンの増殖量は,何によってコントロールされているのだろうか？光の量,海水中に含まれる窒素・リン・ケイ素などの栄養塩の量,また増殖速度に大きく影響を与える水温,さらに植物プランクトンがどれだけ食べられてしまうかを決める動物プランクトンによる捕食量などが植物プランクトンの増殖量を決める要因として古くから知られている。しかし,最近の研究の結果,鉄分が不足していて植物プランクトンの増殖が抑制されている海域が北太平洋亜寒帯域・東部太平洋赤道域・南極海に広く存在していることが明らかになってきた (Martin et al., 1990)。このような海域に鉄分を人為的に撒いてやると植物プランクトンの増殖が促進されることが,最近行われた大規模な実験で確認されている (Boyd et al., 2007)。つまり,北太平洋亜寒帯域を含むこれらの海域では,植物プランクトンの増殖はどれだけ鉄分が入ってくるかによってコントロールされているのである (Tsuda et al., 2003)。

　オホーツク海とその周辺海域に注目していく。注目の対象となる海域にはオホーツク海に面した親潮域,西部北太平洋が含まれ,本章ではこの海域を「環オホーツク海域」と呼ぶ。これまでに行われてきた海洋観測や衛星画像の情報より,植物プランクトンがどこでどれだけ増殖しているかを把握することができる。環オホーツク海域では,アムール川河口やサハリンの東

側，北西部大陸棚の付近，また千島列島周辺海域及び親潮域で，毎年春に必ず大規模な植物プランクトンの増殖が見られる。この植物プランクトンの大増殖が高次の生態系を支えているため，環オホーツク海域は世界でも有数な水産資源の豊富な海域となっている(Sakurai, 2008)。

しかしなぜ環オホーツク海域では植物プランクトンの大増殖が起こるのだろうか？ 先に記したとおり鉄分が海洋の植物プランクトン増殖の制限要因になり得ることから，海洋で植物プランクトンが増殖するメカニズムを理解するためには，海洋表層への鉄の供給過程と量を把握していく必要がある。我々は，環オホーツク海域の中でも特に日本の水産業にとって重要な千島列島周辺海域及び親潮域に着目し，「親潮域の植物プランクトンの増殖を支える鉄分がいったいどこから来ているのだろうか？」という疑問を明らかにするために研究に取り組んだ。これまでは一般的に陸から離れた外洋域の表層では，鉄は春先に起きる黄砂の飛来など大気経由で供給されると考えられてきた(Duce & Tindale, 1991; Measure et al., 2005)。しかし最近の研究では，大陸棚から海洋の循環によって外洋へ移送される鉄分によって植物プランクトンの増殖が支えられている可能性が多くの海域で指摘されている(Moor & Braucher, 2008)。このため，環オホーツク海域においても，植物プランクトンの大増殖を生み出すメカニズムを理解するためには，従来行われていた大気ダストの研究に加えて，大陸棚を含めた海洋内の鉄の循環を明らかにする必要があった。

2. 環オホーツク海域の海洋循環と物質の移送

環オホーツクの物質循環を説明するためには，この海域特有の海洋の循環について述べる必要がある。この海洋の循環については前章(第Ⅰ部第1章)に詳しく記されているので，ここでは概観のみ記す。環オホーツク海域の海洋の循環については，ここ十数年で多くのことが明らかになってきた。

1997〜2002年まで北海道大学・低温科学研究所が中心となって行われた戦略的基礎研究「オホーツク海氷の実態と気候システムにおける役割の解明」(研究代表者：若土正曉教授(当時))によって，これまでほとんど実施できなかったオホーツク海内部での観測が行われ，環オホーツク海域の海洋の循環像が見えてきた。アムール川河口が位置するオホーツク海北西陸棚域では，海氷生成量が非常に多く，この海氷生成に伴って多量の低温・高密度水(ブライン)が大陸棚の上に排出される。この水は「高密度陸棚水(DSW：Dense Shelf Water)」と呼ばれる。この水はサハリン東岸沖の中層等密度面(26.8〜27.0 σ_θ)を南下し，オホーツク海南部さらにはブッソル海峡を経由して北太平洋の中層(400〜800 m)へと拡がっていく(第Ⅰ部第1章参照)。このDSWの影響を強く受けた陸棚底層起源の中層水と，その影響を受けて形成され北太平洋全体に拡がる「北太平洋中層水(NPIW：North Pacific Intermediate Water)」には，大陸棚上の堆積物等の多くの物質が取り込まれ，オホーツク海から親潮域・北太平洋西部へ，有機炭素等の物質を移送する役割を持つことが明らかになってきた(Nakatsuka et al., 2002)。

しかし，オホーツク海及び北太平洋西部亜寒帯域の中層循環が，鉄等の微量栄養物質の移送

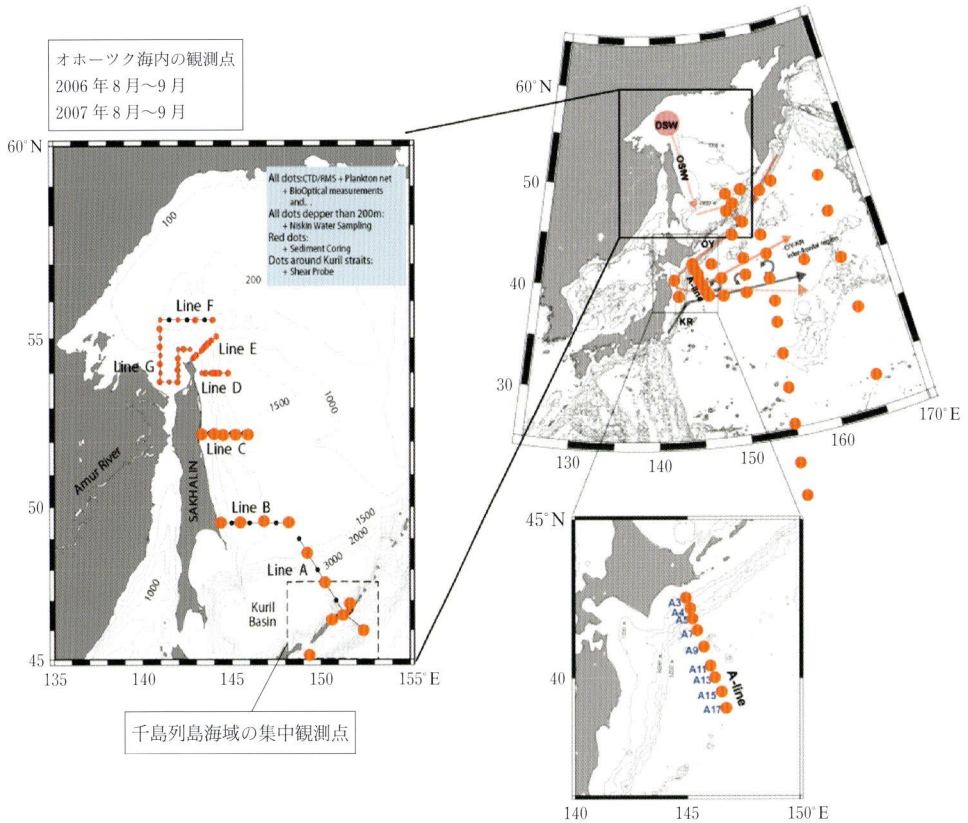

図 I.2.1 本研究で海洋観測を実施したオホーツク海，親潮域，北太平洋西部における測点。Nishioka *et al.* (2007, 2011)を加筆修正

Figure I.2.1 Sampling locations in this study in the Okhotsk Sea, the Oyashio region and the western subarctic Pacific. Modified from Nishioka *et al.* (2007, 2011).

に果たす役割については全く情報がなかった。そこで，この環オホーツク海域特有の海洋の循環が鉄など植物プランクトン増殖に必要な微量栄養物質の移送にどのように関わっているのか，環オホーツク海域の生物生産にどのように影響を与えているのかを明らかにすることを目的として，北海道大学・東京大学・総合地球環境学研究所等の日本側のグループとロシア極東海洋気象研究所が共同研究を実施した。この共同研究の一環として，2006〜2010年にかけて，オホーツク海内を含む環オホーツク海域において観測航海が行われた。観測を実施した範囲を図 I.2.1 に示す。これらの航海では，鉄分や栄養塩及び溶存酸素の濃度など物質循環に関わる化学的情報と，植物プランクトンや動物プランクトンなどの生物量，さらに海水循環の物理情報の基礎となる水温や塩分などを観測している。

3. 親潮域の生物生産を支える鉄分の供給過程

我々が実施したオホーツク海の直接観測では，サハリン北部の大陸棚上において，低温で密

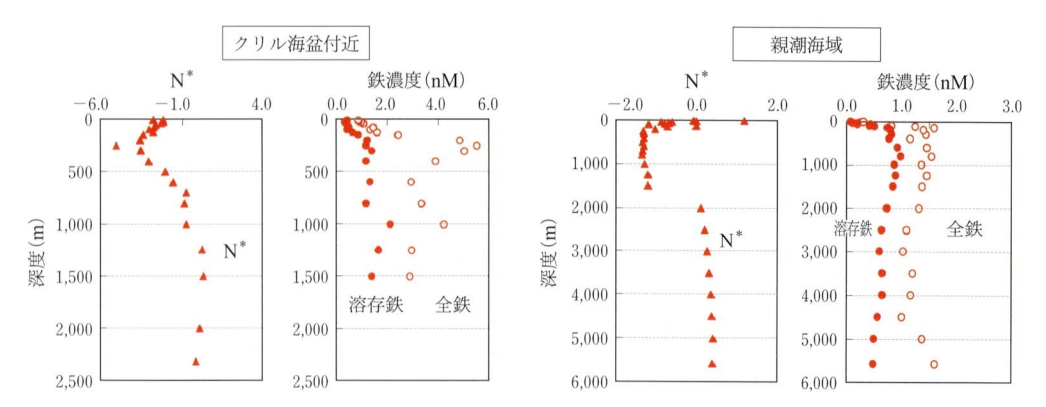

図 I.2.2　オホーツク海(クリル海盆)及び親潮域の全鉄濃度，溶存鉄濃度，N*値の鉛直分布。N*値が負の値ほど陸棚起源水(DSW)の指標となり，DSWの影響のある水塊に高い鉄濃度が見られることがわかる。Nishioka *et al.* (2007)を加筆修正

Figure I.2.2　Vertical profiles of N* value, total iron, dissolved iron at the Kuril Basin in the sonthern part of Okhotsk Sea, and at the Oyashio region. Modified from Nishioka *et al.* (2007).

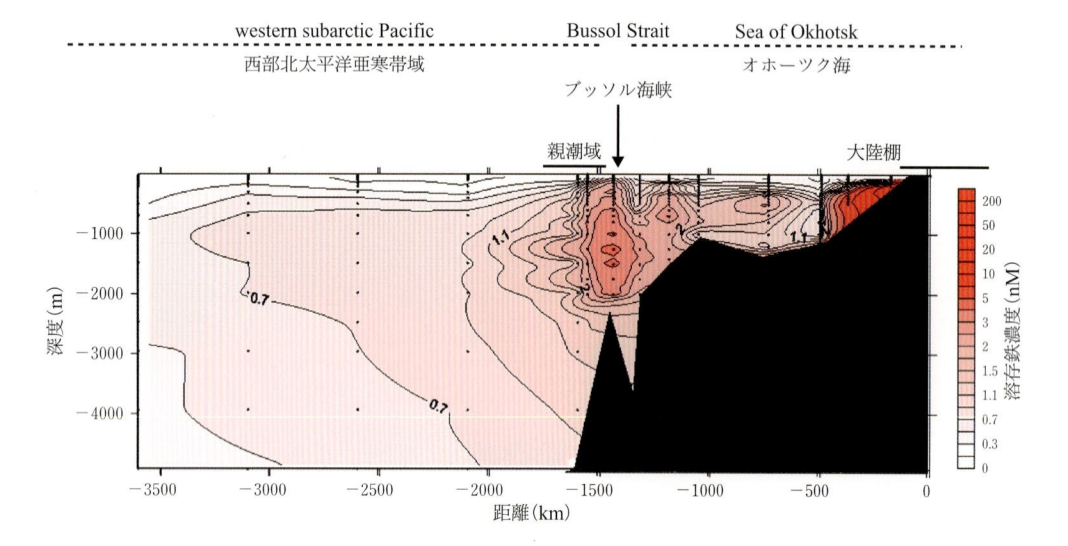

図 I.2.3　オホーツク海−千島海峡(ブッソル海峡)−西部北太平洋亜寒帯域に沿った溶存鉄濃度の鉛直断面図。海峡部において混合の影響が見られ鉛直的に鉄分が混ぜられている。西岡ほか(2008)より

Figure I.2.3　Vertical section profile of dissolved iron along the Sea of Okhotsk — the Kuril Strait (Bussol strait) — the western subarctic Pacific. Modified from Nishioka *et al.* (2008).

度 26.8〜27.0 σ_θ で特徴づけられる DSW が，海底上の深度約 300 m から海底(約 490 m)に至るまでの鉛直的に広い範囲で確認された。この DSW は濁度が高く，極めて高い濃度で鉄分が含まれており，そのうち溶存態の鉄濃度は周囲の外洋の表層水より 100 倍以上高いことが明らかになった。

また DSW の影響を受けた鉄分が多い水塊は，サハリン東沖や(図 I.2.2)オホーツク海南部のクリル海盆域や親潮域でも確認された(図 I.2.2)。これらの観測結果より，DSW には大陸棚上に存在していた鉄が取り込まれ，オホーツク海内の中層循環によって，鉄がオホーツク海南部

域にまで移送されていることが明らかになった(Nishioka *et al.*, 2007)。

　北太平洋への出口となる海峡部では，非常に強い潮汐混合が起こっているために，表面から深い所まで一様に水が良く混ざっている．我々の観測結果は，この混合の影響によってオホーツク海の北西部大陸棚域から中層を運ばれてきた鉄分が良く混ぜられている様子を捉えている．図 I.2.3 に見られるように，ブッソル海峡で観測した鉄濃度鉛直分布は表層から中層にまで濃度の高い分布を示しており，海峡における強い鉛直混合の影響で，DSW の影響を受けた中層の鉄が広い深度層へ再分配されていることが確認できる．この千島海峡の混合の影響を受けた水は，親潮域，さらには西部北太平洋亜寒帯域の表層直下から中層に広がっていることが観測されている(Nishioka *et al.*, 2007)。また親潮域の表層における鉄分の季節的な変動を観測したところ，植物プランクトンブルーム前の冬季に鉄が供給され，春季のブルーム期にほぼ枯渇するまで減少し，その後秋季から冬季にかけて混合層が発達する時期に鉄濃度が増加する周年変動を示すことが捉えられている(図 I.2.4；Nishioka *et al.*, 2011)。親潮域表層で起こる冬季混合は，千島海峡の影響を受けて鉄濃度を高めた表層直下の水塊を海洋表層に引き上げるのに十分な深度まで発達する．我々の観測結果から見積もると，この冬季混合過程によって表層へ引き上げられる鉄のフラックスは約 16.4 μmol/m^2/yr と見積もられ，当該海域の下層から表層に供給される年間フラックス(28.6 μmol/m^2/yr)の 57％を占めると試算された(Nishioka *et al.*, 2011)。このように，千島海峡における混合過程と冬季表層の混合過程を介した親潮域表層への鉄の供給は冬季に確実に起こるため，毎年起こる春季の植物プランクトンブルームを支える重要なプロセスとなっていることがわかってきた(Nishioka *et al.*, 2011)。

　これらの観測結果より，親潮域の生態系を豊かにしている自然界の鉄の供給システムの存在が明らかになった．そのシステムの全体像を図 I.2.5 に示す．このシステムは，「アムール川から入ってきた大量の鉄分は，オホーツク海の北西部の陸棚域に溜まり，その後オホーツク海特有の海氷が駆動する中層の循環に乗って，南部のオホーツク海及び北太平洋の広範囲に拡がり，その一部が潮汐混合や冬季の混合によって表層に回帰し，親潮域の植物プランクトンに利用される」というものである(図 I.2.5)。

4．将来の予測に向けて

　これまでに進められてきたオホーツク海周辺海域の日露の共同観測によって，大陸棚から親潮域にかけて鉄を移送する自然界のシステムが実際に存在することを，科学的なデータをもって確認することができた．この海洋の生物生産を支える自然界のシステムが将来どのように変化していくのかを，我々は定量的に理解し，注視していく必要がある．例えば，中層の循環が地球温暖化によって弱まった時，このシステムにどのような影響を与えるのかについて把握することは，地球環境や水産資源の将来予測に関わる重要な課題である．現に海氷の減少による中層循環の弱化や，親潮域の生物生産がこの 30 年で減少傾向にあることが既に報告されている(Nakanowatari *et al.*, 2007; Ono *et al.*, 2002)。今後，さらに日露の共同研究を発展させ，環オホー

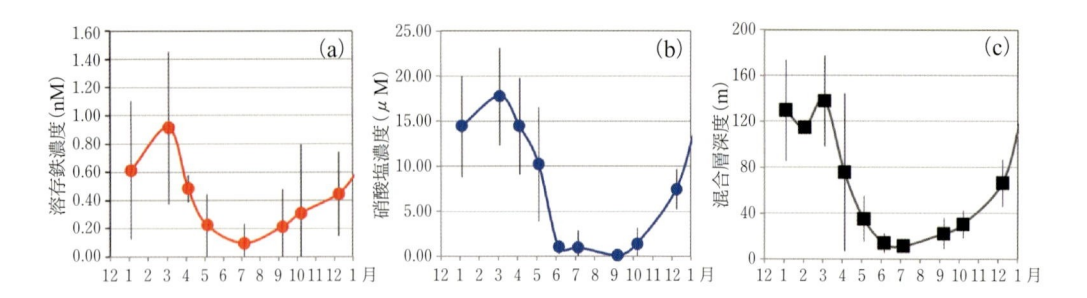

図 I.2.4　親潮域表層における溶存鉄(a)，硝酸塩(b)，混合層深度(c)の季節的変動。親潮域表層の溶存鉄濃度は冬季に高濃度，夏季に低濃度の周年変動を示す。Nishioka *et al.* (2011)を加筆修正

Figure I.2.4　Monthly compiled surface dissolved iron concentration (a) and nitrate concentration (b) and surface mixed layer in the Oyashio region. Modified from Nishioka *et al.* (2011).

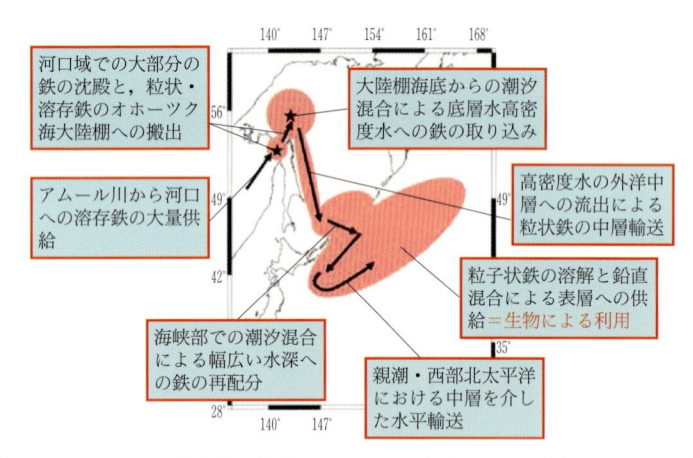

図 I.2.5　親潮域・西部北太平洋亜寒帯域の植物プランクトン生産を支える中層鉄循環の全体像。アムール川から入ってきた大量の鉄分は，オホーツク海の北西部の陸棚域に溜まり，その後オホーツク海特有の海氷が駆動する中層の循環に乗って，南部のオホーツク海及び北太平洋の広範囲に拡がり，その一部が潮汐混合や冬季の混合によって表層に回帰し，親潮域の植物プランクトンに利用される。Nishioka et al. (2007, 2011)より

Figure I.2.5　Intermediate iron transport processes which support phytoplankton growth in the Oyashio region, western subarctic Pacific. Modified from Nishioka *et al.* (2007, 2011).

ツク海域の変化を国境を越えて捉えていく必要がある。

【引用・参考文献】

Boyd, P. W., *et al.* (2007): Mesoscale iron enrichment experiments 1993-2005: Synthesis and future directions, Science, 315, 612-617.

Duce, R. A. & Tindale, N. W. (1991): Atmospheric transport of iron and its deposition in the Ocean, Limnology and Oceanography, 36, 1715-1726.

Martin, J. H. (1990): Glacial-Interglacial CO_2 change: The Iron Hypothesis, Paleoceanography, 5(1), 1-13.

Measures, C. I., Brown, M. T. & Vink, S. (2005): Dust deposition to the surface waters of the western and central North pacific inferred from surface water dissolved aluminium concentrations, Geochemistry, Geophysics,

Geosystems, 6, doi:10.1029/2005GC000922.
Moore, J. K. & Braucher, O. (2008): Sedimentary and mineral dust sources of dissolved iron to the world Ocean, Biogeosciences, 5, 631–656.
Nakanowatari, T., Ohshima, K. I. & Wakatsuchi, M. (2007): Warming and oxygen decrease of intermediate water in the northwestern North Pacific, originating from the Sea of Okhotsk, 1955–2004. Geophysical Research Letters, 34, L04602, doi:10.1029/2006GL028243.
Nakatsuka, T., Yoshikawa, C., Toda, M., Kawamura, K. & Wakatsuchi, M. (2002): An extremely turbid intermediate water in the Sea of Okhotsk: Implication for the transport of particulate organic matter in a seasonally ice-bound sea, Geophysical Research Letters, 29, 16, 1757, doi: 10.1029/2001GL014029.
Nishioka, J., Ono, T., Saito, H., Nakatsuka, T., Takeda, S., Yoshimura, T., Suzuki, K., Kuma, K., Nakabayashi, S., Tsumune D., Mitsudera, H., Johnson, W. K. & Tsuda, A. (2007): Iron supply to the western subarctic Pacific: importance of iron export from the Sea of Okhotsk, Journal of Geophysical Research, 112, C10012, doi:10.1029/2006JC004055.
Nishioka, J., Ono, T., Saito, H., Sakaoka, K. & Yoshimura, T. (2011): Oceanic iron supply mechanisms which support the spring diatom bloom in the Oyashio region, western subarctic Pacific, Journal of Geophysical Research, 116, C02021, doi:10.1029/2010JC006321.
西岡　純ほか(2008)：千島海峡の混合過程の生物地球化学的重要性—西部北太平洋亜寒帯域の鉄　栄養塩比に与える影響, 月刊海洋, 50, 107–115.
Ono, T., Tadokoro, K., Midorikawa, T., Nishioka, J. & Saino, T. (2002): Multi-decadal decrease of net community production in the western subarctic North Pacific, Geophysical Research Letters, 29, doi:10.1029/2001GL014332.
Sakurai, Y. (2008): An overview of Oyashio ecosystem, Deep Sea Research Part, II, 54, 2526–2542.
Tsuda, A., *et al*. (2003): A mesoscale iron enrichment in the western subarctic Pacific induces large centric diatom bloom, Science, 300, 958–961.

5. Summary

Iron is an essential nutrient and plays an important role in the control of phytoplankton growth. We report here for source of iron to the western subarctic Pacific (WSP). We found extremely high concentrations of dissolved and particulate iron in the Okhotsk Sea Intermediate Water (OSIW) and the North Pacific Intermediate Water (NPIW), and water ventilation processes in this region probably control the transport of iron through the intermediate water layer from continental shelf of the Sea of Okhotsk to a wider area of the WSP. Additionally, our time-series data in the Oyashio region of the WSP indicated that the pattern of seasonal changes in dissolved iron concentrations in the surface mixed layer was similar to that of macronutrients, and that deep vertical water mixing resulted in higher winter concentrations of iron in the surface water of this region. Moreover, the vertical section profiles showed the occurrence of Fe-rich intermediate water, which was transported from the Sea of Okhotsk, and upward transport of materials from the intermediate water to the surface layer via tidal and winter mixing processes were important mechanisms to explain the high winter surface diss-Fe concentrations. Our data suggests that the consideration of this source of iron is essential in our understanding of the spring biological production and biogeochemical cycles in the WSP and the role of the marginal sea. Our findings contribute to a better understanding of the mechanisms influencing biological production and iron biogeochemical cycles in the subarctic Pacific.

3

オホーツク海の長期変動
Long-term variations of the Sea of Okhotsk

上原裕樹[1]・クルツ, A. A.[2]([1]北海道大学低温科学研究所・[2]ロシア極東海洋気象研究所)
Hiroki UEHARA[1] and Andrey A. KRUTS[2] ([1]Institute of Low Temperature Science, Hokkaido University; [2]Far Eastern Regional Hydrometeorological Research Institute)

1. 高密度陸棚水(DSW)の低塩分化——太平洋からの流入水の影響

　最近の研究から，ここ50年の間に，オホーツク海の中層(200~800m付近)で顕著な昇温化・低酸素化が起きていることがわかってきた(Nakanowatari et al., 2007 など)。この原因として，気温上昇により，オホーツク海の海氷生産が減少したことが挙げられている。オホーツク海北西部の陸棚では，海氷生産時にブライン(高塩分水)が排出されることによって，高密度陸棚水(Dense Shelf Water：DSW)が形成される。形成後，DSWは南に移流され，低温・高酸素の水を中層に供給する。海氷生産の減少によりDSWの形成量が減ったため，中層の昇温化が起きたと推測されている(詳しくは第I部第1章を参照)。

　DSWの変化は，物理的な海洋構造だけでなく，北太平洋亜寒帯西部における生物地球化学的な環境にも影響を与える可能性がある。これは，オホーツクの陸棚域に存在する豊富な鉄が，DSWの移流とともに輸送され，亜寒帯域西部の高い生物生産を支えていると考えられているからである(Nishioka et al., 2007；第I部第2章を参照)。この高い生物生産のため，亜寒帯域西部は全球でも，大気中の二酸化炭素を海洋へ最も多く取り込む海域の1つとなっている(Takahashi et al., 2002)。

　以上のように，DSWは，オホーツク海を含む北太平洋亜寒帯の環境に大きな影響を及ぼす可能性がある。しかし，利用可能な歴史データ(過去の海洋観測資料を蓄積したもの)が少なかったため，これまでDSWの時間変化の研究はあまり行われていない。ロシア極東海洋気象研究所は，ロシア国内の観測資料を収集し，新たなオホーツク海の海洋観測データセットを作成した(図I.3.1)。そのデータ量は，過去の研究で使用された歴史資料の3倍以上となっている(Uehara et al., 2012)。現在，北海道大学低温科学研究所との共同研究として，このデータセットの解析が進められている。ここでは，その成果の中から，DSWの経年変動に関する知見を紹介する。

　図I.3.2は，オホーツク海北西部の陸棚域におけるDSWの塩分の時系列である。気候値

(50年間の平均値)をゼロとして,そこからのズレ(偏差)を示している。赤色の点線は,最小2乗法によって直線を当てはめた結果である。これを見て明らかなように,DSWの塩分は低下している(50年間換算で0.08 psuの減少。psuは‰とほぼ同じ)。密度に対し同様の解析を行うと,50年間で0.06 kg/m³ の減少と見積もられた。実際,観測データを1980年前後に分けて比較すると,DSWの密度の頻度分布は,1980年以降小さい方へシフトしている(図I.3.3)。この差(0.06 kg/m³)は小さいように見える。しかし,オホーツク海の中層(例えば26.7〜27.0 σ_θ)の深度で考えると,この差はDSWの供給先が50〜60 m浅くなることに相当する。したがって,DSWの塩分低下は,中層の昇温化に対して十分影響すると言えるだろう。また,DSWの塩分低下に伴って,鉄がより浅い層に輸送されている可能性がある。但し,これによってオホーツクや親潮域の生物生産がどのように変化するのかについては,今後の研究を待たなければならない。

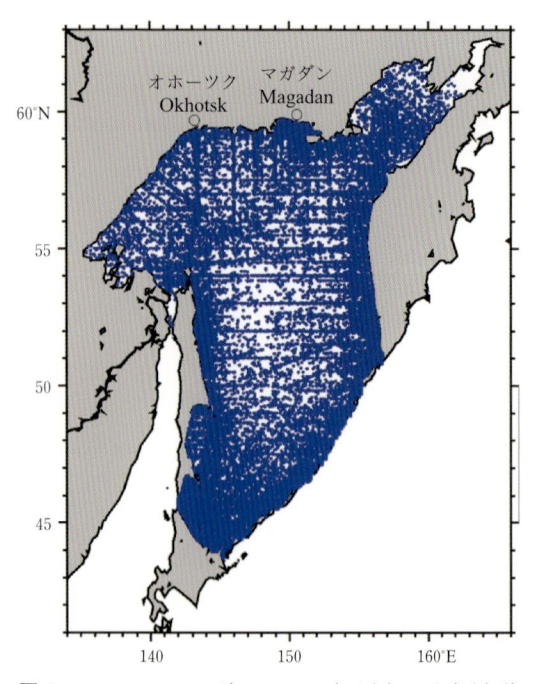

図 I.3.1 オホーツク海における観測点の分布(合計60,833点)。Uehara *et al.*(2012)を加筆・修正。
Figure I.3.1 Distribution of the observation stations in the Sea of Okhotsk (60,833 stations). Modified from Uehara *et al.* (2012).

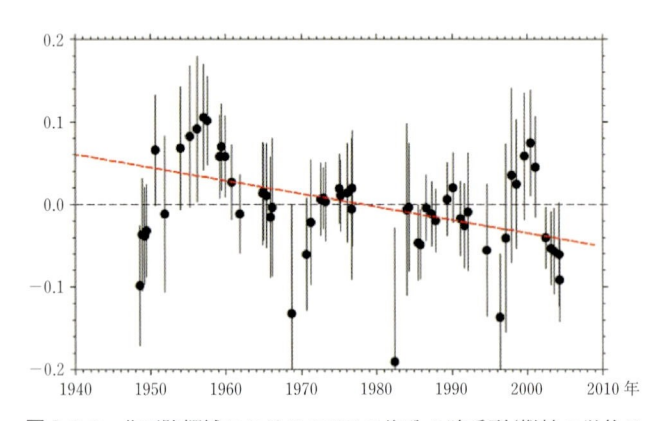

図 I.3.2 北西陸棚域におけるDSWの塩分の時系列(縦軸の単位はpsu)。気候値をゼロとして偏差で示している。縦棒は標準偏差。最小2乗法による直線を当てはめた結果を赤色の点線で示す。
Figure I.3.2 Time series for DSW salinity anomaly in the northwestern shelf of the Sea of Okhotsk. Salinity anomaly is shown as a difference from the climatological values. The standard deviation is denoted by vertical bar, and linear regression is denoted by red dashed line.

DSWの低塩分化の主な原因は，海氷生産量の減少(ブラインの減少)であると考えられている(第I部第1章を参照)。しかし我々は，他の要因として，北太平洋から流入する高塩分水の変化があるのではないかと考えている。北太平洋は，同じ深度・密度で見ると，オホーツク海より高温・高塩分である(例えば図I.1.3を参照)。北太平洋の水は，千島海峡の北部からオホーツク海に流入した後，オホーツク海の反時計回りの循環に乗って東部を北上し，陸棚域へと輸送されると考えられる。したがって，北太平洋から陸棚域へ塩が輸送されていることになる。この塩輸送が弱まれば，陸棚域の水は低塩分化することになるだろう。

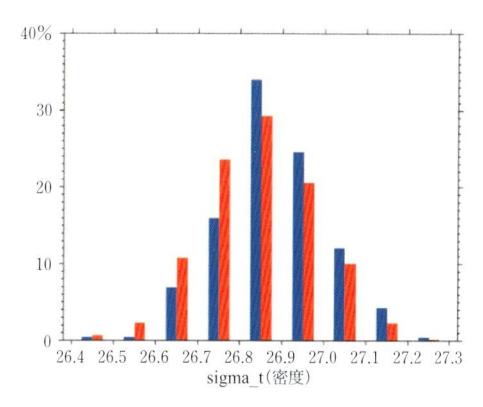

図 I.3.3　北西陸棚域におけるDSWのポテンシャル密度の頻度分布。階級は$0.1\,\text{kg/m}^3$。青が1980年以前，赤が1980年以降。

Figure I.3.3　Histogram of DSW potential density in the northwestern shelf of the Sea of Okhotsk. Bin width is $0.1\,\text{kg/m}^3$. Blue (red) bar denotes observations before (after) 1980.

　図I.3.4は，オホーツク海の東部における表層塩分の時系列で，この海域が低塩分化していることを示す(50年間で0.08 psuの減少)。塩分低下の大きさは，DSWと同じである。オホーツク海東部は，上で述べた北太平洋水の移流経路で言えば，陸棚域の「上流」に当たる。東部の流速構造や流量は不明な部分が多く，その時間変化もわかっていない。そのため，東部表層の塩分低下がDSWにどの程度影響するのか，現段階では評価できない。一方，北太平洋亜寒帯の表層では，広い範囲で低塩分化が起きていることが報告されている(Freeland *et al*., 1997; Ono *et al*., 2001; Boyer *et al*., 2005)。したがって，オホーツク海に流入する北太平洋水が低塩分化している可能性は十分あると言える。

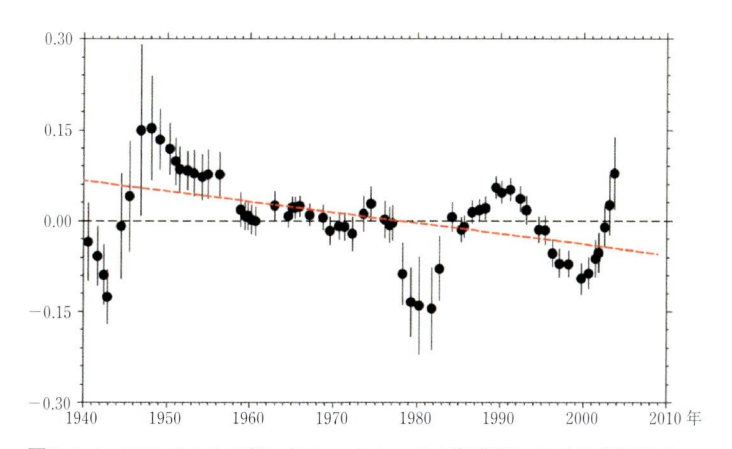

図I.3.4　図I.3.2と同様。但し，オホーツク海東部における表層塩分の時系列

Figure I.3.4　Same as Fig. I.3.2, but for the surface salinity in the eastern Okhotsk Sea.

2. 中層水温に対する EOF 解析

次に，中層の水温場に対する EOF 解析(経験的直交関数解析，主成分分析とも呼ばれる)の結果を紹介する。格子化された水温場の時系列に対して EOF 解析を適用すると，各格子点間で相互に関連し，最も変動が大きな成分が抽出され，それを表す空間パターンと，対応する時系列が得られる。過去の研究では海面水温場などに対し多く行われたが，オホーツク海のより深い層に対する解析は，短期間であるか，または，領域が限定されているものしかなかった(例えば，Minobe & Nakamura, 2004)。データ量が大きく増えたお陰で，50 年間の中層水温場に対する EOF 解析が可能になった。

図 I.3.5 は，中層の密度面(26.8, 27.0, 27.2 σ_θ)の水温場に対する EOF 解析の結果を示す(第 1 モード，すなわち最も卓越している変動成分)。まず時系列を見ると(図 I.3.5 b, d, f)，どの層でも増加傾向，つまり水温が上昇していることがわかる。

空間パターン(図 I.3.5 a, c, e)から，この水温上昇が顕著なのは，DSW が形成される北部の陸棚域やサハリン沖であることがわかる。サハリン沖は，DSW が東樺太海流によって南に輸送される海域である。これらと比べると，中央部や千島海盆は変動が小さい。この第 1 モードの結果から，中層における期間中の水温上昇は，0.6〜0.9℃と見積もられた。この値は過去の研究とほぼ同じ大きさである(Nakanowatari et al., 2007; Itoh, 2007)。

第 1 モードの時系列から，最も水温が低い期間を 1956〜1962 年，高い期間を 1997〜2004 年と見ることができる。この両期間中の観測データをすべて用い，26.8 σ_θ 面における水温・塩分の平均場を作成した(図 I.3.6)。これを見ると，1997〜2004 年の方が(図 I.3.6 c と d)，全体的に高温・高塩分である。この傾向は他の 2 つの密度面(27.0 σ_θ, 27.2 σ_θ)でも同様で，中層の昇温化がオホーツク海全域で起こっていることがわかる。

3. オホーツク海沿岸の気象データに見られる時間変化——海氷生産量への影響

前述したように，オホーツク海・北太平洋における中層の昇温化は，気温上昇に伴う海氷生産の減少が一因であると考えられている。ここでは，海氷生産に影響する気象条件の変化を見るため，オホーツク海沿岸のマガダン(Magadan)とオホーツク(Okhotsk)における気象観測データを解析した結果を紹介する(両都市の位置は図 I.3.1 を参照)。図 I.3.7 は，マガダンとオホーツクにおける氷点下気温の年積算値の時系列である。両都市ともその値が増加，つまり大気による海の冷却が弱まってきていることを示す。一方で，11〜3 月平均のオホーツク・マガダン間の気圧差は減少してきており(図 I.3.8 の下のグラフ)，両地点の間で吹く北風が弱化していることを示している。つまり，海氷生成にとって重要な沖向きの風が弱まっていることになる(沖向きの風の役割については第 I 部第 1 章を参照)。気温上昇に加え，風が弱化することで海氷生産量が減少していることが示唆され，実際のところ，冬季平均の海氷面積は小さくなってきている(図 I.3.8 の上のグラフ)。

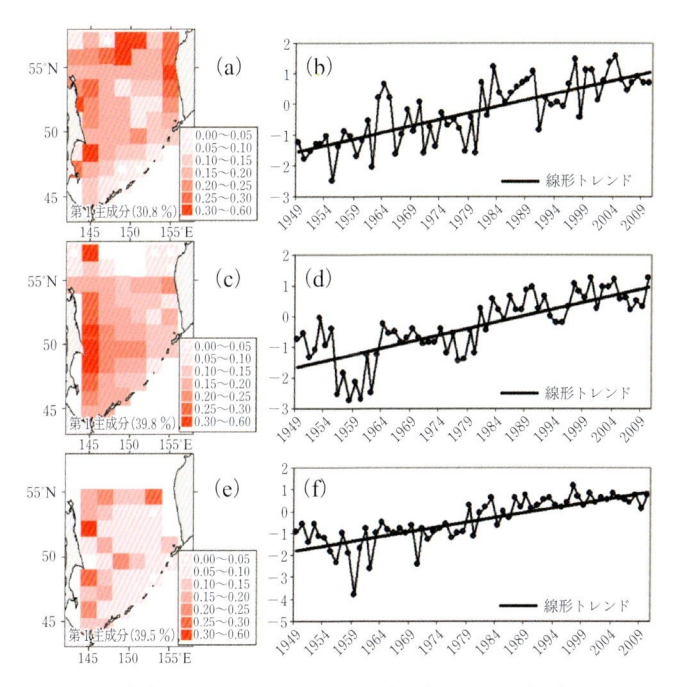

図 I.3.5 密度面 26.8 σ_θ (a, b), 27.0 σ_θ (c, d), 27.2 σ_θ (e, f)における水温場の EOF 第 1 モード

Figure I.3.5 EOF 1st mode for the temperature fields at the density surfaces of 26.8 σ_θ (a, b), 27.0 σ_θ (c, d), and 27.2 σ_θ (e, f).

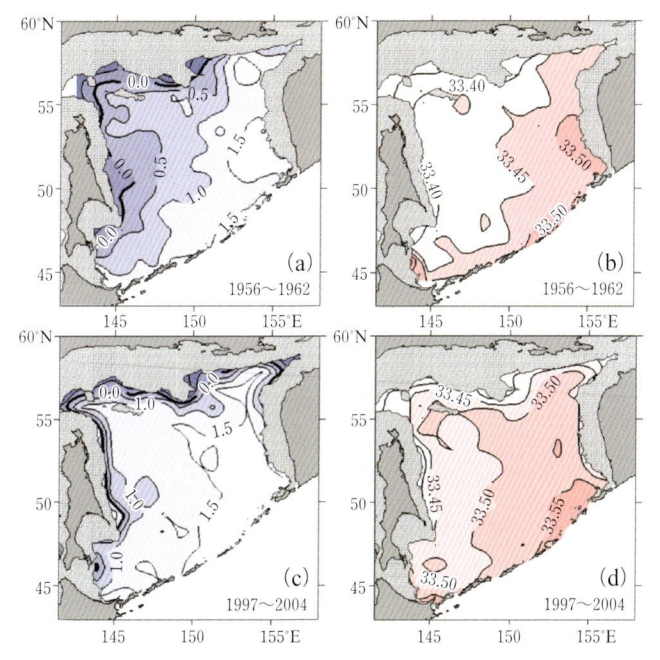

図 I.3.6 26.8 σ_θ における水温・塩分の平均場。(a, b) 1956〜62 年平均, (c, d) 1997〜2004 年平均

Figure I.3.6 Composite maps of temperature and salinity at the 26.8 σ_θ surface for 1956-62 (a, b) and 1997-2004 (c, d).

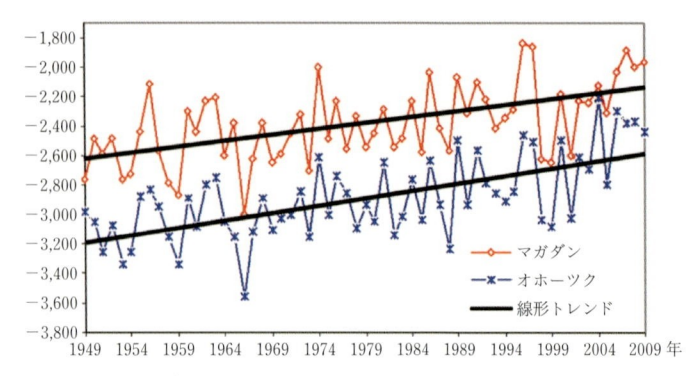

図 I.3.7　マガダンとオホーツクにおける氷点下気温(日平均)の年積算値。
Figure I.3.7　Time series for the annual sums of daily averages of negative temperatures at Magadan(red) and Okhotsk(blue) stations. Thick lines denote the linear trends.

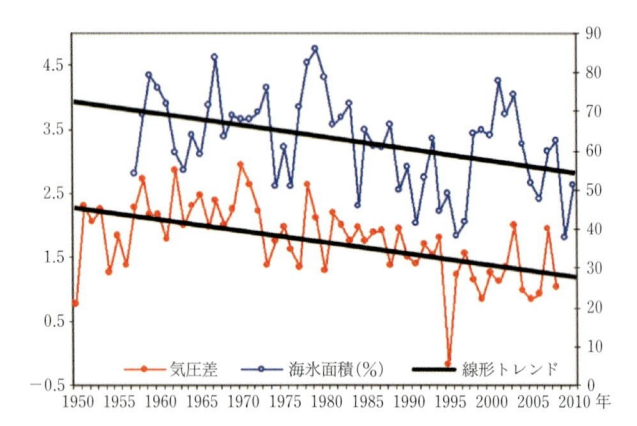

図 I.3.8　オホーツク海の1〜4月平均の海氷面積(上；単位は%)。マガダン・オホーツク間の気圧差(下；オホーツク－マガダン，単位は kPa)。
Figure I.3.8　Time series for the area of sea-ice cover in the Sea of Okhotsk averaged during the period of January to April (blue line) and pressure gradient between Magadan and Okhotsk stations averaged during the period of November to March (red line). Thick lines denote the linear trends.

4．今後の課題

　日露の共同研究によって，オホーツク海の DSW が長期の低塩分化傾向にあることが示された。しかし，オホーツク海・北太平洋中層の昇温化に対し，DSW の塩分低下がどの程度寄与しているのか，それを定量的に評価するためには，やはり DSW の形成量をより詳細に知る必要がある。また，DSW の塩分低下にとって，北太平洋からの塩輸送が重要であることも示唆された。オホーツク海西部を流れる東樺太海流の観測・調査が進んできているのに対し(第 I 部

第1章を参照)，東部の流速構造や流量などについてはほとんどわかっていない。これについても，今後の観測や調査によって明らかにされる必要があるだろう。

【引用・参考文献】

Boyer, T. P., Levitus, S., Antonov, J. I., Locarnini, R. A. & Garcia, H. E. (2005): Linear trends in salinity for the World Ocean, 1955-1998, Geophysical Research Letters, 32, L01604, doi:10.1029/2004GL021791.

Freeland, H., Denman, K., Wong, C. S., Whitney, F. & Jacques, R. (1997): Evidence of change in the winter mixed layer in the Northeast Pacific Ocean, Deep-Sea Research I, 44, 2117-2129.

Itoh, M. (2007): Warming of intermediate water in the Sea of Okhotsk since the 1950s, Journal of Oceanography, 63, 637-641.

Minobe, S. & Nakamura, M. (2004): Interannual to decadal variability in the southern Okhotsk Sea based on a new gridded upper water temperature data set, Journal of Geophysical Research, 109, C09S05, doi:10.1029/2003JC001916.

Nakanowatari, T., Ohshima, K. I. & Wakatsuchi, M. (2007): Warming and oxygen decrease of intermediate water in the northwestern North Pacific, originating from the Sea of Okhotsk, 1955-2004, Geophysical Research Letters, 34, L04602, doi:10.1029/2006GL028243.

Nishioka, J., Ono, T., Saito, H., Nakatsuka, T., Takeda, S., Yoshimura, T., Suzuki, K., Kuma, K., Nakabayashi, S., Tsumune, D., Mitsudera, H., Johnson, W. K. & Tsuda, A. (2007): Iron supply to the western subarctic Pacific: Importance of iron export from the Sea of Okhotsk, Journal of Geophysical Research, 112, C10012, doi:10.1029/2006JC004055.

Ono, T., Midorikawa, T., Watanabe, Y. W., Tadokoro, K. & Saino, T. (2001): Temporal increases of phosphate and apparent oxygen utilization in the subsurface waters of western subarctic Pacific from 1968 to 1998, Geophysical Research Letters, 28, 3285-3288.

Takahashi, T., Sutherland, S. C., Sweeney, C., Poisson, A., Metzl, N., Tillbrook, B., Bates, N., Wanninkhof, R., Feely, R. A., Sabine, C., Olafsson, J. & Nojiri, Y. (2002): Global sea-air CO_2 flux based on climatological surface ocean pCO_2, and seasonal biological and temperature effects, Deep-Sea Research II, 49, 1601-1622.

Uehara, H., Kruts, A. A., Volkov, Y. N., Nakamura, T., Ono, T. & Mitsudera, H. (2012): A new climatology of the Okhotsk Sea derived from the FERHRI database. Journal of Oceanography, doi:10.1007/s10872-012-0147-3.

5. Summary

Collaborative studies between Far Eastern Regional Hydrometeorological Research Institute (FERHRI) and Institute of Low Temperature Science (ILTS) about long-term variations of the Sea of Okhotsk have been done since 2008. At FERHRI, the new oceanographic database of Sea of Okhotsk has been created. It contains the data from the materials of the Russian and foreign organizations for free access. Now the database contains more than sixty thousand oceanographic stations, which have the temperature and salinity.

The properties of the dense shelf water (DSW) in the Sea of Okhotsk are examined by using the new database. The decreasing trend is found in the salinity of DSW (0.08 psu for 50 years) since 1950. It is suggested that freshening DSW can be contributed by the attenuating salt transport from the North Pacific as well as the weakening sea-ice production.

We analyzed isopycnal surfaces of 26.8, 27.0, and 27.2 σ_θ. Observational data corresponding to these surfaces were grouped into 1.25×2.0° latitude-longitude boxes. For each box, we calculated monthly anomalies of temperature and salinity. Thus, we obtained yearly fields of anomalous values and applied EOF analysis. We analyze the first components of the EOF only, which can explain large-scale (synchronous) interannual variability of intermediate waters characteristics. We obtained significant warming trends (at 95% confidence level) of approximately 0.6–0.9°C at isopycnic surface of 26.8, 27.0 and 27.2 σ_θ.

The atmospheric conditions in the Sea of Okhotsk was examined by using the observation data at the coastal stations, which showed that attenuated northerly winds as well as air-temperature rise caused decrease of sea-ice production.

4

オホーツク海及び親潮域における物質循環のモデリング

Modeling material circulations in the Sea of Okhotsk and the Oyashio area

三寺史夫[1]・内本圭亮[1]・中村知裕[1]・西岡純[1]・三角和弘[2]・津旨大輔[2]
([1]北海道大学低温科学研究所・[2]電力中央研究所)
Humio MITSUDERA[1], Keisuke UCHIMOTO[1], Tomohiro NAKAMURA[1],
Jun NISHIOKA[1], Kazuhiro MISUMI[2] and Daisuke TSUMUNE[2]
([1]Institute of Low Temperature Science, Hokkaido University;
[2]Central Research Institute for Electric Power Industry)

1. はじめに

　オホーツク海は北太平洋で最も重い海水ができる海である。これは海氷生成時に濃縮された高塩水(ブライン)が排出されるためで,それが大陸棚に溜まって高密度陸棚水(DSW:Dense Shelf Water)となり,さらにオホーツク海に流れ出ることによって中層循環を駆動する。同時に,DSW は大陸棚から大量の物質を運び出すという特徴を持っている。第Ⅰ部第2章で述べられているように,アムール川など河川から流れ出た鉄も北西陸棚域に堆積し,DSW とともにオホーツク中層に流れ出ることが,最新の研究で明らかとなってきた(Nishioka et al., 2007)。このような海洋循環や物質循環の予測を行うには,物理過程が適切に表現されている数値モデルを用いる必要がある。

　本節では,中層循環を駆動する物理過程と,物質循環モデルについて概説する。はじめに物理過程として,中層循環にとって重要な DSW の形成過程と千島列島沿いの潮汐混合について述べる。これらは鉄など物質の輸送や再配分にとっても重要である。

　次にこれらの物理過程を基礎とした物質循環モデルについて述べる。1つはオホーツク海と西部亜寒帯循環の領域を計算領域とし,中層の物質輸送過程に焦点を当てたモデルである (Matsuda et al., 2009; Uchimoto et al., 2011)。海氷形成に伴う DSW と中層への沈み込みを現実的に再現したモデルで,ここではフロンの輸送について考える。フロンは海水中では化学反応を起こさないので,純粋にトレーサーとして扱うことができる。従って,この実験の1つの目的は,

鉄循環モデル構築に向けた第一歩として，モデルが正しい物質輸送過程を再現するか否かを検証することであった．

もう1つは全球の海洋大循環に栄養塩・植物プランクトン・動物プランクトンのコンパートメントを結合した生態系モデルである(Misumi *et al.*, 2011)．栄養物質として鉄が含まれている．このモデルで重要なのは，鉄の起源として，堆積物及び大気ダストの双方を考えていることである．従来，鉄は大陸から黄砂のような大気ダストとして供給されていると考えられてきた．しかしながら第I部第2章でも示したとおり，北太平洋ではオホーツク海陸棚域起源の鉄の重要性が明らかになってきている．ここでは堆積物及び大気ダストの鉄循環へのインパクトを，それぞれ明らかとすることを目的とした．

2．オホーツク海北西陸棚域における高密度陸棚水の形成過程

オホーツク海の北西陸棚域は最も大量の氷が生産される場所であり，低温・高塩分で高密度のDSWが大量に形成されている．ここでは，どのような物理プロセスを経てDSWは形成されるのか，またDSWの密度はどのように決まるのか，を考察したい．

図I.4.1(左)は高密度陸棚水形成の数値実験である(Kawaguchi & Mitsudera, 2009)．北西陸棚を模した非常に緩やかな斜面上の北端に，海氷から排出された高塩分水を注ぎ，DSWの発展を見た．高塩分水を注ぎ始めると，それは数km〜10kmの渦を形成して傾斜を下り始める．地球の回転と非常に緩い斜面のため，重い水が斜面を駆け下りるというよりも，渦が塩分輸送を主に担うのである．

図I.4.1(右)は北西陸棚域のポリニヤに相当する塩分流入量を計算し，図I.4.1(左)の海洋モデルに流入させたときの塩分変化を示している．初期にポリニヤの塩分は徐々に上昇する．これはブラインがDSWの中に溜まっていくことを示している．ポリニヤでの塩分がある程度

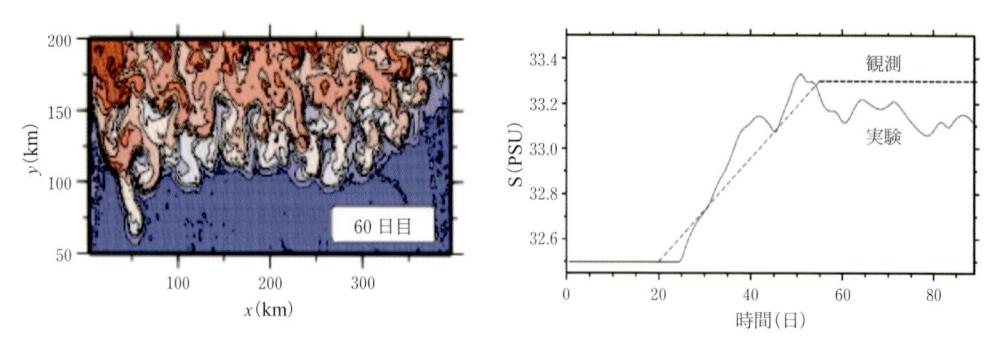

図I.4.1　(左)DSW形成の数値実験における海底面の塩分の構造．(右)北西陸棚の塩分強制によるDSW形成実験における海底塩分の時間発展(実線)．観測の大まかな発展も概念的に示した(破線)．Kawaguchi & Mitsudera(2009)より

Figure I.4.1　(Left) Plan view of bottom salinity anomaly over a sloping bottom in a DSW formation experiment. (right) Evolution of simulated bottom salinity (solid line), comparing to an observation which is drawn schematically (dashed line). Figures are adopted from Kawaguchi & Mitsudera (2009).

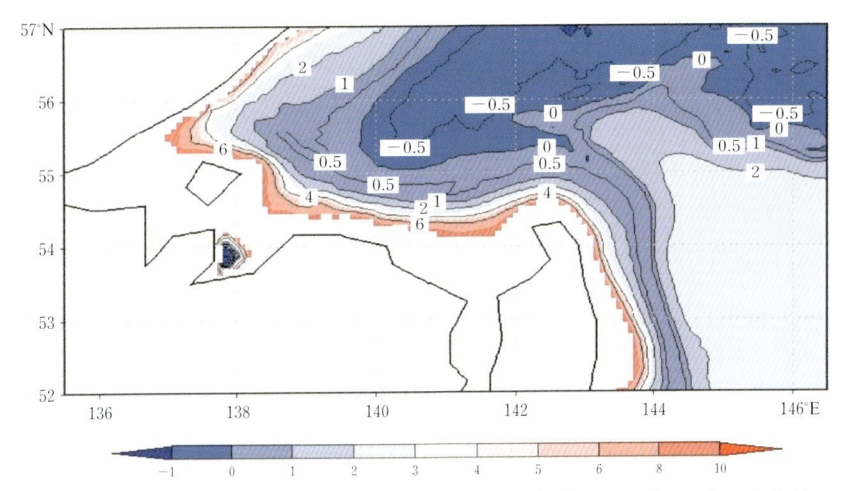

図 I.4.2　北西陸棚域における DSW の水温の数値実験結果。DSW がサハリンの北部に沿って大陸棚から流出している。Fujisaki *et al.*(2011) より

Figure I.4.2　Simulated DSW temperature over northern shelf by a high-resolution ice-ocean model. DSW flows along the northern coast of Sakhalin. Figure is adopted from Fujisaki *et al.* (2011).

濃くなり周囲との密度差が大きくなると渦が発生し，沖側への塩分輸送が生じる。従って，渦による沖向きの塩分輸送が海洋表面からの塩分流入と均衡した時に，DSW の塩分値が決まることになる。図 I.4.1(右)を見るとその均衡する塩分増分は約 0.8 psu であり，観測値と良い対応関係にあった。

　このようにして出来た DSW は，陸棚上を西向きに流れる沿岸流の影響を受けて西進し，サハリン島の北部沿岸に達する。そこには深い谷があり，その谷に沿って潜り込みオホーツク海の中層(200〜400 m)に到達する。図 I.4.2 は高解像度(10 km 格子程度)の海洋海氷結合モデルによる数値実験で得られた DSW の形成過程である(Fujisaki *et al.*, 2011)。低温水が細い流れとなり，サハリン北部から東部海岸沿いに流出していることがわかる。

　以上の通り，DSW 形成は浅い大陸棚上の海水を中層まで潜り込ませるという鉛直循環の駆動源である。DSW が流れ出るときには第 I 部第 2 章に見られるように鉄など物質を大量に輸送する。このようにして，DSW 起源の中層水はオホーツク海南部の千島列島にまで至る。

3．千島列島における潮汐混合

　千島列島は高い海嶺の一部が海上に頭を出して連なることでできている列島で，大部分の海峡は浅く，太平洋とオホーツク海間での海水交換は 2 つの比較的深い海峡(ブッソル海峡とクルーゼンシュテルン海峡)に限られている。また，この海域では潮流が強く，浅い海峡(高い海嶺)を乗り越える時，千島列島周辺では激しく混合が起こる。その一例として，図 I.4.3(右)に列島周辺の衛星赤外画像を示す。夏，太陽によって温められて水温は全体的に高くなっているが(黒っぽい部分)，千島列島の周辺だけ表面水温が低い(白い)ことが見て取れる。渦のような現象

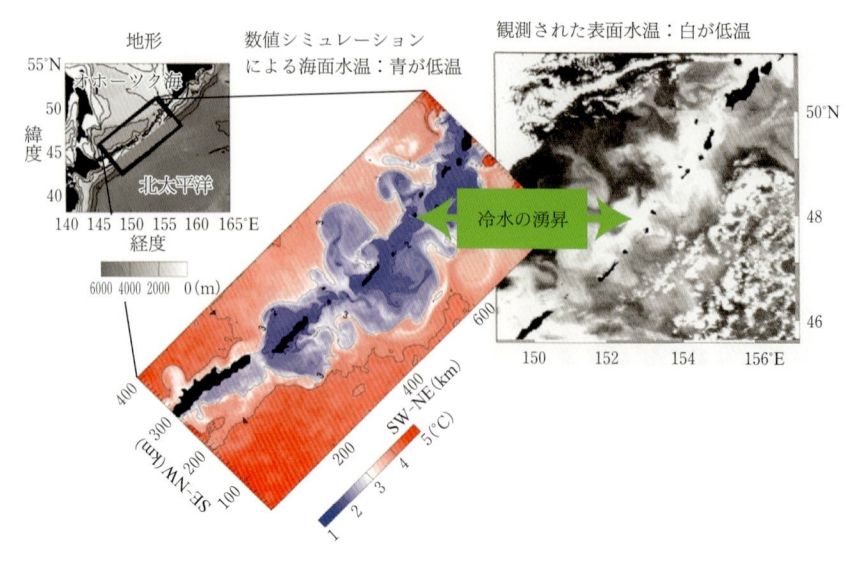

図 I.4.3 （左）モデル地形。四角で囲まれた領域。（中央）数値実験による SST。（右）衛星から観測された SST。Nakamura & Awaji (2004) より

Figure I.4.3 (Left) Model geometry. Simulated area is denoted by the square. (middle) Simulated Sea Surface Temperature (SST). (right) Satellite SST. Adopted from Nakamura & Awaji (2004).

もあちこちで見られる。これは，列島周辺で潮汐によって上下に強く攪拌され，下方の冷たい水が表面まで現れていることを表わしている。この海域では夏でも海表面水温が 5°C 前後と低温に保たれている。

そのプロセスを見るために，潮汐混合の数値実験を紹介する (Nakamura & Awaji, 2004；図 I.4.3 中央)。水平格子が 700 m 程度で，現在のスーパーコンピュータでも長時間の演算を必要とする。現実的な地形と潮汐で駆動しており，表面水温の分布は観測されているものと驚くほどよく似ている。潮流の風下側で深さ 700〜800 m までよく混合されており，表面の低温水は中層から湧き上がってきたものであることがわかる。

オホーツク海の表層は，海氷の融解や河川等による淡水供給により低塩化される傾向にある。一方，中層では DSW に加え北太平洋から流入する海水が混ざり合って高塩となっており，潮汐混合による湧昇は表層に対して塩分を供給するメカニズムの 1 つとなっている。次節で見るように，表層への高塩分水供給は DSW 形成にとって非常に重要である。さらに，鉄も千島列島で上下に攪拌されて表層に現れており（第 I 部第 2 章），潮汐混合は中層の鉄を表層に輸送することで植物プランクトンを利用可能な状態にするという，重要な機能を持っていることがわかってきた。

4. オホーツク海中層循環の数値実験

海氷生産により DSW が形成され中層へ拡がる様子を再現するために，オホーツク海と北太

平洋西部のシミュレーションを行った。オホーツク海中層を現実的に再現したシミュレーションはこれまで例がなかったが，海氷・DSW 形成と千島列島近傍での潮汐混合や北太平洋との海水交換の効果を取り入れることで再現が可能となった。基盤となる海洋大循環モデルは，東京大学気候システム研究センターで開発された海洋海氷結合モデルで，海洋循環及び海氷の動きを，運動方程式と熱力学を解くことによって再現するものである。モデルの解像度は比較的粗く，水平 0.5°とした。海流や水温などは海面で与えられた日平均気候値の大気データ（風応力，放射，淡水フラックス，風速，気温，湿度）によって駆動した。

シミュレーションでは，オホーツク海中央部から北部の表層には反時計回りの循環が形成された。これは風が作る循環で，冬季に強く夏季に弱いという季節変化をする（第I部第1章参照）。また，数値実験において海氷は2月，3月に東部域を除くオホーツク海全域を覆った（図I.4.4左）。この海氷分布は衛星で観測されている分布と極めてよく似ている。東部に海氷がはりにくいのは，その海域に北太平洋から比較的高温高塩分の海水が流入しているためである。また，オホーツク海の北西部沿岸には，やや海氷密接度の小さい領域が見られる。これがモデルの中の沿岸ポリニヤである。シミュレーションでもやはり北西陸棚域での海氷生産量が多く，このためそこで DSW が多量にできている。

次に中層の代表的な密度面である 26.8 σ_θ と（水深にするとオホーツク海で 150〜300 m）の水温などを観測値（Itoh *et al.*, 2003）と比較し，良好な結果であることを確認した。図 I.4.4（右）にシミュレーションによって得られた中層水温を示す。低水温部が北西陸棚域からサハリンに沿って南部の千島海盆まで達する，という特徴が再現されている。これが数値モデルの中の DSW である。一方オホーツク海の東部には比較的温かな海水がある。これは，北太平洋から流入してきた海水である。オホーツク海の中層は東西方向に温度変化が大きいことが特徴となっており，その様子がモデルで良く再現できた。

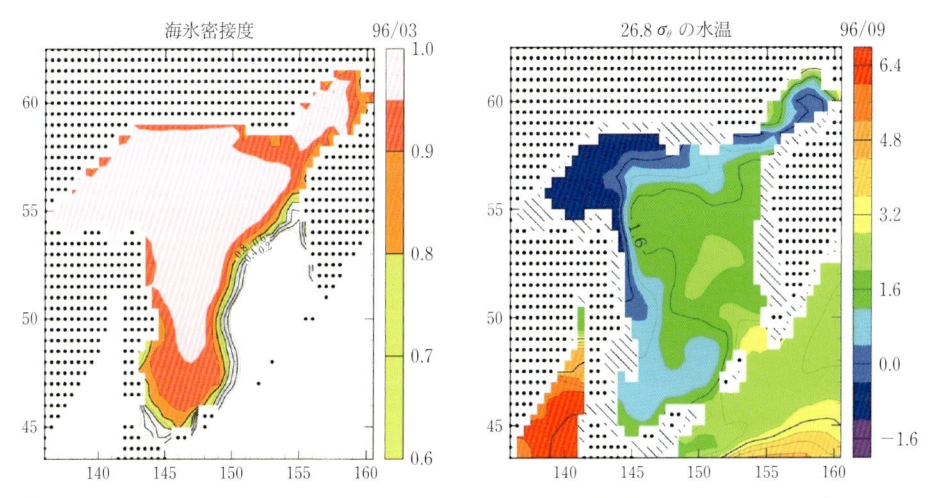

図 I.4.4 （左）数値実験による海氷分布。（右）中層 26.8 σ_θ の水温。Uchimoto *et al.*(2011) より
Figure I.4.4 (left) Simulated sea ice extent. (right) Simulated intermediate layer temperature on 26.8 σ_θ surface. Adopted from Uchimoto *et al.* (2011).

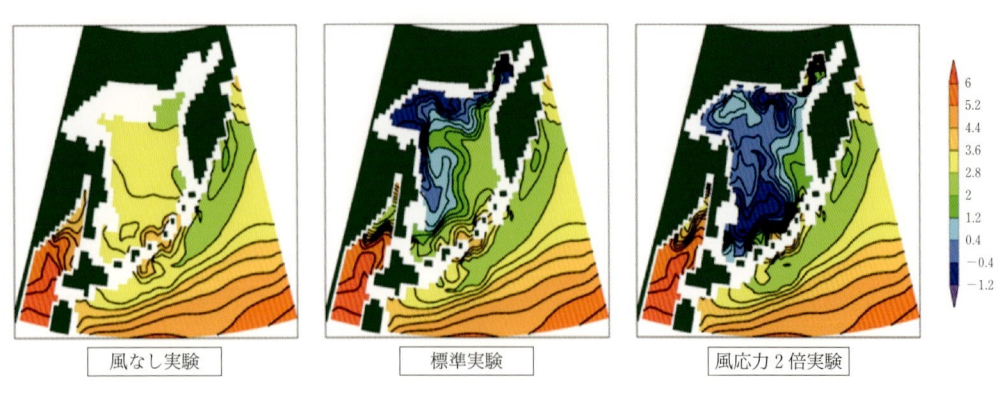

| 風なし実験 | 標準実験 | 風応力2倍実験 |

図 I.4.5　風応力を変化させた場合の 26.8 σ_θ 面における水温変化。Matsuda *et al.*(2009) より
Figure I.4.5　Numerical results with wind stress variations. Temperature structures on 26.8 σ_θ are shown. Adopted from Matsuda *et al.* (2009).

　中層循環の起点となるのは北西陸棚域ポリニヤにおける DSW の形成だが，循環の強度はその他にも様々な要因で変わる。数値モデルでは外力を変化させる実験をすることで，変動の原因を探ることができる。

　中層循環の変動要因として考えられるのは，第一に気温の変化である。これは海氷の生産量を変化させ，ブライン形成量を大きく変える。従って DSW 形成量も海氷変動に従い変動することになる。数値実験として，気温を 3℃程度上げた場合，中層水温は 0.6℃程度の上昇を示した。これは観測された中層水温の上昇(第 I 部第 1 章)と同程度であった。

　第二に表面塩分の変化である。オホーツク海ではアムール川など河川からの淡水供給が豊富であり，海氷の融け水もほぼ淡水なので，高塩水の供給がないと表層は過剰に低塩化する。そうすると表層と中層の間に強い成層ができ，ポリニヤでブラインが供給されても成層を壊すことができず中層まで DSW が届かない。

　では海洋表層への塩分供給はどのようになされているのだろうか。それには，2 つの重要なプロセスがある。1 つ目は上述したように千島列島沿いで起こっている潮汐による上下方向の攪拌であり，もう 1 つは風による表層の循環である。表層循環は高塩の北太平洋水をオホーツク海へ引き込む原動力であるとともに，オホーツク海全体に高塩水を行きわたらせるという役割を担っている。従って，風がなければ中層循環は生じない。図 I.4.5 は風を変化させた場合の数値実験結果であるが，風がない場合，中層は北太平洋の温かい海水で覆われることがわかる。逆に風を強くすると水温が大きく下がる。このようにオホーツク海中層の循環は，海氷形成による DSW ばかりではなく，表層の風成循環によっても大きな影響を受けることが判明した。

　以上より，オホーツク海では，DSW 形成・潮汐混合・風成循環によって表層と中層がつながった 3 次元的な循環が活発に生じていることが明らかになった。そのようにしてできたオホーツク海特有の海水が，千島列島沿いの海峡を通じて太平洋と交換している。様々な物質も，この 3 次元的な循環に乗って，オホーツク海中層から親潮域，北太平洋へと拡がっていくので

ある。

5．物質循環(フロン)のシミュレーション

物質循環のモデリングとして，最終的に海洋生態系にとって重要な微量栄養物質である鉄の循環の再現を目指しているが，その前段階としてフロン(CFC：chlorofluorocarbon)のシミュレーションを行った。CFC 濃度は移流拡散によってのみ変化し，生物など他からの影響はない。従って CFC のシミュレーションを行うことにより，モデルが物質の輸送過程を正しく表現できるか否かを検証することができる。さらに，北太平洋亜寒帯循環域の中層への物質輸送に重要な役割を果たしている DSW 形成と千島列島域での潮汐混合の効果についても，その相対的な役割を示すことが可能となる。それに対し，鉄は単純に輸送されるだけではなく，鉄自身の化学変化や生物の作用によって影響を受けるため，CFC に比べより複雑な輸送プロセスを経る。

図 I.4.6 に CFC の観測結果(Yamamoto et al., 2004)とシミュレーション結果を示す。この図は，等密度面における北太平洋 CFC 濃度との差(ΔpCFC)を表したものである。CFC は人工的に生成された物質であり，年代が新しくなるほど大気中は高濃度となり，海洋にも多く溶ける。すなわち，新しい(最近になって大気に接した)海水ほど CFC 濃度が高いということであり，

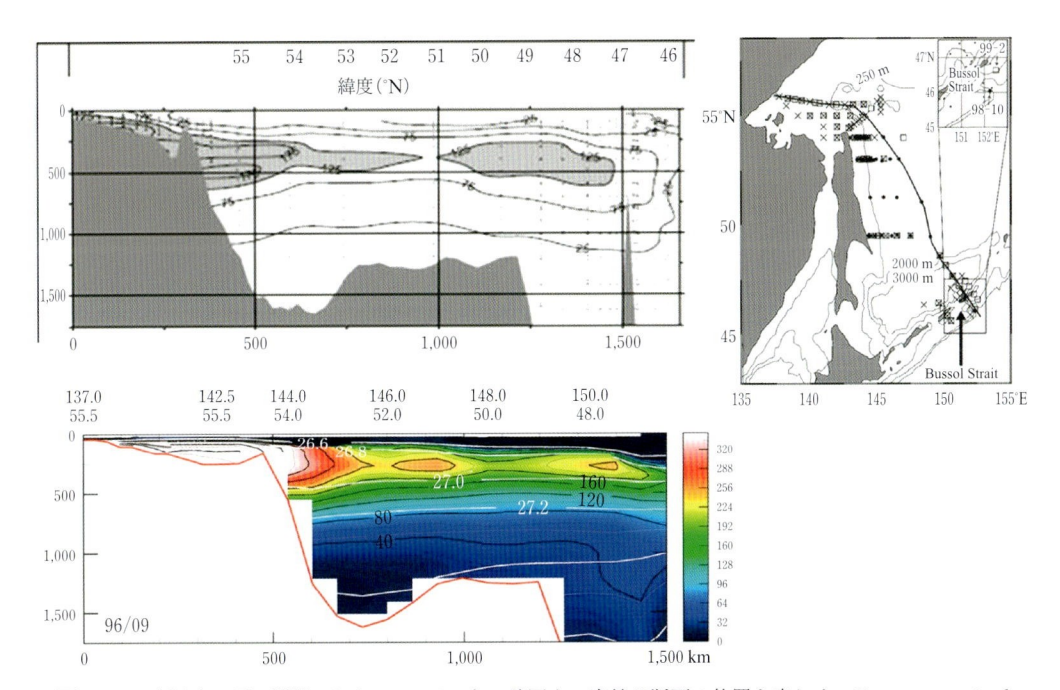

図 I.4.6 (上)左の図は観測された ΔpCFC。右の地図上の実線は断面の位置を表わす。Yamamoto et al. (2004)より。(下)対応する数値実験結果。Uchimoto et al.(2011)より

Figure I.4.6 (upper) Observed ΔpCFC along the section denoted by an observation line in the right panel. Adopted from Yamamoto et al. (2004). (lower) Simulated ΔpCFC along the corresponding section. Adopted from Uchimoto et al. (2011).

ΔpCFC は太平洋とオホーツク海水の年代差ということになる。

　観測された ΔpCFC を見ると，オホーツク海中層 400 m を中心にその値が大きい。これは，オホーツク海中層水は太平洋の中層水に比べてより新しいということを意味する。オホーツク海北部ではその水は大陸棚にあって空気に接しており，そこで CFC が DSW に取り込まれている。図 I.4.6 を見ると，シミュレーションでもこのような ΔpCFC 分布が見事に再現されていることがわかる。また等密度面 26.8 σ_θ における CFC の水平分布から，やはり北西陸棚域から千島列島にかけて DSW の通り道に沿って新しい水が分布し，それが北太平洋に流れ出ていることが確認できた。

　鉄も DSW に取り込まれて運ばれる(第 I 部第 2 章)。この CFC 実験から，海洋循環モデルはオホーツク海北西陸棚域の DSW が中層を通って太平洋へ流出するという中層循環を良く再現していることがわかった。このことから，このモデルに鉄化学モデルを結合させれば，オホーツク海から親潮域にかけての鉄循環や分布の再現が期待できる。現在，結合実験を実行中であるが，中層に高濃度の鉄分布を再現できており，良好な結果を得つつある。

6. 全球生態系モデルによる鉄循環シミュレーション

　鉄は海水に入ると粒子化し，大部分は除去されてしまう。しかしながら，最新の研究(第 I 部第 2 章)によると，鉄は海洋中層において溶存状態で長距離伝播可能であり，親潮から北太平洋西部までの生物生産に影響を与えることがわかってきた。このような大規模スケールの生態系を含めた鉄循環モデリングを，電力中央研究所が中心となり低温科学研究所も協力して行っている(Misumi *et al.*, 2011)。モデルは米国の National Center for Atmospheric Research が作成したもので，海洋大循環モデルに栄養物質循環と海洋プランクトンを陽に表現する海洋生態系モデル(Biogeochemical Elemental Cycling (BEC) model)を結合させたものである。また栄養物質として

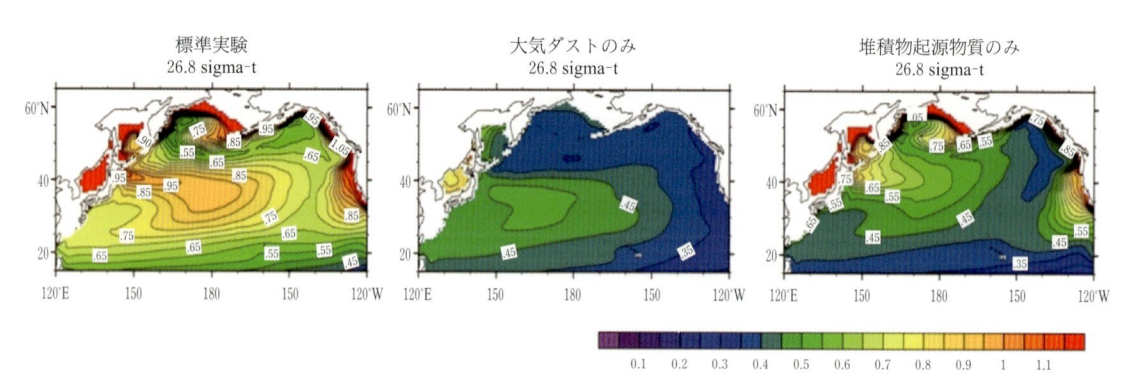

図 I.4.7　海洋中層 26.8 σ_t の鉄濃度分布(nmol/L)の数値実験結果。(左)標準実験。(中央)大気ダストのみの実験。(右)堆積物起源のみの実験。Misumi *et al.*(2011) より

Figure I.4.7　Simulated dissolved iron concentration (nmol/L) on an intermediate layer 26.8 σ_t. (left) Control experiment. (middle) Dust-only experiment. (right) Sediment-only experiment. Adopted from Misumi *et al.* (2011).

4 オホーツク海及び親潮域における物質循環のモデリング　43

鉄化学プロセスを組み込んでいる。

　この研究は鉄の起源と鉄循環の特徴について議論したものである。従来，鉄供給メカニズムとして考えられてきたのは，黄砂のような大気ダスト起源のものであった。しかし第Ⅰ部第2章で詳述されているように，北太平洋北西部では大気ダストに加え，オホーツク海大陸棚の海底堆積物から供給された鉄が外洋へ輸送されるプロセスが重要であることが指摘されている。BECモデルは海底堆積物起源からの鉄供給を考慮しているので，大気起源，堆積物起源双方の鉄の輸送過程と，その一次生産への寄与を調べることが可能である。

　BECモデルにより再現された北太平洋中層の溶存鉄濃度を図Ⅰ.4.7に示す。標準実験には堆積物からの鉄供給と大気ダストの寄与の双方が含まれている。溶

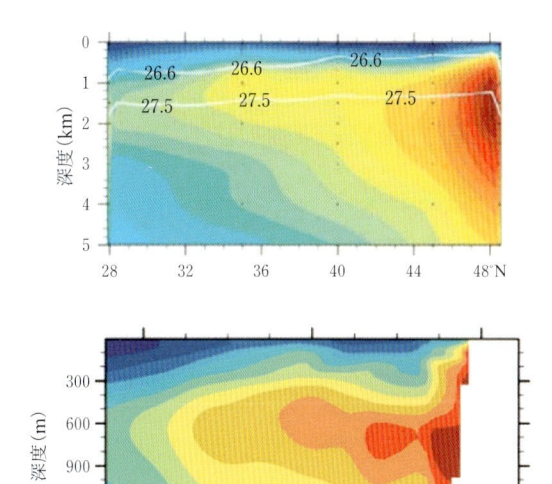

図Ⅰ.4.8　（上）東経165度に沿って観測された溶存鉄の断面。Nishioka *et al*.(2007)より。（下）同じ断面の数値実験結果。Misumi *et al*.(2011)より
Figure I.4.8　(upper) Observed dissolved iron concentration along 165E section. Adopted from Nishioka *et al*. (2007). (lower) Simulated dissolved iron concentration along 165E. Adopted from Misumi *et al*. (2011).

存鉄の濃度は西部で高く，特に高い所は日本の東北沿岸から黒潮続流に乗って東に延びている。東経165°の鉛直断面（図Ⅰ.4.8）を見ると，中層に濃度極大を持ち，北へ行くほど高濃度になるという，観測された鉄分布の特徴を良く捉えていることがわかる。大気ダストだけの場合には，低緯度へ向かって風成循環に伴う沈み込みが起こっている。高緯度側へは輸送されず，観測された南北分布（図Ⅰ.4.8上）を再現できない。堆積物起源の溶存鉄を考えたケースは，亜熱帯のみならず亜寒帯域にも鉄を供給できることを示しており，より現実を捉えていることがわかる。

　次に，大気ダストと堆積物それぞれからの鉄供給のみを与えた場合の，北太平洋の一次生産量を計算した。一次生産は，大陸棚域では堆積物からの寄与が大きく，外洋では一般に大気ダストの寄与が大きいのが特徴である。但し，親潮を含む北西太平洋では堆積物と大気ダストの寄与がほぼ同程度となった。この海域では，親潮フロントや黒潮続流に伴う東向きの流れが溶存鉄を北太平洋中央に向けて輸送する。このため北西北太平洋海域の一次生産に対する堆積物起源の鉄の寄与が大きくなるのである。すなわち，堆積物起源の鉄が生物生産にとって重要であるという第Ⅰ部第2章の仮説を支持する結果となった。

　本研究で用いたモデルは海氷過程が入っておらず，オホーツク海循環は水温・塩分の観測値を導入することで表現している。このためDSWによる鉄輸送は完全には表現されておらず，堆積物起源の鉄の寄与は未だ過小評価の可能性がある。本章第5節で述べた，DSWを再現する物質循環モデルと鉄化学が含まれた生態系モデルの結合は，これからの課題である。

【引用・参考文献】

Fujisaki, A., Mitsudera, H. & Yamaguchi, H. (2011): Dense shelf water formation process in the Sea of Okhotsk based on an ice-ocean coupled model, Journal of Geophysical Research, 116, C03005, doi:10.1029/2009JC006007.

Itoh, M., Ohshima, K. I. & Wakatsuchi, M. (2003): Distribution and formation of Okhotsk Sea Intermediate Water: An analysis of isopycnal climatology data, Journal of Geophysical Research, 108, 3258, doi:10.1029/2002JC001590.

Kawaguchi, Y. & Mitsudera, H. (2009): Effects of along-shore wind on DSW formation beneath coastal polynyas: Application to the Sea of Okhotsk, Journal of Geophysical Research, 114, C10013, doi:10.1029/2008JC005041.

Matsuda, J., Mitsudera, H., Nakamura, T., Uchimoto, K., Nakanowatari, T. & Ebuchi, N.(2009): Wind and buoyancy driven intermediate-layer overturning in the Sea of Okhotsk, Deep-Sea Research Part I, 56, 1401-1413.

Misumi, K., Tsumune, D., Yoshida, Y., Uchimoto, K., Nakamura, T., Nishioka, J., Mitsudera, H., Bryan, F., Lindsay, K., Moore, J. & Doney, S. C. (2011): Mechanisms controlling dissolved iron distribution in the North Pacific: A model study, Journal of Geophysical Research, - biogeoscience, doi:10.1029/2010JG001541, in press.

Nakamura, T. & Awaji, T. (2004): Tidally induced diapycnal mixing in the Kuril Straits and its role in water transformation and transport: A three-dimensional nonhydrostatic model experiment, Journal of Geophysical Research, 109, C09S07, doi:10.1029/2003JC001850.

Nishioka, J., Ono, T., Saito, H., Nakatsuka, S., Takeda, S., Yoshimura, T., Suzuki, K., Kuma, K., Nakabayashi, S., Tsumune, D., Mitsudera, H., Tsuda, A. & Johnson, W. K. (2007): Iron supply to the western subarctic Pacific: Importance of iron export from the sea of Okhotsk, Journal of Geophysical Research, doi:10.1029/2006JC004055.

Uchimoto, K., Nakamura, T., Nishioka, J., Mitsudera, H., Yamamoto-Kawai, M., Misumi, K. & Tsumune, D. (2011): Simulations of chlorofluorocarbons in and around the Sea of Okhotsk: Effects of tidal mixing and brine rejection on the ventilation, Journal of Geophysical Research, 116, C02034, doi:10.1029/2010JC006487.

Yamamoto-Kawai, M., Watanabe, S., Tsunogai, S. & Wakatsuchi, M. (2004): Chlorofluorocarbons in the Sea of Okhotsk: Ventilation of the intermediate water, Journal of Geophysical Research, 109, C09S11, doi:10.1029/2003JC001919.

7. Summary

Recent observations suggest that many materials are transported to the western subarctic gyre in the North Pacific from the Sea of Okhotsk. Their main origin is the northwestern shelf in the Sea of Okhotsk, where materials are incorporated into dense shelf water (DSW) and are transported via the intermediate layer. Among those materials, iron has recently been focused on because it is an essential micro-nutrient for the control of phytoplankton growth. We are aiming to simulate the iron tranport from the Sea of Okhotsk to the western North Pacific. The physical part of the model includes brine rejection during ice formation and tidal mixing effects along the Kuril Straits, both of which play leading roles in forming current fields and water masses in the intermediate layer in the Sea of Okhotsk. By conducting a tracer experiment and a simulation of chlorofluorocarbons, we have confirmed that the model is satisfactorily able to represent transportation of materials in the intermediate layer. DSW formation and tidal mixing along the Kuril Islands are essential for transporting the materials as well. We are now producing a simple iron model. Despite its simple form, we expect that the model serves as a first step toward simulating iron in the western subarctic gyre in the North Pacific. A biogeochemical cycling model that includes both dust and sediment as iron sources has also been developed.

5

鉄が結ぶ「巨大魚附林」
——アムール・オホーツクシステム

The Amur-Okhotsk system or the *"Giant"* *Fish-Breeding Forest* connected by dissolved iron

白岩孝行(北海道大学低温科学研究所)
Takayuki SHIRAIWA(Institute of Low Temperature Science, Hokkaido University)

1. 魚附林とはなにか

　我が国には魚附林と呼ばれる森林がある。狭義の意味では森林法に定められる「魚つき保安林」を指し，全国に約3.1万haの面積を持ち，主として海岸線に沿って制定されている。その期待される機能としては，河川及び海域生態系に対する①栄養塩供給，②有機物供給，③直射光からの遮蔽，④飛砂防止，が挙げられている。一方，広義の魚附林は，海域の生態系に対し，そこに流入する河川流域全体の森林や湿地といった陸面環境を指す。この場合の魚附林の機能には，上記の四点に加え，⑤微量元素供給，⑥水量の安定化，⑦土砂流出安定化，⑧水温安定化などが期待されている。

　魚附林が海域の生態系にとって重要な役割を果たしているという考えは，実はそれほど世界で認められているわけではない。その中で，我が国はこの概念を歴史的に発展させてきた。若菜(2004)によれば，その起源は江戸時代の始まりまで遡る。1623(元和9)年には，魚肥として重要であったイワシに対し，漁業育成策の一環として，佐伯藩(大分県)で山焼きや湾内の小島の草木の伐採が禁じられた例が報告されている。また，江戸時代の中期には，サケの保護を目的に，岩手県や新潟県において山林の保護が藩の政策として実施されていた。

　沿岸域の海洋生態系に対し，魚附林が果たす役割を科学的な手法によって解明しようという試みは，20世紀初頭の遠藤吉三郎(札幌農学校(現 北海道大学))による「磯焼け」の原因を巡る研究に始まる(若菜, 2001)。磯焼けとは，沿岸海域に生息する海藻の死滅現象を指す。遠藤の唱える磯焼けの原因説は，上流域の山地荒廃に伴う河川から沿岸域への淡水供給の増大と，結果的に生じる塩分減少であった。その後の研究で，この考え方は否定されることになるが，実証的な最初の研究であった。

1930年代になると，犬飼哲夫(北海道大学)が北海道厚岸湾における牡蠣の減少の原因を，上流の根釧台地の森林伐採に伴う土砂流出の増加に結びつけた。この研究が契機となり，根釧台地のパイロット・フォレスト事業が着手され，結果として厚岸湾の牡蠣が復活したと言われている(若菜，2001)。

1970年代になると磯焼けの原因として，河川が供給するフルボ酸鉄の役割が注目されるようになった(松永，1993)。光合成に必須の元素である溶存鉄は，海洋中の濃度が極めて低く，河川によって陸域から供給される鉄が海洋の植物プランクトンや藻類にとって重要であると考えられた。しかし，河川流域の森林が荒廃すると，鉄を溶存状態のまま海洋に輸送するために必要な腐植物質であるフルボ酸が減少するため，結果として鉄が減少し，これが原因となって磯焼けが起こるという考え方である。磯焼けの原因については，その後，ウニなどの植食動物の摂食圧を含む生態学的なダイナミズムによるとする仮説が出され(谷口，1999)，現在ではその原因を様々な要因の複合によるものとする考えが一般的となっている。

2. 親潮・オホーツク海の「巨大魚附林」としてのアムール川流域

第I部第2章で述べられたように，アムール川からは，毎年大量の溶存鉄がオホーツク海に流れ込む。アムール川は，流域面積205万km²，全長4,444 kmの世界屈指の大河川である(図I.5.1)。源流域をモンゴルに持ち，中流域は北のロシアと南の中国を分ける国境を形成している。下流になると，流路を北向きに転じ，ロシア領内を流れてオホーツク海へ毎秒1万トンもの水を注ぎ込んでいる。これは日本最大の流量を誇る石狩川の18倍に相当する。

アムール川が運ぶ溶存鉄の総量は，年間おおよそ10万トン。この溶存鉄が，第I部第2章で見たように中層鉄循環と呼ばれるオホーツク海独特の輸送システムを通じて，オホーツク海

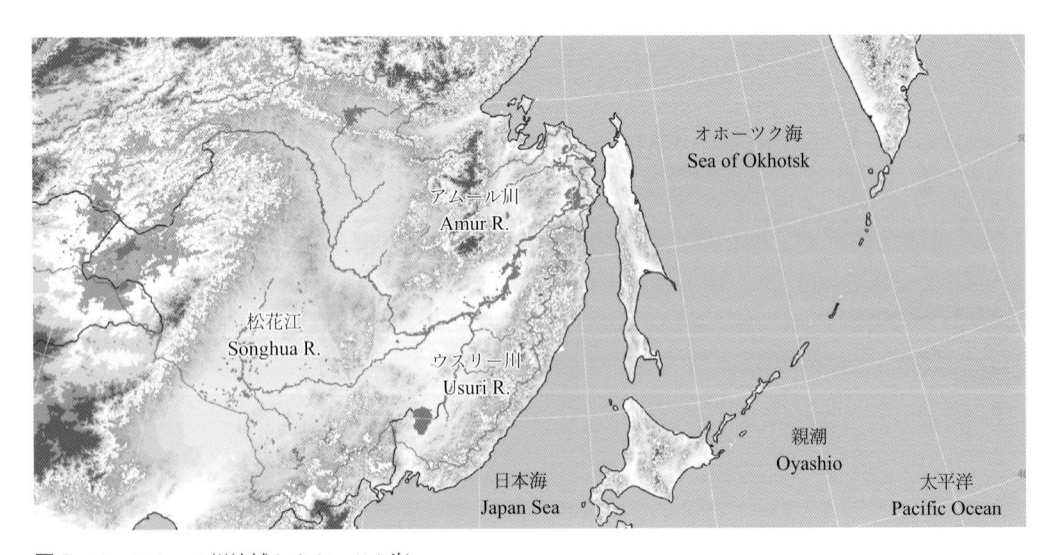

図 I.5.1 アムール川流域とオホーツク海
Figure I.5.1 The Amur River basin and the Sea of Okhotsk.

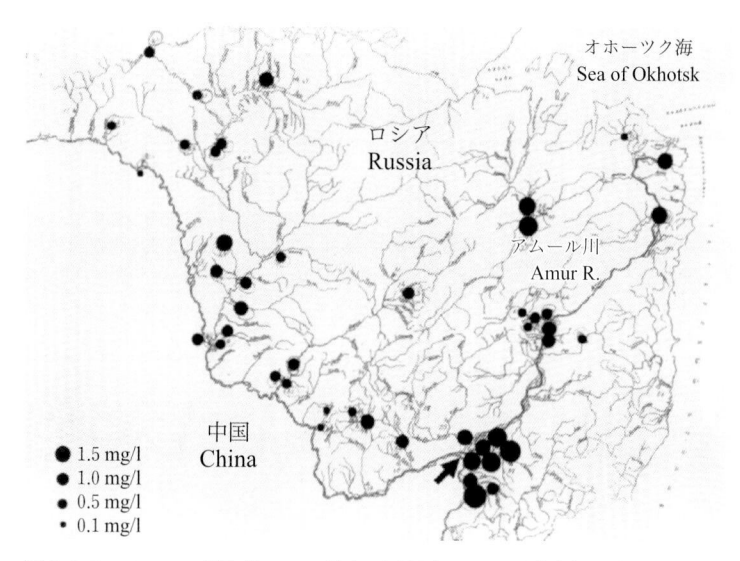

図 I.5.2　アムール川流域ロシア領内の河川水における溶存鉄濃度分布。中塚ほか(2008)より
Figure I.5.2　Dissolved iron concentration in river water in the Russian territory of the Amur River basin. From Nakatsuka *et al.* (2008).

はもちろん，千島列島を隔てて東に拡がる親潮域の一次生産に供給されている。

　アムール川からオホーツク海を経て親潮に至る鉄の流れは，前述した日本固有の環境概念である魚附林を連想させる。つまり，アムール川流域は，オホーツク海と親潮域の「巨大な」魚附林として鉄を供給しているという考えである。ではアムール川流域は，なぜこのような大量の鉄をオホーツク海に運ぶことができるのだろうか。

　最初の疑問として，いったい溶存鉄はアムール川流域のどこからやってくるのかに興味を持った。1枚の図が鉄の起源を明瞭に物語る。図 I.5.2 は，ロシア連邦水文気象・環境監視局が 2002 年にアムール川水系の各所において測定した溶存鉄濃度の平均値を示した図である(中塚ほか，2008)。丸の大きさが濃度を示している。濃度の数値を見る限り，アムール川流域の鉄濃度は，どこでも高く，日本の平均的な河川に比べると一桁以上高い鉄濃度を有している。ところが，中でもとりわけ大きな丸が，アムール川の中流，ちょうど大支流である松花江やウスリー川の合流点付近に集中している。ここには，三江平原と呼ばれる中国最大の湿地が存在する。

　湿地で溶存鉄濃度が高くなる原因は，腐植物質の量と，鉄自体の性質に注目すると理解できる。鉄は地球上で 4 番目に多い元素であり，陸上であればどこにでもある物質である。ところが，酸素と結びつきやすい性質を持っているために，酸素が豊富な環境では，ほとんどの鉄は酸素と結合した水酸化鉄という不溶性の状態で安定となる。一方，酸素がない状態においては，鉄は一部の電子を切り離し，二価あるいは三価の陽イオンとして水に溶けることが可能となる。つまり溶存鉄である。

　湿地という場所は，常時，地下水位が高く，地表付近に水が存在する。このような場所には，

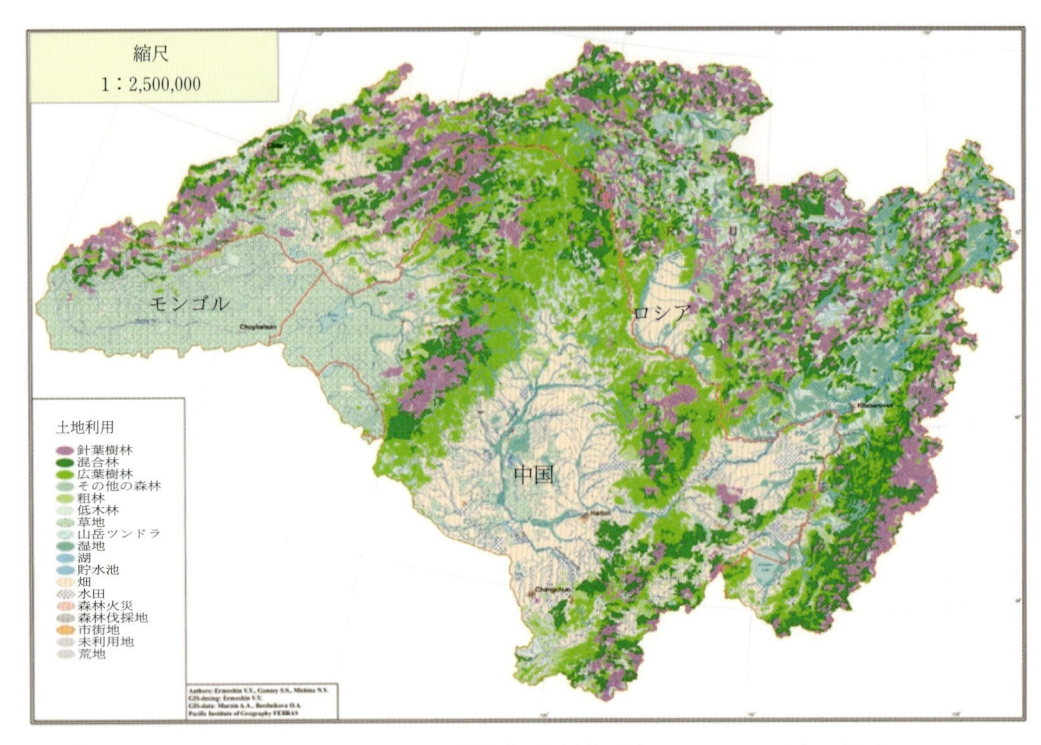

図 I.5.3　アムール川流域の現在(2000年)の土地被覆・土地利用分布。Ganzey et al.(2010)より
Figure I.5.3　Modern (Year 2000) land-cover land-use map of the Amur River basin. From Ganzey et al. (2010).

湿地特有の植物が繁茂する。植物は季節の移り変わりとともに枯死して，やがてはバクテリアによって分解される。北方湿地は気温の低さもあってか，分解は遅く，その分解の過程で酸素が消費されるため，常時酸素の少ない還元的な環境が維持される。このような状態は，鉄の水中への溶出にとって都合が良く，それゆえ，湿地の水域には多量の鉄が溶け出すことになる。溶け出した二価や三価の溶存鉄は，豊富に存在する腐植物質と錯体を形成し，腐植鉄錯体として溶存状態を保ったまま湿地から河川，そして海洋へと輸送される。

　もちろん，従来言われていたように，腐植鉄錯体の形成は森林においても起こっている。我々の行ったアムール川流域の様々な陸面環境における溶存鉄濃度の観測によれば，湿地≫水田≫自然森林＞火災を受けた森林＞畑という順で溶存鉄濃度は低下していくことがわかった。つまり，湿地がどれだけ存在するかが，河川を通じて海洋にどれだけの溶存鉄あるいは腐植鉄錯体が運ばれるかの目安となる。

　アムール川流域の現在(2000年)の土地被覆・土地利用状態を示したのが図 I.5.3 である。モンゴル，中国，ロシアという巨大な3カ国によって領有されるアムール川流域は，2000年時点で，森林帯(53.8%)，灌木・草原帯(18.2%)，畑地(17%)，湿原(6.9%)，水田(1.3%)から成っており，残りの2.8%が河川や湖などの水域，市街域，森林伐採地，森林火災地および山岳ツンドラで構成されている(Ganzey et al., 2010)。他の地域に比べ，相対的に大きな湿原域と，その湿原を支える森林域の存在こそが，オホーツク海にもたらされる巨大な鉄フラックスの起源で

あると我々は考えている(白岩，2011)。

3．顕在化する人為的影響

近年，アムール川流域では中国・ロシア両国の経済発展を背景に，急速な土地利用変化が起こっている。1930年代と2000年時点のアムール川全流域の土地被覆・土地利用状態を復元し，その変化の様子を見たところ，アムール川流域においては，草地と湿地の大幅な減少と，それに代わる畑や水田の増加が認められた(図 I.5.4：大西・楊，2009)。そして，これに呼応するように，湿地の減少が最も顕著に起こっている三江平原を流れるナオリ川においては，20世紀の半ば以降，河川水中の鉄濃度が急激に減少している(Yan et al., 2010)。残念ながら，現在所有しているデータでは，アムール川全体の溶存鉄流出量の経時変化を正確に把握することはできないが，流域の各地で起こっている湿原の干拓，森林火災，ダム建設，森林資源の劣化などの土地被覆・土地利用変化は，いずれも溶存鉄濃度を減少させることから，今後，アムール川を通じてオホーツク海に流入する溶存鉄の総量は，減少する可能性がある。

オホーツク海に面する我が国の知床は，オホーツク海という季節海氷域における海と陸の相互作用を背景に，多様な生物種から成り立つユニークな生態系が根拠となり，2005年に世界自然遺産に認定された。このオホーツク海と，それに隣接する親潮の生態系を底辺で支える植物プランクトンが，遠い大陸の湿地に源を持つ溶存鉄の存在によって支えられているという事実は，知床の生物多様性の保全に対し，その背景にある巨大魚附林システムとも呼ぶべき，アムール川流域からオホーツク海・親潮に至る広大な地球環境を念頭においた保全策が欠かせな

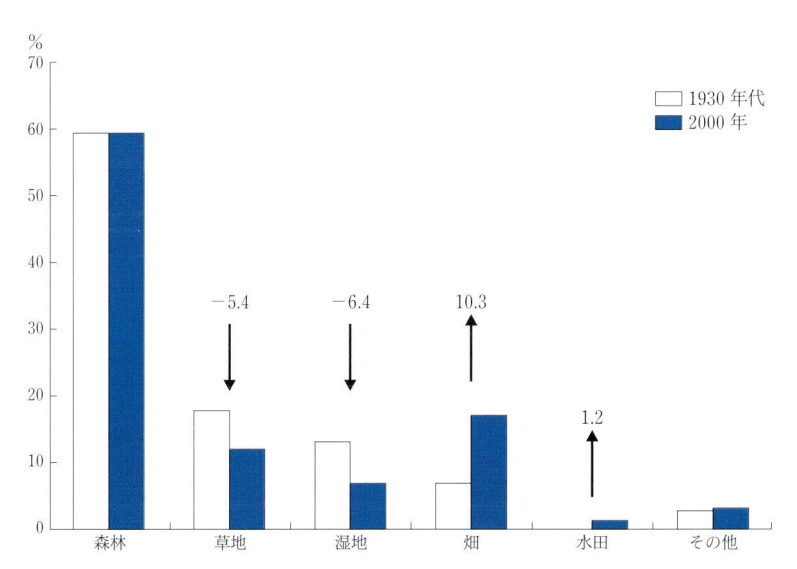

図 I.5.4 アムール川流域における1930年代と2000年の土地被覆・土地利用の比較。大西・楊(2009)より

Figure I.5.4 Comparison of land-cover/land-use changes between 1930s and 2000 in the Amur River basin. From Onishi & Yoh (2009).

いことを示唆している。海岸線という陸海間の境界，アムール川とオホーツク海をとりまく多国間の国境，巨大魚附林という環境システムの上に暮らす人々の政治・経済・言語・文化・生業という境界を乗り越え，この豊穣な一続きの自然をいかにして次世代に引き渡すのか（白岩，2011）。極東地域に住む我々の協力と知恵が試されていると言えよう。

【引用・参考文献】
Ganzey, S. S., Ermoshin, V. V. & Mishina, N. V. (2010): The landscape changes after 1930 using two kinds of land use maps (1930 and 2000), In: Report on Amur-Okhotsk Project No.6 (Shiraiwa, T. ed.), pp.251-262, RIHN.
松永勝彦(1993)：森が消えれば海も死ぬ，講談社，東京，190 pp.
中塚武・西岡純・白岩孝行(2008)：内陸と外洋の生態系の河川・陸棚・中層を介した物質輸送による結びつき，月刊海洋号外，50, 68-76.
大西健夫・楊宗興(2009)：土地利用の変化が溶存鉄フラックスに及ぼす影響，地理，54, 12, 52-58.
白岩孝行(2011)：魚附林の地球環境学―親潮・オホーツク海を育むアムール川，昭和堂，京都，231 pp.
谷口和也編(1999)：磯焼けの機構と藻場修復，恒星社厚生閣，東京，120 pp.
若菜博(2001)：日本における現代魚附林思想の展開，水資源・環境研究，14, 1-9.
若菜博(2004)：近世日本における魚附林と物質循環，水資源・環境研究，17, 53-62.
Yan, B., Zhang, B., Yoh, M. & Pan, X.(2010): Concentration and species of dissolved iron in waters in Sanjiang plain, China, In: Report on Amur-Okhotsk Project No.6 (Shiraiwa, T. ed.), pp.183-194, RIHN.

4．Summary

A new global environmental concept *"Giant" Fish-Breeding Forest* is proposed based on our 5-year project clarifying role of the Amur River basin on primary productivity in the Sea of Okhotsk and Oyashio region by supplying dissolved iron as essential elements for phytoplankton production. It is an application of Japanese traditional idea called "*Uotsuki-Rin (Fish-Breeding Forest)*" which relates upstream forest with coastal ecosystem both physically and conceptually. The on-going land-use changes such as reclamation of wetland for paddy field and dry land, intensive deforestation and forest fire in the Amur River basin may have significant impact on the release of dissolved iron and then to the phytoplankton in the future. It is important to coordinate the existing legal systems and policies in an integrated manner and to make common understanding among countries in this system to conserve the ecosystem in the Sea of Okhotsk.

II

海洋生態系と魚類・漁業
Marine ecosystem, fishes and fisheries

繁殖場のオットセイとトド。両者は黒及び茶色い体色で容易に識別できる。2009年6月チュレニー島にて。撮影：山村織生
Steller sea lions and northern fur seals in a rookery on Tuleny Island, in June 2009. Photo by Orio Yamamura.

1

「ESSAS,亜寒帯海洋生態系研究プロジェクト」の概要

An overview of the Ecosystem Studies of Sub-Arctic Seas (ESSAS) and their achievements

桜井泰憲(北海道大学大学院水産科学研究院)
Yasunori SAKURAI(Faculty of Fisheries Sciences, Hokkaido University)

1. ESSASプログラムの背景と概要

　21世紀に入り，北極海の夏から秋にかけての海氷面積の急激な減少が懸念されている。この減少速度は，2007年のIPCC(気候変動に関する政府間パネル)の第3次報告で予測されている21世紀中の地球温暖化シナリオによる減少を上回っている。このような北極海の急激な環境変化は，極域生態系のみならず隣接するオホーツク海を含む亜寒帯海洋生態系にも大きな影響をもたらすことになる。そこで，このような課題に国際的に取り組んでいる「ESSAS(Ecosystem Study of Sub-Arctic Sea)，亜寒帯海洋生態系研究プロジェクト」の概要を紹介する。ESSASプログラムは，北極海をとりまき，季節海氷が存在する亜寒帯海洋生態系であるオホーツク海，親潮海域，ベーリング海，ハドソン湾，ラブダドル／ニュウファウンドランド陸棚海域，セント・ローレンス湾，グリーンランド西部海域，アイスランド周辺海域，ノルデック海，及びバレンツ海を対象としている(図II.1.1)。その最終ゴールは，対象とする極域〜亜寒帯海洋生態系の生産力とその持続性に対する地球規模の気候変化による影響を，各海域間で比較し，評価，そして予測することにある。科学委員会のメンバーは，カナダ，デンマーク，アイスランド，日本，韓国，ロシア，ノルウェー，アメリカの8カ国で構成されている。

　次に，ESSASの国際的位置づけについて触れたい(図II.1.2)。IGBP(地球圏−生物圏国際協同研究計画)の国際プロジェクトの1つであったGLOBEC(地球規模海洋生態系変

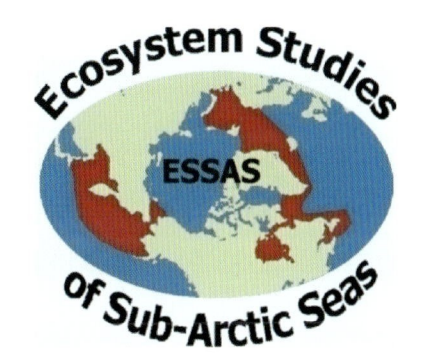

図II.1.1　ESSASのロゴマーク
Figure II.1.1　ESSAS logo.

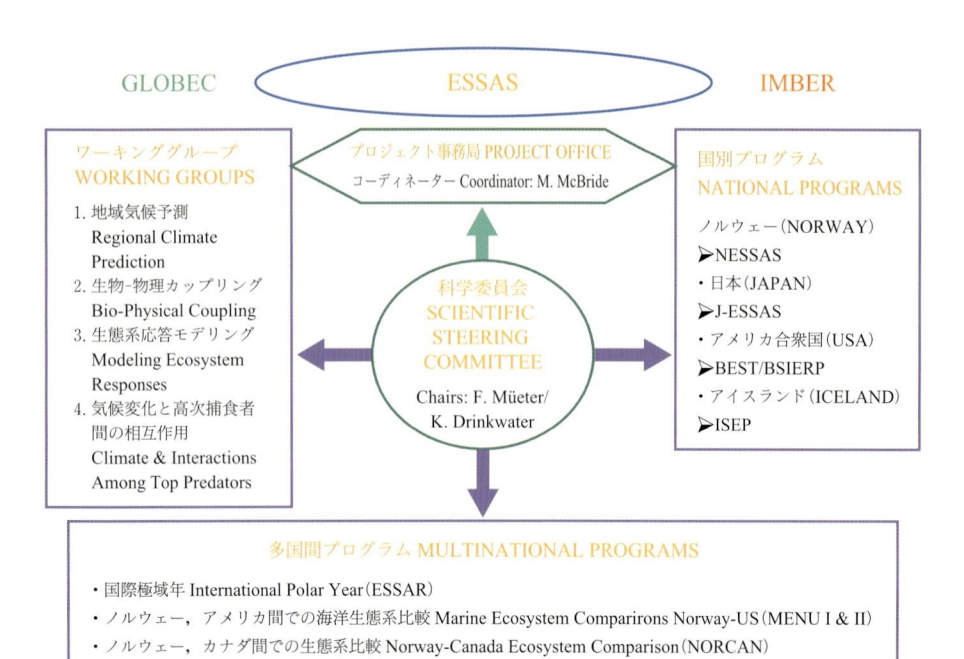

```
                    GLOBEC            ESSAS              IMBER

    ┌─ワーキンググループ──┐  ┌プロジェクト事務局 PROJECT OFFICE┐  ┌─国別プログラム────┐
    │  WORKING GROUPS  │  │  コーディネーター Coordinator: M. McBride │  │ NATIONAL PROGRAMS │
    │ 1. 地域気候予測     │  └────────────────┘  │ ノルウェー(NORWAY)  │
    │    Regional Climate │         ┌──────────┐         │ ➤ NESSAS          │
    │    Prediction      │         │ 科学委員会   │         │ ・日本(JAPAN)      │
    │ 2. 生物-物理カップリング │         │ SCIENTIFIC │         │ ➤ J-ESSAS         │
    │    Bio-Physical Coupling│ ←──→│  STEERING  │←──→    │ アメリカ合衆国(USA) │
    │ 3. 生態系応答モデリング │         │ COMMITTEE  │         │ ➤ BEST/BSIERP     │
    │    Modeling Ecosystem│         │Chairs: F. Müeter/│      │ アイスランド(ICELAND)│
    │    Responses       │         │ K. Drinkwater │         │ ➤ ISEP            │
    │ 4. 気候変化と高次捕食者 │         └──────────┘         └──────────────┘
    │    間の相互作用     │                 ↓
    │    Climate & Interactions│
    │    Among Top Predators│
    └──────────────┘
                    ┌─多国間プログラム MULTINATIONAL PROGRAMS──────────┐
                    │ ・国際極域年 International Polar Year (ESSAR)      │
                    │ ・ノルウェー，アメリカ間での海洋生態系比較 Marine Ecosystem Comparirons Norway-US (MENU I & II)│
                    │ ・ノルウェー，カナダ間での生態系比較 Norway-Canada Ecosystem Comparison (NORCAN)│
                    └────────────────────────────────┘
```

図II.1.2 ESSASの組織，各国及び国間でのプログラム
Figure II.1.2 ESSAS (Ecosystem Studies of Sub-Arctic Sea) organization structure and programs.

動研究)が2010年に終了した。このGLOBEC傘下の地域プログラムとして2005年に組織化されたESSASは，2015年までIMBER傘下の地域プログラムとして活動を続けている。他には，CLIOTOP(大洋の高次捕食者に対する気候の影響)，ICED(南極海洋生態系と気候に関する統合的研究)，そしてSIBER(インド洋の生物—地球化学と生態系に関する統合的研究)が継続している。ESSASは，北極海をとりまく亜寒帯海洋生態系を対象とするため，ICES(北大西洋海洋開発理事会)及びPICES(北太平洋海洋科学委員会)とも連携して，ワークショップとシンポジウム，あるいは国際誌の特別号を出版している。現在，事務局はノルウェーのベルゲンにあるノルウェー海洋研究所(IMR)に事務局を置き，以下に示す4つのワーキンググループ，それに国内・国間のプログラムで構成されている。

①ワーキンググループ1(地域的な気候変動予測)は，正確には予測できない将来の気候変化をいかに精度良く推定できるか。②ワーキンググループ2(生態系モデル)は，各地域生態系で共通する，あるいは異なる構造と機能について，多様なモデル(概念モデル，プロセスモデル，統計モデルなど)から比較し，加えて気候変化のインパクトを予測することにある。③ワーキンググループ3(生物—物理過程の連携)では，気候変化が海洋生態系に影響するプロセスについて，生物—物理的なエネルギー，物質輸送を加味して検討している。また，④ワーキンググループ4(気候変化とタラ類—甲殻類の相互関係)では，どのように気候変動がタラ類とエビ類，カニ類個体群の相互関係に対して，特に漁獲に影響を与えるかを検討している。

2. ESSASの成果の概要

ここまで，ESSASの組織，その活動に触れたが，ここからは，なぜオホーツク海を含む氷縁生態系の研究が重要か，ESSASなどによる研究成果の一部を引用して紹介する。氷縁生態系では，季節海氷の消長が，その後の生物生産や食物連鎖を通して生態系を構成する多様な生物に影響を与えている。例えば，氷の近くでの植物プランクトンの増殖，アイスアルジー，あるいは氷のない海面近くでのブルームは，その後の生態系構成種に別のプロセスで影響している。図II.1.3は，Hunt et al.(2002)の論文を基にして，海氷縁辺でのブルームとそれ以降の食物連鎖などへの影響を模式化したものである。海氷の融解が早く起きるとまず鉛直混合が生じ，その後の成層化以降のブルームが小型カイアシ類の再生産による増加，そしてそれを餌とするスケトウダラの初期生残を高める。しかし，海氷の融解が遅れると，海氷縁辺のブルームは，

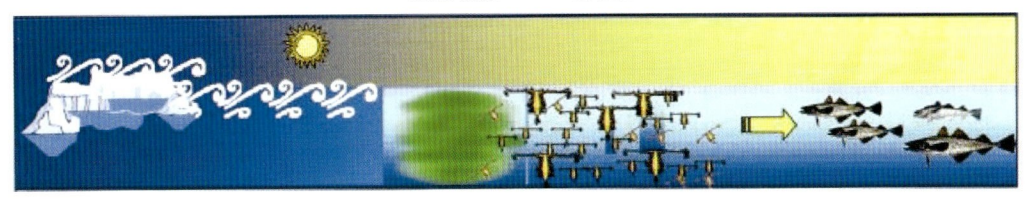

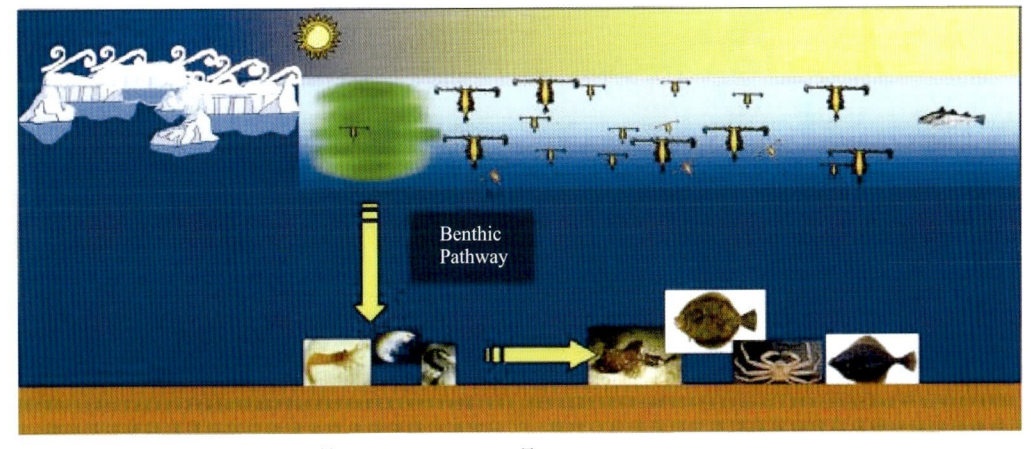

図II.1.3 海氷の融解に伴う生物生産過程への影響。詳細は本文参照。Hunt et al.(2002)などより
Figure II.1.3 The relationship between the timing of the ice retreat and the spring bloom. When ice retreats early, the bloom occurs later in warm water, then a large copepod biomass develops and pelagic food web is favored (top panel). When the ice retreat is late, the bloom occurs earlier while the water is cold, then much of the production goesinto a benthic food web and the copepod biomass is small. Modified from Hunt et al., 2002, with kind permission from Elsevier; F. Müeter, University of Alaska, Fairbanks, personal communication.

植物プランクトンの沈降をもたらし，それらは底生生物群集の食物連鎖に移って行き，小型動物プランクトンの再生産は減少し，その幼生を餌とするスケトウダラの初期生残を悪化させる。では，実際に季節海氷の強さが，スケトウダラの資源変動に影響するのだろうか。南東ベーリング海での事例を紹介する。図II.1.4は，ベーリング海の季節海氷の最大年，最小年，そして平均年の氷縁部の位置と，スケトウダラの産卵場を示している。図II.1.5は，横軸が産卵

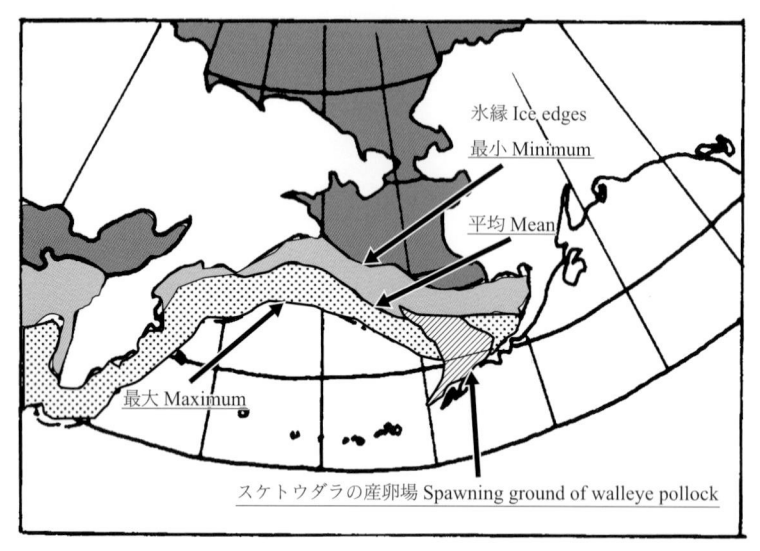

図II.1.4 1973〜1986年の3月15日におけるベーリング海の海氷域の氷縁域の位置(最大，平均，最小で表示)と，スケトウダラの産卵場(斜線部分)。Niebauer & Schell(1993)より

Figure II.1.4 Maximum, mean, and minimum extent of ice edges on March 15 in the Bering Sea between 1973 and 1986. From Niebauer & Schell (1993).

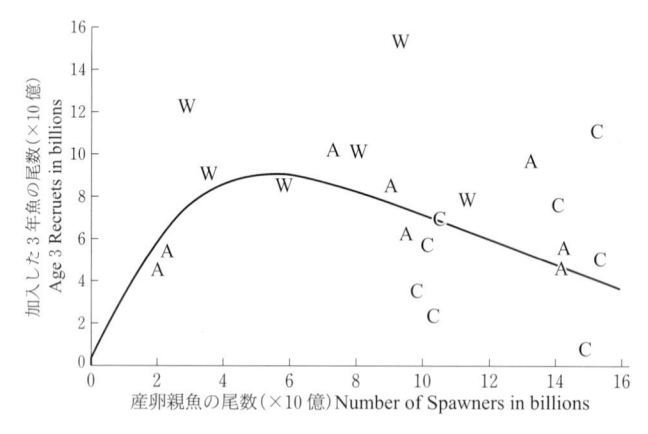

図II.1.5 ベーリング海におけるスケトウダラ各年級群の親魚尾数と3年後の加入尾数との関係。W：温暖年，C：寒冷年，A：平均年。Niebauer & Schell(1993)より

Figure II.1.5 Bering Sea pollock spawner-recruit relationship and relative temperature during the first year of life for each year class. W＝warm year, C＝cold year, and A＝average year. From Niebauer & Schell (1993).

親魚の尾数，縦軸がその親から生まれた3年後の加入魚の尾数，そして図中のWは海氷の少ない温暖年，Cは産卵場を覆うほど海氷が多い寒冷年，そしてAは平均年を示している。これは親子関係を表しており，寒冷年では親魚が多くても，その子どもは増えない，つまり再生産から加入に失敗している。一方，温暖年は親魚が少なくてもその子どもの生き残りが良いことがわかる。先ほどの，Hunt *et al.*(2002)による仮説に一致した現象と言える。

では，ベーリング海生態系では，どのようなメカニズムで生態系の構造が変化するのか(図II.1.6)。これまでの多くの研究から，周期的な気候変化，特に最近では気候のレジームシフトと呼ばれ，寒冷期と温暖期が数十年周期で入れ変わることによって，魚類群集構造が大きく変化することが明らかになっている。日本周辺のマイワシ，カタクチイワシ，スルメイカ類の魚種交替も，寒冷－温暖レジームシフトで説明できている。南東ベーリング海では，1976/77年に寒冷レジーム期から温暖レジーム期へと大きな気候変化があった。寒冷レジーム期には，動物プランクトンの再生産が悪く，それを餌とするスケトウダラ幼魚が減少し，そのため資源への加入が悪く，親魚が増えない。いわゆるボトムアップコントロールで生態系が制御されている。しかし，温暖レジーム期に移行すると，動物プランクトンの再生産が好転し，それらを餌とするスケトウダラ仔稚魚の生残が良くなり，資源への加入が徐々に増えてゆく。ところが，

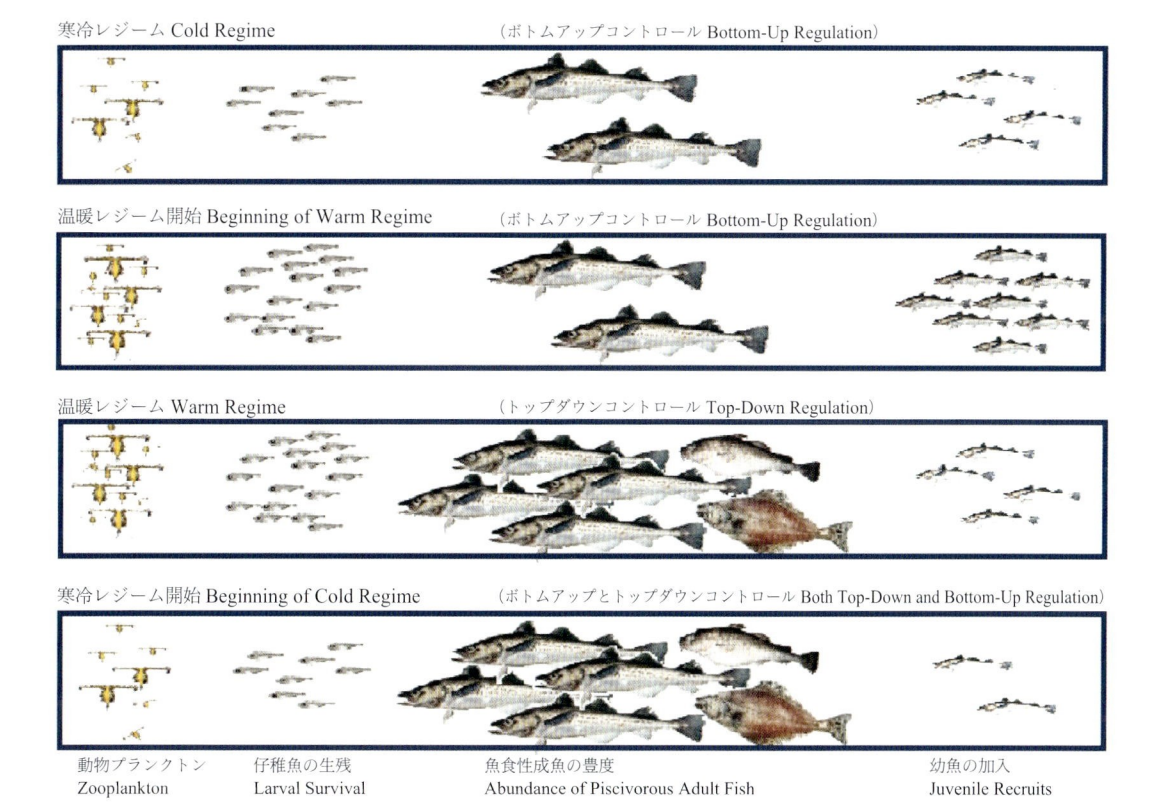

図II.1.6 ベーリング海における寒冷―温暖レジームシフトに伴う生態系変動制御仮説。Hunt *et al.*(2002)より
Figure II.1.6 Oscillating Control Hypothesis associated with Cold-Warm Regime in the Bering Sea. From Hunt *et al.* (2002).

温暖レジーム期が続くと，大型のスケトウダラ，さらに魚食性のカレイ類(アブラガレイなど)も増え，スケトウダラ仔稚魚の生き残りは良いが，幼魚や小型のスケトウダラへの大型魚による捕食が増加する。ここでは，トップダウンコントロールが働いている。再び，寒冷レジーム期に代わると，大型魚は多いままであるが，スケトウダラの再生産，加入は悪くなり，一方では大型魚による捕食圧がかかったままとなっている。この場合は，ボトムアップとトップダウンの両方の生態系制御が働いていることになる。

一方，北大西洋でも，水産資源として重要なタラ類の資源変動や漁業に対する気候変化の影響に関心が高く，1990年代初めに立ち上がったCCC(Cod and Climate Change)以降，ESSASプログラムまで，多くの研究が公表されてきた。北大西洋のマダラは，たくさんの地域個体群がいるが，それぞれ違った水温環境(−1〜11℃)で再生産をしている。EESASの研究者は，IPCCによる地球温暖化シナリオ(2007)に対して，多様な海洋生物の応答に関するシナリオを提案している。Drinkwater(2008)は，大西洋マダラの温暖化に伴う分布域の北進を報告している。温暖化は，北極海の海氷域の減少を促し，それによってマダラは，ノルウェーの沿岸から消えてしまう可能性を指摘している。

3．日本ESSASの成果の概要

それでは，ここからは日本のESSAS関連について触れる。J-ESSASの目的は，オホーツク海及び親潮生態系の構造と機能に対する気候変化の影響を明らかにすること，そして将来の気候変化シナリオに対して生態系の主要種がどのように応答するか，さらに漁業を含めた経済的インパクトを予測することにある。具体的な行動計画としては，以下の3点を挙げることができる。

①J-ESSASは，オホーツク海，親潮生態系に対して気候変化がどのような影響と変化をもたらすか，そのメカニズムを多様な科学分野から統合的に研究して明らかにすること。

②IPCCによる地球温暖化シナリオなどを，より地域に与える影響を考慮して，最も有効な気候変化や主な海産生物の資源，個体群変動シナリオを提供すること。

③最後は，日露の共同研究として重要なテーマで，オホーツク海—親潮生態系の現状を調査研究し，加えてモデル研究から，気候変化がどのように両生態系に影響するのか，それを的確に評価すること，そして持続的な漁業をどのようにし，それに連なる経済活動を導くのか，日露の研究者が集まって，議論することも重要と考えている。

まずJ-ESSASの成果として，2009年まで5年間実施した日本学術振興会科学研究費による「気候変化と漁業を含む人間活動に関連する北太平洋海洋生態系の歴史的変遷と将来予測(代表：岸道郎北海道大学教授)」について紹介する。このプロジェクトの成果として，黒潮・親潮生態系における気候のレジームシフトに連動した浮魚類とイカ類の魚種交替，サケ，スケトウダラ，スルメイカなどのIPCC温暖化シナリオに基づく将来予測，オホーツク海の季節海氷の減少に伴うトドの越冬回遊経路の変化などが挙げられる。過去50年間では，極東側では

1976/77に温暖レジームから寒冷レジームに代わり，1988/89年に再び温暖レジーム期となっている。このレジームシフトは，アリューシャン低気圧の位置，発達状況によって，寒冷レジーム期はオホーツク海と日本周辺海域の水温が低下した。一方，1988/89年の温暖レジーム期へのシフト以降現在まで，オホーツク海での季節海氷の減少，日本周辺の特に冬季の海水温が上昇している。これに連動して，寒冷レジーム期にマイワシが爆発的に増加し，次の温暖レジーム期には，マイワシが激減し，代わってカタクチイワシ，アジ，そしてスルメイカが増えている。このような現象は，それぞれの種の再生産の適水温からも説明できる。つまり，日本周辺の水温が低い時期には，その水温で再生産・加入の成功率の高いマイワシが，そしてより高水温の時期には，アジ，カタクチイワシ，スルメイカの再生産・加入の成功率が高くなる。具体的な成果は省略するが，温暖レジーム期には，カタクチイワシ，スルメイカがオホーツク海まで回遊している。

　このプロジェクト研究では，スルメイカ，スケトウダラ，マダラ，サケなどでIPCC温暖化シナリオに基づく分布域などの変化を調べている。その中から，スケトウダラについて紹介したい(図Ⅱ.1.7)。スケトウダラでは，2050年に平均水温が2℃上昇，2100年には4℃上昇すると仮定した場合，特に日本海全域のスケトウダラ地域個体群の絶滅と激減が起きると予想された。一方では，親潮域，加えて一部北海道オホーツク海側では，減少することはないと推定された。ただし，オホーツク海の季節海氷の減少が，海面近く低水温・低塩分化をもたらし，それが海氷面まで浮上してふ化するスケトウダラ卵の発達と生残にどのように影響するかは不明なままである。これについては，北海道日本海沿岸のスケトウダラ産卵場の海表面水温の高温化の影響を含めて，現在研究中である。現段階では，スケトウダラ卵稚仔の生残に適した水温範囲は2〜7℃と推定されている。今後，大西洋マダラの再生産に対する水温の影響のように，スケトウダラの卵稚仔魚の生存可能な水温・塩分条件を特定し，気候変化に伴って変化する再生産海域の環境とスケトウダラの再生産の成否の関係を明らかにする必要がある。

　オホーツク海のトド個体群については，第Ⅳ部第1・2章において服部薫さんが詳しく記述している。1980年代後半までの寒冷レジーム期には，北海道への回遊ルートは，海氷の多さからカムチャッカ―千島列島ルートで北海道の太平洋側に南下したと推定された。しかし，1990年代以降は，サハリン東岸に沿って北海道日本海沿岸へ越冬回遊したと推定された。また，春以降の北上回遊時には，1990年代以降はサハリン沿岸に沿った北上ルートがあり，さらにチュレニー島などが上陸場から繁殖場へと変わったことも考えられる。このように，オホーツク海の海氷分布の年代的な変化は，他の鰭脚類，キタオットセイや氷上繁殖するアザラシ類の分布・回遊にも大きな影響を与えていると考えられる。

4. 知床世界自然遺産海域における順応的漁業

　次に，知床世界自然遺産海域における生態的アプローチによる順応的漁業について触れたい(詳細は，第Ⅱ部第9章に紹介)。日本側にとっては，オホーツク海の季節海氷の影響を強く受けた

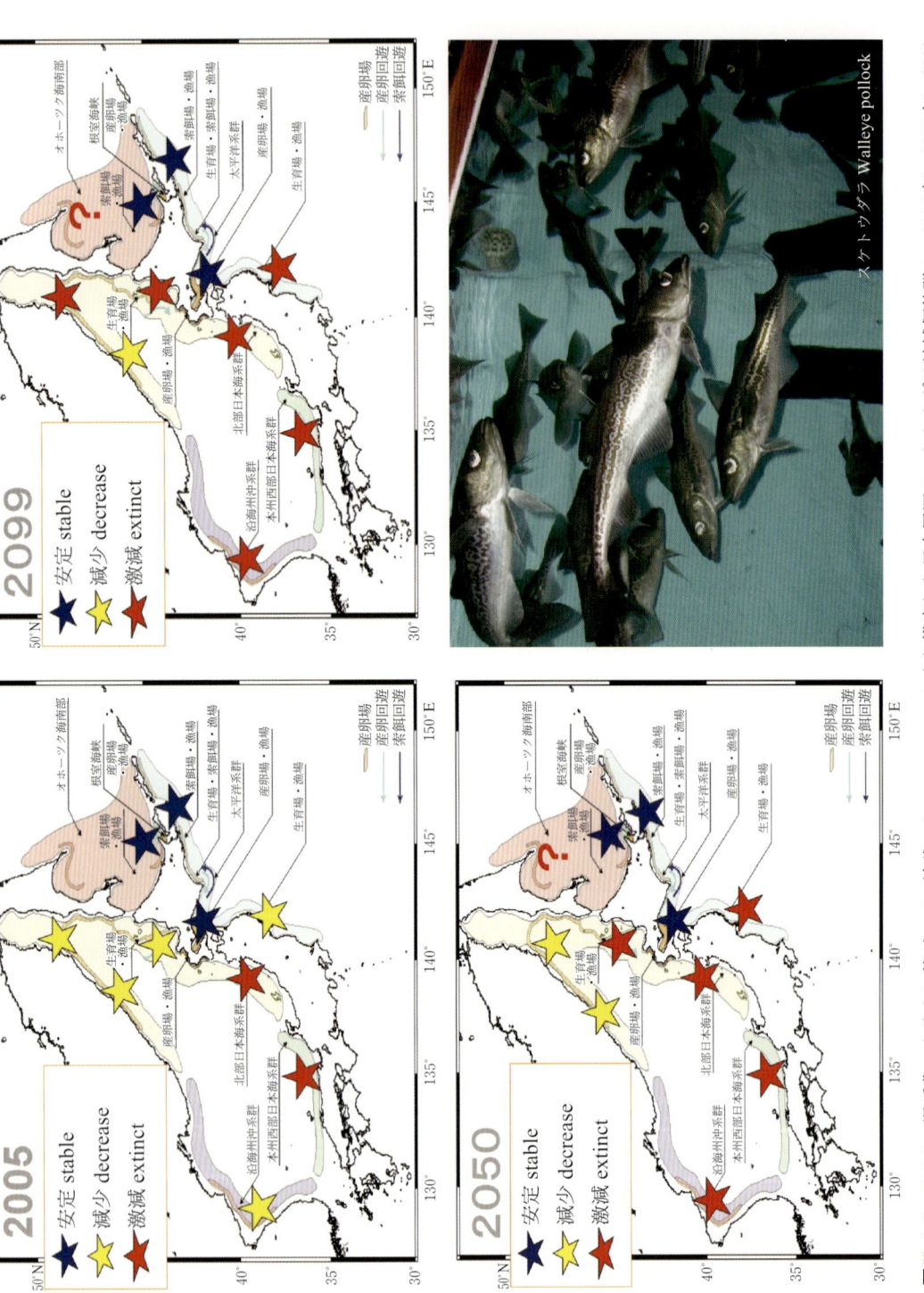

図II.1.7 IPCCの温暖化シナリオに基づいて、地球シミュレーションにより推定した日本周辺のスケトウダラ地域個体群の、2005年、2050年、2099年の資源状況。桜井ほか(2007)より

Figure II.1.7 Changes of inferred spawning areas of Walleye pollock *Theragra chalcogramma* by the Earth Simulation System (FRCGC Japan) based on the IPCC Global Warming Scenario. From Sakurai *et al.* (2007).

生態系であり，同時に地球温暖化などの環境変化にも敏感に反応する海域である。日本側からは，この海域生態系の環境と指標生物の生態や資源動向をモニタリングすることが，現段階ではロシア側の研究の接点になっていると判断している。知床海域での海域管理計画では，「海洋環境と生態系の保全と持続的漁業との共存」を目指している(Makino et al., 2009；桜井，2011)。この海域の漁業を支えてきたスケトウダラは，1990年代以降の温暖レジーム期に激減し，未だ資源の増加傾向は見られていない(Sakurai, 2007)。しかし，種苗放流によるサケ類資源の持続的利用や管理方策がしっかり実施され，また2010年のように，夏以降の高温がサケの接岸を阻害し，代わって南から北上したスルメイカの漁獲が地域漁業を一時的に支えている。この海域の環境と水産資源の動向のモニタリングは，知床海域の持続的漁業に重要であるが，加えてロシア側への暖海生物の分布拡大の情報も提供している。これからも，ロシア側研究者とも情報交換をしながら，最適な水産資源の持続的利用，そして将来予測など，これまで以上に研究の協力体制が強化されることを強く願っている。

5. 津波などの大規模災害への対応

2011年3月11日の東日本大震災は，多くの命を奪い，そして日本の水産を支える沿岸漁業のすべての基盤に大きな被害をもたらした。この地域の水産の復旧・復興に向けて，国の行政機関，各地方自治体，水産関係者が行動を開始している。オホーツク海生態系と親潮生態系は隣接しており，多くの海洋生物が交流している。同時に，地球規模での海洋環境変化，予測できない巨大地震，人間活動由来の不測の事態(今回の福島原発事故，油井からの油流出の可能性)など，いつ何が起きるか予測できない。こうした不測の事態に備え，日本とロシアの研究者が，共通した研究基盤のもとで情報を共有することは，とても重要と考えている。今後も，互いの理解を深め，海洋生態系を構成する多様な生息場所の保全，生物多様性の重要性，社会経済的，あるいは社会生態的な観点からの水産資源の持続的利用について，互いの立場を尊重しながらも，真摯な議論と提言，そして共同研究ができれば幸いである。

【引用・参考文献】

Drinkwater, K. (2008): The response of Atlantic cod (*Gadus morhua*) to future climate change. ICES Journal of Marine Science, 62, 1327–1335.
Hunt, G. L., Stabeno, P., Walters, G., Sinclair, E., Brodeur, R. D., Napp, J. M. & Bond, N. A. (2002): Climate change and control of the southeastern Bering Sea pelagic ecosystem. Deep Sea Research II, 49, 5821–5853.
IPCC (2007): Climate Change 2007: The physical science basis. Cambridge University Press, Cambridge & New York, 1–996.
Makino, M., Matsuda, H. & Sakurai, Y. (2009): Expanding fisheries co-management to ecosystem-based management: A case in the Shiretoko World Natural Heritage area, Japan, Marine Policy, 33, 207–214.
Niebauer, H. J. & Schell, D. M. (1993): The bowhead Whale. In: Physical environment of the Bering Sea population (Burns, J. J., Montague, J. J. & Cowles, C. J. eds.), pp. 23–43. Society for Marine Mammalogy. Spec. Publ., No.2.
Sakurai, Y. (2007): An overview of Oyashio Ecosystem. Deep-Sea Research II, 54, 2526–2542.

桜井泰憲・岸道郎・中島一歩(2007)：スケトウダラ，スルメイカ，地球規模海洋生態系変動研究(GLOBEC)—温暖化を軸とする海洋生物資源変動のシナリオ，月刊海洋，5, 323-330.
桜井泰憲(2011)：沿岸生態系生物多様性と持続的漁業—知床世界自然遺産海域を例として，沿岸海洋研究，48(2), 139-147.

6. Summary

The Ecosystem Studies of Sub-Arctic Seas (ESSAS) Program addresses the need to understand how climate change will affect the marine ecosystems of the Sub-Arctic Seas and their sustainability. The Sub-Arctic Seas support stocks of commercial fish that generate a major portion of the fish landings of the nations bordering them. They also support subsistence fishers along their coasts, and vast numbers of marine birds and mammals. Climate-forced changes in these systems will have major economic and societal impact. The goal of the ESSAS Program is to compare, quantify and predict the impact of climate variability on the productivity and sustainability of Sub-Arctic marine ecosystems.

Since its acceptance as a GLOBEC Regional Program in 2005, ESSAS has held many activities. With the ending of GLOBEC in 2010, ESSAS has joined IMBER (2010-2015). ESSAS presently has four Working Groups on Regional Climate Prediction, Biophysical Coupling, Modeling Ecosystem Response, and Gadoid - Crustacean Interactions. In addition to the Working Groups, ESSAS is affiliated with national and international programs. Countries with members on the ESSAS Scientific Steering Committee include Korea, Japan, Russia, the United States, Canada, Iceland, Norway, and Denmark.

In ESSAS national programs, the overall goal of Japan-ESSAS is to quantify the impact of climate variability on the structure and function of the Oyashio marine ecosystem including seasonal ice sea areas in the northern Hokkaido in order to predict the ecosystem response to possible future climate change and its potential economic impact. A number of projects are already funded and ongoing such as the following: "Historical transition and prediction of Northern Pacific ecosystem associated with human impact and climate change", "Balancing conservation of the marine ecosystem with sustainable fisheries in Shiretoko, Japan, a World Natural Heritage Site", "Recruitment variability of Japan Pacific walleye pollock", and "Catastrophic reduction of sea-ice in the Arctic Ocean - its impact on the marine ecosystems in the polar region".

2

オホーツク海における気候海洋学的イベントと魚類の資源変動に対するいくつかの考察

Some conceptions applying to climate-oceanography events and fish resources dynamics in the Sea of Okhotsk

キム, S. T.(サハリン漁業海洋学研究所)
Sen Tok KIM(Sakhalin Research Institute of Fisheries and Oceanography: SakhNIRO)

　北西太平洋におけるオホーツク海の役割は，北極海に匹敵するほど非常に重要である。北極海では，過去数十年において10年間に9％ずつの割合で海氷が減少している。これらのことから，オホーツク海における気候海洋学的イベントと魚類の生物量の長期変動は，非常に興味深いものとなっている。そこで，サハリン漁業海洋学研究所がこれまで研究を行ってきたデータ解析を基に，オホーツク海の特に南部地域での研究成果を紹介する。

　オホーツク海は，北太平洋の海洋循環系の中で非常に重要な意味を持っている。オホーツク海，太平洋，日本海周辺海域の海流は，北西太平洋の水温に季節変化を引き起こし，生物の再生産過程にも影響を及ぼす。オホーツク海西部の亜寒帯循環は，北西大西洋の冷たい海の循環において，重要な役割を持っている。このような地域特性的な海洋循環のメカニズムを作っているのは，サハリンから東の方向へブッソル海峡を経て太平洋に流れる東樺太海流である。東樺太海流は，海上での大気循環によって引き起こされ，オホーツク海内では反時計回りの海流となる。この海流は，オホーツク海の生物資源の空間的分布と高生物生産性海域の形成に大きく影響している。オホーツク海の北部海域では，太平洋の海水が千島列島の間から流れ込むことで，また南部海域では，日本海からの海水が宗谷暖流として流れ込むことで，熱を蓄えている(図II.2.1)。

　オホーツク海には，おおよそ12の沿岸海流が存在している。そのうち重要なのは，西カムチャツカ海流と東樺太海流，そして宗谷暖流である。西カムチャツカ海流は，オホーツク海北部に大きな影響を与えている。また，オホーツク海西部には，アムール川からの流入水が大きく影響している。この流入水は東樺太海流の形成に関与する。オホーツク海南部で大きな役割を果たすのは，黒潮を起源とし，日本海を北上する対馬暖流の末流に当たる宗谷暖流である。

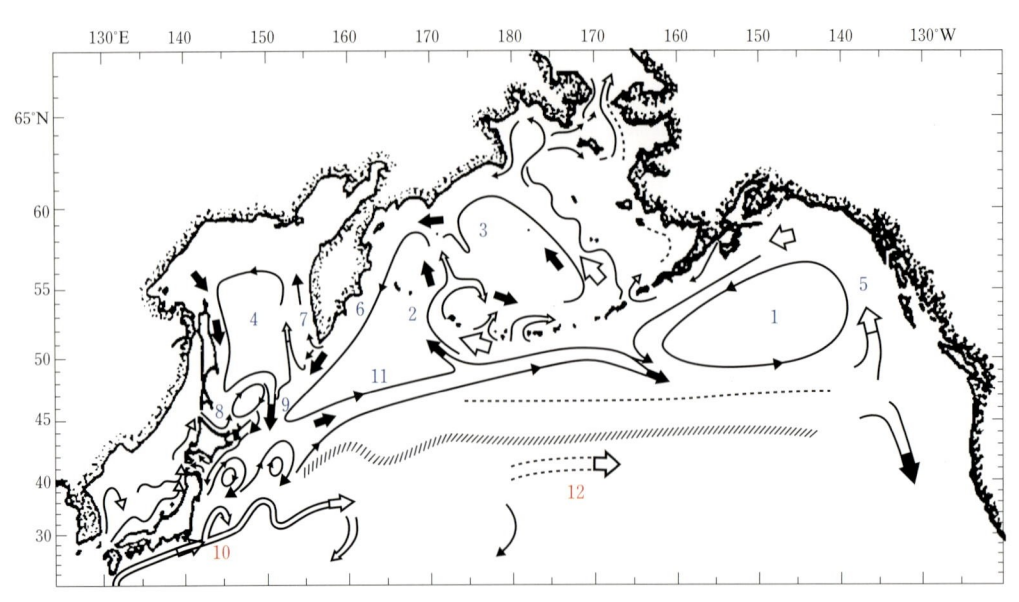

図II.2.1 北太平洋における循環系。[循環]1：アラスカ循環，2：西部亜寒帯循環，3：ベーリング亜寒帯循環，4：オホーツク亜寒帯循環。[海流]5：アラスカ海流，6：東カムチャツカ海流，7：西カムチャツカ海流，8：宗谷暖流，9：親潮，10：黒潮，11：亜寒帯海流，12：北太平洋海流。Ohtani(1991)を参照して作図
Figure II.2.1 Circulation system in the North Pacific.
[Circulation system]1: Alaskan Gyre, 2: Western Subarctic Gyre, 3: Bering Subarctic Gyre, 4: Okhotsk Subarctic Gyre.
[Currents]5: Alaskan, 6: East Kamchatka, 7: West Kamchatka, 8: Soya, 9: Oyashio, 10: Kuroshio, 11: Subarctic, 12: North Pacific. Modified from Ohtani (1991).

　これらの海水の流れは季節や年によって変化しており，それは各海流の変動やアムール川からの流入量の変化によって生じていると考えられている。太平洋の海流がオホーツク海にも影響を与えていることは疑いようがない。
　それでは，オホーツク海では，どのような気候海洋学的変化が生じているのであろうか。過去30年間で，オホーツク海における海氷域の表面積は20％減少した。そして，氷に覆われていない海の表面積は10％増加した。2002～2006年には，海氷域面積は減少傾向であったが，2007年以降はやや増加傾向にある。それでも，近年はこれまでの平均値を下回っている。最も海氷域面積が大きかった月は，過去20年間で3月から2月に変化した。年による海氷域面積の変化は，ユーラシア大陸北東部の10～3月の気温と強い相関関係にある。また，過去50年間で，オホーツク海における気温は上昇傾向にある。これは，世界的な地球温暖化がオホーツク海北部にも大きく影響しているためと考えられる。
　海氷の状況は表層水温と底層水温の良い指標となる(図II.2.2)。底層水温は1980年代から1990年代に高く，それまでの平均値に近いものであったが，その後，1998～2001年には低下した。しかし，2002～2006年には著しく水温が上昇した。過去10年間で，オホーツク海が最も寒冷であったのは2001年であり，最も温暖であったのは2003年であった。2004～2006年はやや温暖であり，その後4年間は，やや寒冷となっている。このような海水温レジームは，

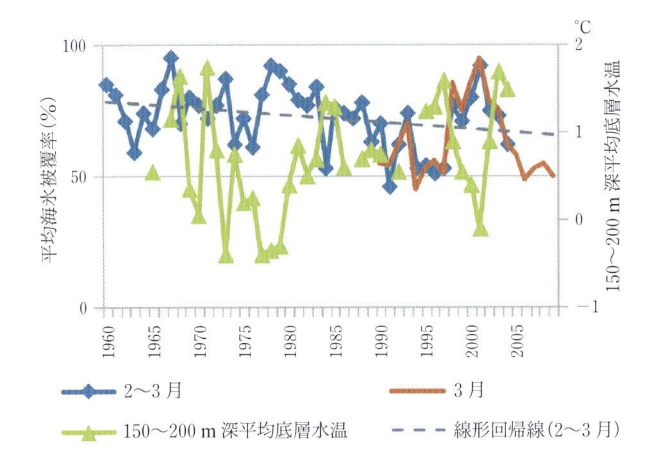

図II.2.2 1960～2009年2～3月の平均海氷被覆率と1965～2004年7月の150～200 m深の平均底層水温。Zhigalov & Luchin (2010)を改変
Figure II.2.2 Ice cover averaged in February-March from 1960 to 2009 and bottom water temperature averaged for depth of 150-200 m in July from 1965 to 2004. ◆: February-March, ―: March, ▲: T150-200m, - - -: linear regression. Modified from Zhigalov & Luchin (2010).

海流の影響を受けることが明らかになっている。オホーツク海北東部で重要なのは，西カムチャツカ海流である。1980年代初頭と1990年代終わりでは，西カムチャツカ海流から流入してくる海水量が増加していた。1980年代終わりから1990年代初頭には，逆に減少していた。その後，1990年代終わりに少し上下した後，現在は過去20年間の平均値に近いレベルで安定している。この流量の変化と水深150～200 mの平均底層水温には，強い相関関係が認められる。

オホーツク海北西部の海水温レジームの指標の1つとなるのが，アムール川からの流入水量である(図II.2.3)。過去100年間では，流入水量の変動は21～31年周期の4つのサイクルを形成している。直近の長期変動としては，1983～2010年に減少傾向であることから，今後は，流入量は増加すると予測されている。しかし，大気の循環と同様，アムール川からの流入量は，10年周期の変動も見られ，今後，アムール川からの流入量は，むしろ減少するかもしれないという予測もあり，今後10年間は寒冷期となる可能性がある。

オホーツク海南部の夏の海水温レジームは，宗谷暖流の流勢の影響を受ける。冬季には宗谷暖流は弱まり，東樺太海流の方が優勢となる。宗谷暖流がどの範囲にまで影響しているのかは，国後・択捉島周辺水域の夏季の水温によって知ることができる。興味深いことに，この水温の変化は，海氷の状況と相関関係にある。冬季に海氷の張り出しが強かった年は，その次の年の夏季，宗谷暖流の流れが強くなる。これは黒潮の流勢に起因していると考えられている。少なくとも国後・択捉島周辺海域付近では，北部域が温かくなると南部域は冷たくなる傾向にある。つまり，国後・択捉島周辺の北と南の海域では，海洋環境が異なるということを示している。

ブソル海峡の水温変動と，親潮の影響化にある択捉島沖海域の水温変動の傾向は，長年の海氷域面積の増減のトレンドと一致する。このように，国後・択捉島周辺海域では，2つの異なる海流の相互作用により，魚類の生物資源に長期的に複雑な影響を与えていることが示唆されている。

オホーツク海の全域において，表層水温(図II.2.4)は1990年代半ばまでは上昇傾向を示していたが，その後，大きな変動が見られている。具体的には，最初は特に北部域で顕著な温度低下が見られ，その後2005年まで温度が上昇している。最新データからは，2006～2007年にわ

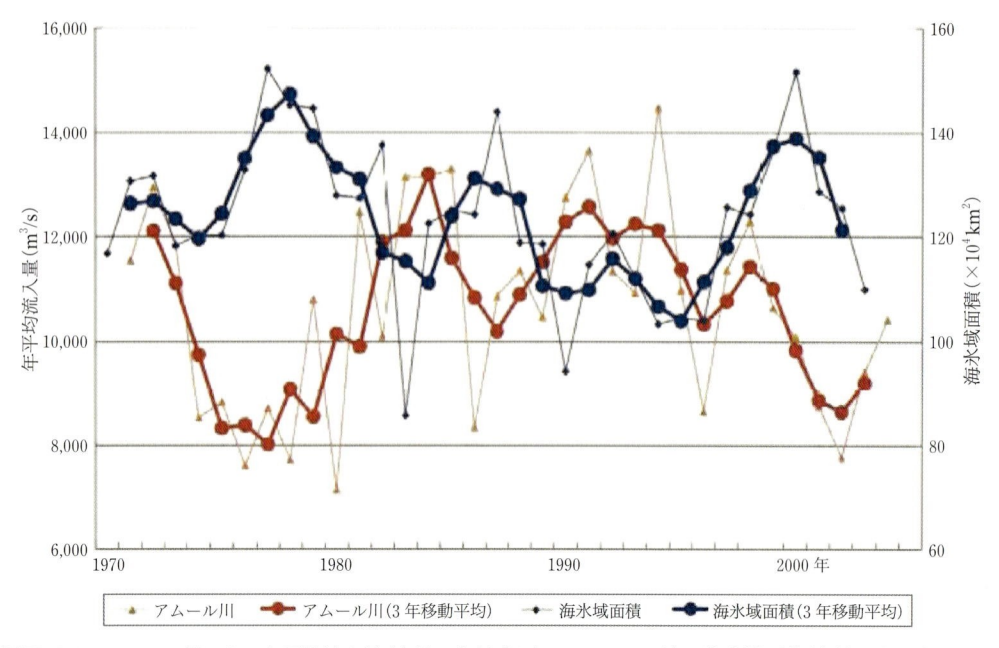

図II.2.3 アムール川からの年平均流入量(赤線：左目盛り)とオホーツク海の海氷域面積(青線：右目盛り)。Tachibana & Ogi (2009)に加筆・修正

Figure II.2.3 Annual mean discharge of Amur River (red lines: left scale) and sea ice area over the Okhotsk Sea (blue lines: right scale). The thick lines are smoothed (3-year average). Modified from Tachibana & Ogi (2009).

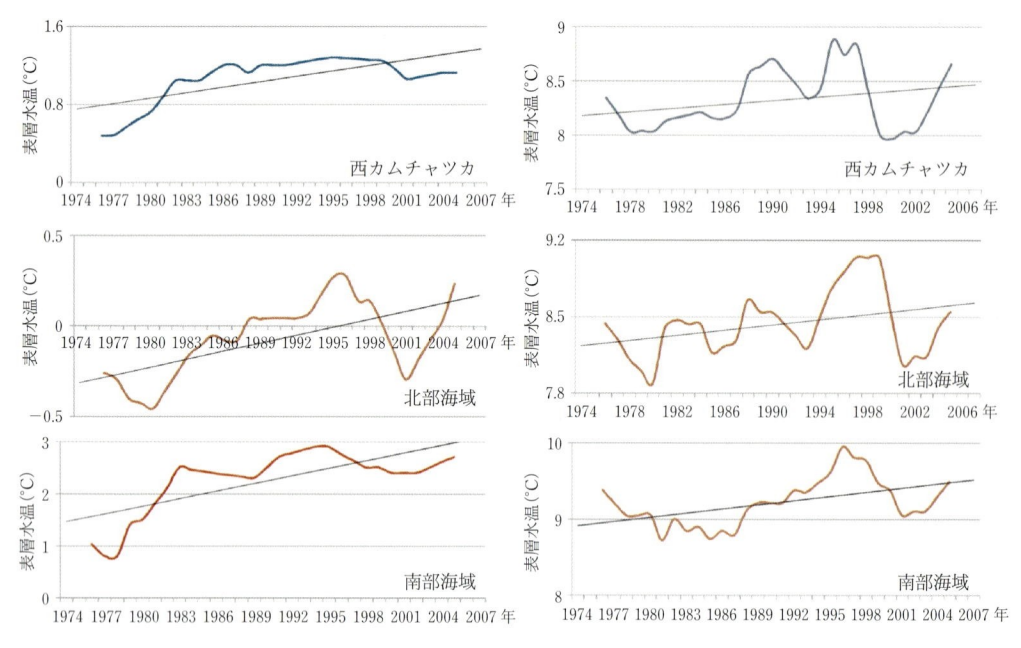

図II.2.4 オホーツク海における春季(左図)と秋季(右図)における表層水温。Glebova *et al.*(2009)を改変

Figure II.2.4 Sea surface temperature in the Okhotsk Sea in spring (left) and summer (right). upper: western Kamchatka, middle: northern area, lower: southern area. Modified from Glebova *et al.* (2009).

ずかに水温が低下する様子が見られた。これらのことから，今後，海氷域が増大すると予測されている。北太平洋沖でも，同様に海表面水温の低下が見られ，これは気候海洋学的プロセスが共通していることを示すと考えられる。

PDO(太平洋十年規模振動)指数は，北太平洋の水温変動パターンを表す指数であり，15～25年規模，および50～70年規模での周期的変動をしている(図II.2.5)。ここ約100年のPDO指数では，1890～1924年と1947～1976年の負位相期と，1925～1946年と1977からおおよそ2006年までの正位相期があった。これは何人かの研究者によって指摘された，20世紀における北半球での気候変動の長期的な周期性にほぼ一致する。近年のPDO変動からは，今後20～30年の見通しでは，北西太平洋の海水温が低下する寒冷期で推移することが予測されている。

同様の予測が，気候変動指数を用いた解析からも行われている。冬季にオホーツク海の状況を左右するのは，気候変動の2つの中心となる，シベリア高気圧とアリューシャン低気圧である。過去30年間，この2つの気圧の中心は南西にずれており，両気圧の勢力が弱まってきている。この現象は，過去の長期変動と比較した場合，寒い年が少なく暖かい年が多いという傾向に一致する。10年規模の短期的なサイクルで見ると，2006～2007年に，この地域には局所的な寒冷化が生じていたが，長期的な傾向で見ると，温暖化が進んでいるという状況なので，今後生じる寒冷化は緩やかなものであると予測されている。

まとめると，2010年からの10年間は，オホーツク海では，少なくとも北部域においては，水温が上昇傾向となることが示唆されている。そして次の2020年からの10年間は，おそらく

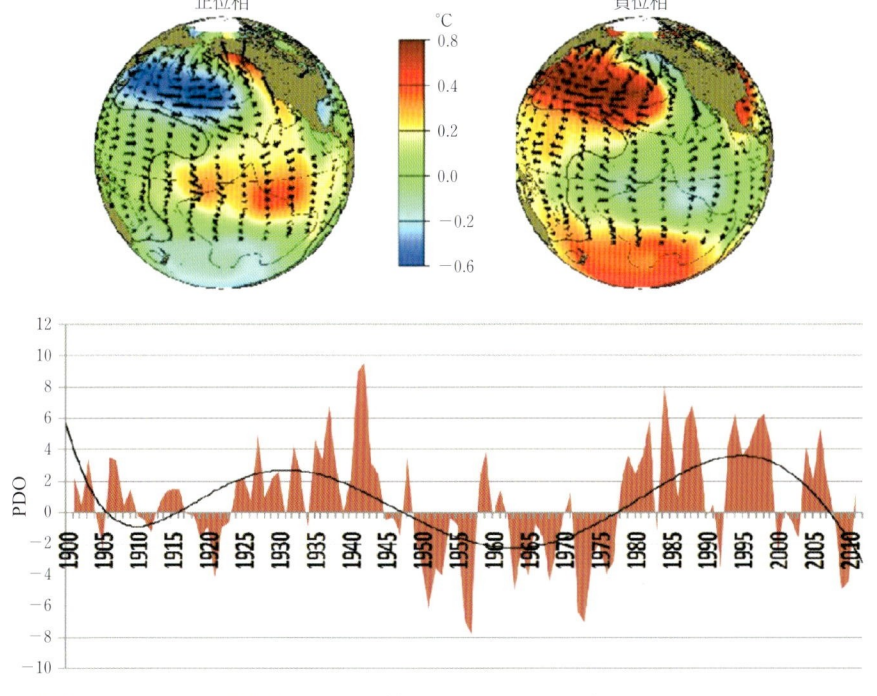

図II.2.5 太平洋十年規模振動。http://jisao.washington.edu/pdo/
Figure II.2.5 The Pacific Decadal Oscillation (PDO). http://jisao.washington.edu/pdo/

やや寒冷化するであろう。しかし，長期でパラメータを見ると，どの値も温暖化傾向を示しており，オホーツク海の水温は，10年規模の短期的サイクルでは変動はあるものの，長期的には上昇傾向にあると判断される。気候変動については多くの仮説が提唱されているが，太陽の周期的な活動から，地球の生態系，例えば魚類の個体数変動に至るまでには，様々な因果関係があり，複雑なプロセスによって影響し合っているため，これらを簡単に説明することはできないと考えられる。

オホーツク海には513種以上の魚種が生息しており，そのうち漁獲対象種は20～30種である。その資源変動は，直接漁業に関わるという観点から，非常によく研究されているものもある。20世紀を通して多くの魚種が激減した理由としては，多くの場合，過剰な漁獲と，魚類の自然の減少がともに生じたと考えられている。例としては，北海道―サハリン系ニシンや，チェルペニア湾のコガネガレイが捕れなくなっていることが挙げられる。

オホーツク海の生態系に，漁業は大きな影響を与えている。漁業が盛んであった1970年代は，全種類の魚類の漁獲量は約260万トンで，その大部分がスケトウダラであった。1990年代には，スケトウダラだけで約150万～約200万トンが漁獲されていた(図Ⅱ.2.6)。この数字を見ても，魚の資源量に漁業がどれだけ大きな影響を及ぼしているかがわかる。同時に，生息環境の変化も，魚類の資源量には大きな影響を与えている。

1980年代は，極東海域において魚類の資源が大変豊かであった。オホーツク海にはタラ類が多く生息しており，特にスケトウダラが多く，深場にはマダラやコマイが生息していた。外洋性魚類としては，オホーツク海北部海域では85～99％をスケトウダラが占めていた(図Ⅱ.2.7)。また南部海域では，トガリイチモンジイワシが73％，スケトウダラは年により変化し，8～30％程度であった。

1980年代の生物量は概算で約3,500万トンと考えられており，そのうち90％に当たる3,150万トンは，これらの表海水層(epipelagic)魚類であった。1990年代はじめまでは，オホー

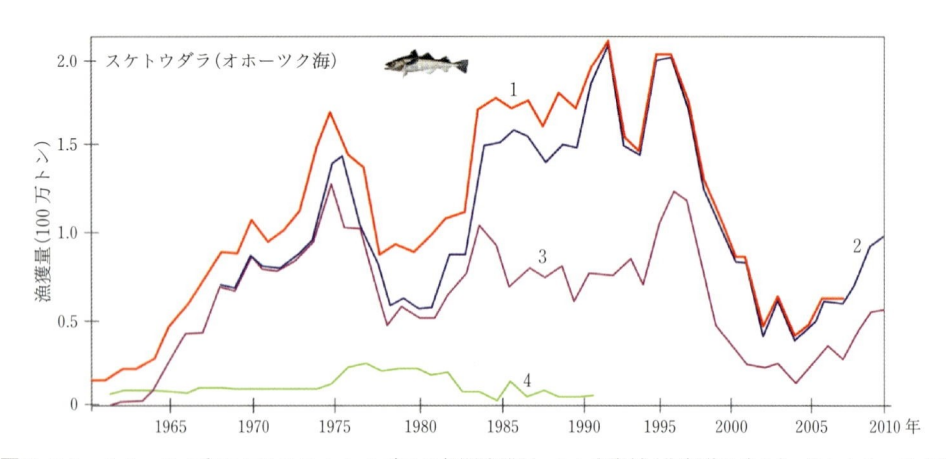

図Ⅱ.2.6　オホーツク海におけるスケトウダラの年間漁獲量。1：全海域(北海道を含む)，2：オホーツク海北部，3：西カムチャツカ，4：東サハリン
Figure Ⅱ.2.6　Annual catches of walleye pollock in the Sea of Okhotsk. 1: Total Sea (including Hokkaido area), 2: Northern Okhotsk Sea, 3: Western Kamchatka, 4: Eastern Sakhalin.

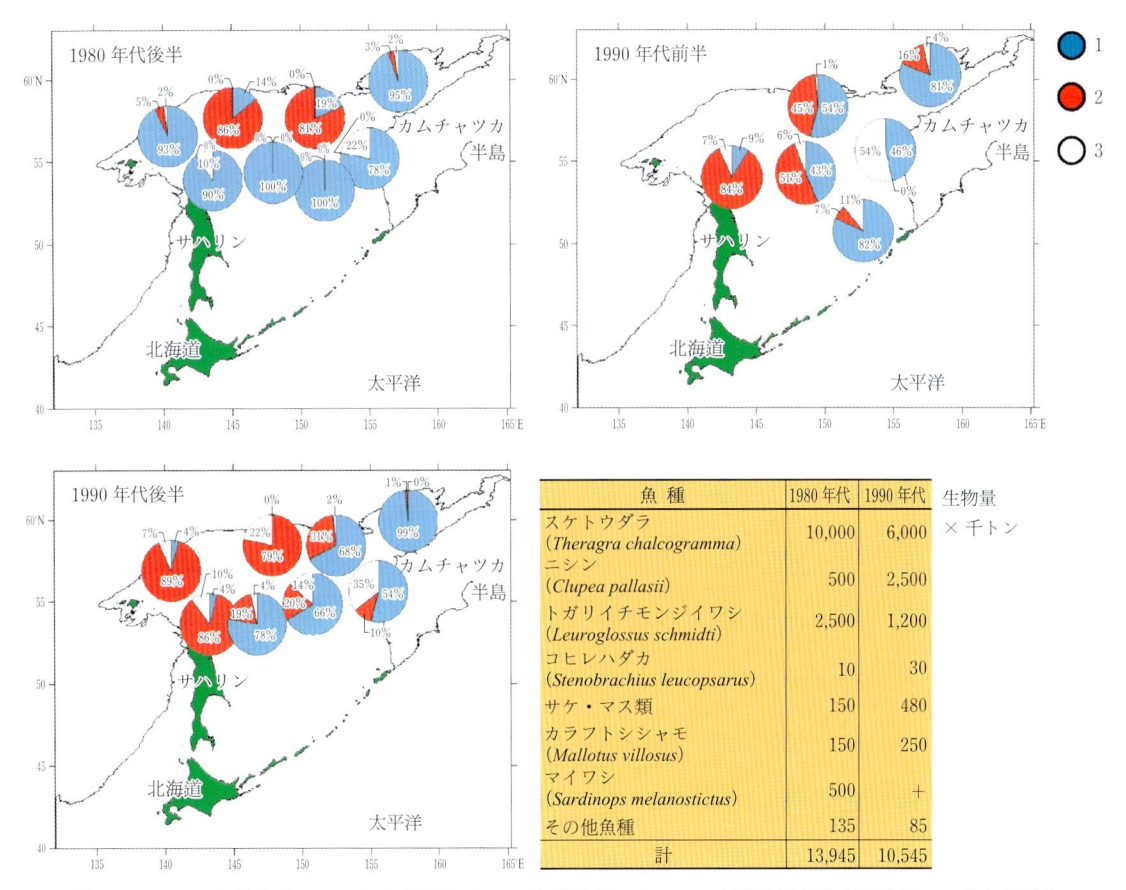

図II.2.7 1980年代後半，1990年代前半及び1990年代後半のオホーツク海北部表海水層群集における魚種生物量の組成．1：スケトウダラ，2：ニシン，3：その他．Shuntov *et al.*(1997)を改変
Figure II.2.7 Fish species biomass ratio in pelagic communities of the northern Sea of Okhotsk in the late 1980s (upper left), early 1990s (upper right), and late 1990s (lower left). 1: walleye pollock, 2: herring, 3: others. Modified from Shuntov *et al.* (1997).

魚種	1980年代	1990年代
スケトウダラ (*Theragra chalcogramma*)	10,000	6,000
ニシン (*Clupea pallasii*)	500	2,500
トガリイチモンジイワシ (*Leuroglossus schmidti*)	2,500	1,200
コヒレハダカ (*Stenobrachius leucopsarus*)	10	30
サケ・マス類	150	480
カラフトシシャモ (*Mallotus villosus*)	150	250
マイワシ (*Sardinops melanostictus*)	500	+
その他魚種	135	85
計	13,945	10,545

生物量 ×千トン

ツク海南部に大量のマイワシが採餌回遊のために来遊しており，その総生物量は約120万トンに達した。底魚類は約350万トンであった。最近，これらの値は再評価され，もっと高い値であったと推定されている。具体的には，1980年代の生物量は概算で約5,500万〜約6,000万トン以上，そのうち表海水層魚類は約2,200万トン，中深海水層(mesopelagic)魚類は約2,800万トンと考えられている。1990年代には海洋生態系に大きな変化が生じ，主に表海水層魚類に変化があり，オホーツク海ではスケトウダラが約500万トン減少した。その一方で，オホーツクーアヤン系のニシンが約100万〜約150万トンに増加した。

オホーツク海南部ではスケトウダラが減少し，マイワシが来なくなり，トガリイチモンジイワシは約500万トン減少した。1990年代は，オホーツク全体では総生物量は約1,000万トン減少している。

2000年代では，オホーツク海北部の生物量は増加傾向にある。特にスケトウダラで増加が顕著である(図II.2.8)。近年，2004〜2006年生まれのスケトウダラの卓越年級群が水産資源に

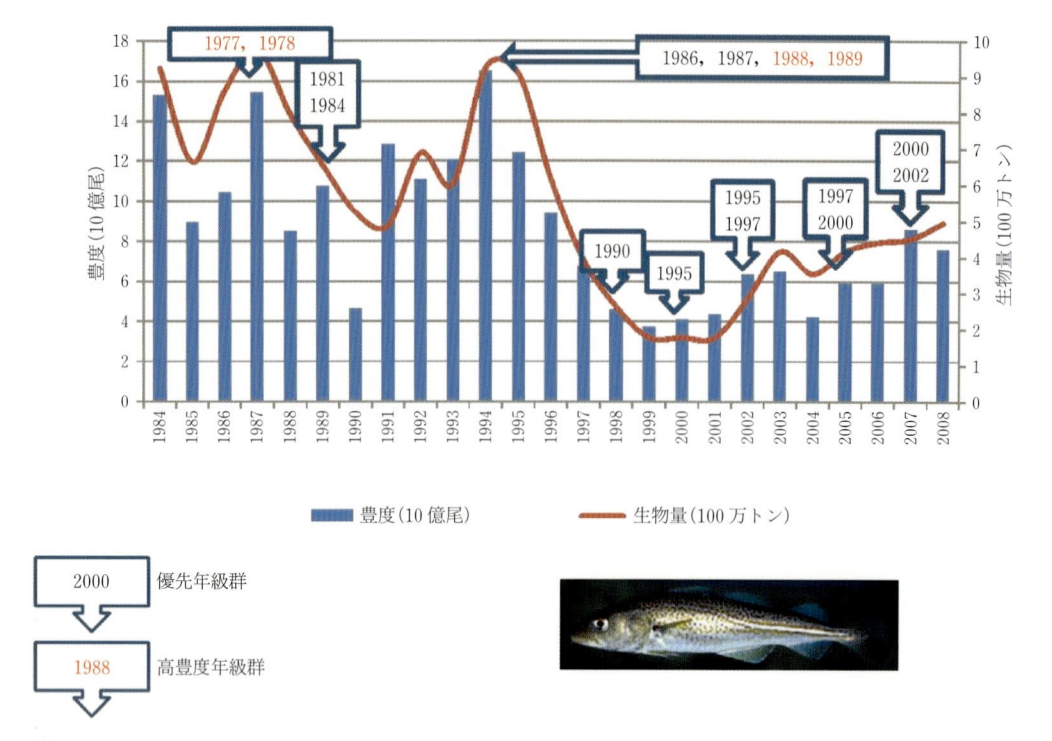

図 II.2.8　オホーツク海北部におけるスケトウダラ産卵群の豊度(個体数)と資源量。Ovsyannikov(2009)を改変

Figure II.2.8　Annual abundance (blue bar) and biomass (red line) of walleye pollock spawning stock in the northern Okhotsk Sea. Modified from Ovsyannikov (2009).

加入している。オホーツク海北部におけるスケトウダラの総生物量は，全体で既に1,000万トン以上に達していると推定されている。しかしながら，2006～2010年にかけては，スケトウダラの卓越年級群は発生していない。国後・択捉島周辺海域でも，スケトウダラ資源量は急速に増加しており，約30万～約40万トンに達している。1990年代から2000年代はじめには，その資源量が数万トンを超えることはなかった。2003～2009年に資源量が中程度あるいは高程度の世代が出現してきており，2006年と比較して，現在のスケトウダラ資源量は10倍になっている。しかし，これらの資源の圧倒的多数は，まだ若齢魚からなっている。21世紀はじめの10年間で，オホーツク海のスケトウダラは著しく増加したが，1980年代の水準にはまだ達していない。2006年以降，スケトウダラの卓越年級群が発生していないことを考えると，今後オホーツク海北部におけるスケトウダラの資源量は減少することも考えられる。

　一方，オホーツク海南部では，ニシンの生物量は増加傾向にある。1996～2004年の寒冷期には，既にオホーツク海でニシンの増加が観察された。この間，ニシンの年漁獲量は増加し続け，約29万トンに到達した。2004～2009年には，生物量は急激に増加し，約100万トンから約200万トンになった。しかしながら，漁獲量は逆に減少している。現在，オホーツク海北部の表海水層魚類に占めるニシンの割合は20％で，これは過去の平均値に等しい水準である。

　底魚類の長期的な生物量をモニタリングすることは非常に困難である。しかしながら，1980

年代のはじめと終わりに，オホーツク海の中で最も生産性が高い西カムチャツカ大陸棚で行われた生物量調査からは，底魚類の生物量は約80万トンから約140万トンにまで増加したことが示されている(図II.2.9)。21世紀はじめに，西カムチャツカ大陸棚における底魚生物量は，約140万トンから約60万トンにまで減少したが，2000年以降はまた顕著な増加が見られ，2008年の底魚類総生物量は約150万トンに達した。この増加は，カレイ類(60%)，カジカ類(20%)そしてマダラとコマイ(15%)が増えたことによる。

サハリン東岸南部海域と国後・択捉島周辺海域では，オホーツク海北部と基本的には同じ傾向を示している。ここでの優占種はタラ類，カレイ類，およびギスカジカである。国後・択捉島周辺海域では，底魚類の生物量が最も多かったのは，1980年代終わりから1990年代のはじめであった。

その後，1990年代終わりにかけて著しく減少し，ここ10年間で再び増加傾向にある。サハリン東岸海域でも同様の傾向にある(図II.2.10)。

多くの魚種では，個体数の長期トレンドは，各魚種でそれぞれの特徴がある。オホーツク海北部では，底魚類と深海魚がここ5年間続けて減少している。しかしながら，国後・択捉島周辺海域では，タラ科魚類やカレイ類，ホッケなどは増加傾向であり，また，スケトウダラや底魚類も増加傾向にある。特にスケトウダラは，豊度が顕著に高かった年級群が見られなかったにも関わらず，増加しているということは，注目すべき点である。

以上のように，オホーツク海における魚類の資源変動には，気候・海洋学的パラメータの周期的変化に起因すると思われる一定の周期が見られる。過去10年においては，魚類生物量が

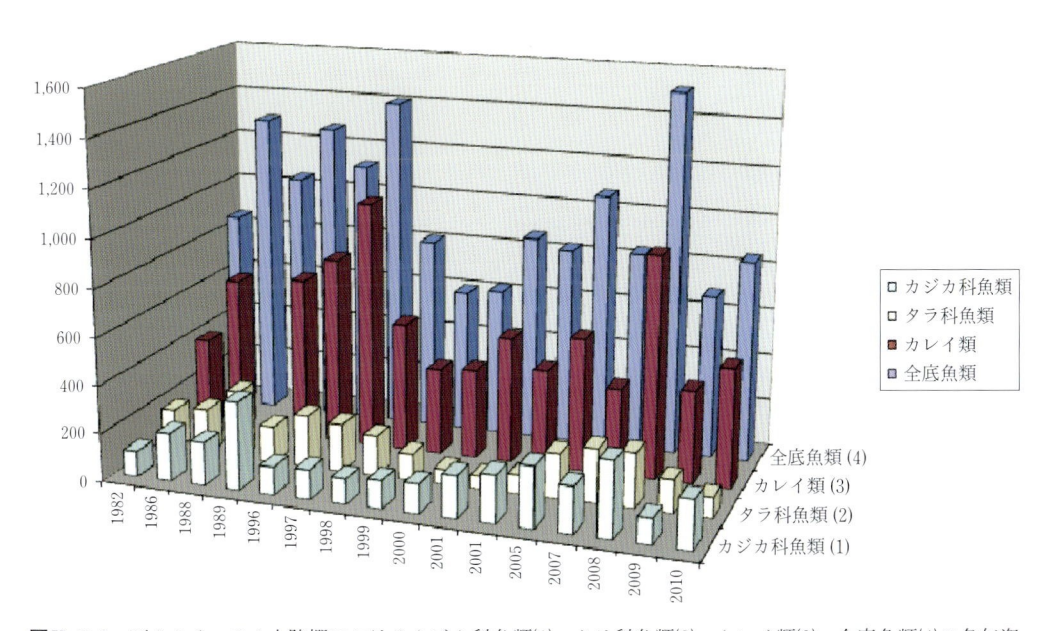

図II.2.9 西カムチャツカ大陸棚におけるカジカ科魚類(1)，タラ科魚類(2)，カレイ類(3)，全底魚類(4)の各年資源量(単位1,000トン)

Figure II.2.9 Annual biomass of cottid-fishes (1), gadid-fishes (2), flat-fishes (3), and all demersal fish (4) on the west Kamchatka shelf (unit: thousand tons).

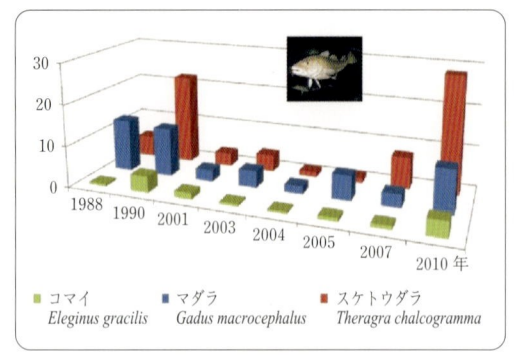

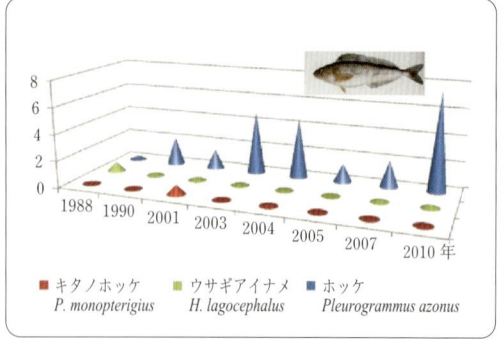

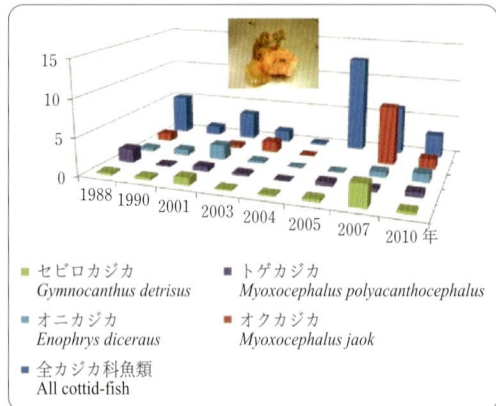

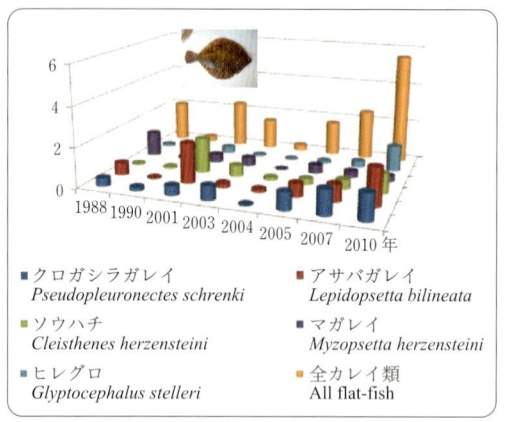

図II.2.10　千島列島南部海域における魚類優占種の相対的な平均生物量（単位はトン/平方マイル）
Figure II.2.10　Average relative biomass of dominant species of demersal fishes at South Kuril (unit: ton/sq. mile).

減少傾向であったこれまでのネガティブな状況に歯止めが掛かり，そのことは漁獲量にも良い影響を与えている。しかしながら，今後2020年からは寒冷期になると予測されており，特に北部海域では，近年の生物量の増加傾向が抑制される可能性が考えられる。

【引用・参考文献】
Glebova, S. Yu., Ustinova, U. I. & Sorokin, Yu. D. (2009): Long-term changes of atmospheric centers and climate regime of the Okhotsk Sea in the last three decades, PICES Scientific Report, 36, 3-9.
Ohtani, K. (1991): To confirm again the characteristics of the Oyashio, Bulletin of the Hokkaido National Fisheries Research Institute, 55, 1-25. (In Japanese with English abstract)
Ovsyannikov, E. E. (2009): Walleye pollack year classes abundance assessment in the northern Okhotsk Sea, Izvestiya TINRO, 157, 64-80.
Shuntov, V. P. (1997): Biological resources of the Far-Eastern Russian economic zone: structure of pelagic and bottom communities, up-to-data status, tendencies of long-term dynamics, Izvestiya TINRO, 122, 3-15.
Tachibana, Y. & Ogi, M. (2009): Influence of the annual Arctic Oscilation on the negative correlation between Okhotsk Sea ice and Amur river discharge, Proceedings of the Fourth Workshop on the Okhotsk Sea and Adjecent Area, PICES Scientific Report, 36, 10-15.
Zhigalov, I. A. & Luchin, V. A. (2010): Oceanological basics of the high bioproductivity zones formation, Izvestiya TINRO, 161, 212-228.

Summary

　The Sea of Okhotsk is distinguished by its high biological productivity and significant impact on the surrounding waters of the ocean. The large-scale sea warming is defined by oscillation of the oceanic East Kamchatka and Soya Currents. East Kamchatka Current is the western part of Western Subartctic Gyre that allows seeking similarity in tendencies within the total Gyre area. The intensity of currents is often related to the predominant type of atmospheric circulation. Under the spring predominance of Okhotsk-Aleutian type of atmospheric circulation, a significant penetration of Soya Current into the Sea of Okhotsk and summer warming in the southern area were observed. The periodic cooling and warming processes influence the Okhotsk Sea ecosystem and cause the long-term dynamics of biological communities. The 1970-1980s are characterized as a period of matching of warm climatic-oceanological shift and a very high level of fish stocks. In the Sea of Okhotsk, the maximum total biomass was caused by the large stocks of gadoid fishes, primarily walleye pollock. The first half of the 1990s was noted as a transitional period when the marine ecosystem appeared to be restructured. There was an abrupt decrease in walleye pollock resources, but increase in herring biomass. Overall, the total biomass of fish of the Sea of Okhotsk in the mid-1990s has decreased by at least 10 million tons. In the early 2000s, the situation had reached a critical level, but at the end of the first decade, signs appeared indicating some sea warming and renewal of the walleye pollock resources.

3

親潮生態系の生物生産と漁業資源
——オホーツク海との関わり

Biological and fishery production in the Oyashio Current Ecosystem: Connection with the Okhotsk Sea

山村織生（水産総合研究センター 北海道区水産研究所）
Orio YAMAMURA（Hokkaido National Fishery Research Institute: FRA）

1. はじめに

　北太平洋の北部には，亜寒帯循環と呼ばれる大きな反時計回りの流れがあり，亜寒帯海流やアラスカ海流とともに親潮もその一部を成す。親潮は，長らく西部ベーリング海から流れる東カムチャツカ海流を主な起源としていると見られてきたが（図II.3.1），最近の研究により，ブソル海峡など千島列島の諸海峡を通じたオホーツク海からの流入もその形成源として重要であることが明らかとなってきた（Katsumata & Yasuda, 2010）。このようにオホーツク海は親潮の主要な水源の1つであり，両者は海洋学的に密接な関わりを持つ一方，そこに分布する魚類ではどう関連しているのだろうか？　本章では，水産資源やそれらの餌となる小型の生物について親潮海域とオホーツク海の関わりを概観する。

2. 沿岸親潮とスケトウダラの再生産

　北海道の南岸沿いには，親潮の岸沿いの分流である沿岸親潮が，特に冬季から春季にかけて形成される。この流れは極端な低水温（≤2°C）と低塩分濃度（<33‰）で特徴づけられ，オホーツク海氷の融解水が起源と考えられている（大谷，1971）。沿岸親潮は北海道南東岸から襟裳岬を越えて噴火湾周辺海域まで達する。噴火湾から襟裳岬に至る海域（日高湾）はこの時期スケトウダラの産卵場であり，低水温の沿岸親潮の挙動が，卵と孵化仔魚の生残に大きく影響することが明らかとなってきた。日高湾で産卵するスケトウダラは東北太平洋岸から千島列島南部周辺海域に分布する「太平洋系群」に属し，北日本における最重要漁業資源の1つである。冬季，日高湾は強い北西季節風の影響下にあり，ひとたびこの風により生じる東向流に乗ると，産出

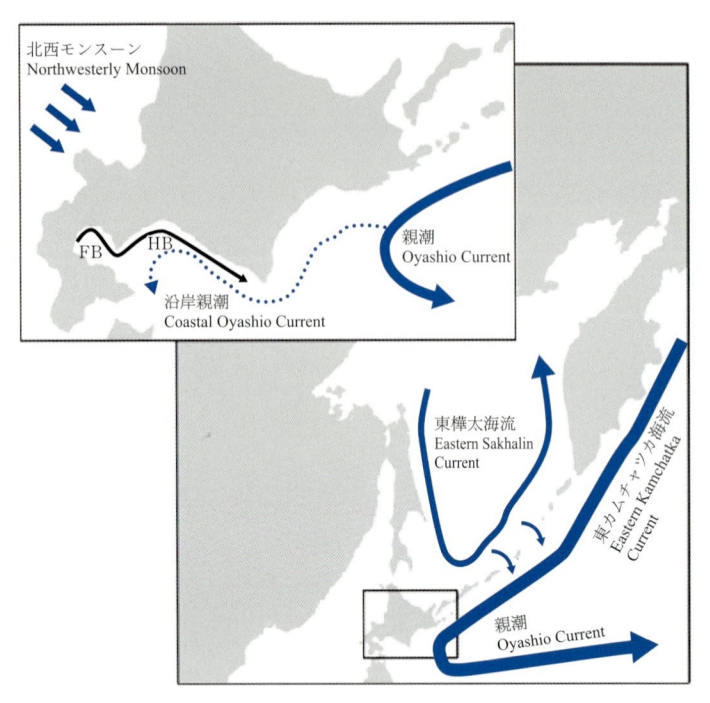

図II.3.1　右下：親潮の概略。東カムチャツカ海流を起源とする親潮はオホーツク海を反時計回りに流れる東樺太海流からもウルップ海峡や国後水道を通じた流入を受ける。左上：スケトウダラ産卵場周辺(噴火湾：FB、日高湾：HB)における流動環境の概略。産卵場では、親潮から分派した沿岸親潮による西向きの流れと偏西風による東向きの流れが拮抗し複雑な流動場を形成する。Kuroda et al.(2006)に基づく。
Figure II.3.1　Schematic drawing of Oyashio current (bottom) and the flow field in and near Funka (FB) and Hidaka Bays (HB). Kuroda et al. (2006).

卵は遠く沖合に輸送され、生残できない。しかし、沿岸親潮の流れはこれを押し戻す西向きであり、両者のせめぎ合いが日高湾の複雑な流動場を作り出している(Kuroda et al., 2006)。その一方で、2℃以下という低水温は卵と仔魚の正常かつ順調な発達を阻むため、沿岸親潮はスケトウダラにとって「両刃の剣」と言える。現在、こうした複雑な流動環境を再現した上で、水温が発生速度に及ぼす要因も考慮できるモデルによりシミュレーションを行い、スケトウダラ加入の良否にこれら要因が及ぼす影響の研究が進められている。

3. 親潮域の生物相

　親潮海域をオホーツク海との対比で見た場合、表層及び亜表層の生物相に大きな相違はなさそうである。両海域間では水塊の交換もある上、夏季には多くの魚種がオホーツク海の高い生産力を求めて太平洋から索餌回遊を行う。両海域の漁獲統計を比べてみると、その組成こそ異なるものの、登場する魚種に大きな違いは認められない(第4節参照)。無論、特に沿岸性魚類で両海域固有の種が認められるものの、生産量全体におけるシェアは乏しい。一方、中深層(水深200〜800 m)に目を転じてみると、両海域で生物相は大きく異なる。根室海峡や国後水道の最深部は200 m台と浅いため、オホーツク海の中深層では固有の動物相が形成されている。両海域の中深層における生物相が直接比較可能なデータはこれまで得られていないものの、ここで両海域の陸棚斜面域で優占しマイクロネクトンを主に捕食するチゴダラ科魚類イトヒキダラ *Laemonema longipes* の餌組成を比較してみよう(図II.3.2)。親潮域ではトドハダカ *Diaphus theta* やマメハダカ *Lampanyctus jordani* といったハダカイワシ科魚類が卓越した(Yamamura & Nobetsu, 2011)のに対し、オホーツク海ではソコイワシ *Lipolagus ochotensis* やトガリイチモン

ジイワシ *Leuroglossus schmidti* といったソコイワシ科魚類とドスイカ *Berryteuthis magister* のみに依存した。このように，両海域での餌料組成は全く異なり，両海域中深層の生物相が生物地理学的に隔離されていることを示している(Brodeur & Yamamura, 2005)。

4. 親潮海域の環境変動と漁業資源への影響

近年，温暖化をはじめとする地球規模の環境変動が各地の生態系構造や生産活動に影響を及ぼしていることが報告されているが，親潮海域ではどのような影響があるのだろうか？ オホーツク海では最近50年で0.6℃の平均水温上昇が認められており，海氷の後退や，それに伴う北太平洋への鉄分供給の減少といった現象が報告されている(第Ⅰ章)。しかし親潮海域においては，最近50年間の変動を見る限り一貫したトレンドとしての水温上昇は0.2℃にとどまっており，温暖化の直接的な影響はさほど顕在化していない(Nakanowatari *et al*., 2007)。

一方，世界中の海洋では，より大きな振幅で温暖期と寒冷期が10〜20年ごとに入れ替わる現象(レジームシフト)が顕在化している。親潮域においては，20世紀中に1925〜1946年，そして1977〜1990年代中頃までの2回の寒冷レジームが認められている。レジームシフトは大気—海洋間の相互作用によると考えられており，アリューシャン低気圧が東進傾向にある場合は北米西海岸の気候が温暖湿潤化する一方，親潮域を含む北太平洋の特に西側を寒冷化することが知られている(Trenberth & Hurrell, 1994)。レジームシフトは水産資源を含む生態系全体に大きな影響を及ぼす。例えばマイワシ資源は1970年代後半から1980年代にかけて非常に豊漁だったにも関わらずその後近年まで低迷が続いている。これはレジームシフトに同調した変化であったこと，また世界に分布するイワシ類で同様の現象がほぼ同時に起こっていたこと(テレコネクション)が指摘されている(Lluch-Belda *et al*., 1989)。しかし，気候や環境の変化がどのような機構で資源変動をもたらしたかの詳細は未解明である。

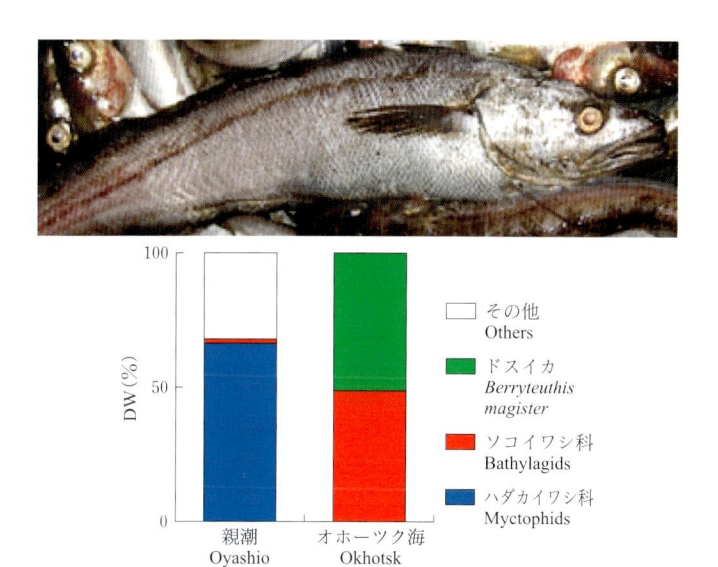

親潮域でのもう1つの重要資源であるスケトウダラも，こうした気象イベントと関連した影

図Ⅱ.3.2 イトヒキダラ(写真)大型個体(体長＞40 cm)の餌料組成から見た親潮域(左)及びオホーツク海(右)におけるマイクロネクトンの組成。親潮域の餌としてはハダカイワシ科魚類が重要であったのに対し，オホーツク海ではソコイワシ科魚類及びドスイカのみに依存した。親潮域のデータはYamamura & Nobetsu(2012)に基づく。

Figure II.3.2 Diets of large-sized (> 40 cm in standard length) threadfin hakeling *Laemonema longipes* collected in the Oyashio area and Okhotsk Sea.

響を受けていることが，継続的な調査研究によりわかってきた。親潮域では，1998年頃に寒冷レジームから温暖レジームへの転換があったが，このレジームは従来のように10～20年間継続することはなく，2004年頃に再度温暖レジームに転じたと考えられている(見延, 2003; Kasai & Ono, 2007)。一方，親潮域におけるスケトウダラの食性を継続的に調べたところ，これらレジームに対応した変化が明らかとなっている。例えば1998年までは共食いがほぼ春季のみに起こっていたが(Yamamura *et al.*, 2002)，その後は秋冬季に主に発生するようになり，着底間もない0歳魚に対して高い捕食圧が加わることとなった。これは，水温上昇に伴い冷水性の橈脚類やハダカイワシ類の豊度が減少し，それを補償する形で共食いが増加したためと考えられる。また，スケトウダラの重要な捕食者であるアブラガレイ *Atheresthes evermanni* は1990年代半ばから豊度の増加が続いており，近年やはり増加傾向にあるマダラとともに，スケトウダラ幼魚に対する捕食圧が熾烈となっていることが懸念される。そこで，Yamamura(2004)による栄養動態モデルをこれらの捕食環境に合致するようチューンしシミュレーションを行ったところ，スケトウダラの着底後の被食死亡は1990年代から2000年代にかけておおよそ倍増したことが明らかとなった。しかし実際には，1990年代以降近年に至るまで太平洋系スケトウダラの資源量は比較的安定基調にあることから，自然死亡量の増加を補償した何らかの機構の存在が示唆される。それは北方四島北側を含むオホーツク南部海域からの資源の添加補充である。ロシア研究者によると，近年当海域のスケトウダラは急激に増加している。従来，太平洋とオホーツク海に分布するスケトウダラは別々の個体群に属し，両者間の交流も限定的であることが標識放流により確認されてきたが(Ito *et al.*, 2004)，近年ではこの構造に異変が起きている可能性が指摘される。

　以上，概観してきたように，オホーツク海と親潮海域は相互に独立性を保ちつつも多くの側面で結びつきが認められる。水産資源に関する研究面でも，様々な困難はあるにせよ中断して久しい日露隣接海域における両国による共同調査が実現すれば，多くの進展が期待できる。

【引用・参考文献】

Brodeur, R. D. & Yamamura, O. (2005): Micronekton of the North Pacific, PICES Scientific Report, No. 30, 115 pp. http://www.pices.int/publications/scientific_reports/default.aspx

Ito, S., Sugisaki, H., Tsuda A., Yamamura, O. & Okuda, K. (2004): Contributions of the venfish program: meso-zooplankton, Pacific saury (Cololabis saira) and walleye pollock (Theragra chalcogramma) in the northwestern Pacific, Fisheries Oceanography 13 Supplement, 1, 1-9.

Kasai, H. & Ono, T. (2007): Has the 1998 regime shift also occurred in the oceanographic conditions and lower trophic ecosystem of the Oyashio region?, Journal of Oceanography, 63, 661-669.

Katsumata, K. & Yasuda, I. (2010): Estimates of Non-tidal Exchange Transport between the Sea of Okhotsk and the North Pacific, Journal of Oceanography, 66, 489-504.

Kuroda, H., Isoda, Y., Takeoka, H. & Honda, S. (2006): Coastal current on the eastern shelf of Hidaka Bay, Journal of Oceanography, 62, 731-744.

Lluch-Belda, D., Crawford, R. J. M., Kawasaki, T., MacCall, A. D., Parrish, R. H., Schwarizlose, R. A. & Smith, P. E. (1989): World-wide fluctuations of sardine and anchovy stocks: the regime problem, South African journal of marine science, 8, 195-205.

見延庄士郎(2003)：Major regime shift の可能性を秘める北太平洋の 1998/99 年の変化，月刊海洋，35, 45-51.

Nakanowatari, T., Ohshima, K, I. & Wakatsuchi, M. (2007): Warming and oxygen decrease of intermediate water in the northwestern North Pacific, originating from the Sea of Okhotsk, 1955-2004, Geophysical Research Letters, 34.
大谷清(1971)：噴火湾の海況変動の研究　I. 噴火湾に流入・滞留する水の特性, 北海道大學水産學部研究彙報, 22：58-66.
Trenberth, K, E. & Hurrell, J. W. (1994): decadal atmosphere-ocean variations in the pacific, Climate Dynamics, 9, 303-319.
Yamamura, O. (2004): Trophodynamic modeling of walleye pollock in the Doto area, northern Japan: model description and baseline simulations, Fisheries Oceanography 13 (Supplement 1), 138-154.
Yamamura, O., Honda, S., Shida, O. & Hamatsu, T. (2002): Diets of walleye pollock Theragra chalcogramma in the Doto area, northern Japan: ontogenetic and seasonal variations, Marine Ecology Progress Series, 238, 187-198.
Yamamura, O. & Nobetsu, T. (2012): Food habits of threadfin hakeling Laemonema longipes along the Pacific coast of northern Japan, Journal of the Marine Biological Association of the United Kingdom, 92, 613-621.

5. Summary

The Oyashio is a westerly flowing boundary current forming the western part of the subarctic gyre. Since the Oyashio Current is partly originated from the Eastern Sakhalin current flowing through the western Okhotsk Sea, they are tightly related with each other both oceanographically and biologically. The Oyashio area represents a remarkable seasonal variation, under the influence of the Okhotsk Sea; in early spring, the Coastal Oyashio Current (COA), the cold and low saline water mass originated from the Okhotsk outflow, flows west along the Pacific coast of the Hokkaido Island. The COA strongly affects the reproductive success of the Japan Pacific population of walleye pollock (JPP) spawning on the southwestern coast.

While tightly connected with the Okhotsk Sea, Oyashio current represents a unique fauna due to its quasi-enclosed nature especially below the epipelagic zone. The diets of large-sized (> 40 cm in standard length) threadfin hakeling, *Laemonema longipes*, from both areas differed completely, reflecting discrete micronektonic fauna in the mesopelagic and upper- bathypelagic zones.

The physical environment and lower trophic levels have been reported to vary in decadal scale also in the Oyashio area. The variability also affected population dynamics of walleye pollock in different ways. The long-term analyses of pollock feeding and body condition revealed that the feeding environment has been impaired from the 1990s through the 2000s (bottom-up effect). Furthermore, predatory fishes including Pacific cod and Kamchatka flounder *Atherestes evermanni* increased conspicuously during the same period, increasing the predation pressure on juvenile pollock (top-down effect). However, the JPP pollock sustains fairly stable population level over the two decades. These facts suggest an augment of JPP via exchange with southern Okhotsk waters, implying the significance of the cooperation between Japan and Russia.

4

北海道オホーツク海沿岸における
漁業の現状とその果たす役割

The present state and the role of fisheries
in the Sea of Okhotsk off the coast of Hokkaido

鳥澤雅(北海道立総合研究機構 水産研究本部)
Masaru TORISAWA(Fisheries Research Depterment, Hokkaido Research Organization)

1. 水産資源の特徴

　鉱物資源は使えば使うほど減ってしまい，いずれはなくなってしまう。それに対して，生物資源である水産資源は，自ら再生産することから，持続的に利用することが可能である。従って，資源を上手に使えれば，漁業は環境に優しい産業であると言うことができる。

2. 漁業の果たす役割

　漁業が果たす役割としては，まず食糧の供給が挙げられる。しかし，それだけであろうか。2008年度の日本におけるGDP総額約490兆円に対して，農業，林業，漁業を合わせた第一次産業のGDPは約5兆6,000億円で，全体のわずか1.14％でしかない。水産業に至ってはたったの0.16％である。では，漁業は本当にそれだけの産業なのであろうか。

　漁業は単独で見れば小さな産業かもしれないが，水揚げされた漁獲物は中卸業者が買い受け，さらに何段階かの流通業者を通じて小売り販売される。すなわち，鮮魚流通だけを見ても，漁業以外の産業で利益を生んでいることになる。さらに水産加工業，冷凍倉庫業，漁船への燃油販売業など，多岐にわたる産業が漁業の周りに広がっている。その上，これらに関わる運送業，金融業，宿泊業などがある。国内外から人気のある北海道観光では，観光客の大きな目的の1つが北海道産の新鮮な魚介類である。漁業はこうした観光に関わる多くの産業や学校や病院といった公共サービスも支えている。

　また，漁業は上記以外にも多面的な機能を有していると考えられている。陸上から供給され，富栄養化の元となる燐や窒素は，植物プランクトンによる同化を経て，それらを食べて育った

魚介類を漁業が漁獲し地上に戻すことによって，物質循環を補完している。漁業生物である貝類などの濾過食性動物による海水の浄化や，海岸や漁港の清掃，魚附林（うおつきりん）の植樹などの環境保全は，漁業があることによって促進されている。漁業にとって重要な干潟や藻場を，漁業者自らがその保全や造成に積極的に取り組むことで，干潟や藻場の浄化機能の維持など，生態系保全に役立っている。不法侵入，不法操業などの国境監視や海難事故など，漁業・漁村による海事情報の監視ネットワークは，私たちの生命財産を保全する機能を担っている。また，漁業・漁村は油濁汚染時の油濁の除去や海難事故への協力など，防災・救援機能も有している。さらに，漁業は漁村への訪問などによる保養・交流・教育機能なども有していると考えられている。三菱総合研究所が，これらの機能について，別途経費を掛けて行うとしたらどれくらいの金額となるかを試算したところ，その合計額は約11兆円にもなり，2008年の我が国における漁業・養殖業による生産額約1兆6,000億円の約7倍にも達した。ただし，この試算値は水産業・漁村の多面的な機能の経済的価値全体を表すものではないことや，評価手法にもまだ問題点が多いことなどに留意する必要がある。

いずれにせよ，漁業は単に食糧供給のみではなく，その他にも多様な機能を有していることが，おわかりいただけるかと思う。

3．北海道のオホーツク海沿岸における漁業の現状

経済的排他水域200海里制度の世界的な導入以降，日本における漁業生産は生産量・生産額とも，ピーク時の約半分にまで減ったが，依然として，日本が世界有数の漁業国であることに変わりはない。その日本の中でも北海道は，漁業生産量・生産額とも，他の都道府県に比べて飛び抜けて多く，日本全体の生産量で約25％，生産額でも約20％を占めている。その北海道を北海道北部日本海沿岸，北海道南部日本海沿岸，えりも以西太平洋沿岸，えりも以東太平洋沿岸，そしてオホーツク海沿岸の5つの海域に分けて，それぞれの特徴を見てみることにする。

図II.4.1は，それら5つの海域ごとの魚種別生産量を示したものである。まず一見して，オホーツク海での生産が，生産量，生産額ともに飛び抜けて多いことがわかる。また，海域によって漁獲対象にも違いが見られる。

これら5海域に加え，日本全体と北海道全体を加えたそれぞれの，漁業就業者1人当たりの生産金額は，北海道全体（9,100万円/人）では日本全体（7,300万円/人）より多いが，北海道南部日本海（6,100万円/人）では日本全体より低くなっている。これらの中でオホーツク海（12,100万円/人）は飛び抜けて高く，北海道南部日本海沿岸の約2倍となっている。

このような地域による生産性の違いは，漁業者の年齢構成にも影響を与えている。図II.4.2は上記の地域に，知床世界自然遺産地域のある斜里町と羅臼町を加えた各地域における漁業就業者の年齢構成である。日本全体では，55歳以上の高齢者が既に6割以上を占め，漁業者の高齢化が顕著である。北海道全体では日本全体より若い傾向が見られるが，北海道の日本海沿岸では，日本全体よりさらに高齢化が進んでいる傾向が見られる。これに対して漁業就業者一

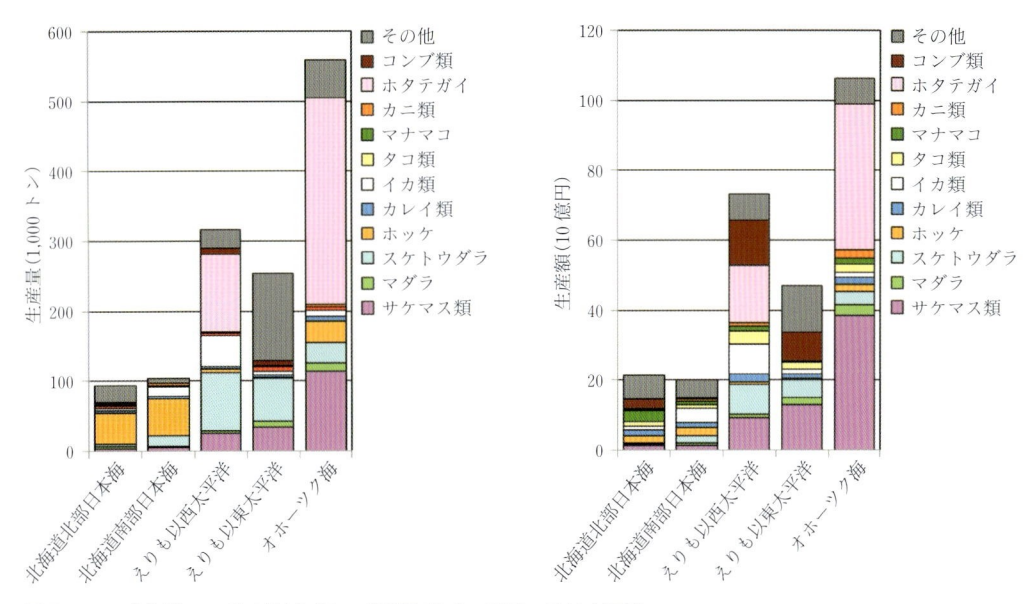

図II.4.1 北海道における地域ごとの漁獲物組成。2005～2009年平均
Figure II.4.1 Composition of catches in each district of Hokkaido (mean of 2005-2009). ■: salmon, ■: cod, ■: pollock, ■: Arabesque greenling, ■: flatfish, □: squid, ■: octopus, ■: sea cucumber, ■: crab, ■: scallop, ■: kelp, ■: others.

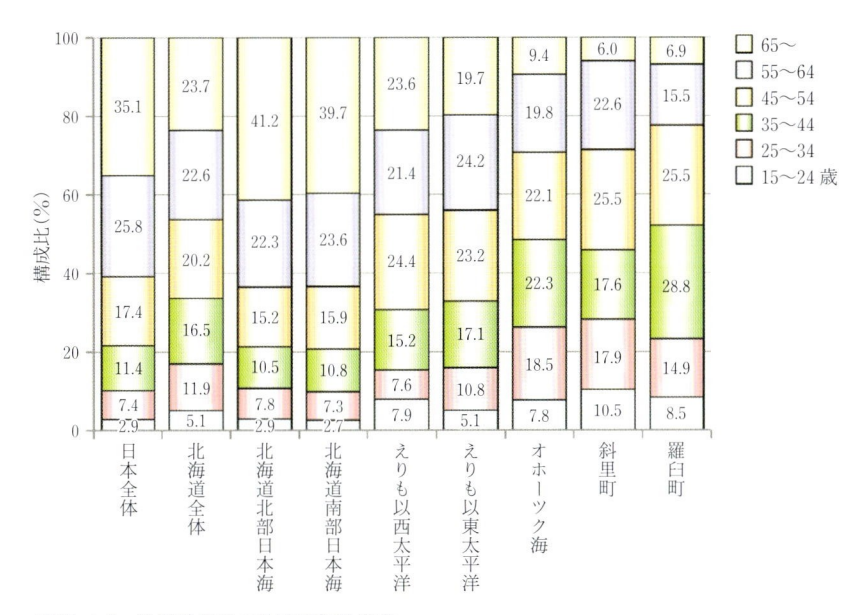

図II.4.2 漁業就業者の地域別年齢構成
Figure II.4.2 Age structure of fishery workers in each district (from left, Japan, Hokkaido, northern Japan Sea, southern Japan Sea, western Pacific, eastern Pacific, Okhotsk, Shari and Rausu).

人当たり漁業生産が高いオホーツク海沿岸では，若い世代の比率が高く，高齢者の割合は他の海域に比べ少なくなっている．オホーツク海沿岸の中でも，斜里町や羅臼町では，高齢者の比率はさらに少ない傾向がうかがえる．

斜里町と羅臼町は，世界自然遺産に登録された知床半島を挟んで，その東西に隣接している．しかし知床半島の東西では，漁業形態や漁獲対象には大きな差が見られる．

図II.4.3は1955～2009年の斜里町と羅臼町における魚種別漁獲量の推移を示したものである．この図から，斜里町側では主にサケ・マス類，羅臼町側では同じくサケ・マス類に加え，スケトウダラ，イカ類，マダラ，ホッケ，コンブなどが漁獲されていることがわかる．しかも，いずれも漁獲される魚種や量は時代によって大きく変化していることもわかる．羅臼町側では，1960年代後半から1990年代にかけて，一時は10万トンを超える漁獲量があったスケトウダラは，現在は毎年1万トンを切っている．一方で，スケトウダラが捕れ始める前に漁獲が最も多かったイカ類は，スケトウダラが豊漁であった頃にはほとんど捕れず，スケトウダラが捕れなくなり始めた1990年代以降，再び捕れるようになってきている．羅臼側のスケトウダラ漁業者は，漁獲が減少して以降，減船や刺し網の目合拡大，保護区の設定や漁期の短縮など，法的規制以上の自主的管理をして資源の回復に努めてきており，これらは高く評価されている．

図II.4.4に羅臼町におけるスケトウダラの漁業種類別漁獲量の推移を示した．豊漁時代の1990年度以前は，スケトウダラの漁獲を専業とするはえ縄や刺し網がスケトウダラの漁獲の

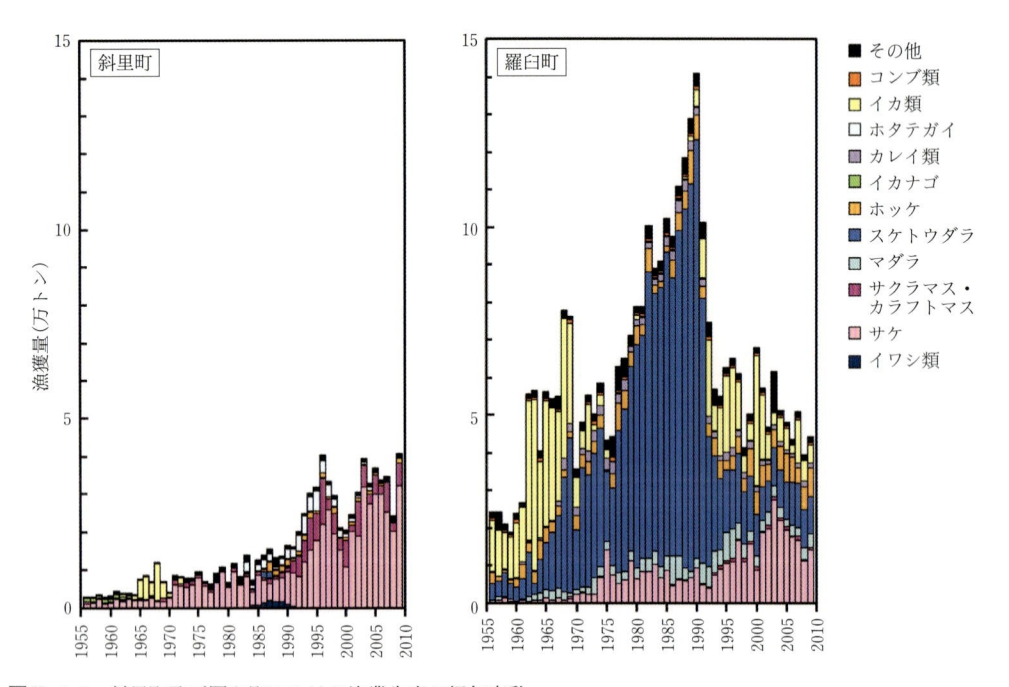

図II.4.3　斜里町及び羅臼町における漁業生産の経年変動
Figure II.4.3　Annual change of fisheries production in Shari and Rausu. ■: sardine, ■: salmon, ■: masu/pink salmon, ■: cod, ■: pollock, ■: Arabesque greenling, ■: sand lance, ■: flatfish, □: scallop, ■: squid, ■: kelp, ■: others.

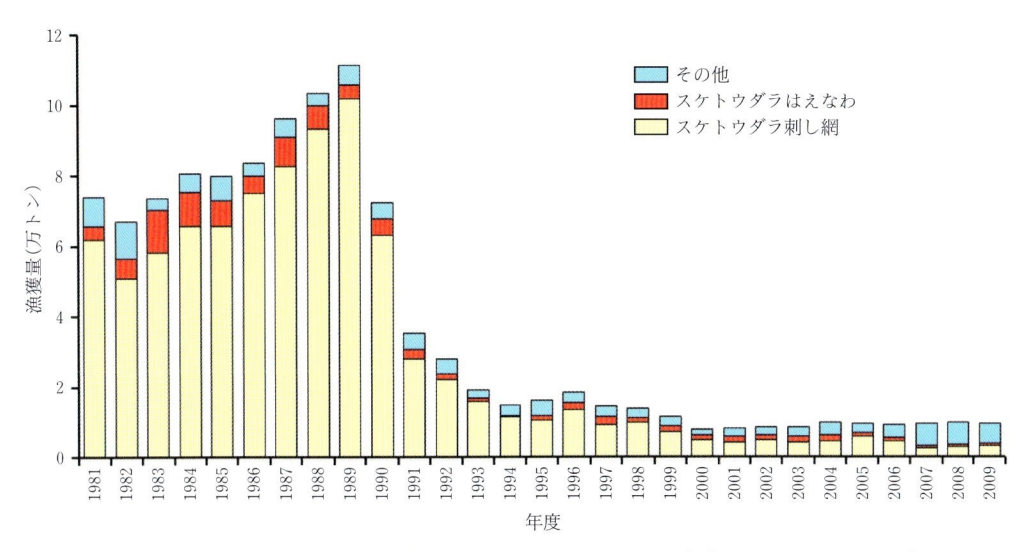

図II.4.4　根室海峡羅臼地区におけるスケトウダラ漁業種類別漁獲量の経年変化。石田（2010）を改変
Figure II.4.4　Annual change of component ratios of monthly catch of walleye pollock by each fishing method in Rausu. yellow: walleye pollock gill net, red: walleye pollock long line, blue: others. Modified from Ishida (2010).

中心であった。しかし近年は，量・比率ともに，定置網やその他刺し網などによる漁獲が増えてきており，スケトウダラの漁獲のされ方に変化が見られてきている。このような漁獲のされ方の変化には，漁獲される時期の変化が影響していると考えられる。羅臼におけるスケトウダラ漁は，主に冬季に根室海峡に回遊してくる産卵群を漁獲対象として行われてきた。

　図II.4.5 に 1985 年度以降，2009 年度までの羅臼におけるスケトウダラの月別漁獲量の推移を示した。なお 4～10 月は 1 つにまとめてある。漁獲のピークであった 1989 年度前後から 1993 年度までは，2 月と 3 月の漁獲量の割合が全体の 70％以上を占めていた。しかし，1994 年度以降は年々その割合が低下し，2002 年度は 50％，2007 年度には 13％にまで減っている。加えて 4～10 月の割合も，1991 年度以前には 10％未満だったものが年々上昇し，2009 年度には 40％になっている。＊印で示した各年度で漁獲量の最も多かった月を見ると，2003 年度までは，ほとんどの年が 2 月もしくは 3 月だったものが，2004 年度以降早くなる傾向が見られている。このような変化は，環境変化に伴うスケトウダラの生態の変化や，来遊する系群の変化等がその要因として考えられる。その点については，現在，釧路水産試験場等が調べているが，詳細はまだ不明である。いずれにせよ，このような変化に順応して，今後適切に対応していくことが必要になる。

　以上をまとめると，漁業は多様な機能を有しており，特に生産性の高い北海道オホーツク海沿岸における漁業は，地域経済や生態系保全にとっても，非常に重要なものである。しかし，漁業と資源は時間とともに変化していくことから，それらを適切にモニタリングしながら，順応的に管理をしていくことが重要である。

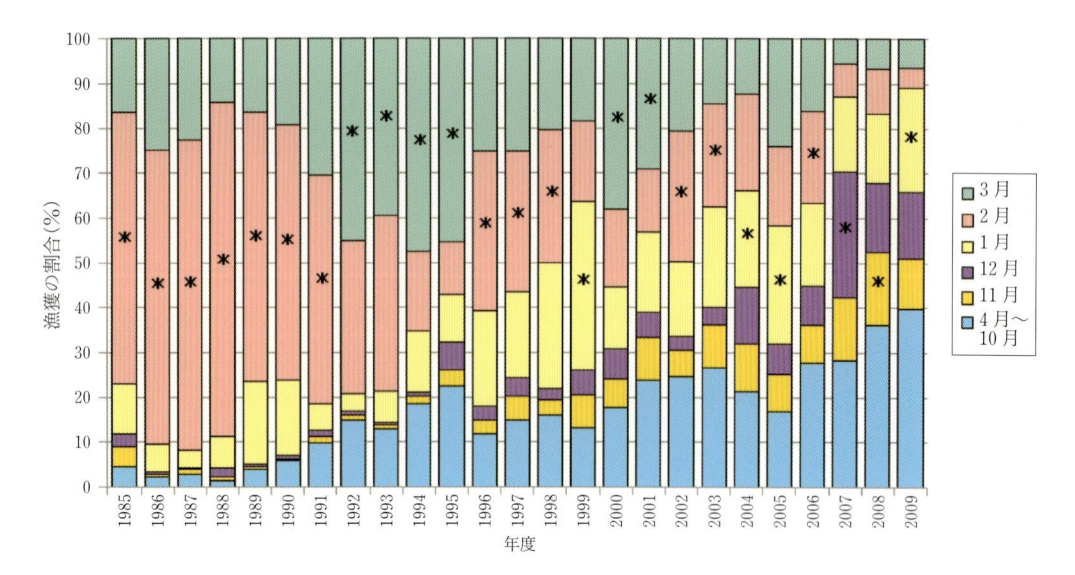

図II.4.5 羅臼地区におけるスケトウダラ刺し網漁業月別漁獲割合の経年変化。石田(2010)を改変
Figure II.4.5 Annual change of component ratios of monthly catch of walleye pollock by gill net fishery in Rausu. ＊ indicates the month of the highest rate in the year. blue: APR-OCT, orange: NOV, violet: DEC, yellow: JAN, pink: FEB, green: MAR. Modified from Ishida (2010).

【引用・参考文献】
石田宏一(2010)：根室海峡スケトウダラ漁獲時期の変化について，北水試だより, 81, 5-9.
石田良太郎・鳥澤雅・志田修(2006)：水産資源の持続的利用—知床半島周辺海域の漁業と水産資源(陸棚)，月刊海洋, 38, 626-631.
日本学術会議(2004)：地球環境・人間生活に関わる水産業及び漁村の多面的な機能の内容及び評価について(答申), 57 pp.
Makino, M., Matsuda, H. & Sakurai, Y. (2009): Expanding fisheries co-management to ecosystem-based management: A case in the Shiretoko World Natural Heritage area, Japan, Marine Policy, 33, 207-214.
桜井泰憲(2011)：沿岸生態系生物多様性と持続的漁業—知床世界自然遺産海域を例として，沿岸海洋研究, 48(2), 139-147.

4．Summary

　　Sustainable use is possible in the fisheries resources because the biological resources reproduce by themselves unlike the mineral resources. So, if fisheries use the resources properly, it may be said that fishery is eco-friendly industry. Furthermore, fishery has a lot of multi-functionalities such as ecosystem integrity, marine environmental conservation, marine environmental monitor, salvage and so on. The amount and value of fisheries production in Hokkaido account for about 25% and 20% of the entire Japan respectively. Furthermore, those in the Sea of Okhotsk off the coast of Hokkaido account both for about 35% of the entire Hokkaido. The gross domestic product (GDP) by fisheries was only 0.16 % of it in the entire Japan in fiscal 2008. However, many secondary and tertiary industries develop from fisheries as primary industries.

Fisheries are supporting the local economies, especially around the maritime communities. The yield per fisherman in the Okhotsk coast of Hokkaido is higher than other areas of Hokkaido and is about twice as high as it in the Sea of Japan coast of southern Hokkaido. So, the age structure of fishermen in the Okhotsk coast of Hokkaido is younger than other areas of Hokkaido. The fishing targets have been changed with time. Now, the main fishing targets are scallop, salmon, walleye pollock and so on in the Sea of Okhotsk off the coast of Hokkaido. However, the composition of fishing targets is different between the east side and the west side of the Shiretoko peninsula. Furthermore, the aspects of fisheries and fish are gradually varying.

5

サハリン沿岸の日本海及びオホーツク海における気候トレンドと外洋性魚類の種組成並びに豊度の長期変動

Climatic trends and long-term changes in species composition and abundance of pelagic fishes along the Sakhalin coast in the Japan Sea and the Okhotsk Sea

ヴェリカノフ, A. Ya.(サハリン漁業海洋学研究所)
Anatoliy Ya. VELIKANOV(Sakhalin Research Institute of Fisheries and Oceanography: SakhNIRO)

　サハリン西岸は比較的暖かいタタール海峡(ここではサハリンとロシア本土に挟まれた日本海を指す(図II.5.1))、東岸は寒流である東樺太海流が流れるオホーツク海に面していることから、サハリン沿岸海域の海洋環境はサハリンの東西で大きく異なっている。タタール海峡とオホーツク海南西部の魚種組成は、異なる生態学的グループに属する種で構成されている。タタール海峡とオホーツク海南西部の魚群構造は、南の海域から定期的に回遊してくる魚類によって大きく変化する。20世紀においては、サハリン沿岸海域及び大陸棚は漁業にとって重要な海域であった。年間漁獲量は、ニシンが35万トン、マイワシが36万トン、スケトウダラが41万トン、カラフトマスが10万トン、そしてマダラが5万トン以上に達していた。しかし、20世紀末までには、スケトウダラ、マダラ、マイワシ、カラフトシシャモなどの多くの漁獲対象種で資源量が大きく減少したため、漁業は成り立たなくなった。

　そこで、主な研究課題として、①タタール海峡とオホーツク海南西部の1950～2009年における主要な外洋性魚類の個体数変動の長期トレンドを解明すること、②気候及び海洋環境と、外洋性魚類の個体数変動との関係について明らかにすること、③主要な外洋性魚類の個体数変動についてサハリンの東西で比較すること

図II.5.1　サハリン周辺地図
Figure II.5.1　The map around Sakhalin Island.

を目的とした。

　長期気候変動の指標であるPDO(太平洋十年規模振動)及びSHI(シベリア高気圧指数)は，1950〜1970年には低い値を示していたが，1970年代の終わりから現在に至るまでは，高い値を示している。そして，過去30年間のSOI(南方振動指数)とMOI(モンスーン指数)は低下傾向にあった。

　サハリン南西部及び北海道西部海域の水温の長期変動から，1970年代から1980年代の終わりにかけて寒冷レジームが続いており，この傾向は日本海全体で一致していた。また，オホーツク海における海氷は，1970年代のはじめから1990年代のはじめまでは張り出しが大きく，一方で1940〜1950年，及びこの15年間は，海氷の張り出しは小さくなっていた。20世紀には，いろいろな年代・時期に南方系魚類が，南の海域からタタール海峡に出現していた。

　表II.5.1に20世紀及び21世紀初頭のサハリン西部周辺海域における暖海性の外洋性魚類計20種の構成と出現年を示した。南方系魚類は，サハリン西岸にはカタクチイワシ，マフグ，シイラなどが，タタール海峡にはマイワシ，カタクチイワシ，サンマ，サバ類が多く出現して

表II.5.1　20世紀及び21世紀初めにサハリン西海岸付近に出現した南方系魚類のリスト(公表及び独自データによる)
Table II.5.1　List of warm-water fish species near the west coast of Sakhalin Island in the 20th and early 21th centuries. Based on published and own data.

魚種	年	魚種	年
アオザメ *Isurus oxyrhynchus* または ホホジロザメ *Carcharodon carcharias* (?)	1951	イシダイ *Oplegnathus fasciatus*	1946, 1948
ネズミザメ *Lamna ditropis*	1947〜1949, 1950 s, 1960 s, 1980 s, 2004, 2007	シイラ *Coryphaena hippurus*	1951, 1973, 2007
ギス *Pterothrissus gissu*	1980	ムスジガジ *Ernogrammus hexagrammus*	1947〜1949
カリフォルニアマイワシ *Sardinops sagax* マイワシ *S. melanostictus*	1932〜1942, 1949〜1954, 1975〜1991	マサバ *Scomber japonicus*	1931〜1955, 1973, 1977〜1979
カタクチイワシ *Engraulis japonicus*	1934, 1948〜1967, 1989〜1998, 2002, 2004, 2007〜2009	メダイ *Hyperoglyphe japonica*	2002, 2006
サンマ *Cololabis saira*	1933〜1985, 1995〜1996, 2005, 2009	イシガレイ *Kareius bicoloratus*	1947〜1949, 1975
サヨリ *Hyporhamphus sajori*	1948, 1975	ウマヅラハギ *Thamnaconus modestus*	1975
イダテントビウオ *Exocoetus volitans*	1973	マフグ *Takifugu porphyreus*	1912, 1948, 1975, 2004
クロソイ *Sebastes schlegelii*	1948, 2001, 2004	キアンコウ *Lophius litulon*	1975
ガヤモドキ *Sebastes wakiyai*	2001		

いる。

　1910～2009年のタタール海峡における南方系魚類の回遊周期は，魚種によって異なっていた。マイワシは1930～1942年，1949～1954年，そして1950～1979年に出現していた。カタクチイワシは1930年代前半，及び1948～1967年に出現した。また，カタクチイワシの北上回遊は1989年以降，現在まで継続している。また，マフグは過去100年で4回出現している。そして，熱帯海域に生息するシイラも北上回遊しており，これまでに3回出現している。さらにサハリン西部において，1940年代の終わりから1950年代の終わり，及び1970年代に，亜熱帯性魚類が出現した。これらの年は，対馬暖流の勢力が最も強く，またモンスーンの勢力は弱く，ここ10年間はこのような状況が続いている。

　南の海域から北上回遊してくる魚類は，サハリンのオホーツク海側付近に，タタール海峡とは異なる年に出現した（表II.5.2）。オホーツク海において，この10年間で低緯度海域に生息する南方系魚類が出現する頻度は，1940年代と比較して倍増している（表II.5.3）。2000～2008年には，アニワ湾ではじめてシイラやガヤモドキ，ホオジロザメといった魚種が出現した。1970年代後半～1980年代はじめには，マイワシがタタール海峡及びオホーツク海南西部に出現した。2002年，2007年，2008年には，カタクチイワシがサハリン周辺海域に大量に出現した。その他の大部分の南方系魚類は，ほとんどがサハリン南部に出現した。

　20世紀におけるタタール海峡及びオホーツク海南西部における主要な外洋性魚類の漁獲量を図II.5.2に示した。タタール海峡における主な漁獲対象種は，北方系のニシン，スケトウダラ，そして遡河性魚類であるカラフトマスなどである。しかしながら，1991年以降，マイワシは個体数が減少したことにより，タタール海峡には出現していない。つまり，外洋性魚類の長期個体数変動は，種によってそれぞれ特有のパターンを示すということが明らかになってきた。例えば，サハリン沿岸におけるニシンとカラフトマスの漁獲量変動パターンは，過去50～60年間で異なる傾向を示した。サハリン沿岸海域において，イカナゴが多く漁獲される年は，カラフトマスはやや少なく，1970～1980年代のサハリン東岸では，スケトウダラが多い時期であり，ニシンとカラフトマスは少ない時期と一致している。また，オホーツク海南西

表II.5.2　1910～2009年における亜熱帯性魚類のタタール海峡への回遊周期。Velikanov（2010）を改変
Table II.5.2　Periodicity of migrations of some subtropical fish species to the Tatar Strait in 1910-2009 (from top to bottom: Pacific sardine, Japanese anchovy, Pacific saury, dolphin fish and genuin puffer). Modified from Velikanov (2010).

魚種	1910～1919	1920～1939	1940～1949	1950～1959	1960～1969	1970～1979	1980～1989	1990～1999	2000～2009
マイワシ	?	＋	(＋)－(＋)	(＋)－	－	＋	＋	(＋)－	－
カタクチイワシ	?	＋	(－)＋	＋	＋	－	－(＋)	＋	＋
サンマ	?	＋	＋	＋	＋	＋	＋	＋	＋
シイラ	－	－	－	＋	－	＋	－	－	＋
マフグ	＋	－	＋	－	－	＋	－	－	＋
合計	1	4	11	7	3	10	3	6	8

表II.5.3　異なる年代にサハリンのオホーツク海沿岸に出現した南方系魚類のデータ
Table II.5.3　Data of south-latitude fishes occurred near the Okhotsk Sea coast of Sakhalin Island in different years (middle column: Aniwa Bay, right column: eastern Sakhalin).

魚　種		アニワ湾		サハリン東部	
和名	学名	1947〜1949 (Lindberg, 1959)	2000〜2008	1947〜1949 (Lindberg, 1959)	2000〜2008
ネズミザメ	*Lamna ditropis*	+	+ (2002〜2005； 2007)	+	+ (2002〜2004； 2008；2009)
ホホジロザメ	*Carcharodon carcharias*	−	+ (2007)	−	−
マイワシ	*Sardinops melanostictus*	?	+ (2006〜2007； 2009)	?	+ (2001〜2004)
カタクチイワシ	*Engraulis japonicus*	−	+ (2003〜2009)	−	+ (2000〜2004； 2008；2009)
サンマ	*Cololabis saira*	+	−	+	+ (2000〜2001； 2008)
ダツ	*Strongylura anastomella*	−	+ (2008)	−	−
クロソイ	*Sebastes schlegeli*	+	+ (2006)	−	−
ガヤモドキ	*Sebastes wakiyai*	−	+ (2001)	−	−
シイラ	*Coryphaena hippurus*	−	+ (2000；2007)	−	+ (2004)
マサバ	*Scomber japonicus*	+	+ (2000)	−	+ (2008)
マフグ	*Takifugu porphyreus*	+	+ (2003；2008)	−	−

部にマイワシが多かった年はニシンが少なく，スケトウダラやイカナゴは大変に少ない状態にあった。ニシン，スケトウダラ，そしてイカナゴは1990年代に減少しており，反対にアイナメやホッケは増加していた。

　北海道―サハリン系ニシンの個体数は，この数十年間，最低水準のままである。近年の資源量は900万個体を超えることはない。また，タタール海峡においてニシンが実際に減少していることは，春季のトロール調査によって確認されている。サハリン沿岸域でのニシンの産卵は小さな地域性集団のものである。過去10年間で，オホーツク海の北部からサハリン沿岸に索餌回遊するニシンの大きな群れは，夏季にサハリン北東部沿岸に出現している。通常，オホーツク海の北の海域から回遊してくるニシンの大きな群れは沖合に分布し，体長も地域性ニシンより大きい傾向にある。

　タタール海峡ではさらに，ニシン以外の他の外洋性魚類でも危機的な状況が見られている。産出されたスケトウダラの浮遊卵の密度と量が激減している。ただし，サハリン北東部ではス

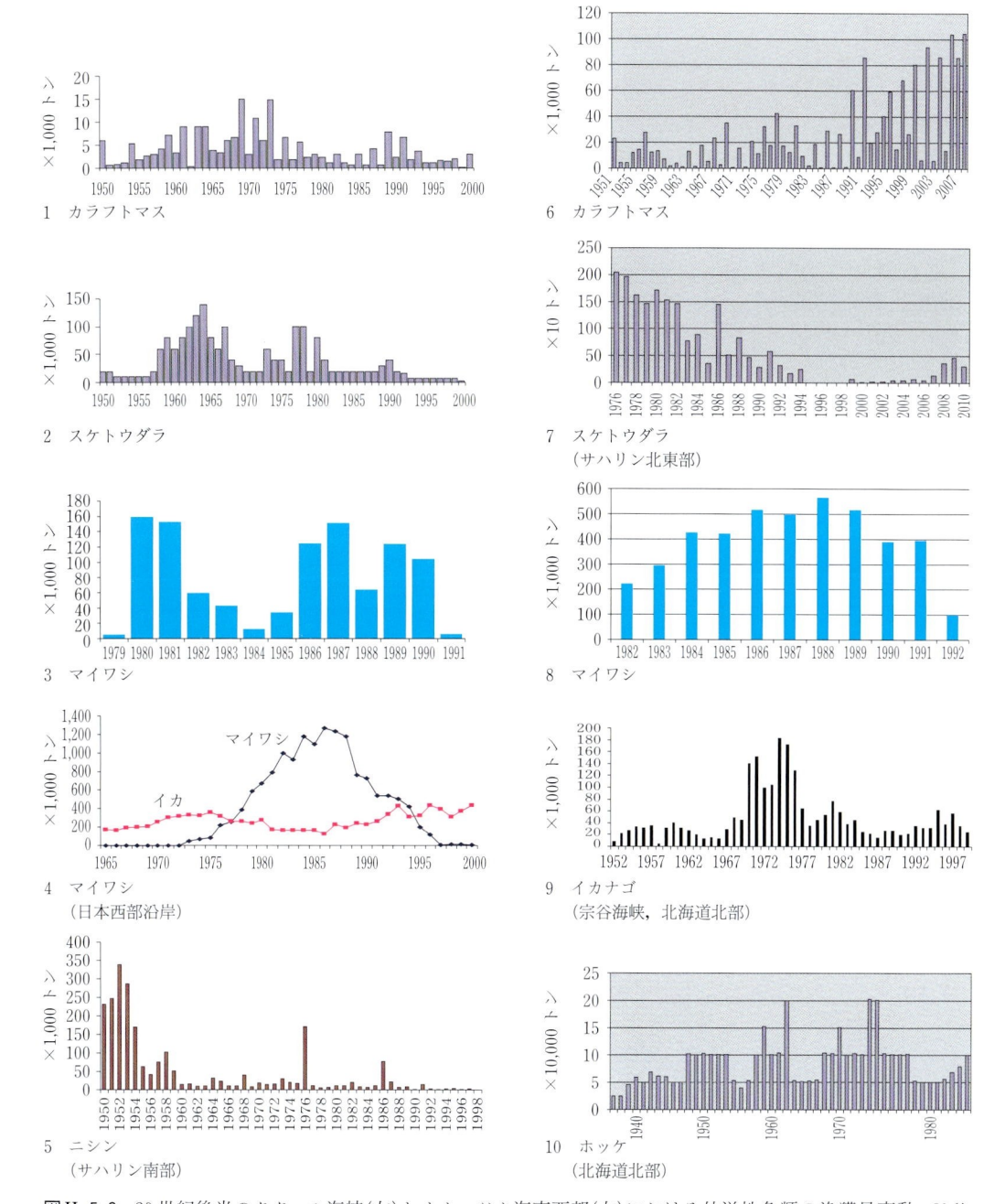

図II.5.2 20世紀後半のタタール海峡(左)とオホーツク海南西部(右)における外洋性魚類の漁獲量変動。Velikanov(2010)を改変

Figure II.5.2 Dynamics of different pelagic fish catches in the Tatar Strait (left panels; 1: pink salmon, 2: walleye pollock, 3: Pacific sardine, 4: Pacific sardine (western Japan coast) and 5: herring (southern Sakhalin)) and in the southwestern part of the Sea of Okhotsk (right panels; 6: pink salmon, 7: walleye pollock (north-eastern Sakhalin), 8: Pacific sardine, 9: sand lance (La Perouse Strait, northern Hokkaido), 10: Arabesque greenling (northern Hokkaido)) in the second half of the 20th century. Modified from Velikanov (2010).

ケトウダラの資源量は比較的安定しており，産卵親魚量も増加傾向にある。1970年代には，スケトウダラの産卵親魚量はサハリン北東部で13万トン，南東部で12万トンとほぼ同じ水準であった。現在，サハリン南東部のスケトウダラは，採餌群，産卵群ともに非常に少なくなっている。一方，サハリン北東部では，スケトウダラの産卵親魚量が2000～2010年にかけて回復し，1970年代のレベルにまで回復した。このように，スケトウダラの産卵親魚量の変動には，サハリン北東部と西部で大きな差異が見られる。この10年間では，サハリン西部ではスケトウダラの資源量は低位なままであるが，北東部では増加傾向にある。

　1980年代の終わりから1990年代初頭には，トロール漁業における，サハリン西部でのカラフトシシャモの遭遇頻度及びCPUE(単位努力当たり漁獲量)ともに著しく減少していることが明らかになった。また，産卵数密度や産卵場面積も減少している。しかし，唯一の例外として，1998年生まれの卓越年級群が2002年に産卵に参加したため，産卵場と産卵数が増加した。また，オホーツク海のアニワ湾でも同様の傾向が見られた。

　外洋性魚類の漁獲量変動を年ごとに見ると(図II.5.3)，冬季と春季に産卵する魚類群では，全ての魚種において1950年代から1970年代にかけて増加傾向，1980年代はじめからは減少傾向にあった。夏季と秋季に産卵する魚類群では，1950年代はじめから1970年代半ばまで減少傾向となっているが，1990年代以降は増加傾向に転じている。コガネガレイが1990年代に増加したのは，対馬暖流が強まったことと冬季季節風が弱まったことに一致している。

　サハリンの西部と東部における個体群動態は，一般的な傾向は類似していたが，いくつかの相違が見られた(図II.5.4)。例えば，ニシン，スケトウダラ，マイワシ，ホッケが多かった期間はオホーツク海側で長く，カタクチイワシとカラフトマスが多かった期間は，タタール海峡側で長く続いた。また，カラフトマスの年間漁獲量は，西部海域と東部海域では相反する結果となっていた。

　以上のように，過去60年間のサハリン沿岸海域における外洋性魚類の個体群動態は，魚種によって様々であり，また，タタール海峡とオホーツク海南西部といったサハリンの東西で異なる傾向を示していた。これらには，それぞれの外洋性魚類の生態，それぞれの海域の海洋環境や対馬暖流，海氷の状態，さらには冬季季節風のような気候変動が大きく関連していると考えられる。

図II.5.3 1950〜2005年における、西サハリン近海のニシン、スケトウダラ、カラフトマス、コマイ、コガネガレイ、北部北海道近海のイカナゴ、ホッケの各漁獲量偏差の経年変化。Velikanov(2010)を改変

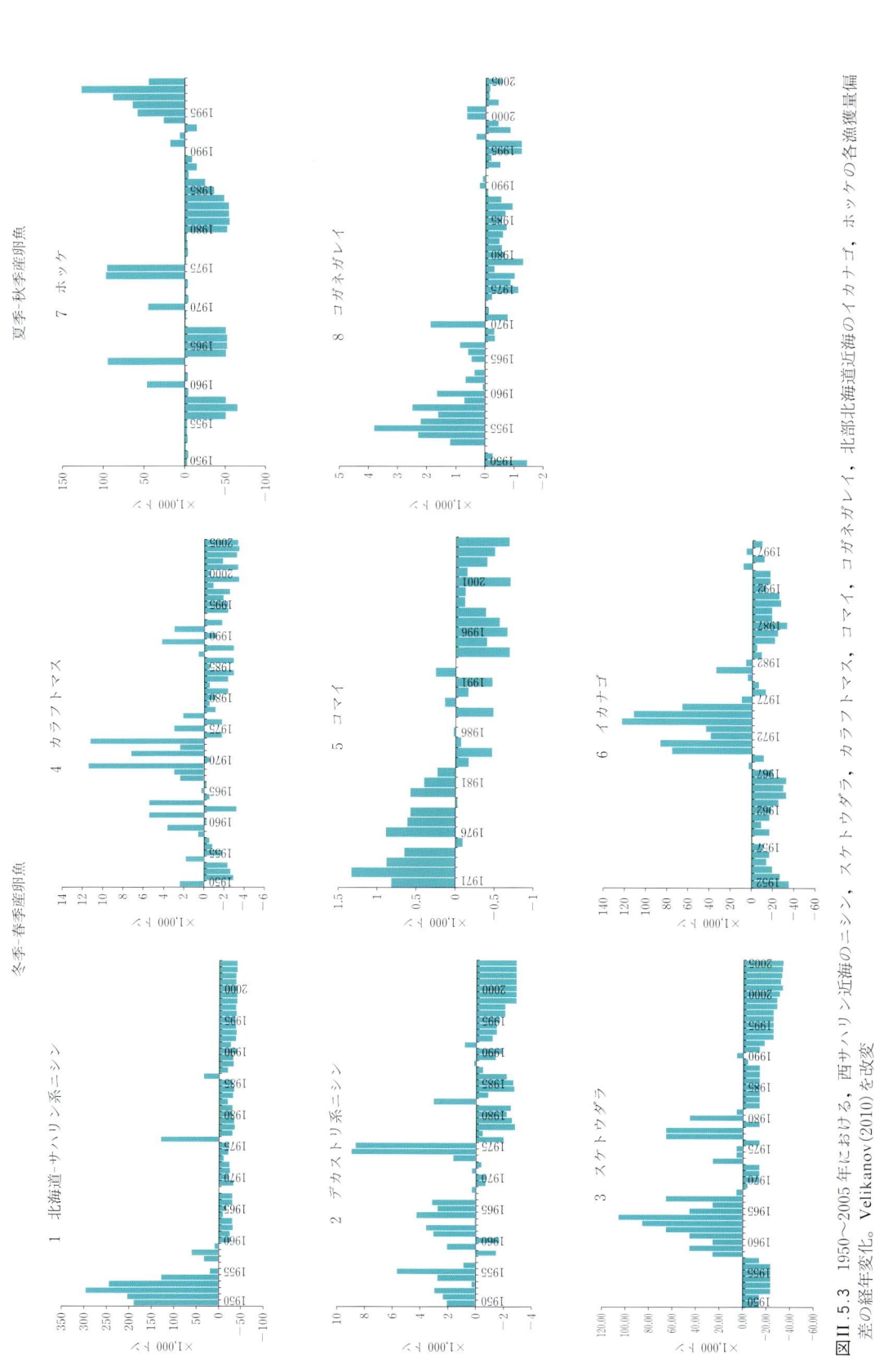

Figure II.5.3 Annual changes in catch anomalies for Sakhalin-Hokkaido herring (1), Dekustry stock herring (2), walleye pollock (3), pink salmon (4), saffron cod (5), yellowfin sole near western Sakhalin (8), sand-lance (6) and arabesque greenling near northern Hokkaido (7) from 1950 to 2005. Modified from Velikanov (2010).

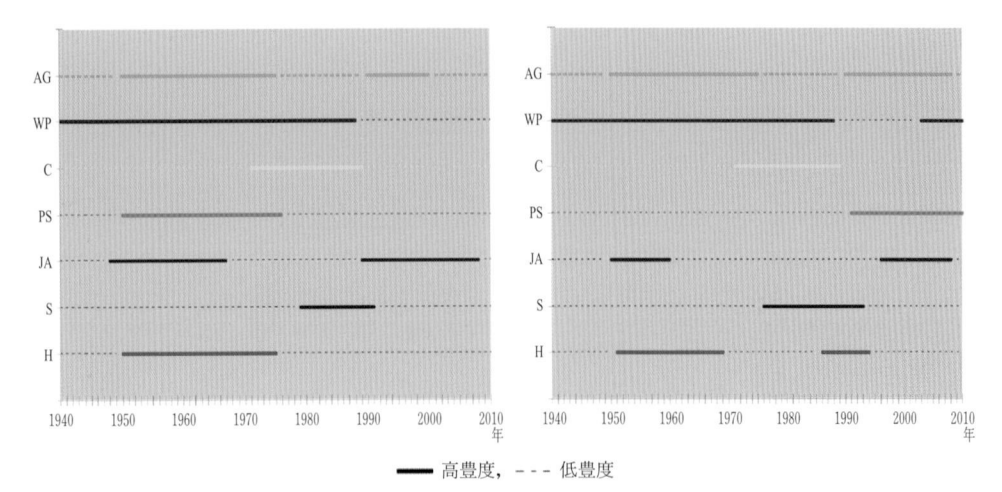

図II.5.4 1940〜2010年における，サハリン西岸(左図)及び東岸(右図)におけるニシン(地方群，H)，マイワシ(S)，カタクチイワシ(JA)，カラフトマス(PS)，カラフトシシャモ(C)，スケトウダラ(WP)，ホッケ(AG)の高豊度，低豊度の継続期間。Velikanov(2010)を改変
Figure II.5.4 Duration of high and low abundance periods for herring (local stocks; H), Sardine (S), Japanese anchovy (JA), pink salmon (PS), capelin (C), walleye pollock (WP), arabesque greenling (AG) near the western (left) and eastern (right) coast of Sakhalin Island from 1940 to 2010. ───: high abundance, ┄┄: low abundance Modified from Velikanov (2010).

【引用・参考文献】
Velikanov, A. (2010): Climatic trends and long-term changes in species composition and abundance of pelagic fishes along the Sakhalin coast in the Japan/East Sea and the Okhotsk Sea, Proceedings of 5th PEACE (Program of the East Asian Cooperative Experiments) Workshop (PEACE 2010), 43-47.
Batchelder, H. & Kim, S. (2006): Big-picture synthesis requires understanding the small and "in-between" stuff ─ A summary of the CCCC Synthesis Symposium, Newsletter of the PICES, 14 (2), 6-11, PICES Press.

Summary

Along both the western and eastern Sakhalin coasts, the frequency of major non-abundant south-latitude fishes increased during the years when the intensity of the Tsushima Warm Current was high (1947-1949; 2002-2008). Seasonal migrations of Pacific sardine and Japanese anchovy in the same areas have been observed mainly in years with an opposite climatic mode. A similar change in abundance has been observed for the basic cold-water fish species that spawn in winter-spring and summer-autumn seasons. In the 1970s-1980s, when the intensity of the Tsushima Current was low, a relatively high abundance was common for populations of walleye pollock, herring, capelin and other species, which reproduce during the winter-spring period. In the late 1980s and in the 1990s, the intensity of the Tsushima Current increased, but the stocks of the above-mentioned species were considerably reduced. However, fish species, which spawned in summer and autumn, on the contrary, essentially increased in numbers. Under similar general trends, abundance dynamics of the major fish species along western and eastern Sakhalin had certain differences. For example, a period of high abundance for herring, pollock, sardine and arabesque greenling populations was longer in the Okhotsk Sea, whereas that for anchovy and pink salmon was longer in the Tatar Strait. Between 1950 and 2008, opposite-directed trends have been observed for pink salmon annual catch dynamics along western and eastern Sakhalin. It is obvious that spatial-temporal responses of marine ecosystems to climatic mode shifts in the Japan/East Sea and southwestern part of the Okhotsk Sea differ, according to their specific characteristics.

6

北海道産サケ類の持続的利用と保全
Sustainable use and conservation of Hokkaido salmon

永田光博[1]・宮腰靖之[1]（[1]北海道立総合研究機構 さけます・内水面水産試験場）
Mitsuhiro NAGATA[1] and Yasuyuki MIYAKOSHI[1] ([1]Salmon and Freshwater Fisheries Research Institute, Hokkaido Research Organization)

　北海道の漁業資源として重要なサケ属魚類は，サクラマス *Oncorhynchus masou*，カラフトマス *O. gorbuscha*，サケ *O. keta* の 3 種で，ここではサクラマスとサケを中心に報告する。

　北海道に生息するサクラマスは，オスの一部を除いて 1 年ないし 2 年の淡水生活を経て海へと降下し，1 年の海洋生活を経て，春に川へ回帰する。沿岸漁獲数の経年変化を見ると，年々減少傾向にある。放流事業は行われているが，放流効果は高くない（図 II.6.1）。

　また，河川生活期間が長いことから河川環境の改変による影響も強く受けており，サクラマス資源の回復

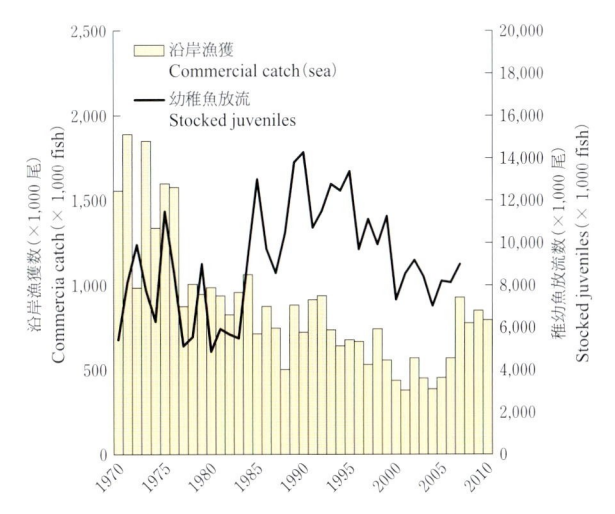

図 II.6.1　北海道におけるサクラマスの沿岸漁獲数（バー：1,000 尾）と稚幼魚放流数（実線：1,000 尾）の推移。北海道区水産研究所・さけます・内水面水産試験場の調査による。漁獲数は，回帰した年，放流数は，採卵した年を示す。
Figure II.6.1　Long term changes in annual commercial catch and stocked juveniles of masu salmon in Hokkaido Island, Japan.

には放流事業の改善だけでなく，自然産卵や生息環境の改良も必要である（Nagata *et al*., 2012）。

　一方，サケの沿岸漁獲数は 1970 年代から増加し現在は 4,000〜5,000 万尾と高い水準にあり（図 II.6.2），特に 1990 年以降のオホーツク海域での増加が顕著である。サケの多くはふ化場魚で維持されていると考えられており，全道で 127 万尾の親魚から 11 億粒の卵を生産し，ふ化場で飼育して 10 億尾の稚魚を放流することが管理目標となっている。漁期前予測，期中生物

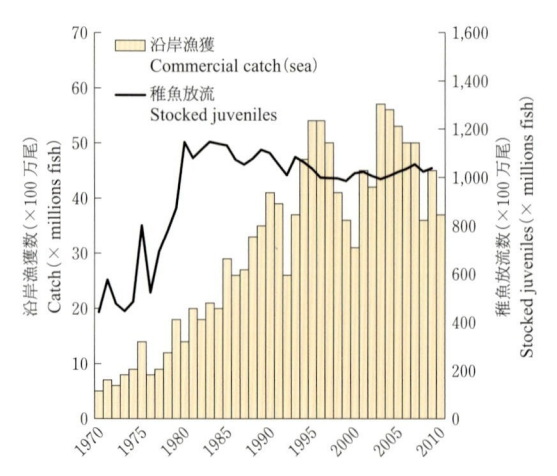

図 II.6.2 北海道におけるサケの沿岸漁獲数(バー：×100万尾)と稚魚放流数(実線：×100万尾)の推移。漁獲数は回帰した年，放流数は採卵した年を示す。北海道区水産研究所・さけます・内水面水産試験場の調査による

Figure II.6.2 Long term changes in annual commercial catch and stocked juveniles of chum salmon in Hokkaido Island.

モニタリングと漁業規制などふ化場魚をベースとした資源管理は充実している。一方で，ふ化場で生産される魚は，病気の伝搬や野生魚との競合などに加えて，意識ないし無意識な選択によって遺伝的多様性が減少し，地球温暖化を含む自然環境の変動に対する適応度の低下が懸念されており，予防原則に基づいてふ化場魚と野生魚が共存できる生態系ベースの順応的管理が必要となっている。

また，経済的視点から見ると，来遊資源の増加とともに生産金額が500億円を超える時期もあったが，1990年代に入ると，養殖魚の輸入も加わり，国内での需給バランスが崩れ，価格低下により300億円台にまで減少した(図II.6.3)。このため北海道漁業協同組合連合会(ぎょれん)が中心となり余剰サケの中国輸出を始めた。欧米での天然魚嗜好の高まりもあり，6万～7万トンのサケが中国などを経由して欧米へ輸出され，これが国内価格の安定につながり最近は再び500億円台を維持している。しかし，北海道サケ漁業の最大のライバルであるアラスカ漁業のMSC*(海洋管理協議会)認証サケが中国などアジア市場へ参入したことから，海外でのサケ市場も競争が激しくなっており，2008年からぎょれんはMSC認証取得へと動きだした。MSCは，野生魚を中心とした生態系ベースの管理に基づいた審査基準を持っており，予備審査レポートを査定したMSC本部から，「資格要件を有しているが，野生魚の管理方針や遡上目標を含めた管理の実態が十分でない」との指摘を受けた。アラスカ州で実践されているふ化場魚と野生魚との交配を避けるための具体的な管理方法，科学的根拠に基づく遡上目標数の設定，野生魚とふ化場魚の割合の把握など多くの情報が必要となっている。このため，現在北海道水産林務部は野生魚管理方針の策定作業を進めており，これに合わせて民間主体の自主的管理計画も作られつつある。また，2008年から野生魚の実態調査が開始され，全道的な野生サケの分布状況が初めて明らかになった(図II.6.4, Miyakoshi et al., 2012)。さらに，2011年にはオホーツク沿岸の地域が先行して本審査に入り，現在，遡上数や産卵環

---

*MSC：FAO(国連食糧農業機関)は「食」としての水産資源の安定確保を念頭に，持続可能で生態系に配慮した漁業の推進と，そのような水産物を消費者へ普及させるため，1995年に「責任ある漁業のための行動規範」，2005年に「海面漁業からの魚類と水産物のエコラベルのためのガイドライン」を発表した。1997年に設立されたMSC(Marine Stewardship Council：海洋管理協議会)による漁業認証とCoC認証(認証水産物の消流過程での差別化基準)は，FAOの漁業規範とエコラベルガイドラインに合致した制度と考えられている。既に全世界で179(2012年10月1日現在)の漁業が認証を受けており，サケ類では，米国・アラスカ州の全漁業，さらにはカナダ・BC州のベニザケ漁業等が認証されている(http://www.msc.org/)。

境調査が行われている。

　MSC認証審査を契機として生態系ベースの順応的管理が充実すれば，「食」・漁業資源としてのふ化場魚の貢献に加えて遺伝資源や生態系サービスとしての野性魚の役割も付加され，不確実な将来に対して北海道産サケのサステナビリティは高まるであろう。このためには，ふ化場魚と自然産卵魚を目的別に管理できるゾーニングの徹底と，すでに知床世界自然遺産地域で行われている河川工作部の改良による産卵及び生息環境の改善を進めることが重要である(Nagata *et al.*, 2012)。

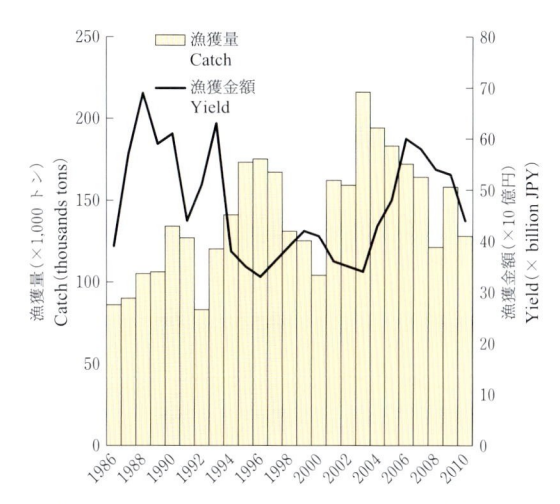

図II.6.3　北海道におけるサケの沿岸漁獲量(バー：×1,000トン)と漁獲金額(実線：×10億円)の推移。北海道連合海区漁業調整委員会の漁獲速報による
Figure II.6.3　Long term changes in commercial catch in weight and economic yield of chum salmon in Hokkaido Island, Japan. Total catch and yield data are from Hokkaido Fishing Zone Coordination Commission.

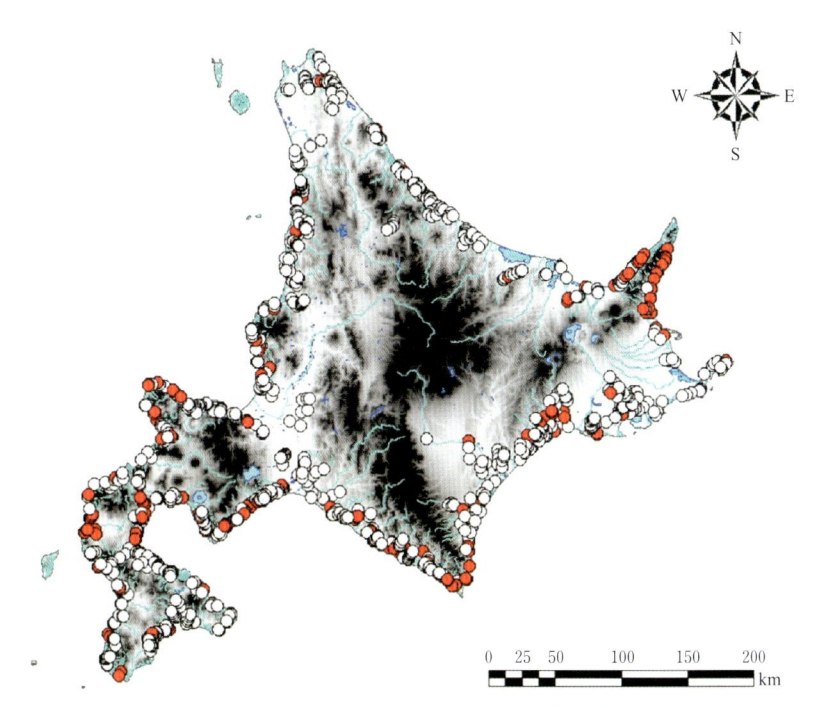

図II.6.4　野生サケの分布(2008年)。○印は調査地点で，●は，野生魚が確認できた地点を示す。Miyakoshi *et al.*(2012)の図を改変
Figure II.6.4　Distribution of wild chum salmon in Hokkaido Island. ○: Survey sites, ●: Presence of wild chum salmon. Modified from Miyakoshi *et al.* (2012).

【引用・参考文献】

Miyakoshi, Y., Urabe, H., Saneyoshi, H., Aoyama, T., Sakamoto, H., Ando, D., Kasugai, K., Mishima, Y., Takada, M. & Nagata, M. (2012): The occurrence and run timing of naturally spawning chum salmon in northern Japan, Environmental Biology of Fishes, 94, 197-206. DOI 10.1007/s10641-011-9872-5.

Nagata, M., Miyakoshi, Y., Urabe, H., Fujiwara, M., Sasaki, Y., Kasugai, K., Torao, M., Ando, D. & Kaeriyama, M (2012): An overview of salmon enhancement and the need to manage and monitor natural spawning in Hokkaido, Japan, Environmental Biology of Fishes, 94, 311-323. DOI 10.1007/s10641-011-9882-3.

Summary

Masu salmon (*Oncorhynchu masou*), which spend more than one year in freshwater before seaward migration, have gradually decreased in Hokkaido due to deterioration of freshwater environments and low effectiveness of hatchery programs. In contrast, chum salmon (*Oncorhynchus keta*) in Hokkaido have increased thanks to effective hatchery programs and favorable ocean conditions, especially in the Okhotsk Sea. Recently, the Hokkaido Federation of Fisheries Cooperative Associations applied for Marine Stewardship Council (MSC) certification for the Hokkaido chum salmon trap net fishery in order to maintain a profitable position in exporting chum to Europe and North America via Chinese fish processors. However, as a result of their review, MSC and their certification body requested management of wild chum salmon and control of hatchery activity. Therefore, we need to focus on not only hatchery programs but also conservation of wild salmon to maintain the sustainable use of salmon. While commercial and game fisheries for adult salmon have been legally prohibited in all rivers in Hokkaido to conserve natural spawning and to catch adult salmon for hatchery programs, escapement goals and a management plan for wild salmon have not always been established because monitoring programs such as counting wild salmon in freshwater were not enough. In 2010, monitoring programs were started in the Okhotsk Sea on the basis of the autonomous management by local private sectors such as the Kitami Salmon Hatchery Programs Association. Coexistence of wild and hatchery salmon in Hokkaido could be achieved in harmony with the ecosystem on the basis of zone management to spatially segregate wild salmon from hatchery salmon in freshwater, and rehabilitation of freshwater environments which already done in the Shiretoko World Natural Heritage.

7

サハリン―千島周辺地域における カラフトマスとシロザケの野生魚及び ふ化場魚の再生産並びに漁獲量

Wild and hatchery reproduction of pink and chum salmon and their catches in areas around Sakhalin region

カエフ, A. M.(サハリン漁業海洋学研究所)
Alexander M. KAEV(Sakhalin Research Institute of Fisheries and Oceanography: SakhNIRO)

　シロザケ及びカラフトマスは，サハリン―千島列島周辺地域の経済にとって重要である。この地域には，ロシア極東における人口の約7.7％に当たる約50万人が暮らしている。この地域ではシロザケとカラフトマスが漁獲され，2001〜2010年の平均で，ロシアにおけるそれぞれの全漁獲量のうちの58.0％(11万7,432 t)と36.1％(1万8,420 t)を占めている。これらは314河川の25 km^{2}におけるサケ・マスの産卵によって維持されている。過去5年間に，この地域では毎年，極東の他の地域全体の約7倍に当たる平均7億500万尾のシロザケとカラフトマスの種苗を生産してきた。当地域でシロザケやカラフトマスの漁獲量が多いのは，ふ化放流事業に起因していると言えそうである。
　1970〜2007年におけるサハリン―千島周辺地域のサケ・マス類のふ化放流は，3つのステージを経てきた。第1ステージは国営ふ化場によるカラフトマス稚魚の大量放流(サケと合わせた総放流数の61％)時代である。第2ステージでは稚魚放流数が減少し，国営ふ化場の再編により，6つのふ化場が民間へリースされ，さらに外国資本の参入によってはじめて3つの民営ふ化場が建設された。第3ステージは民間資本による新しいふ化場の建設によるシロザケ稚魚放流数の増加である。
　現在では，実質的に稚魚の大量放流は行われなくなってきた。その結果，稚魚は沿岸域に密集するようになった。同時に，少数の稚魚を放流するふ化場の数が増えた。2010年には，当地域の36のふ化場から，カラフトマス稚魚が3万8,800万尾，シロザケ稚魚が4万1,400万尾放流された。このような変化を経て，シロザケでは，稚魚放流数は増加していないものの，

漁獲量は1桁増加した。漁獲量が増加したのは，放流した稚魚の生残率が増加したことが要因であると考えられる。その一方で，シロザケの野生魚は，漁業の中では価値を失ってきた。

カラフトマスのふ化放流事業の成果については，まだ評価しにくい状況にある。その理由の1つは，カラフトマスのほとんどすべてのふ化場が，野生魚が繁殖している場所に集中して立地しているためである。近年は，ふ化場において飼育水温をコントロールすることで稚魚の耳石に標識をつける温度標識法を用いて標識放流しているが，まだ信頼できるデータを得られる段階にはなっていない。このことからも，1980年代末からのカラフトマス漁獲量の増加が，ふ化場における稚魚放流事業の成果だと結論づけることはできない。そもそもカラフトマスの漁獲量が増加しはじめた1980年代末は，古いふ化場の改築と，新しいふ化場が建設される前の時代である。さらにふ化場がない地域でも，カラフトマスの漁獲量が増加している。そしてカラフトマスでは，漁獲量の偶数年と奇数年における差が近年大きくなってきている。しかし，ふ化場魚の割合が増えているとしたら，逆にこの差は小さくなるはずである。これらのことから，カラフトマスの漁獲量の増減にふ化放流事業がどれだけ寄与しているかは，判断できないのが現状である。

サハリン南部，アニワ湾，択捉島それぞれで，カラフトマスの年級群を総回帰数水準で高，中，低の3グループに分け，各グループのふ化場稚魚数と野生稚魚数の各平均値を，同グループの総回帰数平均値と比較すると，総回帰数の多いグループでは，どの地域でも野生稚魚数も多いのに対し，ふ化場稚魚数はむしろ少なくなっている。これらの結果から，ふ化放流事業が確実にカラフトマス漁獲量の増加に寄与しているというデータが得られない限り，ふ化放流事業を支持することはできない。もしかしたら，ふ化放流事業の拡大が，野生個体群に何らかの悪影響を与える可能性も考えられる。

サハリン地域における，シロザケ野生個体群の資源回復は非常に難しい問題である。サハリンにおけるシロザケ漁獲量の90％は，ふ化放流事業で放流された稚魚の漁獲によるものである。シロザケのふ化放流事業の拡大または縮小に関しては，多くの議論がされているが，その1つには，事業拡大により，海洋におけるサケ・マス類の採餌条件が悪化することが懸念されている。しかし，シロザケが増加していないのは，生息環境の変化による影響とも考えられる。

カラフトマスは生息環境変化の指標になる。サケでも密度効果が話題になったことがあった。特にサハリンでは，豊度が低い偶数年年級群のカラフトマスは体サイズが小さいという時代があったが終わった。それに続いて今は，カラフトマスの豊度が高く，体サイズが大きいという時代になっている。

カラフトマスが多いと，シロザケの増加が抑制されるという説がある。年級群ごとに，カラフトマスとシロザケの体長を比較し解析してみた。その結果，オホーツク海におけるカラフトマスとシロザケには，体長の増減に共通の傾向が見られた。しかし，シロザケの体長の増減は，カラフトマスよりも少し後に起こっている。カラフトマス資源の増加を背景にしながら，シロザケの体長の増大化は1990年代に始まっていた。シロザケとカラフトマスの体長変化の長期的変動傾向は，生息環境の変化に関係していると思われる。しかもこの2種間では，餌の競合

から容易に逃れられることがわかってきた。つまりシロザケとカラフトマスは，河川においても海洋においても，それぞれ異なるニッチを有しているということである。これらのことから，サハリン州地域でシロザケのふ化放流事業を進展させることは，支持されると考えられる。

【引用・参考文献】

Kaev, A. M. & Romasenko, L. V. (2010): Morpho-biological features of the river and lake forms of chum salmon *Oncorhynchus keta* (Salmonidae) on the southern Kuril Islands, Voprosy Ichthiologii, 50, 318-327. (In Russian)

Morita, K., Morita, S. H. & Fukuwaka, M. (2006): Population dynamics of Japanese pink salmon (*Oncorhynchus gorbuscha*): are recent increases explained by hatchery programs or climatic variations, Can. J. Fish. Aquat. Sci. 63, 55-62.

Shuntov, V. P. & Temnykh, O. S. (2004): Is the North Pacific carrying capacity over in connection with salmons high abundance: myths and reality, Izvestiya. TINRO, 138, 19-36. (In Russian)

Tadokoro, K., Ishida, Y., Davis, N. D., Ueyanagi, S. & Sugimoto, T. (2007): Change in chum salmon (*Oncorhynchus keta*) stomach contents associated with fluctuation of pink salmon (*O. gorbuscha*) abundance in the central subarctic Pacific and Bering Sea, Fisheries Oceanography, 5(2), 89-99.

Summary

For a recent 10-year period, the mean catches of pink and chum salmon in Sakhalin region constituted 58% and 36%, respectively, of their total Russian catches. Along with natural reproduction, there is artificial propagation of pink and chum salmon taking place in 36 hatcheries. During the last 20 years, significant changes took place in the structure of hatchery rearing. Chum salmon catch in the areas of hatcheries locations (southwestern and eastern Sakhalin coasts, Etorofu Island) is 9 times higher in these years. This increase was caused by the rise in survival of the fry released. On the other hand, the hatchery impact on pink salmon catch dynamics has not been revealed with certainty. The problem associated with the supposed deterioration of salmon habitat in the ocean, as a result of their increase in hatchery rearing, remains controversial. The appeared long-term trends of changes in fish biological characteristics have obviously been caused by the natural processes. There is an opinion that further increase in hatchery chum salmon numbers is expedient in the region.

8

日本系シロザケの生命線オホーツク海
——日本とロシアの架け橋

The Okhotsk Sea as a life line of Japanese chum salmon: a bridge between Russia and Japan

帰山雅秀(北海道大学大学院水産科学研究院)
Masahide KAERIYAMA (Faculty of Fisheries Sciences, Hokkaido University)

1. はじめに

　サケを我々は食糧として非常に重視しているが，このサケは食糧だけでなく，我々が生息している生態系の物質循環や，生物多様性を高める役割，さらには環境あるいは情操教育としての生態系サービスとして重要である．図Ⅱ.8.1はアラスカ湾に生息する生物の炭素と窒素の安定同位体比のC-Nマップを表す．サケはアラスカ湾生態系の第4番目の栄養段階に位置し，海洋生態系の動態を良く表すキーストーン種である．

　サケは産卵のために母川に回帰することにより，海からの物質を陸域の生態系に運ぶという役割を果たす．図Ⅱ.8.2は世界自然遺産地域の知床半島ルシャ川に遡上したカラフトマスが陸域生態系に海由来の栄養塩(MDN)をどのようにもたらすかを窒素安定同位体比(δ^{15}N)で示している．河川生態系ではカラフトマス－バイオフィルム(30%)－水生昆虫(21%)－オショロコマ(24%)という食物鎖によりMDNが濃縮されているのがわかる．一方，ヒグマへの濃縮率は65%と高く，ヒグマがいかに越冬用餌としてカラフトマスに依存しているかがよくわかる．また，ヒグマや陸生昆虫などのベクターと洪水により河畔林へは15%のMDNが濃縮されており，カラフトマスがいかに河畔林生態系を豊かにしているかがうかがえる．

2. オホーツク海と北海道系シロザケ

　日本系シロザケは，降海し2〜3カ月沿岸で生活した後オホーツク海に入り夏と秋を過ごし，最初の越冬を北太平洋西側(北西亜寒帯環流域)で過ごす．その後2年目以降はベーリング海にわたって成長して，2年目以降の越冬はアラスカ湾で行う．その後，ベーリング海とアラスカ湾

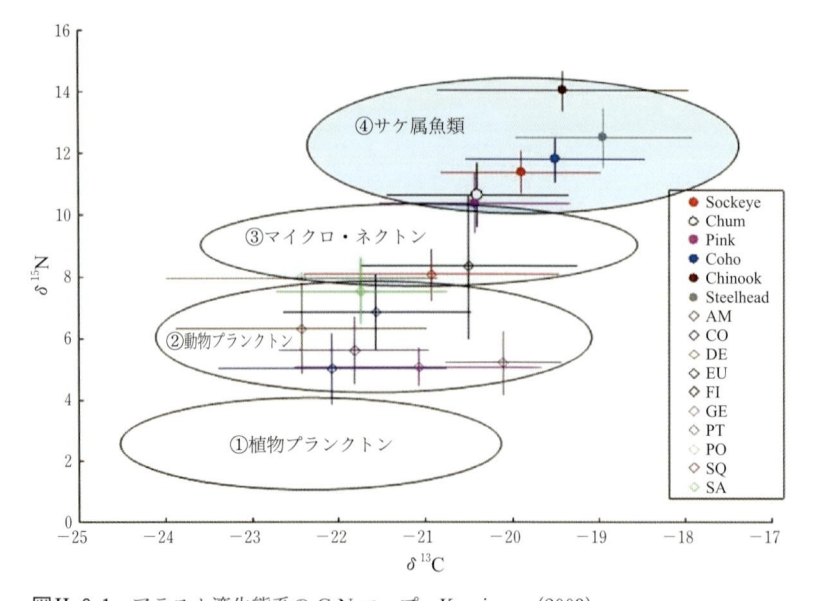

図II.8.1　アラスカ湾生態系の C-N マップ。Kaeriyama (2003)
Figure II.8.1　Relationship between carbon and nitrogen stable isotope of animals in the Gulf of Alaska. ①Phytoplankton, ②Zooplankton, ③Micronekton, ④Pacific salmon. Kaeriyama (2003).

を行ったり来たりして，成熟すると日本へ帰って来る。日本の孵化場サケの生残率は沿岸とオホーツク海で生活する期間にほぼ決まる。特に，放流後はオホーツク海でどれだけ成長できるかによって生残率が決まる。そこで我々は，鱗の分析からバックカリキュレーションという方法を使って，1939年から2004年に生まれた北海道系シロザケのオホーツク海での成長を調べた（図II.8.3）。その結果，北海道系シロザケはオホーツク海での成長が良い年級群ほど生残率が高いということがわかった。特に，1990年代からの成長が著しく良い。

シロザケは，どうして1990年代以降成長が著しいのか？　図II.8.4はオホーツク海の夏－秋季の表層水温（SST）とシロザケの成長の経年変化を示す。SSTは1980年代後半以降増加傾向を示し，SSTと成長との間には顕著な相関が見られ，水温の上昇に伴ってシロザケの成長が良いことがわかる。

一方，図II.8.5はオホーツク海の海氷面積とシロザケ1年目の成長の経年変化を示すが，成長の良い1990代に非常に海氷が少ないことがわかる。従って，オホーツク海では海氷が少ないほど，夏と秋のSSTが高い年ほどシロザケの成長が良いということをこれらの図は表している。この海氷の面積の変化というのは，実はつい最近見られたことではなく，元北大低温研の青田先生の研究結果に基づくと，網走の気温はここ100年間増加傾向を示すのに対し，北海道に来る流氷は100年前から減少傾向を示している。このような状況から，青田先生は既に地球温暖化が始まっていると述べている（Aota, 1999）。

図II.8.2　知床半島ルシャ川におけるカラフトマス起源の海由来栄養塩の河川・河畔林生態系への輸送。窒素の安定同位体比の濃縮係数で表している。

Figure II.8.2　Enrichment of marine-derived nutrients from pink salmon for freshwater and riparian ecosystems in the Shiretoko World Natural Heritage area in the result of the carbon and nitrogen stable isotope analysis. ① Herb, ② Willow, ③ Terrestrial insects, ④ Birds, ⑤ Brown bear, ⑥ Pink salmon, ⑦ Flooding, ⑧ Dolly Varden, ⑨ Aquatic insects, ⑩ Biofilm

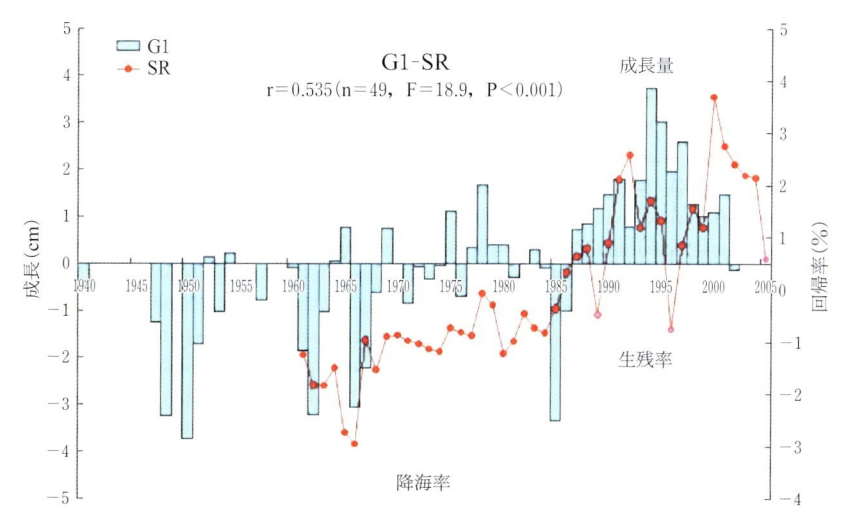

図II.8.3　北海道系シロザケの海洋1年目の成長偏差と回帰率偏差の時系列変化。成長は鱗分析とバックカリキュレーションにより求めた。Seo et al.(2011)

Figure II.8.3　Temporal changes in growth in age-1 and survival rate of Hokkaido chum salmon using back-calculation and scale analysis. Seo et al. (2011).

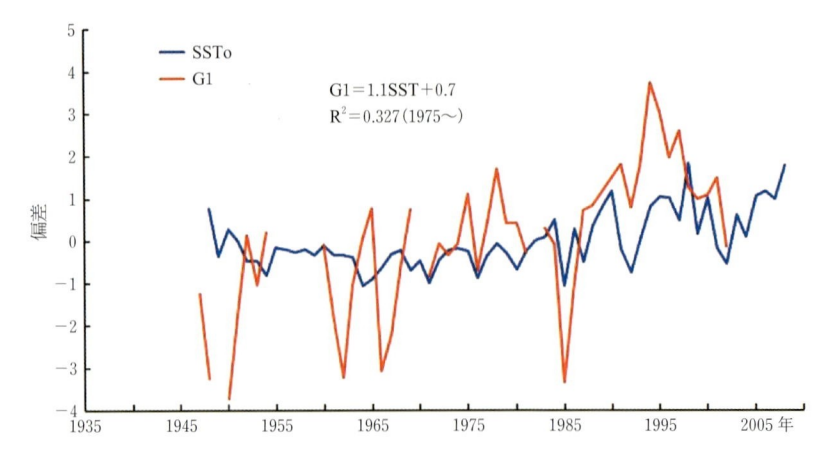

図Ⅱ.8.4 オホーツク海における夏〜秋季の表層水温(SSTo)と北海道系シロザケの海洋1年目の成長(G1)の経年変化。Kaeriyama *et al.*(2007)
Figure II.8.4 Temporal changes in summer and autumn sea surface temperature in the Okhotsk Sea and growth at age-1 of Hokkaido chum salmon. Kaeriyama *et al.* (2007).

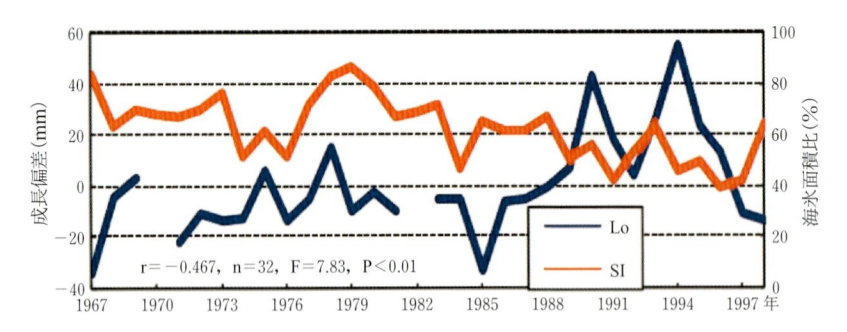

図Ⅱ.8.5 オホーツク海における海氷面積比(SI)と北海道系シロザケの成長(Lo)の経年変化。Kaeriyama *et al.*(2007)
Figure II.8.5 Temporal changes in the sea ice concentration (SI) and anomaly of growth at the Okhotsk Sea (Lo) of Hokkaido chum salmon. Kaeriyama *et al.* (2007).

3. 地球温暖化とシロザケ

　果たして北海道系シロザケの成長と生残率は地球温暖化の影響を受けているのだろうか。ここでは，様々な気候変動指数と北海道系シロザケの成長，生残率及びバイオマスからそれらの関係をパス・モデルから推定してみた(図Ⅱ.8.6)。

　パス・モデルの結果から明らかなように，地球表面気温偏差値(SAT)は直接オホーツク海のSSTにプラスの影響を及ぼしている。また興味深いことに，SATはアリューシャン低気圧指数(ALPI)に，ALPIは太平洋十年規模振動(PDO)に直接影響を及ぼしている。また，SSTとシベリア高気圧(SI)がオホーツク海の海氷面積(ICE)に負の影響を及ぼしている。すなわち，地球温暖化は現在北海道系シロザケの成長と生残率にプラスの影響を及ぼしていることになる。

　それでは，この地球温暖化は今後も北海道シロザケにプラスの影響を及ぼし続けるのだろう

か？　そこで，ここでは IPCC 第 4 次報告書の SRES-A1B シナリオに基づいて，地球温暖化がシロザケに今後どのように影響を及ぼすか予測してみた。図II.8.7 は，現在(2005年)，2050 年及び 2095 年の北太平洋におけるシロザケの適水温(5〜13℃)と最適水温(8〜12℃)の分布域を示す。図から明らかなように，①現在(2005年)，北太平洋はシロザケにとって極めて好適な環境にあるが，② 2050 年以降，北太平洋全体では東部海域(アラスカ湾)での生息域の縮小が著しいこと，分布域が北方へ移動し，夏季には北極海の一部で分布域が拡大すること，③北海道系シロザケは 2050 年までにオホーツク海への回遊ルートを失い，2100 年までには生存が著しく困難になること，④ベーリング海のシロザケの分布域と環境収容力は 2050 年までに大幅に減少し，密度依存効果が進むこと，⑤シロザケの越

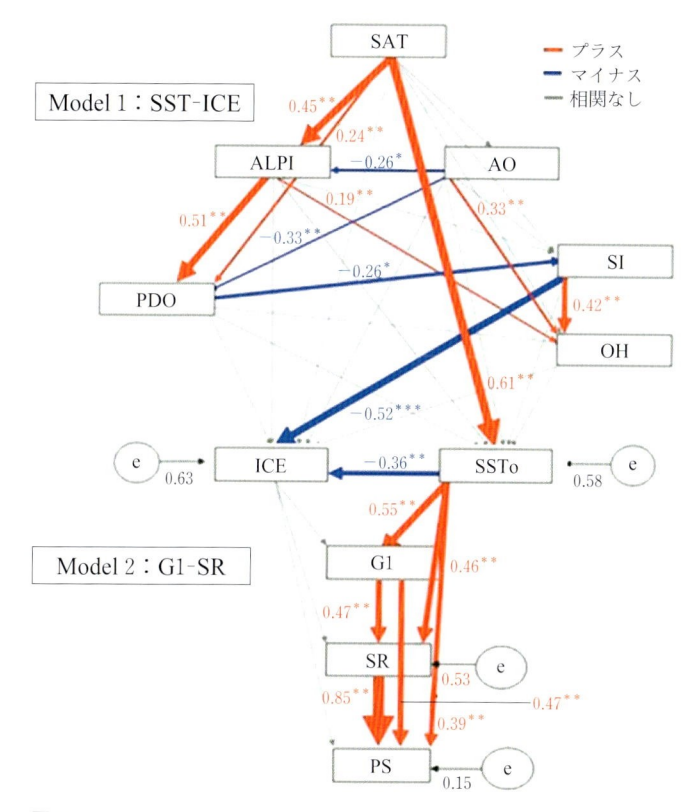

図II.8.6　気候変動指数と北海道系シロザケの成長，生残率，個体群サイズに関するパス・モデル結果。Seo *et al.*(2011)
Figure II.8.6　Path models of climate and oceanic environmental indexes, and growth at age 1 (G1), survival rate (SR), and population size (PS) of Hokkaido chum salmon. The growth at age 1 was calculated for adult chum salmon returning to the Ishikari River using scale analysis and back-calculation. Climate and oceanic environmental indexes are defined as follows. SAT: annual change in global anomalies of Surface Air Temperature; PDO: Pacific Decadal Oscillation; ALPI: Aleutian Low Pressure Index; SI: Siberian High; OH: Okhotsk High; AO: Arctic Oscillation; SSTo: SST from June to October in the southern Okhotsk Sea; and ICE: Sea ice cover area (%) in the Okhotsk Sea. Seo *et al.* (2011).

冬海域が東側のアラスカ湾から北太平洋の西側へ変化するであろうことなどが予測される (Kaeriyama *et al.*, 2011)。

　さて，サケが海に住める器の大きさのことを環境収容力という。カラフトマス，シロザケ及びベニザケの環境収容力の変化は長期的な気候変動と良くリンクするが，1997/98 年の気候レジーム・シフト以降減少傾向にある。この長期的な環境収容力の変動パターンと地球温暖化の影響ということを考えてみよう。オホーツク海は，日本のシロザケにとって重要な生命線である。また，このオホーツク海をモニタリングすることによって，地球温暖化の影響を直接見ていくことができる。そのような視点に立つと，オホーツク海における海洋生態学に関する日露

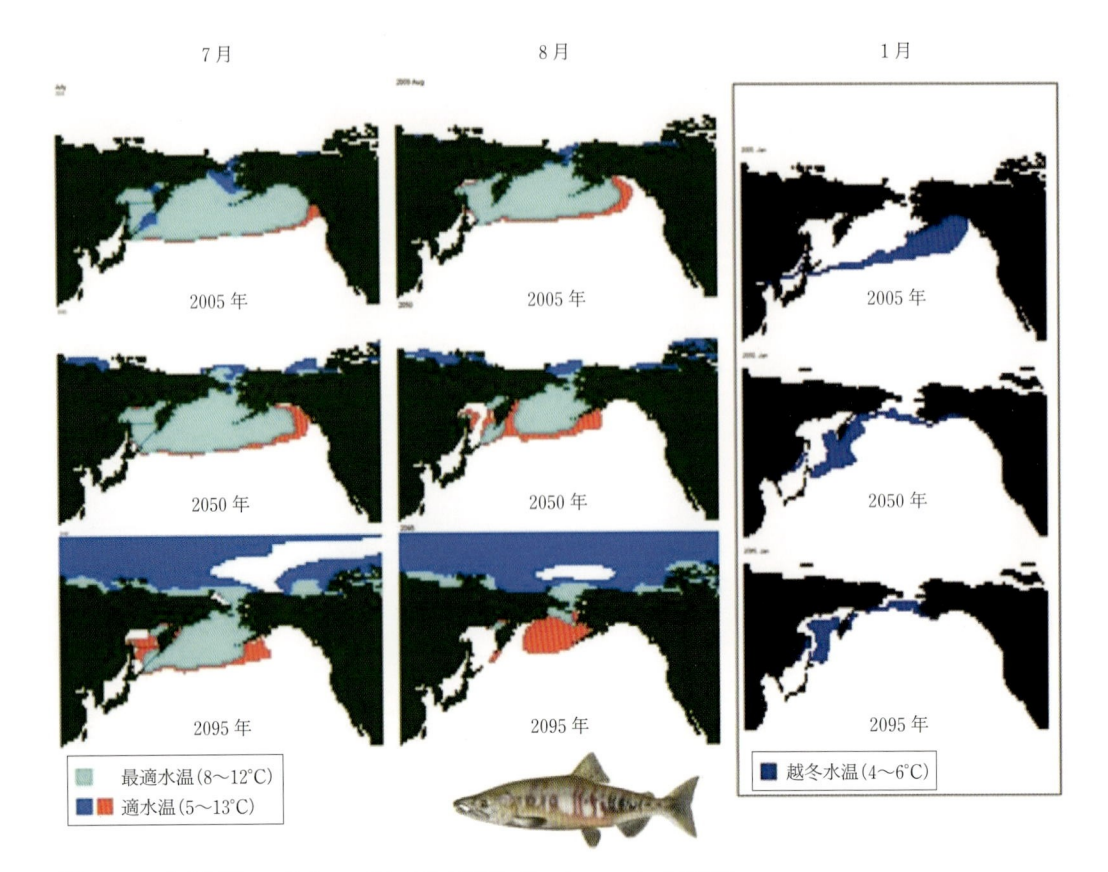

図Ⅱ.8.7 北太平洋におけるシロザケの分布予測。Kaeriyama *et al.*(2011)
Figure Ⅱ.8.7 Prediction of the global warming effect for chum salmon in the North Pacific based on the SRES-A1B scenario of IPCC. (left) July, (middle) August, (right) January. Optimum temperature (8-12℃), Adaptable temperature (5-13℃), Wintering temperature (4-6℃), Kaeriyama *et al.*(2011).

共同研究が今後ますます重要となってくる。また海洋生態系を守っていくためには，生態系の構造と機能をきちんと把握した上で，順応的管理を行っていくことが重要である。そういう意味で，オホーツク海は日本とロシアの重要な架け橋である。

【引用・参考文献】
Aota, M. (1999): Long-term tendencies of sea ice concentration and air temperature in the Okhotsk Sea coast of Hokkaido, PICES Science Report, 12, 1-2.
Drinkwater, K. F., Beaugrand, G., Kaeriyama, M., Kim, S., Ottersen, G., Perry, R. I., Pörtner, H. O. Polovina, J. & Takasuka, A. (2009): On the processes linking climate to ecosystem changes, Journal of Marine Systems, 79, 374-388.
Kaeriyama, M. (2003): Evaluation of carrying capacity of Pacific salmon in the North Pacific Ocean for ecosystem-based sustainable conservation management, North Pacific Anadromous Fish Commission Technical Report 2003, 5, 1-4.
Kaeriyama, M. (2008): Ecosystem-based sustainable conservation and management of Pacific salmon. In: Fisheries for Global Welfare and Environment (Tsukamoto, K., Kawamura, T., Takeuchi, T., Beard, T. D., Jr. & Kaiser, M. J. eds.), pp. 371-380, TERRAPUB, Tokyo.

帰山雅秀(2008)：サケから考える水産食料資源の展望，岩波ブックレット，No. 724, 11-25.
Kaeriyama, M. & Edpalina, R. R. (2004): Evaluation of the biological interaction between wild and hatchery population for sustainable fisheries management of Pacific salmon, In: Stock Enhancement and Sea Ranching, Second Edition: Development, pitfalls and opportunities (2nd. ed., Leber, K. M., Kitada, S., Blankenship, H. L., & Svasand, T. eds.), pp. 247-259, Blackwell Publishing, Oxford.
Kaeriyama, M., Kishi, M. J., Saitoh, S. & Sakurai, Y. (2011): Ocean ecosystem conservation and seafood security, In: Designing our future: local perspectives on bioproductivity, ecosystems and humanity (Osaki, M., Braimoh, A. K., & Nakagami, K. eds.), pp. 130-146, United Nations University Press, Tokyo.
Kaeriyama, M., Seo, H. & Kudo, H. (2009): Trends in run size and carrying capacity of Pacific salmon in the North Pacific Ocean, NPAFC Bulletin, 5, 293-302.
Kaeriyama, M., Seo, H., Kudo, H. & Nagata, M. (2011): Perspectives on wild and hatchery salmon interactions at sea, potential climate effects on Japanese chum salmon, and the need for sustainable salmon fishery management reform in Japan, Environmental Biology of Fishes, 94, 165-177. DOI 10.1007/s10641-011-9930-s.
Kaeriyama, M., Yatsu, A., Noto, M. & Saitoh, S. (2007): Spatial and temporal changes in the growth patterns and survival of Hokkaido chum salmon populations in 1970-2001, North Pacific Anadromous Fish Commission Bulletin, 2007, 4, 251-256.
河宮未知生・羽角博康・坂本天・吉川知里(2007)：気候モデルによる地球温暖化時の海洋環境予測，月刊海洋，39, 285-290.
川崎健(2007)：総論レジーム・シフト―地球システム管理の新しい視点，レジーム・シフト―気候変動と生物資源管理(川崎健ほか編)，pp. 1-20, 成山堂書店，東京．
Kruse, G. H. (1998): Salmon run failures in 1997-1998: a link to anomalous ocean conditions? Alaska Fishery Research Bulletin, 5, 55-63.
Merzlvakov, A., Dulepova, E. & Chuchukalo, V. (2005): Modern state of pelagic communities in the Okhotsk Sea, Abstracts of 14th PICES Annual Meeting, 32.
Nakanowatari, T., Ohshima, K. I. & Wakatuchi, M. (2007): Warming and oxygen decrease of intermediate water in the northwestern North Pacific, originating from the Sea of Okhotsk, 1955-2004, Geophysical Research Letters, 34, L04602, 1-4.
中野渡拓也(2008)：地球温暖化のカナリア，オホーツク海，岩波ブックレット，No. 724, 4-10.
小澤徳太郎(2006)：スウェーデンに学ぶ「持続可能な社会」，pp. 285, 朝日新聞社，東京．
Seo, H., Kudo, H. & Kaeriyama, M. (2009): Spatiotemporal change in growth of two populations of Asian chum salmon in relation to intraspecific interaction, Fisheries Science, 75, 957-966.
Seo, H., Kudo, H. & Kaeriyama, M. (2011): Long-term climate-related changes in somatic growth and population dynamics of Hokkaido chum salmon, Environmental Biology of Fishes, 90, 131-142.
Ueno, Y. & Ishida, Y. (1998): Summer distribution and migration routes of juvenile chum salmon (*Oncorhynchus keta*) originating from rivers in Japan, Bulletin of National Research Institute of Far Seas Fisheries, 33, 139-147.
浦和茂彦(2008)：日本系サケの回遊経路と今後の研究課題．さけ・ます資源管理センターニュース，(5), 3-9.

4. Summary

Pacific salmon (*Oncorhynchus* spp.) play an important role as ecosystem service in the North Pacific rim. After spending the early marine life in the coastal waters of northern Japan in spring, Japanese chum salmon spend their first summer and fall in the Okhotsk Sea, then move to the Western Subarctic Gyre for the first wintering. Their survival rate is mostly determined immediately after migration to the sea and during the first wintering period. For Japanese chum salmon, that is to say, a larger body migrating to the sea and better growth in the Okhotsk Sea results in a higher survival rate. Temporal changes in growth patterns of Hokkaido chum salmon were observed using the back-calculation method based on scale analysis. The growth of Hokkaido chum salmon has been remarkable, and correlated negatively with the extent of sea ice cover area and positively with the sea surface temperature during summer and fall in the Okhotsk Sea since the 1990s. This phenomenon will be positively affected by the global warming. The situation of chum salmon was predicted for periods of 50 and 100 years after based on the IPCC SRES-A1B scenario using their optimal temperature. The result indicated that Hokkaido chum salmon would lose migration route to the Okhotsk Sea by 2050, and be crashed by 2100. The Okhotsk Sea is literally an important life line for the Japanese chum salmon.

9

生態系ベースの持続的漁業
―― 知床世界自然遺産を例として

Ecosystem-based fisheries management of the Shiretoko World Natural Heritage Site, Hokkaido, Japan

桜井泰憲(北海道大学大学院水産科学研究院)
Yasunori SAKURAI (Faculty of Fisheries Sciences, Hokkaido University)

1. はじめに

　知床世界自然遺産地域は，2005年の7月14日に世界遺産登録され，この中には知床半島の海岸線から沖に向けて3 kmまでの海域が含まれている。遺産登録された時に特に評価された点は，陸と海の両方の生態系の間に相互作用があるということ，生物の多様性が非常に豊かで，希少な動植物が含まれていることである。例えば，鰭脚類や鯨類などの海棲哺乳類や海鳥，サケ類，他にも多様な生物がいることが評価された。本章では，2007年12月に環境省と北海道が策定した「多利用型統合的海域管理計画」の概要，知床周辺の海の環境の特徴，漁業，気候変化，それから地域の漁業の現状を紹介する。そして，どのようにしてこの世界自然遺産海域の中で生態系を保全しながら，漁業と共存するか，最後に，地球温暖化を含めて，この海域がこれから変わる可能性もあるため，そのシナリオを紹介したい。

2. 知床の海の特徴

　最初に，この多利用型統合的海域管理計画の目的を紹介する。最も明確な点は，安定した漁業の営みと，この海の生態系の多様性が保全されていること，そして両者が共存できるということを目的に，この計画が作られている。この海域の最も大きな特徴は，冬季にオホーツク海を南下する季節海氷(流氷)が沿岸を覆うことである。そして，春になると冷たい海水が覆い，夏～秋には，対馬暖流が宗谷暖流として流入する。まさに温帯から亜熱帯のような海に変わり，再び冷たくなるという形で，知床半島は非常に寒い極域の海から温帯，亜熱帯の海の様相を

持っている。例えば，夏〜秋にかけては南の生物，シイラ，ブリ，メダイなどの漁業対象種や，たくさんの亜熱帯性の魚から漁業で重要なスルメイカまでもが来遊する。一方，ここは大陸棚から一気に大陸棚斜面につらなり，そして数千mの深海域となっており，中冷水由来の豊かな栄養塩類がもたらす生物生産力も高く，ホッケやスケトウダラ，ミズタコ，キチジ，マダラ，それからサケ類というように，ごく普通の冷たい海に棲む魚も分布している。図II.9.1は，北海道大学の練習船うしお丸が実際に斜里沖で調査した時の海の断面であり，冷たい中冷水が200 mから500 mくらいに存在している。表層は暖かい海で，中層が冷たい海で，さらにその下がまた再び3℃ぐらいの海水になるというオホーツク海の海洋環境の特徴が表れている。

　私たちは，このような海の中で，どのようなことが起きているのか。水深400 mまで探査可能な水中ロボットカメラ(ROV)を使って調査を続けている(図II.9.2)。その中で観察できたいくつかの事例を紹介する。図II.9.2は，2008年1月に羅臼沖の水深約230 mの海底で得た死亡したスケトウダラに群がるクモヒトデ類とウニ類(おそらくツガルウニ)の映像である(Yamamoto *et al*., 2009)。次に紹介する低次生物から高次生物に連なる食物連鎖(網)とは別に，死亡した生物からの腐食物連鎖が生体内の有機物を無機物へと還元し，再び生産へと連なる海の再生循環経路が，この知床の海でもしっかり機能していることがわかる。また，図II.9.3

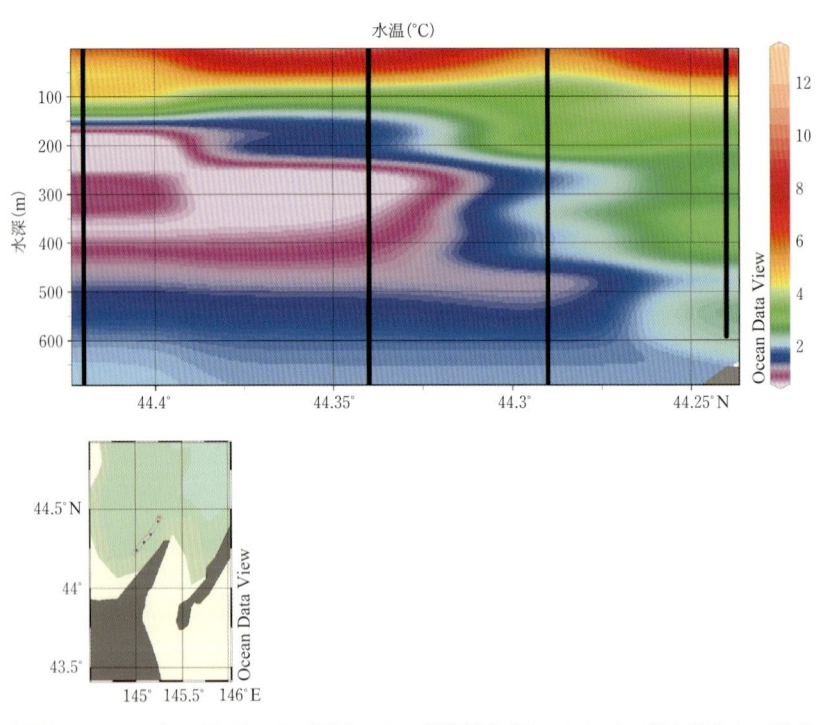

図II.9.1　2006年6月下旬の知床半島ウトロ側海域(下図のライン)の海水温分布の鉛直断面図。北海道大学練習船「うしお丸」による知床周辺海域調査，提供：平譯享准教授，北海道大学大学院水産科学研究院

Figure II.9.1　Vertical profile of water temperature along the line transect off Shiretoko, the late-June 2006. R/V Ushio-Maru, T. Hirawake, Faculty of Fishery Sciences, Hokkaido University.

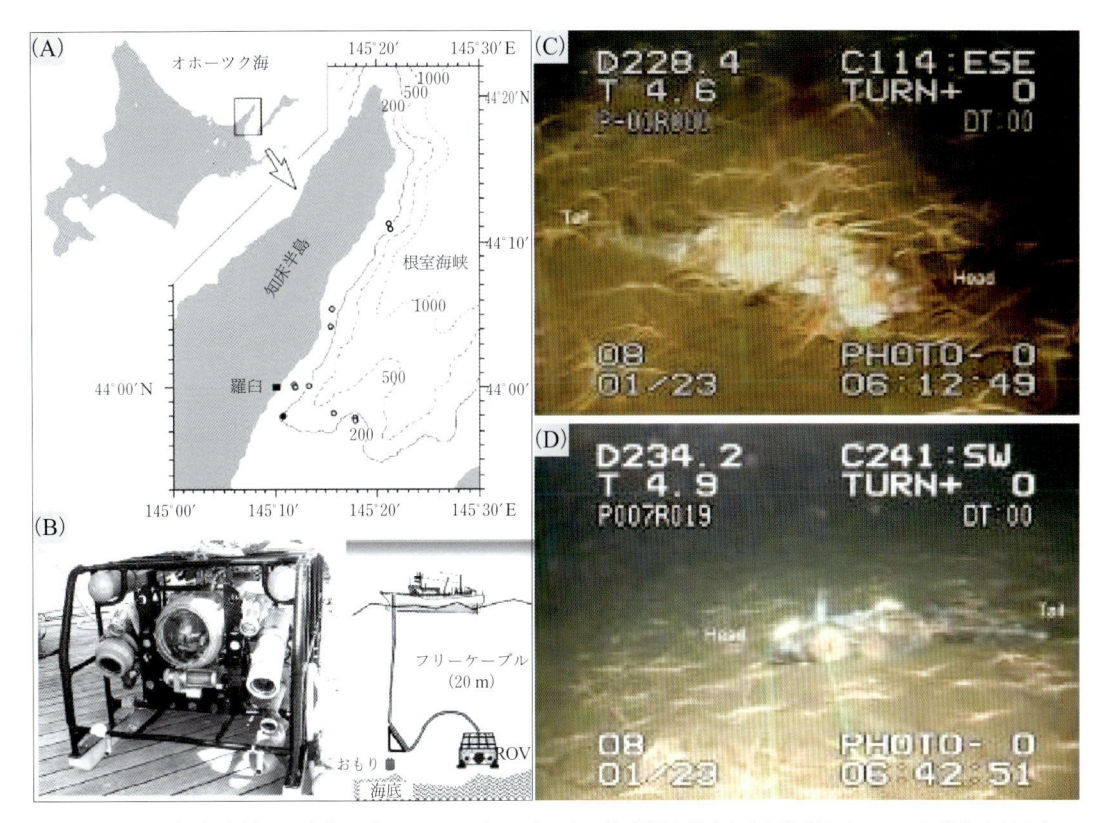

図II.9.2 羅臼側海域での水中ロボットカメラ(ROV)による海底探査地点(A)と使用したROVと操作方法(B)，右図は海底に沈んで死亡したスケトウダラに群がるクモヒトデ類(C)とウニ類(D)青い2本のラインは，10 cm間隔のレーザー光，これにより対象生物のサイズがわかる。Yamamoto *et al.*(2009)より

Figure II.9.2 A: Survey area near the Shiretoko Peninsula, Japan. The circles show the ROV stations and the solid circle indicates the site where carcasses were observed. B: The ROV system and a schematic of the observations. C: Carcasses of walleye pollock on the sea floor swarmed by ophiuroids (C) and by ophiuroids and echinoids (D). The straight blue lines are spaced at ca. 100-mm intervals, as determined by the laser lines from the ROV. From Yamamoto *et al*. (2009).

は，2004年3月にROVで海底330 mを観察した時のホッケの大群の写真である。図中の模式図に，その時の水塊の配置を示したが，海洋観測では，水深200 mまではマイナスの冷たい海水が覆っており，血液中に不凍タンパク質を持たないホッケやスケトウダラは，海底近くに沈み込んだ宗谷暖流由来の3℃の底層水の中でじっと春を待っているようであった。図II.9.1の海洋調査年(2006年)の植物プランクトンの大増殖(ブルーミング)を推定できる人工衛星から調べた海面のクロロフィルのピークは，斜里・ウトロ側では，6月の始めで，羅臼側では8月の始めとなっている。この海域を除いた北海道周辺では，2〜4月に植物プランクトンの大増殖が起きるが，知床半島周辺ではそれより遅く，北極海の氷縁域に近い様相を示していた。

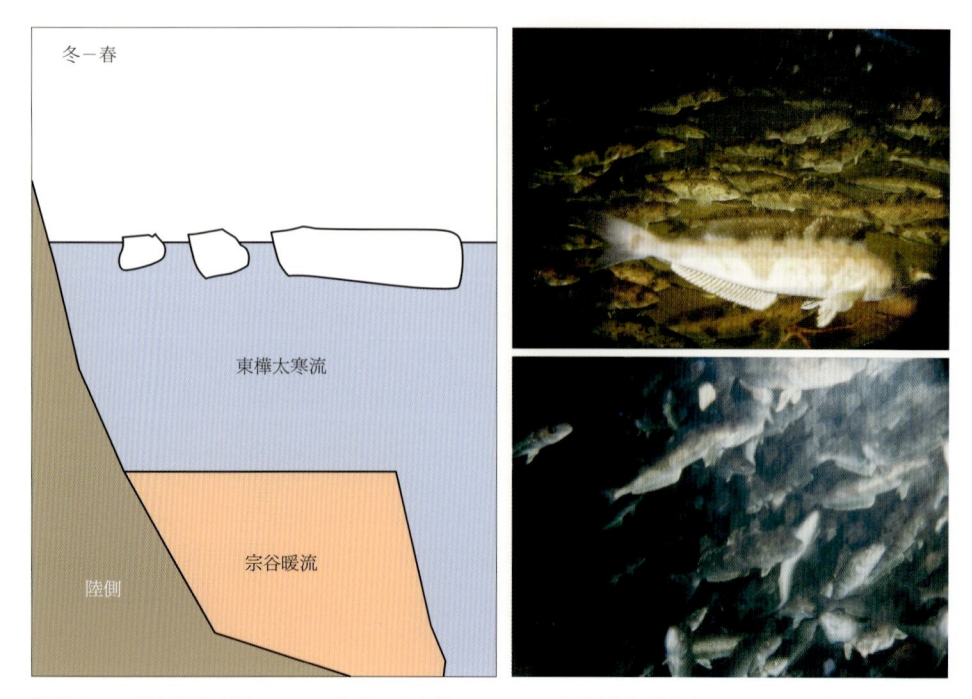

図II.9.3 羅臼沿岸水深330 mの海底で春を待つホッケの大群(北海道大学ROVによる撮影,2004年3月22日)。桜井泰憲撮影
Figure II.9.3 Big school of arabesque greenling observed by the ROV (same ROV of Figure 2) near the sea bottom of 330 m in depth, off Rausu, Hokkaido, Japan, Mar. 22, 2004. Photo. by Y. Sakurai.

3. 知床の海の生物多様性と食物連鎖

　知床の豊かな海の生産力は海洋中の生物多様性を支えており,漁業を含めた海の中の食物網あるいは食物連鎖がどのようになっているか明らかにする必要がある(図II.9.4)(Matsuda *et al.*, 2009)。つまり,低次栄養階層の植物プランクトンから始まる高次栄養階層までの多種多様な生物による非常に複雑な食物関係が存在することが想定される。この食物網の中に漁業も加えた豊かで安定した生態系を,将来に向けて支え続けるためには,沿岸漁業の持続的な安定と海洋生態系の多様性の保全を共存させるという考え方のもとに,知床の海の適正な管理をする必要がある。ここでは,北海道大学水産科学院海洋生物資源科学専攻の加藤寛紀君の修士論文「北海道知床半島周辺海域における底生魚類の食物関係」(2010)の一部を紹介する。知床半島周辺海域の底魚類の種間関係,特に食物関係の解析は海域生態系の構造と機能の解明の基礎であり,順応的かつ持続的漁業に資するものと考えられる。しかし,この海域の底魚類の食物関係に関する知見はなく,本研究ではじめて,知床半島周辺海域における底魚類の食物関係を季節・水域ごとに明らかにしている。2007〜2009年の夏(7〜8月)と2007,2008年の秋(10〜11月)に,斜里・羅臼側の両海域において,刺網漁で漁獲された底魚類(62種3,725個体)を生物標本として胃内容物分析を行い,湿重量組成と出現頻度を算出して食性の評価を行っている。その結果,本海域の食物関係は季節・水域によって異なっていることが明らかとなった。

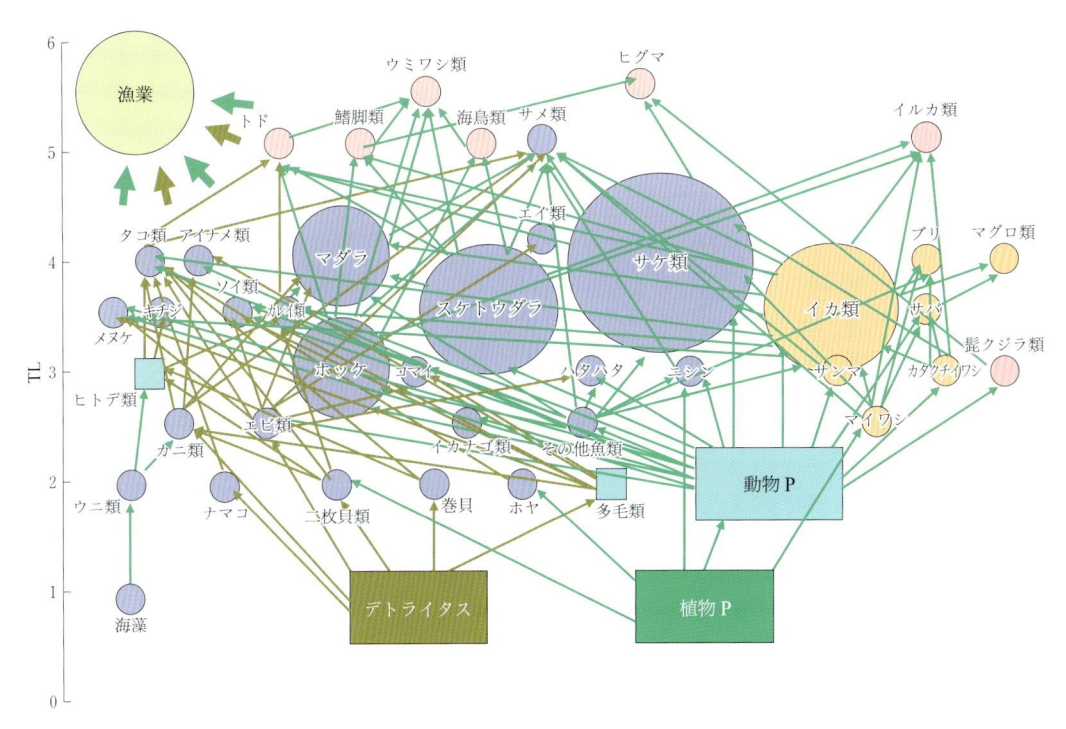

図II.9.4 知床海域の海洋生態系の食物網の想定図。IUCN に提出した多利用型海域管理計画より，知床世界自然遺産地域科学委員会，海域ワーキンググループ作成。Makino *et al.* (2009) より
Figure II.9.4 Food web of the Shiretoko WNH area. As depicted by the Marine Area Working Group of the Scientific Council. From Makino *et al.* (2009).

　例えば夏の羅臼海域では，スケトウダラ，ホッケ，メバル類，カレイ類などが，オキアミ類を餌としている(図II.9.5)。また，知床半島周辺海域の底魚類群集の食物関係を概観すると(図II.9.6)，夏のスケトウダラなどの主要魚種はオキアミ類を主な餌生物としている。しかし，秋にはオキアミ類の摂餌割合が減少し，ソコダラなどのネクトン及びエビ類などのベントスが主に摂餌されている。一方，秋の斜里水域では，オキアミ類の摂餌はほとんどなく，多くの魚種がネクトン及びベントス食性であった。これに対し，羅臼水域では両季節ともオキアミ類が主要な餌生物として出現した。ただし，マダラやホッケは，秋になるとオキアミ類が激減し，スケトウダラ若齢魚などの魚類を摂餌する割合が増加し，ヒレグロは季節・水域で異なるベントスを摂餌している。夏まで陸棚海域に分布していたオキアミ類が，より深層域へと移動してしまったためと推定される。本海域には，宗谷暖流と東樺太海流が季節的に交互に流れ込むことから，海洋環境の季節的変化が顕著であり，海底の底質も多様である。このような海洋環境の季節・水域での違いが，底魚類の食物関係に大きく影響したと考えられる。このような研究は，世界自然遺産海域の海洋生態系の構造と機能の解明に寄与するだけではなく，当該海域の生態系の保全と持続的漁業の共存に向けた基礎研究として重要であり，今後も継続する必要がある。

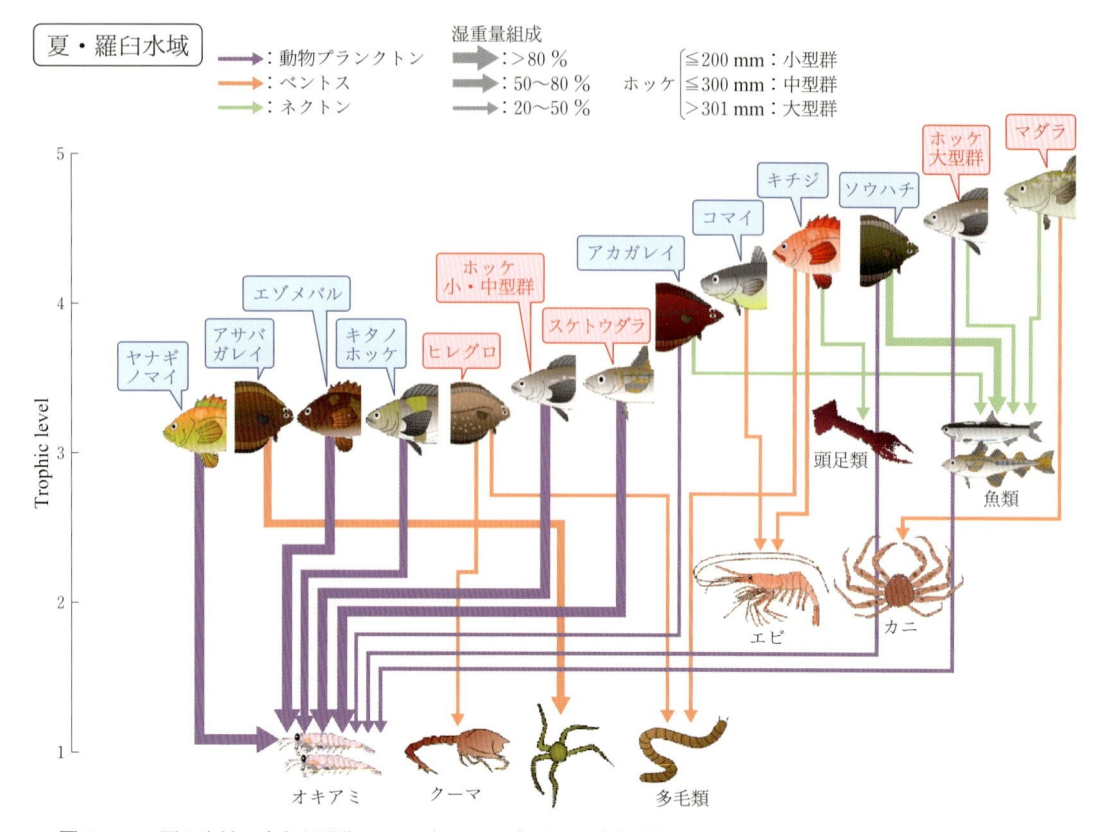

図II.9.5　羅臼海域の底魚類群集の2007年，2008年夏季の食物関係。加藤(2010)より
Figure II.9.5　Diagram showing components and major processes of food chain between demersal fish assemblage in the summer of 2007 and 2008 in water off Rausu, Hokkaido, Japan. From Katoh (2010).

4．知床の漁獲対象種の変遷

　それでは，この知床の周辺の海でどのような魚が獲れているのか(図II.5.3参照)。斜里側では，定置網でサケとマスが漁獲されており，日本のサケ，マスのふ化放流事業によって漁業が支えられている。一方羅臼側は，それに加えて，1950年代〜1970年代にはスルメイカが大量に漁獲され，その後スケトウダラが漁獲され，1990年代に急激に減って，また再びスルメイカに変わっており，同じ海でも獲れるものがこのように大きく変化している。

　なぜ，このような漁獲対象種の入れ替わりが起きるのか。この現象は，知床だけで起きているのではなく，オホーツク海を含めた日本周辺の多獲性の魚の獲れ方と連動している(Sakurai, 2007；桜井，2009)。例えば，マイワシからサバ類に変わり，次にマアジ，カタクチイワシ，スルメイカがたくさん獲れる年代に変化している。この現象は魚種交替と呼ばれている。日本の周りの海が冷たかった数十年を寒冷レジーム期と呼び，数十年続いて暖かかった時期を温暖レジーム期と呼んでいる。寒い時期にはマイワシが獲れ，暖かいときにはカタクチイワシ，マアジ，スルメイカが獲れている。ここで注目したいのは，サバ類がその中間にあることである。

図II.9.6 斜里側海域と羅臼側海域の底魚類群集の夏季及び秋季の食物関係のまとめ。加藤(2010)より
Figure II.9.6 Schematic view of feeding habits between demersal fish assemblage in the summer (left) and autumn (right) of 2007 and 2008 in water around Shiretoko Peninsula, Hokkaido, Japan. From Katoh (2010).

　これがなぜ起きるか，最近では，1977〜1988年までは，実際に日本の周りが非常に寒かった年代で，マイワシがたくさん獲れている。その時にはアリューシャン低気圧が非常によく発達しており，オホーツク海もよく冷やされていた。つまり，オホーツクの海氷が多い年代に相当する。このような気候変化がどのような変化を海の生物にもたらしたかというと，マイワシが全盛の海に変えてしまっている。逆に，1989年はちょうど平成元年で，今度はアリューシャン低気圧が弱く，冬の季節風が弱くなって日本の周り全体が暖かくなった。この結果として，スルメイカ，カタクチイワシ，マアジなどが増えている。
　なぜ，気候の寒冷－温暖のレジームシフトに反応するかのように，このような魚種交替が起きるのか。そのヒントを図II.9.7に示した(桜井，2009)。この図は，横軸が卵・稚仔の生存できる適水温で，魚・イカの卵と稚仔が海で獲れた水温の幅である。スルメイカに関して，この狭い幅は，これは実験的に私たちが確かめたため，精度の高い狭い幅となっている(山本他，2012)。縦軸は再生産と資源に加入できる成功率を表している。よく見ると，マイワシが一番冷たい水温幅にあって，逆に暖かい水温幅には，スルメイカ，マアジとカタクチイワシとなっている。このように，暖かい時にはカタクチイワシ，スルメイカ，マアジが増えるというのは，やはり元々暖かい所で生き残ることができ，マイワシは，一番寒い所で生き残ることができる

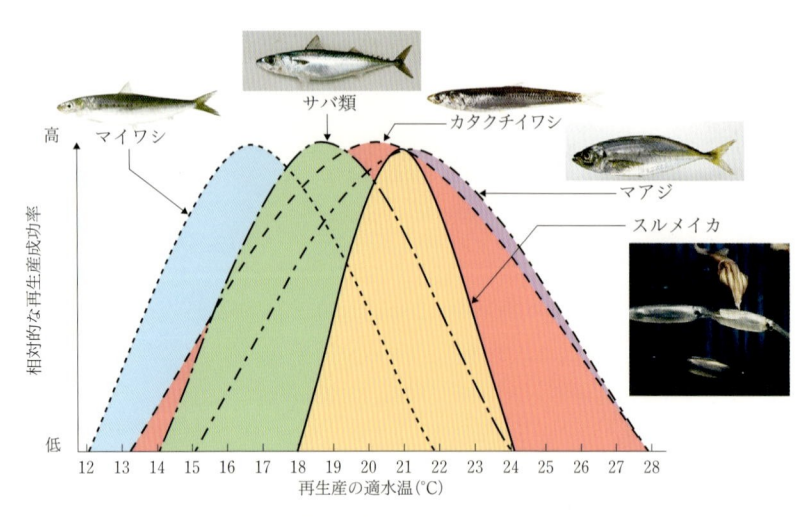

図II.9.7 魚種交替と個体群変動に関係する浮魚類とスルメイカの再生産の適水温範囲。Takasuka & Aoki(2006)；桜井(2009)より

Figure II.9.7 Simirarities and differences in spawning temperature patterns represent those in the long-term species replacement and population dynamics patterns. From Takasuka & Aoki (2006) and Sakurai (2009).

ためと考えることができる。面白いことにサバ類はその中間に位置している。このように，わずかな海の水温の変化がそれぞれの種の再生産過程の成功と失敗を通して魚種交代を起こす可能性が高く，知床周辺海域での持続的漁業の存続のためには，このような自然の摂理に基づいた漁獲対象種の変遷を予測し，それに順応した漁業を強化する必要がある。

5. タラ類の繁殖生態と羅臼のスケトウダラ漁業

では，もう一度オホーツク海に戻る。1980年代までは，オホーツク海は実際には非常に海氷が多かった年代や，1984年のように海氷が少ないものの襟裳まで到達した年があった。ところが1990年代以降，北海道のオホーツク海沿岸に流氷が接岸してもその量が非常に少ない年が続いていた。それでは，スケトウダラやマダラのように，寒冷な海に生息する魚が，寒冷・温暖という海の変化にどのように反応しているか紹介する。まず2種類の産卵の仕方を模式的に示した(図II.9.8；Sakurai, 2007)。左上がスケトウダラ，右側がマダラの産卵行動の様子である。両種とも，大型水槽で飼育して産卵行動を映像に撮っている。スケトウダラはオス・メスがペアーとなって抱き合って卵を産む。産んだ卵は表面に浮く。しかも1尾のメスが20万個ほどの卵を持っている場合，それを数万個ずつ2日間隔で10回以上に分けて産卵する。つまり，スケトウダラの場合は，産卵を始めて終わるまでに，数週間を要している。図II.9.9, II.9.10に示すように，上がメスで下がオスで，オスは腹鰭でメスを抱いており，その姿勢で精子と卵が放出され，受精する。この時に，オスはウキブクロにある筋肉を使って発音している。メスに対してはクークークークーという求愛音を出し，オスに対してはグッという威嚇音

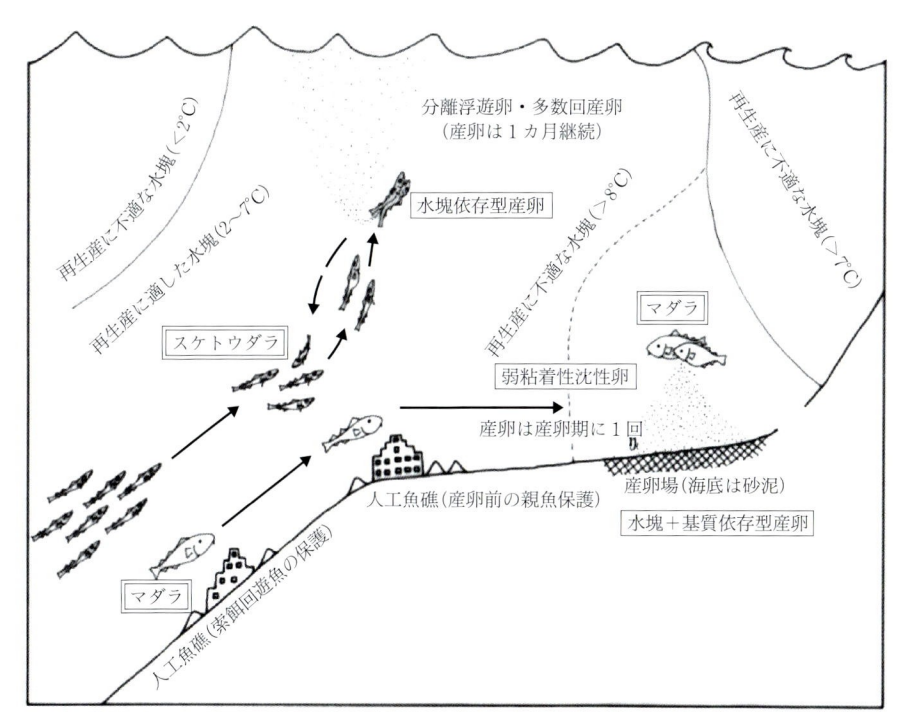

図 II.9.8　マダラとスケトウダラの繁殖戦略と再生産過程の比較。Sakurai (2007) より

Figure II.9.8　Schematic illustration of spawning strategy and reproductive characteristics of Pacific cod and walleye pollock. From Sakurai (2007).

を出している。一方，マダラは1尾4～5 kgのメスが200万個ぐらいの卵を持つが，それを1回の産卵で一気に産んでしまう(Sakurai & Hattori, 1996)。マダラは，最初にメスが大量の卵を放出し，その直後に，1尾のオスがそれに気がついて精液を大量に水中に放出する。わずか30秒くらいですべての卵を一気に産み，スケトウダラの卵とは違って底に沈んでゆく。水槽での観察では，15トン水槽が放出された精液によってミルク色に変わっていた。このように，スケトウダラとマダラでは，全く違う産卵行動を持っている。彼らが単なる漁獲物ではなく，れっきとした生き物であることを知って欲しい。

次に，スケトウダラの漁獲状況に触れたい。根室海峡の羅臼沿岸では1990年代に一気に漁獲が減っている(図II.9.9)。原因の1つの可能性として，オホーツク海全体の季節海氷の減少の影響を受けて，前述した浮魚類の魚種交替のように，再生産過程

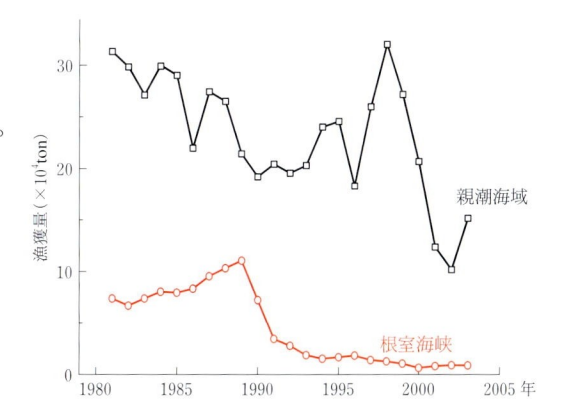

図 II.9.9　親潮海域(北海道・東北沿岸)と根室海峡(羅臼沖)のスケトウダラの漁獲量の経年変化。Sakurai (2007) より

Figure II.9.9　Walleye pollock catches in the Oyashio region and the Nemuro Strait, Northern Hokkaido, Japan. From Sakurai (2007).

の成否が資源の増減をもたらした可能性がある。もう1つは，やはり過剰な漁獲がそれに追い討ちをかけたと考えられる。その中で，羅臼の漁業者は，このスケトウダラの資源を守るために海洋保護区に近い禁漁区を設けてきた(Matsuda *et al*., 2009；Makino *et al*., 2009；Makino & Sakurai, 2012)。さらに，漁船の減船，それから刺し網の目合を大きくするなどの努力をしている。加えて，羅臼のスケトウダラ漁業者が漁獲対象とする魚の産卵習性や魚群の動きを知ることこそ，少なくなったスケトウダラ資源を，どのように保護して増やすことができるか，自ら考えて実行に移すことができる。これこそが，自主管理型漁業と言える。

6. 根室海峡のスケトウダラは復活できるのか

　知床，あるいは北海道の周りの海といえども，温暖化という話が最近聞かれる。それでは，根室海峡のスケトウダラは，どのようになるのか。最も心配しているのが，温暖化によってオホーツク海がどうような海になってしまうのかである。当然，季節海氷の形成が少なくなり，栄養塩豊かな中冷水も減り，オホーツク海から西部北太平洋の生産力の減少が懸念されており，この海域全体の環境収容力が劣化する可能性がある(大島氏の章参照)。スケトウダラは中層で産卵すると，産んだ卵は海面まで浮遊してくる(図II.9.10)。オホーツク海や根室海峡では，流氷の有無にかかわらず表層水は0℃以下の低塩分で冷たい海水が覆っている。その中に浮上する受精卵が入った時に，卵は果たしてどうなるのか。しかも，流氷があった方が良いのか，ない方が良いのかということも検証する必要がある(図II.9.10)。

　現在，私たちのグループでは，スケトウダラの各発達段階の受精卵とふ化仔魚，そして稚魚，幼魚の生残と行動活性に対するマイナスの水温から高水温，そして塩分濃度の影響を調べている。これには，鉛直的に水温，塩分の異なる躍層を円柱水槽内に再現して，卵の挙動，稚仔魚の水温・塩分選択行動を精査している。まだ途中ではあるが，卵・稚仔魚の生存と行動活性に適した水温は，約2〜8℃の範囲と推定している。スケトウダラの浮遊卵にとっては，海面に流氷が多く，マイナスの水温はその生存を脅かしている。なぜ，北海道の噴火湾周辺海域のスケトウダラの産卵場では水深100〜200 mで産卵して，羅臼では400〜500 mと深いのか。つまり，深い所で産むことによって卵がゆっくり上がってくることが，上の冷たい水に入る前に，ある発育段階までに達していれば冷たい水に耐えられるとも考えられる。さらに，低水温ほどふ化までの日数が長くなり，約1〜2℃では1カ月以上かかる。その間に表層水温が上がって成層化し，植物プランクトンの大増殖，動物プランクトンの幼生の大量発生にスケトウダラのふ化がぴったりぶつかると，再生産に成功するというシナリオが考えられる。このように，このスケトウダラ自身も産卵する場所を選択している。これからは，このオホーツクの流氷がある条件，ない条件によってスケトウダラが増えるか減るか，実験的な検証と根室海峡での現地調査によって，スケトウダラが復活する条件を見つけ，羅臼のスケトウダラ漁業の存続に貢献して行きたい。

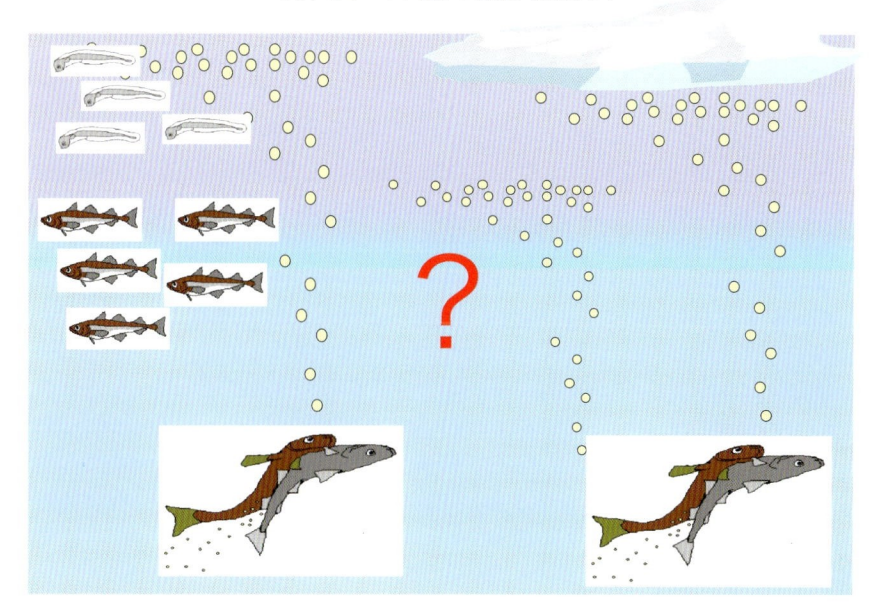

もし，オホーツク海から海氷が消えると？

図II.9.10 中層産卵されたスケトウダラ受精卵が海面近くに浮上した場合，季節海氷の有無はどのような影響を与える？
Figure II.9.10 Working hypothesis of the effect of the seasonal ice floes occurrence on the survival of fertilized pelagic eggs of walleye pollock, when they float up near the surface following the spawning at the intermediate depths in the Nemuro Strait and the Sea of Okhotsk.

7．知床の生態系ベースの持続的漁業の成立に向けて

　最後に，この知床半島周辺の沿岸漁業に持続性を持たせるということが非常に重要である。時には，スルメイカがたくさん獲れたり，スケトウダラがたくさん獲れる海へ，そして再びイカが獲れる海へと変わる。加えて，自らが放流したサケ類も常に安定して沿岸や母川に戻ってくるとは限らない。これは地球規模での温暖・寒冷レジームシフトそして温暖化などの気候変化に応答した現象といえる。海の生態系は常に安定したものではなくて変わりやすい，非常に不定常なシステムである。それに対して，この知床の多利用型海域管理計画では，海洋生態系の生物多様性の保全と持続的漁業の共存に向けた順応的管理（Adaptive Management）を目指している（Matsuda *et al*., 2009；Makino *et al*., 2009；Makino & Sakurai, 2012）。豊かな海であるからこそ，漁業が持続可能，その一部を壊してしまえば漁業も存続できないことになる。1990年代以降の羅臼沿岸のスケトウダラ資源の激減は，隣接するオホーツク海を含めた海洋環境変化，そして予測できたはずの資源の減少傾向に対して，乱獲が追い討ちをかけた結果である。しかし，羅臼のスケトウダラ漁業者による減船，漁獲規制，禁漁区の設置など，自分たちが漁獲対象とする水産資源を守るという自主管理型漁業を生み出している。一方，斜里，ウトロ沿岸を含めたサケマス定置網漁業も，種苗生産放流の適正化，自然産卵魚の遡上・産卵の促進，禁漁期の厳守など，次の世代まで続けることのできる沿岸漁業を続けている。過去に何が起きていたの

か，海洋環境や漁獲データなどを駆使して，歴史的な評価を行うことが大切である．幸いにも，そのような膨大なデータが記録として残されており，将来どうなるか，この魚がいつまで獲れるのか，他の魚が増えてくるのか，なぜそのような現象が起きるかなどの予測にも活用できる．加えて，調査研究やモニタリングをすることによって現状を評価して，時には予測モデルを使いながら，またこの海域管理計画を再考することも大切である．

【引用・参考文献】

加藤寛紀(2010)：北海道知床半島周辺海域における底生魚類の食物関係，北海道大学水産科学院海洋生物資源科学専攻，2009年度修士論文，58 pp．

Makino, M., Matsuda, H. & Sakurai, Y. (2009): Expanding fisheries co-management to ecosystem-based management: A case in the Shiretoko World Natural Heritage area, Japan, Marine Policy, 33(2009), 207-214.

Makino, M. & Sakurai, Y. (2012): Adaptation to climate-change effects on fisheries in the Shiretoko World Natural Heritage area, Japan, ICES Journal of Marine Science, 69(7), 1134-1140.

Matsuda, H., Makino, M. & Sakurai, Y. (2009): Development of adaptive marine ecosystem management and co-management plan in Shiretoko World Natural Heritage Site, Biological Conservation, 142, 1937-1942 (2009).

Sakurai, Y. & Hattori, T. (1996): Reproductive behavior of Pacific cod in captivity, Fisheries Science, 62, 222-228.

Sakurai, Y. (2007): An overview of Oyashio Ecosystem, Deep-Sea Research II, 54, 2525-2542.

桜井泰憲(2009)：地球温暖化が水産資源に与える影響，地球温暖化問題への農学の挑戦(日本農学会編)，pp. 49-73, 養賢堂, 東京．

Takasuka, A. & Aoki, I. (2006): Environmental determinants of growth rates for larval Japanese anchovy *Engraulis japonicas* in different waters, Fisheries Oceanography, 15, 139-149.

Yamamoto, J., Nobetsu, T., Iwamori, T. & Sakurai, Y. (2009): Observations of food falls off the Shiretoko Peninsula, Japan, using a remotely operated vehicle, Fisheries Science, 75, 513-515.

山本潤・宮長幸・福井信一・桜井泰憲(2012)：スルメイカふ化幼生の遊泳行動に対する水温の影響，水産海洋研究，76(1), 18-23．

8. Summary

In 2005, the Shiretoko area of Hokkaido Island in Japan was inscribed on the World Heritage list as a natural site. The site includes the Shiretoko Peninsula located at the northeast tip of Hokkaido and the surrounding marine area up to three kilometers from the shore. Due to high nutrient input into these waters from melting sea ice, winter vertical mixing, and seasonal upwelling, the seas around the peninsula are home to a rich and unparalleled marine ecosystem and a variety of fisheries, which support the local economy. Thus, effective management of this site requires both conserving the integrity and diversity of the ecosystem as well as ensuring that the fisheries are sustained. The marine ecosystem at the site is impacted by global-scale climate changes and human activities (primarily fishing). While understanding the changes in fishery resources based on natural laws, it is important to seriously consider and take actions regarding the future of the fisheries. For example, while fish catches include stable resources of salmon, arabesque greenling and kelp (kombu) on the one hand, problems such as sharply declining catches of walleye pollock and unstable trends in Japanese common squid catches in Rausu have occurred since the 1990s.

There is now an urgent need to understand changes in marine resources based on natural cycles, and to maintain the rich marine environment and ecosystems around Shiretoko while seeking fisheries that make sustainable use of resources. The Multiple Use Integrated Marine Management Plan, which was submitted to UNESCO and IUCN in the spring of 2008, will ensure the coexistence of marine ecosystem protection and sustainable fisheries in this heritage site. The definition of a MPA (Marine Protected Area) should include "the coexistence of marine ecosystem protection based on autonomous management and sustainable fisheries", and fishers in the Shiretoko area already practice autonomous management of fishing seasons, zones, and methods for salmon and walleye pollock fisheries.

Since the 1990s, the area of seasonal sea ice in the Okhotsk Sea has decreased and the temperature of the water mass at intermediate depths (known as dichothermal water) has been rising. It has not been possible to predict the impact of any single one of these phenomena on marine ecosystems individually. It is important that we acknowledge a degree of uncertainty in future forecasts. We need to protect and manage resources sustainably, based on adaptive management in which we constantly monitor the state of the environment and living species and respond flexibly to changes in these. In Shiretoko, there is a strong awareness among local residents and fishers, who seek the continued existence of fisheries. It is significant to establish adaptive management based on ecosystems and sustainable fishery resource management technology. To this end, we need to carry out the various different types of monitoring, feed the results back to adaptive resource management and establish accountability for this by forming a consensus with local residents.

In the Shiretoko World Natural Heritage Site, a scientific committee consisting of experts in both terrestrial and marine ecosystems is functioning as an advisory body for the first time in Japan. This scientific committee has a crucial role to play in drawing up the sea area management plans. A system for seeking coexistence between natural conservation of the heritage area, local economies and industry over the long term has been put in place. We need to scientifically investigate historical changes in marine and terrestrial ecosystems as affected by global climate change and human activity (including fisheries), and the patterns of fluctuation in the diverse living species that comprise these. We must also aim to protect ecosystems on a "landscape" level, and at the same time stabilize and revitalize local economies. We would see this as the way in which we can feel proud of Shiretoko as a World Natural Heritage Site.

10

オホーツク海南西部と国後島と択捉島沿岸におけるスケトウダラの分布特性と資源動向

Peculiarities of walleye pollock (*Theragra chalcogramma*) distribution pattern and abundance dynamics in the southwestern Okhotsk Sea and along the Kunashiri and Etorofu Islands

ヴェリカノフ, A. Ya.(サハリン漁業海洋学研究所)
Anatoliy. Ya. VELIKANOV (Sakhalin Research Institute of Fisheries and Oceanography: SakhNIRO)

　スケトウダラは，最も数の多い海産魚の1つで，北太平洋の北部，オホーツク海，ベーリング海，そして日本海にも分布している。このように個体数も多く，分布も広いことから，スケトウダラは広範な海洋生態系に大きな役割を持っている。そして，漁業対象としても大変重要である。例えば，1980年代には，その総漁獲量は700万トンを超え，世界の他の魚種，例えばニシン，マダラ，カタクチイワシよりもはるかに高い漁獲量となっている。また，1980年代のオホーツク海のスケトウダラ資源量は1500万トンもあったことが報告されている。この地域のスケトウダラ漁業は1960年代にカムチャツカ半島西側の大陸棚で始まった。そして，1970年代の半ばからは，サハリンの東側の水域で，また1970年代末にはオホーツク海北部でも操業が始まった。さらに，国後島，択捉島，北海道の太平洋沿岸の陸棚水域でも，1970年代にはスケトウダラの資源は高いレベルにあった。例えば，これはこの海域の漁業にとっても重要で，1977年の世界食糧農業機関(FAO)のデータによれば，60万トンとスケトウダラの総漁獲量の14パーセントを占めていた。しかし，その後の年間漁獲量は確実に減っており，今は最低の資源状態になっている。本報告では，サハリン東部海域と国後・択捉島周辺におけるスケトウダラの分布特性と資源状況について紹介する。

　オホーツク海のスケトウダラは，大陸棚に沿ってリング状に分布しており，産卵場もその大陸棚上にある(図II.10.1)。主な産卵場は，カムチャツカ半島西岸，南では国後海峡と根室海峡，そして北海道の北岸域と知床半島突端の北西部である。また，サハリン東岸も，産卵場となっ

ている。産卵期は，オホーツク海南部では冬であるが，北部では春に産卵のピークがある。オホーツク海のスケトウダラは，夏には広範な海域に分布を拡げている。カムチャツカ半島周辺の産卵場は，東岸と西岸にある。そして南の産卵場は，北部海域に比べて深く，1980年代には水深500mに産卵群がいた。特に，国後海峡あるいは択捉島周辺や根室海峡でも，産卵水深が深くなっている。サハリン東岸では，資源が少なかった年代であったが，その分布の中心はサハリン北東部であった。2002年の夏を例にすると，アニワ湾やチェノレペーニ湾の分布量は，北東部の10分の1程度であった。

このように，サハリン周辺のスケトウダラは，2000年代はじめには北東部に集中し，その分布水深は20〜500mで，200m水深の部分に多く分布している（図II.10.2）。緯度から見ると，北緯50度から53度の間になる。2003〜2005年では，漁獲水深は深いが，1日の漁獲量は210〜350トンの記録もある。11〜12月になると，スケトウダラは集中分布するようになり，次第にオホーツク海北部へと移動していく。2003年と2008年の7〜10月のサハリ

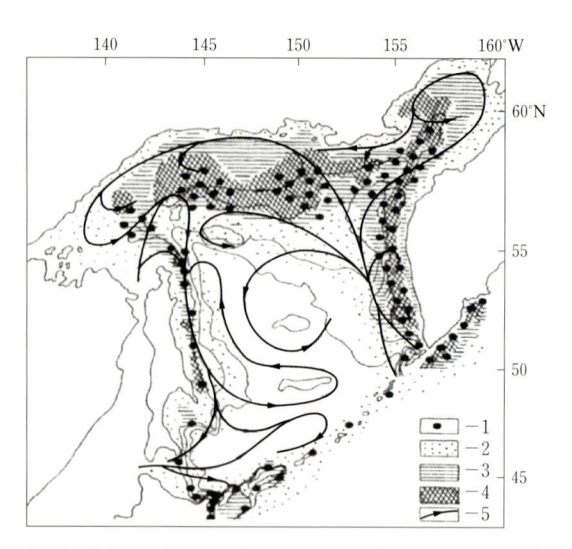

図II.10.1 オホーツク海のスケトウダラの平均的な再生産分布図。1：産卵場，2〜4：浮遊卵，5：海流。実線は等深線 200, 500, 1000 m. Shuntov *et al*. (1993) より
Figure II.10.1 Ordinary distribution map of reproduction of walleye Pollock in the Sea of Okhotsk. 1: spawning ground, 2-4: pelagic eggs, 5: current. Isobath (solid line): 200, 500, 1000 m. Shuntov *et al*. (1993).

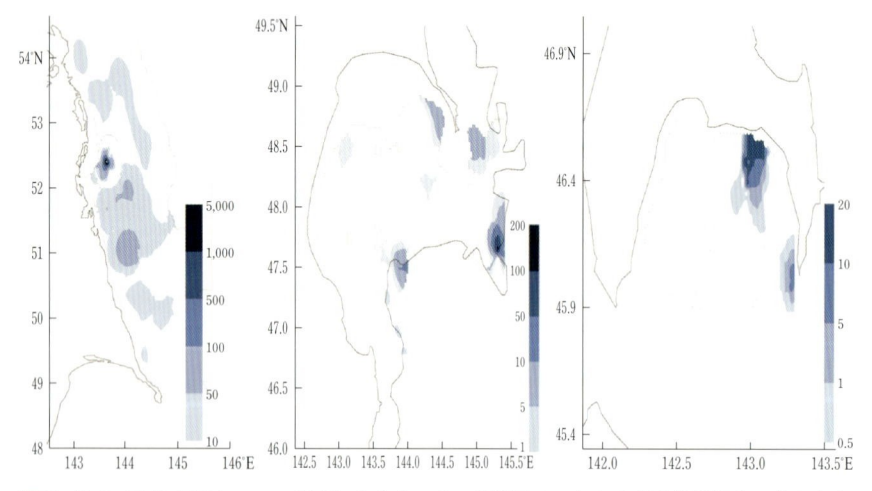

図II.10.2 2002年度トロール調査によるサハリン東岸沖のスケトウダラ集積分布。左から右へ：北東サハリン9〜10月，南東サハリンとアニワ湾8〜9月。単位：kg/km²
Figure II.10.2 Distribution of concentrations of walleye pollock in the eastern coast of Sakhalin, by bottom trawling in 2002. Left to right: the northeastern Sakhalin in September-October; the southeastern Sakhalin Island and Aniva Bay in August-September. Unit: kg/km²

ン北東海域のスケトウダラは，体長40 cmくらいのものが多く，次に20～30 cmサイズの未成魚も分布している(図II.10.3)。年齢は4～7歳魚が群れの中心となっており，未成魚は2～3歳である。

　サハリン漁業海洋学研究所では，サハリン沿岸において表層トロールによるスケトウダラ幼魚の分布調査を行っている。スケトウダラ幼魚は，南東サハリンあるいはアニワ湾で出現するが，多くはない。2003～2006年の間の幼魚分布量は非常に少なかったが，2008年には非常に多く，この調査期間中でその分布量は最大であった。そしてその時には，スケトウダラとコマイの幼魚が混ざっていた。その時の幼魚は全長4～6 cm，あるいは5～8 cmのモードであった。大きなサイズの幼魚は，おそらく北海道周辺などの南の海域，一部は国後海峡に近い所から来ているものと考えられる。このトロール調査では，スケトウダラ幼魚以外に，水深30 mの所でカラフトシシャモを含めて多様な魚が採集された。

　図II.10.4は，国後・択捉島周辺におけるスケトウダラの季節分布を表している。択捉島の太平洋側では，8～9月にスケトウダラの集中分布が見られる。スケトウダラの集中分布が見

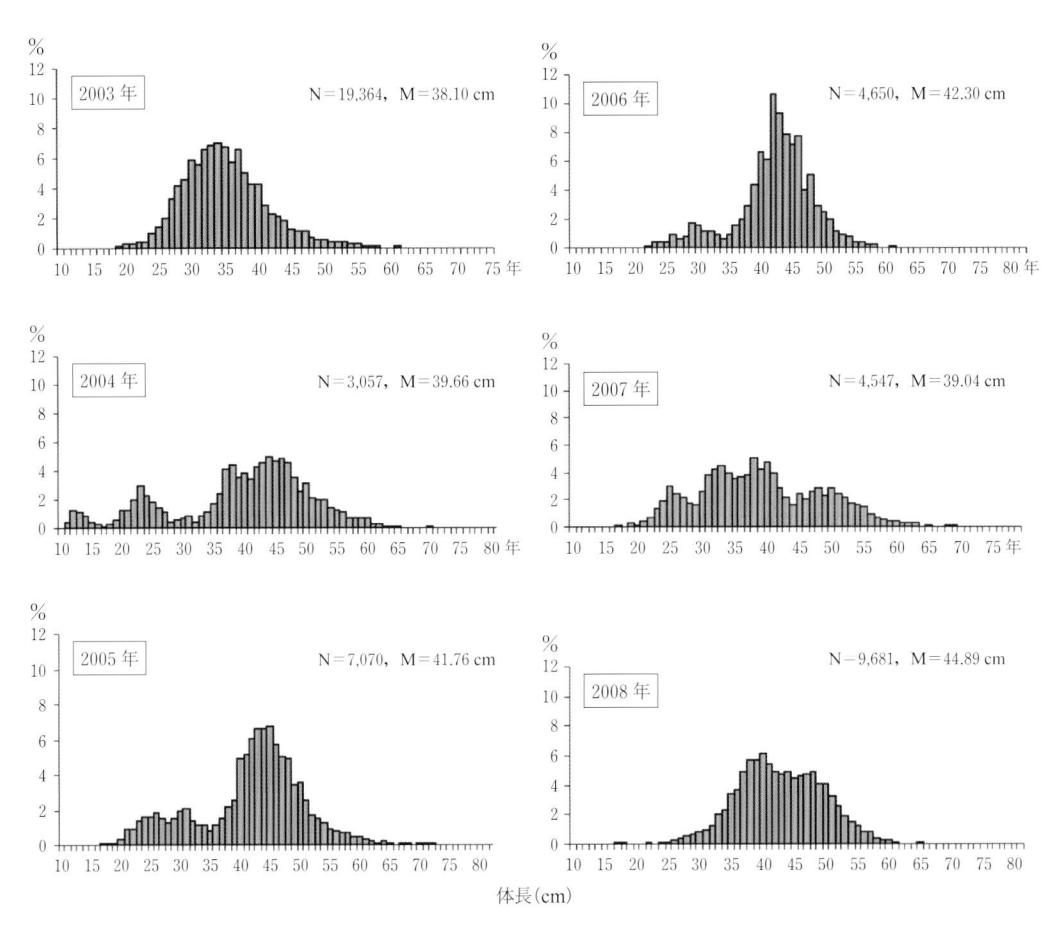

図II.10.3　2003～2008年北東サハリン沖の索餌期におけるトロールで採集したスケトウダラの体長組成
Figure II.10.3　The body length composition of walleye pollock caught by trawl near the northeastern Sakhalin in the feeding period, 2003-2008.

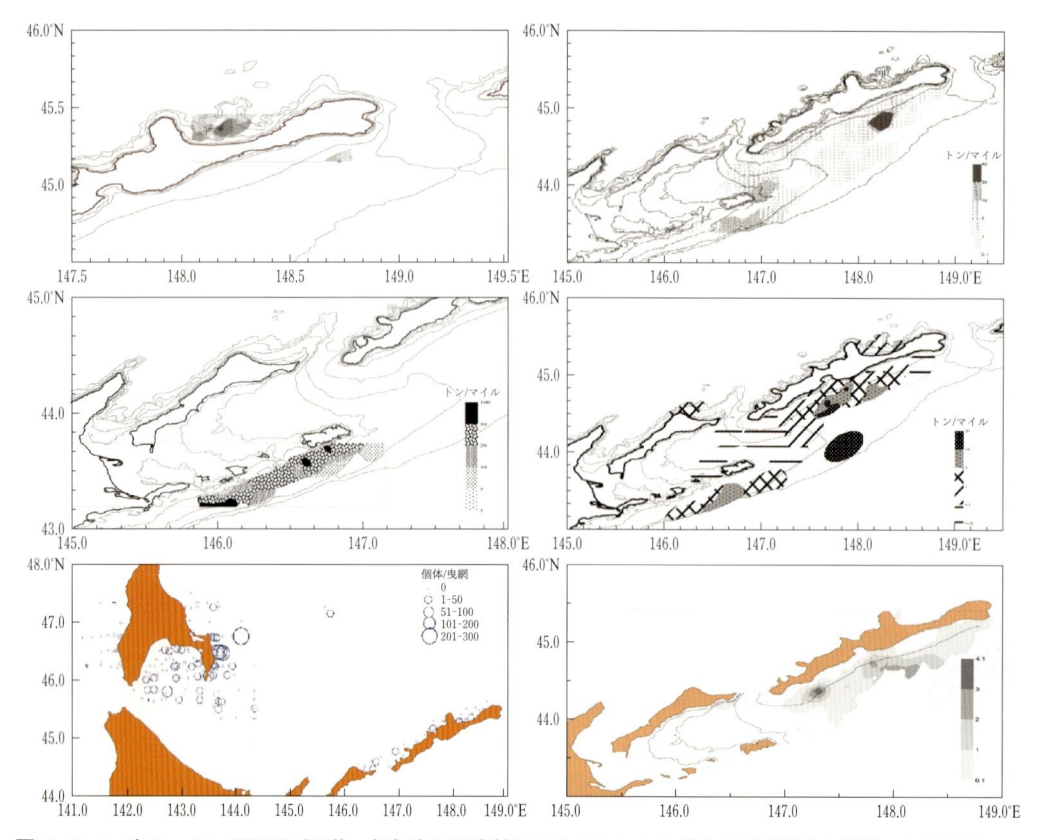

図II.10.4　南サハリン周辺及び国後・択捉島周辺海域におけるスケトウダラの季節別分布状態。左(中層トロール)上から下へ：2008年3月，2006年5～6月，2004年6～8月。右(着底トロール)上から下へ：2007年8～9月，2008年9～10月，2005年10～11月

Figure II.10.4　Seasonal distributions of walleye pollock near the southern Sakhalin, Kunashiri and Etorofu Islands.
Left (pelagic trawl), from top to bottom: March, 2008; May-June, 2006; June-August, 2004.
Right (bottom trawl), from top to bottom: August-September, 2007; September-October, 2008; October-November, 2005.

られたのは，12月の国後，択捉島のオホーツク海側である。択捉島オホーツク海側には，根室海峡よりも平均体長が小さい群れが見られる(図II.10.5)。最近のプランクトンネットによる調査から，国後海峡では12月末には既に産卵が始まっていることが明らかになった。択捉島と国後・根室海峡におけるスケトウダラの体長を比較すると，国後・根室海峡の方が大型のスケトウダラが分布している。索餌期の調査では，大型の成魚から小型の未成魚が分布しており，特に太平洋側に大型の成魚が濃密に分布し，0歳から2歳，3歳魚も見られる。資源量について1970年代と1980年代を比較すると，1970年代には索餌期にも産卵期にも多く，資源量は60万トンあるいは75万トンという高い値となっていた。これは，調査対象水域内で移動して成長する幼魚がいるということ，あるいは隣接水域からの移入によっても資源量の増加につながったと推定される。この資源の多さが，その年代の漁獲量の増加に反映している。例えば，北東サハリンでは年間20万トン，あるいはサハリン南東で16万トン，択捉・国後島周辺で

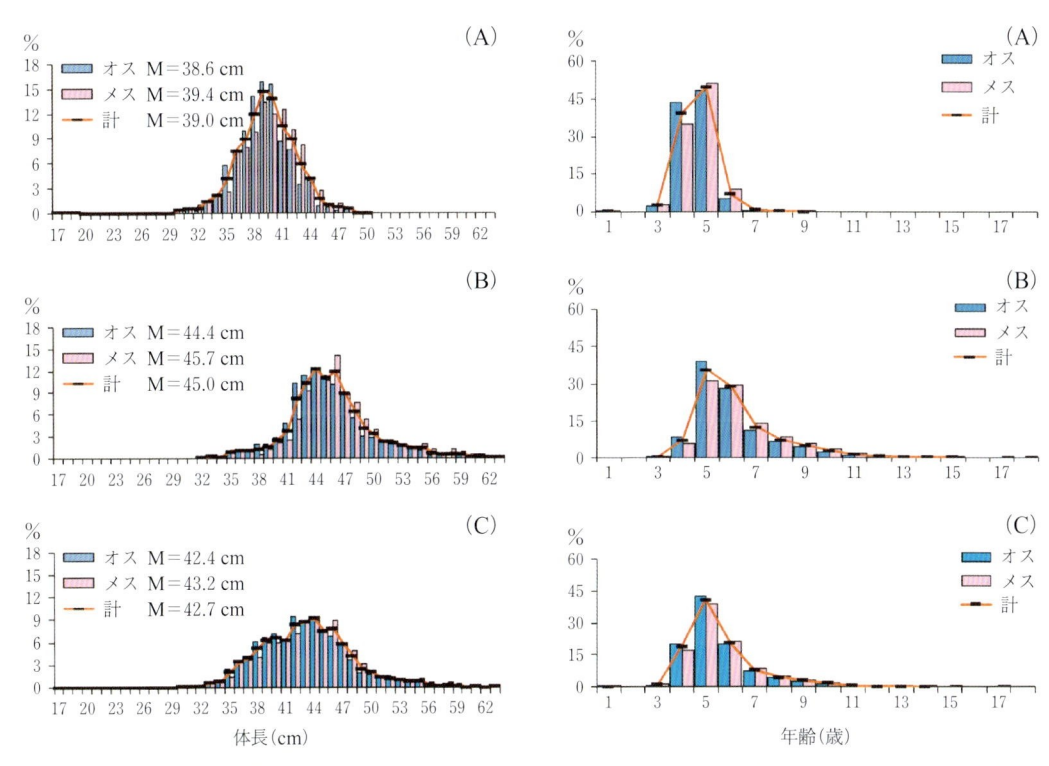

図 II.10.5　2003年12月15〜30日水深別トロールで採集されたスケトウダラの体長組成(左)と年齢組成(右)。A：択捉島オホーツク海側，B：根室海峡，C：両海域込み

Figure II.10.5　Body length (left) and age (right) of walleye pollock caught by midwater trawl during December 15-30, 2003. (A) Okhotsk sea side of Etorofu, (B) Nemuro Strait, (C) combined both areas. ■: male, ■: female, ——: total

40万トン以上ということがあった。しかし，最近の漁獲は激減しており，現在は最低の資源水準になっている。

　しかし，この地域のスケトウダラ資源に増加の兆しが見られる。特に，サハリンの北東部では，最近2年間の産卵数が増えているということが観察されている。図II.10.6からも，国後，択捉島周辺の太平洋側で幼魚の増加が推定される。このような増加の兆侯が今後もずっと続いて，それが資源量の増大と漁獲量の増加につながって，1970〜1980年代のように資源水準が回復するかは，現時点では断定できない。

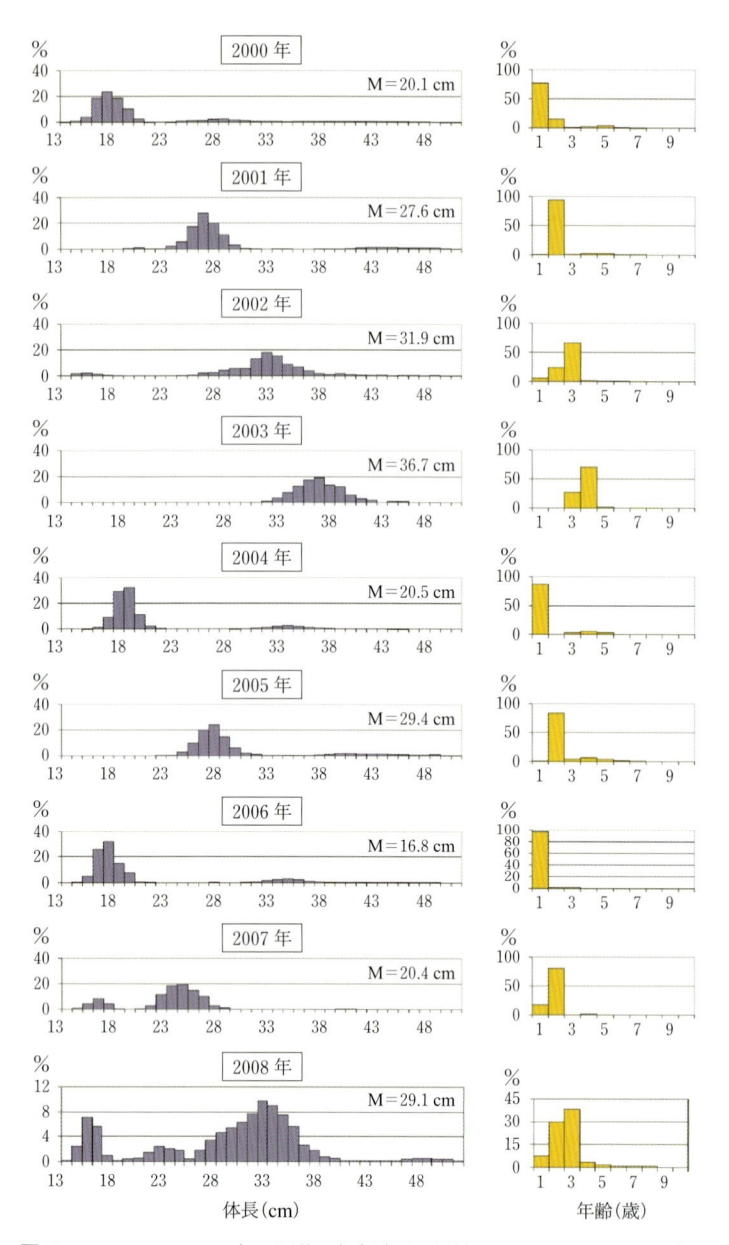

図II.10.6　2000～2008年の国後・択捉島太平洋側においてトロール調査で採集されたスケトウダラの体長組成(左)と年齢組成(右)

Figure II.10.6　The body length (left) and age (right) compositions of pollock caught with trawl net in the Pacific waters off Kunashiri and Etorofu Islands in 2000-2008.

【引用・参考文献】

Lapko, V. V. (1996): Composition, structure and dynamics of the Okhotsk Sea epipelagic nekton. M. S. thesis - Vladivostok, TINRO-centre, 24 pp. (In Russian)

Moiseev, P. A. (1989): World ocean biological resources - Moscow: Agropromizdat, 368 pp. (In Russian)

Miyake, H., Hamabayashi, K., Ishigame, M. & Sano, M. (1993): Recent sharp decrease in walleye pollock egg abundance in Nemuro Strait, Hokkaido. Sci. Rep. Hokkaido. Fish. Exp. St., 42, 111-119.

Pushnikov, V. V. (1982): Population structure and stock status of the Okhotsk Sea walleye pollock. M. S. thesis - Vladivostok, TINRO, 23 pp. (In Russian)

Shuntov, V. P., Volkov, A. N., Temnykh, O. S. & Dulepova, E. P. (1993): Walleye pollock in the ecosystems of the Far East Seas. Vladivostok. 426 pp. (In Russian)

Temnykh, O. S. (1990): Spatial and size structure of the Okhotsk Sea walleye pollock during summer season, Voprosy of Ichthyology, 30(4), 598-608. (In Russian)

Fadeev, N. S. (2006): Fisheries, population structure and biology of walleye pollock in the Sakhalin-Hokkaido-Kuriles area, Izvestiya TINRO, 147, 3-35. (In Russian)

Velikanov, A. Ya. (2004): On the status of pelagic fish communities of the west and east Sakhalin Island in 2002, Izvestiya TINRO, 137, 207-225. (In Russian)

Velikanov, A. Ya., Stiminok, D. Yu., Shubin, A. O & Koryakovtsev, L. V. (2005) Interannual changes in fish communities of the Aniva Bay upper epipelagic zone and adjoining areas of the Okhotsk Sea in summer period. Water life biology, resources status and condition of inhabitation in Sakhalin-Kuril region and adjoining water areas: Transaction of the Sakhalin Research Institute of Fisheries and Oceanography, Yuzhno-Sakhalinsk, SakhNIRO, 7, 3-22. (In Russian)

Zverkova, L. M. (2003): Walleye pollock. Biology and status of its stocks. Vladivostok, TINRO-centre. 247 pp. (In Russian)

Summary

In the past century, the walleye pollock stock abundance in the southwestern Okhotsk Sea and oceanic waters of Hokkaido, Honshu, Kunashiri and Etorofu Islands was high and commercially important. In 1986, the walleye pollock catch in this region was 720,000 tons, i.e. 10.7% of the total capture and 37.2% of the capture in the Okhotsk Sea. In this paper, the main attention is paid to peculiarities of walleye pollock distribution in the Okhotsk Sea waters of Sakhalin Island and along Kunashiri and Etorofu Islands during its low abundance. In the beginning of the current decade the main aggregations of walleye pollock in the Okhotsk Sea waters of Sakhalin Island are concentrated only along the northeastern coast. The current abundance of this species along southeastern Sakhalin and in Aniva Bay is much lower. Along Kunashiri and Etorofu Islands, walleye pollock are widely distributed in the warm season (summer and autumn) when their significant aggregations are observed both on the Okhotsk Sea and Pacific Ocean sides. In August-October, the densest walleye pollock aggregations were observed in the Pacific Ocean waters of Etorofu Island. In December, large aggregations of walleye pollock are concentrated in the Okhotsk Sea waters of Kunashiri and Etorofu Islands, i.e. in its main spawning areas. Along Etorofu Island, aggregation density and mean fish length from catches were lower than in Kunashiri Strait. During the feeding period of recent years, aggregations of the small-sized walleye pollock occurred mainly in the Pacific waters. The annual walleye pollock catch along the northeastern Sakhalin once reached more than 200,000 tons, and along the Kunashiri and Etorofu Islands more than 400,000 tons. However, in the following years the walleye pollock catches in these regions began to decline steadily and currently appeared to be at the minimal level. In recent years, some signs of increase in commercial walleye pollock stock abundance have been observed in several areas of the region considered.

11

国後・択捉島周辺海域における底生魚の種構成及び資源構造――トロール調査の結果

Species composition and resources structure of demersal fishes around Kunashiri and Etorofu Islands: by results of trawling surveys

キム, S. T. (サハリン漁業海洋学研究所)
Sen Tok KIM (Sakhalin Research Institute of Fisheries and Oceanography)

　サハリン東岸と国後・択捉島周辺水域に生息する魚種組成と，その資源状況について紹介する。図II.11.1 は，1987～2007 年の間に実施した国後・択捉島周辺海域でのトロール調査点を示している。このように調査点は国後・択捉島周辺海域の大陸棚とその斜面域を網羅している。この調査はサハリン漁業海洋学研究所が実施しており，1987～1990 年は主に漁獲対象種のみの調査であった。その後中断したが，2001 年に再開して，2007 年までに毎年 6 回の調査が行われている。このトロール調査の網は大きくないが，国後・択捉島周辺海域の魚類相や主要種の資源の経年的変化を知ることができる。これらの調査は，毎年夏の終わりから秋に実施している。なお，同じ調査航海では，サハリン東岸の大陸棚域，テルペニア湾，アニワ湾などでも，同様のトロール調査をしている。

　まず，出現した魚類相であるが，サハリン西岸で 159 種，北東岸で 191 種，テルペニア湾が 122 種，アニワ湾が 126 種，国後・択捉島のオホーツク海側が 116 種，太平洋側が 191 種で，国後・択捉島周辺には，46 科 122～188 種の魚類が出現している。択捉島周辺に限ると 18 科 77 種であるが，国後・択捉島の太平洋側の方が圧倒的に魚類の種組成が多様で生物量も多いという特徴がある。これは，太平洋側の大陸棚が良く発達していること，国後海峡のように急に深くなった大陸棚斜面と海谷があるためと考えられる。一方，国後・択捉島のオホーツク海側の大陸棚は，等深線 100～200 m の幅が狭く，水深 150～200 m の大陸棚が拡がっている海域は，国後島の北のロフソフ岬からプロストロール湾の間にある (図II.11.1)。

　サハリン周辺と国後・択捉島周辺の魚類相の類似度を比較すると (図II.11.2)，サハリン北東岸と国後の太平洋側，国後島と択捉島の間のオホーツク海側と太平洋側で，約 64% と類似度が高くなっている。そして，サハリンのアニワ湾，テルペニア湾と国後島太平洋側との類似度

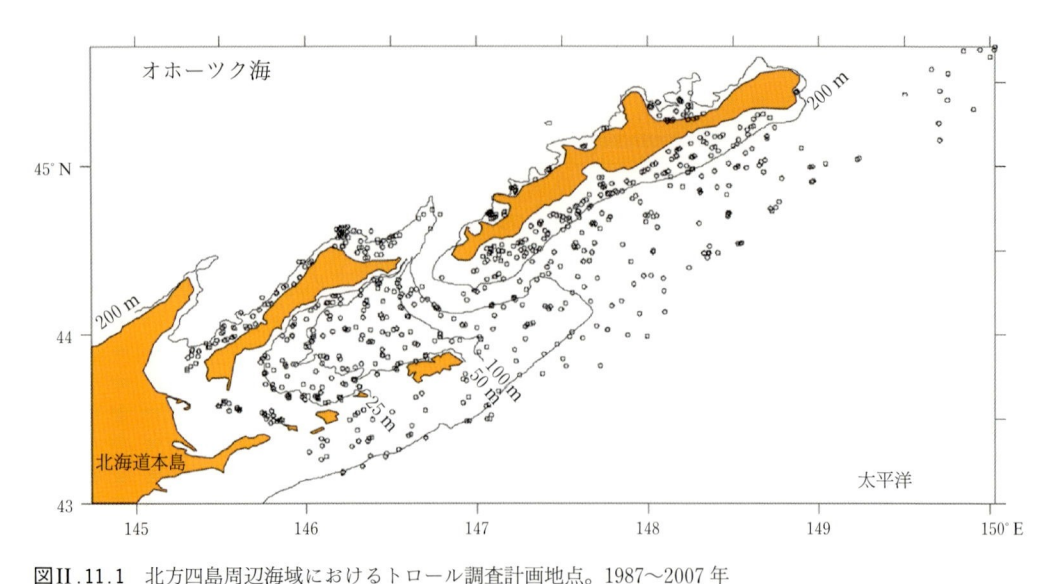

図II.11.1　北方四島周辺海域におけるトロール調査計画地点。1987〜2007年
Figure II.11.1　All stations of trawling surveys around Kunashiri and Etorofu Islands. 1987-2007

は約49％で，半分くらい種類が似ていて，半分は似ていないということになる。択捉島の紗那湾と別飛湾の類似度は86％と高いが，その東西の湾を比較すると56％と低くなっている。

次に，国後・択捉島周辺海域に出現した魚類組成を紹介する。最も多い種はカジカ科の30種，カレイ科20種，ゲンゲ科15種，トクビレ科15種，次いでフサカサゴ科13種，タウエガジ科とガンギエイ科が，それぞれ12種出現している。このうち，生物量が多いのがタラ類，カジカ類，カレイ類，ホッケで，全体の88〜97％を占めている。スケトウダラを含むタラ類は，1980年代末〜1990年代はじめには全体の62〜77％を占めていたが，2000年代には30〜60％と減っている。カジカ類は5〜32％，カレイ類は6〜21％，ホッケは5〜28％である。

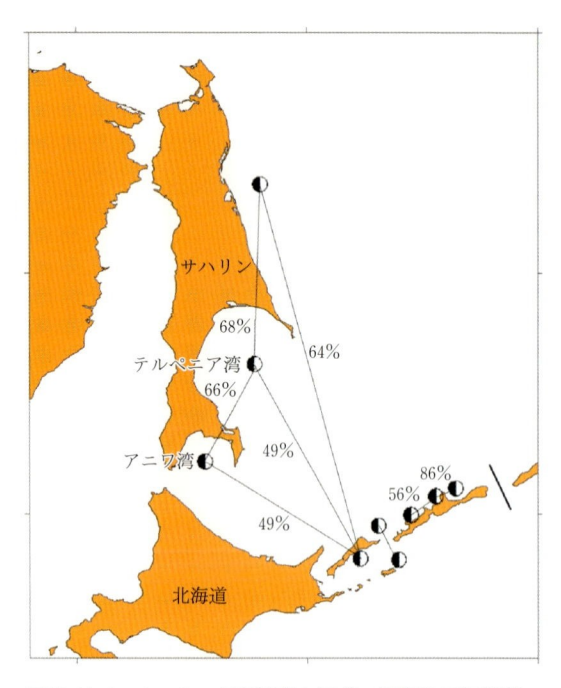

図II.11.3は，1988〜2007年における国後・択捉島周辺海域における全魚類の生物量の分布を示している。1988年の調査だけは冬の12〜1月に行われているが，色丹島と国後島の間の三角水域に底

図II.11.2　サハリン周辺海域と国後・択捉島周辺海域においてトロール調査で採集された魚類層の類似度比較
Figure II.11.2　Similarity of species compositions between adjacent areas of Sakhalin Island, and Kunashiri and Etorofu Islands.

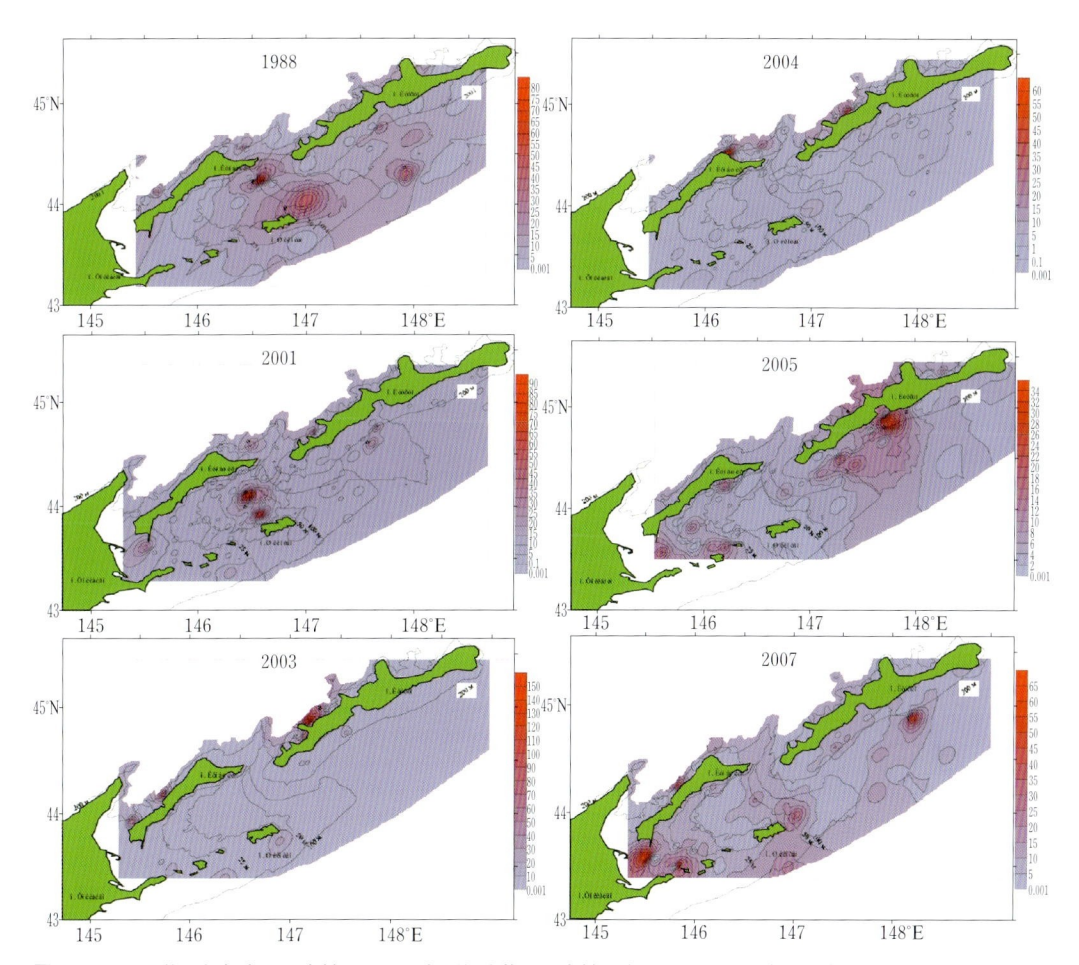

図II.11.3 国後・択捉島周辺海域における魚類総生物量の海域分布。1988〜2007年。単位はt/mile²
Figure II.11.3 The distribution of fishes total biomass around Kunashiri and Etorofu Islands in 1988-2007. unit: t/sq. mile

　魚類の集中が見られている。2001年以降の夏から秋にかけては，年によって変化している。最も集中分布しているのは根室海峡の大陸棚より浅い海域で，カレイ類，カジカ類が中心である。カサカ湾付近はスケトウダラが多く，後は国後・択捉島のオホーツク海側の湾で，魚種はマダラ，スケトウダラ，ホッケなどであった。全生物量の79%が太平洋側，残り21%がオホーツク海側で，そのうちの主な魚種はマダラ，スケトウダラ，ホッケである（図II.11.4）。分布面積から見ると，太平洋側が85%，オホーツク海側が15%であった。タラ類のオホーツク海側での生物量は，全体の24〜25%，分布面積の15〜19%であった。ホッケは，オホーツク海側の分布面積で28%，生物量では72%を占め，カレイ類は，分布面積で20%，生物量では24%であった。カジカ類のオホーツク海側の分布は，面積の7%，生物量は15%である。
　国後・択捉島周辺海域における魚類の全生物量の年代変化は，大きく3つの時期に分けることができる。まず1980年代末〜1990年代はじめで，底魚類の生物量は26万〜31万トンで

太平洋海域	S	B
コマイ (*Eleginus gracilis*) マダラ (*Gadus macrocephalus*) スケトウダラ (*Theragra chalcogramma*)	85-81%	76-75%
ホッケ (*Pleurogrammus azonus*)	72%	28%
カレイ類	80%	76%
カジカ科魚類	93%	85%
全魚種総生物量	85%	79%

オホーツク海域	S	B
コマイ (*Eleginus gracilis*) マダラ (*Gadus macrocephalus*) スケトウダラ (*Theragra chalcogramma*)	15-19%	24-25%
ホッケ (*Pleurogrammus azonus*)	28%	72%
カレイ類	20%	24%
カジカ科魚類	7%	15%
全魚種総生物量	15%	21%

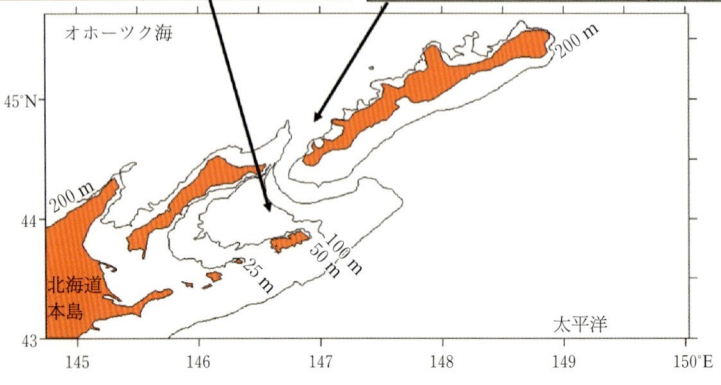

図II.11.4 国後・択捉周辺海域における太平洋とオホーツク海側の魚種ごとの分布面積(S)と生物量(B)。海域は，大陸棚上と水深400mまでの大陸斜面
Figure II.11.4 Sharing of distributing area (S) and biomass (B) of mass species in Pacific Ocean and Okhotsk Sea waters. on the shelf and continental slope to a depth of 400 m left table: Pacific Ocean waters, right table: Okhotsk Sea waters

あった。但し，当時のトロール調査海域は限られており，海域全体を把握できていない。海域全体の調査が始まった2000年代では，2001～2003年にかけては約15万トンで，2004年，2005年には5.8万～10万トンに激減している。但し，2007年には22万トンまで生物量が増加している。

次に，サハリン周辺海域と国後・択捉島海域における魚種別の生物資源量の年代変化について紹介する。全海域で優先するのがスケトウダラを含めたタラ類である。但し，海域によってやや異なり，国後・択捉島オホーツク海側では，ホッケがタラ類と変わらない生物量であるが，太平洋側では，タラ類が多く，次いでカジカ類，カレイ類，最後にホッケである。一方，サハリン東岸では，タラ類に次いでカレイ類，カジカ類となっている。多くの魚で，数量増減に年代を通した周期性が見られることがわかっている。国後・択捉島周辺海域の場合は，1980年代末～1990年代はじめは，底魚類の生物量は非常に多かったのだが，2004年には最も少なくなっている。但し，2007年には増加が見られ，2004～2005年の最低な時期を越えて，今後増加する可能性がある。つまり資源量が多い種では，経年的な増減変動があるが，2004～2005年を境として，魚類群集そのものに大きな転換が起きている可能性がある。2007年のデータからは，ホッケを除いて増加傾向が認められる。サハリン東岸及び国後・択捉島周辺海域における魚類優占種はタラ科魚類で，特にスケトウダラとマダラが占めている。サハリン北東部では，スケトウダラが数量的にも卓越しており，タラ科魚類の89～100%を占めている。サハリ

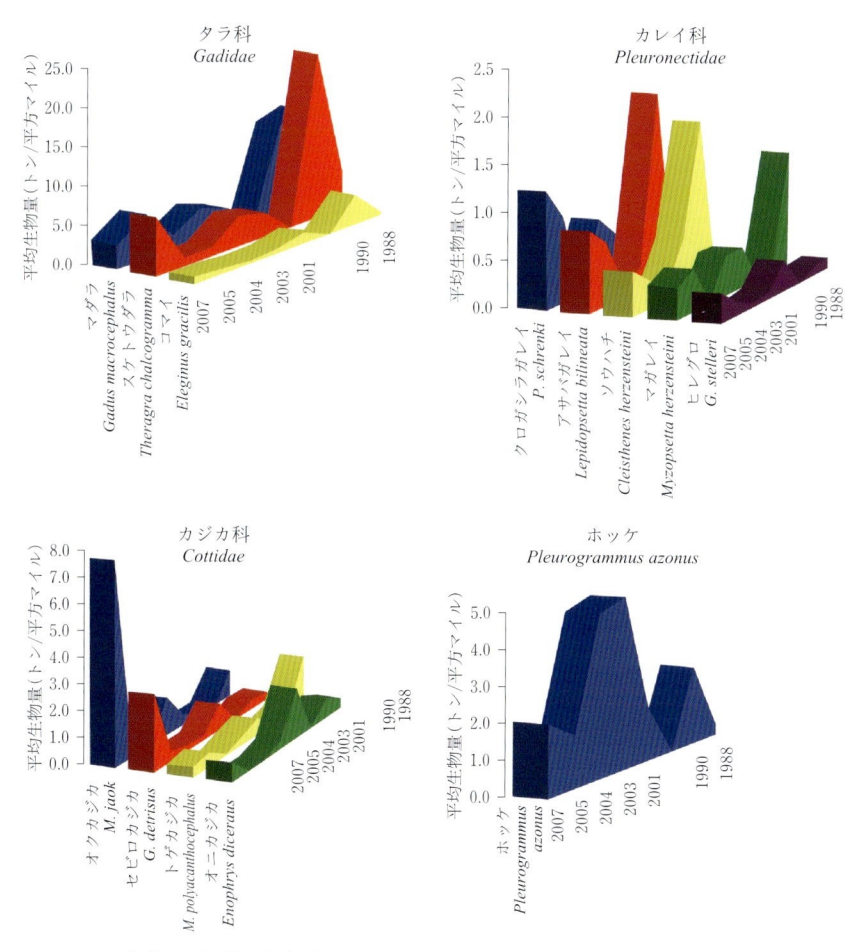

図II.11.5 サハリン東岸及び国後・択捉島周辺海域における魚類優占種の相対的な平均生物量の経年変化。1988〜2007年。単位：トン/平方マイル

Figure II.11.5 The trend of average relative biomass of dominant species around the eastern Sakhalin, and Kunashiri and Etorofu Islands in 1988-2007. unit: t/sq. mile

ン北東水域には，スケトウダラは毎年産卵のために集まって来るが，索餌回遊時はサハリン東岸からオホーツク海全域，特に北側の大陸棚に分布している。また，国後・択捉島周辺でも，その周辺海域で索餌回遊時に集中分布する海域が見られている。全体の底魚類に対するタラ科魚類の生物量は，1980年には94.7％を占め，1994〜2000年の間は36.7〜55.6％と横ばい状態で，2001〜2004年には60.3〜87.5％になった。テルペニア湾を例とすると，スケトウダラの生物量は断続的な増減が続き，特に1980年代が顕著である。しかし，1989年以降では，この海域のタラ科の優占種はコマイである。アニワ湾は，他の北の海域に比較して底魚類の種類も生物量も多くない。これは宗谷暖流の影響が強いためと考えられる。一方，国後・択捉島周辺海域のタラ科魚類では，2000年代は大陸棚でマダラが優勢であるが，1990年代はスケトウダラがマダラを大きく上回っていた。特に，注目すべき点は，2007年に見られるようにスケトウダラの生物量が急激に増加していることである。

最後に，全体を総括する。図Ⅱ.11.5に，サハリン東岸及び国後・択捉島周辺海域における魚類優占種の相対的な平均生物量の経年変化を示した。また，図Ⅱ.11.6に，サハリン西岸，テルペニア湾，サハリン北東岸及び国後・択捉島周辺海域における底魚類の生物量の経年変化を示した。国後・択捉島周辺海域とサハリン近海における魚種ごとの生物量の経年変化は，1988年以降の調査からほぼ一致していることがわかった。サハリン西岸では，冬の調査結果であるが，経年的に生物量が減少傾向にあるが，最近は増加の兆しがある(図Ⅱ.11.6)。テルペニア湾では，1990年代の半ばに生物量が多く，これはコマイの急激な増加期に当たる。それ以前は乱獲で全体の生物量が激減していたが，2000年代でも依然低水準である。サハリン北東岸海域では，生物量の最大期は1980年代はじめにあり，その後1990年代末〜2000年はじめに急減した。但し，ここ数年は非常にゆっくりと回復している。以上のことから，サハリン東岸と国後・択捉島周辺海域の底魚類は，1980年代〜1990年代の前半までは多く，その後減っていき，2003〜2004年に最低期を迎え，現在は再び増加に向かっていると推定される(図Ⅱ.11.5)。

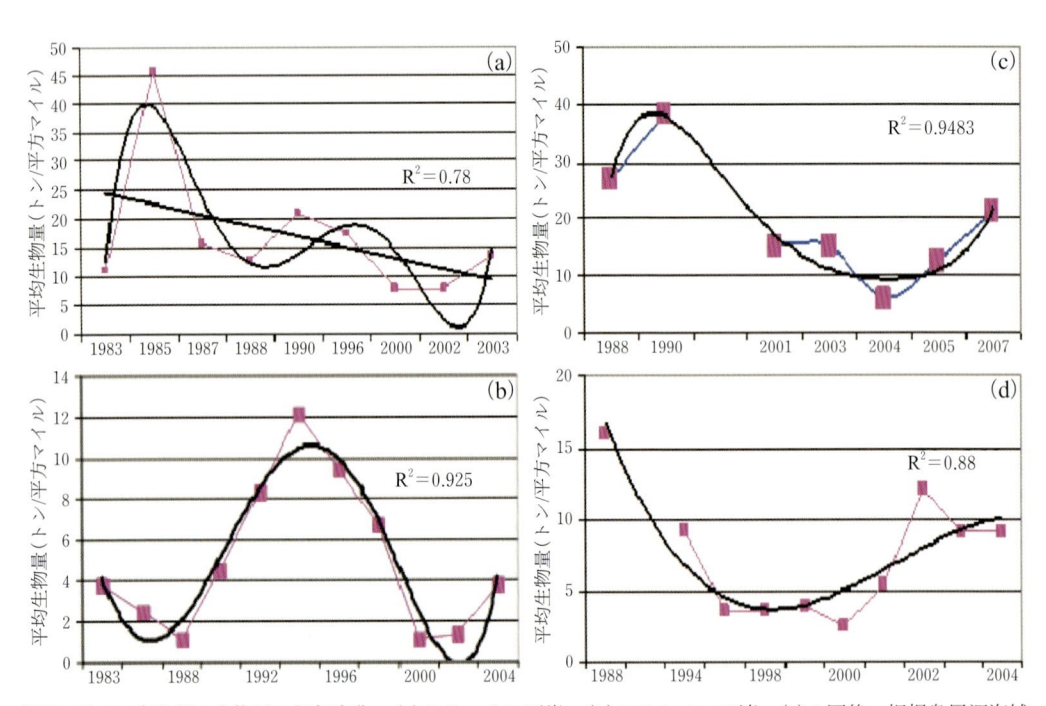

図Ⅱ.11.6　底魚類の生物量の経年変化。(a)：サハリン西岸，(b)：テルペニア湾，(c)：国後・択捉島周辺海域，(d)：サハリン北東岸

Figure Ⅱ.11.6　Some long-term trends of fish biomass in various areas. (a): western Sakhalin, (b): Terpenije Bay, (c): Kunashiri and Etorofu Islands, (d): northeastern Sakhalin

【引用・参考文献】

Kim, S. T. & Biryukov, I. A. (2009): Biology and commercial resources of the bottom and demersal fishes at the shelf waters of south Kuril Islands, SakhNIRO Publishing. 124 pp.

Kim, S. T. (2007): Modern structure and changes tendencies of demersal fish resources off eastern Sakhalin Island, Izvestiya TINRO, 148, 74-112.

Kim, S. T. (2004): The Ichthyofauna of the Bays of the Sea of Okhotsk of Iturup Island, Journal of Ichthyology, 44, Suppl. 1, P. S129-S144.

Kim, S. T., Orlov, A. M. & Tarasyuk, S. N. (2010) Assessment of presented status of Pacific Cod stocks off the southern Kuril Islands and Hokkaido in support of science-based position of the Russian party regarding its research and harvesting, International fisheries activities of the Russian Federation at the present time: VNIRO proceedings M., VNIRO Publishing, 149, 391-407.

Summary

Species composition and resource structure of demersal fishes were compared between areas around Kunashiri and Etorofu Islands, and western and eastern coasts of Sakhalin Island by data of last two decades. The area around Kunashiri and Etorofu Islands supported diverse communities of shelf and upper slope fish that consist of at least 188 species. In the southern Okhotsk Sea area, species composition was similar with lower level of species diversity than in adjacent waters. The most species were present in Cottidae (30), Pleuronectidae (20), Zoarcidae (15), Agonidae (15) families. It was found that 78.8% of total fish biomass was distributed in Pacific Ocean waters, and the rest was concentrated in Okhotsk Sea waters. The Pacific Ocean waters have made up 85% of total area near Kunashiri and Etorofu Islands, and the Okhotsk Sea waters only 15%. The gadid-fishes were dominant component of biomass in all regions. Walleye Pollack was key dominant species, but there was high biomass of Pacific cod off Kunashiri and Etorofu Islands. Pleuronectidae, Cottidae and Hexagrammidae families were included in dominant group besides Gadidae. The fluctuations of fish abundance in the area around Kunashiri and Etorofu Islands correspond well with ones in Sakhalin Island area in last decades. High level of the total fish biomass was observed in various regions from 1980s to the first half of 1990s. Then there was decreasing of fish resources, reached to bottom in 2003-2004. In recent years it was shown increasing of most observing resources.

12

気侯変動とそのオホーツク海の生態系への影響

Climate variability and its effects on the ecosystem of the Sea of Okhotsk

ラドチェンコ, V. I.(太平洋漁業科学研究所)
Vladimir I. RADCHENKO(Pacific Scientific Research Fisheries Center: TINRO-center)

　オホーツク海はロシア極東の漁業に重要な意義を持つもので，オホーツク海での漁獲量はロシア極東全体の55～65％を占め，2001年からこれまで変わっていない。スケトウダラはその48.3～62.0％を占めるが，この他サケ，マス，ニシン，カレイ，タラ，カニなども重要な漁業対象種となっている。これは，最も漁獲量の多い魚種の資源量が安定していることと，これらの水産物への市場の需要が安定していることによる。オホーツク海で最も漁獲量が多かったのは1980年代であった。スケトウダラが主であったが，総資源量は350万トンと評価され，年間の漁獲量は175万トン程度であった。オホーツク海における水産物の中で，スケトウダラの他にタラやコマイがある。またイワシ類も回遊しており，それらがオホーツク海の資源量に貢献している(図II.12.1)。

　1990年には外洋性魚類に大きな変化があった。見てわかるように，スケトウダラのシェアが減り，ニシンとサケ類のシェアが増えている。いくつかの魚類の資源量は増えているが，それでもスケトウダラの減った分をカバーするには至っていない。外洋性魚類の資源量は140万トンから105万トンに減った。漁業対象魚の資源量は北太平洋においては，最も多かったのが暖かい時期であったという報告があるが，オホーツク海でも1980年代の暖かい時期が最も資源量が多かったようである。オホーツク海の海洋レジームに決定的な影響を及ぼすのは，冬の間の北の大陸棚の水の冷却が厳しい時である。この時期に夏の温度も低い方に傾き，それが影響を及ぼしていると考えられる。すなわち，熱収支が冷たい方に傾いている。これは北太平洋，日本海からの流入によって埋め合わせることができないからである。西カムチャツカでは，太平洋からの暖水がオホーツク海に流入している。1970年代のはじめに，東西方向の大気の流れが南北の流れに変わるということがあった。1976/77年のレジーム・シフトでは，冬季のアリューシャン低気圧が最小のときに，アリューシャン諸島の方から大気を運び，これがオホー

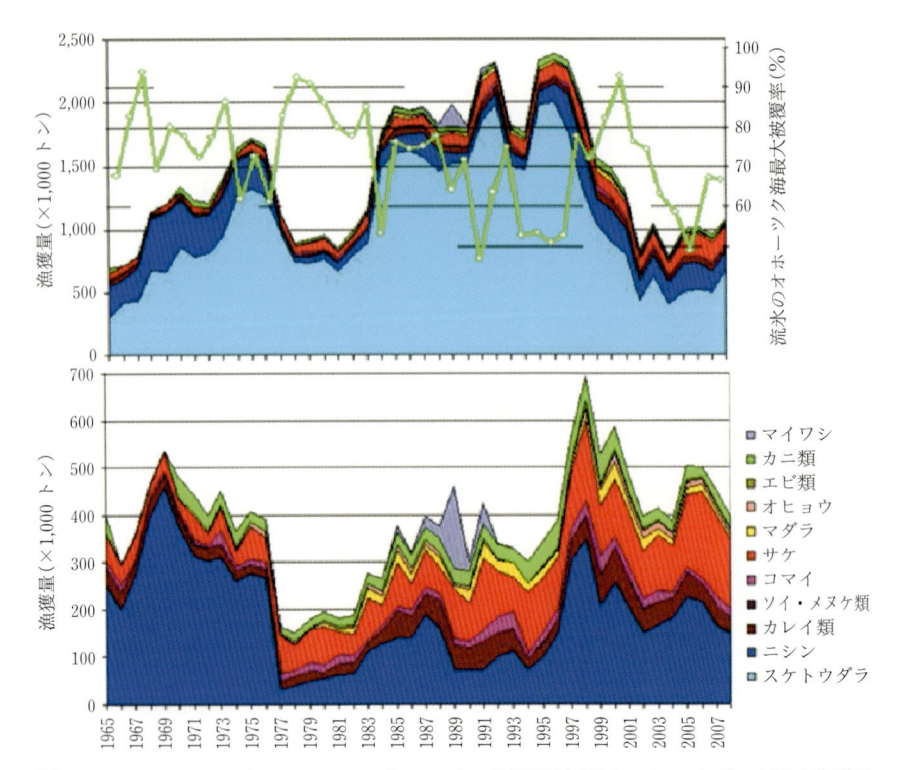

図II.12.1　1965-2008年のオホーツク海における漁獲量(上図)とスケトウダラを除く漁獲量(下図)の経年変化。上図の緑線(右軸目盛り)は流氷のオホーツク海最大被覆率

Figure II.12.1　Total Russian fish catches in the Sea of Okhotsk, 1965-2008. Bottom shows the amount of catches excluding walleye pollock. The maximum ice cover in the Sea of Okhotsk is indicated by the green line (with reference to the right axis).　■: pollock, ■: herring, ■: flatfishes, ■: sea perches, ■: saffron cod, ■: salmon, ■: Pacific cod, ■: halibuts, ■: shrimp, ■: crabs, ■: Pacific sardine.

ツク海の方にも流れることによって，暖夏となる。2010年以降に寒い南北方向の大気循環を特徴とした時代が来るという予測があるが，しかし今なお東西方向の大気の流れは主流であり，東西の大気循環の時代が終わるという証拠は今のところない。そして海洋の水循環が弱かったことが，1990年のオホーツク海の熱収支にマイナス方向の影響を与えた。1990年代，カムチャツカを通ってオホーツク海への流入が弱くなった。これはマクロスケールでの亜熱帯の渦が強くなり，カリフォルニア海流が強くなったため，そして亜寒帯の渦によりアメリカの沿岸を通るアラスカ海流が弱くなったということである。結局，亜寒帯の渦で循環水面の温度が下がり続けたということである。2002年からのオホーツク海の状況は，海洋の循環パターンが北の方にシフトしたので，太陽光の恩恵を受けられなくなったため陸棚の水温が低下している。

次に，オホーツク海は海氷域面積も気温と海の表面水温に大きな影響を及ぼす。2001年に海氷域面積は最大になって，その後やや減っている。やや減っているのは，温暖化が原因である。海氷のカバー率は，水温条件を示す重要なファクターとなっているが，海水面と大気との熱交換，また海水中の撹拌，層形成，海水の表面下の冷たい残存水が新しいものに変わるということなどの物理学的・生物学的要因が相互に顕著な関係を示している。海氷と東西の大気の

流れが関係しており，大気循環のタイプ，西カムチャツカ海流による海水の移流が関係している。

　次に，魚類の最大資源量であるスケトウダラについて述べたい。スケトウダラ資源量は，1976/77年レジーム・シフト後，最高となっている。1977年の卓越年級群のスケトウダラは，6歳以上である。そしてここで注目してもらいたいのは，漁獲量は6歳以上の卓越年級群が多いところに一致しているということである。1970年代後半は，このスケトウダラの卓越年級群が多く，1980年代は全数のうち半分が卓越年級群であった。1990年の漁獲量は2歳魚だけによるものである。スケトウダラは長生きな魚なので，いくつかの卓越年級群が重なれば，漁獲量が著しく増加するということがあると思われる。オホーツク海におけるスケトウダラ漁獲量は海水の移入により左右される。特に西カムチャツカ海流による流入が弱く，そして海氷が少ないということで環境が暖かくなり，スケトウダラの成長に良い条件を作るということになる。この逆の場合は，スケトウダラ資源量は減る方向に向かう。一方，ニシンは逆の傾向を示す。1976/77年レジーム・シフト後，ニシンの漁獲量も著しく減少した。そのため，ロシアでは1970年代まで重要な漁獲対象種だったニシンは禁漁となった。

　次に外洋性魚類であるが，2007年までの資源量は西カムチャツカ大陸棚で非常に多く，半分以上をカレイ類，1980年代は30％ほどをマダラが占めていた。2000年までこのような構成が続いていたのだが，マダラ資源量が減ったことにより資源量全体が2分の1に減少し，現在はコマイが増えてきている。

　次は，熱収支とカラフトマス漁獲量との変化である。図Ⅱ.12.2は熱収支，英語ではサーマルバジェットといい，水深700m層までの熱量を示している。熱収支とカラフトマス漁獲量の変動はよくリンクしている。今後，これがどうなっていくのか非常に面白いものがあり，帰山先生がPDO(太平洋十年振動指数)とサケ類漁獲量の変動がよくリンクしているのではないかと述べていたが，カラフトマスの漁獲量とPDOのトレンドには数年のずれがあるものの，両者の変動はよく一致し，カラフトマスの漁獲量は2002年から少し下がってきている。最後，少し上がっているが，これまでの状況を見るとPDO偏差とカラフトマスの漁獲量は，ほとんど一致して推移してきている。今後も両者が連動するのかどうかということはよくわからない。

　ロシアでは2015年までに，57のふ化場をサハリン州に作るという計画になっている。このようにして，物理学的な色々なインデックスを見ていると，オホーツク海の海洋学的なレジーム・シフトを追っていくことができる。今後どのような方向に行くのかということを，今，予測することは非常に難しいものがある。これまでの気候変動及び(魚類などの)生物量の変化を見ると，現在起きている状況が過去50年間起きてきた状況と大きく異なっていることに気づく。地球温暖化による偏差は，これまでの偏差の2倍ほどになっている。すなわち，世界の海洋はこれまで60年間，寒冷化と温暖化を繰り返してきたが，この偏差がこれまでよりも大きいというだけではなく，ここ最近の温暖化傾向が著しくなっているということを表している。

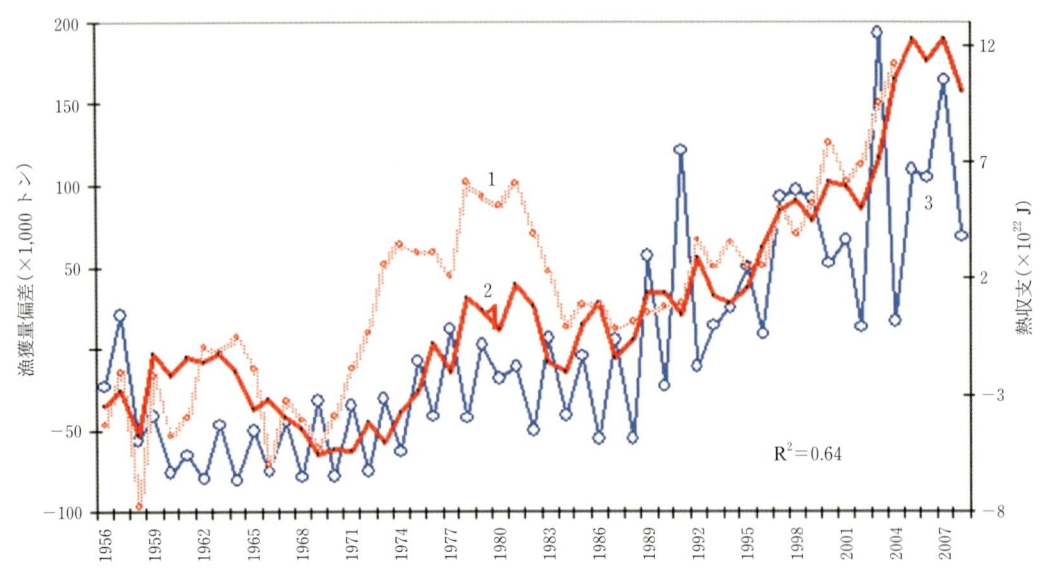

図II.12.2 1956～2008年，ロシア極東沿岸で漁獲されたカラフトマス(3)と0～700m層の熱収支(1, 2)の経年変化
Figure II.12.2 Time series of pink salmon catch (3) on the Russian Far East coast and yearly ocean heat budget (1, 2) for the 0-700 m layer from 1956 to 2008. 1: From Levitus *et al*. (2005), 2: Revised by R. Simmon, from Lindsey (2008).

【引用・参考文献】

Brodeur, R. D., Frost, B., Hare, S. R., Francis, R. C. & Ingraham, W. J. (1996): Interannual variations in zooplankton biomass in the Gulf of Alaska & covariations with California Current zooplankton biomass, CalCOFI Rept, 37, 81-99.

Dumanskaya, I. O. & Fedorenko, A. V. (2008): Analysis of the connection of ice cover parameters of the non-Arctic seas in the European part of Russia with global atmospheric processes, Russian Meteorology and Hydrology, 33 (12), 809-818.

Emery, W. J. & Hamilton, K. (1985): Atmospheric forcing of interannual variability in the northeast Pacific Ocean, Connections with El Niño, Journal of Geophysical Research, 90, 857-868.

Figurkin, A. L., Zhigalov, I. A. & Vanin, N. S. (2008): Oceanographic conditions in the Okhotsk Sea in the early 2000s. Izvestia TINRO, 152, 240-252. (In Russian)

Glebova, S. & Yu. (2006): Influence of atmospheric circulation above the far-eastern region on character of iciness change in the Okhotsk and Bering Seas, Meteorologiya i Gydrologiya (Meteorology & Hydrology), 12, 54-60. (In Russian)

Hare, S. R. & Mantua, N. J.: Renewed electronic information source, http://jisao.washington.edu/pdo/img/pdo_latest.jpeg

Hollowed, A. B. & Wooster, W. S. (1992): Variability in winter ocean conditions and strong year classes of Northeast Pacific groundfish, ICES Marine Science Symposia, 195: 433-444.

Klyashtorin, L. B. & Lyubushin, A. A. (2005): Cyclic climate changes and fish productivity. VNIRO Publishing: Moscow, Russia, ISBN 5-85382-212-8, 235 pp. (In Russian) (English version published in 2007)

Levitus, S., Antonov, J. & Boyer, T. (2005): Warming of the world ocean, 1955-2003, Geophysical Research Letters, 32, L02604. doi:10.1029/2004GL021592.

Lindsey, R. (2008): Correcting ocean cooling, NASA Earth Observatory (electronic newsletter), November 5, http://earthobservatory.nasa.gov/Features/OceanCooling/printall.php

Loboda, S. V. (2007) Methodic aspects of herring stock assessment, Izvestia TINRO, 149, 242-251. (In Russian)

Ovsyannikov, E. E. (2009): Estimation of productivity of walleye pollock year classes in the northern Sea of Okhotsk, Izvestia TINRO, 157, 64-80. (In Russian)

Shuntov, V. P. (2001): Biological resources of the Far Eastern Seas, Vladivostok TINRO-center, 580 pp. (In Russian)

Shuntov, V. P., Dulepova, E. P., Temnykh, O. S., Volkov, A. F., Naydenko, S. V., Chuchukalo, V. I. & Volvenko, I. V. (2007): Status of biological resources in relation to macro-ecosystems dynamics in the economic zone of the far-eastern seas of Russia, In: Ecosystem dynamics and contemporary problems of conservation of bioresources potential of seas of Russia, Vladivostok, Dalnauka, pp. 75–176. (In Russian)

Springmeyer, D., Pinsky, M. L., Portley, N. M., Bonkowsky, J., R & Ranking, P. (2007): Sakhalin river basins for salmonid conservation, Transactions of the Sakhalin Research Institute of Fisheries and Oceanography, 9, 264–294. (In Russian)

Summary

The oceanographic regime of Sea of Okhotsk is mostly determined by water cooling on the northern shelf in winter. Warm water advection balances the heat budget deficit. The atmospheric circulation drives these processes and generates the regional scale factors influencing the biota. The ice cover expansion serves as the significant index of thermal conditions as the notable factor determining the heat exchange with atmosphere, water column stratification, etc. Zonal type repetition growth in the atmospheric circulation was the notable events in the Sea of Okhotsk region in early 1970s, which was followed by the 1976/77 regime shift. The reverse transfer to the "cold" meridional type epoch is forecasted since 2010 (Klyashtorin & Lyubushin, 2005).

Walleye pollock, as long-living fish, keep the fishery stock in good conditions when it consists of several strong and super-strong year classes. After 1976, walleye pollock biomass has increased in the northern Sea of Okhotsk. The fishery harvests have grown up to 1.7–2 million metric tons (mt) in 1984–1991 and lasted around the same level until 1997. The combinations of intensive Pacific waters inflow with the Western Kamchatka Current, low intensity of the Compensating Current, and mild ice conditions create favorable preconditions for strong walleye pollock year class occurrence. New prediction related to the pair of year classes preliminary assessed as the strong ones (2004, 2005). The Okhotsk herring demonstrated the abundance dynamics opposite to the walleye pollock. After the 1976/77 regime shift, sharp reduction in the herring abundance occurred. In the last decade, herring biomass increased at 2.5 million mt in 1997 and 3.0 million mt in 2003–2004. Stock decrease is expected due to lack of strong year classes in the first half of 2000s. Among the short-cycled fish, first strong year class of Japanese sardine emerged in 1972. The zonal processes was also predominantly observed in the 1920–1930s, when the previous increase in Japanese sardine abundance occurred. According to the forecast, the next favorable epoch will begin after 2030.

Close correlations were stated between the Russian pink salmon catches and the heat budget of the World ocean upper layer (Sidney Levitus et al., 2005). The last point in the heat budget data series (for year 2007.5) was placed lower than three last values (for 2004.5–2006.5) that coincided with the lowering of pink salmon catch deviation, below to 68,000 mt. Pacific Decadal Oscillation

(PDO) is another global index usually related to the Pacific salmon abundance dynamics. In 2008, the early stage was observed of the "cool" phase of the Pacific basin-wide PDO, which prevailed from 1947 to 1976 and associated with the low level of Pacific salmon abundance. Pink salmon catch trends also correlated with the Solar activity index. Spectral analysis, applied to the pink salmon catch increments series, shows a well-expressed two-year cycle and the existence of 22-years cycle. New 24th Solar cycle has begun in 2008. Beginnings of the 20th and 22nd cycles have coincided with positive trends in pink salmon dynamics for both even- and odd-years populations.

Several climate indices demonstrate the "transitional status" in the present time and suppose the new climate regime shift in the North Pacific. However, there must be significant differences in the initial conditions. The global temperature anomaly is twice higher now than the previous "cold" meridional type epoch. The World Ocean has absorbed $14.5 * 10^{22}$ J of heat for 44 years since 1955, and $9.2 * 10^{22}$ J for ten years from 1993 to 2003. The warming has been likely reflected in the recent Sea Surface Temperature (SST) increase in the Sea of Okhotsk, recent occurring of the strong walleye pollock year classes, and short period of the Okhotsk herring abundance growth in 1990s.

コラム1
根室海峡のスケトウダラ底刺し網は優れた資源管理型漁具
Bottom gill net of walleye pollock fisheries in the Nemuro Strait is the superior fishing gear for resources management

佐野満廣(元 北海道立中央水産試験場)

Mitsuhiro SANO(Hokkaido Central Fisheries Experiment Station, former affiliation)

知床世界自然遺産地域の科学委員会の一員であること,北海道立水産試験場では漁業も重要な調査研究の対象にしていることからの視点でコメントしたい。

根室海峡のスケトウダラ漁業が資源管理の面で高く評価されるのは底刺し網という漁具で漁獲していることである。刺し網は目合いの大きさによって捕る魚の大きさをコントロールでき,使っている目合いより小さな魚を保護できるからである。ここでの刺し網の目合いは北海道海面漁業調整規則に基づいて 91 mm 以上に規制されているが,漁業者は自主的な資源管理対策として 97 mm 以上を使用している。根室海峡のスケトウダラ産卵群は 4 歳以上で構成されるが,97 mm 以上の目合いではこのうち 5 歳以下の多く(図 1 の黄色い部分)が保護され,主に漁獲されるのは大まかに言うと,6 歳以上の魚(図 1 の茶色の部分)である。一方,ロシアではスケトウダラの漁獲はほとんどがトロール漁法に

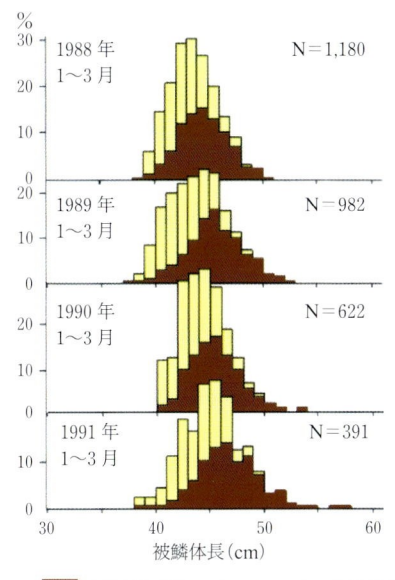

図1 網目の選択性で補正して推定した根室海峡におけるスケトウダラ産卵群の体長組成

Figure 1 Body length composition of walleye pollock in Nemuro Strait corrected for mesh selectivity of gillnet.

よるものと思われる。5 歳以下の魚も捕ってしまうことになり,さらに,産卵が行われている海域で大きなトロール網を引き回すのは,海中を浮遊しているスケトウダラの受精卵に対しても悪い影響を与えている可能性があると考えられる。産卵場を漁場として利用する場合はトロール漁法での漁獲は避けるべきであり,羅臼の底刺し網による漁獲はスケトウダラの再生産を考慮した優れた資源管理型漁法と言える。

知床世界自然遺産の登録でスケトウダラ刺し網漁業者の自主的管理が生態系の保全に貢献していることは,北海道大学水産科学研究院の桜井さんが詳しく発表された。北海道の沿岸漁業は生態系保全につながる資源管理型漁業を進めているということを,会場におられる漁業者の

皆さんも再認識していただきたいし，一般参加者の方々にも是非知って欲しいと思っている。また，ロシアの研究者の方々にも北海道の漁業を再評価していただきたいと思う。

　オホーツク海の海洋生態系に対しては，日本海から入る対馬暖流系水も大きく影響している。日本海で生まれたスケトウダラやホッケ，マガレイなどの卵や稚仔魚も移送，あるいは移動し，オホーツク海で成長することが知られている。このように，オホーツク海の海洋生態系を良く知るためには日本海の情報も必要であり，日露双方が川上になったり川下になったりしながら情報を提供しあい，共有することが欠かせない。サフニロの皆さんの発表では，最近までの調査でスケトウダラやその他の資源に増加の兆しが見られるとの興味深い話しがあった。サフニロと北海道立水試はこれまでも20年にわたって研究交流を続けてきた。いずれの組織も漁業が持続性のある産業として発展することを目的にしている。海洋環境や海洋生態系の保全が漁業の健全な発展に欠かせないことを確信できるのではないであろうか。今まで以上に連携を深め，肩を並べてこの日露の大きな枠組みの共同研究に少しでも貢献していくことを期待して止まない。

【引用・参考文献】

石田良太郎・鳥澤雅・志田修(2006)：水産資源の持続的利用—知床半島周辺海域の漁業と水産資源(陸棚)，月刊海洋，38, 626-631.

Yoshida, H. (1989): Walleye pollock fishery and fisheries management in the Nemuro Strait, Sea of Okhotsk, Hokkaido, Alaska Sea Grant Report, 89, 59-77.

Summary

　　It is highly evaluated for the resources management of walleye pollock that bottom gill nets fishing is conducted in the Nemuro Strait.　Because large mesh selectivity prevents catching the smaller-size classes, resulting in the protection of the young spawning populations.　The mesh size is regulated to be more than 91 mm based on Regulation of Sea Fisheries Adjustment in Hokkaido, but local fishery operators autonomously implemented the restriction on the mesh size to be more than 97 mm.　The spawning populations in the strait consist of fish over 4 years old. But most of fish under 5 years old are protected with the mesh size over 97 mm, and fish over 6 years old is mainly caught.　On the other hand, most of the walleye pollock fishing by Russian vessels are using big trawl nets and catching the fish under 5 years old inevitably.　Operating a big trawl net in the spawning ground may also affect the fertilized eggs of walleye pollock. When spawning ground is used as a fishing ground, use of a trawl net should be avoided.　The bottom gill net used in the Nemuro Strait is the superior fishing gear for resources management considered the reproduction of walleye pollock.

III

海生哺乳類 I　鯨類
Marine mammals I　Cetacea

潜水するマッコウクジラが，高々と尾びれを掲げる。知床半島羅臼沖にて。撮影：笹森琴絵
Sperm whale raises its beautiful tail aloft before dive. Off the coast of Rausu town, Shiretoko Peninsula, Hokkaido.   Photo By Kotoe Sasamori.

1

オホーツク海における鯨類
——日本・ロシア共同調査の結果

Population abundance and its trend of major cetaceans in the Okhotsk Sea: with some notes on recent cooperation of cetacean sighting surveys between Japan and Russia

宮下富夫[1]・ジャリコフ, K. A.[2]
([1]水産総合研究センター 国際水産資源研究所・[2]全ロシア連邦漁業海洋学研究所)
Tomio MIYASHITA[1] and Kirill ZHARIKOV[2] ([1] National Research Institute of Far Seas Fisheries, Fisheries Research Agency; [2] Russian Federal Research Institute of Fisheries and Oceanography: VNIRO)

1. はじめに

　オホーツク海には夏季に多くの鯨類が回遊してくることが知られており，本海域を調査することにより高精度の資源量推定や有益な生態的情報を得ることができる。中でも，ミンククジラはIWCの改訂管理方式(RMP)が適用される重要種であり，その前段階の包括的評価(近年の詳細評価)に貢献するために，オホーツク海において本種の目視調査や関連する生態調査を実施してきた。次に重要なのが，日本のイルカ漁業の重要種の1つであるイシイルカであり，その資源量推定は捕獲枠設定の根拠となっている。これら二種が主要な調査対象種となってきたが，その他の大型鯨類や小型鯨類にとってもオホーツク海は重要な海域であり，調査中に発見したすべての種類について情報を集めてきた。これらの成果の一部は，宮下(1997)にもまとめられている。

　日本がロシアと協力のもと2010年までに実施してきた調査航海のリストを表Ⅲ.1.1に示す。最初は，旧ソ連時代の1989年で，当時IWCで開始されたミンククジラの包括的評価の鍵となるオホーツク海で目視調査を実施した。同年の調査は，期間も短く，予備調査的なものだったが，はじめてオホーツク海の最北部まで系統的な目視調査ができ大変意義深い調査となった。引き続き，1990年には太平洋側も合わせて2隻で調査し，これに基づいてIWCによる資源量推定が行われた(Buckland et al., 1993)。以後，調査対象種は次の包括的評価の対象であ

表III.1.1　日本とロシアによる共同鯨類目視調査リスト
Table III.1.1　List of sighting surveys conducted under Japan and Russia cooperation.

No.	年 Season	海域 Area	調査船 R/V	目的 Objective
1	1989	オホーツク海 Okhotsk	第一京丸 Kyo-maru No.1	目視調査（予備） Sighting (pilot survey)
2	1990	オホーツク海, 太平洋 Okhotsk, Pacific	第一京丸 第25利丸 Kyo-maru No.1 Toshi-maru No.25	目視調査 Sighting
3	1992	オホーツク海 Okhotsk	第一京丸 Kyo-maru No.1	目視調査 Sighting
4	1999	オホーツク海 Okhotsk	第二昭南丸 Shonan-maru No.2	目視調査（IO予備） Sighting (IO mode pilot)
5	2000	オホーツク海 Okhotsk	第二昭南丸, くろさき Shonan-maru No.2, Kurosaki	目視調査（IO予備, 潜水時間観察） Sighting (IO mode pilot, diving time observation)
6	2003	オホーツク海 Okhotsk	昭南丸, 第二昭南丸 Shonan-maru, Shonan-maru No.2	目視調査（IOモード） Sighting (IO mode)
7	2005	太平洋, ベーリング海 Pacific, Bering Sea	昭南丸, 第二昭南丸 Shonan-maru, Shonan-maru No.2	目視調査（IOモード） Sighting (IO mode)
8	2006	日本海 Sea of Japan	海幸丸 Kaiko-maru	目視調査（IOモード） Sighting (IO mode)
9	2009	オホーツク海 Okhotsk	第二昭南丸 Shonan-maru No.2	目視調査とバイオプシー（予備） Sighting and biopsy (pilot)
10	2010	オホーツク海 Okhotsk	第二昭南丸 Shonan-maru No.2	目視調査とバイオプシー Sighting and biopsy
11	2011	オホーツク海 Okhotsk	第八開洋丸 Kaiyo-maru No.8	目視調査とバイオプシー Sighting and biopsy

るニタリクジラに移ったが，同種はオホーツク海に回遊しないため，同海域の調査は1992年を最後に数年の間実施されなかった。その後，1990年代終わりからミンククジラRMP適用試験に備え，再度本種の資源量改定が重要な目標となったことから，オホーツク海における目視調査が再開された。但し，このあたりから，目視調査の方法が当初の接近方式からIO（アイオー）方式，すなわちIndependent Observer（独立観察者）方式による調査となった。両者の相違は，後述するが，後者は推定上よりバイアスの少ない方法である。IO方式調査は実施可能性検討のための予備調査を経て，2003年に2隻の調査船を用いたオホーツク海全域の調査が実施され，この結果に基づいて資源量の改訂作業が行われた（Okamura et al., 2010）。なお，IO方式調査が，2005年に太平洋側ロシア200海里EEZ，2006年に日本海北部ロシア200海里EEZで実施された（Miyashita & Okamura, 2011）。第1回目のミンククジラRMP適用試験は2002年に終了したが，その課程でオホーツク海においては本種の2つの系群すなわち太平洋系群と日本海系群が春から秋にかけて混合していることが判明し，その混合率の推定が大事な課題となって

きた。そこで，2000年代の終わりに，オホーツク海における本種の系群混合率の推定を目的として，バイオプシーによる表皮の採取とDNA解析を行い，そのための調査を実施している。

2. 調査の方法

　オホーツク海で実施した日本・ロシア共同鯨類目視調査に用いた典型的な調査船を図Ⅲ.1.1に示す。鯨類を発見観察する場所は，一番高いトップバレル(Top barrel)とそれより低い場所にある独立観察者プラットフォーム(IOプラットフォーム)の2カ所がある。調査員は一番低いアッパーブリッジから観察や記録を行う。接近方式調査では，トップバレルに2名の甲板員が配置され，鯨類の発見観察に従事し，発見後は直ちに鯨類に接近し，種類の判定や群れサイズの推定を行う。一方，IO方式調査では，トップバレルと独立観察者プラットフォームそれぞれに甲板員2名が配置され，発見情報のやりとりを行わず(独立にアッパーブリッジに連絡)，鯨類の発見観察に従事し，発見があっても調査船は接近せずそのままのコースを維持通過する(宮下，2008)。IO方式調査の目的は，発見時の手掛りのほとんどが体(ボディー)のため非常に発見しにくいミンククジラでは，通常の目視調査で仮定されている調査線上の発見率を100％と仮定できないことから，その発見率を推定し資源量推定上の過小バイアスを補正することである。

　調査したコースの例を図Ⅲ.1.2に示す。左は1990年であるが，沿岸部まで調査できている。一方，右が2003年の例であるが，北東の沿岸部はロシアによる制限海域となっており，調査海域に含めることができていない。

図Ⅲ.1.1　日本・ロシア共同鯨類目視調査に使われた典型的な調査船
Figure III.1.1　Typical research vessel used for Japan-Russia cooperative sighting survey.

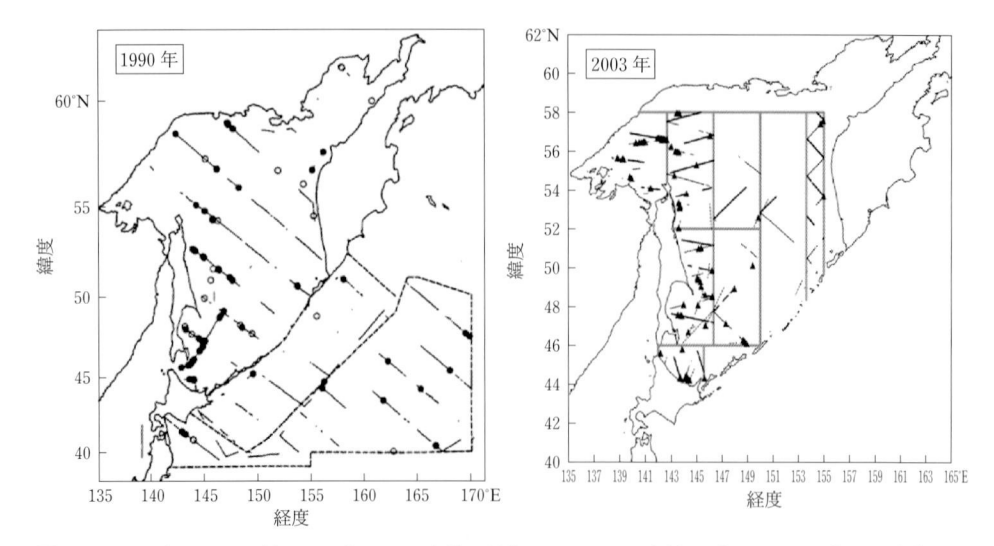

図III.1.2　調査コースの例。1990年では，実線が調査したコース，点線はブロック，黒丸は調査中のミンククジラ発見位置，白丸は非調査時のミンククジラ発見位置を示す。2003年では，実線が調査したコース，太い灰色実線がブロック，黒三角型が調査中のミンククジラ発見位置，白三角が非調査時のミンククジラ発見位置を示す。

Figure III.1.2　Samples of track line traversed with sighting effort shown by solid line. For 1990, dotted line shows the border of blocks, black circle shows the primary sightings of common minke whales, and white circle shows the secondary sightings. For 2003, gray thick line shows the border of blocks, black triangle shows the primary sightings, and white triangles shows the secondary sightings.

3．調査結果

過去の日本・ロシア共同鯨類目視調査で発見確認された鯨類のリストを表III.1.2に示す。ヒゲクジラ類ではミンククジラ，ナガス，イワシクジラ，ザトウクジラ，セミクジラ，コククジラの6種，ハクジラ類ではマッコウクジラ，ツチクジラ，シャチ，カマイルカ，イシイルカとネズミイルカの6種が確認されている。文献上この海域に分布が知られているホッキョククジラやシロイルカは主にごく沿岸域に分布していることから，ロシア領海を含むごく沿岸域がカバーできなかった本調査では発見がなかったものと推察される。また，発見があっても，接近が難しく種の特定ができないツチクジラ以外のアカボウクジラ科の鯨類もいくつか発見がある。ロシアの報告によると，ここにリストした以外には，ヒゲクジラではシロナガスクジラ，ハクジラではセミイルカ，

表III.1.2　オホーツク海における鯨類発見リスト
Table III.1.2　List of whales sighted in the Sea of Okhotsk.

ヒゲクジラ類 Baleen whale	ハクジラ類 Toothed whale
ミンククジラ Common minke whale	マッコウクジラ Sperm whale
ナガスクジラ Fin whale	ツチクジラ Baird's beaked whale
イワシクジラ Sei whale	シャチ Killer whale
ザトウクジラ Humpback whale	カマイルカ Pacific white-sided dolphin
セミクジラ North Pacific right whale	イシイルカ Dall's porpoise
コククジラ Gray whale	ネズミイルカ Harbor porpoise

ハナゴンドウ，スジイルカ，マイルカ及びハンドウイルカが分布しているとされる(Berzin & Vladimirov, 1989)．但し，これらには風評情報も含めているので，解釈には注意が必要である．

次に，発見が多かったいくつかの種類について，分布の情報を調査距離あたりの発見頭数(緯度経度1度ごと)で示す．用いたデータは，1989年から2003年までの7～9月の目視調査結果である．

ミンククジラ(図Ⅲ.1.3)　オホーツク全域に広く分布しているが，明らかに沿岸寄りに多いことがわかる(図Ⅲ.1.4)．特に本種は小さな湾とか岸近くにも寄ってくることが知られており，ごく沿岸域が調査できない現行の目視調査では資源量が過小推定になる恐れがある．

ナガスクジラ(図Ⅲ.1.5)　本種は，ミンククジラ同様にオホーツク海に広く分布しているが，比較的沖合の深い場所に多いようである(図Ⅲ.1.6)．本種は，体重も重く，後述するように資源量も比較的多いため，オホーツク海で最も生物量(バイオマス)が大きい種類と言える．

セミクジラ(図Ⅲ.1.7)　本種はオホーツク海の中程，北緯50～55度付近に分布しており，比較的分布が限定される(図Ⅲ.1.8)．過去の捕獲情報(Townsent, 1957)でも，北限は北緯55度付近であり，本目視調査の結果と一致している．

イシイルカ(図Ⅲ.1.9)　本種には2つの体色型，イシイルカ型(*Dalli*-type)とリクゼンイルカ型(*Truei*-type)が知られているが，前者は南西部と北東部に主に分布し，後者が中央部に主に分布していることがわかる(図Ⅲ.1.10)．親子連れの分布から，オホーツク海においては，主要な分布域(南西部，超奥部と北東部)にそれぞれ独立した系群が分布しているようである(宮下，1991)．

カマイルカ(図Ⅲ.1.11)　本種は，オホーツク海では南西部にのみ分布しており，それ以北には回遊しない(図Ⅲ.1.12)．おそらく，日本海で冬を過ごした個体が本海域に回遊しているものと推察される．

図Ⅲ.1.3　ミンククジラ
Figure Ⅲ.1.3　Common minke whale.

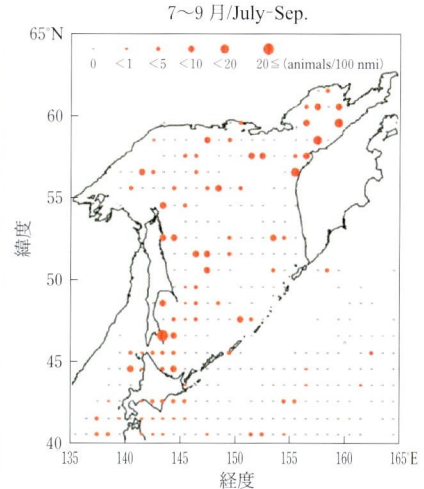

図Ⅲ.1.4　ミンククジラの発見率
Figure Ⅲ.1.4　Sighting rate of common minke whales.

図Ⅲ.1.5　ナガスクジラ
Figure Ⅲ.1.5　Fin whale.

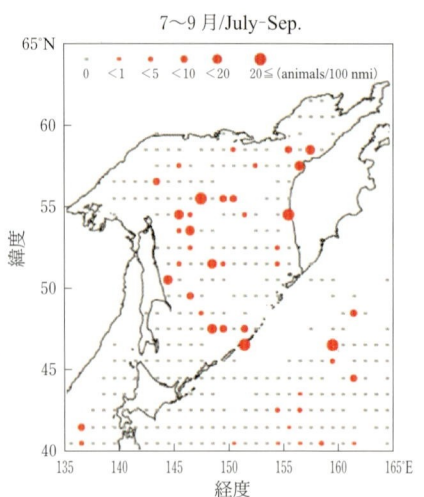

図Ⅲ.1.6　ナガスクジラの発見率
Figure Ⅲ.1.6　Sighting rate of fin whales.

図Ⅲ.1.7　セミクジラ
Figure Ⅲ.1.7　North Pacific right whale.

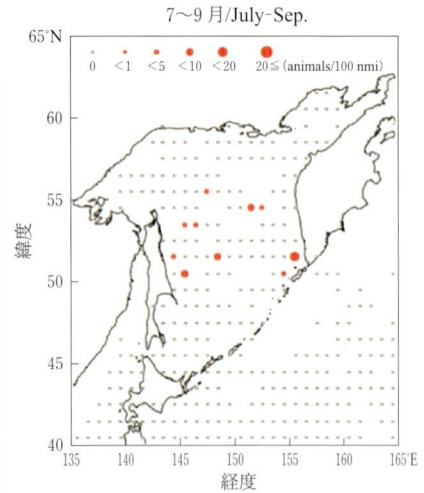

図Ⅲ.1.8　セミクジラの発見率
Figure Ⅲ.1.8　Sighting rate of North Pacific right whales.

シャチ(図Ⅲ.1.13)　本種は幅広く分布しているが，比較的浅い所に多い印象である(図Ⅲ.1.14)。

　資源量推定が行われている4種についてそのトレンドを表Ⅲ.1.3に示す。ミンククジラは，1990年代はじめで全域で1万9,200頭と推定されているが(Buckland *et al.*, 1993)，2003年には調査海域内(全域の約75%カバー)で1万7,350頭と推定されている(Miyashita & Okamura, 2011)。但し，これらは調査線上発見率を100%として推定した値なので，過小推定となる。どのくらい過小推定かというと，IO方式の調査からこの発見率は約0.8と見積もられていることから，2

図Ⅲ.1.9 イシイルカ。左上がイシイルカ型，右下がリクゼンイルカ型
Figure III.1.9 Dall's porpoise. Upper is *Dalli*-type and lower is *Truei*-type.

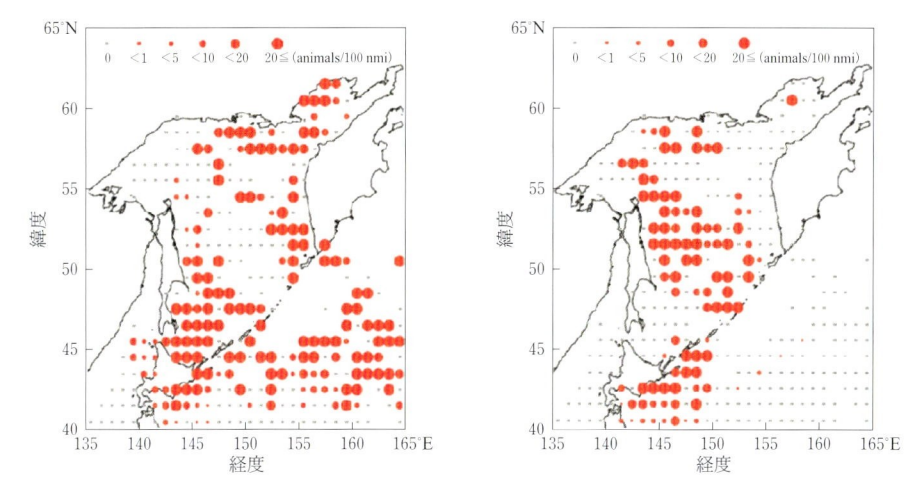

図Ⅲ.1.10 イシイルカの発見率(6〜9月)。左がイシイルカ型，右がリクゼンイルカ型
Figure III.1.10 Sighting rate of Dall's porpoises (July-Sep.). Left is *Dalli*-type, and right is *Truei*-type.

割程度過小推定となる(Okamura *et al.*, 2010)。2000年代が調査海域内のみの値であることを考慮すると，ミンククジラはオホーツク海で約2万頭程度分布し，資源動向は安定していると判断できる。

イシイルカについても，1990年代が約44万頭(Miyashita, 1991)で2000年代が約35万頭(宮下ほか，2008)が，後者の調査カバー率が75％程度であることを考慮すると，資源の動向は安定していると判断できる。ナガスクジラ(加藤，2009)とセミクジラ(Miyashita & Kato, 1998)については，推定値がそれぞれ1つしかないが，いずれもこの期間捕獲がないことから，安定あるいは増加傾向にあると思われる。

図Ⅲ.1.11　カマイルカ
Figure III.1.11　Pacific white-sided dolphin.

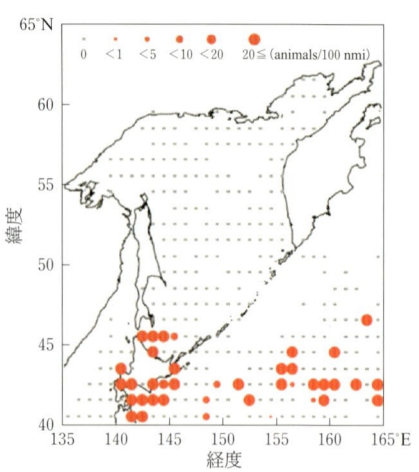

図Ⅲ.1.12　カマイルカの発見率(6〜9月)
Figure III.1.12　Sighting rate of Pacific white-sided dolphins. (July-Sep.)

図Ⅲ.1.13　シャチ
Figure III.1.13　Killer whale.

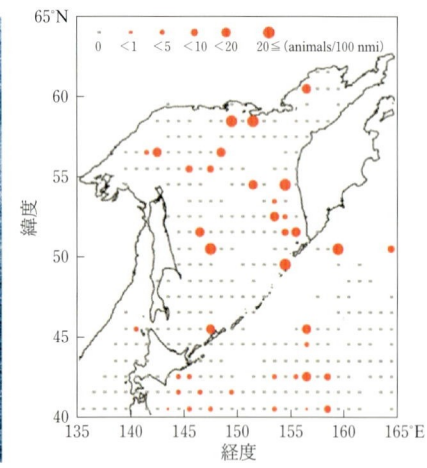

図Ⅲ.1.14　シャチの発見率(6〜9月)
Figure III.1.14　Sighting rate of killer whales. (July-Sep.)

　最後に2010年に実施したバイオプシー調査の結果を示す(図Ⅲ.1.15)。計8頭のミンククジラから表皮を採取し，洋上でDNA解析をした結果，北緯50度以北の7頭はO系群(太平洋系群)，南の1頭(8番)がJ系群(日本海系群)であることが判明した(Yoshida *et al.*, 2011)。このことから，夏季には，オホーツク海の北部の大部分はO系群で占められ，南部にJ系群が少数分布することがわかる。他の知見から，両系群の回遊時期が異なることが知られており，今回の結果は，J系群はO系群より早めに南下回遊を開始していることと一致している。

表Ⅲ.1.3　4種の資源量推定値とその動向
Table III.1.3　Abundance estimates and trends for four species.

種類 Species	1990年代の資源量 Abundance in 1990's	2000年代の資源量 Abundance in 2000's	傾向 Trend
ミンククジラ Common minke whale	19,200	17,350*	安定 Stable
イシイルカ Dall's porpoise	443,000	352,000*	安定 Stable
ナガスクジラ Fin whale	NA	5,000 (CV=0.32)	増加/安定 Increase/Stable
セミクジラ NP right whale	920 (CV=0.43)	NA	増加/安定 Increase/Stable

＊：未調査域含まず

4. 将来課題

　第一は，本海域には重要な鯨類が夏季に回遊していることから，モニタリングのための目視調査を継続が必要である。モニタリングは毎年実施する必要はないが，少なくとも数年に一度は必要で，それによって資源量の改訂を行う必要がある。第二は，可能ならば全域の目視調査が望ましいことがある。ミンククジラなど沿岸部に比較的多く分布する種類をモニターするには，現在入域が制限されている北東部の沿岸域の調査が重要である。第三は，バイオプシー標本の200海里EEZからの持ち出しである。現行ではCITESと貿易管理上の規定で持ち出すことができないが，より精度の高いDNA解析のためには陸上の実験室での解析が必要であるので，解決策を模索しているところである。第四は，個体識別写真のマッチングである。これには，セミクジラとシャチのデータの蓄積があるので，移動・回遊についての情報が得られると期待される。

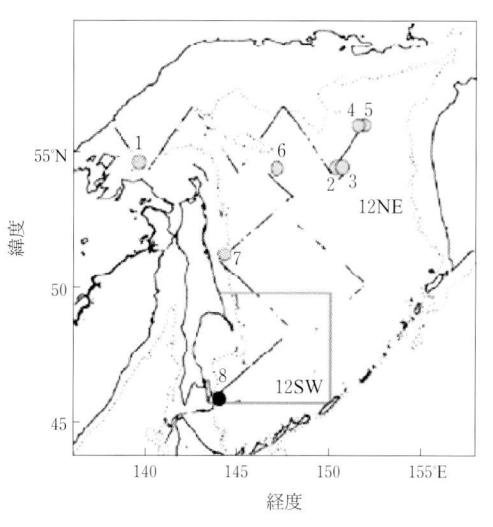

図Ⅲ.1.15　2010年のミンククジラバイオプシー調査の結果。1-7が太平洋系群，8が日本海系群と判別された。Yoshida *et al.* (2011)
Figure III.1.15　Results of biopsy sampling and DNA analysis for common minke whales in 2010. No.1-7 shows the Okhotsk-west Pacific stock and No.8 is East China Sea - Yellow Sea - Sea of Japan stock.

【引用・参考文献】
Berzin, A. A. & Vladimirov, V. L. (1989): Recent distribution and abudance od cetaceans in the Sea of Okhotsk. Biolo. Mor., Vladivostok, N2, 15-23. (In Russian with English summary)
Buckland, S. T., Cattanach, K. L. & Miyashita, T. (1993): Minke whale abundance in the north-west Pacific and

Okhotsk Sea, estimated form 1989 and 1990 sighting surveys. Rep. int. Whal. Commn., 42, 387-392.
加藤渓介(2009)：北西太平洋におけるナガスクジラの資源動向に関する研究, 平成20年度東京海洋大学大学院修士学位論文.
宮下冨夫(1997)：オホーツク海における鯨類の分布――近年の目視調査の結果から, 国際海洋生物研究所報告, No. 7, 21-38.
宮下冨夫(2008)：鯨類の動向を探る――鯨類目視調査, 日本の哺乳類学3 水生哺乳類(加藤秀弘編), pp. 177-202, 東京大学出版会, 東京.
宮下冨夫・岩崎俊秀・諸貫秀樹(2008)：北西太平洋におけるイシイルカの資源量推定, 日本水産学会秋季大会ポスター発表.
Miyashita, T. & Kato, H. (1998): Recent data on the status of right whales in the NW Pacific Ocean, Document SC/M98/RW11 presented the workshop on the comprehensive assessment of right whales: A worldwide comparison, International Whaling Commission, 11 pp.
Miyashita, T. & Kato, H. (1991): Stocks and abundance of Dall's porpoises in the Okhotsk Sea and adjacent waters, Document SC/43/SM7 presented to the Scientific Committee of the 43rd International Commission, 17 pp.
Miyashita, T. & Okamura, H. (2011): Abundance estimates of common minke whales using the Japanese dedicated sighting survey data for RMP Implementation and CLA - Sea of Japan and Sea of Okhotsk, Document SC/63/RMP11 presented to the Scientific Committee of the 63rd International Whaling Commission, 34 pp.
Okamura, H., Miyashita, T. & Kitakado, T. (2010): G(0) estimates for western North Pacific common minke whales, Document SC/62/NPM9 presented to the Scientific Committee of the 62nd International Whaling Commission, 7 pp.
Yoshida, H., Kishiro, T., Kanda, N. & Miyashita, T. (2011): Cruise report of the sighting and biopsy sampling survey in the Okhotsk Sea, summer 2010, including individual stock identification of common minke whales, Document SC/63/RMP9 presented to the Scientific Committee of the 63rd International Whaling Commission, 10 pp.

5. Summary

Since 1989, Japan has conducted the line transect sighting surveys of cetaceans in the Okhotsk Sea including the Russian 200 n. miles EEZ. Russian government has continued to support this cooperative project. Main objective of the survey was to get information on the distribution and abundance of common minke whales to contribute the IWC scientific activities such as the comprehensive assessment in 1990's and the recent in-depth assessment of the species in the western North pacific. Recently biopsy skin sampling was conducted in order to estimate the mixing rate of two stocks of the species using DNA analysis, namely, the Okhotsk Sea — West Pacific stock (O-stock) and the Each China Sea — Yellow Sea — Sea of Japan stock (J-stock). Photo-identification for humpback whales, North Pacific right whales, gray whales and killer whales were conducted by opportunistic base. During these surveys, the following cetaceans were identified; common minke whales, fin whales, sei whales, humpback whales, gray whales, North Pacific right whales, sperm whales, killer whales, Pacific white-sided dolphins, Baird's beaked whales, harbor porpoises and Dall's porpoises. Abundance estimate of common minke whales was around twenty thousand animals showing no significant trend during 1990's and 2000's, and they are mainly distributed in the coastal waters in the sea. From recent DNA analysis using the biopsy skin samples, it seems that the O-stock common minke whales are distributed in all over the sea but J-stock is only in the south-western part. Dall's porpoises distributing in all over the sea are the most abundant species (about four hundred thousand) keeping almost the same level since 1990's. Fin whales distributing in relatively offshore waters of the sea and the abundance has been estimated as about five thousand animals in 2000's. Abundance of North Pacific right whales was estimated as several hundred animals in 1990's and they are distributed in the middle latitudinal waters from about 50°N to 55°N. Photo-identification information has been accumulated and the re-sighting is expected in the future.

2

オホーツク海における鯨類の食性と生態系モデリング

Feeding ecology of cetaceans and ecosystem model considerations in the Sea of Okhotsk

田村力(日本鯨類研究所)
Tsutomu TAMURA (The Institute of Cetacean Research)

1. オホーツク海に分布する鯨類とその食性

　オホーツク海は北部に大陸斜面が大きく拡がり，南へ向かうにつれて深くなるという特徴がある。また，冬には結氷が見られ，最盛期の2月にはオホーツク海の7〜8割が海氷で覆われる。オホーツク海は非常に生産力が高く，生物相が豊かな海域として知られており，鯨類にとっても春から秋にかけての非常に重要な摂餌海域である。

　オホーツク海に分布している鯨類として，ヒゲクジラ類とハクジラ類がそれぞれ6種類の計12種類が，認められている(加藤ほか，2011)。この他に，文献上ではホッキョククジラとシロイルカの分布が知られている。鯨類の大半は春から秋にかけて摂餌のため，オホーツク海に回遊する。その分布量は，体系的目視調査によって，ミンククジラ(2万8,436頭)，ナガスクジラ(5,000頭)，セミクジラ(920頭)，コククジラ(121頭)及びイシイルカ(35万1,795頭)と推定されている(Miyashita, 2010；加藤ほか，2011)。

　鯨類は種類や海域によって利用している餌生物が異なることが知られている。オホーツク海における鯨類の食性は，商業捕鯨時代の知見が大半であるが，ナガスクジラはオキアミ類(*Euphausia pacifica*など)，セミクジラはカイアシ類(*Neocalanus plumchrus*等)等の浮遊性動物プランクトンを主に摂餌し，コククジラはゴカイ類，ヨコエビ類や端脚類等の底生生物を摂餌していることが知られている(Nemoto, 1959)。ミンククジラはオキアミ類(*E. pacifica*)から魚類(ニシンやスケトウダラ等)まで様々な餌生物を利用しており(Kasamatsu & Hata, 1985；Tamura & Fujise, 2002)，イシイルカも魚類(マイワシ，スケトウダラ)からイカ類(スルメイカ，ドスイカ)まで様々な餌生物を利用していることが知られている(Ohizumi *et al.*, 2000)。

2. 海域や年による餌生物の違い

オホーツク海での海域や年による餌生物の違いは，ミンククジラとイシイルカで知られている。例えばミンククジラでは，1970年代のオホーツク海の北側ではニシン，サハリンの東側ではスケトウダラ，1990年代におけるオホーツク海南側の網走沖ではオキアミ類が主要な餌生物であった(Kasamatsu & Hata, 1985；Tamura & Fujise, 2002)。残念ながら，本種の2000年代の食性に関する情報はないが，ニシンやスケトウダラの資源量は急減している(PICES, 2004など)ため，現在は他の餌生物を利用している可能性が大きく，どのような餌生物を利用しているか非常に興味深い。

イシイルカでは経年的な餌生物の変化が認められており，オホーツク海南部で，1980年代ではマイワシを利用していたのが，マイワシ資源の崩壊により1990年代ではスケトウダラやドスイカやスルメイカなどを利用するようになり，食性を表層性の餌生物から中深層性の餌生物へと変化させていることが明らかになっている(Ohizumi et al., 2000)。

このように，鯨類は海洋環境の変化による餌生物の豊度の変化に応じて，柔軟に食性を変える特性を持っていることが考えられる。

3. 鯨類による餌生物の消費量推定

それでは，オホーツク海では鯨類によってどのくらいの餌生物が消費されているのだろうか？ 今回は，鯨類の1日の摂餌量を算出する式(Sigurjonsson & Vikingsson, 1997)を用いて，オホーツク海における鯨類の餌生物消費量を推定した。

$$D = 206.25 \, M^{0.783} ; \quad I = D/E$$

ここで，Dは1日に必要なエネルギー量(kcal/day)，Mはクジラの体重(kg)，Eは餌生物に含まれているエネルギー量(kcal/kg)，Iは1日の摂餌量(kg)を表している。

このように，鯨類の体重，餌生物に含まれているエネルギー量から1日に必要な摂餌量を算出した。餌生物が変われば，それに含まれているエネルギー量も変わるので，必要とされる摂餌量が変化する。また，ヒゲクジラ類の生活史では，摂時期間と非摂餌期間に分かれており，オホーツク海にいるのは摂時期で餌をより多く食べる時期であると言えるので，1日に必要な摂餌量に係数(2.02)をかけて算出した。摂餌期間は，4～10月のうちの150日とした。一方，ハクジラは年中摂餌していると考えられるが，オホーツク海に分布しているのは最大でも150日ほどと仮定した。これに先に紹介したオホーツク海での推定分布量(加藤ほか，2011)，平均体重(Tamura, 2003)などを用いて，オホーツク海全体の鯨類による餌生物の消費量を算出した。

その結果，オホーツク海での資源量が算出されている5種類の鯨類の餌生物消費量は，オホーツク海で年間約300万トンと推定された(表Ⅲ.2.1：加藤ほか，2011；Tamura, 2003)。但し，どのような餌生物を，それぞれどのくらいの割合で利用しているかについては，現在の鯨類の食

表III.2.1 オホーツク海に分布している鯨類とその餌消費量。加藤ほか(2011);Tamura(2003)を基に推定
Table III.2.1 Distributed cetacean species and their estimated seasonal prey consumption (tonnes) in the Sea of Okhotsk. N.D: No data. Estimated by Kato *et al.* (2011); Tamura (2003).

種類/Species	体重 Average body weight(kg)	頭数/ Abundance	バイオマス Biomass	餌消費量 Seasonal consumption (tonnes)(トン)
ナガスクジラ Fin whale	55,590	5,000	277,950	1,247,946
ミンククジラ Common minke whale	6,566	28,436	186,711	1,332,626
セミクジラ North Pacific right whale	23,383	920	21,512	116,555
コククジラ Gray whale	15,372	121	1,860	11,038
イワシクジラ Sei whale	16,811	N.D		—
ザトウクジラ Humpback whale	30,408	N.D		—
ヒゲクジラ合計 Baleen whales total				2,708,164
マッコウクジラ Sperm whale	18,519	N.D.		—
ツチクジラ Baird's beaked whale	3,137	N.D.		—
シャチ Killer whale	2,281	N.D.		—
カマイルカ Pacific white-sided dolphin	92	N.D.		—
イシイルカ Dall's porpoise	61	351,795	21,459	251,146
ネズミイルカ Harbour porpoise	31	N.D.		—
ハクジラ合計 Toothed whales total				251,146
鯨類合計 Cetaceans total				2,959,310

性が明らかではないので,不明である。しかしながら,オホーツク海に分布している12種のうちわずか5種類で,300万トンという摂餌量を考えると,鯨類による捕食の影響は非常に大きなものである可能性が示唆された。その中でも,ナガスクジラとミンククジラが,それぞれ全体の40%以上の割合を占めており,両種がオホーツク海の海洋生態系に与える捕食の影響は無視できないものと考えられる。

　より正確な餌生物の消費量を算出するためには,各鯨類における餌の重量組成,餌生物に含まれているエネルギー量などを季節ごとに明らかにすることが必要である。また,鯨類は季節回遊するので,季節ごとの鯨類の分布量の推移も把握する必要がある。前述したように,年によって餌生物は大きく異なることがあり,過去の食性情報を基にした摂餌量推定だと,出てきた結果について誤った解釈をする可能性がある。

4. 鯨類と生態系モデルの関わり

　現在,世界の海域で,生態系モデルを用いて数理的に海洋生態系の構造を把握して,生態系の保全や資源管理をしようという動きが出ている。生態系モデルに入れるデータとして,鯨類の生物量,鯨類による餌生物の消費量,鯨類の餌生物組成や嗜好性,鯨類の再生産,餌生物の資源量などがある。いずれも定性的なデータではなく,定量的なデータが必要である。

　これらを用いて生態系モデルを構築することで,そこから生態系の構造や鯨類の捕食の影響を推定することが可能となり,生態系の保全や魚類や鯨類の持続的な管理をするための大きな

指針になる可能性がある。日本周辺においても，北西太平洋では，第二期北西太平洋鯨類捕獲調査(通称：JARPN II)を通じて，鯨類を含めた生態系モデルの構築作業を開始している(例えば，Mori *et al.*, 2009)。この調査では，鯨類の食性について，胃内容物の重量測定や餌生物組成などの定量的な情報を収集している(図Ⅲ.2.1)。この調査の詳細については本書第Ⅲ部第4章で紹介されているが，大きな特徴は，クジラの捕獲調査と餌生物調査を含んだ，大規模で総合的な調査ということである。これらの調査から，鯨類の資源量，鯨類の食性や摂餌量などを明らかにしているのである。つまり，先に紹介した，生態系モデルに必要な定量的なデータを収集しているのである。

　残念ながら，オホーツク海では，生態系モデルの構築に必要なインプットデータの多くについて，鯨類については過去の知見はあるものの，現在の正確な情報がほとんどないのが現状である。特に餌生物組成，餌の消費量，餌の嗜好性などの定量的な情報が不足している。過去の食性情報のみを利用すると，導き出された結果は現在の海洋生態系の現状を反映したものにはならず，間違った解釈をする恐れがある。

　したがって，生態系の構造や鯨類の捕食の影響について誤った理解を防ぐためにも，可能であれば，第二期北西太平洋鯨類捕獲調査で実施しているような最新の鯨類の定量的な食性情報を入手できるような長期的な鯨類食性のモニタリング調査を実施することが必要である。

　今後はオホーツク海の生態系保全のためにも最新の鯨類の定量的な食性情報が必要であり，鯨類の資源量，食性を明らかにするための長期的なモニタリング調査が必要である。特にオホーツク海において生物量が大きく，摂餌量が多いナガスクジラとミンククジラについては，オホーツク海における鯨類の指標種として今後注目する必要がある。中でもミンククジラは，オホーツク海で利用している餌生物の多くが，人間が利用しているニシンやスケトウダラであ

図Ⅲ.2.1　船上での胃内容物の採集と解析
Figure III.2.1　Sampling and analysis of stomach contents on vessel.

ることから，漁業との関わりについても明らかにしていく必要があるだろう．

　幸いにも，日本とロシアは，現在も共同研究という枠組みで，オホーツク海で鯨類目視調査を実施している．将来的には，オホーツク海でも鯨類捕獲調査が実施できるような枠組みが出来れば，オホーツク海における鯨類の知見は，飛躍的に高まるものと期待される．

【引用・参考文献】

Kasamatsu, F & Hata, T. (1985): Notes on minke whales in the Okhotsk Sea -West Pacific area, Report of the International Whaling Commission, 35, 299-304.

加藤秀弘・宮下富夫・吉田英可・藤瀬良弘・田村力(2011)：オホーツク海，道東・北方四島及び知床海域における鯨類相と資源状況，平成22年度 知床世界自然遺産地域生態系調査報告会. p. 14.

Miyashita, T. (2010) Abundance of common minke whales in the Russian EEZ in the Sea of Okhotsk and east of the Kurile archipelago - the Kamchatka, estimated from 2003 and 2005 sighting surveys. Paper SC/62/NPM6 presented to the IWC Scientific Committee, 2010 (unpublished).

Mori, M., Watanabe, H., Hakamada, T., Tamura, T., Konishi, K., Murase, H. & Matsuoka, K. MS (2009): Development of an ecosystem model of the western North Pacific, Paper SC/J09/JR21 presented to the JARPN II Review Workshop, Tokyo, January 2009 (unpublished, http://www.iwcoffice.org/_documents/sci_com/workshops/SC-J09-JRdoc/SC-J09-JR21.pdf).

Nemoto, T. (1959): Prey of baleen whales with reference to whale movements. Scientific Reports of the Whales Research Institute, 14, 149-290.

Ohizumi, H., Kuramochi, T., Amano, M. & Miyazaki, N. (2000): Prey switching of Dall's porpoise, *Phocoenoides dalli*, with population decline of Japanese pilchard, *Sardinops melanostictus*, around Hokkaido, Japan, Marine Ecology Prgress Series, 200, 265-275.

PICES (2004): Marine Ecosystems of the North Pacific, PICES Special Publication, 1, 280 pp.

Sigurjonsson, J. & Vikingsson, G. A. (1997): Seasonal abundance of and estimated prey consumption by cetaceans in Icelandic and adjacent waters, Journal of Northwest Atlantic Fish Science, 22, 271-287.

Tamura, T. (2003): Regional assessments of prey consumption and competition by marine cetaceans in the world, In: Responsibible Fisheries in the Marine Ecosystem (Sinclair. M. & Valdimarsson, G. eds.), pp. 143-170. GABI Publishing, Oxford.

Tamura, T. & Fujise, Y. (2002): Geographical and seasonal changes of prey species of minke whale in the Northwestern Pacific, ICES Journal of Marine Science, 59, 516-528.

5. Summary

　The Sea of Okhotsk has a unique physical environment characterized by a broad continental shelf at high latitude and seasonal sea ice extension in winter. The cetaceans are top predators and they are represented by twelve species in this oceanic region including six odontoceti and six mysticeti. Sound management of marine living resources requires of ecosystem considerations. In this context, it is important to elucidate the feeding ecology (including the total prey consumption) of cetaceans. The objective of this study is to make a brief review of the feeding ecology for some cetacean species in the Sea of Okhotsk.

　The main feeding period of cetaceans in the Sea of Okhotsk is from spring to autumn. Abundance estimates are available for some cetacean species: common minke whale (28,436), fin whale (5,000), North Pacific right whale (920), gray whale (121) and Dall's porpoises (351,795). In terms of biomass, these species likely play an important role in the marine ecosystem.

Common minke whales feed mainly on herring in the northern part of the Sea of Okhotsk, on walleye pollock in the eastern coast of Sakhalin Island and on krill in the southern part of the Sea of Okhotsk. Fin, gray and North Pacific right whales feed mainly on zooplanktons in the entire Sea of Okhotsk. Dall's porpoises feed mainly on pelagic and / or benthic fishes and squids in the southern part of the Sea of Okhotsk. The prey consumption by five cetacean species was calculated using the energy-requirement method. The total annual consumption by the five species in the Sea of Okhotsk is around three million tons. This information can be used as input data for the development of ecosystem models. The output from these models can assist the formulation of multi-species management policies in the Sea of Okhotsk in the future.

3

北海道東部及び北方四島における
シャチの移動

Occurrence of Killer whales
and their local movements
in waters off eastern coast of Hokkaido

笹森琴絵[1]・高橋萌[2]・城者定史[3]・近藤茂則[3]・下田絢[4]・小林万里[5,6]([1]Orca.org さかまた組・[2]シャチラボ・東京海洋大学海洋科学部・[3]大阪コミュニケーションアート専門学校・[4]福岡エココミュニケーション専門学校・[5]東京農業大学生物産業学部・[6]北の海の動物センター)

Kotoe SASAMORI[1], Megumi TAKAHASHI[2], Sadashi JOSHA[3], Sigenori KONDO[3], Aya SHIMODA[4] and Mari KOBAHASYI[5,6] ([1]Team Sakamata; [2]Team Orca, Tokyo University of Marine Science and Technology; [3]Osaka Communication Arts College; [4]Fukuoka Eco-Communication College; [5]Tokyo University of Agriculture; [6]Marine Wildlife Center of JAPAN)

1. シャチという動物

　シャチ(*Orcinus orca*)は，白と黒のはっきりした模様と，成熟したオスの高い背びれが特徴(図Ⅲ.3.1)で，ユニークな外見や勇猛な狩りの様子などから海の動物に興味がある人にもそうでない人にも，その名をよく知られた動物であるが，一方で正確な生態についてはあまり知られていないようだ。一般の方の中には，大型の魚もしくはサメの一種などと誤解している方もいるかもしれない。

　シャチは体長180〜250 cmで生まれ(Perrin & Reilly, 1984)，成長すると最大でメスは7 m，オスは9 mほどになる，クジラの仲間である。生まれた瞬間から死ぬまで一生を海で暮らす哺乳類である鯨類は，口内に歯牙を持つハクジラ亜目と，食物濾過版のクジラヒゲを持つヒゲクジラ亜目の2グループに分けられるが，シャチが含まれるのはハクジラグループだ。血縁関係で通常40頭以下(多くは10頭以下)の群れをつくり(Kasuya, 1971)，メスは生涯，ともに暮らすといわれている。それ故か，子供を中心に群れのメンバーは強くつながっている。

　シャチは日本沿岸では夏季を高緯度で過ごし，季節が進むにつれ南下(宮下, 2007)すると考えられているが，日本沿岸に生息するシャチに関しては，その生態や回遊コースなどには，未知の部分が多いのが現状である。

図Ⅲ.3.1　シャチの群れ。笹森琴絵撮影
Figure III.3.1　A pod of Killer whales. Photo by Kotoe Sasamori.

2. 北海道東部及び北方四島のシャチ

2.1　調査の概要

　近年になり，北海道東部沿岸，特に知床半島周辺と，国後，択捉，色丹，歯舞沿岸，及び釧路沖において著者らが実施した調査の結果や，観光船による観察で，これらの海域でのシャチとの遭遇率が時期的に飛躍的に上がることがわかってきた。

　そこで，著者らが2000年より北海道東部沿岸及び四島沖合域で蓄積したシャチのデータをもとに，同海域に生息するシャチ個体群の地域的な群れ組成の実態と現状を把握するため，道東海域という括りで群れ組成の特徴の分析と比較を行い，同時に写真による個体識別で作成したIDカタログを用いて，海域間移動の様子を探ってみることにした。

　対象とした海域は，根室海峡を介して知床半島や根室半島と面する国後島，歯舞群島，色丹島，択捉島近海（この海域を，図表ではN海域と表記）の四島（笹森ほか，2007），根室海峡北部の羅臼沖海域（図表ではR海域と表記），さらに北海道南東部の釧路沖海域（図表ではK海域と表記）である（図Ⅲ.3.2）。

　調査を行った海域の特徴について簡単に触れておこう。国後島，択捉島近海と羅臼沖を含む根室海峡北部は流氷の南限域であり，またいずれも千島海流や対馬暖流の影響を受け，海底谷などの存在により湧昇流の発生が確認されており，これらが対象海域を豊かにしている海域だ。

　国後，択捉，色丹，歯舞海域では，2000〜2005年の6〜9月を中心に調査を実施した。調査はNPO法人北の海の動物センターの日露ビザなし専門家交流において行い，目視観察の方法はあらかじめ設計したライン上を目視しながら走行する，ライントランセクト法に準拠して調査を実施した。釧路沖では，2003〜2010年に観察を行ったが，うち2003〜2009年は大阪コ

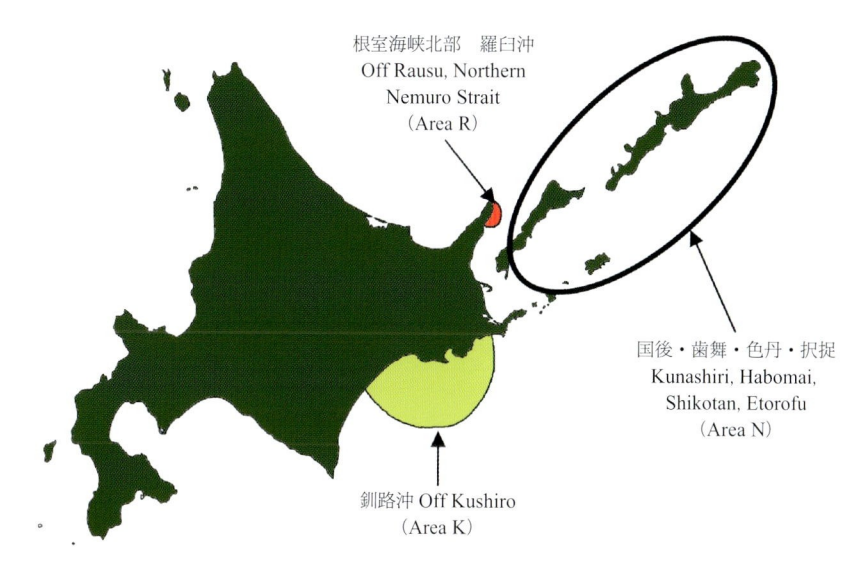

図III.3.2 調査実施海域
Figure III.3.2 Study areas.

ミュニケーションアート専門学校及び福岡エココミュニケーション専門学校主催の海洋調査実習の一環として行い，また 2010 年は Orca.org さかまた組（鯨類観察振興を目的とした任意団体）による調査と市民対象鯨類観察会で，ライントランセクト法と過去の調査からわかってきたシャチの出現域を重点的に探索する方法を組み合わせて行い，データを得た。羅臼沖では，主に地元のホエールウオッチング船便乗による自由探索方式を用い，2008～2010 年にかけて，さかまた組が目視調査を実施した。

羅臼は主に 5～6 月，釧路沖は 9 月下旬～10 月にかけて観察したが，実施時期は，地元の漁業者や観光船事業者らの情報を参考に設定した。

2.2 出現状況と移動

3 海域で行った調査の内容は，主に以下の 3 点である。

① 個体識別：シャチの背ビレ及び背びれ後方にあるサドルマークの形状や傷などの特徴照合による個体識別のために写真撮影を行い，海域ごと，全海域のシャチカタログを作成。
② 出現履歴：上記のカタログを基に，シャチの出現及び移動の様子を調べるために海域ごとと 3 海域における出現履歴作成。
③ 群れ組成とサイズ：各海域で発見したすべての群れの位置情報，頭数，構成メンバーの性別・成熟度などを記録し，組成と群れ・サイズを分析。さらに海域間で，結果の比較。

(1) 個体識別

北海道東部沿岸に生息・来遊するシャチ個体群の海域利用や海域間移動の現状を探るため，個体の写真と出現時期・位置をまとめたカタログを作成し，照合を行った。個体識別に使用する写真は通常，識別の基準を統一するために原則として左体側面を撮影した高画質のものから，

主に背びれやサドルマーク(パッチ)に識別に有用な特徴が認められるものをモノクロームで登録する(Ford *et al.*, 1999)。識別に有用な特徴とは，背びれやサドルパッチの形状，模様，傷跡や切れ込み，欠損などのことをいう(図Ⅲ.3.3)。

(2) 出現履歴

個体のリサイト(再発見)状況と海域間移動の様子を探るため，発見データとIDカタログを基に，全体における登録ナンバーと，海域ごとの登録ナンバー，発見された日と海域，群れの情報と性別をまとめたものが，出現履歴である(表Ⅲ.3.1)。

なお，背びれが倒れている，サドルパッチの形状が個性的など，識別に有用な特徴が顕著な個体については，右体側や正面，真後ろから撮影したものであっても条件付き登録とし，照合の際の参考として使用したが，公的な場で述べる登録数はこの条件に沿って識別したものに限り，これらの条件付き登録個体は含んでいない。

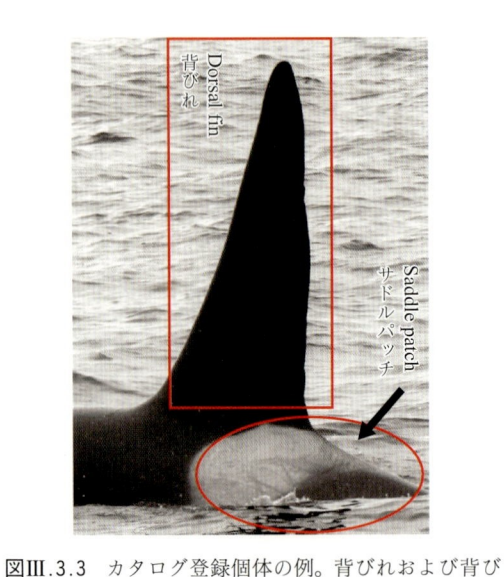

図Ⅲ.3.3 カタログ登録個体の例。背びれおよび背びれ後方の白斑の特徴が個体識別のための鍵となる。
Figure Ⅲ.3.3 Example of ID photo. Dorsal fins and white patterns (saddle marks) behind the dorsal fins are the key information for the identification.

このように出現に関する情報を一覧にしておくことで，例えば，2010年に釧路で観察・撮影されたH-1が，過去には羅臼や北方四島でも発見されていることがひと目でわかり，その個体の行動や生活圏の一部を知るヒントを与えてくれる。

各海域で撮影したシャチの写真を前出の定義で選別・識別・照合した結果，釧路で46頭，羅臼で24頭，国後，歯舞，色丹，択捉で13頭を識別し，IDカタログに登録することができた。ちなみに，識別に使用した写真の総数は2,335枚である。

個体識別カタログと出現履歴から，1つの海域内での再発見率は釧路で最も高く，1頭のオスはほぼすべての調査年で，また4頭のオスは複数年で発見があったことがわかった。この結果が示しているのは，釧路沖に定住している個体がいるかもしれないという可能性である。ただし，釧路沖における調査実施月が10月に偏っており，さらに海洋生物観察のための観光船が随時運航している羅臼沖とは違い，釧路では周年の観察記録を得るのが難しいため，このオスが，10月限定で短期定住しているのか，実際には他の月にも出現しているのかは，より多くの情報収集が必要である。今後は調査月をもっと増やす，もしくは漁師への聞き取りを行うなどして，実態の把握に努めたい。

IDカタログを基に複数の海域での発見状況について調べてみると，1頭のオスが釧路と知床羅臼沖で，別の1頭のオスが釧路・知床羅臼・北方四島の全海域で発見されていたことがわかった。この結果から，道東海域に出現するシャチには，1海域に留まらず，3海域間を何ら

3 北海道東部及び北方四島におけるシャチの移動

表III.3.1 出現履歴の表。発見年月日，海域などが一覧にしてある。
Table III.3.1 Sighting Record of all areas. Sighting years, dates and areas are listed.

ID # 北海道	釧路	羅臼	北方四島	発見年月日	Kushiro	Rausu	K, H.I, S.I	性別	群れサイズ
H-1	10-1	—	HB 040719-1	040719	—	—	○	male	10
				041005	○	—	—		—
				101013	○	—	—		10
				101020	○	—	—		3
H-2	10-2	—	—	101005	○	—	—	male	10
				101013	○	—	—		10
H-3	10-3	—	—	090511	—	○	—		—
				101005	○	—	—	male	—
H-4	10-4	—	—	101005	○	—	—	male	—
				101013	○	—	—		10
				101020	○	—	—		3
H-5	10-5	—	—	101005	○	—	—	male	—
				101013	○	—	—		10
				101020	○	—	—		3
H-6	10-6	—	—	101005	○	—	—	unk	—
H-7	10-7	—	—	101005	○	—	—	unk	—
				101013	○	—	—		10
H-8	10-8	—	—	101005	○	—	—	unk	—
H-9	10-9	—	—	101009	○	—	—	unk	12
H-10	10-10	—	—	101009	○	—	—	male	12
H-11	10-11	—	—	101009	○	—	—	unk	12
H-12	10-12	—	—	101009	○	—	—	unk	12
H-13	10-13	—	—	101009	○	—	—	unk	12
H-14	10-14	—	—	101013	○	—	—	male	10
H-15	10-15	—	—	101016	○	—	—	male	15
H-16	10-16	—	—	101016	○	—	—	unk	15
H-17	10-17	—	—	101017	○	—	—	male	15
H-18	10-18	—	—	101017	○	—	—	male	15
H-19	10-19	—	—	101017	○	—	—	male	15
H-20	—	R-1	—	090510	—	○	—	male	11
H-21	—	R-2	—	090510	—	○	—	?	11
H-22	—	R-3	—	090510	—	○	—	male	11
H-23	—	R-4	—	090510	—	○	—	?	11
H-24	—	R-5	—	090511	—	○	—	male	18
H-25	—	R-6	—	090511	—	○	—	male	18
H-26	—	R-7	—	090511	—	○	—	male	18
H-27	—	R-8	—	090511	—	○	—	male	18
H-28	—	R-9	—	090511	—	○	—	?	18
H-29	—	R-10	—	090511	—	○	—	male	18
H-30	—	R-11	—	090511	—	○	—	male	18
H-31	—	R-12	—	090524	—	○	—	male	11

ID # 北海道	釧路	羅臼	北方四島	発見年月日	Kushiro	Rausu	K, H.I, S.I	性別	群れサイズ
H-42	—	R-23	—	090716	—	○	—	male	15
H-43	—	R-24	—	090716	—	○	—	male	13
H-44	—	R-25	—	090716	—	○	—	male	13
H-45	—	R-26	—	090716	—	○	—	?	13
H-46	—	R-27	—	100430	—	○	—	?	6
H-47	—	R-28	—	100430	—	○	—	?	6
H-48	—	R-29	—	100502	—	○	—	male?	11
H-49	—	R-30	—	100502	—	○	—	?	12
H-50	—	R-31	—	100502	—	○	—	?	12
H-51	—	R-32	—	100503	—	○	—	male	9
H-52	—	R-33	—	100503	—	○	—	male	9
H-53	—		—	100503	—	○	—	male	11
H-54	—	R-34	—	100503	—	○	—	?	11
H-55	—	R-35	—	100503	—	○	—	?	11
H-56	—	R-36	—	100503	—	○	—	?	11
H-57	—	R-37	—	100503	—	○	—	male	11
H-58	—	—	K 000722-1	000722	—	—	○	unk	—
H-59	—	—	K 000722-2	000722	—	—	○	unk	—
H-60	—	—	K 000722-3	000722	—	—	○	unk	—
H-61	—	—	K 000722-4	000722	—	—	○	unk	—
H-62	—	—	K 000722-5	000722	—	—	○	unk	—
H-63	—	—	K 000723-1	000723	—	—	○	unk	—
H-64	—	—	K 000723-2	000723	—	—	○	unk	—
H-65	—	—	K 020616a-1	020616	—	—	○	female	—
H-66	—	—	K 020616a-2	020616	—	—	○	female	—
H-67	—	—	K 020616a-3	020616	—	—	○	male	—
H-68	—	—	K 020616a-4	020616	—	—	○	unk	—
H-69	—	—	K 020619a-1	020619	—	—	○	unk	—
H-70	—	—	K 020619-2	020619	—	—	○	female	—
H-71	—	—	K 030724-1	030724	—	—	○	unk	10
H-72	—	—	K 030724-2	030724	—	—	○	unk	10
H-73	—	—	K 030724-3	030724	—	—	○	unk	10
H-74	—	—	K 030725-1	030725	—	—	○	unk	13
H-75	—	—	K 030725-2	030725	—	—	○	unk	13
H-76	—	—	K 030725-3	030725	—	—	○	unk	13
H-77	—	—	K 030725-4	030725	—	—	○	unk	13
H-78	—	—	K 030725-5	030725	—	—	○	unk	13
H-79	—	—	K 030725-6	030725	—	—	○	unk	13
H-80	—	—	HB 040719-2	040719	—	—	○	male	10
H-81	—	—	Kam 050921-1	050921	—	—	○	male	8
H-82	—	—	Kam 050921-2	050921	—	—	○	unk	8

かの理由で移動し利用している個体もしくは群れが存在していると考えられる。ただ，今のところ，これらのオス以外の群れのメンバーは一緒に移動しているところを発見されていないため，シャチの移動状況は個体もしくは雌雄によって差があり，これらのオスは他の個体よりもより広い範囲を行動圏としているのかもしれない。以上の結果は，他にも同様に3海域間を移動している個体あるいは群れが存在することを示唆しているが，定住性かどうかの可能性も含め，これまでの調査では各海域における努力量が不均一であるため，結果には誤差が生じていると考えられ，さらなる検証が必要だ。

発見した位置は，国後・色丹・択捉・歯舞(北海道大学北方四島グループ，1999，2000，2001，2002；特定非営利活動法人北の海の動物センター，2003，2004，2005；加藤・小島，2000；柳，2006)，羅臼，釧路で図の通りである(図III.3.4)。シャチが現れた場所はいずれの海域でも大陸棚や海底谷の辺縁部などが多いことがわかった。この傾向の背景を探ると餌生物との関係が見えてきそうだが，こちらも今後の検証事項と考えている。

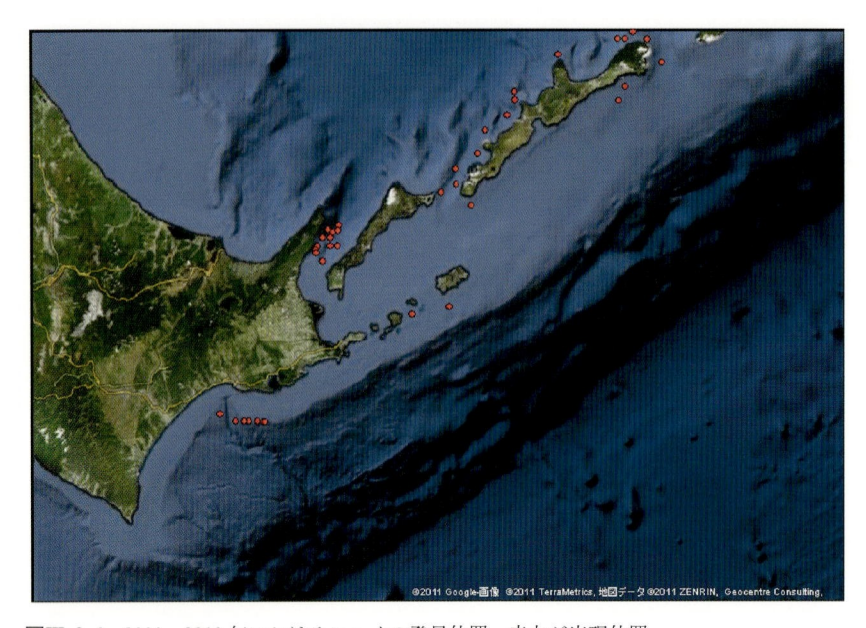

図Ⅲ.3.4　2000〜2010年におけるシャチの発見位置。赤丸が出現位置。
Figure III.3.4　Sighted & re-captured points of Killer whales in 2000-2010. Red marks show the each sighting spot.

(3) 群れのサイズと組成

群れの組成とサイズ(頭数)の解析の目的と方法

　根室海峡北部・羅臼沖と，国後，択捉，色丹，歯舞，釧路沖の3海域に出現するシャチ個体群の特徴の分析と海域間比較を行い，地域的な群れの実態を把握した。

　シャチの性別と成熟度，群れのタイプを分類するにあたり，観察者によって判定が変わらぬように，性別及び成熟度についての判定基準を定めた(表Ⅲ.3.2)。

　今回行った調査では，成熟オス(male)は，背びれの幅と高さの比率から性判定を行い，(Bigg et al., 1987)，また目の後方にある楕円形の白斑(アイパッチ)が白ではなくオレンジ色で背びれ後方の背部にある鞍上の白斑(サドルパッチ)が同じく不明瞭なものを新生仔(calf)とした。一方，性別，成熟度が明確でないもの，つまり成熟メスを含め未成熟などで性・成熟度判定が観察者によって意見が分かれる可能性があるものは，すべて不明(unknown)とした。この定義に基づいて，群れをタイプA(male+unknown)，タイプB(calf+unknown)，タイプC(male+calf+unknown)，タイプD(unknown)，タイプE(male)の5つに分類し，グループに関するデータを基に海域間の比較を行った。

〈群れの社会的組成〉

　各海域で発見したシャチの群れを，前述の5つのタイプに分け，円グラフ(図Ⅲ.3.5)にしてみると，すべての海域で"タイプC"(成熟オスと新生仔，メスもしくは未成熟からなる)が最も多く，次いで成熟オスのみの"タイプE"が多いことがわかった。また，国後，択捉，色丹，歯舞海域においては他の海域で見られなかった"タイプB"(子供とその母と考えられるunknown)のみで

表III.3.2 群れの構成要素と定義。HWRは，背びれ高さと広さの比を示す。
Table III.3.2 Definition of Social School Composition. HWR denotes the height and width ratio of the dorsal fin.

m	オス(Male)	HWRが1.6から1.8に達する(Bigg et al., 1987)
c	新生仔(Calf)	体色の白斑部分が，オレンジ色
		サドルパッチが不明瞭
u	メス(Adult female)	判別不能(unknown)
	ワカオス(Juvenile male)	
	ワカメス(Juvenile female)	

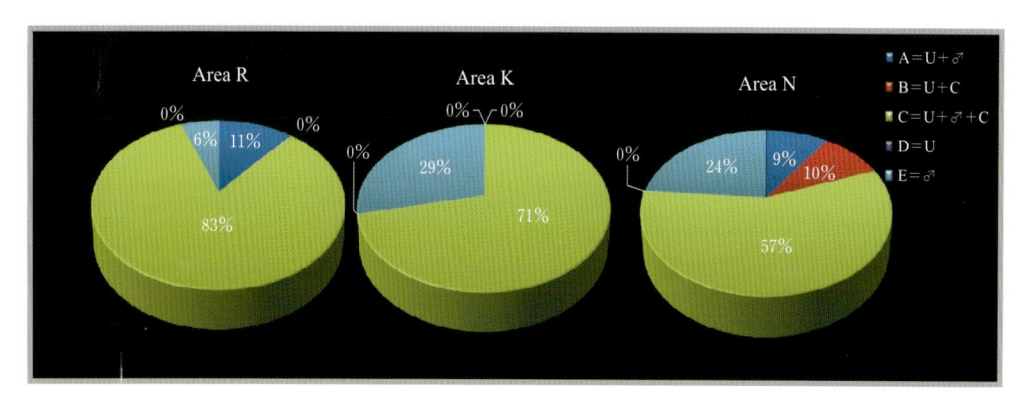

図III.3.5 各海域の群れタイプ別比較。Nは国後，択捉，色丹，歯舞沖。Kは釧路，Rは知床羅臼沖を示す。
Figure III.3.5 Comparison of Social School Composition of each area. Area N indicates the waters off Kunashiri, Habomai, Shikotan and Etorufu Islands, Area K is off Kushiro and Area R is off Rausu.

構成される群れが存在していた。さらに解析した結果，海域間において5タイプの含有率に有意な差はなく，羅臼沖が，国後，択捉，色丹，歯舞海域間に比べより多く，"タイプC"が現れることがわかり，また釧路沖においては"タイプC"と"タイプE"の群れが多いといった結果となった。

〈群れサイズ(頭数)〉

各海域で発見したシャチの延べ発見数は，国後，択捉，色丹，歯舞海域で149頭，釧路沖は176頭，羅臼沖は203頭で，総数は528頭であった。各海域における平均的な群れの大きさを調べてみると，国後，択捉，色丹，歯舞海域で1〜17頭の拡がりの中で平均は7.0頭，分散17.61であった。釧路海域では，2〜15頭の範囲で，平均は8.4頭，分散は18.53，羅臼沖海域では範囲2〜17頭で，平均が11.2頭，分散17.61であった(図III.3.6)。

群れのサイズについて各海域で比較してみると，羅臼と釧路で同等のサイズ，国後，択捉，色丹，歯舞海域で他の2海域よりも小さな群れが多いという傾向が出た。国後，択捉，色丹，歯舞海域では，他の海域では見られなかったタイプBつまり新生仔とunknownだけで構成された群れが発見されており，タイプEつまりオスだけで構成された群れが統計学的に有意に

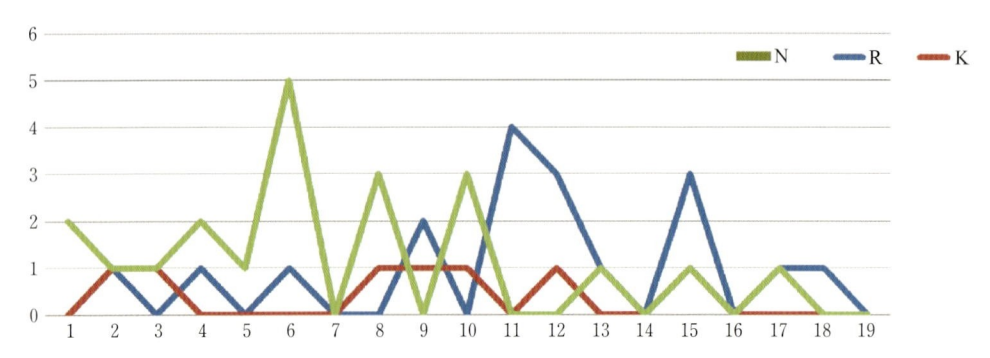

図III.3.6　群れの平均サイズと分散の様子。N は国後，択捉，色丹，歯舞沖。K は釧路，R は知床羅臼沖を示す。
Figure III.3.6　Distribution of averaged school size in each area. Area N indicates the waters off Kunashiri, Habomai, Shikotan and Etorofu Islands, Area K is off Kushiro and Area R is off Rausu.

多かったことも合わせると，同海域は他と比べ，シャチにとっては何か特殊な部分があると考えられる。

ちなみに 1994 年から 2007 年にかけて実施された JARPN II 北西太平洋鯨類捕獲調査において観察されたシャチの平均群れサイズは 6.2 頭で 10 頭以下の群れが全体の 90％だった (松岡, 2007) ことから，道東沖に現れるシャチの群れは，北太平洋全体の平均的な群れよりも大きいと言えるかもしれない。

2.3　北海道東部と北方四島海域に出現するシャチの特徴——まとめ

北海道東部及び北方四島海域で観察したシャチについて，個体識別や出現履歴，群れの大きさと含まれるメンバーについてまとめると，以下のようなことが言える。

①全調査を通じた，シャチの発見数は延べで国後，択捉，色丹，歯舞で 149 頭，釧路沖で 176 頭，羅臼沖では 203 頭で，総数は 528 頭であった。ただし調査方法及び調査努力量が海域によって異なるため，単純な比較はできない。また重複カウントも否定できない。

②釧路沖における再発見率の高さから判断して，同海域にて定住している個体の存在が示唆された。

③少なくとも 2 頭の成熟オスが，北海道東部海域で地域間移動をしていることが判明し，道東に生息するシャチには，1 海域だけでなく，3 海域全体を行動圏としている個体もしくは群れの存在が示唆された。

④どの海域もオスを含む子連れの〝タイプ C〟が最も多く，群れサイズでは，国後，択捉，色丹，歯舞海域で他の 2 海域よりも小さな群れが多い。

⑤組成及び，群れサイズから，国後，択捉，色丹，歯舞海域は，それぞれに特徴が異なり，調査対象データを拡大して今後とも分析を深める必要がある。

3. 研究の進捗と今後の課題

　この報告は，根室海峡北部と釧路沖，北方四島(国後，択捉，色丹，歯舞)の3海域沿岸沖合に現れるシャチの群れ組成や移動について一括して検証した初めての試みである。特に各海域における個体識別カタログの作成と比較によりこれらの海域におけるシャチの動向を知り，その生態と行動の実態を明らかにするための基盤を作ろうとするものだ。調査は現在も進行中で，2011年4月の羅臼沖調査では新たに4頭をカタログに登録することができ，中の1頭のオスが過去にも同海域で発見されていることも判明している。また，釧路沖では，ここで報告した内容に加え，釧路沖シャチ個体群における鳴音の特徴を探る音響学的調査にも着手し，データを蓄積中である。

　ここで示した幾つかの可能性の1つに，釧路沖定住の可能性があるが，釧路の個体群の少なくとも2頭の来遊が認められている羅臼で2005年に集団座礁したシャチの群れのミトコンドリアDNA解析結果が東部北太平洋の回遊型(transient)タイプとの関連性を示唆した(角田ほか，2006)ことを受けると，釧路沖のシャチたちがいずれのタイプかどうかについては慎重な検証が必要だ。定住性(resident)の定義も含め，道東海域におけるシャチの生態的特性の研究はまだ始まったばかりと言えよう。シャチのエコタイプ(生態型)では北東太平洋岸での観察をベースに食性や鳴音，生活パターンなどにより分類を行ったtransient, resident, offshore(沖合型)の3タイプ(Ford *et al.*, 1999, 2000)がよく知られているが，山田(Yamada *et al.*, 2007)が指摘するように世界の他の海域でこの概念が適用できるかどうかは今後解明されなければならない課題であり，北方四島から知床，釧路近海に生息するシャチをこれに当てはめようとするよりも，むしろ海域の特性に応じた多様なエコタイプが存在すると考えるべきかもしれない(笹森ほか，2007)。

　北海道東部に位置するこれらの海域は，流氷や海流，海底地形など様々な要因が下支えとなって日本随一とも言える豊かさを誇る海域である。ここに現れる海洋生態系の最高次栄養段階に位置するシャチの特性と動向を知ることは，翻って，この海域を知ることとも言え，温暖化や汚染が進む近年にあってはことさらに必要な研究と考える。しかし，道東海域に出現するシャチについては，まだまだ未知の部分ばかりで，地道な観察によるデータの集積が不可欠だ。とはいえ，一団体や個人の観察には限界があり，今後はいかにデータ，特にIDカタログの登録数と照合数を増やすかが課題となる。そこで，将来的には他団体グループ，さらにはロシア海域の研究者との研究上の交流を密にすることで，カタログ拡充と照合数の増加につなげたいと考えている。さらには評価可能な努力量を算出できる調査の継続に努め，モデル解析の改善のために各海域の調査期間や方法の差にも考慮して，海域間移動の実態を明らかにし道東海域のシャチ保全と管理に貢献していきたい。

謝辞
　北方四島のシャチに関する貴重なデータを得る機会を与えてくれた，北の海の動物センターの皆様をはじめ，関係者の皆様。
　長い間，一緒に釧路のシャチを見つめてきた大阪と福岡の諸先生と，ともに航海した学生たち。

北海道沿岸のシャチに関する様々な示唆を与えてくれた，高橋俊男様。

また，夜を徹して散漫なデータの解析に当たり，終始パートナーとして発表準備に当たってくれた東京海洋大学の学生団体である〝シャチラボ〟の皆さん。

そして彼女たちと私を辛抱強く指導して下さった，同大学の加藤秀弘教授。

羅臼及び釧路沖の観察で，大いにお世話になった観光船はまなすの皆さん。

最後に，積年の成果を公表する場をつくってくださった，オホーツクシンポの事務局の皆様に，心からお礼を申し上げます。

【引用・参考文献】

Bigg, M. A., Ellis, G. M., Ford, J. K. B. & Balcomb, K. C. (1987): Killer whales: a study of their identification, genealogy and natural history in British Columbia and Washington State. Phantom Press & Publishers, Canada, 79 pp.

Ford, J. K. B. & Ellis, G. M. O, (1999): Transients: mammal-hunting killer whales of British Columbia, Washington, and Southeastern Alaska. UBC Press, Canada, 96 pp.

Ford, J. K. B., Ellis, G. M., Balcomb, III. & K. C. (2000): Killer whales: the natural history and genealogy of *Orcinus orca* in British Columbia and Washington State, UBC Press, Vancouver, Canada, 102 pp.

北海道大学北方四島グループ(1999)：北方四島択捉島ラッコ専門家交流訪問団，訪問の記録，30 pp.

北海道大学北方四島グループ(2000)：北方四島鯨類. 北方四島ビザなし専門家交流訪問の記録，30 pp.

北海道大学北方四島グループ(2001)：国後島海洋生態系調査鯨類班報告，歯舞・色丹海生動物専門化交流訪問の記録，36 pp.

北海道大学北方四島グループ(2002)：北方四島択捉島生態系に関する研究，pp. 21-23.

角田恒雄・早野あずさ・Lance, G. Barret-Lennard・天野雅男・山田格(2006)：相泊シャチの遺伝的解析―ミトコンドリア DNA とマイクロサテライト. In：シンポジウム「西部北太平洋のシャチ：現状の評価と保全に向けての展望」プロシーディングス，pp. 14-15.

Kasuya, T. (1971): Consideration of distribution and migration of toothed whales off the Pacific coast of Japan based on aerial sighting records. Scientific Reports of the Whales Research Institute, 23, 37-60.

加藤秀弘・小島恵美(2000)：北方四島自然科学調査計画―2000 年度鯨類目視調査速報. 北海道大学北方四島グループ，8 pp.

松岡耕二(2007)：北西太平洋鯨類捕獲調査で発見されたシャチ. シャチの現状と繁殖研究に向けて―2007 プロシーディングス(加藤秀弘・吉岡基 編), pp. 65-68，鯨研叢書，14，日本鯨類研究所，東京.

宮下富夫(2007)：日本近海におけるシャチ資源の動向，シャチの現状と繁殖研究に向けて―2007 プロシーディングス(加藤秀弘・吉岡基編), pp. 1-6，鯨研叢書，14，日本鯨類研究所，東京.

Morin, P. A., Ledus, R. G., Robertson, K. M., Hedrick, N. M., Perrin, W. F., Etnier, M., Wade, P. & Tayler, B. L. (2006): Genetic analysis of killer whale *(Orcinus orca)* historical bone and tooth samples to identify western U. S. ecotypes. Marine Mammal Science, 22, 897-909.

Perrin, W. F. & Reilly, S. B. (1984): Reproductive parameters of dolphins and small whales of the Family Delphinidae, Reports of the International Whaling Commission, Special Issue, 6, 97-133.

笹森琴絵・小林万里・柳綾香・大泰司紀之・加藤秀弘(2007)：北方四島海域におけるシャチの出現分布. シャチの現状と繁殖研究に向けて―2007 プロシーディングス(加藤秀弘・吉岡基 編), pp. 76-83，鯨研叢書，14，日本鯨類研究所，東京.

特定非営利活動法人北の海の動物センター(2003)：北方四島国後島生態系に関する研究，54 pp.

特定非営利活動法人北の海の動物センター(2004)：国後島海洋生態系調査鯨類班報告，北方四島における生態系保全と一時産業の共生に関するモデル形成，20 pp.

特定非営利活動法人北の海の動物センター(2005)：「歯舞群島・色丹島専門家交流」訪問の記録，pp. 7-8.

Yamada, T. K., Uni, Y., Amano, M., Brownell, Jr., R. L., Sato, H., Ishikawa, S., Ezaki, I., Sasamori, K., Takahashi, T., Masuda, Y., Yoshida, T., Tajima, Y., Makara, M., Arai, K., Kakuda, T., Hayano, A., Sone, E., Nishida, S., Koike, H., Yatabe, A., Kubodera, T., Omata, Y., Umeshita, Y., Watarai, M., Tachibana, M., Sasaki, M., Murata, K., Sakai, Y., Asakawa, M., Miyoshi, K., Mihara, S., Anan, Y., Ikemoto, T., Kajiwara, N., Kunisue, T., Kamikawa, S., Ochi, Y., Yano, S. & Tanabe, S. (2007): Biological indices obtained from a pod of killer whales entrapped by sea ice off northern Japan, IWC document SC59/SM12.

柳綾香(2006)：北方四島周辺における鯨類相とその地理的変異. 東京海洋大学水産学部卒業論文.

4. Summary

The present study examined local movement of Killer whales (*Orcinus orca*) off eastern region of Hokkaido to clarify the current status of the animals through photo-identification techniques using a total of 2335 photos on mainly the saddle marks of individuals taken from waters off Kunashiri, Habomai, Shikotan and Etorofu Islands (Area N; 1999-2004), off Kushiro (Area K; 2003-10) and off Rausu (Area R; 2008-10) as well as sighting data collected at the same time. The mean school sizes were 7.0, 8.4 and 11.2 in Areas N, K and R, respectively, and the analysis with a likelihood ratio test revealed that there were significant differences in the mean school size between Areas N and K, and Areas N and R ($p<0.01$). Through all of our photo-ID exercises, we finally succeeded in recognizing 83 individuals including 13, 46 and 24 from Areas N, K and R respectively. Then we examined local patterns in relation to social school composition by categorizing the observed killer whales' schools into 5 types as being: the group type A (male + unknown), B (calf + unknown), C (male + calf + unknown), D (unknown) and E (male only). From these analyses, type C was the most common throughout all three Areas. There was no significant difference in the social types among the Areas ($p>0.05$). Among all of the 83 individuals identified, the re-capture rate over the years was relatively higher in Area K than those in other areas, indicating the existence of resident individuals in this area. In addition, it was especially noted that a large male was re-captured in all three Areas. Collaborations with other research sources by other research groups in both Russia and Japan would enhance to increase our knowledge on Killer whales populations in the waters.

4

北西太平洋鯨類捕獲調査の現状と成果

Current status and research results of JARPN II program under Special Permit in the western North Pacific

藤瀬良弘[1]・田村力[1]・パステネ, L. A.[1]（[1]日本鯨類研究所）
Yoshihiro FUJISE[1], Tsutomu TAMURA[1] and Luis A. PASTENE[1] ([1]The Institute of Cetacean Research)

　私どもの研究所が北西太平洋で実施している「北西太平洋鯨類捕獲調査」，略してJARPN（ジャルパン）と呼んでおり，現在第2期調査(JARPN II，ジャルパン・ツー)に移行しているが，そのJARPNとJARPN IIの概要と結果について紹介し，オホーツク海での同様な調査の必要性について説明する。

1. JARPN IIとは？

　JARPN IIは，鯨類を含む海洋生物資源の生態系管理(Ecosystem management)を目標としたプログラムである。このため，鯨類による餌生物の消費量や嗜好性に関するデータを収集して，生態系モデルの構築の試みを行っている。

　JARPN IIは，鯨類とその餌生物を含む包括的な調査計画で2000年から開始された(図Ⅲ.4.1)。これは，第一期調査のJARPNで，鯨類の食性が重要になってきたからである。従来，ヒゲクジラの主要な餌生物としてはオキアミなどの動物プランクトンやマイワシなどの集群性魚類であると考えられていたが，JARPNで採集したミンククジラの胃からはサンマやスケトウダラ，スルメイカなど日本の漁業が漁獲対象とする魚種を広範に利用していることが明らかになり，このため，鯨類と漁業との関係にも関心が高まった。

　第二期調査のJARPN IIでは，ミンククジラを含む鯨類の摂餌生態の解明と生態系モデルの開発を通して，多魚種一括管理に貢献することを主目的とした生態系調査へと発展した。

　JARPN IIは3つの主目的を持って実施している。第1は，鯨類の摂餌生態と生態系調査である。ここでは，鯨類の餌生物の消費量や鯨類の餌生物の嗜好性の解明，並びに生態系のモデリングを目的にしている。第2は，鯨類と海洋生態系における環境汚染物質のモニタリングで

> JARPNIIとは？
> What is JARPN II ?

JARPNIIは，鯨類の捕獲調査と鯨類目視調査及び餌環境調査を含んだ総合生態系調査。
JARPN II is a comprehensive and multidiscipline ecological research program including concurrent whale and prey surveys

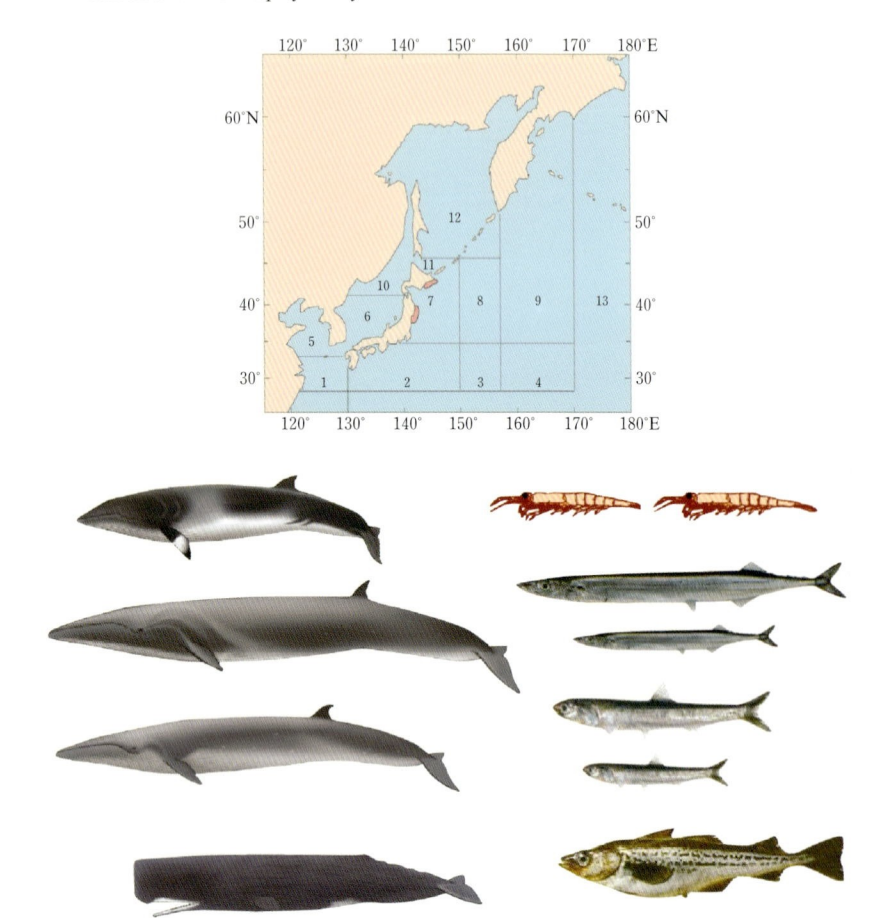

図III.4.1　JARPN IIの概要。上図には，IWC/SCが北西太平洋ミンククジラの資源管理作業において設定した13の海区並びに沿岸域調査(三陸沖，釧路沖鯨類捕獲調査)の海域(赤色)も併せて示した。クジラ4種のイラストは，©Haruyoshi KAWAI

Figure III.4.1　Outline of the JARPN II. The map on the top shows the 13 subareas used by the IWC/SC for management of common minke whales. The map also shows the locations of the coastal components of JARPN II (Sanriku and Kushiro).

あり，第3は，鯨類の系群構造の解明である。このうち，第1の課題に最も高い優先順位をつけて実施している。また，第3に掲げた課題は，現在IWC/SC(国際捕鯨委員会科学小委員会)において北西太平洋のミンククジラやニタリクジラ資源に対して改定管理方式(RMP)の適用試験が進められており，さらなる情報が求められている。これに答えるために主目的としたものである。

日本漁業の漁獲量(図Ⅲ.4.2)は1987年以降減少の一途をたどっている。この原因としては，過剰捕獲や海洋環境の変化，そして海産哺乳類や他の捕食者の消費による影響が考えられる。特にミンククジラやニタリクジラ，イワシクジラなど鯨類は，その資源を徐々に回復しており，その餌生物資源への影響の度合いを検討する必要がある。漁業管理を適切に行うためにも，これらの関係を調べることが大切な課題となっている。

日本近海で漁業と鯨類の競合関係を示唆する一例を図Ⅲ.4.3に示した。右側の図は，調査中に観察されたサンマ漁業の漁場とその時のミンククジラの発見位置を示したものである。サンマ漁業の漁場とミンククジラの発見位置が重なっていることがわかる。また，この漁場付近で捕獲したミンククジラの胃からは大量のサンマが観察された。実際，漁船が操業している最中に，その網のすぐそばで，サンマを狙ってミンククジラが現れた映像も残っている。

ミンククジラは，サンマ以外にも，日本の漁業の対象魚種であるスケトウダラやスルメイカ，カタクチイワシも餌生物として消費しており，ミンククジラが漁業と直接的な競合関係にあることが示唆された。

IWC科学小委員会は，北西太平洋に13の海区を設定して，ミンククジラの資源管理の検討作業を行っている。JARPN Ⅱの調査海域は，北日本の太平洋側に位置する7, 8及び9海区である(図Ⅲ.4.1参照)。

JARPN Ⅱは2つのコンポーネントから構成されている。1つはJARPN Ⅱの本体の7, 8, 9海区を対象とした沖合域調査である。もう1つは沿岸域調査である。

JARPN Ⅱの研究計画立案と科学的運営は関係研究機関等が参画する包括協議会が当たる。沖合域調査は，当研究所が実施主体となって共同船舶㈱の船舶と乗組員を用船して鯨類捕獲調査を実施している。また，同時に実施している餌環境調査についても当初は当研究所が独立行政法人水産総合研究センター遠洋水産研究所(現 国際水産資源研究所)の支援を受けて実施してきたが，2008年より，同センター所属の俊鷹丸，北光丸などの調査船が参加しての連携調査となって実施している。

また，沿岸域調査(2002年より開始)は，春に三陸沖で，秋に釧路沖で実施されている。当初は，沖合域調査同様，当研究所が実施主体となり，三陸沖を当研究所が，釧路沖を遠洋水産研究が

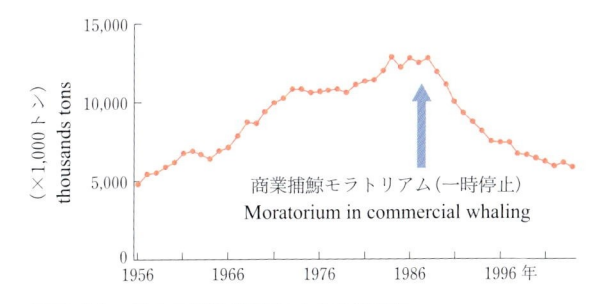

図Ⅲ.4.2 日本の総漁獲量(トン)の年変化
Figure Ⅲ.4.2 Yearly trend of total catches by Japanese fisheries.

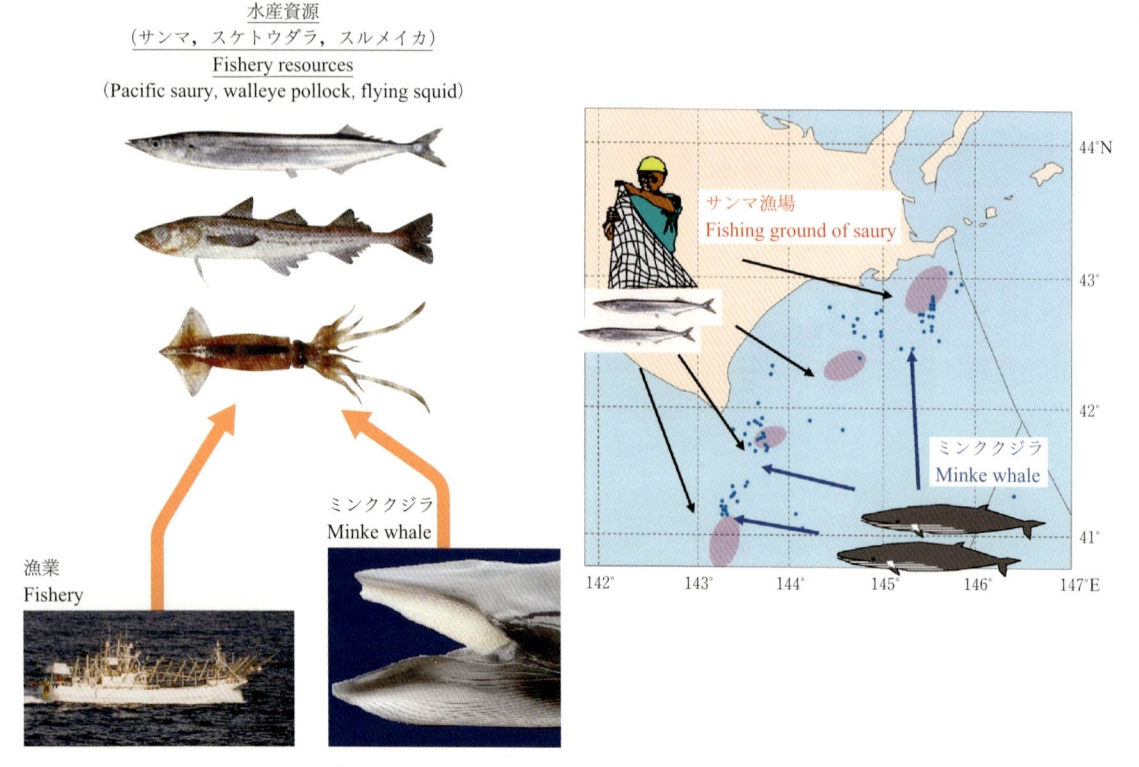

図III.4.3 ミンククジラと漁業との関係
Figure III.4.3 Interaction between common minke whale and commercial fisheries around Japan. Such interaction suggests a possible competition between cetacean and fisheries.

主管となって，小型捕鯨業者の協力を得ながら実施してきたが，2010年からは一般社団法人地域捕鯨推進協会が実施主体となり，当研究所と遠洋水産研究所が調査を主管する形に再整理され，現在に至っている。またこれに加えて，東京海洋大学海洋科学部・加藤秀弘教授の鯨類研究室が春秋の沿岸域調査の実施面と研究面において参画し，まさに，産官学が一体となった体制で調査に臨んでいる。しかしながら，2011年3月11日に発生した東日本大震災の影響により，2011年の沿岸域調査は，春秋ともに釧路沖にて沿岸域調査を実施することに変更された(図III.4.4)。

沖合域調査での捕獲対象は4鯨種，すなわち，ミンククジラ，ニタリクジラ，イワシクジラ，マッコウクジラである。これは，北西太平洋に来遊する鯨種のうち，その生物量が比較的大きいからである。沿岸域調査では，ミンククジラのみを捕獲対象として実施している。

JARPN IIは，3つの調査から構成されている(図III.4.5)。第1はクジラの捕獲調査で，第2は鯨類の資源量を推定する目視調査である。そして，第3は鯨類の餌環境を明らかにするための餌環境調査である。

第1の捕獲調査には，目視採集船数隻と調査母船1隻を用いて実施している。採集船が目視調査を行いながら，発見した鯨群から捕獲対象とする個体を無作為に選択して，追尾捕獲する。

ミンククジラ Common minke whale	220 頭 (沖合 100 頭, 沿岸域 120 頭) (資源量：40,000 頭) 220 ind. (100 offshore, 120 coastal) (Abundance: 40,000)	
ニタリクジラ Bryde's whale	50 頭 (資源量：22,000 頭) 50 ind. (Abundance: 22,000)	
イワシクジラ Sei whale	100 頭 (資源量：28,000 頭) 100 ind. (Abundance: 28,000)	
マッコウクジラ Sperm whale	10 頭 (資源量：102,000 頭) 10 ind. (Abundance: 102,000)	

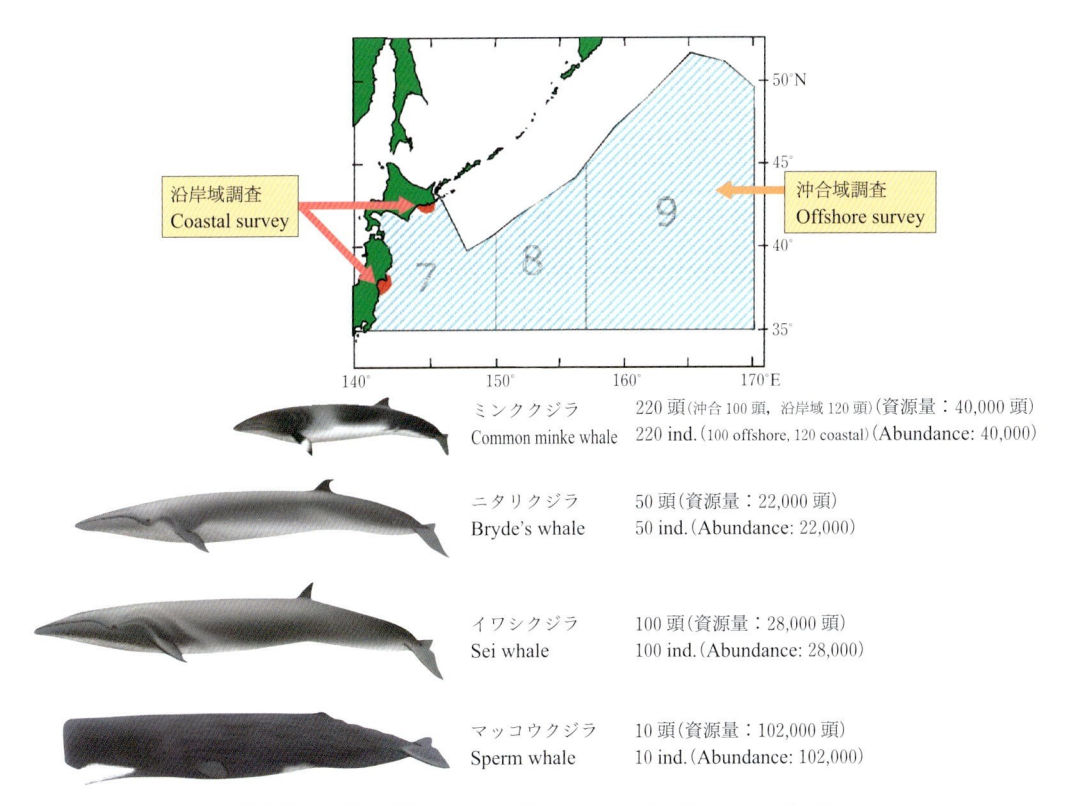

図Ⅲ.4.4 調査海域と捕獲調査の対象鯨種。クジラ4種のイラストは©Haruyoshi KAWAI
Figure III.4.4 Research area of JARPN II and target whale species for lethal sampling.

捕獲完了後，後方の調査母船に鯨体を引き渡し，採集船は目視調査を再開する。調査母船では，受け取った鯨体の生物調査を実施し，その後に副産物の製造を行う。

　第2の目視調査には，目視専門船1隻が従事し，捕獲調査船団とは独立して目視調査のみに従事し，発見した鯨群の発見情報を収集する。

　第3の餌環境調査には，トロールと計量魚探を装備したトロール兼音響調査船1隻が参加している。計量魚探により餌生物の分布と現存量を求め，トロールによって魚探に反応した魚群の魚種確認を行う。これにより，どんな種類の魚類がどれくらい分布しているのかがわかる。

　このように，いろいろなタイプの調査船が参加して，JARPN IIの沖合域調査を実施している。調査母船上での生物調査を図Ⅲ.4.6に示した。甲板上では外部形態の観察，計測から，体重測定や脂皮の厚さ測定，年齢形質の採集，繁殖状態の観察と組織採集などの生物学的な調査を行う。さらに，汚染物質分析用組織の採集や，この調査の主目的になる胃内容物の詳細な調査を調査母船上で行う。

　JARPN IIで開発中の多魚種モデルの一例を図Ⅲ.4.7に示した。このモデルの中には漁業も1つの構成要素として含まれている。JARPN IIは多魚種一括管理の発展に貢献しようとしている。この試みは，世界の海洋生物資源の長期かつ持続的な利用を目指した漁業監理戦略の基礎としても貢献すると考えられている。また，JARPN IIで収集されたデータは，カタクチイ

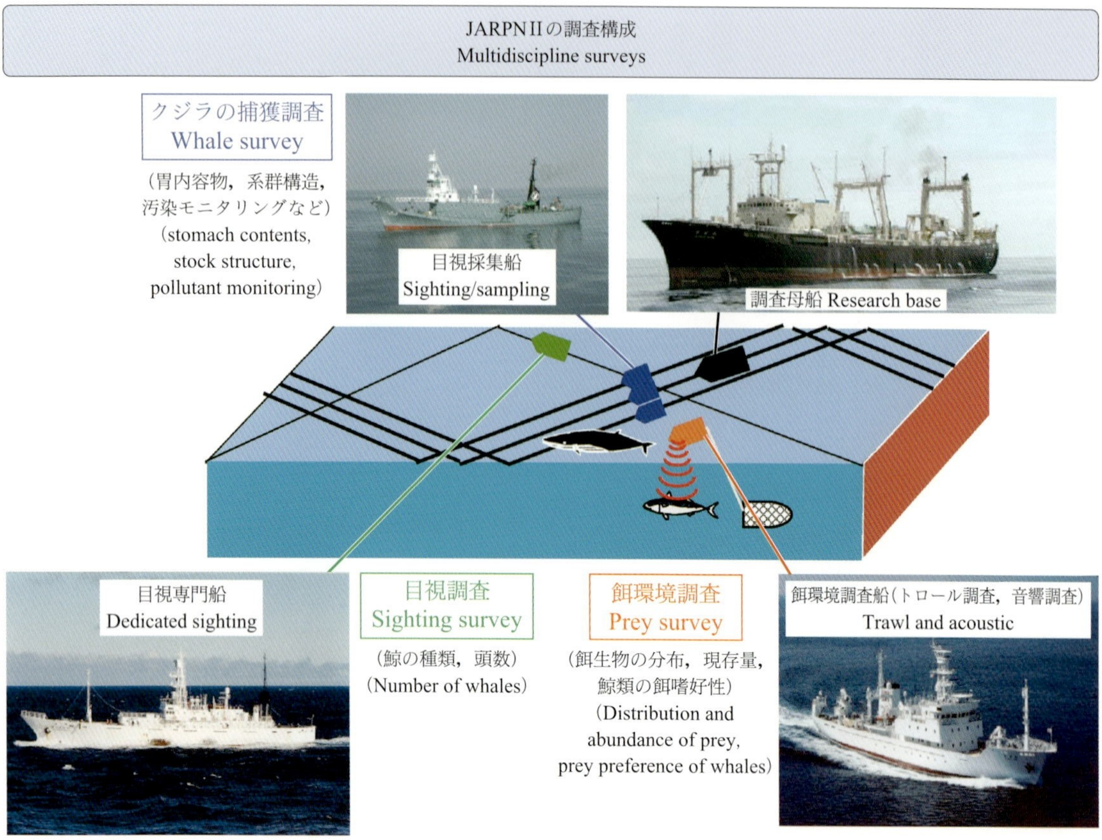

JARPN IIの調査構成
Multidiscipline surveys

クジラの捕獲調査
Whale survey
（胃内容物，系群構造，汚染モニタリングなど）
(stomach contents, stock structure, pollutant monitoring)

目視採集船 Sighting/sampling

調査母船 Research base

目視専門船 Dedicated sighting

目視調査
Sighting survey
（鯨の種類，頭数）
(Number of whales)

餌環境調査
Prey survey
（餌生物の分布，現存量，鯨類の餌嗜好性）
(Distribution and abundance of prey, prey preference of whales)

餌環境調査船（トロール調査，音響調査）
Trawl and acoustic

図III.4.5 JARPN IIに参加する調査船とその体制
Figure III.4.5 A schematic representation of the design for the multidiscipline surveys under JARPN II. The kinds of research vessels used by JARPN II are also shown.

ワシなど重要な魚種の資源管理にも利用されている。

図III.4.8は，JARPN IIの第一の目的である摂餌生態と生態系研究のコンセプトを示したものである。

調査から得られた目視データからは資源量推定が，胃内容物からは，捕食している餌種と消費量が，また，計量魚探による餌環境調査からは，餌生物の豊度が，そして海洋観測などのデータから水塊構造などが明らかにされ，餌消費量や嗜好性に関する解析が行われた後に，右の列に挙げた生態系モデルの構築作業が行われる。

生態系モデルによる多魚種の一括管理では，次のような管理目標を持っている。すなわち，①魚類資源と鯨類資源の最適なバランスを解明すること，②漁業資源を回復させること，そして③鯨類の持続的利用を図ることなどである。これにより，鯨類を含めた海洋生物資源全体の持続的利用の推進を目指している。

図III.4.6 調査母船上での生物調査の概要。外部形態の観察計測（左上），胃内容物（右上）は，消化の程度ごとに分けられ（左下），それぞれの重量を測定して（右下），餌の消費量を求める。
Figure III.4.6 Biological survey onboard the research base *Nisshin Maru*. External observation and measurement of body proportion and weight (upper left); sampling and weighing of the stomach contents (upper right); sorting and counting of prey species found in the stomach (bottom left); measuring prey species (bottom right). Using this information, the food composition and consumption of whales can be estimated.

2．JARPN IIの調査結果

次にJARPN IIで明らかになった鯨類の食性について説明する。食性は鯨種によって異なっている。

ミンククジラは，図III.4.9に示したように，オキアミから，カタクチイワシ，サンマ，スケトウダラ，さらにはスルメイカと多種類にわたる餌生物を幅広く利用している。調査結果から，ミンククジラは1日に210 kgもの量の餌生物を捕食していることが見積もられた。

次に，ニタリクジラの結果を図III.4.10に示した。ニタリクジラは，ミンククジラと対象的にオキアミとカタクチイワシの2種のみを選択的に捕食する傾向を持っている。ニタリクジラの日間摂餌量は，600 kgから700 kgと見積もられた。

イワシクジラを図III.4.11に示した。イワシクジラは，ミンククジラとニタリクジラの中間的な位置づけになる。すなわち，カイアシ類やオキアミなどの動物プランクトンから，サンマ，カタクチイワシなどの魚類まで捕食していた。イワシクジラの日間摂餌量は，ニタリクジラと同様に600〜700 kgと見積もられた。

3鯨種に共通して利用している餌生物としてカタクチイワシがある。しかしながら，鯨種に

194　III　海生哺乳類 I　鯨類

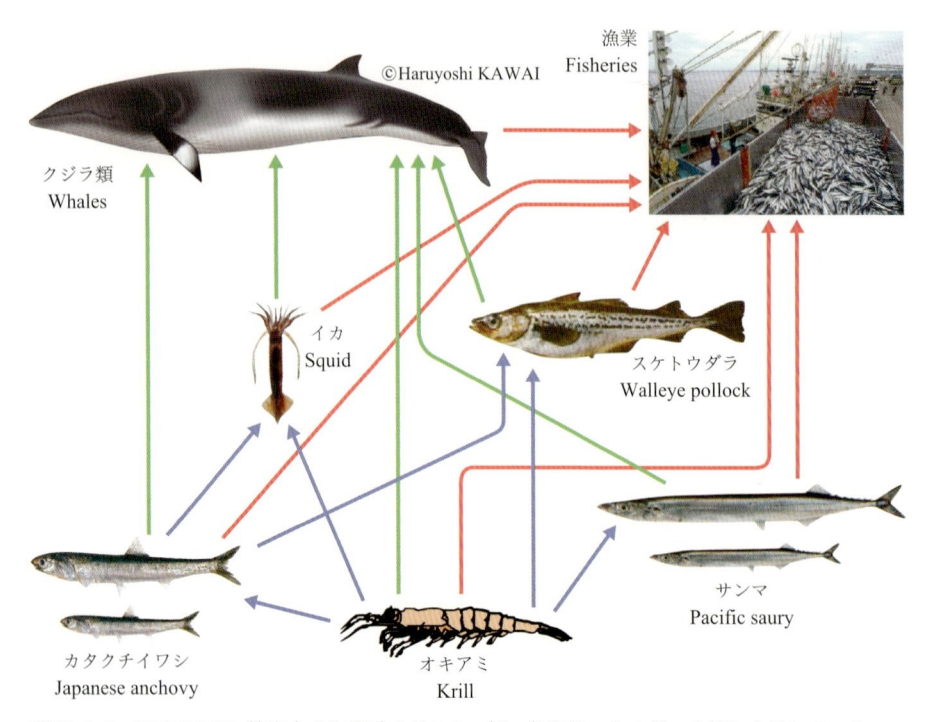

図III.4.7　JARPN IIに策定中の生態系モデルの一例。矢印はエネルギーの流れを示している。
Figure III.4.7　Conceptual representation of the interrelation among fisheries, whales and prey species such as fish and plankton in the western North Pacific. The arrows represent the energy flow from species to species.

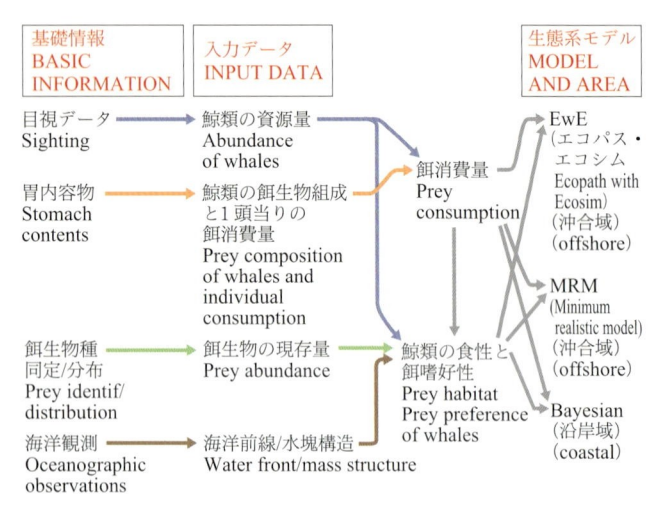

図III.4.8　JARPN IIにおける摂餌生態と生態系研究のコンセプト
Figure III.4.8　Flow chart of the feeding ecology and ecosystem studies under the JARPN II.

Offshore: Common minke whales

©Haruyoshi KAWAI

1日の餌消費量：210 kg
Prey consumption: 210 kg/day（max.）

| オキアミ
Krill
（*Euphausia pacifica*） | カタクチイワシ
Japanese anchovy
（*Engraulis japonicus*） | サンマ
Pacific saury
（*Colorabis saira*） | スケトウダラ
Walleye pollock
（*Theragra chalcogramma*） | スルメイカ
Japanese flying squid
（*Tadarodes pacificus*） |

図Ⅲ.4.9　ミンククジラの食性と摂餌量
Figure Ⅲ.4.9　Diet of common minke whale (*Balaenoptera acutorostrata*) as found in JARPN Ⅱ, and estimated daily prey consumption.

　よって消費するカタクチイワシの体サイズに違いのあることがわかった(図Ⅲ.4.12)。ニタリクジラが最も小さなカタクチイワシを利用し，イワシクジラが中間で，最も小型のミンククジラが最も大型のカタクチイワシを利用するなど，3鯨種が体サイズで利用するカタクチイワシを分けていることがわかった。

　また，クジラの餌生物の好み，つまり嗜好性であるが，図Ⅲ.4.13のように考えられた。すなわち，主要な餌生物は，ミンククジラがサンマとカタクチイワシ，ニタリがカタクチイワシとオキアミ，そしてイワシクジラが，カイアシ類とオキアミ類及びカタクチイワシを主に捕食しているということである。しかしながら，調査年によっても変動しており，現在その変動の大きさも合わせて調べている。また，季節によっても利用する餌が異なっていた。このような総合的な食性の情報が，開発中の生態系モデルの入力データとして提供される。

　図Ⅲ.4.14に生態系モデルの1つであるエコパス・エコシムの概略を示した。ここでは，構成される生物種を示している。このモデルでは，合計30の生物種のデータを用いて検討している。

　エコパス・エコシムでは，様々な要素を考慮して検討している。図Ⅲ.4.15はその試算結果の1つを示したものである。ここでは，3種のヒゲクジラを今後50年間にわたり資源の4%を捕獲した場合と，捕獲しなかった場合で，他の漁業での漁獲量の差を示している。クジラの消

Bryde's whale (*Balaenoptera edeni*)

©Haruyoshi KAWAI

1日の餌消費量：600～700 kg
Prey consumption: 600-700 kg/day

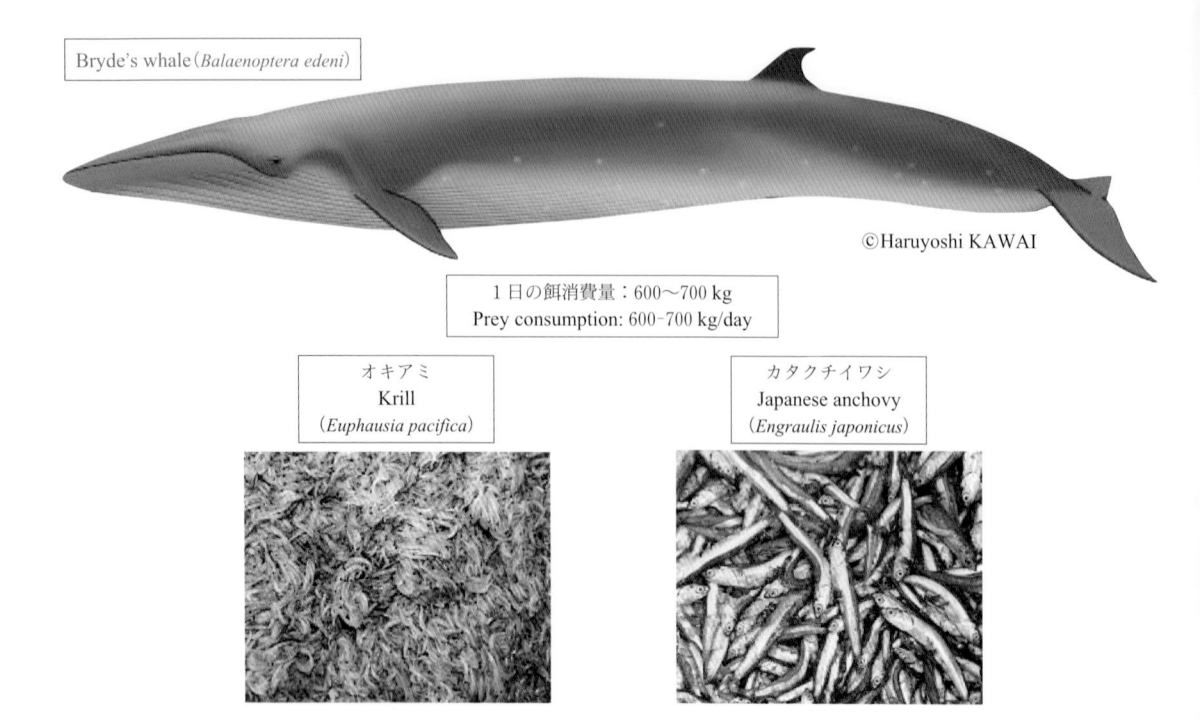

オキアミ
Krill
(*Euphausia pacifica*)

カタクチイワシ
Japanese anchovy
(*Engraulis japonicus*)

図III.4.10　ニタリクジラの食性と摂餌量
Figure III.4.10　Diet of Bryde's whale (*Balaenoptera edeni*) as found in JARPN II, and estimated daily prey consumption.

費パターンについて3つのタイプを想定して検討している。大雑把にいって，カタクチイワシでは4～19％(すなわち8,300～3万9,000トン)，サバ類で7～55％(3万1,000～19万1,000トン)，サンマで1～2％(すなわち4,150～8,300トン)，マイワシで0～12％(0～5,600トン)，そしてカツオで10～39％(すなわち1万1,000～3万9,000トン)が，クジラの4％の間引きで，漁業による漁獲量を増大させることができるとの試算結果が得られている。すなわち，クジラの捕食が漁業に与える影響は小さくないことを示している。これは，まだ試算の段階であり，今後データの精度を高めて検討していく必要がある。

また，JARPN IIの第2の主目的である海洋汚染のモニタリングは，主に，有機塩素化合物と水銀に着目して，鯨類の他にも，大気や海水及び各餌生物の分析を行っている。これまでの結果では，有機塩素化合物濃度は，1970年以後減少する傾向にあることが報告されているが，ミンククジラなどの高位の栄養段階にある生物ではまだ横ばいの状態であることがわかった。

また，水銀濃度については，図III.4.16に示すように，主に餌生物の栄養段階によって，異なることが明らかになった。すなわち，低次の餌生物を捕食するイワシクジラやニタリクジラでは水銀濃度も低く，沖合のミンククジラのように中位の栄養段階にあるシマガツオなどの魚類を捕食する鯨種はイワシクジラやニタリクジラに比べて高い水銀濃度を示した。また，同じミンククジラであっても，沿岸域の個体は沖合域より低い栄養段階の餌を捕食するため，水銀濃度も低い傾向を示した。

Sei whale (*Balaenoptera borealis*)

©Haruyoshi KAWAI

1日の餌消費量：600～700 kg
Prey consumption: 600-700 kg/day

サンマ
Pacific saury

カタクチイワシ
Japanese anchovy

カイアシ類
Copepods

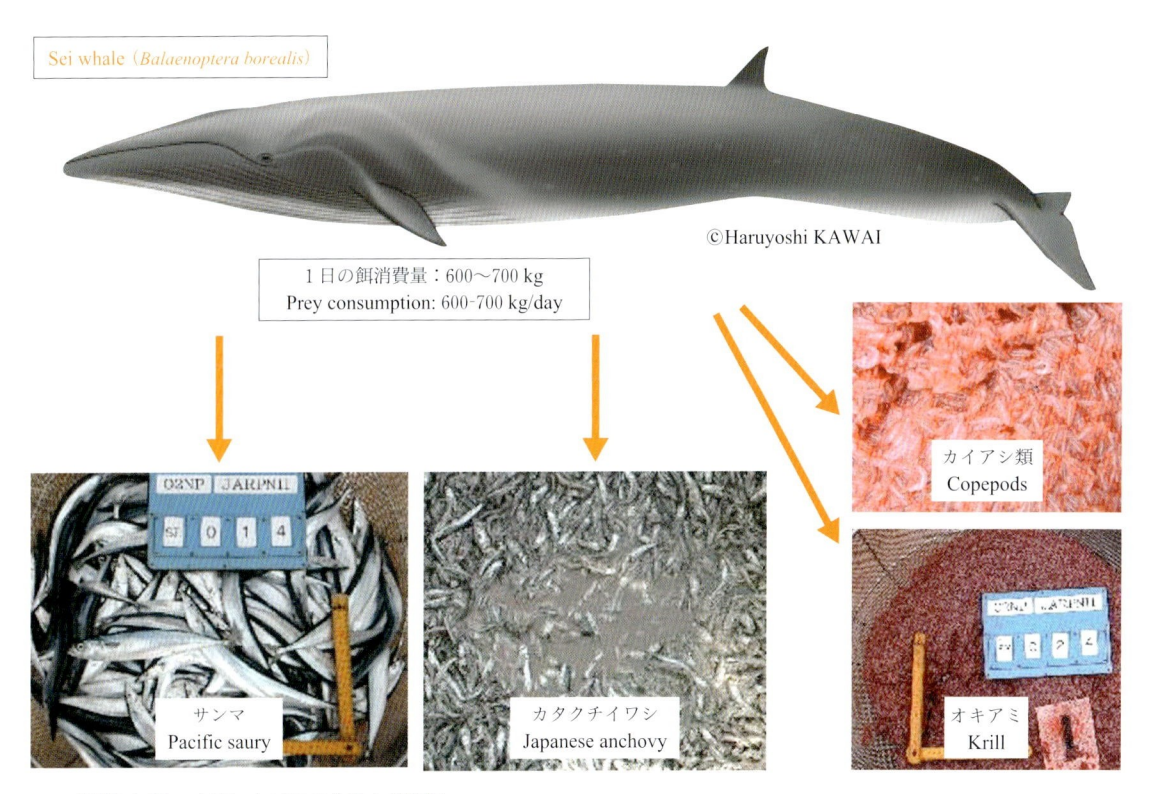

オキアミ
Krill

図Ⅲ.4.11　イワシクジラの食性と摂餌量
Figure Ⅲ.4.11　Diet of sei whale (*Balaenoptera borealis*) as found in JARPN Ⅱ, and estimated daily prey consumption.

このことは，利用する餌生物の変化によって，ミンククジラ体内の水銀濃度も変化することを意味している。

3．JARPN，JARPN Ⅱにおけるオホーツク海調査

これまでJARPN，JARPN Ⅱの調査海域である北西太平洋について紹介してきた。オホーツク海については，1996年と1999年の第一期調査において，北海道のオホーツク海沿岸域（11海区）の調査を行ったので，この結果を紹介し，オホーツク海の特徴と課題について説明する。1996年の調査は1996年8月15～20日に4隻の調査船を用いて実施し，1,299.7マイルの探索を行い，30個体のミンククジラを採集した。また，1999年の調査は1999年7月6～15日にかけて4隻の調査船を用いて実施し，1,058.7マイルの探索を行い，50個体のミンククジラを採集した。

北海道のオホーツク海沿岸域，すなわち，紋別や網走沖で実施したJARPN Ⅱの結果を図Ⅲ.4.17に示した。この海域については，商業捕鯨時の情報に基づき，日本海系群であるJ系群と太平洋側のO系群が4月に混在していることが報告されている。JARPNでは7月と8月

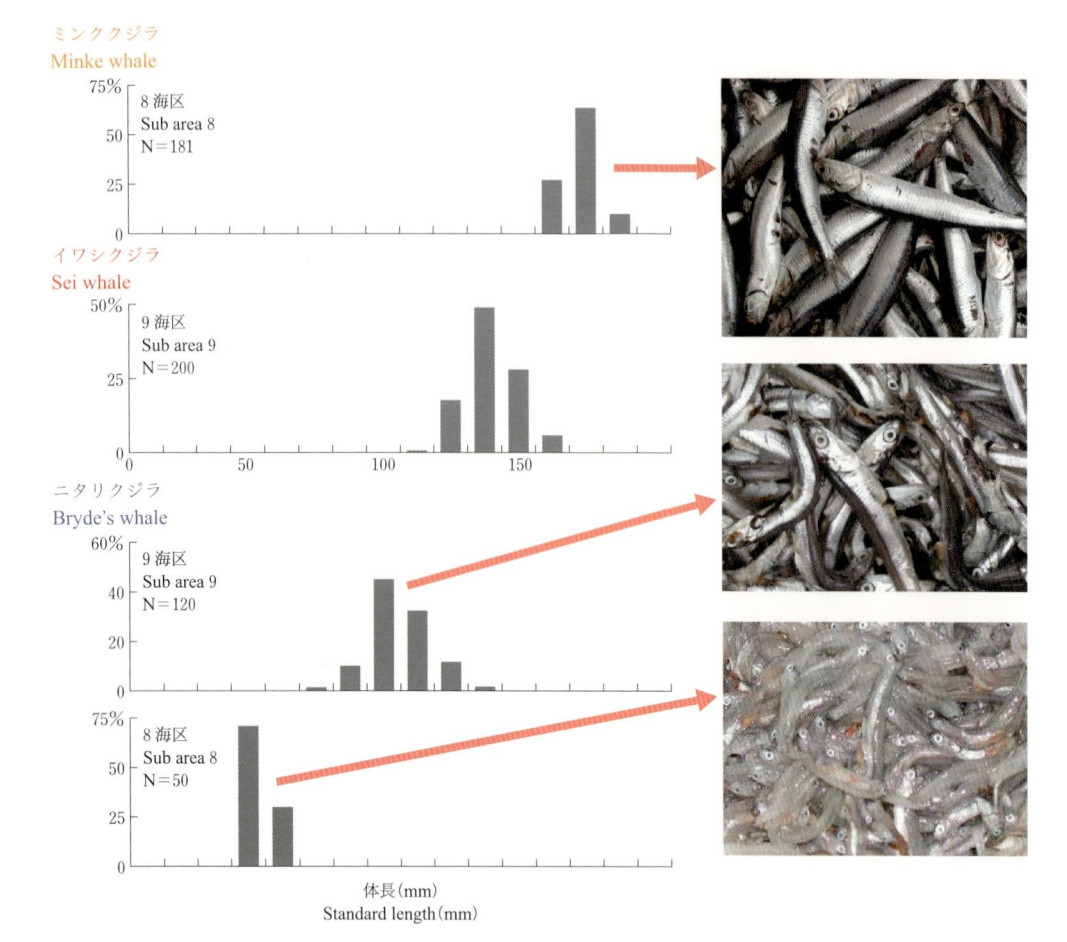

図III.4.12 ミンククジラ，イワシクジラ及びニタリクジラが消費するカタクチイワシの体長組成。最も小型のミンククジラが大型のカタクチイワシを利用していることが明らかになった。田村ほか(2003)より
Figure III.4.12 Comparison of body length frequencies of Japanese anchovies consumed by common minke, sei and Bryde's whales in the western North Pacific. The smaller common minke whale consumes larger fishes. From Tamura *et al.* (2003).

にそれぞれ1回調査を行ったが，4月と同様に2つの系群が，夏季にも混在していることが明らかになった。

J系群とO系群の特徴は，遺伝学的に異なる繁殖集団であることの他，交尾期(受胎日)にずれのあることや，体の表面に残るダルマザメの咬み傷の程度によっても識別できることが，徐々に明らかになりつつある。

同海域におけるミンククジラの食性についても，北西太平洋と異なっていることが明らかになった(図III.4.18)。詳細は，本書III-2で田村が紹介しているが，JARPNで調査した夏季のオホーツク海南部海域では，ミンククジラは主にオキアミを捕食し，魚類は認められなかった。ミンククジラの食性には，経年変動のあることが明らかになっており，太平洋側では魚種交代に連動して餌生物を変えており，柔軟な幅広い食性を有していることが知られている(Tamura

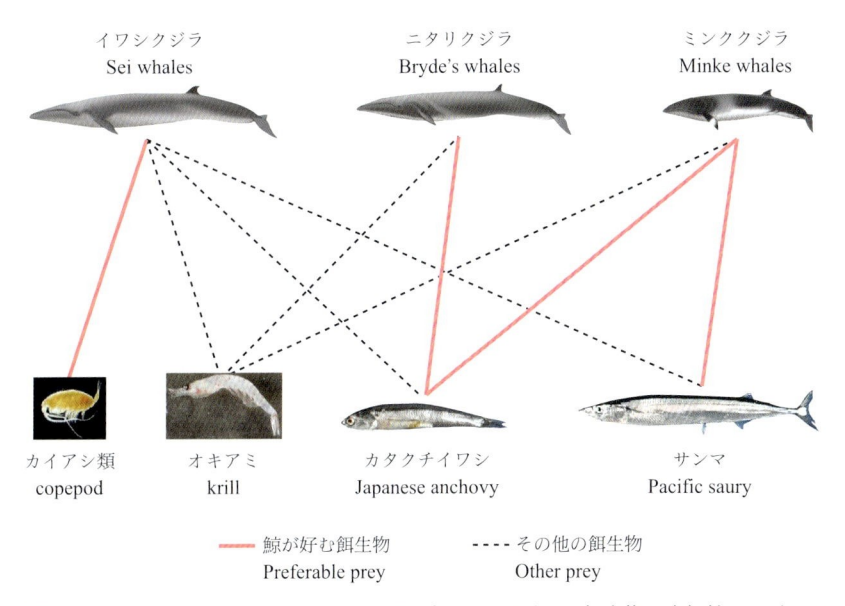

図III.4.13　ミンククジラ，イワシクジラ及びミンククジラの餌生物の嗜好性。クジラ3種のイラストは ©Haruyoshi KAWAI
Figure III.4.13　Prey preferences of common minke, sei and Bryde's whales.

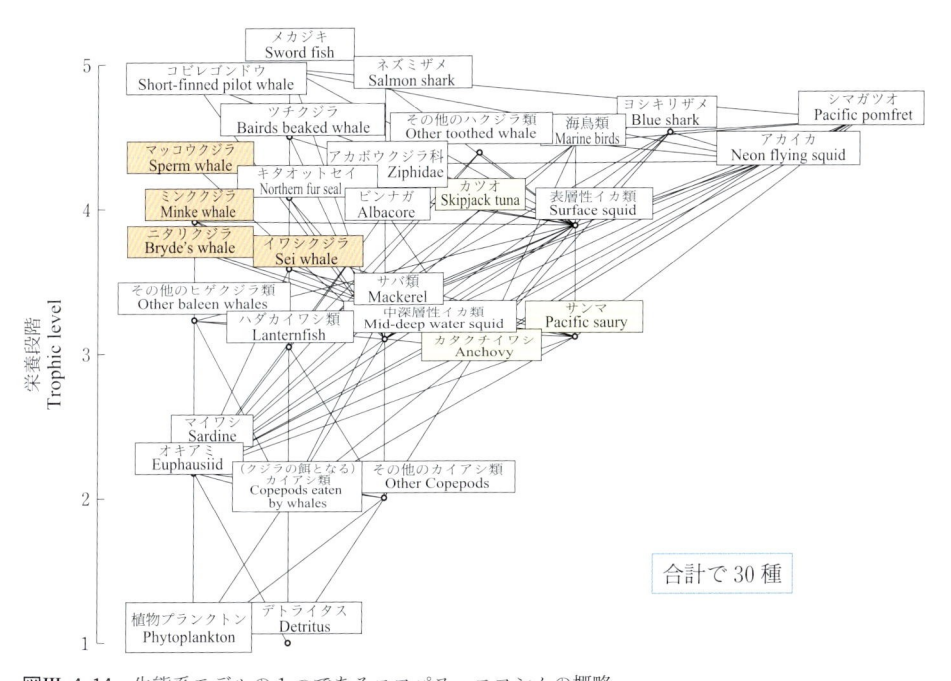

図III.4.14　生態系モデルの1つであるエコパス・エコシムの概略
Figure III.4.14　Components of EwE (Ecopath with Ecosim) of JARPN II.

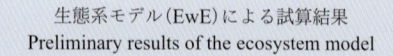

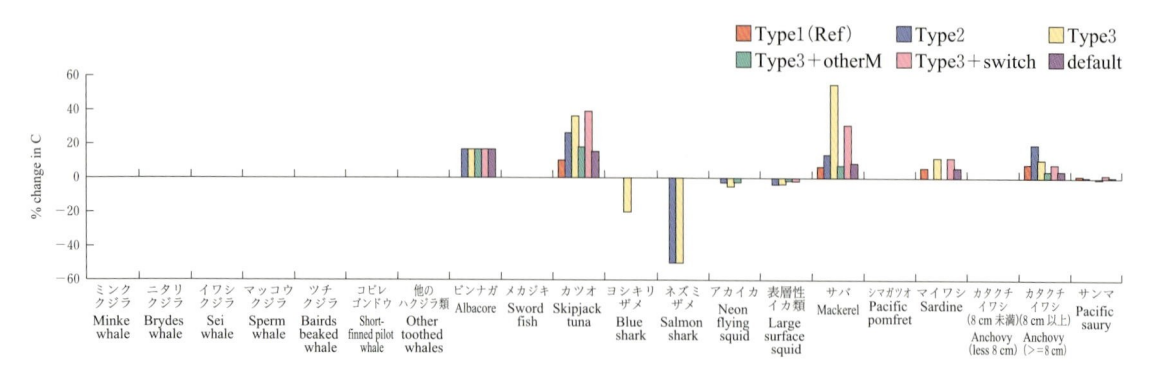

図III.4.15 エコパス・エコシムによる試算結果の一例。ミンククジラ，イワシクジラ，ニタリクジラを50年間にわたり資源の4％を捕獲した場合としなかった場合の漁獲量の差を試算したところ，カタクチイワシ，サバ及びカツオの漁獲量が増加すると試算された。

Figure III.4.15　An example of output from the EwE under JARPN II. % change in catch between no catch and taking 4% of the minke, sei, and Bryde's whales annually for 50 years($v=2$). Increase population of Japanese anchovy, mackerel and skipjack tuna annually for 50 years.

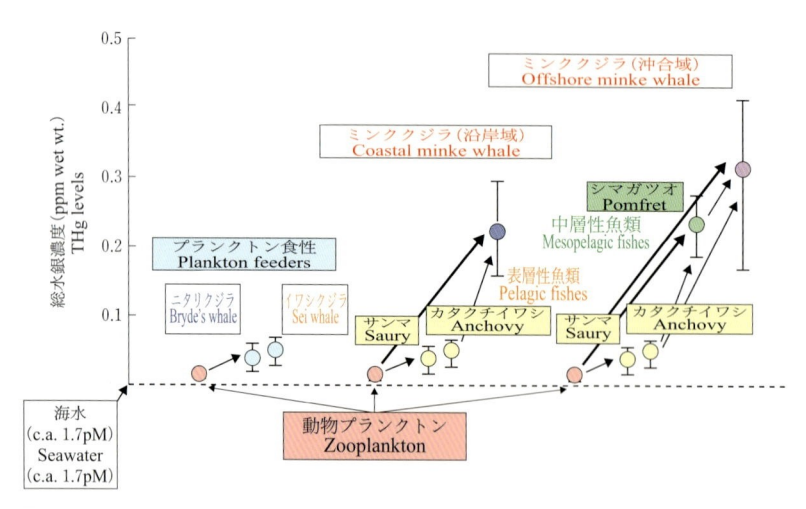

図III.4.16　鯨類と餌生物中の水銀濃度の関係。ヒゲクジラ類の水銀蓄積パターンの違いは，食性の違いにより説明できる

Figure III.4.16　Relationship between mercury levels of cetacean and their prey species. Differences in food habitat explain the pattern of Hg accumulation of baleen whales.

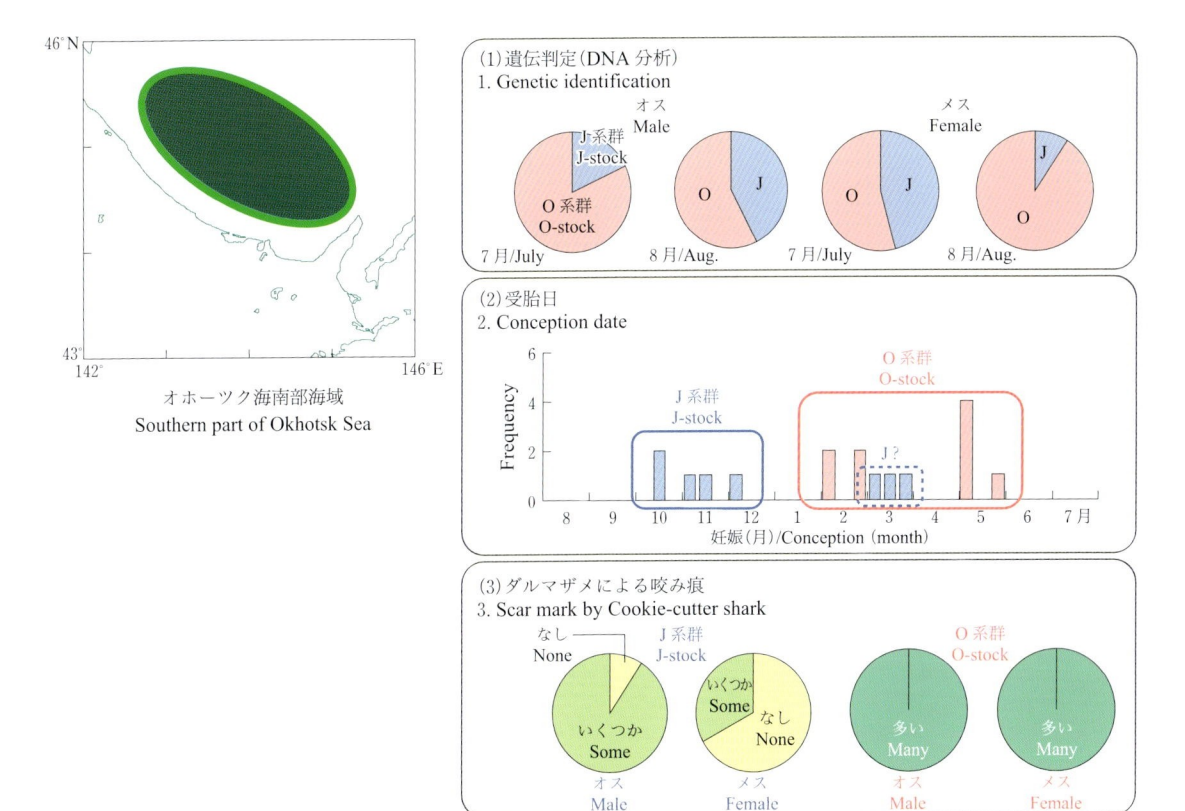

図Ⅲ.4.17 JARPNが1996年と1999年に実施したオホーツク海南部海域における調査結果の概略。
J系群とO系群は遺伝分析(1),受胎日(2),ダルマザメ痕(3)などによって分けることができる。
Figure Ⅲ.4.17 Summary of the results on stock structure conducted under JARPN Ⅱ in the southern part of Okhotsk Sea. DNA analysis (1), Conception date (2), Scar mark by cookie-cutter shark (3). Genetic and non-genetic approaches show the occurrence of two stocks of common minke whales (O- and J-stocks), which intermingle temporally in this area.

& Fujise, 2002)。オホーツク海のミンククジラについては，商業捕鯨時代の限られた情報があり，オホーツク海の北部海域ではニシンを多量に捕食していたとの報告がある(Kasamatsu & Hata, 1985)。果たしてミンククジラは，オホーツク海で，現在，どのような餌生物種を利用しているのか，とても興味深い。

さらに，JARPNとJARPN Ⅱから明らかになったことは，夏季の北西太平洋には成熟したメスのミンククジラはほとんど分布していないということである(図Ⅲ.4.19)。商業捕鯨時代の情報から，オホーツク海北部海域では成熟したメスが主に分布し，ニシンを捕食していたとの報告や，4月にはオホーツク海南部海域で成熟メスが来遊していたとの報告などがあるが，現在その海域での情報は，ほとんど得られていない。ミンククジラが，性や成熟によって棲み分けのあることは，南極海でもよく知られており，成熟したメスの個体はより極域付近まで移動している。北西太平洋においても，同様の棲み分けのあることが予想されている。

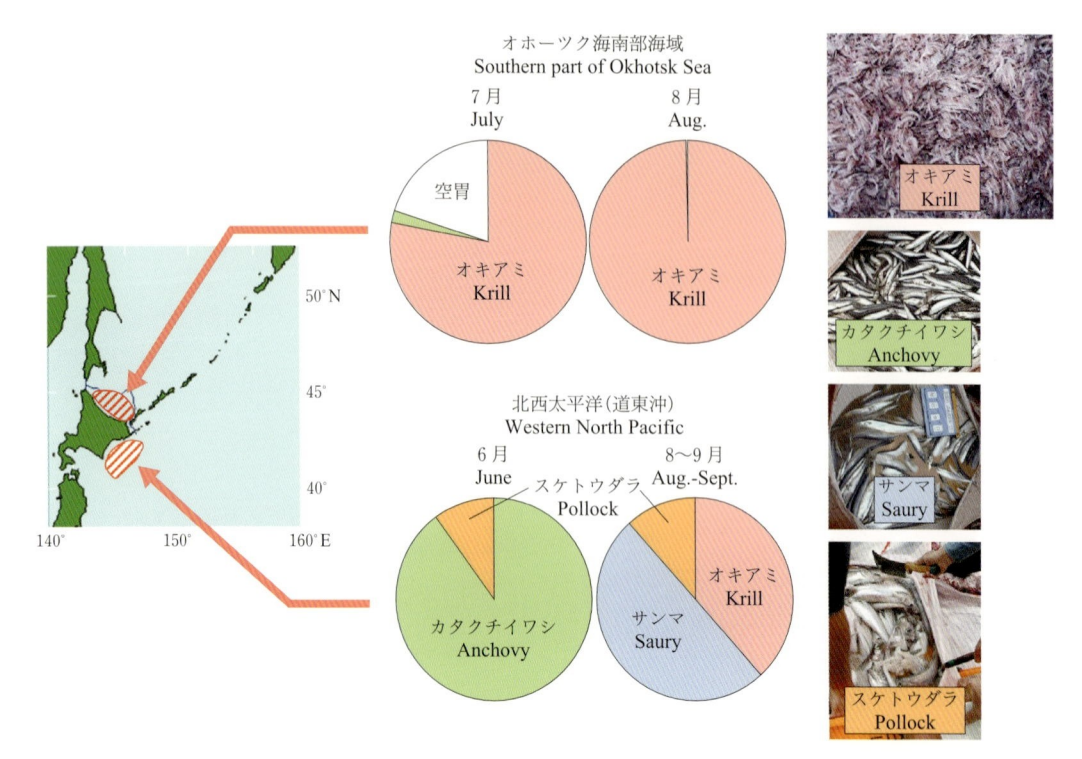

図III.4.18 JARPNが1996年と1999年にオホーツク海南部海域に採集したミンククジラの食性(7月と8月)。比較のため，6月と8〜9月の道東太平洋側の食性も併せて示した。
Figure III.4.18 Prey species composition of common minke whales in the southern part of Okhotsk Sea based on samples collected in 1996 and 1999 (July and August). For comparison, the prey species compositions in the Pacific side off Hokkaido in the same years are shown.

4．まとめ──ミンククジラなど鯨類の資源管理におけるオホーツク海調査の重要性

まとめると，オホーツク海は，

① ミンククジラの太平洋系群(O系群)の繁殖に関わる成熟したメス個体が，夏季に主に分布する海域であり，これらの個体の主要な索餌場になっている。すなわち，同系群を適切に管理する上で，重要な海域であると考えられる。

② 太平洋系群のみならず，日本海系群もオホーツク海に来遊しており，日本周辺のミンククジラの生態研究並びに，資源管理上重要な海域である。

③ 近年，目視調査など非致死的調査しか実施されていないため，鯨類の摂餌生態や生態系との関わり合いに関する情報については非常に限られている。

これらの情報を得るためには，オホーツク海でのさらなる調査が必要である。

オホーツク海での研究課題について挙げると，次のようになる。

第1に，ミンククジラの系群構造の研究である。オホーツク海の情報を得ることにより，現在IWCの科学小委員会が検討中の北西太平洋ミンククジラ資源へのRMP(改定管理方式)の適

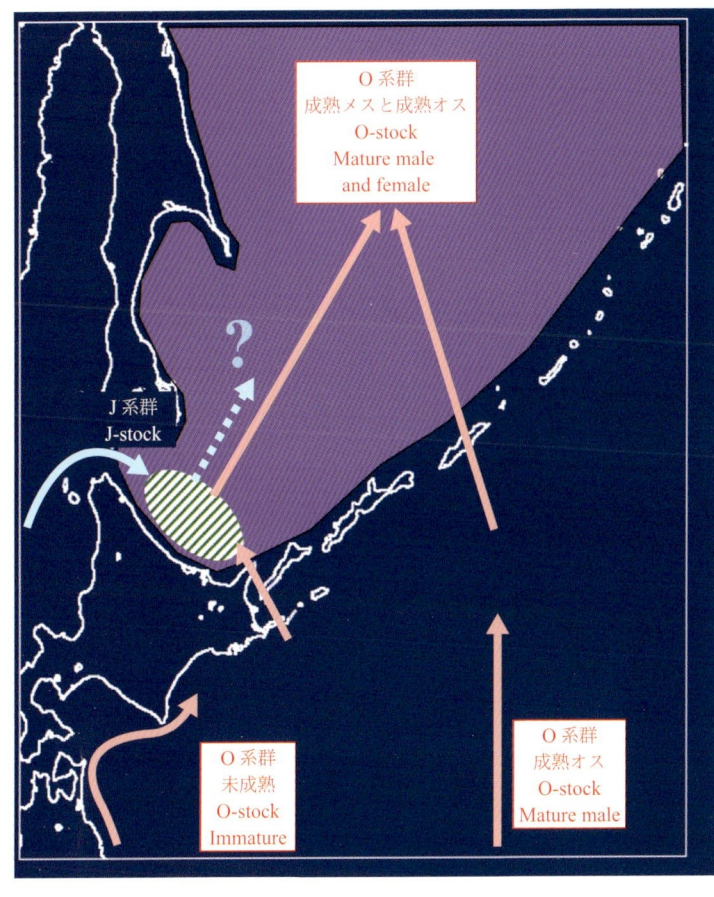

図III.4.19　北西太平洋ミンククジラの北上回遊と性による棲み分けの概念図
Figure III.4.19　Conceptual representation of the migration pattern of common minke whales in the western North Pacific and adjacent waters in summer.

用において成熟メスの情報も加味した包括的な検討が可能となる。

　第2に，鯨類の摂餌生態と生態系との関係である。北西太平洋の鯨類にとってオホーツク海は重要な索餌場である。ここで紹介したように，北西太平洋と同様の調査を実施することにより，鯨類の摂餌生態を明らかにし，消費量と嗜好性に関する情報を得て，相互的な生態系モデルの構築作業を進めることが可能となる。

　第3に，オホーツク海は，鯨類のみならず海洋生態系の保全を考える上でも，重要な海域である。現在起こりつつある地球温暖化や魚種交代などの環境変化への適用と生態系の保全についても新しい知見が得られるものと思われる。これによって，オホーツク海の総合的な生態系管理と持続的な利用が図られるものと期待される。

【引用・参考文献】
JARPN II の成果については，ここに示したように IWC や当研究所の HP にて検索することが可能である．機会があれば，是非，ご覧願いたい(レビュー会合への提出文書36編(Documents SC/J09/JR1-JR36)は，http://www.iwcoffice.org/sci_com/workshops/JARPNIIworkshop.htm，61回 IWC/SC 年次会合への提出文書9編 (Documents SC/61/JR1-9)は，http://www.iwcoffice.org/_documents/sci_com/SC61docs/sc61docs.htm よりダウンロード可能である)．

Government of Japan. Research Plan for Cetacean Studies in the Western North Pacific under Special Permit (JARPN II), Document SC/54/O2. http://www.icrwhale.org/eng/SC5402.pdf

Government of Japan. Revised Research Plan for Cetacean Studies In the Western North Pacific under Special Permit (JARPN II), Document SC/56/O1. http://www.iwcoffice.org/_documents/sci_com/workshops/SC-J09-JRdoc/SC-56-O1.pdf

Kasamatsu, F. & Hata, T. (1985): Notes on minke whales in the Okhotsk Sea -West Pacific area, Report of the International Whaling Commission, 35, 299-304.

Tamura, T. & Fujise, Y. (2002): Geographical and seasonal changes of prey species of minke whale in the Northwestern Pacific, ICES Journal of Marine Science, 59, 516-528.

田村力・小西健志・藤瀬良弘(2003)：北西太平洋におけるヒゲクジラ3種の食性, 平成15年日本水産学会大会講演要旨集. p. 78.

5．Summary

 The Japanese Whale Research Program under Special Permit in the western North Pacific (JARPN and JARPN II) is a comprehensive research program for the marine ecosystem in the western North Pacific including some southern bottom parts of the Sea of Okhotsk, which involves both non-lethal and lethal research techniques authorized by the Article VIII of the International Convention for Regulation of Whaling. The aim of JARPN II is to contribute to the ecosystem management and sustainable utilization of marine living resources including whales. To this aim JARPN II collects data on prey consumption and prey preference of whales, and abundance of whales and their preys. Such information is important for the development of ecosystem models. Other objectives of JARPN II are the monitoring of environmental pollutants and stock structure of large whales. The JARPN II started in 2000 as a two-year feasibility study with the full research starting in 2002. The target species of the lethal part of the program are the common minke, Bryde's, sei and sperm whales. Results showed that the common minke whale feed on a wide variety of prey species, which are also important for commercial fisheries in Japan: krill, Japanese anchovy, Pacific saury, walleye pollock, and Japanese common squid. Preliminary output of the modeling study based on Ecopath with Ecosim, suggested that when common minke, sei and Bryde's whales are all harvested by 4% of their biomass, a positive increase in catch is expected for most of fish resources such as anchovy ($>=8$cm), mackerel and skipjack tuna. It can be concluded that the challenging multidiscipline JARPN II program was successfully implemented in its first six years (2002-2007). JARPN II is conducted on the Pacific side of Japan, which is a migratory corridor for the common minke whale. The Sea of the Okhotsk is the feeding migratory destination mainly for mature female and male animals. Therefore there is a need for the attainment of data on the feeding ecology of the common minke whale in the Sea of Okhotsk through JARPN II-like surveys in the future. In addition JARPN II and former JARPN have revealed the occurrence of two stocks of common minke whales (J and O stocks), which overlap spatially and temporarily in the southern part of Okhotsk Sea. Further genetic and non-genetic data are necessary from the latter locality in order to understand the nature of the interaction, which is important for management purpose in the context of the IWC's Revised Management Procedure (RMP).

5

鯨類総括
——オホーツク海における日露共同鯨類資源研究の将来展望

Some thoughts on future cooperation of cetacean studies between Japan and Russia in the Okhotsk Sea

加藤秀弘[1]・ジャリコフ, K. A.[2]（[1]東京海洋大学大学院海洋科学技術研究科研究院・[2]全ロシア連邦漁業海洋学研究所）

Hidehiro KATO[1] and Kirill A. ZHARIKOV[2] ([1]Tokyo University of Marine Science and Technology; [2]Russian Federal Research Institute of Fisheries and Oceanography: VNIRO)

1. 序に代えて

　オホーツク海は多くの鯨類にとって重要な生息場を提供し，回遊性鯨類の生残に大きな影響を持っている。しかし，鯨類は高度な回遊性で，定住的生息域を持つものはむしろ稀であり，鯨類の生活圏としては，オホーツク海単独と言うよりは周辺地方海域と連続した方面海域を鯨類の生息域と認識すべきであろう。鯨類にとってこれらの海域はどのような意味があるかと言えば，多くの大型鯨類にとっては大いなる索餌場として，ある種の小型鯨類では索餌場としてばかりでなく繁殖場としても利用されている（例えばイシイルカ；Miyashita, 1991）。

　オホーツク海は我々人類にとっても古来より食糧生産の場であり，とりわけ日露両国にとっては重要な漁業的資産が築き上げられてきた。鯨類資源はそうした漁業的資産の中でも，特筆されるべきもので，日露両国において発展した高い捕鯨技術によって持続的な利用が続けられてきた。しかし，1970年代以降捕鯨は急速な反捕鯨運動によって欧米では衰退の一途をたどり，1980年代になると捕鯨国は少数派に転じたため1982年には国際捕鯨委員会(International Whaling Commission: IWC)において3年間の猶予をおいた商業捕鯨モラトリアムが採択，1985年から実施され，異議申し立てを行っていたノルウェーを除く3カ国，ソ連，日本，ペルーも1987年漁期を最後に商業捕鯨を停止した。

　このように商業捕鯨，つまり鯨類資源の持続的利用は終結するかに見えたが，1990年代を経て2000年代になるとアジア・アフリカ諸国，カリブ海諸国等の発展途上国の加盟が相次ぎ，

同時にIWC科学委員会において従来の欠点を克服し10年の歳月を費やした改定管理方式(Revised Management Procedure: RMP)が開発され(IWC, website http://www.iwcoffice.org/)。この方式の科学的原則が1994年にIWC本委員会において採択されると徐々に鯨類資源の持続的利用支持国も増加し，2006年にはセントキッツ＆ネイビスで開催された第60回IWC年次総会において，商業捕鯨モラトリアムの不要論を盛り込んだいわゆるIWC正常化決議(セットキッツ宣言とも呼ばれる)が可決された。

その後のIWCの状況はさらに混迷を深めているが(第III部第5章参照)，少なくともIWCに代表される国際社会は，両論が拮抗しているとは言え，鯨類資源の持続的利用と科学的管理の道を棄ててはいないと解釈できる。日本とロシアは，各々の操業形態は異なっているが，この基本方針を共有しており，IWCでは一貫して持続的な資源利用と科学的管理を支持する姿勢を貫いている。

一方，オホーツク海には独自の海洋生態系が形成され，鯨類はその生態系の重要な構成員であり，様々な栄養段階に位置している。生態系一括管理や多様性の保全の観点からも，鯨類は生態系全体の動態に大きく関わっており，重要な生態学的資産でもある。

以上のように，オホーツク海における鯨類資源研究には，漁業学的観点や生態学的観点双方からの考慮が必要であり，今回のシンポジウムでの各発表も踏まえ，今後日露両国が共同してどのような調査研究を展開して行くべきかを以下に議論してみる。

2. オホーツク海における鯨類相と必要情報

オホーツク海における鯨類相と資源量については，III-1(宮下・ジャリコフ, 2013)において詳細に述べられているので，ここではごく概略を述べる。1989年～2010年のライントランセクト方式による日露共同鯨類目視調査ではヒゲクジラ類，ハクジラ類それぞれ6種が認められている(宮下・ジャリコフ, 2013；表III.5.1)。潜在的な鯨類相としては，これにホッキョククジラとシロイルカを加えヒゲクジラ類7種とハクジラ類7種が恒常的出現種となる。表III.5.1にこれらの相対的出現状況と資源量情報を要約したが，これらの多くが夏季の来遊種で索餌回遊であることは言うまでもない。

これらのうち，国際捕鯨取締条約の下でIWCが管轄する種は，すべてのヒゲクジラ類とマッコウクジラ及び北大西洋産のトックリクジラであり，日本では農林水産大臣許可による小型捕鯨業の対象種としてツチクジラが，都道府県知事認可漁業の管理対象種としてイシイルカが加わる。基本的にはIWC科学委員会が開発した改訂管理方式(RMP)もしくはこれに準じる手法によって科学的管理を行うことが求められる。科学的管理のためには，まず①鯨類相，②系(統)群区分(識別)，③資源量，そして④再生産率が必要不可欠な情報となる(表III.5.2)。

生態学的研究には数理的に妥当な生態系モデルを用いるべきで，潜在的には全鯨類が対象となる(現実的には，目的に応じて鯨種を絞る)。具体的情報としては少なくとも上記①②の情報に加え⑤食性に関する情報が求められ，多様性の保全を目的として⑥集団遺伝学的情報(一部①とも

表III.5.1 オホーツク海に出現する主要鯨類の相対的出現状況と資源量。宮下・ジャリコフ(2013)；加藤ほか(2011)より作成
Table III.5.1 Summary of cetacean fauna with indication of their relative occurrence in Okhotsk sea. Based on Miyashita & Zharikov (2013) and Kato et al. (2010).

種名/Species	相対的出現状況/Relative Occurrence	資源量/Abundance
Baleen whales		
Right whale	+	920
Gray whale	+	121
Fin whale	++	5,000
Sei whale	±	
Common minke whale	+++	19,200
Humpback whale	±	
Toothed whales		
Sperm whale	±	
Baird's beaked whale	+	
Killer whale	+	
Dall's porpoise	+++	443,000
Pacific white sided dolphin	++	
Harbor porpoise	+	

表III.5.2 研究分野別と一義的に必要な生物学的情報
Table III.5.2 Necessary information in respective research field. Abbreviations refer to ID number in the text.

Project	①Fauna	③Abundance	②,⑥Stock structure*	④Vital rate	⑤Foods and Feeding
Species Diversity	Yes	Yes	Yes	No	No
Conservation and Management	Yes	Yes	Yes	Yes	No
Ecosystem Management	Yes	Yes	No/Yes	No	Yes

*) including genetic information

重複)が必要となる(表III.5.2)。

3. どのようにして情報を集めるか

ここでは，大型で高度移動性の鯨類について今後も含めどのように情報を集めていけば良いかを検討してみる。

3.1 鯨類相と資源量

鯨類分野のみならず，多くの野生生物の資源量については，大変大きな議論を呼んできた。IWC 科学委員会では捕獲枠設定という責務から，そのベースとなる資源量については非常に厳しい議論が交わされ，最終的に特定の国に偏らない国際調査体制を構築すべきとの意見に集約され，結果として国際鯨類調査十カ年計画(International Decade of Cetacean Research: IDCR)の下

での南極海鯨類資源評価航海(1978/1979〜1999/2000年期)が設立された。方法としてはライントランセクト方式(Seber, 1982; Buckland et al., 1993)が採用され，調査航海の進展とともに実施方式も改良に改良が重ねられ，2002年に新計画の南大洋生態系総合調査計画(Southern Ocean Whale and Ecosystem Research: SOWER)に代わってもさらに改良が進められ，IWCにおけるスタンダードな資源調査方式(IWC, 1997)が確立された。IWCが認める鯨類資源量はまずこの手法に準拠していなくてはならない。

オホーツク海における日露共同鯨類目視調査(日本船による)では，初期よりこの方法に準拠しており(Miyashita & Zharikov, 2011)，確実に鯨類相と資源量情報を取得できるようになっている。この共同調査は関係者の努力によって近年では順調に進行しつつあるが，行政的な入域海域の制限に問題が残されている。例えば入域制限のある北緯50度以北の海域やロシア領海内にも当然鯨類は分布するが，この問題は鯨類相や資源量自体の過小評価につながってしまう。ただし，この制限は調査船が日本船の場合の措置なので，ロシア船によって目視調査を実施すれば，この問題は解消できる(表Ⅲ.5.3)。従って，ロシア側でも日露共同鯨類目視調査を補完できるような調査が企画されつつある。

3.2 系　群

系群(あるいは系統群)区分は，鯨類資源を管理する際の管理ユニットとして大変重要な情報である。この管理ユニットの設定を誤ると，楽観して大きな単位を設定してしまうと思わぬ小さな地方系群を激しく減少させたり，あまりに悲観的に設定すると非現実的に小さな捕獲枠(あるいは間引可能量)しか算出されない。IWC科学委員会などでは，生物学的な系群区分が行えない時には人工的に設定した管理海区を設定しているが，これらが暫定的措置であることは言うまでもない。

系群区分の最も基本的な方法は，いわゆる標識調査によって各個体の立ち回り先を追跡し，それを積み上げてあるグループの回遊移動範囲を押さえることになる。鯨類では従来行われて

表Ⅲ.5.3　近未来の鯨類資源研究における日露共同研究の分担とあり方
Table III.5.3　An idea of sharing of research surveys in Okhotsk Sea by Japan and Russia under the harmonized collaboration on cetacean population studies, in the near future.

Research Field	Offshore (Pelagic)	Inshore (Territorial waters EEZ)	Analyses by
Abundance	Joint Survey	National survey; by Russia (E, W, N), by Japan (S)	Joint
Stock identification	Joint Survey	National survey; by Russia (E, W, N), by Japan (S)	Joint
Biological parameters (including the vital rate)	Future consideration	By Japan (S) through JARPN II and local fisheries	Japan/ Joint/ Extrapolation
Food and feeding habits	Future consideration	By Japan (S) through JARPN II and local fisheries	Japan/ Joint/ Extrapolation
Overall	Establishing comprehensive collaboration under the appropriate forum.		

いたペンシル型標識銛(いわゆるディスカバリー・タグ)を打ち込んでの体内標識，ストリーマーをつけたスパゲティ・タグなどの対外標識が鯨類研究ではよく用いられてきた。しかし体内標識が捕鯨等による再捕を伴う必要がある点等から，近年では笹森ほか(2013)が発表しているように，背鰭周辺や尾鰭腹面の模様と色彩をキーにした写真等による自然標識が用いられている。さらに，アルゴス衛星等を媒体とした衛星追跡も，従来からの課題であった電源寿命や装着の問題点が徐々に解消されつつある。例えば，衛星追跡によるアジア系コククジラの回遊研究では，ロシア米国共同研究チームが先駆的先導的な研究成果を上げた(Mate *et al*., 2011)。但し，自然標識は標識努力の広域化と標識側と再捕側のデータ交換に課題があり，衛星標識にもなお解決すべき技術的課題もある。これらの課題は，今後の日露協力によって克服すべきであろう。

　以上のような回遊追跡による直接的系群区分の他には，他の生物群同様に鯨類でも集団遺伝学的な系群識別法がさかんに行われてきている。主力はミトコンドリアDNA塩基配列の差異による識別であるが，近年では核DNAが併用される場合もある。北西太平洋では藤瀬ほか(2011)が包括的に報告しているように，国際捕鯨取締条約八条に基づき実施されている北西太平洋鯨類捕獲調査計画(JARPN及びJARPN II計画)では集団遺伝的手法によるミンククジラの系群識別は主要目的の1つとなっている。この集団遺伝的手法による系群識別では，皮膚や臓器の一部を用いることが普通で，鯨類捕獲調査(調査捕鯨)や小型捕鯨操業での漁獲物調査では，ルーチン調査としてすべての鯨体から集団遺伝分析用の組織標本が採集されている。また，鯨体調査では，集団遺伝学的に差異が発現しない場合あるいは不明確な場合には，同時に外部形態・色彩パターンや寄生虫相の違い等その他の生態学的指標とも比較検証できる点が強みになる。

　一方，捕獲を伴わない方法としてはクロスボウ(石弓)や専用採集銃(ラーセンガンやパクサムガン)を用いてのバイオプシー採集(生体標本採集：主として表皮，脂皮)も様々に行われている。オホーツク海においても，ミンククジラ，コククジラやセミクジラなど大型鯨を対象に採集が行われているが，日露鯨類共同調査では，対象鯨類の標本輸出入を制限するワシントン条約に対する両国の立場の違いにより標本の持ち込みが難航している(Yoshida *et al*., 2011)。この問題も，何らかの方法により早急に克服すべきであろう。

3.3　再 生 産

　再生産，あるいは再生産関係は対象資源の動態を左右する重要なパラメーターである。しかも，密度依存的に変化する特性も持ち合わせているので，やはり生殖腺や年齢の分析に基づいて直接的に観測すべき生物特性と位置づけられる。しかし，現時点でのオホーツク海では，日本のEEZ水域内で実施されているJARPN II計画によるミンククジラ，イルカ漁業によるイシイルカ，小型捕鯨によるツチクジラのみに情報源が限られている。いずれしても，これらの鯨種からの情報獲得に努めるとともに，既知の情報における種別の変異と相関を求めて行くか(例えば，Ohsumi, 1979)，生物学的特性値の変動に対して頑強な資源動態モデルを選択して管理目的に合わせた改良を行うことが肝要であろう。

3.4 食　　性

　鯨類の食性情報は生態系モデルの基本中の基本情報で，この情報がなければ意味のある効果的な生態系管理は望めない。最も基本的な手法は，胃内容物の分析によって餌生物種組成と重量組成を求めるということになるが，JARPN II計画によるミンククジラの事例(藤瀬ほか，2013)で明らかなように，これらの組成は時空間によって変動することで重要な側面もあり，すべての構成鯨類の食性すべてを明らかにすることはとうてい不可能である。したがって情報を用いる側の生態系モデルをあらかじめ絞り込んだ上で，どのような情報を必要とするかを特定して望む必要がある。その上で，まず直接的情報が精度良く得られている鯨種についてはそれらの情報を取り込み，得られていないものについては精度低下を覚悟の上で，既知情報より類推するしかない。したがって，日露ともに情報収集に努め，互いに補完しあう必要がある。なお，具体的な方法論としては田村(2013)がある程度実効性のあるガイドラインを示しているので，参照いただきたい。

4. 近未来の共同研究について

　以上分析したように，オホーツク海の鯨類資源研究はどの面から見ても，ごく少数の例外を除き，一国で成り立つものではない。ここでは，前項において分析した各生物学的特性をどのように分担してゆくかの1つのアイデアを示してある(表III.5.3)。

　資源量調査では領海外では日露共同調査にてカバーし，各領海域(もしくは専管経済水域)は各々の国でカバーし，データ分析は共同で行ってゆくことが現実的である。系群識別を目的とした調査も同様だが，組織サンプルの円滑な交換や個体識別写真の交換等から促進してゆくことが，比較的着手しやすい方策と思われる。

　再生産など生物学特性値と食性情報については，精度の良い情報は当面日本がオホーツク海南部にて実施しているJARPN II計画によるほかないが，前項でも述べたように，これらの情報をインプットする個体群動態モデルと生態系モデルの選択と改良を行うことによって課題を克服することも考慮すべきと思われる。

　さて，最も重要な点は，日露二国間の共同研究の枠組みを立ち上げることにある。現時点では，特定の共同調査を念頭に置いた個別調査対応的共同研究体制にすぎない。冒頭にも述べたが，鯨類資源の持続的利用において立場を共有する両国の間に，行政的にも妥当な学術交流協定が結ばれ，その協定の下に共同研究機構が構築されることが強く望まれる。IWC国際捕鯨委員会においては，IWC正常化の調整も頓挫し，過度な二極構造はIWC崩壊に向かって動き出す危険性を孕んでいる。オホーツク海における責任ある鯨類資源管理と研究のため，両国のさらなる協力が切望される。

【引用・参考文献】

Buckland, S. T., Anderson, D. R., Burnham, K. P. & Laake, J. L. (1993): DISTANCE SAMPLING Estimating abundance of biological populations. Chapman & Hall, 466 pp.

藤瀬良弘・パステネ L.・田村力・畑中寛(2013)：北西太平洋鯨類捕獲調査の現状と成果, オホーツクの生態系とその保全(桜井泰憲・大泰司紀之・大島慶一郎編), pp. 179-191. 北海道大学出版会.

International Whaling Commission (1997): Requirement and guidelines for conducting surveys and analyzing data within the Revised Management Scheme. Reports of the International Whaling Commission, 47, 227-235.

International Whaling Commission (website): The revised management procedure, http://iwcoffice.org/conservation/rmp.htm♯rmp.

加藤秀弘・宮下富夫・吉田英可・藤瀬良弘・田村力(2011)：オホーツク海, 道東・北方四島及び知床海域における鯨類相と資源状況, 知床世界自然遺産地域生態系調査報告会要旨集, p. 14.

Mate, B., Bradford, A., Tsidulko, G., Vertyankin, V. & Iliyashenko, V. (2011): Late-Feeding Season Movements of a Western North Pacific Gray Whale off Sakhalin Island, Russia and Subsequent Migration into the Eastern North Pacific. Paper submitted to the 63rd IWC Scientific Committee meeting (SC/63/BRG23). 7 pp.

Miyashita, T. (1991): Stocks and abundance of Dall's porpoises in the Okhotsk Sea and adjacent waters. Paper submitted to the 43rd IWC Scientific Committee meeting (SC/43/SM7). 24 pp.

宮下富夫・ジャリコフ, K. A.(2013)：オホーツク海における鯨類―日本ロシア共同調査の結果, オホーツクの生態系とその保全(桜井泰憲・大泰司紀之・大島慶一郎編), pp. 149-159. 北海道大学出版会.

Ohsumi, S. (1979): Interspecies relationships among some biological parameters in cetaceans and estimation of the natural mortality coefficient of the Southern Hemisphere minke whale, Reports of the International Whaling Commission, 19, 397-406.

笹森琴絵・高橋萌・城者定史・藤茂則・下田絢・小林万里(2013)：北海道東部および北方4島におけるシャチの移動. オホーツクの生態系とその保全(桜井泰憲・大泰司紀之・大島慶一郎編), pp. 167-178. 北海道大学出版会.

Seber, G. A. F. (1982): The estimation of animal abundance and related parameters (2nd ed.). Charles Griffin & Company Limited, xvii+654 pp.

田村力(2013)：オホーツク海における鯨類の食性と生態系モデリング, オホーツクの生態系とその保全(桜井泰憲・大泰司紀之・大島慶一郎編), pp. 161-166. 北海道大学出版会.

Yoshida, H. Kishiro, T., Kanda, N. & Miyashita, T. (2011): Cruise report of the sighting and biopsy sampling survey in the Okhotsk Sea, summer 2010, including individual stock identification of common minke whales, Paper submitted to the 63rd IWC Scientific Committee meeting (SC/63/RMP9). 10 pp.

5. Summary

　The Sea of Okhotsk provides the important habitats for many cetaceans, especially for large species.　However, many cetaceans are highly migratory and one with sedentary habit is extremely rare.　So, a sphere of life of cetaceans should be recognized as regional sea area including the surrounding sea areas rather than saying Okhotsk alone.　These sea areas are assets or resources of the fishery as well as of natural ecosystem for both Russia and Japan.　Therefore the cetacean studies in this area focus on the management and protection of so-called cetacean resources. Acquisition of resources information with high precision of each major cetacean is necessary for the study from this point of view.　In this field, abundance survey by the international standard Line-Transect survey is more suitable.　Such cetacean sighting surveys, which have already been carried out by the cooperation between Japan and Russia (Miyashita & Zharikov, 2013 largely contributed for improvement of the abundance estimates), are very effective, and have made a big.　The remaining problem is an area along the shore that cannot be covered by these joint investigations. However, as for this, it is desirable to enhance versatility of Russia to carry out the survey with the same quality. Nutrient dynamics information is more necessary for the study from the view point of ecosystem and food and feeding habit rather than resources information. However, the investigation into nutrient dynamics for whole Okhotsk in all levels is not possible, and we should utilize or extrapolate information from the scientific permit program such as JARPN II (Fujise *et al.*, 2013) and develop more sophisticated ecosystem model by carrying out research in northwest Pacific area with several spatial and temporal variations.

IV

海生哺乳類II　トド・アザラシ類
Marine mammals II　Pinnipeds

サハリン島東海岸のトド。撮影：Ivan V. セリョートキン
Steller sea lions at east coast of Sakhalin.　Photo by Ivan V. Seryodkin.

1

ロシア海域における
トドの資源動態

Demographic studies of Steller sea lion (*Eumetopias jubatus*) in Russian waters

ブルカノフ, V. N.[1,2]・アルチュホフ, A.[1]・アンドリュース, R. D.[3,4]・カルキンス, D. G.[5]・服部薫[6]・山村織生[6]・ゲラット, T. S.[2] ([1]太平洋地理学研究所カムチャツカ支部・[2]国立海生哺乳類研究所, NOAA・[3]アラスカ大学フェアバンクス校・[4]アラスカ・シーライフ・センター・[5]北太平洋野生生物コンサルティング会社・[6]水産総合研究センター 北海道区水産研究所)

Vladimir N. BURKANOV[1,2], Alexey ALTUKHOV[1], Russel D. ANDREWS[3,4], Donald G. CALKINS[5], Kaoru HATTORI[6], Orio YAMAMURA[6] and Thomas S. GELATT[2] ([1]Kamchatka Branch of the Pacific Institute of Geography, Far East Branch of Russian Academy of Sciences; [2]National Marine Mammal Laboratory, Alaska Fisheries Science Center/NOAA; [3]School of Fisheries and Ocean Sciences, University of Alaska Fairbanks; [4]Alaska SeaLife Center; [5]North Pacific Wildlife Consulting, LLC; [6]Hokkaido National Fisheries Research Institute, Fisheries Research Agency)

1. はじめに

トドは北太平洋一帯に広く分布しており，繁殖場と上陸場の数は合わせて数百にも上る。本章では，ロシア海域のトド資源動態を把握するために実施している調査の概要と，その結果について紹介する。調査によって得られる情報は，個体群構造，繁殖・上陸場における定着性と分散，齢・性構成，生存率の推定，メスの繁殖生態及び出生率，生息数推定とその動向等である。

2. 調査の概要

トドの個体識別のため，1989年以来ロシア海域の主要な繁殖場で新生子への標識調査を行ってきた(図Ⅳ.1.1)。生後間もない新生子を捕獲し，体長・体重を計測，麻酔状態で焼印標識をつけ，血液や遺伝学的解析のための皮膚などの試料を採取する。また，成獣オスからもボウガンを用いたバイオプシーによって試料を採取している。

2001〜2010年に10回の調査を実施し，10ヵ所の繁殖場で計7,000頭以上の新生子に標識を

図Ⅳ.1.1 ロシアでの標識調査の様子。a・b：新生子捕獲と体重計測，c：麻酔と標識付け，d・e：採血と皮膚試料採取，f：バイオプシーによる成獣試料の採取
Figure Ⅳ.1.1 Tagging program conducted in Russian region.

図Ⅳ.1.2 新生子への標識を行った繁殖場と合計標識個体数
Figure Ⅳ.1.2 Number of pups branded per individual site.

行い(図Ⅳ.1.2)，約4,000例のバイオプシー試料を収集した。

また，2002年以降の9年間，8〜10ヵ所の繁殖場において6〜7月の繁殖期間中，年間延べ5,000時間以上にわたる観察を行い，3,000頭以上の標識個体を再確認した。

3. 個体群構造

北太平洋に分布するトドは，mtDNA 解析によって東部，西部及びアジアの 3 つの系群に分離する (Baker *et al.*, 2005)。ロシア海域に分布するトドはコマンダー諸島を例外として，すべてアジア系群に属する。標識個体の再確認に基づき各繁殖場における出生場所構成は以下のとおりであった。すなわちコマンダー諸島には他からの移入はほとんどない一方，カムチャツカ半島のコズロバ岬ではコマンダー諸島からの移入個体が 20% を占めた。また，千島列島の各繁殖場では 30% が他繁殖場からの移入個体であったものの，そのほとんどは千島列島内での移動であった。オホーツク海北部のヤムスキー島には同海域のイオニー島からの移入がわずかにあった一方，サハリン東岸のチュレニー島ではイオニー島からの移入個体が多数認められた。以上の結果を総合すると，アジア系群は均一構造ではなく分集団 (subpopulation) 構造を持つと考えられる (Burkanov, 2009)。つまり，少なくとも①東カムチャツカ，②千島列島，③オホーツク海北部，④サハリンの 4 つの「管理単位」がアジア系群に存在し，これに西部系群に属するコマンダー諸島を加える 5 つの「管理単位」がロシア海域に存在することになる。

4. 個体群パラメータの変異

トドの移動は広範囲にわたるため，齢別の生存率や分散率，メスの繁殖生態など資源動態に重要な値を得るには困難が伴う。標識個体の再確認調査によりこれらの情報を効率的に得られるが，再確認率は調査努力量に大きく依存する (図 IV.1.3)。すなわち，2001 年までは年 1〜2 日の観察で 20% 程度を網羅するにすぎなかったが，2002 年以降，繁殖期の 2 カ月にわたって観

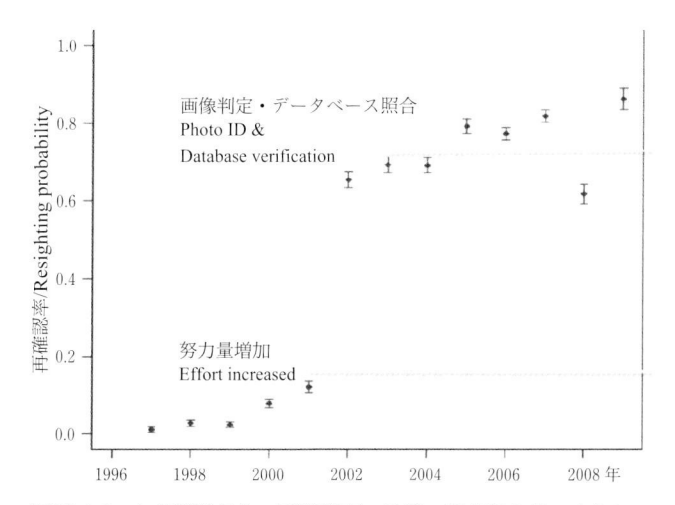

図 IV.1.3 トド標識個体の再確認率の推移。調査努力量の少なかった 2001 年までに比して，努力量の増加と画像による判定を加えた 2002 年以降に再確認率が飛躍的に増加した。
Figure IV.1.3 Steller sea lions brand resighting probability.

察を継続することで70％以上の標識を再確認することが可能となった。本調査成果に基づく資源動態学的解析の一部を以下に紹介する。

標識個体の再確認により，まず年齢別の生存率を得ることができる。新生子の半数は初年に死亡するものの，その後は15歳まで高い生存率を保つことが明らかになってきた(Burkanov *et al*., 未発表)。また生存率は経年的に比較的安定しているが，近年わずかに増加傾向にあるようだ。次に，メスの初回繁殖年齢は資源動態を考える上で最も重要なパラメータと言える。初回繁殖年齢は4歳の個体が28％，5歳の個体が50％を占め，3歳で出産する個体はこれまで確認されていない(Burkanov *et al*., 未発表)。

出産率を地域ごとに比較すると，1970年代のアラスカでは3歳メスの20％が出産を開始していたが，近年では3歳で出産するメスは認められない。一方，千島列島ではコマンダー諸島より早く出産を開始する個体がやや多く，両個体群の動態を決定する主要因と考えられる(千島列島；増加，コマンダー諸島；低位で安定)。また，5～15歳のメスは全新生子の70～80％を産するため，その個体群に占める割合も資源動態に影響する。千島列島における5～15歳メスの繁殖への寄与率には近年多少変動があるものの，全体的には増加傾向にある(Burkanov *et al*., 未発表)。

5．個体群動態

1960年代以降，断続的に行われてきた繁殖期の目視調査によると(Burkanov & Loughlin 2005; Burkanov *et al*., 2006, 2008)。1960年代初頭は2万5,000～2万7,000頭に上ったロシア海域のトドは，1990年代までに大きく減少した後，2007～2008年は1万9,000頭(1960年代の70％)まで

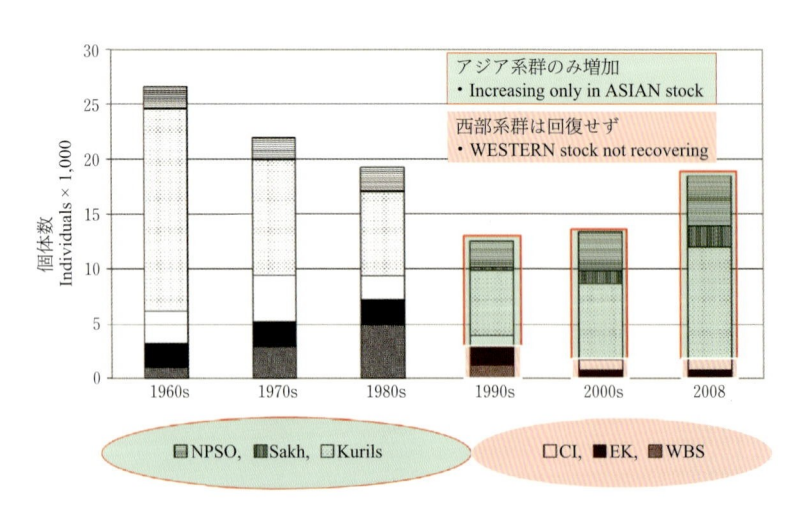

図Ⅳ.1.4　ロシア海域のトド個体数の動向(直接カウント)。NPSO：オホーツク海北部，Sakh：サハリン，Kurils：千島列島，CI：コマンダー諸島，EK：東カムチャツカ，WBS：ベーリング海西部
Figure Ⅳ.1.4　Total Steller sea lions abundance in Russia (direct count).

回復した。このうち，千島列島，オホーツク海北部，サハリンでの増加回復が著しいものの，東カムチャツカとコマンダー諸島，ベーリング海西部では回復の兆しが全く見られない(図Ⅳ. 1.4)。

但し，直接観察調査では見落としによる過小推定が不可避なため，前節で紹介した出生率や生存率を使用した資源量推定を試みている。それによると資源量は約3万頭(速報値)と推定され，直接観察により総個体数の30～40%程度を見落としているものと考えられた(Burkanov *et al.*, 未発表)。以上の調査と解析の継続により，ロシア海域に分布するトドの個体群動態を適切に監視できるものと期待している。

【引用・参考文献】

Baker, A. R., Loughlin, T. R., Burkanov, V., Matson, C. W., Trujillo, R. G., Calkins, D. G. & Bickham, J. W. (2005): Variation of mitochondrial control region sequences of Steller Sea Lions, *Eumetopias jubatus*: the three-stock hypothesis, Journal of Mammalogy, 86, 1075-1084.

Burkanov, V. (2009): Russian Steller sea lion research update, AFSC Quartely Research Reports, Jan-Feb-Mar, 6-11.

Burkanov, V. N. & Loughlin, T. R. (2005): Distribution and abundances of Steller sea lions, *Eumetopias jubatus*, on the Asian coast, 1720's-2005, Marine Fisheries Review, 67, 1-62.

Burkanov, V. N., Altukhov, A. V., Belobrov, R. V., Blokhin, I. A., Calkins, D. G., Kuzin, A. E., Loughlin, T. R., Mamaev, E. G., Nikulin, V. S., Permyakonv, P. A., Phomin, V. V., Purtov, S. Y., Trukhin, A. M., Vertyankin, V. V., Waite, J. N. & Zagrebelny, S. V. (2006): Brief results of Steller sea lion (*Eumetopias jubatus*) survey in Russian waters, 2004-2005. In: Marine Mammals of the Horarctic, Collection of Scientific Papers, after the forth International Conference, Saint-Petersburg, Russia, pp. 111-116. http://2mn.org/bookself/library_mmhbooks.html

Burkanov, V. N., Altukhov, A. V., Andrews, R., Blokhin, I. A., Calkins, D., Generalov, A. A., Grachev, A. I., Kuzin, A. E., Mamaev, E. G., Nikulin, V. S., Panteleeva, O. I., Permyakov, P. A., Trukhin, A. M. Vertyankin, V. V., Waite, J. N., Zagrebelny, S. V. & Zakharchenko, L. D. (2008): Brief results of Steller sea lion (*Eumetopias jubatus*) survey in Russian waters, 2006-2007. In: Marine Mammals of the Horarctic, Collection of Scientific Papers, after the fifth International Conference, Odessa, Ukraine, pp. 116-123. http://2mn.org/bookself/library_mnhbooks.html

6. Summary

Steller sea lions (SSL) underwent a mysterious decline throughout most of their range through the mid-1970s-1990s. To determine population structure and trends, distribution and movement patterns along the Asian coast, we branded 7807 SSL pups on 10 major rookeries and conducted boat-based surveys across the Russian SSL range in 1989-2010. Two genetically distinct SSL populations inhabit Russian waters, Asian and Western, divided at longitude 162° E. Dispersal patterns show that the Asian population consists of at least 4 management units with different population trends and movement patterns: Eastern Kamchatka (EK), Kuril (KI), Sakhalin (SI), and northern part of the Sea of Okhotsk (NPSO). NPSO contains two relatively independent groups with reproductive centers at Yamsky and Iony Islands. The SI SSL population is growing due to immigration primarily from NPSO, less so from KI. Annual productivity of the Asian population is less than 6000 pups: 100 in EK, approximately 700 at SI, 2000 in NPSO and 3000 in KI. First month pup survival is high (~95%) and non-pup mortality during the breeding season at rookeries is low (<1%). Annual survival in year 1 and 2 is only 50%. Non-pup annual survival is 80-90% through age 15, then decreases rapidly. Maximum male age was 18. The oldest females were 22 and most were still breeding. Females start reproduction at age 4 (28%). At age 5 give birth 75% of females and at age 6 over 90%. Mean annual birthrate was 52%, but varied widely (41%-72%) between rookeries and years. Over the last ten years SSL abundance has been increasing at KI, NPSO, and SI, but has stabilized at a historically low level in EK. The current abundance of the Asian population is 25-28,000 including pups.

2

北海道におけるトドの越冬生態と資源管理

Wintering ecology and population management of Steller sea lions (*Eumetopias jubatus*) in Hokkaido

服部薫[1]・後藤陽子[2]・和田昭彦[2]・磯野岳臣[1]・桜井泰憲[3]・山村織生[1]([1]水産総合研究センター 北海道区水産研究所・[2]北海道立総合研究機構 稚内水産試験場・[3]北海道大学大学院水産科学研究院）
Kaoru HATTORI[1], Yoko GOTO[2], Akihiko WADA[2], Takeomi ISONO[1], Yasunori SAKURAI[3] and Orio YAMAMURA[1] ([1]Hokkaido National Fisheries Research Institute, Fisheries Research Agency; [2]Wakkanai Fisheries Research Institute, Hokkaido Research Organization; [3]Division of Marine Bioresources and Environmental Science, Graduate School of Fisheries Sciences, Hokkaido University)

1. はじめに

オホーツク海周辺に生息するトドの個体数は，1990年代前半までの急激な減少の後，現在は緩やかな回復過程にある。

極東海域にはオホーツク海を取り囲むようにトドの繁殖場が分布する。6～8月は繁殖期に当たり，繁殖場ではハーレムが形成され，出産・交尾・育子活動が行われる。この時期，繁殖に参加するオスやメスの摂餌活動は制限され，冬季間に蓄積したエネルギーを消費する。繁殖を終えると摂餌のため分散し，その一部が10～5月の間北海道周辺で越冬する。越冬期はトドにとって，成長，育子及び次回の繁殖に備えたエネルギー蓄積を行う重要な時期でもある。つまり，回復過程にある個体群の越冬期を北海道周辺海域の生産力が支えているとも換言できる。本章では，越冬期におけるトドの生態と我が国で行われているトド資源管理について紹介する。

2. 越冬回遊

オホーツク海に生息するトドは，冬になると海氷を避け北海道周辺に越冬回遊する。標識再確認調査では，複数年にわたって同一の上陸場で観察されているものが確認されており，越冬

場所への固執性があると考えられる(Isono *et al*., 2010)。また，日露共同で行っているサハリン・チュレニー島の繁殖期調査では，北海道で越冬した個体が同島で出産する様子が確認されるなど，繁殖場所と越冬場所の往来に関する情報が蓄積されつつある。

越冬回遊の経路や越冬場所は年代によって大きく変化しており，「有害生物駆除」における採捕個体の構成変化として見て取れる。すなわち，1980年代には根室海峡ではメス主体，太平洋側の噴火湾と日本海沿岸北部においてはオス主体であったのに対し，近年では根室海峡と日本海沿岸北部でメス主体，函館に至る日本海沿岸南部ではオス主体である一方，噴火湾での出現は稀となっている。

この採捕個体の内訳と来遊状況から推察される回遊経路を図Ⅳ.2.1に示した。1980年代，日本海側におけるメスや成熟オスの回遊は道北沿岸部にとどまっていたが，近年では北海道来遊群の主群として道南海域にまで伸長している。一方で，根室海峡を経て太平洋側に至る経路はほぼ消失した。トドでは一般に，メスや成熟オスの繁殖場からの分散は若齢個体に比べて小規模とされており，日本海沿岸におけるこれらの群の進出は特徴的である。

回遊経路の変化の背景には，来遊起源であるロシア繁殖場の個体数と分布変化が挙げられる。オホーツク海周辺のトド個体数は，1990年代までに大きく減少した後，現在は緩やかな回復傾向にある。中でも，北海道日本海側に最も近い繁殖場であるサハリン東岸のチュレニー島は，従来50〜100頭規模の些末な上陸場にすぎなかったが，1983年に繁殖場としての機能を確立

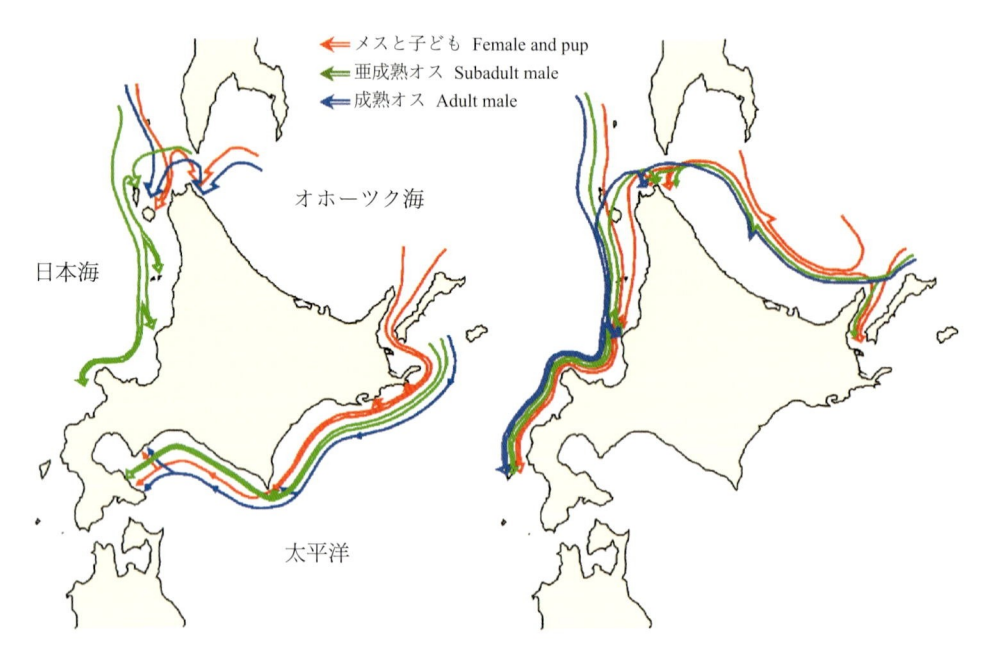

図Ⅳ.2.1 1980年代(左)と近年(右)の回遊模式図。(左)山中ほか(1986)，(右)磯野ほか(1998)，星野(2004)を基に作図
Figure Ⅳ.2.1 Migration route of Steller sea lions in 1980's (left) and recently (right). (left) Based on Yamanaka *et al*. (1986), (right) Based on Isono *et al*. (1998) & Hoshino (2004)

し，以来個体数を急速に増加し続けている。一方で千島列島などでは，消失した繁殖場もある。

つまり，1980年代は千島列島を出自とする個体が多く，千島列島を出発点として来遊域は太平洋側に偏っていた。しかし近年は，サハリンやオホーツク海北部でトドの個体数が増加しており，北海道における来遊域の中心も日本海側に変化したものと考えられる。

3. 越冬期の分布

越冬期のトドの分布は，餌生物にも影響を受ける。近年，日本海沿岸への来遊ピークは2月であり，この時期トドは石狩湾東部に集中している。当海域にはニシンが産卵のため大量に接岸しており，トドはそのニシンに誘因されていると考えられる。一方，4月に入ると石狩湾沿岸域でのトドの発見頻度は減少し，より北部の武蔵堆や利尻島・礼文島周辺が分布の中心となる(Hattori *et al.*, 2009)。このように北海道日本海沿岸での越冬期間中においてもトドは利用海域を時季に応じて変化させている。なお，2005〜2009年に行った広域航空機調査に基づく北海道での最大越冬個体数(排他的経済水域内における季節を通じた最大個体数)は5,000頭程度(5年間の平均値の60％信頼区間下限値：服部ほか，未発表)であり，これは来遊起源であるオホーツク海周辺の全個体数の約30％に相当する。

4. 越冬期の摂餌

採捕された個体の消化管や，上陸場で採集した糞の分析によって北海道沿岸域における摂餌習性が調査されている。トドによる捕食事例を図Ⅳ.2.2に示す。胃中からは図Ⅳ.2.2a及びbのような「丸呑み」された餌生物のみならず，同図c及びdのように「食いちぎり」個体も出現し，また胃や糞からはしばしば漁網が出現することから，漁具からの横取りが頻発していることが推察される。

トドの主要餌生物はスケトウダラ，マダラ及びタコ類だが(後藤，1999)，年代，季節及び地域によりその組成は大きく変化する。かつてスケトウダラを主とするタラ科魚類が餌生物として重要であった根室海峡では，近年これらの資源低迷を反映して他の餌生物(ドスイカやカジカなど)の寄与が増加し，餌生物の多様性も増加した(後藤，未発表)。また，石狩湾周辺海域ではニシンやカタクチイワシなど季節的に多量に来遊する魚種の利用頻度が高い(後藤，未発表)。

各地での食性分析結果と推定来遊数を基に，北海道日本海における越冬期のトドの餌消費量を推算した(図Ⅳ.2.3)。図は主要な餌生物について，漁獲量に対する越冬トドによる相対消費量を示している。トドによる越冬期の総消費量は2万5,000トンと推定され，中でもマダラとニシンでは，トドによる消費量が漁獲量を上回ると推定された。トドの主要摂餌海域は沿岸漁場と重複しており，資源を巡る漁業トドとの競合が懸念される。また，漁業資源管理上もこうした捕食圧の存在に留意すべきである。

226　Ⅳ　海生哺乳類Ⅱ　トド・アザラシ類

図Ⅳ.2.2　トドの胃内容物：a ホッケ，b イカナゴ，c カレイ類，d ミズダコ
Figure Ⅳ.2.2　Examples of stomach contents of Steller sea lions.

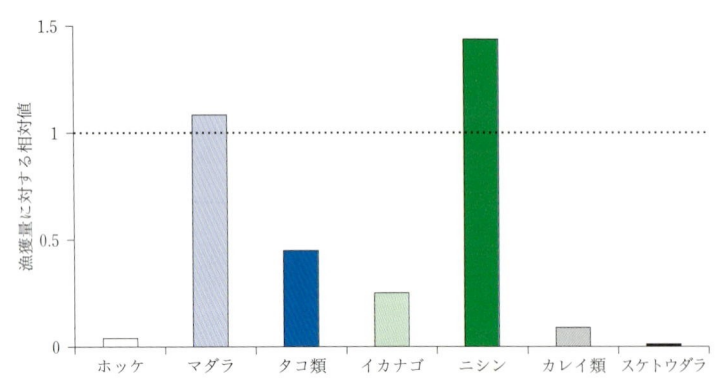

図Ⅳ.2.3　冬季日本海におけるトドによる餌生物消費量。漁獲量に対する相対値で示した。
Figure Ⅳ.2.3　Prey consumption of Steller sea lions in Japan Sea during winter season. Y-axis shows a ratio comparing with fishery. ☐ Arabesque greenling, ☐ Pacific cod, ■ Otcopuses, ☐ Sand lance, ■ Herring, ☐ Flounders, ■ Walleye pollock

5. トドによる漁業被害と資源管理

　資源を巡る競合だけではなく，トドによる破網，羅網魚の喰われといった直接的な漁業被害が大きな社会問題となっている(図Ⅳ.2.4)。

　こうした漁業被害対策の一環として，北海道や青森県では猟銃による採捕が行われている。かつて採捕数は実質的に無制限であったが，1994年に年間の採捕上限116頭が直近年の実績に基づき連合海区漁業調整委員会指示として設定され，2006年まで適用されてきた。2007年には，国際的な保全対象種である点に配慮し，人為的な死亡数(採捕数と混獲数)の上限を決定するとの新たな管理指針が示され，PBR法(Potential Biological Removal; Wade, 1998)に基づいて上限が算出されている。PBR法とは，米国の水生哺乳類保護法(MMPA)で適用されている絶滅リスクを最小化するための管理基準である(図Ⅳ.2.5)。

　この管理指針においては，「不確実性を考慮した順応的管理によって，漁業被害軽減および資源の持続的利用を目指すべきである」とされており(2007年8月10日水産庁報道発表資料参照)，北海道のみならず，来遊起源であるロシアの個体群の状態を監視し，その変化に柔軟に対応していくことが求められている。現在オホーツク海周辺のトド資源は比較的良好な状態にあるが，個体群動態とトド資源を支える生態系及び海洋環境について情報を蓄積し理解を深めることが必要である。

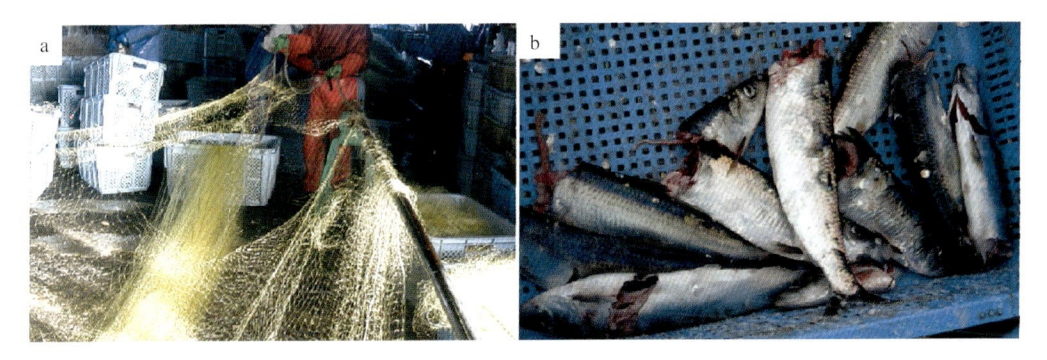

図Ⅳ.2.4　トドによる漁業被害。a；破網，　b；喰いちぎられた漁獲物(ニシン)
Figure Ⅳ.2.4　Examples of fishery damage by Steller sea lions. (a) damaged fishing net, (b) damaged fish (Pacific herring *Clupea pallasii*).

$$PBR = N_{MIN} \times 0.5 R_{MAX} \times F_R$$

N_{MIN}：個体数の最小推定値
R_{MAX}：個体群の増加計数
F_R　　：回復係数(資源状態に応じ0.1〜1.0の値を取る)

図Ⅳ.2.5　PBRの計算式(Wade, 1998)
Figure Ⅳ.2.5　Calculation formula of PBR (Wade, 1998).
　N_{MIN}: a minimum population estimate
　R_{MAX}: the population growth rate at low densities
　F_R　: a recovery factor

【引用・参考文献】

後藤陽子(1999)：トドの食性, In：トドの回遊生態と保全(大泰司紀之・和田一雄編), pp. 14-58. 東海大学出版会, 東京.

星野広志(2004)：トドの来遊状況, In：北海道の海生哺乳類管理(小林万里・磯野岳臣・服部薫編), pp. 2-5. 北の海の動物センター, 北海道.

Hattori, K., Isono, T., Wada, A. & Yamamura, O. (2009). The distribution of Steller sea lions *Eumetopias jubatus* in the Sea of Japan off Hokkaido, Japan: A preliminary report. Marine Mammal Science, 25, 949-954.

Isono, T., Burkanov, V. N., Ueda, N., Hattori, K. & Yamamura, O. (2010): Resights of branded Steller sea lions at wintering haul-out sites in Hokkaido, Japan 2003-2006, Marine Mammal Science, 26, 698-706.

磯野岳臣・後藤陽子・島崎健二(1998)：北海道沿岸に来遊するトド群の組成とその繁殖地, 1998年度日本水産学会秋季大会要旨集.

Wade, P. R. (1998): Calculating limits to the allowable human-caused mortality of cetaceans and pinnipeds, Marine Mammal Science, 14, 1-37.

山中正実・大泰司紀之・伊藤徹魯(1986)：北海道沿岸におけるトドの来遊状況と漁業被害について, In：ゼニガタアザラシの生態と保護(和田一雄・伊藤徹魯・新妻昭夫・羽山伸一・鈴木正嗣編), pp. 274-295. 東海大学出版会, 東京.

6. Summary

The population of Steller sea lions (SSLs) in the Okhotsk Sea is in the process of recovering from the severe decline by the early 1990s. Some part of the population winters around the Hokkaido Island to meet their energetic demands for growth and reproduction in the following seasons. There are some evidences of persistency for wintering ground based on the mark-resighting studies, which indicates migration of SSLs between the Okhotsk Sea and Sea of Japan. The route of migration has changed inter-decadally, perhaps reflecting the trend of the source population (rapid increase in northern Okhotsk and Sakhalin). The distribution of wintering SSLs also reflects local prey abundance. During January to February, SSLs are concentrated along the eastern coast of Ishikari-Bay, where is an important spawning ground of herring. In late April, most SSLs dispersed offshore.

Around Hokkaido, the diets of SSLs are diverse comprising Pacific cod, walleye pollock, arabesque greenling, herring and octopuses. Based on the estimation of annual prey consumption, SSLs wintering along the Japan Sea coast of Hokkaido consume more amounts of fish than fishery for some species.

There is an authorized control-kill of SSLs in Hokkaido, whose annual quota has been set up based on the potential biological removal (PBR). In the calculation of the PBR, the status of source (Russian) and wintering (Hokkaido) populations are reflected.

3

オットセイの資源動態と回遊生態
Population trends and migration ecology of northern fur seals

アンドリュース, R. D.[1,2]・三谷曜子[3]([1]アラスカ大学フェアバンクス校・[2]アラスカ・シーライフ・センター・[3]北海道大学北方生物圏フィールド科学センター）
Russel D. ANDREWS[1,2] and Yoko MITANI[3] ([1]School of Fisheries and Ocean Sciences, University of Alaska Fairbanks; [2]Alaska SeaLife Center; [3]Field Science Center for Northern Biosphere, Hokkaido University)

1. はじめに

キタオットセイ *Callorhinus ursinus* は鰭脚類のうちの1種で，北太平洋に広く分布する。日本周辺でも，11月から5月頃まで見ることができるが，体の弱った個体以外は，上陸することなく沖合を泳いでいるため，なかなか馴染みがないかもしれない。しかし，日本でも毛皮を得るためにキタオットセイを乱獲してきた歴史があり，ラッコとともに捕獲を禁止する法律（臘虎膃肭獣猟獲取締法）が制定されたのは明治45(1912)年のことであった。それから100年が経った現在，キタオットセイが北海道の日本海沿岸において漁業被害を起こしていることが明らかとなっている。この節では，キタオットセイの個体数がどのように変遷していったのか，そして日本に来遊するキタオットセイはどこから来るのかについて解説する。

2. キタオットセイとは

キタオットセイは，アシカ科の1種であり，体長がオスで200 cm，メスで140 cm，体重がオスで180～270 kg，メスで43～50 kgと，性的二型が顕著な種である（図Ⅳ.3.1）。性成熟は，オスが4～5歳，メスが3～4歳とそれほど変わりないが，繁殖システムは，1頭のオスが20頭以上のメスとその子どもと集団をつくる一夫多妻性であり（図Ⅳ.3.2），オスがハーレムを持つためには，体を大きくして他のオスに勝たねばならないため，9～15歳になるまで子を残すことはできない。この年齢を社会的成熟と呼ぶ。

キタオットセイは，夏季になると繁殖場となる島へ上陸して出産し，冬季になると南下回遊

図Ⅳ.3.1 左から，キタオットセイの成熟オス，新生子，成熟メス。ハーレムを維持するのには多大なコストがかかるため，ハーレムオスとして君臨することができるのは，平均して1.5シーズンのみである。Gentry (1998) より

Figure IV.3.1 Northern fur seal bull, pup, and female. Males breed on average for 1.5 seasons before they are deposed. From Gentry (1998).

図Ⅳ.3.2 キタオットセイのハーレム。いちばん大きい個体(左)がハーレムブル。黒いのがその年生まれの子ども(パップ)

Figure IV.3.2 Harem of northern fur seal.

を行って，摂餌するという南北回遊を行っている。キタオットセイの繁殖地はサハリンのチュレニー島，千島列島周辺，コマンダー諸島，プリビロフ諸島，ボゴスロフ島，そしてカリフォルニアのサンミゲル島である(図Ⅳ.3.3)。5月下旬になると，まず成熟オスが繁殖地に帰ってき

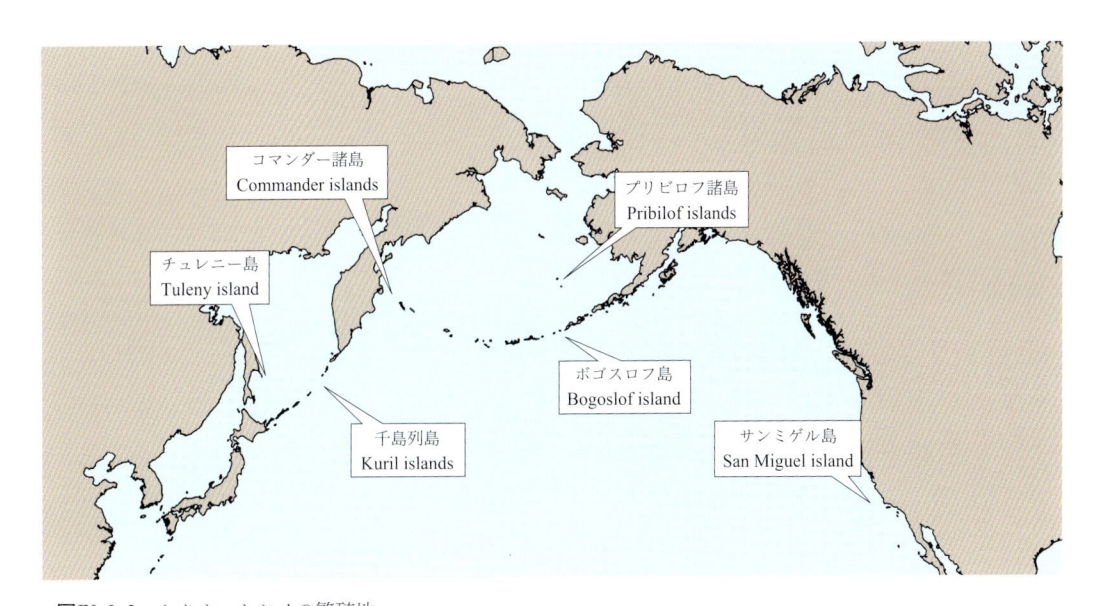

図IV.3.3　キタオットセイの繁殖地
Figure IV.3.3　The location of breeding islands used by northern fur seals.

て，テリトリーを確立する。成熟メスは6月末〜7月半ばに繁殖場に上陸し，上陸後1〜2日後に1頭の子どもを出産する。母親は出産後，子どもと過ごして授乳するが，5日後くらいに交尾を行い，その後また1〜2日経つと，数日間から1週間程度の採餌トリップに出かける。その間，残された子どもたちは，固まって母親の帰りを待つ。オスは繁殖期間中，ハーレムを維持するために飲まず食わずで他のオスと闘う。この間，オスの体重は1日で1.2 kgずつ減少する。11月中頃になると離乳し，換毛も行われた後，餌を食べて次の繁殖に備えるための回遊が始まる。このとき，繁殖場よりも南へと回遊し，一度も上陸せずに，海上で過ごす。日本近海にやって来るのは，この回遊の期間である。

3．キタオットセイ産業と資源動態

　日本にやって来るオットセイは古くから，アイヌの人々によって内浦湾や奥尻島などで捕獲されてきたことが蝦夷島奇観(1800)などに記されている。江戸時代，捕獲されたキタオットセイは松前藩に献上された。オットセイの生殖器が漢方薬として幕府に献上されていたのだ。オットセイは漢字で膃肭臍と書くが，これは生殖器を意味するアイヌ語だったものが，動物の種の名前となってしまったと言われている。

　一方，繁殖地であるプリビロフ諸島では，先住民族であるアレウト族が，数千年にわたって，キタオットセイを捕獲して，利用してきた。キタオットセイは，英名に"fur" sealとついているように，上質な毛皮を持っている。1741年，ヴィトゥス・ベーリングがコマンダー諸島を発見し，ゲオルグ・ステラーがキタオットセイを初めて記載して以来，この上質な毛皮を目的として徐々に捕獲数が増え，1742〜1760年に2万頭，1760年以降，ヨーロッパでの毛皮市場

が発達してから，1760〜1786年で10万頭が捕獲されるなど，捕獲数は飛躍的に増加した。その後，1786年にガブリール・プリビロフがプリビロフ諸島のキタオットセイを発見し，プリビロフ諸島，コマンダー諸島，そしてチュレニー島，千島列島周辺での捕獲も始まり，200〜300万頭生息していたと見られるキタオットセイの個体数は激減した(Gentry, 1998)。

1820年頃から，ハーレムを持つことのない未成熟オスを捕獲し，個体群へと与える影響を抑えることにより，1867年までに個体数は回復した。しかし毛皮価格の高騰によって，1868年から外洋でも捕獲されるようになり，これが個体数の激減を引き起こした。この外洋での捕獲はキタオットセイの繁殖地がない日本でも行われていた。函館市史(1990)によると，明治29(1896)〜44(1911)年にキタオットセイを捕獲していたことが記されている。この外洋捕獲では，1870〜1910年に1年で7万5,000頭のキタオットセイが捕獲されていたと信じられており，そのほとんどが妊娠メスだったことも個体数の激減につながった。1910年には，プリビロフ諸島の個体数が，1867年の10分の1になってしまったことから，1911年に日本，アメリカ，ロシア，イギリス(カナダ)で猟虎及膃肭獣保護国際条約が締結され，外洋での捕獲が禁止となり，国際的に個体数管理がなされるようになった。この国際条約は1941年に日本が破棄するまで続いた(Gentry, 1998)。

1912年以降，個体数は徐々に回復し，1950年代までには元の個体数に届くほど回復した。1957年には，北太平洋のおっとせいの保存に関する暫定条約が締結され，持続的利用のための国際的な科学的調査が行われてきた。しかし，キタオットセイ最大の繁殖地であるアラスカのプリビロフ諸島では1956〜1983年に成熟メスを捕獲したことを発端として個体数が激減したほか(Towell et al., 2006)，1964年以降，ロシア側の繁殖地であるチュレニー島においても，生態系変動が原因と考えられる個体数減少が報告されるなど，様々な要因によって個体数変動が起こっていることが報告されている(Gentry, 1998)。このように，国際的にキタオットセイの個体数変動を継続してモニタリングしていくことが重要だったのだが，毛皮市場の衰退，海棲哺乳類保護の機運が高まり，1984年に条約が失効し，国際的にキタオットセイの資源管理を行う枠組みがなくなってしまった。

現在の個体数は世界で110万頭であると推測されており，そのうちサハリンのチュレニー島が14万頭，コマンダー諸島が19万頭(Kuzin, 2010)，千島列島が10万頭(Burkanov et al., 2007)，プリビロフ諸島とボゴスロフ島で69万頭(Angliss & Allen, 2009)，そしてカリフォルニアのサンミゲル島で5,000頭(Caretta et al., 2007)となっている。

かつては，プリビロフ諸島だけで200万頭以上いたアメリカ側の個体群は，現在では，トド *Eumetopias jubatus* やゼニガタアザラシ *Phoca vitulina*，海鳥とともに個体数の減少を続けており(Alaska Sea Grant, 1993)，その主たる原因は未だ論争中である(Trites & Donnelly, 2003; Springer et al., 2003; Wade et al., 2007)。一方，ロシア側の個体群は順調に個体数を増やしており，海洋環境変動と，キタオットセイの資源動態について両個体群の状況を比較し，今後の動態を予測していくことが必要である。

4. キタオットセイの日本への回遊

　キタオットセイの日本への回遊経路は，オットセイ猟に出ていた船の位置及び，外洋での科学的捕獲調査，そして標識再捕法から推測されてきた。日本近海へと回遊してくるキタオットセイは，サハリンのチュレニー島，千島列島周辺，そしてコマンダー諸島から来遊しており，その組成は 2：1：1 であることが標識再捕法から明らかとなっている(清田・馬場，1999)。1～3月には房総半島沖から三陸沖に分布し，4～5月に三陸沖から北海道太平洋沿岸へと北上し，繁殖地へと帰っていく。

　日本では，北太平洋のオットセイの保存に関する暫定条約に基づいて1960～1980年代に三陸沖で調査が行われてきた。捕獲したキタオットセイの胃内容物を調査した結果，マイワシ *Sardinops melanostictus*，マサバ *Scomber japonicus*，ホタルイカ *Watasenia scintillans* などが主な餌となっていること，また魚種交替により，胃内容物も変化していることが示された(Yonezaki *et al.*, 2008)。また，1997～1998年に行われた調査からは，トドハダカ *Diaphus theta*，オオクチイワシ *Notoscopelus japonicus*，ホタルイカを主に食べていることが明らかとなっている(Yonezaki *et al.*, 2003)。

　近年では，回遊経路を調べるために，衛星発信機による追跡が行われている。これは，動物に発信機を装着し，回遊中に電波を衛星へ発信し，動物の位置を定位して回遊ルートを得る，という手法である。馬場(2001)は，三陸沖で4月に海上捕獲したキタオットセイのメス14頭に衛星発信機を装着し，7頭がチュレニー島，2頭が千島列島，そして5頭がコマンダー諸島へと北上して行き，異なる繁殖地からの個体が混在していることを明らかにした。また，三陸沖ではこれまで200m等深線付近でオットセイの分布が多いことが報告されていたが，発信機のデータから沖合にも広く分布することが明らかとなった。

　さらに馬場(2001)は，繁殖地であるコマンダー諸島からの南下回遊経路も明らかにしており，若齢オス，および成熟メスが，三陸沖まで到達していること，若齢オスのうちの数個体はアメリカの方まで回遊していることを明らかにした。

　近年では衛星発信機も小型化され，その年生まれた子どもにも衛星発信機を装着できるようになった。最近行われたアメリカ，ロシアの共同調査により，コマンダー諸島で生まれた子どもが，まっすぐ南下したり，アメリカの方へ回遊していたりと，分散していることが示された(Davis *et al.*, 2008)。衛星発信機はこのように，回遊経路を明らかにすることが可能だが，価格が高いこと，電池寿命を長くしようと思うと，電池が大きくなってしまうことなど，デメリットもある。

　そこで最近は，とても小さな光センサー搭載記録計(ジオロケーター，英国極地研究所製)が開発され，前ヒレのフリッパータグに装着できるようになった。得られたデータからは，日の出時刻と日の入り時刻がわかるので，衛星発信機ほどの精度はないものの，大まかな位置がわかる。この記録計の寿命は1年で，長期間の回遊を追跡可能である。この記録計を，コマンダー諸島で繁殖していたメスに装着したところ，三陸沖へと南下回遊している他，沖合へも分布してい

ることが明らかとなった(Belonovich *et al.*, 2009)。しかし，子どものように，アメリカ側へと東側に回遊している個体はいなかった。

衛星発信機の他にも，漂着や混獲記録をたどることで，生物の分布に関する情報を得ることができる。清田・馬場(1999)は1977～1998年に報告されたキタオットセイの漂着，混獲記録から，漂着が北海道から大阪湾までであったこと，混獲は内浦湾で多かったことを明らかにしている。しかし，日本海沿岸での記録は少なく，衛星発信機のデータからも，日本海へと来遊する個体の情報は集まっていない。特に，北海道渡島半島日本海側沿岸は，1977～1998年に混獲及び漂着の報告はなかった。しかし，最近になって，この海域におけるキタオットセイの生態が関心を集めている。

5. 北海道日本海沿岸におけるキタオットセイ

北海道日本海沿岸では，キタオットセイによる漁業被害が起きているという報告があり，我々は2008年から調査を開始した。すると，図IV.3.4のように網からホッケを食べているキタオットセイが観察された。さらに，漁協にポスターなどを配布し，鰭脚類の混獲及び漂着個体を収集した。すると2008年の冬から2009年の春にかけて，渡島半島周辺で10個体の鰭脚類を収集することができた(堀本ほか，2012)。収集した鰭脚類は，クラカケアザラシ *Phoca fasciata*，キタオットセイ，トド，ゴマフアザラシ *Phoca largha* であった。得られたオットセイの胃内容物を解析したところ，ヤリイカ *Loligo bleekeri*，ホッケ *Pleurogrammus azonus*，イカナゴ *Ammodytes personatus* などであった(堀本ほか，未発表)。これらのサンプルは，混獲されていたキタオットセイから得られたものであり，バイアスがかかっていると考えられるが，キタオットセイの餌は主要な漁業種であることを示唆している。さらに，北海道大学の練習船を利用した目視調査も同じ海域で行っている。その結果，調査船上で多くのキタオットセイが発見された。

図IV.3.4 刺し網を引っ張っているキタオットセイ(左)と，食いちぎられたホッケ(右)。堀本高矩氏撮影
Figure IV.3.4 Left: Northern fur seal pulling gill net. Right: Damaged Atka mackerel. Photo by Takanori Horimoto.

しかし，この海域のオットセイがどの繁殖場へと北上していくのかについては，まだわかっていない。おそらく，北海道日本海側にいちばん近いチュレニー島が有力な候補ではないかと考えられる。そこで，昨年(2011年)から，チュレニー島において日本，アメリカ，ロシアのキタオットセイ共同調査を開始しており，今後，さらに様々な調査を行って，高次捕食者としての生態系へのインパクトをモニタリングしていくこと，衛星発信器や記録計などを装着することを計画している。日本の松前沖でもキタオットセイの生体捕獲を試みており，今後，キタオットセイの回遊について明らかにされると期待される。

【引用・参考文献】

Alaska Sea Grant (1993): Is it food? Addressing marine mammal and sea bird declines. Alaska Sea Grant Report, 93-01. University of Alaska Fairbanks, Fairbanks, Alaska, 65 pp.

Angliss, R. P. & Allen, B. M. (2009): Alaska Marine Mammal Stock Assessments, 2008. U. S. Department of Commerce, NOAA Technical Memorandum NMFS-AFSC-193, 258 pp.

馬場徳寿(2001)：バイオテレメトリーによるオットセイの行動研究, 海洋と生物, 137, 526-532.

Belonovich, O., Andrews, R. D., Burkanov, V. N., Davis, R. W. & Stainland, I. J. (2009): Use of BAS Geolocation Tags to Study Northern Fur Seal (*Callorhinus ursinus*) Winter Migrations. In: Proceeding of the 18th Biennial Conference on the Biology of Marine Mammals, Quebec City, Canada, October. 2009.

Burkanov, V. N., Altukhov, A., Andrews, R., Calkins, D., Gurarie, E., Permyakov, P., Sergeev, S. & Waite, J. (2007): Northern fur seal (*Callorhinus ursinus*) pup production in the Kuril Islands, 2005-2006. In: Proceedings of the 17th Biennial Conference on the Biology of Marine Mammals, Cape Town, South Africa, November, 2007.

Caretta, J. V., Forney, K, A., Lowry, M. S., Barlow, J., Baker, J., Hanson, B. & Muto, M. M. (2007): U. S. Pacific Marine Mammal Stock Assessments: 2007. U. S. Department of Commerce, NOAA Technical Memorandum NMFS-SWFSC-414. 320 pp.

Davis, R. W., Andrews, R. D. & Lee, O. (2008): Winter movements, foraging behavior and habitat associations of northern fur seal (*Callorhinus ursinus*) pups. North Pacific Research Board Final Report.

Gentry, R. L. (1998): Behavior and ecology of the Northern fur seal, Princeton University Press, Princeton, NJ.

函館市(1990)：第9章　産業基盤の整備と漁業基地の確立，第4節　露領漁業の進展，6　ラッコ・オットセイ猟業，In：函館市史通説編　第2巻(函館市史編さん室編)，pp.1175-1190, 函館市, 函館.

堀本高矩・三谷曜子・小林由美・服部薫・桜井泰憲(2012)：2009年冬—春季の渡島半島西部から津軽海峡におけるキタオットセイ *Callorhinus ursinus* の来遊状況, 日本水産学会誌, 78(2), 256-258.

清田雅史・馬場徳寿(1999)：日本沿岸におけるキタオットセイを中心とした鰭脚類の漂着・混獲記録, 1977-1998年, 遠洋水産研究所研究報告, 36, 9-16.

Kuzin, A. E. (2010): The intrapopulation structure of the northern fur seal (*Callorhinus ursinus* L.) on Tyuleniy Island during the post-depression years (1993-2009). Russian Journal of Marine Biology, 36, 507-517.

村上島之丞(秦檍丸)(1800)：蝦夷島奇観.

Springer, A. M., Estes, J. A., Van Vliet, G. B., Williams, T. M., Doak, D. F., Danner, E. M., Forney, K. A. & Pfister, B. (2003): Sequential megafaunal collapse in the North Pacific Ocean: An ongoing legacy of industrial whaling? Proceedings of the National Academy of Sciences of the United States of America, 100, 12223-12228.

Towell, R. G., Ream, R. R. & York, A. E. (2006): Decline in northern fur seal (*Callorhinus ursinus*) pup production on the Pribilof Islands, Marine Mammal Science, 22, 486-491.

Trites, A. W. & Donnelly, C. P. (2003): The decline of Steller sea lions *Eumetopias jubatus* in Alaska: a review of the nutritional stress hypothesis, Mammal Review, 33, 3-28.

Wade, P. R., Burkanov, V. N., Dahlheim, M. E., Friday, N. A., Fritz, L. W., Loughlin, T. R., Mizroch, S. A., Muto, M. M., Rice, D. W., Barrett-Lennard, L. G., Black, N. A., Burdin, A. M., Calambokidis, J., Cerchio, S., Ford, J. K. B., Jacobsen, J. K., Matkin, C. O., Matkin, D. R., Mehta, A. V., Small, R. J., Straley, J. M., McCluskey, S. M., Vanblaricom, G. R. & Clapham, P. J. (2007): Killer whales and marine mammal trends in the North Pacific — a re-examination of evidence for sequential megafauna collapse and the prey-switching

hypothesis, Marine Mammal Science, 23, 766-802.
Yonezaki, S., Kiyota, M., Baba, N., Koido, T. & Takemura, A. (2003): Size distribution of the hard remains of prey in the digestive tract of northern fur seal (*Callorhinus ursinus*) and related biases in diet estimation by scat analysis, Mammal Study, 28, 97-102.
Yonezaki, S., Kiyota, M. & Baba, N. (2008): Decadal changes in the diet of northern fur seal (*Callorhinus ursinus*) migrating off the Pacific coast of northeastern Japan, Fisheries Oceanography, 17, 231-238.

6. Summary

The northern fur seal (*Callorhinus ursinus*) is an eared seal distributed along the North Pacific Ocean, the Bering Sea and the Sea of Okhotsk. The main breeding colonies are in the Pribilof and Commander Islands in the Bering Sea, and smaller rookeries exist at Bogoslof Island in the Aleutian Islands, on the Kuril Islands, Tuleny Island in the Sea of Okhotsk, and on San Miguel Island off Southern California. During the winter months, most northern fur seals migrate southward, and seals from Russian rookeries regularly come to the Pacific coast of Honshu and Hokkaido, Japan. They were hunted in large numbers for their fur, but after "pelagic" harvests were stopped in 1911, the fur seal population recovered, and by the 1950s was thought to be at pre-harvest levels. Recently, the Eastern Pacific stock, particularly in the Pribilof Islands has been designated as "depleted" because they have continued to decline. On the other hand, the northern fur seal population in Russia has been growing. Recently, there has been increased concern about fur seals along the Japan Sea coast of Hokkaido, where competition between fisheries and seals has been reported. However, little is known about their ecology in this area because it was not the main foraging ground for the fur seals. To understand their ecology, we have been collecting stranded and bycaught animals, and conducting ship-based surveys since 2009. To monitor their population and estimate their impact on the marine food web, further collaboration is needed between Russia and Japan.

4

オホーツク海に生息する
鰭脚類の過去と現在

Past and current status of pinnipeds
in the Sea of Okhotsk

トゥルーヒン, A. M.(太平洋地理学研究所)
Alexey M. TRUKHIN(Pacific Oceanological Institute)

　オホーツク海に生息する鰭脚類の生息状況が今後どのようになっていくのかを予測するために，これらの生息個体数が過去から現在にかけてどのように変化しているかについて紹介する。

1．オホーツク海で生息する鰭脚類

　オホーツク海は，ロシア極東の鰭脚類の主要な分布地域であり，ここに生息する鰭脚類は，7種類いる。非常に種類が多様で，その生息個体数もかなり多い。しかし，7種の鰭脚類のうちの2種類，トドとオットセイは現在多くの個体が生息しているという状況ではない。30年から40年前くらいに，これらの個体数が激減したが，なぜ減ってしまったかということはよくわかってない。オットセイに関しては，千島列島周辺にはほとんど生息してない。この2種類は，レッドデータブックに記載されている。それ以外のアザラシ科については，アゴヒゲアザラシ，ワモンアザラシ，ゼニガタアザラシ，ゴマフアザラシ，クラカケアザラシが生息している。これらの種類については個体数が非常に多いが，20世紀の間，狩猟の対象種であった。これらの生活史は，流氷と密接に関わっているので，流氷の減少に非常に影響を受ける。つまり，流氷の減少が，彼らの育児や繁殖に直接影響するのである。

2．チュレニー島におけるオットセイ及びトドの個体数変動

　図Ⅳ.4.1には，チュレニー島のオットセイの個体数の動向を示している。オットセイの個体数が最大であったのは，1960〜1970年代で，その後個体数の下降傾向が見られる。これは寿命の長い生き物の長期の自然のサイクルでの個体数変化の特徴である。20年前にはオット

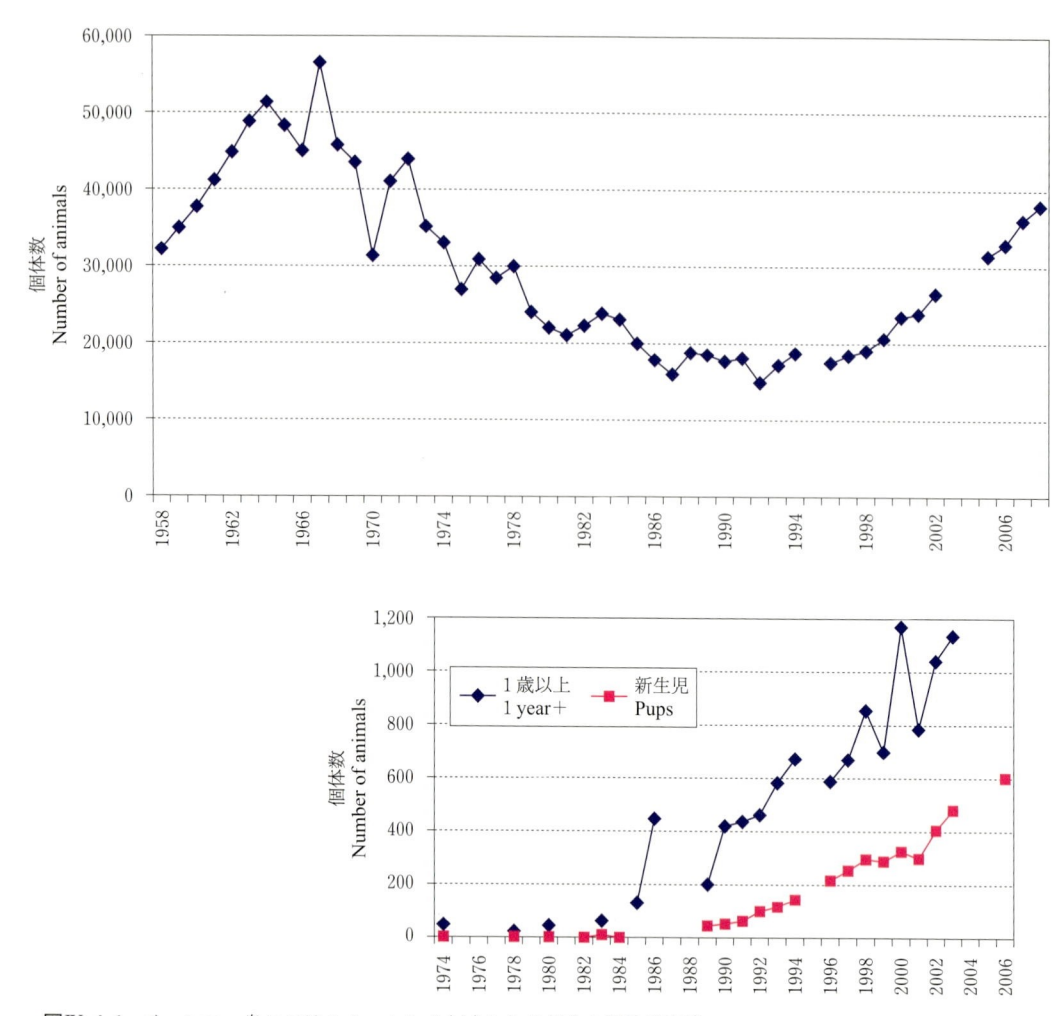

図Ⅳ.4.1　チュレニー島におけるオットセイ（上）とトド（下）の個体数変動
Figure Ⅳ.4.1　Population abundance of fur seals (upper) and Steller sea lions (lower) on Tyuleniy Island.

セイの個体数が1万5,000頭程度であったのに対し，現在は4万頭程度まで増加している。

　トドの個体数の動向を図Ⅳ.4.1に示している。チュレニー島では，近年トドも増加している。これは，1980年代はほとんど繁殖が見られなかったが，現在では600頭の新生児が見られるようになった。つまり，チュレニー島では，トドもオットセイも増えている現状である。

3．アザラシ類の捕獲

　20世紀の後半の1955年半ばからは，極東あるいはフィンランドに15艘の毛皮獣の捕獲船団が操業し，捕獲圧が非常に激しくなりアザラシ類の個体数に与える影響が特に大きくなった時期である。沿岸での捕獲ということで始まったが，1969年には，このアザラシの捕獲がある程度制限されるという事態になった。そして1970年代，これらの船によって新しい捕獲場

表IV.4.1 オホーツク海におけるアザラシの捕獲頭数
Table IV.4.1 Number of true seals caught in the Sea of Okhotsk.

年 Year	ワモンアザラシ Ringed seal	ゴマフアザラシ Spotted seal	クラカケアザラシ Ribbon seal	アゴヒゲアザラシ Bearded seal	合計 Total
1955	72,517	1,987	9,384	6,562	90,450
1960	98,310	9,264	3,444	5,202	116,220
1965	83,448	3,996	5,152	4,737	97,333
1970	30,386	4,618	5,213	3,127	43,344
1975	19,188	3,937	3,500	1,435	28,060
1980	5,898	1,689	3,451	1,616	12,654
1985	17,248	6,846	10,000	2,959	37,053
1990	22,372	7,352	14,695	4,639	49,058
1995	284	132	0	101	517
2000	196	976	18	190	1,380

表IV.4.2 航空機調査によるアザラシ類の個体数
Table IV.4.2 Number of true seals counted during aerial surveys.

年 Year	ワモンアザラシ Ringed seal	ゴマフアザラシ Spotted seal	クラカケアザラシ Ribbon seal	アゴヒゲアザラシ Bearded seal
1968	780	67	116	233
1969	855	177	208	253
1974	876	172	173	110
1976	539	268	201	125
1279	706	246	449	187
1981	777	234	410	104
1986	833	174	508	143
1988	565	156	630	143
1989	709	96	445	105
1990	710	178	562	95

所を探すことを目的に，日本海，ベーリング海で実験的な捕獲が行われたが，これらの海域においては，新しい捕獲場所にはならないことが判明した。そのようなことがあり，捕獲はこのオホーツク海で行われることになった。

1969年には，専用船が作られ，それは1994年まで使われた。その後は，アザラシの捕獲は実質上なくなった。表IV.4.1には，20世紀の後半に行われていたアザラシ類の捕獲頭数を示してある。1960年と1965年は船団を使って捕獲していた時期であるが，その捕獲頭数は10万頭を超えていた。このデータは，実際のアザラシの捕獲頭数であるが，アザラシ類が捕獲道具によって傷つけられた個体が全体の個体数の20％ぐらい存在すると推定された。1969年に捕獲制限が施行され，捕獲頭数が生息個体数の5％から4％を超えてはならないとされた。そのため，航空機により上空からの個体数を確認し，それから生息個体数を推定して，捕獲数を制限・管理していくことになった。その航空機での個体数調査の結果を表IV.4.2に示す。その後，1994年には，アザラシの捕獲はなくなったが，それに伴ってアザラシの研究も，ソ連，ロシアでは進まなくなった。

4. 繁殖期におけるオホーツク海のアザラシ類の分布

オホーツク海に生息しているアザラシ類の種数は，非常に多く，1つの海域でこれだけ多くの個体数が生息しているのは，珍しいことである。また，これらの種間競争が起きていないということも珍しい。例えば，図IV.4.2に示したように，繁殖期である春のアゴヒゲアザラシやワモンアザラシの流氷上の分布は，大陸棚の近くの，水深200 m以内の場所に分布しており，その他のアザラシは，もう少し沖合に分布している。

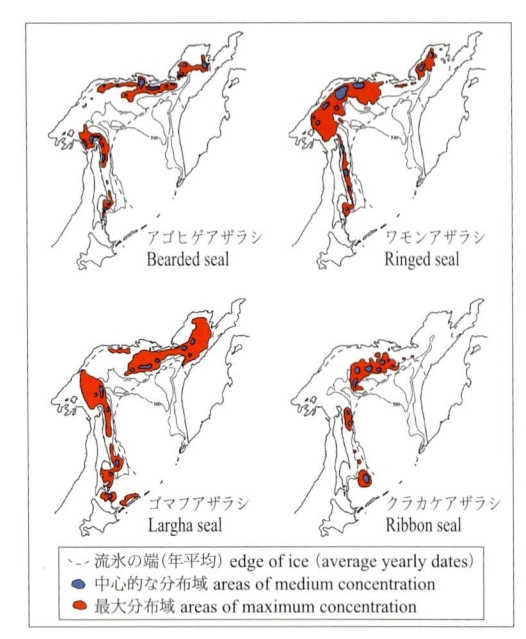

図IV.4.2　繁殖期におけるアザラシ類の流氷上の分布
Figure IV.4.2　Distribution of true seals on ice during the reproductive season.

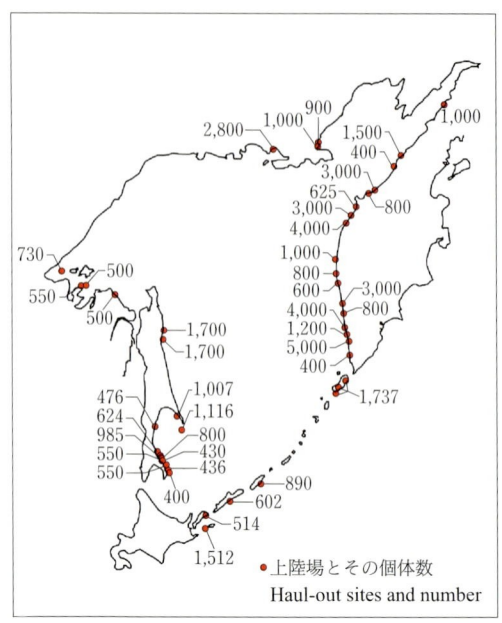

図IV.4.3　ゴマフアザラシの夏の上陸場
Figure IV.4.3　Haul-out sites of spotted seals during summer season.

5. ゴマフアザラシの夏の上陸場

　これらのアザラシ類は，生活史のある一部のみ，流氷と密接な関係を持っている。陸地の影響を受けるのはゴマフアザラシだけで，非繁殖集団(夏の生息地)の上陸場は，図IV.4.3に示したように，カムチャツカ半島の西岸，あるいはサハリン島の沿岸にある。カムチャツカの西岸には，夏から秋にかけて数千頭以上になる大規模な上陸場がいくつかある。サハリンの東海岸には，それほど大規模なものはないが，いくつかのゴマフアザラシの上陸場が存在する。

6. 今後の課題

　今後，日露の共同調査が必須である。この極東の海，オホーツク海において，アザラシをどのように調査するべきかを，具体的に述べるのは困難である。なぜならば，最近の15年間，ここのアザラシ類の生息個体数は十分に調べられていないからである。例えば，シロイルカやセイウチの生息個体数を調査する際に利用するようになった新しい調査用の飛行機410などはアザラシ類の生息個体数調査に利用できるかもしれない。この飛行機は赤外線を積んでおり，赤外線でスキャニングを行うことによって個体数を確認することが可能である。アザラシの場合でも，氷上で赤外線スキャニングを行うことによって，その個体数が把握できると考えられる。実際に，グリーンランドのタテゴトアザラシの個体数を調べることが可能であるため，オホーツク海でも十分にこれを利用できると考えられる。最近，地球温暖化の影響で，非常に危

機的に流氷・氷原が減ってきている。氷原は，アザラシの子供の出産場所や育児場所として，非常に重要なものである。その面積が減少することは，アザラシが子供を出産・育児する場所が減少していることとイコールである。それに加え，氷原が存在する時期も短くなっている。これら流氷や氷原の状況からの影響を把握するためにも，生息個体数調査は急務であり，そのためには，上空からの広域調査が有用であると考えられる。

7. Summary

The Sea of Okhotsk is one of the main regions of Pinnipeds distribution in the Russian Far East. There are 7 species of the Pinnipeds living: 2 species (Steller sea lion (SSL) and Northern fur seal) are represented by the Otariidae family and 5 species (bearded seal, ringed seal, spotted seal, harbor seal and ribbon seal) are members of the Phocidae family.

SSL haul out regularly on seven sites on Sakhalin Island and nearby islets. Amongst them there are two rookeries: on Tyuleniy and Moneron Islands. Moreover, on Tyuleniy Island SSL began reproducing in the mid 1990's, while on Moneron Island this species began reproducing only 5 years ago. In the mid 2000s, 3 new SSL haul-outs have been discovered in the central part of east Sakhalin: on Srednii and Parohod Rocks and on cape Delil-de-la-Kroyera.

There is a large northern fur seal rookery on Tyuleniy Island. In 1990–92, the number of fur seals on this rookery declined to a minimum. Since 1993, the population has slowly begun to recover. Thus, the total number of both species of eared seals in Sakhalin has shown a steadily increasing trend over the last two decades.

During the ice period, four species of true seal occupy the coastal water of Sakhalin. During the reproductive season (March-May), they form concentrations of varying density on ice. During the non-ice period, there are large numbers of coastal haul-outs of the spotted seal, bearded seal and ringed seal on the Sakhalin coast. In this period of the year, the most common are spotted seals. There are very few haul-outs of bearded seals; this species typically hauls out on land only in early autumn. There is only one known coastal haul-out of ringed seal on Sakhalin Island. This haul-out is located at the mouth of Piltun Bay (northeastern Sakhalin) and is the largest ringed seal haul-out in Russian Far Eastern waters. The number of ringed seals on this haul-out can exceed 600 individuals. Ringed seals begin to leave haul out on land in the middle of September and remain until the earliest ice formation in off-shore waters.

In the second part of the last century all species of true seals excepting harbor seals were the objects of harvest, and were caught year round. Consequently, these species were studied as well. However, in 1994 year ship-based harvest of ice seals in the Sea of Okhotsk ended, resulting in the low subsequent level of study. Collaborative studies between Russia and Japan on the population of true seals in the Sea of Okhotsk are essential.

The main species for harvest in the Sea of Okhotsk was ringed seal, annual catches of which reached almost 100 thousands individuals in certain years. The most intensive harvest begun in 1955, when the Far East fishing fleet flotilla was developed. The intensity of the harvest led to rapid decline in seals number.

5

サハリンや千島列島周辺での
アザラシ類によるサケ・マスの捕食 2009

Pedation on salmon by seals off Sakhalin and around Kuril Islands in 2009

ヴェリカノフ, A. Ya.(サハリン漁業海洋学研究所)・ラドチェンコ, V. I.(太平洋漁業科学研究所)
Anatoliy Ya. VELIKANOV(Sakhalin Research Institute of Fisheries and Oceanography: SakhNIRO)
and Vladimir I. RADCHENKO(Pacific Scientific Research Fisheries Center: TINRO-center)

1. サハリンや千島列島周辺におけるアザラシ類

　サハリンや千島列島周辺におけるアザラシ類の個体数は，1980年代と比べて増加している。個々の種によって増加傾向は異なっているが，オホーツク海における1980年代初頭のアザラシは約130万頭であった。ワモンアザラシが54万3,000頭，アゴヒゲアザラシが19万頭，クラカケアザラシが34万5,000頭，ゴマフアザラシが19万頭，ゼニガタアザラシが4,000頭で，アザラシ全部のバイオマスを計算すると合計9万4,100トンということになる。

　近年はアザラシの商業捕獲もされず，太平洋のサケ・マスなどの個体数の増加もあり，アザラシの数は以前より増加しているものと推測される。特にサハリン沿岸のゴマフアザラシには，この推測がよく当てはまっていると考えられる。

　そこで，2009年8～9月にサブニロが上空から個体数調査を行った。最も個体数密度が高かった場所は，サハリン湾沿岸で，そこには4種類のアザラシ合計4,125頭が生息しており，主にワモンアザラシ，ゴマフアザラシ，アゴヒゲアザラシであった。テルペニア湾には1,058頭確認でき，その3分の2はテルペニア岬沿いに分布していた。2000年初頭は2,123頭でありそれに比べると少なかった。その理由はいくつか考えられるが，この時期ゴマフアザラシがサケを捕るため，もっと南のサケの遡上する川に分布しているからでないかと考えられる。サハリンの南東部では1,726頭で，これは過去との差が最も大きかった場所で，過去のわずか36％であった。南部のアニワ湾では493頭であった。一方，サハリン南西部は1,548頭で，主にゴマフアザラシ及びワモンアザラシが確認された。サハリンの南から西に沿ってアムール川までの区間では，アザラシは少なく156頭であり，沿岸部すべてで43グループあり，

1万8,038頭であった。サハリン東部の8,042頭は，過去の1万774頭と比べると少なかった。季節により分布が変わっていることが考えられる(図Ⅳ.5.1)。また保護区であるチュレニー島での上空からのカウントはできなかったが，ここには，少なくとも1,100頭は生息していると考えられている。

2. アザラシと太平洋サケ・マスとの関係

これらのアザラシの個体数から考えて，オホーツク海においてアザラシが消費する餌は，年間約134万トンと推定される。それには，大量の浮魚が含まれている。ゴマフアザラシの餌の70%は魚類であり，そのうち20%は小さな浮魚である。また，太平洋サケ・マスの産卵期には，それらを主食として食べている。オホーツク海における他のアザラシ類は，ゼニガタアザラシを除いてサケ・マスを食べないとされている。ワモンアザラシ，アゴヒゲアザラシ，クラカケアザラシの胃から，過去にはサケの残滓は発見されていない。しかし，アザラシ類は商業的に重要なサケ・マスの幼魚も含めて，オホーツク海で33万トンを消費している。

太平洋サケ・マスは海で頻繁に捕食者に襲われる。襲われた多くはそのまま生き延び，体に傷をつけたまま回遊する。どのような傷であるかの情報を集積することによって，襲った捕食者を特定することができる。2009年サブニロが，太平洋サケ・マス資源と海生哺乳類の関係

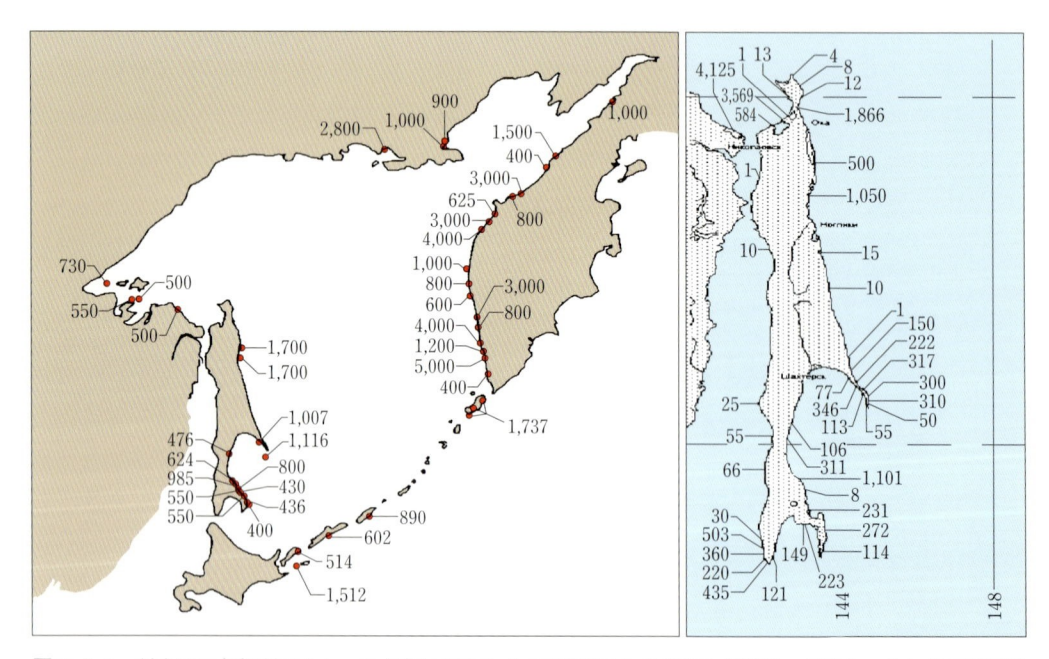

図Ⅳ.5.1　(左)2000年初頭のオホーツク海におけるゴマフアザラシの分布と個体数，(右)サハリン島の沿岸域でのアザラシ科の分布と個体数(2009年8〜9月の航空機データ)

Figure Ⅳ.5.1　Left: Distribution and abundance of spotted seals in the Okhotsk Sea in the early 2000s. (Trukhin, 2009.) Right: Distribution and abundance of true seals in the coastal zone of Sakhalin Island. From Aero-visual data, August-September (2009).

を知るため，海生哺乳類によってサケ・マスにつけられた傷の頻度を調べた。まずは，6〜7月太平洋の千島列島周辺の沿岸水域で調査船プロフェッサーカガノフスキーを用いて調査を行った。既存の方法で，魚の胴体の傷をチェックする方法で行った(表Ⅳ.5.1)。次に，サハリン沿岸の複数地域の定置網にかかった商業捕獲サケ・マスからもデータを得た。海において，主なサケ・マスの捕食者としては，ブルーペインター，ミラージュドッグフィッシュ，ミズウオ，ミズウオダマシが4つの主要な魚であると報告されている。さらにヤツメウナギ，そして海生哺乳類，つまり鰭脚類およびヒゲクジラ類とされている(表Ⅳ.5.1)。

海生哺乳類はサケ・マスを沿岸部で襲いかかると考えられていたが，2009年の調査からサケ・マスを公海，つまり遠洋においても積極的に襲うということが明らかになった(図Ⅳ.5.2)。つまり，この捕食は陸から200海里以遠でも起こっている。

近年，カラフトマスの傷は増えている。ウルップ島沿岸水域では，商業漁獲の最大40%を占めており，傷がついたカラフトマスが少ない北部千島列島の島々では7〜10%である。サケにおいては，全体として北部千島列島で海生哺乳類にサケが傷つけられていることが明らかになり，30%を超える場所もあった。1990年代はこのような傷は報告されていなかった。

2009年の太平洋サケの最盛期に傷があるサケを調査したところ，サハリン沿岸の6つの主たる漁場のデータが集まった。データを分析した結果，傷がついたサケとアザラシ個体数は正比例していることが判明した。海生哺乳類による傷があるカラフトマスの個体数割合は，サハリン沿岸漁場では1.3〜9.6%，その中で傷がついたカラフトマスの割合が一番低かったのはテルペニア湾であった。原因はいくつか考えられるが，沿岸部のアザラシの分布が広域になっ

表Ⅳ.5.1 千島列島周辺の太平洋側での傷ついたサケ・マスの数と割合。2009年6〜7月初旬の調査船プロフェッサーガガノフスキーからのデータより

Table IV.5.1 Frequency of injured salmon in the Pacific Ocean around the Kuril Islands. From the cruise data of R/V "Professor Kaganovskiy", June-early July (2009).

傷をつけた原因種 Source of injury							
カイアシ類 Copepods	ミズウオ Longnose lancetfish	ミズウオダマシ Daggertooth	海生哺乳類 Marine mammals	ヤツメウナギ Lamprey	サメ Shark	不明 Indefinite	Total
カラフトマス(古い傷) Pink salmon *Oncorhynchus gorbuscha* (First injury)							
506	12	33	26	8	1	46	632
80,06	1,90	5,22	4,11	1,27	0,16	7,28	100
カラフトマス(新しい傷) Pink salmon *Oncorhynchus gorbuscha* (Second injury)							
14	1	4	3	—	—	6	28
50,0	7,14	28,57	21,43	—	—	42,86	100
シロザケ Chum salmon *Oncorhynchus keta*							
73	6	35	22	1	—	—	137
53,28	4,38	25,55	16,06	0,73	—	—	100
ベニザケ Sockeye salmon *Oncorhynchus nerka*							
3	—	2	1	1	—	—	7
42,86	—	28,56	14,29	14,29	—	—	100

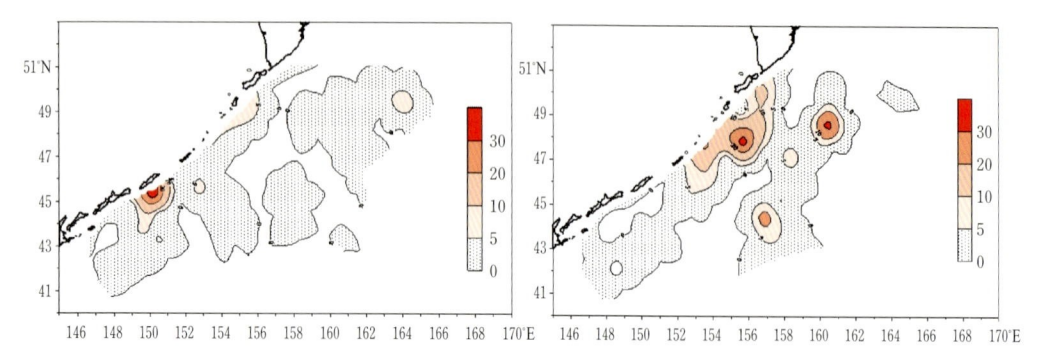

図Ⅳ.5.2 （左）2009年6〜7月初頭の千島列島周辺の北東太平洋側での海生哺乳類による傷ついたカラフトマスの割合。（右）2009年6〜7月初頭の千島列島周辺の北東太平洋側での海生哺乳類による傷ついたサケの割合

Figure Ⅳ.5.2 Left: Frequency of pink salmon injured by marine mammals in northwestern Pacific around the Kuril Islands, June-early July 2009. Right: Frequency of chum salmon injured by marine mammals in northwestern Pacific around the Kuril Islands, June-early July 2009.

たことやアニワ湾やテルペニア湾沿岸部の漁業活動が活発であることも挙げられる。カラフトマスの傷が最大だったのはランギリ川の河口地域で，カラフトマスの約9.6%，サケの約12.8%が傷を負っていた。多くの場所で傷は増えており，7月より8月の方が，そして8月の始めより8月の終わりの方が傷を受けた魚が多かった。つまり，サケ・マスの集まる所へアザラシが来遊していると考えられる。サハリン沿岸漁場から得たデータのみであるが，傷を負ったサケはカラフトマスより多いという傾向にあり，例外はニイスキー湾であった。サケの方がカラフトマスより傷が多いというのは，沿岸部でも遠洋でも同じ結果であった。予想通り，海生哺乳類によって傷つけられた魚の割合の平均はサハリン沿岸水域よりも千島列島周辺の沿岸水域の方が多かった。サケでは2倍以上，カラフトマスでは5倍以上であった（表Ⅳ.5.2）。

　西サハリン漁場の商業漁業のサケ・マスの割合は，85%であった。サハリン東部の割合はもっと高いはずである。この地域の過去20年のサケ・マス漁獲高では，西岸部よりも東岸部の方が1桁大きい（図Ⅳ.5.3，図Ⅳ.5.4）。沿岸に生息しているゴマフアザラシは，オホーツク海水域では10万トン以上のサケ・マス，言い方を変えると7,000万本以上のサケ・マスをサケ・マスが沿岸に近づく時期に食べている。夏にはサハリン沿岸に3万5千頭のゴマフアザラシが生息すると仮定すれば，これはオホーツク海の18.4%の個体数に過ぎない。これらのアザラシが食べる太平洋サケ・マスは1万1,000トンと推定される。サハリンのサケ・マスの再生産に与えるアザラシの影響はかなり深刻で，西サハリン地域の商業捕獲に迫るものである。

3．まとめ

　2009年8〜9月に，サハリン沿岸域で43カ所のアザラシ類の生息場所に，合計1万3,914個体が確認された。サハリン島の北部水域で，南部水域よりもアザラシ類の個体数密度が高かった。サハリンスキー湾で30%，西サハリンで54.2%，アニワ湾で3.5%，東サハリンで

表IV.5.2 2009年7～9月のサハリン沿岸水域と河川における傷ついた太平洋サケ・マスの割合
Table IV.5.2 Data on frequency of injured Pacific salmon in the Sakhalin coastal waters and rivers, July-September, 2009.

場所 Area	サンプリング期間 Sampling period	サンプル個体数 Volume of samples, ind.	傷ついた サケ・マスの個体数 Number of injured salmon, ind.	割合(%) Percentage of injured salmon, %
カラフトマス Pink salmon *Oncorhynchus gorbuscha*				
テルペニア湾 Terpeniya Bay	08.07 - 16.08.2009	900	12	1,3
ニイスキー湾 Nyiskiy Bay	01.08 - 20.08.2009	396	25	6,3
ランギリ川 Lungery River	25.07 - 20.08.2009	584	56	9,6
アニワ湾 Aniva Bay	08.08 - 15.08.2009	300	7	2,3
リボノスキー集落 Rybnovsk settelment	24.07 - 14.08.2009	473	32	6,8
ランギリ川 Lungry River	17.07 - 17.08.2009	300	16	5,3
シロザケ Chum salmon *Oncorhynchus keta*				
テルペニア湾 Terpeniya Bay	14.07 - 29.09.2009	383	9	2,3
ニイスキー湾 Nyiskiy Bay	21.08 - 11.09.2009	400	18	4,5
ランギリ川 Lungery River	04.09.2009	78	10	12,8
リボノスキー集落 Rybnovsk settelment	18.08 - 12.09.2009	200	15	7,5
ランギリ川 Lungry River	24.07 - 28.07.2009	300	22	7,3

12.3%であった。

サブニロの2009年7月の海生哺乳類によるサケ・マスの被害調査で，海生哺乳類は沿岸域だけではなく200マイル以遠の遠洋水域でもサケ・マスを補食していることが明らかになった。千島列島の近くの太平洋の北東では，カラフトマスやサケの資源に海生哺乳類，特にアザラシ類の被害が見られた。

サハリンの沿岸水域では，海生哺乳類に傷つけられたカラフトマスの割合が1.3%～9.6%であるのに対し，サケは高い水域で12.8%であった。太平洋の千島列島周辺水域と比較すると，傷つけられた魚の割合は，サハリン沿岸のサケの2倍以上，カラフトマスは5倍と考えられる。暫定的に，夏の時期，

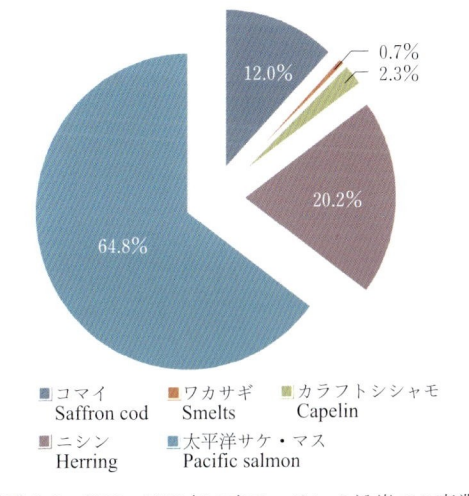

図IV.5.3 2000～2008年の東サハリンの沿岸での商業捕獲からの魚種別割合
Figure IV.5.3 Proportion of different fish species from the coastal catches of western Sakhalin in 2000-2008. Data of Ivshina, SakhNIRO.

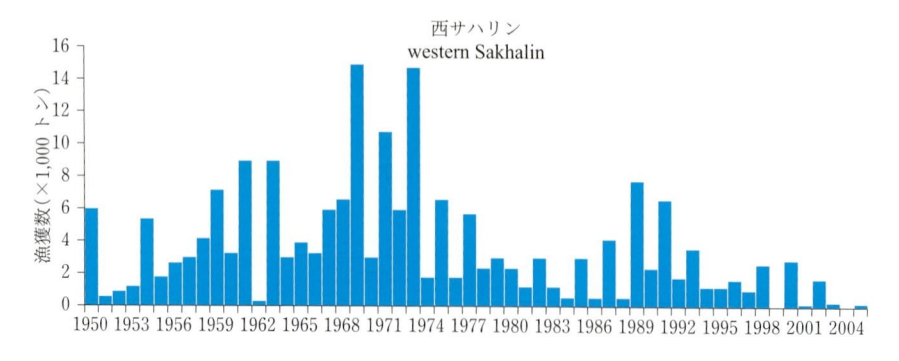

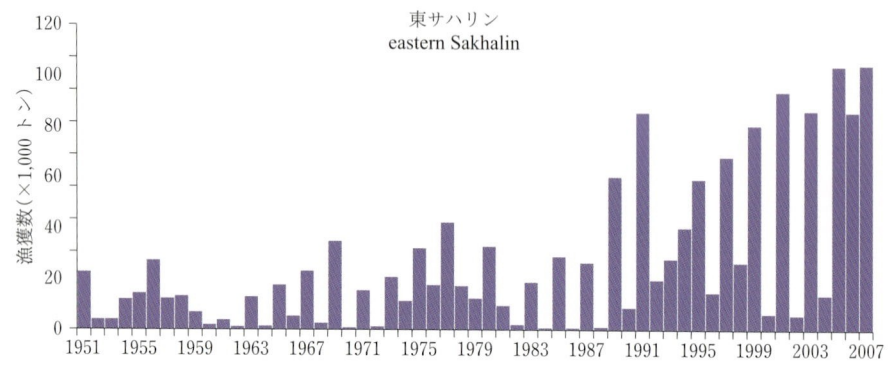

図Ⅳ.5.4 20世紀の後半での西サハリン(上)と東サハリンでのカラフトマスの漁獲数の変動
Figure IV.5.4 Dynamics of pink salmon catches along western (upper panel) and eastern (lower panel) Sakhalin in the second half of the 20th century.

西サハリン沿岸ゴマフアザラシは1万1,000トンの太平洋サケ・マスを消費している可能性がある。それ故,サハリンの漁業資源,特にサケ・マス類の溯河魚類へのインパクトは,明確であり,各地域の商業漁獲と比較されるべきである。

4. Summary

In August-September 2009, SakhNIRO has performed a new program on assessment of true seals abundance in Sakhalin coastal waters using the aerial observations. There were 40 aggregations of these mammals totaled 13,914 individuals. The true seals abundance was higher in the cold water areas around Sakhalin Island than in its warm water regions: Sakhalinskiy Bay －30%, eastern Sakhalin －54.2%, Aniva Bay －3.5%, western Sakhalin －12.3%. The SakhNIRO investigations conducted in June 2009 have shown that marine mammals consume Pacific salmon not only in the coastal zone, but also in the open ocean, far from the coasts (more than 200 miles). In the north-western part of the Pacific Ocean, near the Kuril Islands, resources of pink and chum salmon appeared to be most affected by marine mammals (seals). On average, percentage of fish injured by marine mammals on the study ocean area was as follows: pink salmon 0.9%, chum salmon 2.5%; in individual samples 40 % and 30 %, respectively. In the Sakhalin coastal zone, the percentage of pink salmon injured by marine mammals varied from 1.3 to 9.6%, and that of chum salmon is up to 12.8%. In comparison with the zone near the Kuril Islands of the Pacific Ocean, the percentages of injured fishes near Sakhalin coasts are higher: more than twice for chum salmon and 5 times for pink salmon. Tentatively, harbor seals are able to consume about 11,000 tons of Pacific salmon along the eastern Sakhalin coast during the summer season. Thus, the predatory impact of marine mammals on Sakhalin fish resources, particularly salmonids during their anadromous migrations, is evident and comparable with the commercial salmon catches in individual regions.

6

ゴマフアザラシの近年の生態変化と海洋生態系への影響

Changes in ecology of spotted seals around Hokkaido and its effect on marine ecosystem

小林万里(東京農業大学生物産業学部・北の海の動物センター)
Mari KOBAYASHI(Tokyo University of Agriculture・Marine Wildlife Center of JAPAN)

1. 北海道に来遊・生息するアザラシ類

　食肉目の鰭脚亜目アザラシ科に分類されるアザラシ類は，世界に19種類が現存しているとされているが(Jefferson *et al.*, 1999)，そのうち5種(26.3％)が日本で確認されている。アザラシ類は，氷上で繁殖するタイプと，陸上で繁殖するタイプとに分けられ，日本近海には氷上繁殖型のゴマフアザラシ(*Phoca largha*)，クラカケアザラシ(*Phoca fasciata*)，ワモンアザラシ(*Phoca hispida*)，アゴヒゲアザラシ(*Erignathus barbatus*)の4種と陸上繁殖型のゼニガタアザラシ(*Phoca vitulina*)1種が生息・回遊している。

　氷上繁殖型のアザラシ4種は，オホーツク海の流氷上で出産・育児をするため，流氷期に流氷とともに南下してくる。その分布域の南限が北海道であるゴマフアザラシ，それより分布域の南端が北に位置するクラカケアザラシ，北極圏から亜北極圏に分布域の中心を持つアゴヒゲアザラシやワモンアザラシという順に，北海道から分布域が離れていくため，北海道で目撃されるアザラシの多くはゴマフアザラシ，次いでクラカケアザラシである。

　一方，ゼニガタアザラシは北半球全体に分布している *Phoca vitulina*(Harbour seal)の太平洋西部産亜種であり，北海道から千島列島を経てカムチャツカ半島，コマンドルスキー諸島，アリューシャン列島まで帯状に分布する(Shaughnessy *et al.*, 1977)。北海道での分布は寒流である親潮の影響を強く受ける東部の太平洋沿岸に限られ，南限かつ西限は襟裳岬である。人間生活の影響を受けにくい孤島などの特定岩礁を上陸場とし，その一部は繁殖場としても利用するなど，周年にわたり生息している(小林, 2008)。

2. ゴマフアザラシとは

　ゴマフアザラシは，10～11月に北海道への来遊を始め，冬季は流氷上を上陸場として生活している。3月中旬～下旬に流氷上で出産し，3～4週間の授乳期間の後，離乳する。成獣メスは離乳後すぐに発情し，オスと交尾する。このため，成獣オスはまだメスがパップに授乳しているうちから母子の側にいて，離乳・発情を待っている様子が頻繁に観察される。メスは交尾後2～3カ月の着床遅延期間を経て着床・妊娠する(Bigg, 1981)。わが国の出産海域はオホーツク海と根室海峡の流氷上であり，一連の繁殖期が終わると，流氷の消滅に伴って成獣は流氷とともに北の沿岸に向かい，幼獣は近くの海岸に移動，夏の生息地である汽水湖の砂洲などに集団で休息するようになる(Naito & Nishiwaki, 1975)。ゴマフアザラシの夏季の生息地(上陸場)は，間宮海峡からピュートル大帝湾，サハリン，北海道では根室海峡の野付湾・風蓮湖(青木, 1996)，北方四島(主に国後島及び歯舞群島)から千島列島，カムチャッカにある。冬季に北海道への来遊個体数が大幅に増加することから，来遊個体の大部分はロシア海域から南下してきたものと考えられている。北海道来遊群の夏季の主要生息地は，サハリン沿岸と千島列島周辺であると考えられている(図Ⅳ.6.1)。北海道周辺におけるゴマフアザラシの生息個体数は比較的多く，捕獲圧も1970年代までと比べるとはるかに低いため，現在危機的状態ではないと考えら

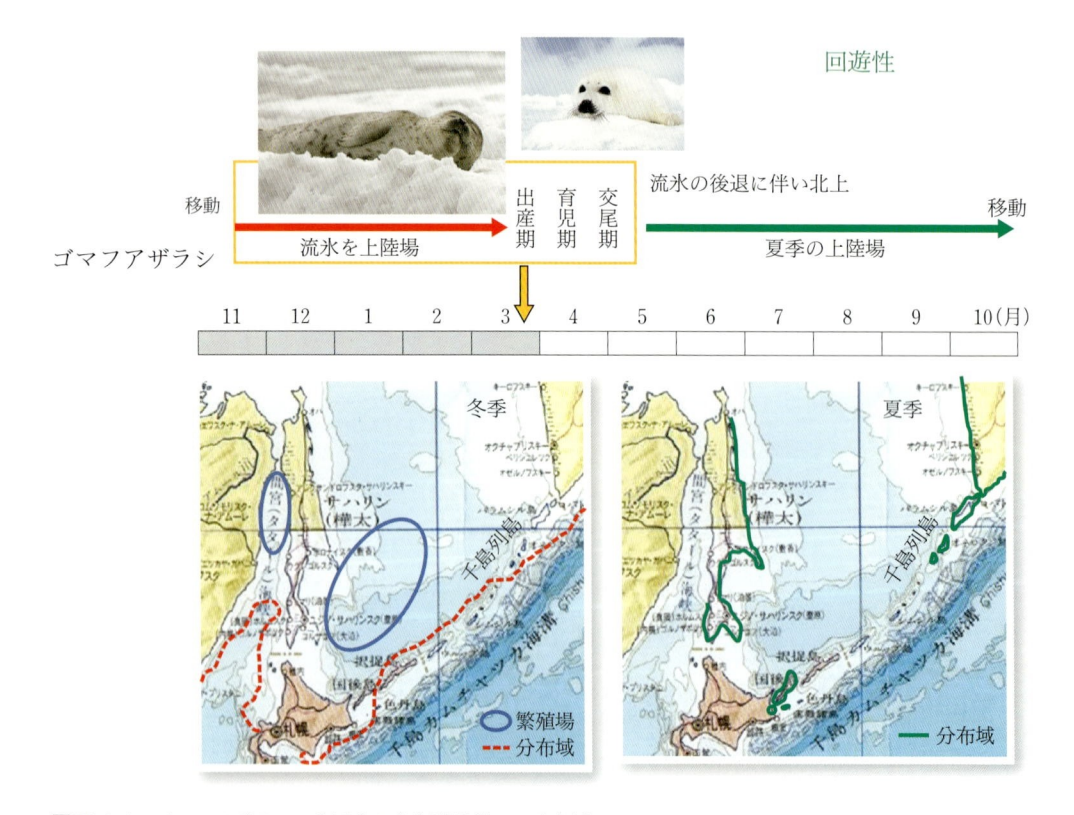

図Ⅳ.6.1　ゴマフアザラシの生活史と北海道沿岸での分布域
Figure Ⅳ.6.1　Life history of spotted seals and distribution of around Hokkaido.

れる．しかし夏季の重要な生息地であるサハリン沿岸における調査が，ソビエト連邦崩壊後は十分に実施されておらず，油田開発に伴う近年の環境アセスメント調査でも，本種を含む鰭脚類の扱いは不十分である．また，出産は流氷上で行うため，近年の流氷の減少による個体群に与える影響も危惧される．そのため個体群の現況には未だ不明な点が多いのが現状である．なおオホーツク海全体の個体数については約13万頭という古い推定値があるが(Popov, 1982; IUCN/SSC Seal Specialist Group, 1993)，近年のデータはない．2000年のオホーツク海南部の生息個体数の推定値は，3月にゴマフアザラシが1万3,653頭(6,167〜3万252)・クラカケアザラシが2,260頭(783〜6,607)，4月は各々6,545頭(3,284〜81万5,644)，3,134頭(1,247〜1,780万2,512)と報告されている(Mizuno et al., 2002)．

3. ゴマフアザラシの近年の生態変化

　ゴマフアザラシは，近年，北海道周辺での生態が大きく変化している．全体的に来遊の南下・長期滞在傾向が見られ，特に変化が顕著なのは日本海側である．かつては日本海側には，礼文島の北部に位置するトド島でのみ来遊個体が確認されていたが，近年はその分布が南下しており，日本海側の積丹，小樽あたりまで分布域を広げている．さらに来遊時期も過去は12月〜翌3月であり，3月になると夏の生息地に戻っていたが，現在では11月から来遊して5月まで多数の個体が日本海側で観察できる．つまり，早期来遊・遅延退去の長期滞在傾向が見られる．かつてから来遊が確認される礼文島では，近年では400個体ほどのゴマフアザラシが周年生息するようになり，上陸場所も増加，トド島では出産も確認されている．ゴマフアザラシは通常，オホーツク海の流氷上で出産するので，かつて礼文島・トド島に来遊していた個体は若い個体，つまり繁殖に参加しない個体であると考えられていた．しかし，近年日本海側に来遊する個体には，確実に妊娠個体も見られるようになった．また，かつての礼文島・トド島への来遊個体数は，300〜400個体ほどであったが，現在では，日本海側全体で数千個体は来遊してきていると考えられ，その来遊個体数も年々増加傾向が見られている(図Ⅳ.6.2)．

　さらに，近年抜海で捕獲したアザラシに発信機を装着して，彼らの夏の生息地，冬の繁殖海域及び日本海側での行動を追跡した．その結果，夏の生息地はサハリンの東海岸及び間宮海峡へ行く途中の沿海州の2パターンが，冬の繁殖地もオホーツク海と間宮海峡の流氷の2パターンが見られた．また，日本海側での冬の移動は大きく5パターンに分れ，パターン①は，抜海周辺25 km圏内を餌場として利用しており，利用上陸場は抜海のみ．パターン②は抜海周辺80 km圏内を利用しており，利用上陸場は抜海の他に礼文や利尻．パターン③は抜海から南方120 km圏内までを餌場として利用しており，抜海の他，焼尻や天売もまれに上陸場として利用．パターン④は抜海から南方300 km圏内までを餌場として利用しているが，利用上陸場は抜海のみ．パターン⑤は抜海から北方500 km圏内までを餌場として利用しており，抜海の他に西サハリン及び沿海州を上陸場として利用していた(図Ⅳ.6.3)．また，パターンによって性差，成長段階，個体数割合に差がないことから，どのパターンも一長一短である可能性があり，

254　Ⅳ　海生哺乳類Ⅱ　トド・アザラシ類

	昔	今
来遊場所	礼文島のトド島(●)のみ	日本海側積丹・小樽まで南下分布(●)
来遊時期	12月～翌3月	11月～翌5月 (長期滞在型増加) 礼文島のみ周年
個体の特徴	繁殖に参加しない亜成獣	妊娠個体を含む 礼文島トド島では繁殖
来遊個体数	数百個体	年々個体数を増加 (数千個体)

図Ⅳ.6.2　北海道の日本海側へ来遊するゴマフアザラシの生態の変化
Figure Ⅳ.6.2　Change ecology of spotted seals coming to Hokkaido coast in the Japan Sea.

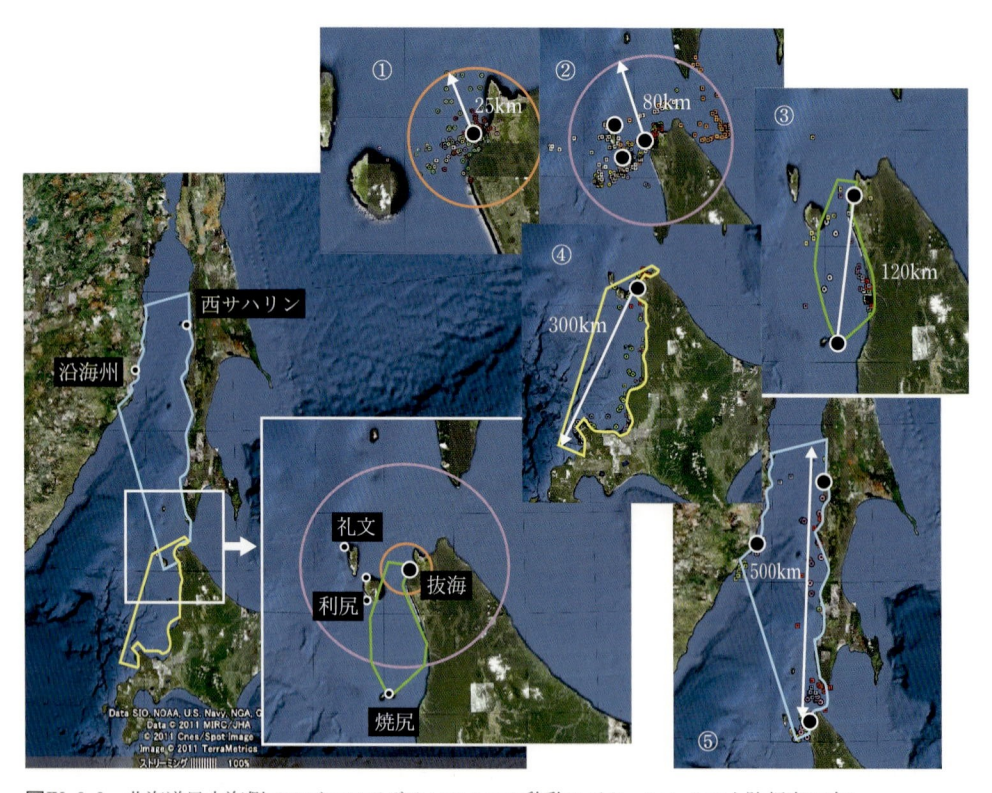

図Ⅳ.6.3　北海道日本海側でのゴマフアザラシの3つの移動のパターンとその上陸頻度の違い
Figure Ⅳ.6.3　Three movement patterns of spotted seals near Hokkaido in the Japan Sea and differences of frequency on Haul-out.

このことから上陸場・餌競争を回避しており，日本海側の個体数の過密化が示唆された。さらに，日本海側を利用するゴマフアザラシには，採餌戦略が異なるグループが存在していることが示され，これは餌競争の激化によるものの結果であると推測された。

4．ゴマフアザラシの生態の変化

なぜ，ゴマフアザラシの生態変化が日本海側に顕著に起きているのか。1977年までオホーツク海で，年間数十万頭という大規模で行われていたアザラシ猟が衰退したことにより，ゴマフアザラシのオホーツク海全体の個体数が増えているということが，主要因として挙げられた。個体数が増加したことは餌競争や上陸場競争を起こし，そのため新しい生息地を開拓しようとする分布の広がりが起きる。それと同時期に，厳冬期のオホーツク海の流氷の減少が重なって，厳冬期前に日本海側へ来遊しても，繁殖期前の厳冬期に宗谷海峡からオホーツク海への移動が物理的に可能になったことが，日本海側への来遊をより促す結果になったと考えられた。日本海側には，オホーツク海と異なり常時の上陸場が存在し，餌生物も比較的浅い海で索餌できることから，ますます日本海側へ移動する個体が増加しているものと推測された。しかし，それ故，これまでほとんどアザラシの来遊がなかった地域への急激な個体数の増加は，漁業との軋轢を深刻化させている。漁網の魚が食われるだけでなく，漁業者が次世代のために残した資源をも食べていることも考えられ，資源の再生産を阻止してしまう状況になると，海洋生態系が大きく変化してしまう可能性が否定できない(図Ⅳ.6.4)。

5．アザラシ類の現況と今後

アザラシ類の個体数の増加に，海水面の上昇や流氷の減少などの地球温暖化の影響が加わると，上陸場や餌競争がさらに激化する。上陸場や餌競争の激化が起こると，アザラシ自体の栄養状態は悪化し，繁殖年齢の高齢化や体サイズの小型化が起こり，同時に初期及び高齢の死亡率が高まり，将来的には大量死を導くかもしれない。また，栄養状態が悪いと寄生虫やウィルスなどの感染などが起こりやすくなり，このことも大量死を引き起こす原因になり得る。さらに，流氷の減少や質の低下はゴマフアザラシにとって出産場所の減少につながり，初期死亡率を高めることになり，将来的にアザラシ類の個体群動態を変化させるかもしれない。

一方，アザラシ類を含めた海洋生態系全体の変化を考えると，アザラシの個体数が増加すると餌競争が激しくなり，餌を捕りやすい漁網に依存し，飲み込み型の採餌をするため漁業者が次世代への資源として残した小型魚を選抜して食べることを考慮すると，ますます漁業との軋轢が大きくなると考えられる。そして，その閾値を越えた時，つまり資源の再生産が追いつかなくなった時，海洋生態系が変化・崩壊してしまう可能性も否定できない。今後，アザラシを通して，これらの変化をモニタリングする必要があると考える。

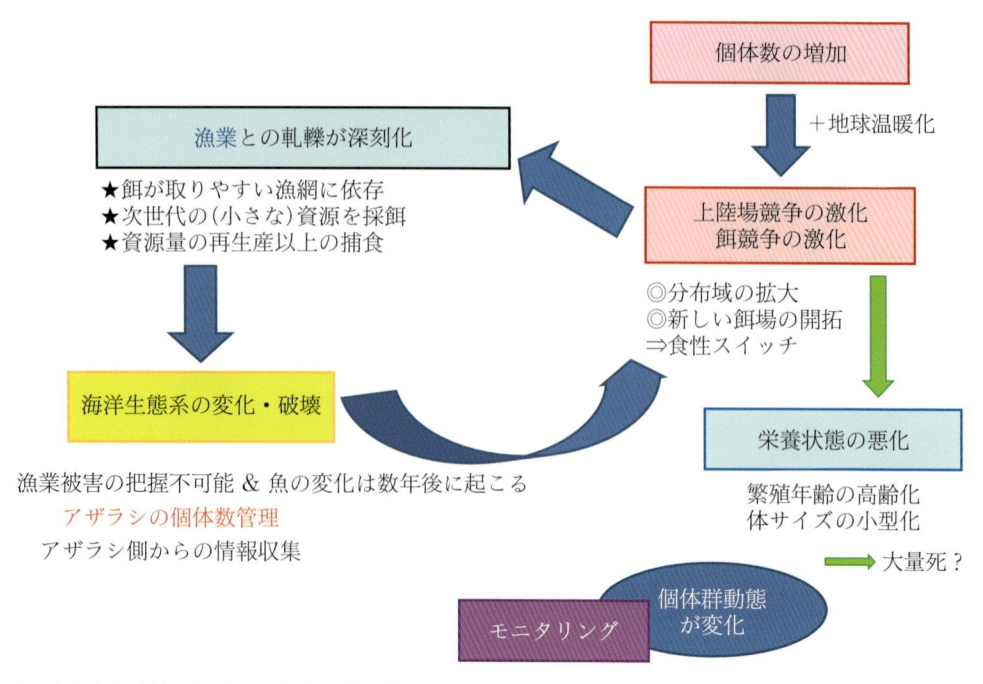

図Ⅳ.6.4　漁業とアザラシの関係の模式図
Figure IV.6.4　Illustrate of relationship between fishery and seals.

【引用・参考文献】
青木則幸(1996)：ゴマフアザラシ．日本動物大百科2　哺乳類Ⅱ(日高敏隆監修), pp. 98-99. 平凡社, 東京.
Bigg, M. A. (1981): Harbour seal. Phoca vitulina Linnaeus, 1758 and Phoca largha Pallas, 1811. In: Handbook of Marine Mammals, Volume 2: Seals (Ridgway, S. H. & Harrison, R. J. eds.), pp. 1-27, Academic Press, London.
IUCN/SSC Seal Specialist Group (1993): Seals, Fur Seals, Sea Lions, and Walrus. Status Survey and Conservation Action Plan, IUCN, Gland, 88pp.
Jefferson, T. A., Webber, M. A. & Leatherwood, J. S. (1999): Marine mammals of the World.(山田格訳．海の哺乳類―FAO種同定ガイド, NTT出版, 東京, 336 pp.)
小林万里. (2008)：世界遺産知床半島の海獣類―アザラシ類の実態, 日本の哺乳類学3　水生哺乳類(大泰司紀之・三浦慎吾監修), pp. 75-98. 東京大学出版社, 東京.
Mizuno, A. W., Wada, A., Ishinazaka, T., Hattori, K., Watanabe, Y. & Ohtaishi, N. (2002): Distribution and abundance of spotted seals Phoca largha and ribbon seals Phoca fasciata in the southern Sea of Okhotsk, Ecological Research, 17, 79-96.
Naito, Y. & Nishiwaki, M. (1975): Ecology and morphology of Phoca vitulina largha and Phoca kurilensis in the southern Sea of Okhotsk and northeast of Hokkaido. Rapp P-v Réun Cons int Explor Mer, 169, 379-386.
Popov, L. A. (1982): Status of main ice-living seals inhabiting inland waters and coastal marine areas of the U.S.S.R. In: Mammals in the Seas, Vol. IV: small cetaceans, seals, sirenians and otters, pp. 361-381, FAO Fisheries Series, No. 5, Rome. 531 pp.
Shaughnessy, P. D. & Fay, F. H. (1977): A review of the taxonomy and nomenclature of North Pacific harbor seals, Journal of Zoology, 182, 385-419.

6. Summary

The number of spotted seals(*Phoca larga*) has been increased because of decline of hunting in recent years. Moreover, the number of migrating individuals to the Sea of Japan around Hokkaido, where they seldom migrated, is increasing every year because of decreased drift ice. In addition, there is a tendency that they come earlier and leave later, new haul-out sites are made and the visiting area is expanding to the south. Around the Rebun Island, the spotted seals which inhabit all around year and births on the Todo Island are confirmed.

As the number of spotted seals increases in the Sea of Japan around Hokkaido, fisheries damage by these spotted seals becomes more serious in recent years. We tried to measure the amount of fisheries damage, but because seals eat whole and small fishes, we could not grasp entire amount of fisheries damage. Ultimately, we have to consider reducing fisheries damage, but we do not know biology of the spotted seals coming to the Sea of Japan around Hokkaido at all.

So we put the satellite tags on the captured spotted seals at Bakkai bay of Wakkanai in Hokkaido, which is the main and new haul-out site, to investigate the movement patterns around Hokkaido. As a result, there are two patterns of summer habitats — east of Sakhalin and Tatar Strait; two patterns of breeding area — on drift ice of the Okhotsk Sea and of the Tatar Strait; and five movement patterns around the sea of Japan — staying around Bakkai bay (range of 25 km) (i), coming and going between Bakkai bay and Rebun Island or Rishiri Island (range of 80 km)(ii), Rumoi area (range of 120 km)(iii), going more southern area and stay until coming back to Bakkai bay (300 km southward)(iv), and coming and going between Bakkai bay and west Sakhalin or the Primorsky Krai in Siberia (500 km northward)(v). Also, these home ranges are related the depth of diving and frequency of feeding and haul-out.

北海道・千島列島周辺におけるゼニガタアザラシの資源動態
Population abundance of Kuril harbor seal (*Phoca vitulina stejnegeri*) in areas around eastern Hokkaido and Kuril Islands

小林由美[1]・小林万里[2,3]([1]北海道大学大学院水産科学研究院・[2]東京農業大学生物産業学部・[3]北の海の動物センター)

Yumi KOBAYASHI[1] and Mari KOBAYASHI[2,3] ([1]Faculty of Fisheries Sciences, Hokkaido University; [2]Tokyo University of Agriculture; [3]Marine Wildlife Center of JAPAN)

　ゼニガタアザラシ Harbor seal(*Phoca vitulina*)は，北半球に広く分布している陸上繁殖型のアザラシで，北海道の襟裳岬が分布の南限になる(犬飼, 1942)。北海道から北方四島・千島列島に生息するゼニガタアザラシ(*P. v. stejnegeri*)は，Kuril harbor seal と呼ばれている。本種は，1940年代には，北海道の根室～襟裳岬までに少なくとも 1,500～4,800頭が生息していたと推測されているが，1970年代はじめまでに数百頭にまで激減した。絶滅の危機に瀕した理由としては，肉や毛皮を目的とした狩猟，昆布 Laminariaceae 生育のための岩礁爆破，そして，沿岸海域における人間の漁業活動と考えられている。加えて，秋サケ定置網における混獲も報告された(和田ほか, 1986)。研究者らの要請により，文化財保護審議会天然記念物部会は，1974年12月に本種が「天然記念物化として妥当である」旨の答申を行っていたが，漁業被害の問題等から地元漁業関係者と文化庁(当時)の意見調整が難航し，その後現在まで，告示指定には至ってない。国のレッドデータブックでは，1991年以降は絶滅危惧IB類に，そして2012年からは絶滅危惧II類に指定されている。また，2003年の環境省による「鳥獣の保護及び狩猟の適正化に関する法律」の改正時に，日本に生息・来遊する他の氷上繁殖型のアザラシ類4種とともに，適応種に指定されている。

　北海道本土の襟裳岬・厚岸地域・浜中地域・根室地域の計10カ所の上陸場では，出産・育児期(5～6月)と換毛期(7～8月)に個体数調査(以下，センサス)が行われている。哺乳類研究グループ海獣談話会によって始まったセンサスは，現在，帯広畜産大学ゼニガタアザラシ研究グループの学生を中心に継続されており，これまでに延べ1,500人を超えるボランティア調査員が参加してきた。センサスの結果，過去35年間で個体数増加率は年平均5.0%であり，1970年代に比較して個体数は約4倍にまで増加していることが明らかになった(図1；Kobayashi *et al.*, 2008)。主な増加要因としては，狩猟と岩礁爆破が1990年代始めまでに衰退して死亡要因が減少したことが挙げられる。しかしながら，休息，出産・育児，そして換毛場所などの目的で上陸する上陸場は，無人島など，人間が容易に接近できない場所に立地しており，また過去と比べて上陸場の数は増加しておらず，上陸個体数の約70%は，襟裳岬と厚岸地域の大黒島の2つの上陸場に集中している。これらのことから，上陸場競争や餌競争の激化が起こっていると

推測される。

一方，北海道本土の東部に連なる北方四島のアザラシの調査は，2000年からNPO法人北の海の動物センターが主催し「ビザなし専門家交流」の枠組み内で行われてきた。その結果，北方四島には，1,500頭以上のゼニガタアザラシの生息が確認されている。近縁種であるゴマフアザラシ（*P. largha*）も1,000頭以上の存在が確認されており，両者が同所的に上陸している姿も頻繁に見られたが，優勢種がどちらかを地図上に示すと，主にゼニガタアザラシは太平洋側に，ゴマフアザラシは根室海峡側に位置している傾向が見られた（図2）。千島列島と北方四島のアザラシ類の分布は，全体として，ゴマフアザラシが北部と北方四島で多くて中部で少なく，ゼニガタアザラシは中部と北方四島で多いとの報告（Trukhin, 2005）を合わせて考えると，これらの地域全体で考えても，アザラシ類の生息地の中心は北方四島であり，その中でも歯舞群島及び色丹島が個体数が多く，かつ両種の分布域が重なる地域であると考えられた（小林，2004）。北海道太平洋側と同様に北方四島のゼニガタアザラシの個体も増加傾向にあり，実際，歯舞群島や色丹島からの北海道本土への移動個体であると考えられる根室納沙布地域におけるサケ定置網の混獲個体では，1980年代と比べ体サイズの小型化（特にオスに顕著）が起こっ

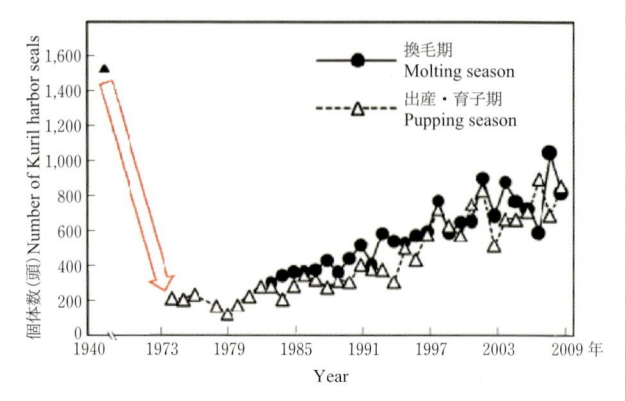

図1 襟裳岬から根室沿岸のゼニガタアザラシセンサス結果。Kobayashi *et al.*(2008)に加筆修正

Figure 1　The number of Kuril harbor seals in southeastern Hokkaido, Japan, during the pupping period of 1974 to 2010 and during the molting period from 1983 to 2010. Modified from Kobayashi *et al.* (2008).

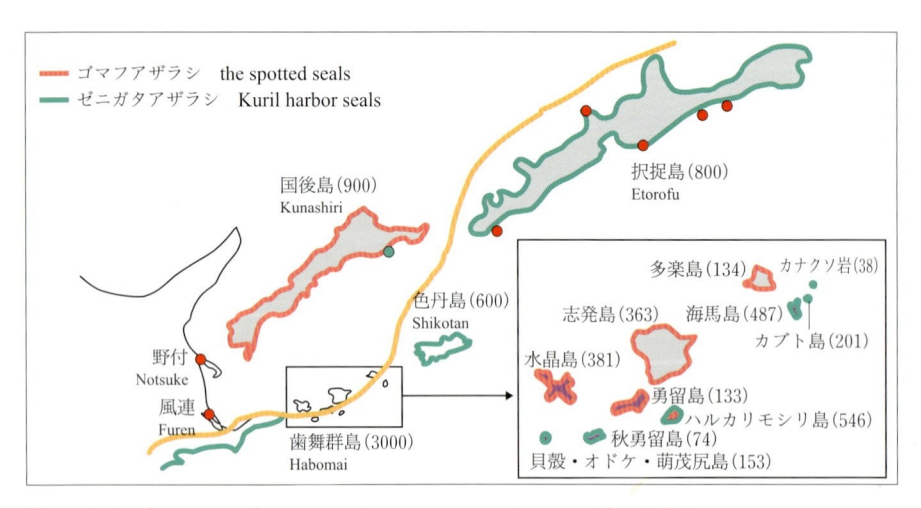

図2 北方四島におけるゼニガタアザラシとゴマフアザラシの分布と個体数

Figure 2　Distribution and number of Kuril harbor seals and the spotted seals at the northern four islands.

図3 ゼニガタアザラシによる漁獲物の食害例（頭部なし型）。小林ほか(2010)を改変
Figure 3　A Seal-damaged fish (missing head type). Modified from Kobayashi *et al.* (2010).

ており，繁殖年齢も上昇している傾向が見られていた(小林，2009)。

　アザラシ類は，沿岸海洋生態系の高次捕食者でありその生息個体数も多いことから，沿岸海洋生態系に及ぼす影響は大きいと考えられる。近年，襟裳岬地域や厚岸地域を中心に，ゼニガタアザラシによる漁獲物の食害などの漁業被害は，ますます大きな問題になっている(図3；小林ほか，2010)。ゼニガタアザラシは沿岸定着性が高いため餌場を学習しており，飲み込み型の採餌をすることにより，漁業者が次世代のために残した小型の資源をより好み，餌が取りやすく好きなものを選択的に食べられる沿岸漁業により依存する可能性が考えられる。アザラシの捕食が，魚資源の再生産以上の捕食量に達した時に，沿岸海洋生態系が変化・破壊してしまうことも危惧される。

　沿岸漁業とゼニガタアザラシの共存は，研究者・行政・地域住民で立場を越え，また，世代を越えて協同で進めていかねばならない課題であり，今後，関係者の役割分担と，短・中・長期的な目標設定が必要である。

【引用・参考文献】
犬飼哲夫(1942)：我が北洋の海豹(アザラシ)1～2，植物及動物，10(10)，927-932；10(11)，1025-1030.
小林由美・石川恭平・播村一平・後藤むつみ・桜井泰憲(2010)：北海道東部厚岸湾におけるアザラシ類の捕食による漁獲物の損傷について，根室市歴史と自然の資料館紀要，22，29-36.
Kobayashi, Y., Kariya, T., Chishima, J., Fujii, K., Wada, K., Itoo, T., Ishikawa, S., Nakaoka, T., Kawashima, M., Watanabe, Y., Saito, S., Aoki, N., Hayama, S., Osa, Y., Osada, H., Niizuma, A., Suzuki, M., Syukunobe, T., Uekane, Y., Nakamitsu, S., Kurosaka, H., Ohtaishi, N. & Sakurai, Y. (2008): Long term population dynamics of the Kuril harbor seal around Hokkaido, Japan, Globec International Newsletter, 14(1), 40.
小林万里(2004)：北方四島のトド・アザラシ・ラッコ．In：北海道の海生哺乳類管理―シンポジウム「人と獣の生きる海」報告書(小林万里・磯野岳臣・服部薫編)，pp. 46-55．NPO北の海の動物センター，札幌.
小林万里(2009)：北方四島はアザラシ類の宝庫―そこに忍び寄る危機，Arctic Circle, 4-9.
Trukhin, A. M. (2005): Spotted seals. Russian Academy of sciences, far eastern branch, Dalnauka, Vladivostok, 244 pp. (In Russian)
和田一雄・伊藤徹魯・新妻昭夫・羽山伸一・鈴木正嗣(1986)：ゼニガタアザラシの生態と保護，東海大学出版会，東京，418 pp.

Summary

The Kuril harbor seal *Phoca vitulina stejnegeri* is an endangered species in southeastern Hokkaido, Japan. Its population declined precipitously from approximately 1,500-4,800 to a few hundred individuals during the 1940s through the early 1970s. The causes for the decline are thought to be commercial harvesting, rock blasting for the Konbu seaweed fishery, and by-catch in autumn set-net fishing of salmon. To understand their status, a data set of their population was created from counts collected for a week each year at their haul-out sites during pupping season from 1974 to 2010 and during molting season from 1982 to 2010 by the volunteer investigators totaling more than 1,500 people belonging to mainly the Marine Mammal Research Group and Obihiro University of Agriculture and Veterinary Medicine Kuril Harbor Seal Research Group. Average population growth rate was approximately 3%-5%, which appears to have quadrupled in the past 37 years. Two haul-out sites that had disappeared in the early 1980s still showed no signs of recovery as pupping/molting sites. The commercial harvest and rock blast activities ended in the late 1980s. Recently, seals have been observed at 9 haul-out sites during the pupping/molting season along the coast of southeastern Hokkaido, Japan. Approximately 70% of the seals found were at 2 haul-out sites.

On the other hand, Kuril harbor seal population size estimated 3,000 throughout the Kuril Islands and the northern four islands including the Habomai Island and Shikotan Island. Kuril harbor seals are distributed mainly in Habomai, Shikotan, Kunashiri, and Etorofu islands, especially in the Habomai Islands. Kuril harbor seals migrate between the eastern Hokkaido and Habomai islands. Recently, their population size and fishery damage has increased. There is no good plan for the conservation and management of marine mammals presently; it would take a long time to solve this problem. We should make every possible effort, moreover, we discussed about a future ecological study and the management of Kuril harbor seals. Hereafter, the public officer, researchers, and local people need to cooperate in the matter of decreasing fishery-marine mammal conflicts.

V

海鳥と希少猛禽類
Seabirds and rare raptors

知床海岸のオオワシ。知床半島はオオワシの主要な越冬地の1つである。北海道羅臼町にて。撮影：中川　元
Steller's Sea Eagle on the coast of Shiretoko.　Shiretoko Peninsula is one of the main wintering grounds of the Steller's Sea Eagle.　Rausu, Hokkaido.
Photo by Hajime Nakagawa.

1

オホーツク海の海鳥類の分布と食性
Distribution and food habits of seabirds in the Sea of Okhotsk

小城春雄[1]・桜井泰憲[2]・齊藤誠一[2]([1]山階鳥類研究所・[2]北海道大学大学院水産科学研究院)
Haruo OGI[1], Yasunori SAKURAI[2] and Sei-ichi SAITHO[2]([1]Yamashina Institute for Ornithology; [2]Graduate School of Fisheries Sciences, Hokkaido University)

1. はじめに

　オホーツク海は世界有数の生物生産が豊かな海域として知られている。冬季には強烈な低温の北西風による冷却作用で海氷が形成され，この海域の約3分の2は海氷に覆われてしまう。世界で最も南に位置する結氷海域としても知られる。一見過酷な海洋環境と思われるものの，魚類の生物量は，表層魚，中層魚，深層魚等を合計すると5,500万トン以上にも達する(Radchenko et al., 2010)。最も卓越する魚種はスケトウダラで1,500万トン以上である。その他鯨類，海獣類，海鳥類を見ても夏季には海域面積の割には生物量が多い。多くの研究者たちは，なぜこんなにもオホーツク海は豊かな生物が生息する海域であるのかを生物，化学，物理学等の多様な角度から究明しようとしている。特に生物学的に豊かな海域である原因としては，冬期の強烈な季節風，海氷の存在，高密度陸棚水を起源とする酸素と栄養塩に富んだ中冷層の形成，アムール河より供給される年間10万トンにも及ぶ鉄イオン，アイス・アルジー(Ice Algae)等が注目されている。

　オホーツク海の生物的豊穣さの基本は，豊富な植物プランクトン類やアイス・アルジー類等の第一次生産(基礎生産)より食物連鎖過程で最高位捕食者まで達する生物過程が魚類生産型に適した構造になっていると考えられる。特に大陸棚斜面より浅海域では，春季の融氷期には，浮遊性のある植物プランクトンは表層に分布し春季大増殖へと続く。非浮遊性のアイス・アルジーは海底にまで沈降する。第一次生産に始まる食物連鎖が表層と底層の両極から開始されることも特長的である。

　オホーツク海は冬季は大部分が結氷するという極海的性質を持つものの，地理的には亜熱帯海域と隣接している。事実，宗谷暖流という熱帯起源の海流系が北海道北東岸を流れ下り国後島や択捉島北岸域で消滅している。夏季のオホーツク海の表層は隣接する亜熱帯海域と同じ環

境となる。このために，オホーツク海南部は亜熱帯起源の生物にとっては格好の索餌場となる。事実サンマ，マイワシ，カタクチイワシ等の多獲性浮き魚類は年によってはかなり北方までオホーツク海の表層域を北上して来る。これらの魚種はすべて海鳥類の重要な餌となる生物であるので。それらは海鳥類の夏季の分布を決定する要因となる。海鳥類は，その生息する海域の海洋構造に特有で豊富な生物を餌として利用するため，海鳥類の分布移動は現場の海洋構造の指標としても役立つ生物である。

オホーツク海は厳しい気候条件と人口が密集した場所から遠く離れているため，沿岸域に重工業地帯が発達してこなかった。そのためにオホーツク海は，海鳥ばかりでなく他の海生動物にとっても理想的な生息海域である。

上記のような海洋生態系の中で海鳥類はどのように生活を成立させているかを，海鳥類の分布や食性から生活史の一断面を紹介する。

オホーツク海の海鳥類についての分布や移動については Shuntov(1972, 1998)による2冊の大著と，その他の多数の論文により詳細に解明されてきた。ただし，外洋性海鳥類の個体レベルでの繁殖生態や食性のような生活史情報は欠如しているのが現状である。本章では，オホーツク海で夏季行われた海鳥類の目視観察結果から各種海鳥の分布型を決定した。次いで主要海鳥種についての分布型が主要な餌生物種の分布や移動と関連していること，そして海鳥種間の社会的関係により分布が規制されている海鳥種の例を紹介する。さらに胃内容物の調査個体数の多い軟体動物食性のハシブトウミガラス *Uria lomvia* を例として，オホーツク海では同属種である魚食性のウミガラス *Uria aalge* と資源分割する必要のないほど魚類の捕食の多いことを紹介する。

終わりに，近年海洋表層に浮遊するプラスチックの微小粒子が世界的に増加傾向にあるので，オホーツク海における調査の必要性を提言する。また北方四島との交流事業について日本側の行事を紹介する。

2. オホーツク海の海鳥分布

調査期間は1990年8～9月である。緯度1度，経度1度の面積内での1 km² 当りの分布密度から以下の7型に分けた(Ogi, 2001；図V.1.1)。

I　稀出現型(Vagrant Type)：稀にオホーツク海にやって来る種。

II　南方偏在型(Southern Local Type)：アカアシミズナギドリ，ウトウ，ウミネコなどが代表的。オホーツク海の南部に分布が偏在する種。

III　沿海型(Neritic Type)：ほとんどのウミスズメ科，カモメ科，ウ科の海鳥類は繁殖期なのでこの分布型。海岸線より大陸棚斜面域までの，沿岸域より沿海域に多数分布する種。

IV　北方全域型(Northern Entire Type)：分布がオホーツク海の北側に片寄っている種。明色型フルマカモメ，ハシボソミズナギドリなどが相当。

V　南方全域型(Southern Entire Type)：分布がオホーツク海の南側に片寄っている種。暗色型

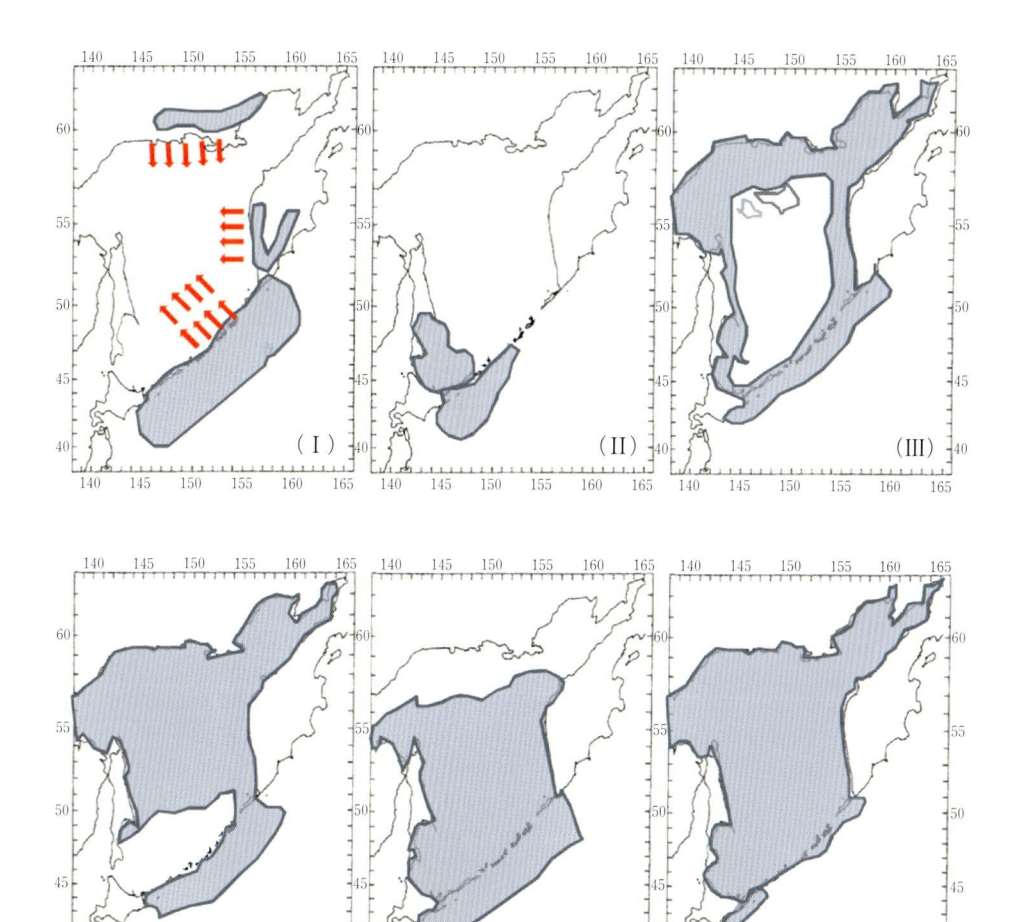

図V.1.1　オホーツク海の夏季に生息する海鳥類の分布型。Ogi(2001)より
Figure V.1.1　Summer distribution pattern of seabirds in the Sea of Okhotsk. From Ogi (2001).

フルマカモメ，ハイイロミズナギドリなどが相当。

- Ⅵ　全域型(Entire Type)：出現数は少ないがオオセグロカモメ，ミツユビカモメ，外洋性シギ類。
- Ⅶ　太平洋型(Pacific Type)：オホーツク海の南端に少数個体が侵入する種。ハジロミズナギドリ，オナガミズナギドリ，ミナミオナガミズナギドリなど。稀出現型の南方だけにこだわった型。年によっては出現しない種もある。

3. 主要種の分布特性

3.1　アホウドリ

現在の北海道やオホーツク海沿岸の人たちは，国際保護鳥となっているアホウドリ

Phoebastria albatrus なんかとは関係ないと思っているかもしれないが，実はそうではない。昔，大量のニシンが産卵のために群来た北海道の海岸沿いではアホウドリは，ごく当り前に出現していた海鳥であった。北海道水産試験場(1926)の「外敵及傷害」についての項に

> 「──信天翁(俗称シカベ)ハ三四十年前迄ハ相当ニ多カリシガ近来殆ド之ヲ見ズ。本種モ亦鰊ヲ捕食スルコト鴎ニ同ジ──」(鰊習性ニ関スル調査(第1冊)，水産試験場報告，第一七冊，第七章)

と記されていた。

アホウドリの昔の分布域は黄海，東シナ海，日本海，オホーツク海も含まれていた。でも現在ではこれらの海域で観察されることはほとんどない。

現在，日米共同で小笠原列島の聟島に新しい繁殖地を作る努力がなされている。2011年の春に4年前に聟島で巣立った10羽のアホウドリが6羽も帰ってきた。聟島で巣立った雛鳥のデータロガーの記録からオホーツク海へと北上していることが判明した。今後アホウドリが増えればオホーツク海は再び彼らの重要な生息域となる。

3.2 フルマカモメ

フルマカモメ *Fulmarus glacialis* には，同一種でありながら明色型と暗色型がある。明色型フルマカモメは，図Ⅴ.1.2からもわかるように北方全域型の分布を示す。一方，暗色型フルマカモメは，図Ⅴ.1.3からわかるように南方全域型の分布を示す。なぜ，体色の変化でこのように分布域が南北に分離するのかについてはまだわかっていない。興味深いのは暗色型フルマカモメが，他の海鳥類とは異なってオホーツク海南部の海盆域に多いことである。目視観察から見るとフルマカモメの主翼の形状が，暗色型はミズナギドリ類のような飛翔型を示し，白色型はカモメ類のような滑空型を示している。今後詳細な調査が望まれる。

オホーツク海の海鳥類全般についてはShuntov(1972, 1998)により詳細に紹介されている。Ogi(2001)の結果もShuntovの成果とほとんど同じである。興味あることは，フルマカモメの体色は北大西洋では暗色型が北方に多く，そして明色型が南方に多く出現する(Fisher, 1952)。

フルマカモメの食性については研究例が極めて少ないが，漁船などから投棄される生ゴミに敏感に反応して多数集まってくる。一見すると大型カモメ類のような腐肉食性のような印象を受けるが，船上よりの観察ではクラゲ，サルパ，ウミダル，翼足類等のゼリー状小型動物プランクトン類を他の海鳥類より活発に摂食できる。このことが他の海鳥類が分布しない外洋域での生活を可能にしているのだろう。潜水は苦手だが，稀に水深1.5～2.0m程までなら潜って沈下する餌を水面にまで咥えて浮上できる。魚類ではサンマ，マイワシ，カタクチイワシ等の夜間浮上する個体も上手に捕食できる。

3.3 ハイイロミズナギドリとハシボソミズナギドリ

オホーツク海で夏季に南半球のニュージーランドより飛来するハイイロミズナギドリ *Puffinus griseus* の分布密度を図Ⅴ.1.4に示した。本種は魚食性が強く(Ogi, 1984; Shiomi & Ogi, 1992)，

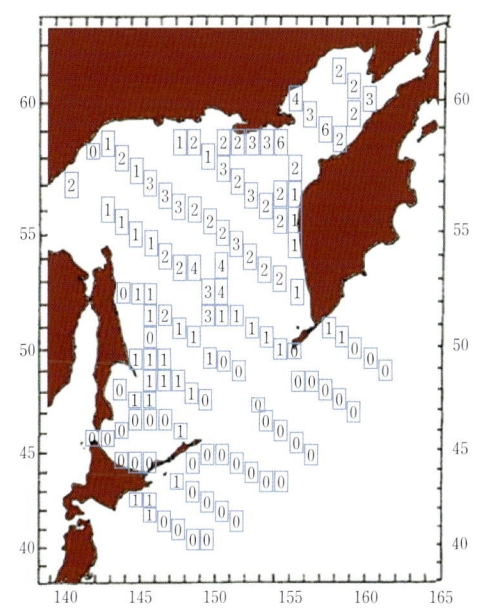

図V.1.2 明色型フルマカモメの分布密度（D＝N/km²）。Ogi（2001）より
0：D=0；1：0＜D≦0.5；2：0.5＜D≦1，3：1＜D≦2，4：2＜D≦3；5：3＜D≦5；6：5＜D≦10，7：10＜D≦15，8：15＜D≦20，9：20＜D≦30，10：30＜D≦50，11：50＜D≦100，12：100＜D≦200
Figure V.1.2 Densities (D=N/km²) of the light phased Northern Fulmar. Ogi, 2001.

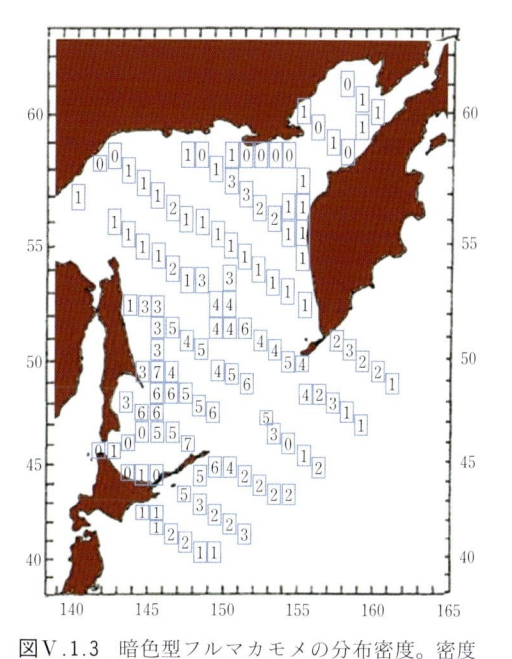

図V.1.3 暗色型フルマカモメの分布密度。密度表示は図V.1.2と同じ。Ogi（2001）より
Fugure V.1.3 Densities (D=N/km²) of the dark phased Northern Fulmar. for indices see Figure V.1.2. From Ogi (2001).

南方全域型と分類された。特にサンマ，マイワシ，カタクチイワシ等の多獲性浮き魚類を好むためか，北緯57度近辺が分布の北限となっていた。おそらくこれら多獲性浮き魚類の夏季の分布北限は年変動が激しいのでその動向に分布が支配されているのだろう。また千島列島の太平洋側では南側で分布密度が高い。本種は魚食性が強いものの，海上に長期間浮遊する流木等の表面の付着生物である蔓脚類，イソギンチャク類を剥ぎとって捕食したり，カツオノカンムリなどのクラゲ類，そして唯一の海洋性昆虫である Halobates sp.も捕食している。

一方，オホーツク海に夏季最も卓越する種である南半球のタスマニアから飛来するハシボソミズナギドリ Puffinus tenuirostris の分布密度を図V.1.5に示す。本種は北方全域型の分布を示している。本種はとりわけオキアミ類を好んで捕食するため(Ogi et al., 1980)，特にオホーツク海北方海域の大陸棚上や大陸棚斜面域での分布はVolkov(2004)が報告したオホーツク海で最も生物量の多い動物プランクトンである Thysanoessa raschii の分布と一致していた。ハシボソミズナギドリの捕食していたオキアミ類は，北海道西部沿岸域では Thysanoessa inermis，北方四島周辺域ではツノナシオキアミ Euphausia pacifica，そして海盆域では Thysanoessa longipes であった(Ogi et al., 1980)。オホーツク海でハシボソミズナギドリは夏季最も生息数の多い海鳥種となり，全出現海鳥数の40〜60％を占めるまでになる。オホーツク海ではハイイ

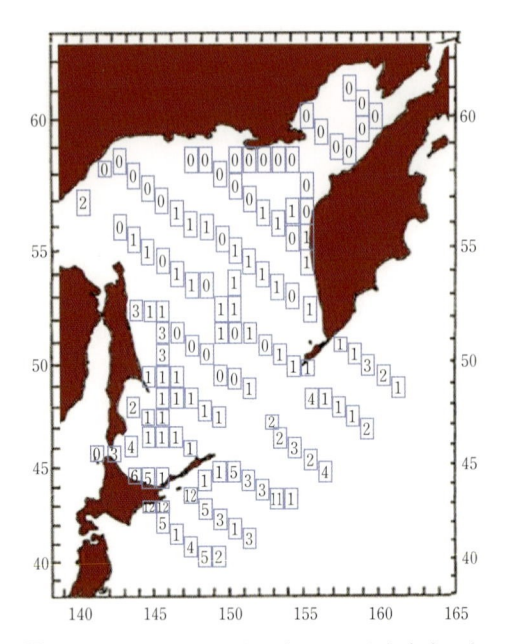

図V.1.4 ハイイロミズナギドリの分布密度。密度表示は図V.1.2と同じ。Ogi (2001) より
Figure V.1.4 Densities (D=N/km²) of the Sooty Shearwater for indices see Figure V.1.2. From Ogi (2001).

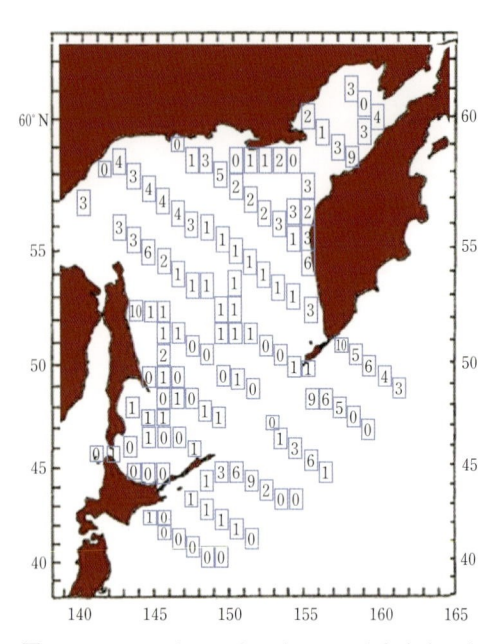

図V.1.5 ハシボソミズナギドリの分布密度。密度表示は図V.1.2と同じ。Ogi (2001) より
Figure V.1.5 Densities (D=N/km²) of the Short-tailed Shearwater. for indices see Figure V.1.2. From Ogi (2001).

ロミズナギドリよりも寒冷な海域を好む。その傾向は特に千島列島沿いの太平洋側で，北方にハシボソミズナギドリ，そして南方にハイイロミズナギドリと住み分けが見られた（図V.1.4，図V.1.5を参照）。

3.4 マダラシロハラミズナギドリ

マダラシロハラミズナギドリ *Pterodroma inexpectata*（図V.1.6）は，ニュージーランド南端域で繁殖し夏季に北太平洋の亜寒帯域全域に飛来する。この種の特異的な生態学的特性は，体重が約300gと小型であることも手伝って，他の海鳥類に対して競合力が全くない。さらには捕食者に対して抵抗する術を全く持たないことである。したがって，北半球の亜寒帯域でも他の海鳥類が利用しない海域だけでしか生活できない。ベーリング海では大陸棚斜面外のアリューシャン海盆が広いのでこの海鳥種の夏の生息域となる

図V.1.6 マダラシロハラミズナギドリ
Figure V.1.6 Mottled Petrel

(Ogi et al., 1986)。しかしオホーツク海は，夏季の海鳥類の分布密度が高いために，マダラシロハラミズナギドリが利用できるオープン・ニッチが南東域の大陸棚斜面外の海盆域だけに限定されていた(Ogi et al., 1999)。7月と8月の分布密度を図Ⅴ.1.7に示す。図中の分布密度(D)は緯度1度，経度1度の枠内での観察羽数D＝N/km²である。マダラシロハラミズナギドリのオホーツク海への侵入は7月に開始され，9月下旬頃まで滞在する。分布型では南方偏在型とみなせる。興味深いのは千島列島やアリューシャン列島沿岸域，オホーツクの大陸棚上等では，ミズナギドリ類やウミスズメ科海鳥類が多いので侵入できないことである。海面近くに出現したオキアミ類を活発に摂食しているハシボソミズナギドリの群れの上空に飛来したマダラシロハラミズナギドリが，隙間を探して海面に下りようとするため上空でしばらくホバリングしていたが，結局は諦めて飛び去った現場を何回か観察した。ただ不思議なのは，本種は鯨類が群れで浮上している現場では，必ず興奮したように鳴き交し，急速度で飛び回る習性のあることである。鯨類の索餌行動によるおこぼれに依存しているのか，あるいは糞食性(coprophagy)なのかもしれない。

　マダラシロハラミズナギドリは5月初旬頃に北太平洋の亜寒帯域に到着すると渡りモード(migration mode)から遊動モード(nomadic mode)に変わる。7月になると一部の個体は，オホーツク海やベーリング海へとさらに北上する。但し，オホーツク海では南東海域に限定される。このことは，競合者であるミズナギドリ類や大型のウミスズメ科海鳥類があまりに多く生息するのでオープン・ニッチがここ以外にないことを連想させる。どうもオホーツク海の夏は，ベーリング海などより全般的に海鳥分布密度が高く，それだけ生物生産力に恵まれていることを予想させる。1つわかっていることは，魚類資源量が他の海域と比較して極めて膨大であるということである。

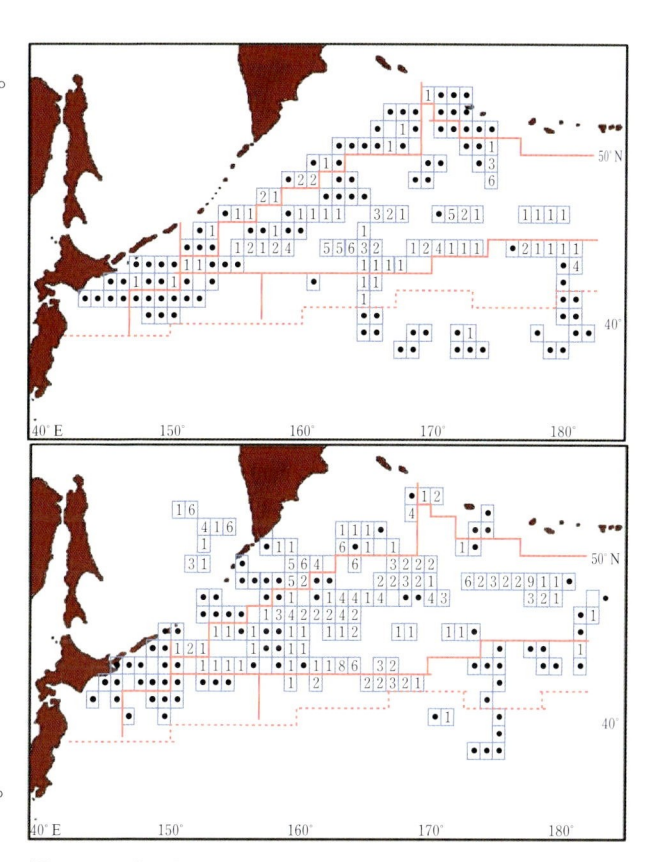

図Ⅴ.1.7　北西部北太平洋における7月(上図)と8月(下図)のマダラシロハラミズナギドリの分布密度(D＝N/km²)。Ogi et al. (1999)より
●：D＝0，1：0＜D≦0.5，2：0.5＜D≦1.0，3：1.0＜D≦1.5，4：1.5＜D≦2.0，5：2.0＜D≦2.5，6：2.5＜D≦5.0，7：5.0＜D≦7.5，8：7.5＜D≦10.0，9：10.0＜D≦12.0

Figure V.1.7　Densities (D＝N/km²) of the Mottled Petrel in the northwestern North Pacific in July (upper) and August (lower). From Ogi et al. (1999).

4. オホーツク海で混獲数の多いハシブトウミガラスの食性

　餌項目別の重量組成を採集地点そして採集海域ごとにまとめてヒストグラムにして図V.1.8，図V.1.9に示した(Ogi & Tsujita, 1977)。北方大陸棚，北西部大陸棚，南東部大陸棚とすべての地点で魚類が圧倒的に多く捕食されていた。一方南東部の沖合い側では，魚類はわずかに出現しただけで，オキアミ類とイカ類が多く捕食されていた。図には示さないがウミガラス *Uria aalge* についても全く同じ傾向が見て取れた。ハシブトウミガラス *Uria lomvia* が捕食していた魚類で卓越していたのはスケトウダラ(体長80〜330 mm)とニシン(3〜9歳魚)であった。ハシブトウミガラスはウミガラスと一緒にいると魚類以外のオキアミ類，イカ類，端脚類等の無脊椎動物を捕食するのが普通である。しかしオホーツク海ではハシブトウミガラスも大陸棚斜面域より沿岸側では魚類ばかりを専食していた。

　ただ不思議なのはオホーツク海で採集したウミガラス類のほとんどが端脚類 amphipods と

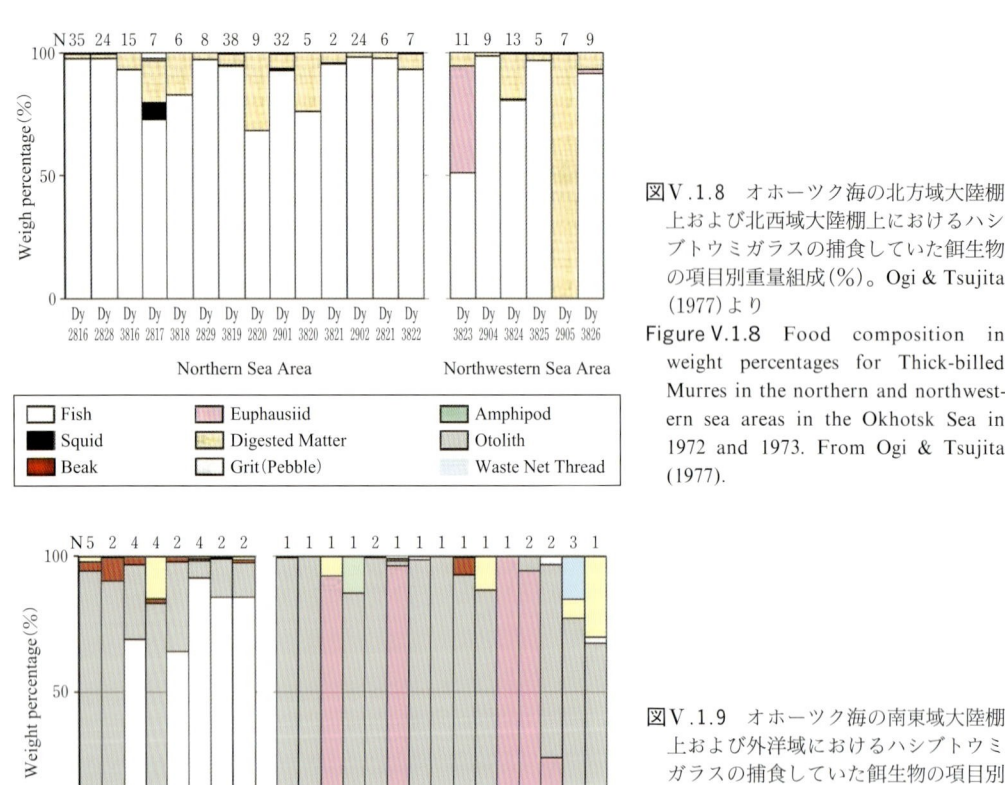

図V.1.8　オホーツク海の北方域大陸棚上および北西域大陸棚上におけるハシブトウミガラスの捕食していた餌生物の項目別重量組成(%)。Ogi & Tsujita (1977)より

Figure V.1.8　Food composition in weight percentages for Thick-billed Murres in the northern and northwestern sea areas in the Okhotsk Sea in 1972 and 1973. From Ogi & Tsujita (1977).

図V.1.9　オホーツク海の南東域大陸棚上および外洋域におけるハシブトウミガラスの捕食していた餌生物の項目別重量組成(%)。Ogi & Tsujita(1977)より

Figure V.1.9　Food composition in weight percentages for Thick-billed Murres in the southeastern coastal and offshore sea areas in the Okhotsk Sea in 1972 and 1973. From Ogi & Tsujita (1977).

いう動物プランクトンを全く捕食していなかった。368羽のウミガラスとハシブトウミガラスのうちで端脚類を捕食していたのはたった1羽で，それもクラゲなどに寄生する *Hyperia medusarum* という種であった。

ベーリング海の北方のアナディール湾で14地点で漁具に混獲されたウミガラス425羽，ハシブトウミガラス369羽の胃内容物を調査した結果を表V.1.1に示す。

表V.1.1　アナディール湾のウミガラス類の餌項目別の重量％。Ogi *et al.*(1985)より
Table V.1.1　Food composition for the Common and Thick-billed Murres in the Gulf of Anadyr. From Ogi *et al.* (1985).

種名 Species	個体数 N	魚類 Fish(%)	オキアミ類 Euphausiids(%)	端脚類 Amphipods(%)
Common Murre	425	18.3	31.3	44.6
Thick-billed Murre	369	5.7	6.4	75.6

表V.1.1及び地点別の餌項目組成での多変量解析から次のことが判明した。ウミガラスは魚類やオキアミ類を特に好むが，索餌環境中に端脚類しかいない場合には，仕方なく端脚類を食べる。一方，ハシブトウミガラスは，端脚類を中心に食べるが，魚類やオキアミ類がいればそれらも食べる。このことからアナディール湾は魚類やオキアミ類が端脚類に比して総体的に少ないことがわかる。言い方を変えれば，この海域にはウミガラス類が捕食可能な魚類資源が少ないということである。この事実からするとオホーツク海は，魚類が豊富ということである。

アナディール湾でウミガラス類が捕食していた端脚類は *Parathemisto libellula* という大型の遊泳性端脚類である。この動物プランクトン種は，オホーツク海にも生息しているがウミガラス類は全く捕食していなかった。その理由は謎であるが，オホーツク海の動物プランクトン類の平均的重量組成は，1位がオキアミ類で34.6％，2位がカイアシ類で32.4％，3位がヤムシ類で25.3％，4位が端脚類で4.6％である(Radchenko *et al.*, 2010)。このことからするとオホーツク海は，端脚類の生息に適していないため，相対的に端脚類の資源量が少ないのかもしれない。さらに前述したように，ウミガラスとハシブトウミガラスが同所的に生息している環境中で，両者が餌資源を食い分けする必要がないほど，魚類資源が豊富であると解釈した方が正しいようである。

オホーツク海におけるウミガラス類(ウミガラス及ハシブトウミガラス)の現在の生息数は，大正時代に開始された日本のサケマス流網漁業が海洋法が施行された1977年まで継続したことによる混獲で従来の生息数より著しく変容した。その様子はウミガラス類の混獲記録からも明らかである。すなわちベーリング海の過去に流網漁業による撹乱のなかったブリストル湾やアナディール湾における混獲様相がオホーツク海では見られない(小城，1990)。オホーツク海のウミガラスは冬季の結氷のために日本の日本海沿岸や太平洋域沿岸域へと移動して越冬する。特に沿岸域では小規模な底刺し網漁が周年操業されている。これに混獲されてしまう。1957年ナイロン・マルチフィラメント漁網の試験使用，1960年代のナイロン・モノフィラメントによる漁網の開発はまず沿岸〜沿海性のウミガラスを急激に減少させた。北海道の渡島小島と

ユルリ・モユルリ島はウミガラスの繁殖地であったが，誰も気がつかないまま消滅した。また北海道の天売島でのウミガラス繁殖個体群の経年変化はこのことを如実に示している（Hasebe et al., 2012）。オホーツク海のウミガラスの生息数は上記の理由によりかなり減少してしまった。

　北太平洋域の公海域における流網漁業は1990年に国連決議により禁止されたが，オホーツク海起源の海鳥類もかなり混獲されていたと考えられる（Ogi, 2008）。

　オホーツク海沿岸域には，個人経営の小漁家が極めて少ない。日本ではどこの海岸線を見ても小型漁船や船外機付きボートが走り回り養殖施設が設置されている。しかしオホーツク海の漁業は多くの場合，会社あるいは政府が関与する大きな組織による大規模経営である。さらに漁具を見ても人間の手先の器用さと熟練技術に基づく網漁具や延縄漁具の使用が見られない。ロシアの漁船の漁具はトロール網，巻き網，定置網等，海鳥の大量混獲が期待できないものばかりである。このような民族性もオホーツク海の海鳥類が保護されてきた遠因であろう。

5．オホーツク海では中深層魚類も豊富である

　オホーツク海は魚類が豊富で5,500万トン以上である。そのことは光の達しない深い海の中での魚類相にも反映されている。Radchenko et al.(2010)がまとめた表Ⅴ.1.2ではベーリング海との比較が示されている。オホーツク海の中深層魚類ではトガリイチモンジイワシ（英名：Norhtern smoothtongue；学名：*Leuroglossus schmidti*）が優占種である。興味深いことにはオホーツク海の中深層魚の生物量は，単位面積あたりに換算するとベーリング海の1.6倍もあることがわかる。このトガリイチモンジイワシは，夏季には大群で表層にも日周鉛直移動を行い出現し大型魚類，イルカ類，そして海鳥類にも捕食されている。本種はオホーツク海における食物連鎖過程では鍵種であるものの，生活史情報が全く欠如している。

　このトガリイチモンジイワシの海鳥による捕食記録は，1971年と1972年の夏季の東部ベーリング海で混獲されたウミガラス類の胃中より見出されたのが初めてである（Ogi & Tsujita, 1973）。但しこの報告では魚種を同定できなかったが，特異な形態のウロコが多数見出されたので，その写真は掲載した。その後，1977年夏季に桜井泰憲（私信）が知床半島沖合のオホーツク海で，トガリイチモンジイワシの海面近くに浮上中の大群の魚探記録を観察するとともに，表層トロール曳網によりウロコも剥がれていない新鮮な標本が多数得られ，魚類研究者に配布され知見が増した。今後この魚種の生態系での機能や役割の解明を期待して，表Ⅴ.1.2と表Ⅴ.1.3ではあえて赤字として注意を喚起した。

　北海道のオホーツク海沿岸で捕獲されたイシイルカの胃内容物から食性を解明したOhizumi et al.(2000)の論文は興味深い。イシイルカは餌を捕るために水深400～500mまで潜ることができる。年度別に調査したイシイルカの餌項目の出現頻度を表Ⅴ.1.3に示す。表層にマイワシが多い年はマイワシを，カタクチイワシが多い年はカタクチイワシを捕食していた。両者が分布しない年は中深層性魚類にシフトした。でもスケトウダラやイカ類は年に関係なく，重要な餌生物であることがわかる。大陸棚斜面外では特にイカ類の捕食が増していることが注目さ

表V.1.2 オホーツク海とベーリング海の中深層性魚類の生物量(単位:1,000千トン)。中層(200〜500 m), 深層(500〜1000 m)。1990年3〜6月のトロール調査結果。Radchenko et al.(2010)より

Table V.1.2 Mesopelagic fish biomass (thousand metric tons) estimated for the middle (200-500m) and lower (500-1000m) pelagic layer basing from trawl survey data, March-June of 1990. From Radchenko et al. (2010).

	オホーツク海／Okhotsk Sea		ベーリング海／Bering Sea	
	200〜500 m	500〜1000 m	200〜500 m	500〜1000 m
Light-rayed lampfish	57.6	42.9	2737.6	3752.3
Dark-rayed lampfish	38.6	1025.0	14.0	1382.7
Other myctophids	9.4	77.5	55.0	52.2
Northern Smoothtongue	1477.7	2167.7	42.4	237.4
Eared black smelt	349.7	1434.4	34.5	164.6
Other bathylagids	0.3	632.4	22.3	650.1
Pacific viperfish	2.0	83.5	45.3	203.0
合計／total	1935.3	5463.4	2951.1	6442.3
合計／total	7398.7		9393.4	
Sea area (km^2)	1,528,100		3,000,000	

表V.1.3 オホーツク海におけるイシイルカの胃内容物調査から見た年度別餌項目の出現頻度(%)。Ohizumi et al.(2000)より

Table V.1.3 Prey species of Dall's porpoises in the Sea of Okhotsk(%occ: Occurrence). From Ohizumi et al. (2000).

餌生物種 Prey species	1988 (n=33)	1994 (n=13)	1995 (n=30)
Sardinops melanostictus	72.7	—	—
Englaulis japonicus	12.1	61.1	—
Leuroglossus schmidti	—	27.8	30.0
Bathylagus ochotensis	6.1	11.1	3.3
Protomyctophum thompsoni	—	16.7	16.7
Diaphus theta	3.0	5.6	6.7
Stenobrachius nannnochir	—	—	3.3
Lampanyctus regalis	—	—	6.7
Lampanyctus jordani	3.0	—	—
Ceratoscopelus warmingi	—	5.6	—
Theragra chalcogramma	15.2	16.7	10.2
Gadus macrocepahlus	—	5.6	—
Ammodytes personatus	15.2	—	3.3
Pleurogrammus azonus	—	27.8	—
Berryteuthis magister	30.3	100.0	96.7
Gonatopsis makko	12.1	61.1	70.0
Gonatopsis octopedatus	3.0	27.8	26.7
Gonatopsis borealis	—	44.4	3.3
Gonatus onyx	9.1	55.6	73.3
Gonatus berryi	—	16.7	20.0
Gonatus madokai	3.0	88.9	80.0
Taonius pavo	—	27.8	10.0
Todarodes pacificus	—	44.4	13.3
Loligo japonicus	3.0	—	—
Rossia pacifica	6.1	—	—
Euprymna morsei	3.0	—	—

れた．イシイルカは手近に捕食する餌となる生物が豊富な時には，無理をしないでそれらへとシフトさせていることは興味深い．

ここで言いたいことは，マイワシやカタクチイワシばかりでなく，サンマ，マサバ，スルメイカ等の亜熱帯と亜寒帯の境界域を生息域とする生物は，その資源の年変動や長期的変動（レジーム・シフト）が顕著である．今後さらに調査が進めば，多獲性浮き魚類の中深層生物への影響も見えてくるはずである．

6. オホーツク海を豊穣な海域としている要因

オホーツク海の魚類相は数量ともに高いと言われている．特に大陸棚上や大陸棚斜面域は魚類生産型の海洋生態系として特徴づけられる．その基盤となっているのは基礎生産量がとりわけ大きく，食物連鎖を通じて，高次捕食者への生物生産過程が魚類生産に適していると推定できる．そのことに貢献しているのがアイス・アルジーの成育母体となる海氷の存在，中冷水の発達による植物プランクトンにとって必須な栄養塩類や酸素の運搬，アムール河よりの栄養塩類及び年間10万トンにも及ぶ鉄イオンのオホーツク海への流入，そして浮遊力のないアイス・アルジーや浮遊性植物プランクトン等で捕食を免れ海底へ達した有機物質の底生生物の利用などが考えられる．このような生物学的そして生態学的過程を支える物理学的過程や生化学的過程については，それぞれの分野で専門家により新たな事実が解明され続けている．

7. まとめ

オホーツク海の海鳥の海洋生態系における餌生物消費量は，クジラ類や海獣類と比較するとかなり少ない．ちなみにオホーツク海には13種の鯨類が生息するが，知見が得られているそのうちの5種だけによる4〜10月の餌生物消費量は約300万トンと推定されている（田村，第Ⅲ部第2章）．ただ，海鳥類は海洋環境の様々な側面の多様性を極めて上手に，そして賢く利用している生物種と言える．したがって環境指標生物としては優れているのではないかと考える．オホーツク海が極めて豊かな海だということは，第一次生産力が膨大であることが基本となっている．その第一次生産物を魚類にまで循環させる食物連鎖の生物生産過程が極めてダイナミックに進行されている海域である．

海鳥類のオホーツク海洋生態系における役割や機能については未だ詳細に研究されていない．しかし本章で紹介したように，魚食性のウミガラスと軟体動物食性のハシブトウミガラスが，オホーツク海の大陸棚斜面から沿岸域まで魚類だけを両種ともに捕食していることからも魚類が豊富なことを連想させた．また，南半球に繁殖地を持つ動物プランクト食性のハシボソミズナギドリは，夏季のオホーツク海で観察される鳥類個体数の約60％を占めているなど，遠隔地の生態系への生物エネルギーの流出も特異的な興味ある研究課題である．

最後に，長年オホーツク海の海洋学を研究されてきた故青田昌秋先生が次のようにおっ

しゃっています。「長年オホーツク海を観測して来たが，海洋学的環境はそんなに大きく変化してはいない。その中で生物資源の変動だけは激しい。どうもこれは人為的な乱獲による影響のほうが大きいのではないか」(青田，1986)との示唆は，今後考えなければいけない課題である。

[追記] 最近のオホーツク海に関する情報

1. ハイイロミズナギドリとハシボソミズナギドリの取り込んでいたプラスチックの微小粒子

鳥類には，直接栄養にはならないものを積極的に取り込む性質がある。これを，パイカ現象と言う。海鳥類も消化を助けるために小石を取り込むが，プラスチックが海洋に浮遊するようになって以来，プラスチック粒子を取り込んでいる。図V.1.10の上段のハイイロミズナギドリはプラスチック製品類の破片を多く取り込んでいたのに対して，下段のハシボソミズナギドリはレジンペレットを多く取り込んでいた(Ogi, 1990；小城，2008)。オホーツク海の海鳥についても調査すべきである。

海洋のプラスチック粒子汚染は1950～1970年代にアメリカ合衆国の大西洋沿岸域における石油コンビナートからの，プラスチック製品を作る原材料であるレジンペレットの漏出に始まった。1970年代はじめにはサルガッソ海でレジンペレットが$1\,km^2$あたり平均で約3,500個となるに至った(Carpenter & Smith, 1972)。太平洋域でも同様の経過をたどったが，1980年代になるとプラスチック製品類の微小破片が増大し，このことが海鳥類により取り込まれるプラスチック粒子にも反映されるに至った。図V.1.11は，1990年代初めの世界の海洋におけるプラスチック微小粒子分布で，$1\,km^2$あたりの個数として示した(小城，未発表データ)。微小プラスチック粒子の平均分布密度(N/km^2)を年代別に追ってみると，1970年代は数千個，1980年代は数万個，1990年代は数十万個となっている(小城・福本，2000)。但し，オホーツク海での調査がないので今後はモニタリングする必要がある。

2. 過去4年間，毎年国後島の材木海岸近くの浜で，現地の小中高生と海岸清掃を行っている。

図V.1.12は，小城が書いた報告書を北方領土返還要求運動連絡協議会，事務局長の児玉泰子氏の御好意によりロシア語に翻訳していただき現地の方々に配布したものである。現地の新聞でもこの海岸清掃は高く評価されている。現地の中学校に生徒による海岸清掃のクラブができた。

ここでの海岸漂着物の特性は，世界中の

図V.1.10 ハイイロミズナギドリ(上段)とハシボソミズナギドリ(下段)が胃中に取り込んでいたプラスチック微小粒子類

Figure V.1.10 Plastic pellets found in the seabird stomachs. Above: Sooty Shearwater, Below: Short-tailed Shearwater.

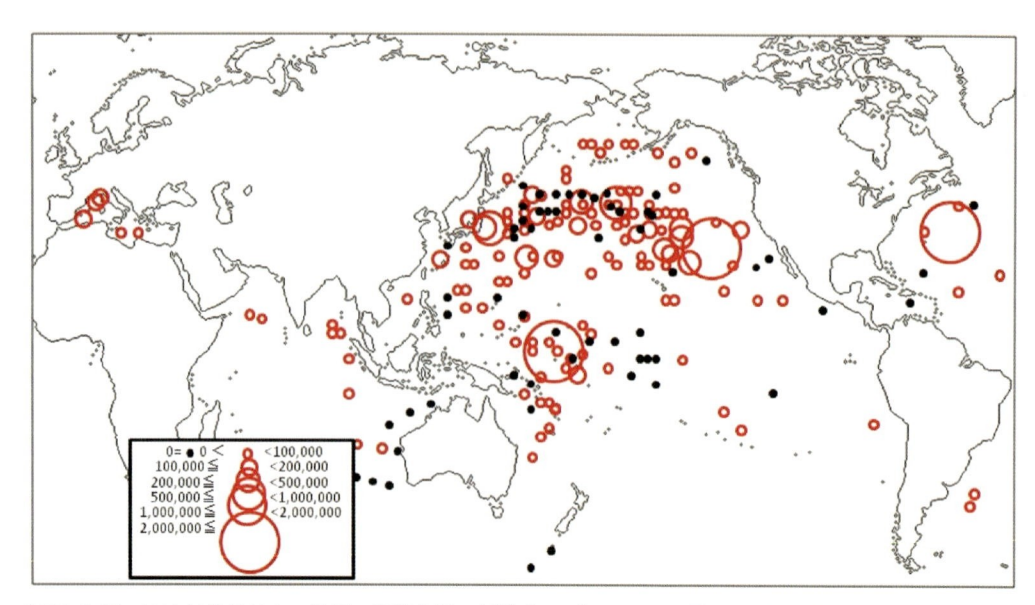

図 V.1.11 1990年代はじめの世界の海洋表層に浮遊するプラスチック粒子の1 km²あたりの分布密度(N/km²)。小城(未発表記録)
Figure V.1.11 Density distribution (N/km²) of plastic debris in the world ocean. in the early 1990's. Ogi (unpubl. Data).

図 V.1.12 国後島の中高生とともに海岸漂着物調査を行った結果がロシア語に翻訳された報告書
Figure V.1.12 A Russian translation of the report on beached marine debris found at Kunashir Island.

海岸漂着物の中で世界最悪12品目(International Dirty Dozen)のトップを占めるタバコのフィルターが全く見出されないことであった。宗谷暖流の最終到達海域であるため，韓国製のアナゴ類の捕獲漁具が毎年10～20個も1,500 m²の調査区より見出されている。困ったことに意外に多いのは，対岸の知床半島沿岸域で行われているサケ類の定置網に使用するポリプロピレン製

のソフトロープや梱包用のプラスチックバンドの破片が多数漂着していたことである。

　初夏にこの海岸沖はハシボソミズナギドリの索餌域のため，稀に死亡個体が多数漂着するものの，ヒグマ，キツネ，オジロワシ，野犬等により直ちに食べられてしまうため，午前中には海鳥死体が観察されても午後には皆無となってしまった。2012年6月の海岸清掃時にはヒグマが至近距離で出現した。

【引用・参考文献】

青田昌秋(1986)：オホーツク海の海況と漁業，月刊 海洋科学，(188)，107-111.
Carpenter, E. J. & Smith, K. L. Jr. (1972): Plastics on the Sargasso Sea, Science, 175, 1240-1241.
Fisher, J. (1952): The Fulmar. The new naturalist, Collins St. James's Place, London. 496 pp.
Hasebe, M., Aotsuka, M., Terasawa, T., Fukuda, Y., Niimura, Y., Watanabe, Y., Watanuki, Y. & Ogi, H. (2012): Status and conservation of the Common Murre *Uria aalge* breeding on Teuri Island, Hokkaido, Ornithological Science, 11, 29-38.
Ogi, H. & Tsujita, T. (1973): Preliminary examination of stomach contents of murres (*Uria* spp.) from the eastern Bering Sea and Bristol Bay, June-August, 1970 and 1971, Japanese Journal of Ecology, 23(5), 201-209.
Ogi, H. & Tsujita, T. (1977): Food and feeding habits of Common Murre and Thick-billed Murre in the Okhotsk Sea in summer, 1972 and 1973, Research Institute of North Pacific Fisheries, Hokkaido University, Special Volume, 459-517.
Ogi, H., Kubodera, T. & Nakamura, K. (1980): The pelagic feeding ecology of the Short-tailed Shearwater *Puffinus tenuirostris* in the subarctic Pacific region, Journal of Yamashina Institute for Ornithology, 12(3), 157-182.
Ogi, H. & Hamanaka, T. (1982): The feeding ecology of *Uria lomvia* in the northwestern Bering Sea region, Journal of Yamashina Institute for Ornithology, 14(2/3), 270-280.
Ogi, H. (1984): Feeding ecology of the Sooty Shearwater in the western subarctic North Pacific Ocean, In: Marine birds: their feeding ecology and commercial fisheries relationship (Nettleship, D. N., Sanger, G. A. & Springer, P. F. eds.), pp. 78-84. Canadian Wildlife Service Special Publication.
Ogi, H., Tanaka, H. & Tsujita, T. (1985): The distribution and feeding ecology of murres in the northwestern Bering Sea., Journal of Yamashina Institute for Ornithology, 17(1), 44-56.
Ogi, H., Tanaka, H. & Yoshida, H. (1986): The occurrence of Mottled Petrels in the Bering Sea, Memoirs of National Institute of Polar Research, Special Issue, (44), 153-159.
Ogi, H. (1990): Ingestion of plastic particles by Sooty and Short-tailed Shearwaters in the North Pacific, In: Proceedings of the Second International Conference on Marine Debris, 2-7 April 1989, Honolulu, Hawaii (Shomura R. S. & Godfrey, M. L. eds.), pp. 635-652. Vol. 1, U. S. Dep. Commer. NOAA Tech. Memo. NMFS, NOAA-NMFS-WSFC-154.
小城春雄(1990)：北太平洋における海鳥観察指針，水産庁研究部．154 pp.
Ogi, H., Newcomer, M. W., Fujimura, H. & Shiratori, S. (1999): Seasonal distribution of the mottled petrel in the northwestern North Pacifric, Bulletin of Faculty of Fisheries, Hokkaido University, 50, 45-59.
小城春雄・福本由利(2000)：海洋表層浮遊，および砂浜海岸漂着廃棄プラスチック微小粒子のソーティング方法，北海道大学水産学部研究彙報，51(2)，71-95.
Ogi, H. (2001): Distribution and conservation of seabirds in the Sea of Okohotsk. In: UNESCO/MAB-IUCN Workshop: Nature conservation cooperation on Kunashir, Itrup, Shikotan and Habomai Islands (Aruga, Y. ed.), pp. 54-57, Japanese. Coordinating Committee for MAB and Biodiversity Network Japan.
Ogi, H. (2008): International and national problems in fisheries seabird by-catch, Journal of Disaster Research, 3(3), 187-195.
小城春雄(2008)：海鳥についてもっと知ろう，社団法人 海と渚環境美化推進機構，38 pp.
Ohizumi, H., Kuramochi, T., Amano, M. & Miyazaki, N. (2000): Prey switching of Dall's porpoise *Phocoenoides dalli* with population decline of Japanese pilchard *Sardinops melanostictus* around Hokkaido, Japan, Marine Ecology Progress Series 200, 265-275.
Radchenko, V. I., Bulepova, E. P., Figurkiri, A. L., Katugin, O. N., Ohshima, K., Nishioka, J., McKinnell, S. M. & Tsoy, A. T. (2010): Status and trends of the Sea of Okhotsk region, 2003-2008, In: Marine Ecosystems of

the North Pacific Ocean, 2003-2008 (McKinnell, S. M. & Dagg, M. J. eds.), pp. 268-299, PICES Special Publication 4, 393 pp.

Shiomi, K. & Ogi, H. (1992): Feeding ecology and body size dependence in diet of the Sooty Shearwater, *Puffinus griseus*, in the North Pacific, Proceeding of the National Institute of Polar Research Symposium on Polar Biology, (5), 105-113.

Shuntov, V. P. (1972): Sea birds and the biological structure of the ocean, Vladivostok, TINRO. 376 pp. (In Russian)

Shuntov, V. P. (1998): Russia Far Eastern seas birds life, Vladivostok, TINRO. 422 pp. (In Russian)

Volkov, A. (2004): Localization of spawning areas of *Thysanoessa raschii* in the Sea of Okhotsk in spring, Pices Scientific Report, 26, 204-209.

8. Summary

It has been well known that the Sea of Okhotsk is one of the most productive seas in the world. This biological richness seems to depend on the oceanographic events of sea ice coverage, ice algae, dichothermal layer, and Amur River discharge. Severe winter cooling on the northern shelf makes a unique dichothermal layer in the water column with rich nutrients, rich oxygen content, and low temperatures extending over the entire Okhotsk Sea. The sea is covered by sea ice during one-third of the year.

Even in the winter season, ice algae may contribute some part of the winter primary production. Depend on heavy climatic conditions and remote areas from the populated mainland of Russia, heavy industrial plants have not developed. So, the Sea of Okhotsk is an ideal habitat area not only for seabirds but also for other marine animals.

Okhotsk seabirds consist of fundamental three appearance types: native breeding type (Alcids, Gulls, Storm-Petrels), summer visiting type (Albatrosses from the subtropical North Pacific; Sooty, Short-tailed, Fleshy-footed Shearwaters, Mottled Petrels from the Southern Hemisphere), and transit or short-stay type (Arctic Tern, Jaegers).

Every seabird species has a species-specific feeding habit. For instance, Common Murres, Rhinoceros Auklets and Sooty Shearwaters are piscivorous. Thick-billed Murres and Tufted Puffins are molluscivorous. Planktivorous Short-tailed Shearwaters are specially fond of eating euphausiids. Their northward migration routes and molting areas are located on the sea areas where are swarming with euphausiids.

Main food species of seabirds in the Sea of Okhotsk are as follows.

Fish: Pacific Herring, Walleye Pollock, Pacific Sandlance, Capelin, Arctic Lamprey, Northern Smoothtongue, Pacific Saury, Japanese Sardine.

Euphausiids: *Thysanoessa raschii*, *Thy. longipes*, *Thy. inermis*, *Euphausia pacifica*.

Amphipods: It was strange that the large-size amphipod, *Parathemisto libellula* have not been found in the total of 369 murre stomachs. This large-size amphipod was the dominant food item for murres in the Gulf of Anadyr in the Bering Sea.

2

日露共同オオワシ・オジロワシ調査の成果と北海道の越冬状況

The result of the Japan and Russia joint investigation about Steller's Sea Eagle and White-tailed Eagle, and the status of wintering Sea Eagles in Hokkaido

中川元(知床博物館)
Hajime NAKAGAWA (Shiretoko Museum)

　オホーツク海をとりまく地域には様々な鳥類，中でも絶滅が危惧される希少種が生息している。水域の周辺を生息地とし，海ワシとも呼ばれるオオワシ *Haliaeetus pelagicus* とオジロワシ *Haliaeetus albicilla* について，これまでの日露共同調査の成果と北海道の越冬状況，そして保全上の課題という内容でここに報告する。特にオオワシについては，25年前から日露共同の調査が継続されてきた。前半にその調査成果を紹介し，後半には現在生じている様々な保全上の課題を取り上げる。そし

図V.2.1　オオワシ
Figure V.2.1　Steller's Sea Eagle.

て，今後のオオワシの動態予測の紹介とともに，オオワシ，オジロワシをどう保全していくか，そのためにあるべき日露の協力や共同調査について提案したい。

1. オオワシの日露共同調査

　北海道には多くの絶滅危惧種鳥類が生息している。その中に，種の保存法に基づく指定種で，かつ国の保護増殖事業の対象になっている種が6種類いる。中でもオオワシ，タンチョウ，シ

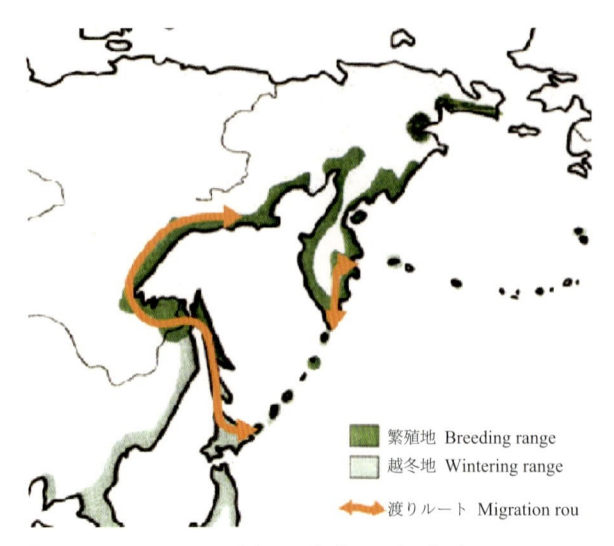

図V.2.2 オオワシの分布と北海道への渡り経路
Figure V.2.2 Distribution and migration routes of Steller's Sea Eagle.

　マフクロウはIUCNのレッドリストで絶滅危惧種に記載されている国際的な希少種である。オオワシの分布域はオホーツク海の周辺で，繁殖地はカムチャツカ，サハリン北部からアムール川の下流域，そしてマガダンにかけてのオホーツク海北部の沿岸地域である。冬季は南下してサハリンから宗谷海峡を越え，北海道に渡って越冬する（図V.2.2）。現在推定されている総個体数は5,000〜7,000羽という希少種である。

　日露共同のオオワシ調査は1980年代の半ばに始まった。日本側は藤巻裕蔵博士が中心となり，ロシア側はエフゲニー・ロブコフ博士が中心になってスタートした。1985年と1986年にはカムチャツカと北日本で，同時期の越冬期の個体数調査が行われ，この2つの地域の越冬個体数は5,200羽と推定された（Nakagawa et al., 1987）。またアムール川下流域の繁殖地では，1989年にオオワシ繁殖状況の調査が日露共同で行われた（花輪ほか，1989）。

　1990年代に入って，人工衛星を利用した渡り経路に関する調査が行われた。最初の調査は1995年と1996年に行われ，日本の北海道で捕獲した成鳥に発信機が付けられ，移動が追跡された。発信機を付けられた個体は北海道を北上し，サハリンを経由してサハリン北部やアムール川の下流域に行くことがわかった。そして秋には同じ経路で再び北海道に戻ってきた（Ueta et al., 2000）。1997年と1998年にはロシアの繁殖地であるサハリン北部，アムール川下流域，マガダン，カムチャツカで巣立ち前の幼鳥に発信機が付けられ，渡りの調査が行われた。この調査によって，マガダン，アムール川，サハリン北部の繁殖地で巣立った幼鳥の大部分がサハリンを南下して北海道本島と北方四島に渡って越冬すること，カムチャツカの繁殖地で巣立った幼鳥はカムチャツカ南部や千島列島北部で越冬することがわかった（McGrady et al., 2003）。これ以降もサハリン北部の繁殖地で発信機を付けられた個体の追跡調査が日露共同で継続されている。これらの調査から，オオワシの主な渡り経路はサハリンを通って越冬地の北海道本島，北方四島に渡り，また同じ経路でロシアの繁殖地に戻るということがわかった。

　サハリンから北海道に渡ったオオワシの多くは，オホーツク海沿岸を通って北海道東部に移動し越冬する。10月にはサハリンから北海道への渡りが始まり，11月にはオホーツク海沿岸を南下して知床半島を通過する。そして，その多くがいったん国後島や択捉島に渡ると考えられる。知床半島の沿岸を西から東に通過するオオワシ個体数を1カ月に渡ってカウントした調査の結果，多い日には1日の通過数が成鳥だけで400羽を超えた。そして1カ月間のオオワシ

通過数は約2,000羽にもなった(図V.2.3)。1990年代に行われた衛星発信機を付けた調査でも，国後島にいったん渡ったオオワシが再び北海道本島に戻り，厳冬期を根室や知床など道東部で過ごすことがわかっている。

オジロワシの渡りについては，1996年の共同調査の中で，オオワシと同時に北海道で捕獲された2個体に衛星発信機が付けられ追跡調査が行われた。この2個体はオオワシと同じように北海道からサハリンを経由して北上，オホーツク海の北部沿いに東へ向かい，カムチャツカで夏を過ごした。そして秋には千島列島沿いに南下して北海道に渡った。この調査結果から，オジロワシの渡りはオオワシとは異なっており，オホーツク海を時計周りに移動することがわかった(Ueta et al., 1998)。

2．オオワシ，オジロワシの越冬分布

オオワシ，オジロワシが冬期間，北日本でどの程度の数が越冬しているかということは，25年前から継続している北日本地域の一斉調査で調べられてきた。この調査には各地の野鳥の会会員やバードウォッチャーが多数参加している。図V.2.4は2007年2月下旬の結果だが，厳冬期にはこのようにオジロワシとオオワシが分布している。特にオオワシは道東中心に越冬しており，北日本一円に広く分布するオジロワシと異なった傾向を示している。越冬個体数の長期の変動については，オオワシでは調査を始めた1980年代の中頃に多くの越冬数が記録された。そして，1990年代初頭には大きく個体数を減らした。その後徐々に回復し，2000年代前半には1980年代のレベルに戻った。そして最近数年はやや減少傾向が見られる。オジロワシは，同じように1990年代初頭にやや減少したが，その後は漸増傾向が続いているという結果になった(図V.2.5)。

この調査結果には，越冬総数の変化に加えて，分布の傾向が変わったことも表れている。

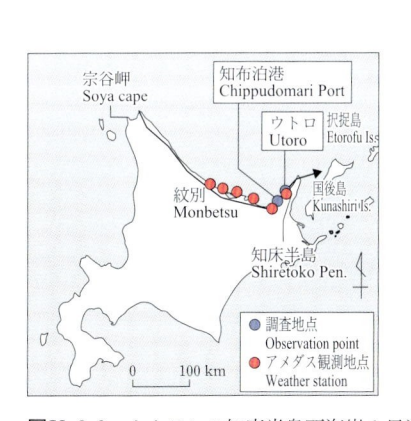

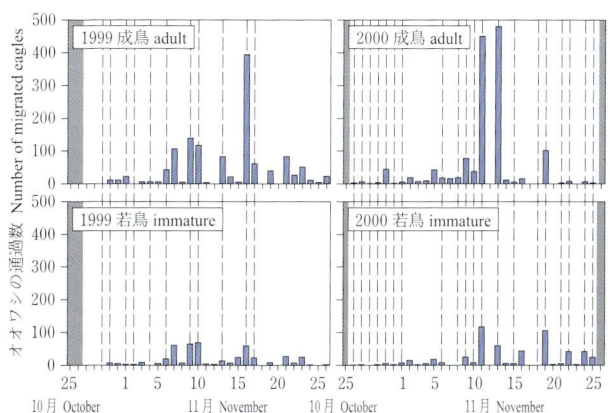

図V.2.3　オオワシの知床半島西海岸1日通過数(1999，2000)。植田ほか(2004)より
Figure V.2.3　Number of migrating Steller's Sea Eagles at Shiretoko Peninsula in 1999 and 2000. From Ueda et al. (2004).

1980年代の半ばには，知床半島羅臼の海岸（根室海峡の沿岸部）に多くのワシが集中していた。それが1990年代以降羅臼以外の越冬地にも分散するようになった。1980年代半ばには羅臼海岸には9割以上のオオワシが集中していたが，1990年代には大きく減少し，道東の他の越冬地が増加，また，道東以外への分散も見られるようになった（図V.2.6）。この羅臼に集中した時期というのは，1980年代半ばから1989年にかけてのスケトウダラの大豊漁が続いた時期と重なる。スケトウダラの刺し網から外れて浮く魚を狙って，たくさんのオオワシが集中していた。ピーク時には10万トン以上あった羅臼のスケトウダラ漁獲量は，現在では10分の1以下になっている。スケトウダラ漁獲量減少と同時に，羅臼に集中していたオオワシも分散した。オジロワシについても同じように羅臼に多くの個体が集中していたが，これも分散傾向にある。ただその変化はオオワシほど大きくはない。

オオワシがどこに分散したかというと，特に多いのが氷下漁を行っている道東の湖沼である。

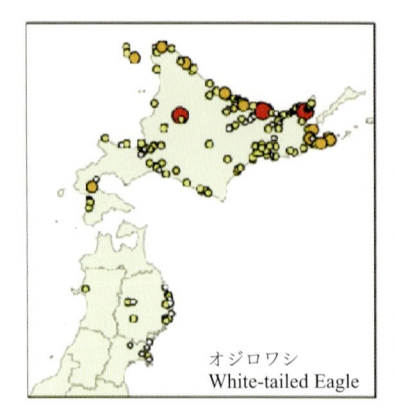

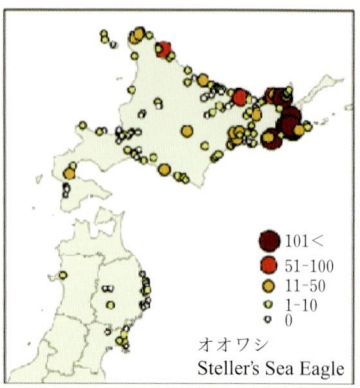

図V.2.4　オジロワシ・オオワシの越冬分布。オジロワシ・オオワシ合同調査グループによる2007年2月18日調査結果より
Figure V.2.4　Wintering distribution of White-tailed Eagle and Steller's Sea Eagle at February 18, 2007. Working Group for White-tailed Eagles and Steller's Sea Eagles.

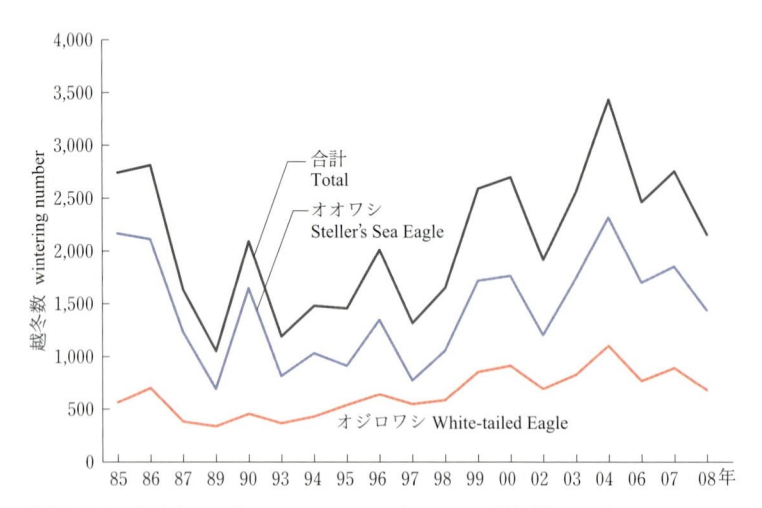

図V.2.5　北日本におけるオオワシ・オジロワシの越冬数。オジロワシ・オオワシ合同調査グループ，2008
Figure V.2.5　Wintering number of Steller's Sea Eagles and White-tailed Eagles in Northern Japan. Working Group for White-tailed Eagles and Steller's Sea Eagles, 2008.

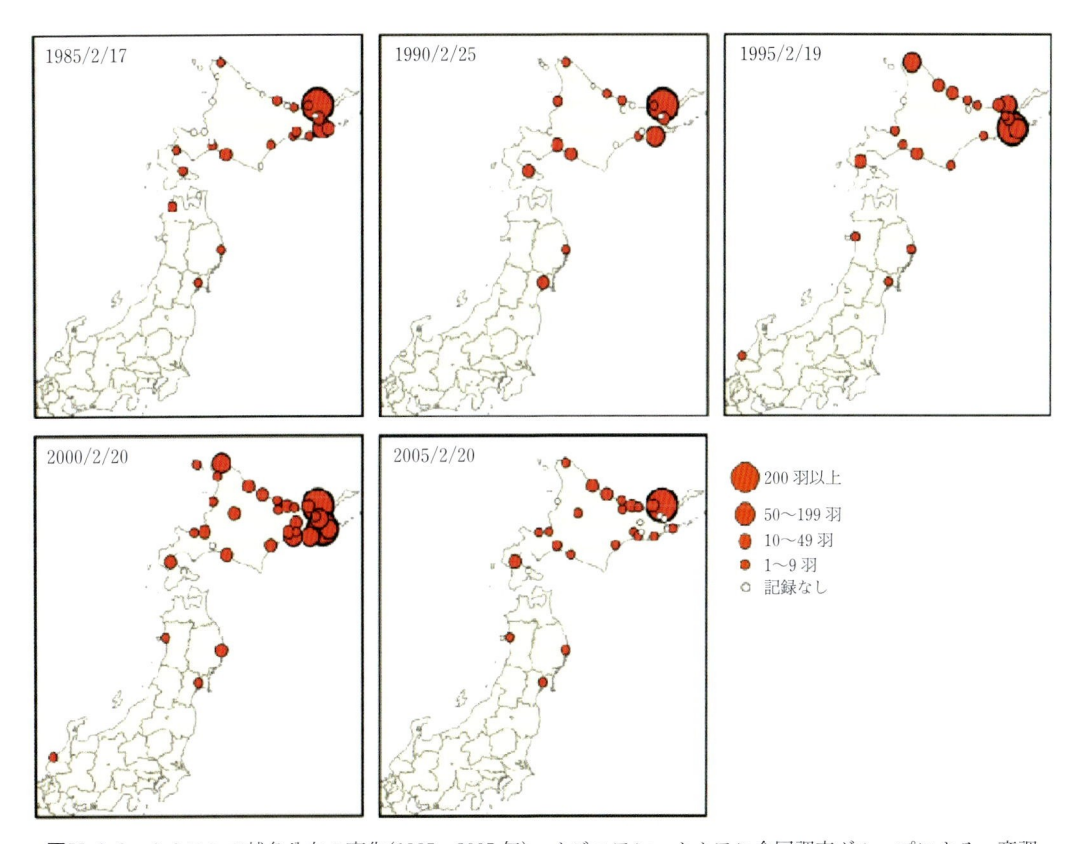

図V.2.6　オオワシの越冬分布の変化(1985〜2005年)。オジロワシ・オオワシ合同調査グループによる一斉調査結果より

Figure V.2.6　Changes in Wintering distribution of Steller's Sea Eagle, 1985-2005. Working Group for White-tailed Eagles and Steller's Sea Eagles.

　風蓮湖，野付湾，厚岸湖，網走湖などの氷下待網漁の漁場周辺にはたくさんのオオワシやオジロワシが集まり，漁獲作業中に捨てられる雑魚を餌にしている。これらの湖沼の周囲には塒となる森林が分布していることも大きな特徴である。発信機を付けたオオワシ調査から，氷下漁の漁場に集まるオオワシが近接した湖岸の森林を塒としていることがわかった。人為的餌資源に誘引されるワシ類は，スケトウダラが不漁となって以降の羅臼の沿岸でも見られる。羅臼沿岸では流氷が来るとともに数隻の小型観光船が沿岸を航行するが，氷上に雑魚や魚のアラを置いてワシを集め，観光客やカメラマンがそれを撮影するということが行われている(図V.2.7)。また，流氷のない時期には，漁港の防波堤に魚を置いてオオワシやオジロワシをそこに集めるという光景も見られる。一カ所に多数のワシが集中することは，感染症が拡大する危険があり，道路が近接している場合は交通事故に合うリスクも高まる。また，スケトウダラ漁の例のように，人為的に供給される餌は大変不安定な餌資源でもある。人為的餌資源に依存する傾向を排除し，自然餌資源だけで越冬できる姿に戻さなければならない。河川に遡上したサケの死体など，越冬期の本来の餌資源を増加させることが大きな課題となっている。

図V.2.7 厳冬期に人為的餌資源に依存するワシ類(左：スケトウダラ漁船とワシ/1984年，中：氷下漁とワシ，右：観光船とワシ/2006年)
Figure V.2.7　Eagles depend on fishery bycatch and feeding for tourism during coldest winter period.

3．オオワシの内陸部への分布拡大と鉛中毒問題

　もう1つの分布の変化として，1990年代半ば以降，道東の内陸部でもオオワシが見られるようになったことがある。それまでオオワシは海岸や湖沼，河川の下流や河口部に分布していたが，この頃から内陸でもよく見られるようになった。1995年に実施された人工衛星を利用したオオワシの渡り調査でも，発信機を付けた個体の釧路管内や網走管内の内陸部への移動・滞留が確認された。その現地を調査するとたくさんのワシが見られ，そこにはエゾシカの死体があった。道東では1990年代に入ってエゾシカが急増し，狩猟あるいは駆除によってたくさんのシカが捕獲され，放置された死体や解体残滓がワシ類の餌になっていたのである。そこで出てきたのが鉛中毒の問題だ。ハンターが撃った銃弾に含まれる鉛の破片がシカの死体に残り，ワシがそれを肉と一緒に飲み込むことによって生じる鉛中毒が，1990年代半ばから急増した。1998年の越冬期にはオオワシ，オジロワシ合わせて26羽の死体が確認された(図V.2.8)。北海道はエゾシカ猟で鉛弾を使用することを2000年から禁止したが中毒死はなくならず，オオワシ，オジロワシに加えてクマタカ *Spizaetus nipalensis* の鉛中毒も確認されるようになった。2006

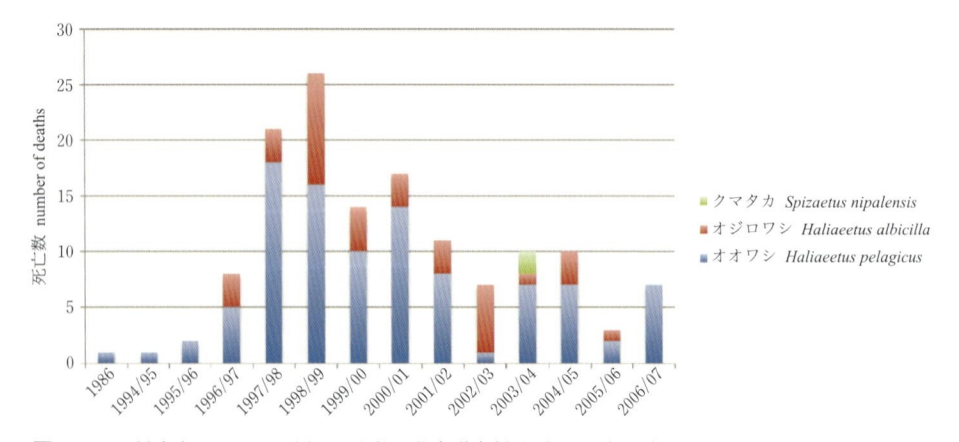

図V.2.8　鉛中毒によるワシ類の死亡数。北海道資料及びSaito(2009)より
Figure V.2.8　Number of eagles found dead from lead poisoning. From Hokkaido government; Saito 2009.

年の越冬シーズンにも7羽の鉛中毒個体が確認されており，この規制の効果が上がっていないことが明らかになっている。鉛中毒の根絶には鉛弾の使用禁止だけでは不十分であり，所持の禁止など効果のある規制を行うことが急務と考えられる。

4. 海鳥と海ワシの油汚染問題

オオワシ，オジロワシをとりまく問題として，2006年早春に知床半島で起きた，油に汚染された海鳥の大量漂着がある(図V.2.9)。雪解けとともに斜里町の海岸線で確認された油にまみれた海鳥の死体は総数5,568羽にもなり，網走市の海岸や国後島への漂着も確認された。回収された海鳥はエトロフウミスズメやハシブトウミガラスなどウミスズメ類が多くを占め，同じオホーツク海に面した海岸で2羽のオオワシ死体も見つかった。解剖によって死因が調べられ，2羽のオオワシはこの油にまみれた海鳥を食べたことによる中毒死であることがわかった。また，打ち上がった海鳥の死体の中には別のオオワシの羽も少数混じっており，他にも死亡した個体がいた可能性がある。海洋の油汚染は海鳥に対する大きな脅威になるばかりではなく，猛禽類のオオワシやオジロワシにとっても脅威であることが示された。近年，サハリンの東海岸では石油や天然ガス開発が活発であり，タンカーの航行も増加している。サハリン沿岸から北海道に向かって南下する海流(東樺太海流)もあり，油汚染はいつまた起こるかわからない。日露の協力による海洋環境保全対策は鳥類の保護の面でも重要である。

5. 今後のオオワシの動態予測

今後のオオワシ個体群の推移については，1999年に植田睦之さんとロシアのマステロフさんがコンピュータシミュレーションに基づく動態予測をしている(図V.2.10)。オオワシ個体数は今後緩やかに減少してゆくと推定され，現在既に繁殖地のサハリンやマガダンではオオワシは減少傾向にある。シミュレーションでは成鳥の死亡率が高まると急激に減少することが示されている。鉛中毒死個体では成鳥が占める割合が高く，今後のオオワシの動態に与える影響が

図V.2.9 油に汚染された海鳥死体の大量漂着。左：漂着したハシブトウミガラス，中：回収された油汚海鳥類，右：二次被害で死亡したオオワシ
Figure V.2.9 The seabird body polluted with oil and Steller's Sea Eagle which died of secondary pollution.

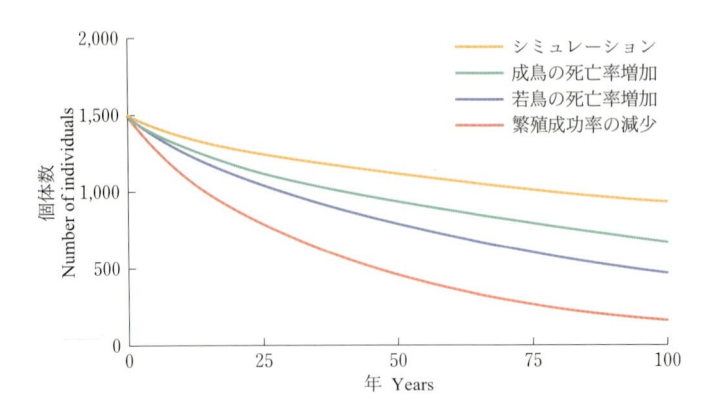

図 V.2.10　オオワシの個体群動態に関するシミュレーション結果。
Ueta & Masterov (2000) より
Figure V.2.10　Computer simulation of Steller's Sea Eagle population. From Ueta & Masterov (2000).

危惧される。

　オオワシやオジロワシの保護に関する今後の日露協力については，これまで述べてきたように，北海道本島と国後島など北方四島を，1つのまとまった越冬地と考えることが重要である。北海道本島に加え，北方四島の越冬状況についても日露共同でモニタリング調査を行い，ワシ類の状況や生息環境の変化などを監視する必要がある。北海道では鉛中毒問題の解決や自然餌資源量の増加策が急務である一方，温暖化による流氷や湖沼結氷の減少が餌資源に与える影響が危惧される。また，オホーツク海沿岸地域のエネルギー開発と鳥類の保全，特に油汚染問題に関する共同調査や保全対策を日露共同で進めることが重要である。

【引用・参考文献】

花輪伸一・柚木修・山田元一郎・Kharabryi, V. M.・Sokolov, E. P.・Fokin, S. I.・Masterov, V. B. (1989)：ソ連極東ウディル湖岸におけるオオワシの繁殖生態—1989年日ソ希少鳥類共同調査, Strix, 8, 219-232.

McGrady, M. J., Ueta, M., Potapov, E., Utekhina, I., Masterov, V. B., Ladyguine, A., Zykov, V., Cibor, J., Fuller, M. & Seegar, W. S. (2003): Movements by juvenile and immature Steiier's Sea Eagles *Haliaeetus pelagicus* tracked by satellite, Ibis, 145, 318-328.

Nakagawa, H., Lobkov, E. G. & Fujimaki, Y. (1987): Winter censuses on *Haliaeetus pelagicus* in the Kamuchatka Peninsula and Northern Japan in 1985, Strix, 6, 14-19.

オジロワシ・オオワシ合同調査グループ (2008)：平成19年度オオワシ・オジロワシ保護増殖事業越冬個体数等調査報告書, オジロワシ・オオワシ合同調査グループ, 斜里. 20 pp.＋付表40 pp.

Saito, K. (2009): Lead Poisoning of Steller's Sea Eagle (*Haliaeetus pelagicus*) and White-tailed Eagle (*Haliaeetus albicilla*) Caused by the Ingestion of Lead Bullets and Slugs, in Hokkaido, Japan, In: Watson RT, Fuller M, Pokras M & HuntIngestion G (eds), Ingestion of lead from spent ammunition: Implications for wildlife and humans, Proceedings of the Conference, 12-15 May 2008, Boise State.

Ueta, M., Sato, F., Nakagawa, H. & Mita, N. (2000): Migration routes and differences of migration schedule between adult and young Steller's Sea Eagles *Haliaeetus pelagicus*. Ibis, 142, 35-39.

Ueta, M. & Masterov, V. (2000): Estimation by a computer simulation of population trend of Steller's Sea Eagles. First Symposium on Steller's and White-tailed Sea Eagles in East Asia (In: Ueta, M. & MacGrady, M. J. eds.), pp. 111-116, Wild Bird Society of Japan, Tokyo.

Ueta, M., Sato, F., Lobkov, E. G. & Mita, N. (1998): Migration route of White-tailed Sea Eagles Haliaeetus albicilla in northeastern Asia, Ibis, 140, 684-686.
植田睦之・福田佳宏・松本径・中川元. (2004)：知床半島におけるオオワシの渡りと気象状況, Strix, 22, 71-80.

6. Summary

The Sea of Okhotsk is an important habitat for endangered avian species. Steller's sea eagle, Blakiston's fish owl and the Red-crowned crane, all live in the Okhotsk regions of Hokkaido Island, Kunashiri Island and the Russian Far East. These species are so rare globally as to be included on the IUCN Red List. Preservation strategies for those species have been initiated under the Programs for Protection and Breeding, and joint research has been carried out with Russia based on the bilateral Convention for the Protection of Migratory Birds.

Steller's sea eagle, which breeds in the Russian Far East and winters mostly in Japan, is a threatened species whose population is estimated to number only 5,000 to 7,000. Japan-Russia joint research on Steller's sea eagle started in the 1980s, with investigations on the wintering populations in Kamchatka and Japan, breeding fertility in the Amur River basin and Sakhalin, and migratory routes monitored by satellite. That research has revealed that most of the Steller's sea eagles which migrate south in fall from Sakhalin to Hokkaido visit Kunashiri Island and Etorofu Island after arriving in Hokkaido Island, before returning to Hokkaido Island to spend the winter. An area extending across Hokkaido Island, Kunashiri Island and Etorofu Island provides the most important wintering places for more than 2,300 Steller's sea eagles. Steller's sea eagles and White-tailed eagles move according to the availability of food. They also depend on fishery bycatch during the coldest winter period when food is scarce.

Measures to restore natural prey, such as salmon migrating back to rivers from the ocean, need to be devised in Hokkaido, where these birds winter. It is feared that reductions in the volume of sea ice that have been caused by global warming will adversely affect the availability of food throughout the habitat of Steller's sea eagles and White-tailed sea eagles. In Hokkaido Island, lead poisoning is still reported among eagles scavenging Sika deer carcasses left by hunters. In 2006, Steller's sea eagles were found dead after scavenging seabirds that had been contaminated by oil and had drifted ashore en masse. In Sakhalin, a breeding ground, energy development has caused habitat deterioration. The number of Steller's sea eagles is expected to decline further if the current situation continues. To protect Steller's sea eagles and White-tailed eagles, it is important to promote joint research between Japan and Russia on breeding fertility and the wintering population. This must be done in the Russian Far East, where the birds breed, and on Hokkaido Island and on Kunashiri Island and Etorofu Island, where the birds winter.

3

オホーツク海北部におけるオオワシの過去20年間のモニタリング結果

Monitoring of the Steller's Sea Eagles (*Haliaeetus pelagicus*) in the northern part of the Sea of Okhotsk in the past 20 years

ウテキナ, I.[1]・ポタポフ, E.[2]・マクグレディ, M.[3]・リムリンガー, D.[4]
([1]マガダン国立自然保護区・[2]ブラインアタイン大学・[3]自然研究所・[4]サンディエゴ動物園)
Irina G. UTEKHINA[1], E. POTAPOV[2], M. MCGRADY[3] and D. RIMLINGER[4]
([1]Magadan State Nature Reserve; [2]Bryn Athyn College; [3]Natural Research Ltd; [4]San Diego Zoo)

　オホーツク海北部沿岸のマガダンスキー自然保護区から来たイリーナ・ウテキナです。オホーツク海北部における海岸地域のオオワシの生息状況を紹介したい。オオワシは，世界で最も大きいワシ類の1つであり，ロシアだけで繁殖する種として，またロシアのレッドデータブック及びIUCN(国際自然保護連合)のレッドデータブックに載っており，アジアの絶滅危惧種のリストにも該当している。CITES Appendix「絶滅のおそれのある野生動植物の種の国際取引に関する条約(ワシントン条約)付属書」にも掲げられている。

　私達は，過去20年間，オホーツク海北部の海岸のオオワシの営巣状況をモニタリングしてきた(図V.3.1)。個体やつがいの海岸や川岸への分布状況，そして餌の内容や渡りの状況を調べた。さらに，個体数カウントを行い，巣の位置情報を整理した。調査は，エンジン付きのデルタプレーンを使って，また，川を経由する木材輸送に同行したり，エンジン付きボートや船で行なった(図V.3.2)。

　図V.3.3に，オオワシの繁殖地を赤い色で示した。繁殖地はオホーツク海の沿岸

図V.3.1　オオワシ *Haliaeetus pelagicus*
Figure V.3.1　Steller's Sea Eagle.

292 　V　海鳥と希少猛禽類

図V.3.2　調査風景
Figure V.3.2　Research area and Project members.

に細い帯となって延びているのが特徴である。その中には，オホーツク海に注ぐ川，またサハリンとカムチャツカ半島も入っている。1990年代，私達はハバロスク地方のエンケン岬からタイゴノス半島まで，図V.3.3の黄色い線で示してある海岸線をすべて調査した。オホーツク海北部の生息地は，約100 kmの帯となってオホーツク沿岸に拡がり，北のタイゴノス岬に達しており，近くの島々も含んでいる。大陸の内部の生息地は，サケが遡上する川に沿って拡がっており，高木の多い森になっている。つがいの分布は，オホーツク北部の地域では，シロザケやマスノスケ，カラフトマスなどが遡上する川に沿って拡がっている。タイゴノス半島で

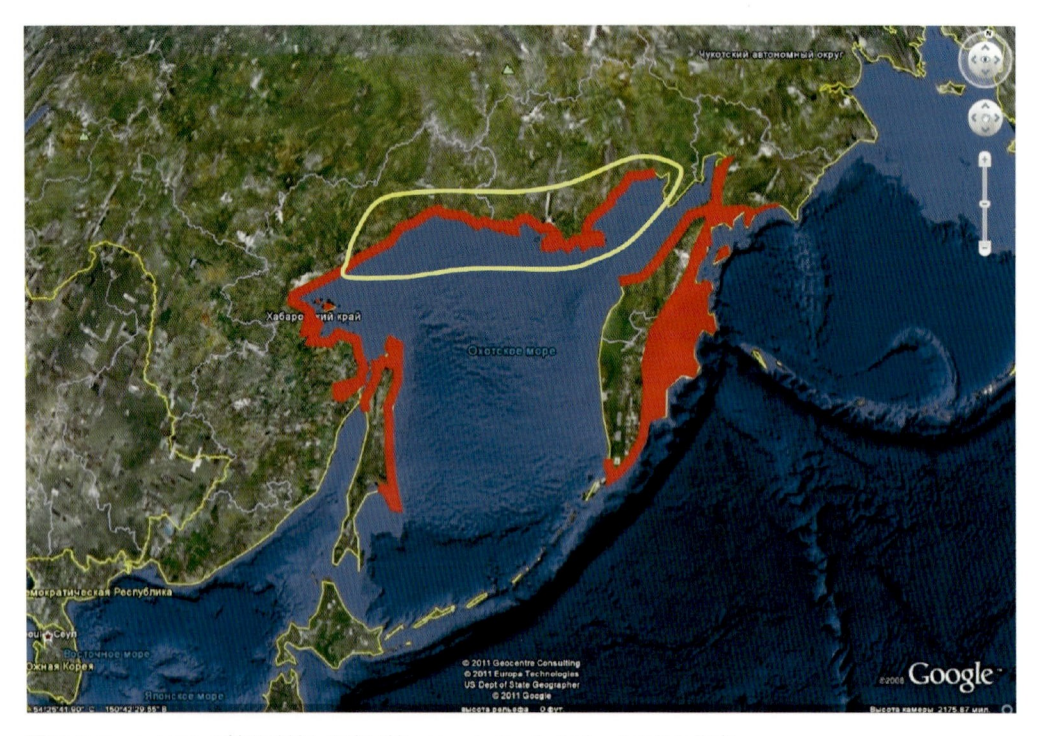

図V.3.3　オオワシの繁殖地域と調査区域。Google Earthのデータを基に作成
Figure V.3.3　The breeding range (red) and the study area (yellow).

は，オオワシの巣は見つかっておらず，オオワシの成鳥もいなかった。タイゴノス半島にオオワシが生息していないということは，カムチャツカの生息地と，北西オホーツクの生息地の間に，300 km の距離があるということを示している。

　私達は，沿岸約 1,852 km，コニー半島からオホーツク町までに至るほとんどすべてのオオワシ営巣区域について，複数年繰り返して調査を行った（図 V.3.4）。この地域には，図に緑で示すタウイ峡谷と赤で示すヤマ峡谷がある。ここには 300 のオジロワシの巣があり，その 70％は海岸域に，そして 30％は河川流域にあった。写真 A が海岸域の巣で，写真 B が河川流域の巣である。この地域における 21 世紀はじめの営巣つがい数は，370 ペアと評価している。若い未成熟の鳥がオホーツク海の北部沿岸でも夏を過ごすことを考えると，この地方のオオワシ個体数の総数は，880 羽程度であると考えられる。これは，世界のオオワシの数の 8 分の 1 に当たる。そして 52 つがい，つまりこの地域に生息する 15％がマガダンスキー自然保護区にいるということになる。

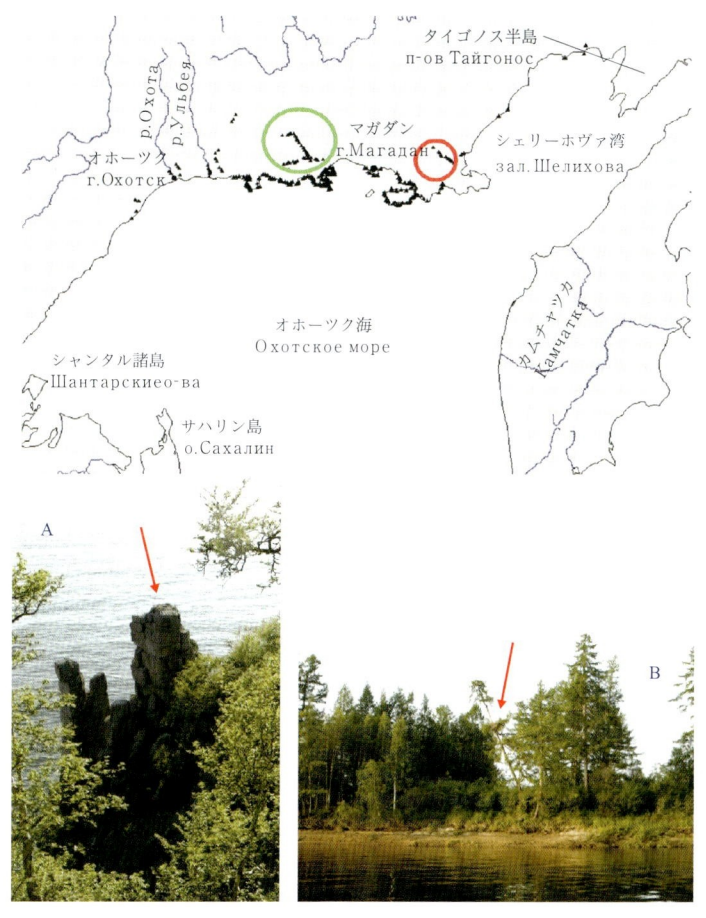

図 V.3.4　営巣区域（緑：タウイ峡谷，赤：ヤマ峡谷）と巣（A：海岸域の巣，B：河川流域の巣）
Figure V.3.4　The breeding range and eagle nest. A: sea coasts nest, B: riverside nest.

衛星発信機やカラーのウイングタッグなどを用いて，22 羽の若鳥について移動状況の調査を，生活史最初の年から継続して行ってきた。それから，1 羽の成鳥について，巣の場所から越冬地へ行き，また戻ってくる様子を調べた。オオワシのオホーツク海沿岸地域の秋の渡りの主要なルートは，オホーツク海の海岸に沿ってサハリンから北海道へ，そして国後島へというものである。秋の渡りの特徴としては，途中サケの遡上する川の河口や盆地などで，4～30 日間程度，しばし留まって休息をするということが挙げられる。そして，オオワシの春の渡りのルートは，北海道で越冬する個体の場合，逆にサハリン島から大陸棚のシャンタル諸島を通るものとなる。繁殖のための成鳥の渡りは若鳥よりも 1 カ月半ほど早く，3 月に始まる。そして未成熟の若鳥は 4 月の終わりに北海道を離れる。図 V.3.5 は，衛星発信機によって調査をした 2007 年3 月からのデータである。未成熟の若鳥の移動は，飛行ルートに沿って，餌が入手可能であるか否かに左右される。したがって，その移動開始は，成鳥に比べて遅く，また移動の日数も，成鳥よりも長くかかる。生後2～3 年の若鳥の夏の生息地は，生まれた場所よりもかなり南になる。つまり，最初の数年は，生まれた場所には帰らないということである。

次に，オオワシの餌，採餌行動について，簡単に紹介したい。餌生物は，いくつかのグループに分けられる（図 V.3.6）。図中の

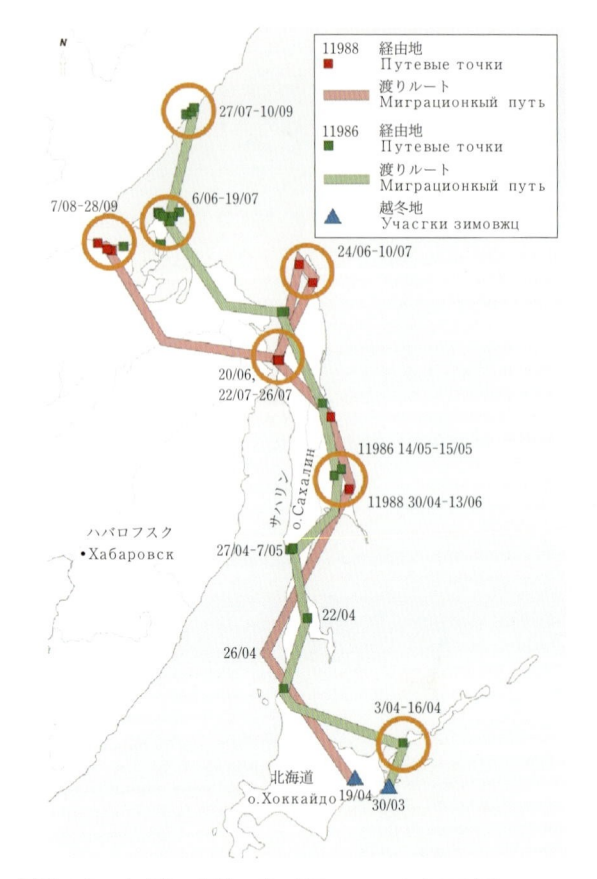

図V.3.5　未成熟の個体の春の渡りのルート（2007 年）
Figure V.3.5　Spring migration of young birds in March 2007.

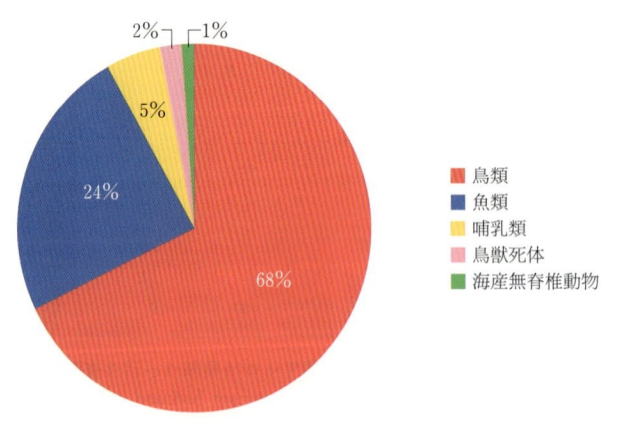

図V.3.6　オホーツク海北部におけるオオワシの食性
Figure V.3.6　The composition of diet of the Steller's Sea Eagle in the northern part of the Sea of Okhotsk.
Birds, fish, mammal, carcass, invertebrate (sea)

赤が鳥類，青が魚類，黄色が哺乳類，そして動物の死体がピンク，海の無脊椎動物が緑である。これは，海から打ち上げられたものを拾って食べているということだ。このように，営巣時期におけるオホーツク海北部のオオワシの餌生物は，鳥類と魚類が主になる。海岸では営巣期間を通じて海鳥を，河川流域では魚で主にサケ・マス類を採餌していることになる。しかし，育雛期の始めのまだサケの遡上が始まっていない時期には，やむをえず淡水魚を採餌して間に合わせている。

私達は過去20年間，オオワシの営巣についてモニタリングを行ってきたが，営巣地域の中にモデル地区というものを設定している。この区域はトゥアイサス岬で，マガダンの近くの海岸である。それからタウイ川はマガダンスキー自然保護区の中に位置している。私達は，毎年20～133羽の営巣地を調査している。どのつがいも毎年繁殖を行うわけではない。1990年代は，巣を作る鳥の数が減少する傾向が認められた。2000年代にもその傾向は，河川流域に生息するつがいに引き続き認められた（図V.3.7）。

ここで，オオワシの繁殖について2つの点を指摘したい。1点目は，繁殖の評価についてで

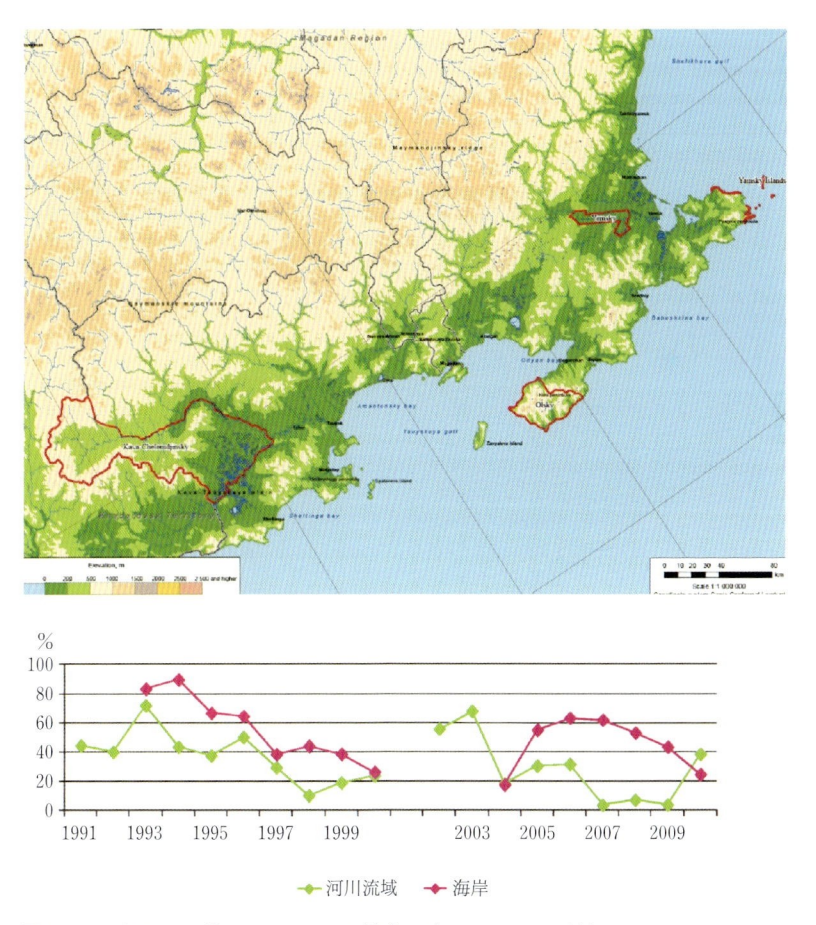

図V.3.7 縄張りを持つつがいのうち繁殖を試みたつがいの割合
Figure V.3.7 Percent of territorial pairs that attempted to breed. ― rivers, ― sea

ある。通常，評価は営巣時期の2つのパラメータ，繁殖率(巣作りに入るつがいの数)と巣立ちの成功率で行っている。4月にオオワシが巣作りに入る時，北の海の環境や海岸の状況に毎年変化はないとすると，巣作りをしない理由は越冬にあると推察される。なぜならば，巣作りは個体がどの程度繁殖に入る準備ができているかということに関わってくるからである。そして，2つ目のパラメータ，繁殖の成功率，すなわちヒナがどれくら

図V.3.8　海岸域におけるオオワシの巣の例(2羽のヒナ)
Figure V.3.8　(Below) An example of sea coasts nest (two chicks).

い巣立ったかは，巣作りが行われた場所の状況に左右されるわけである。指摘の2点目は，繁殖に関わるすべてのパラメータについて，海岸に営巣するつがいの方が有利であるということである。これは繁殖率にも，ヒナの巣立ち成功率についても，関わってくる。例えばヒナのサイズは，巣立つ少し前の時点で，海岸に営巣した鳥の方が河川流域に営巣した鳥よりも大きいということが言える。また，海岸では，1巣当たりのヒナの孵化数は全調査期間において安定している。さらに，海岸では，2羽のヒナが巣にいることも多く(図V.3.8)，3羽のヒナは海岸だけに見られた。これらのことから，海岸域は，河川流域よりも営巣条件が良かったと言える。

　海岸域と河川流域で営巣するオオワシの大きな違いは，調査対象地域のヒナの総数に表われている。調査全期間を通じて海岸域で確認されたヒナの総数はわずかに増えたが，河川流域で確認されたヒナの総数は，統計的に有意な減少が認められている(図V.3.9)。例えば，タウイ川は，つがいの数は調査全期間を通じてほぼ一定だったが，ヒナの数の変動幅は，ほぼ20倍

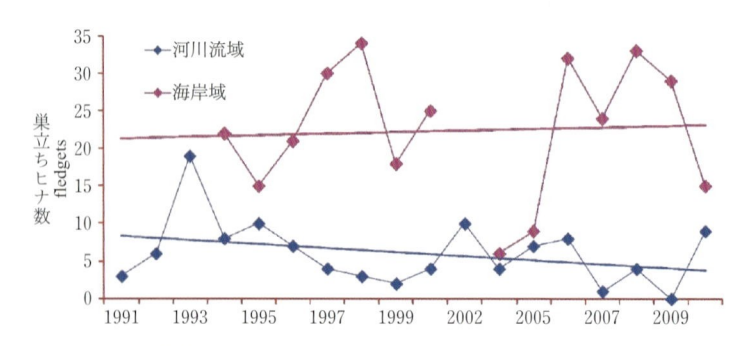

図V.3.9　調査地域における巣立ヒナ数の推移
Figure V.3.9　Total number of young fledged in study areas.
　◆ river, ◆ sea　Sea: NS, River: F=9.08 P<0.01

の範囲であった。それは，4〜72％の変動幅となる。2007〜2009年は記録的にヒナ数が少なく，全調査地域で1羽か2羽しかなかった。この地域を飛び立つ若鳥の数は，一番多い年は1993年で19羽，一番少なかった年は2009年でゼロであった。この年，つがいは自分のテリトリーの中で巣を作り直したりしていたが，巣立ちの時まで生存したヒナはいなかった。

　河川流域におけるオオワシの繁殖状況，及び巣立ち成功率の低下というものは，ヒナの成長の初期，つまり生後1カ月までの餌の確保の状況，すなわちサケの遡上までの時期に関係する。つまり，2007〜2009年の春の繁殖の準備状況はとても悪かったということである。繁殖率が悪かった2009年の理由は，春の雪解け水がいつもより多く，また長く続いたためと思われる。この年，春の洪水は，7月終わりまで続いており，水位が高く川の水が濁っていたため，うまく魚を捕ることができなかったと思われた(図V.3.10，図V.3.11)。それを裏付ける事実として，2010年春の川の状況が良かった年は，繁殖状況は平均レベルに戻った。

　このように，長期の観察から考えられるのは，河川流域に営巣する個体は，個体群の中の非主流，いわゆる「はみ出しっ子」とも言え，個体群保存に必要な数の子孫を残していないということである。一方で，海岸域に営巣するつがいは子孫を残し，個体群の再生産に貢献をしているということだ。つまり，北オホーツク沿岸で繁殖をするオオワシは，海岸域が繁殖地として適していることを示している。オオワシの生活史の中でベースになるのは，沿岸の食物環境，食物連鎖であるが，これが海岸域の方が，河川流域よりもより多様で安定しているということである。オオワシは，海の鳥として進化してきており，アジアの太平洋沿岸の生物相において切り離すことのできない部分を形成している。サケ・マスはオオワシを内陸部に導き，北オホーツクに生息するオオワシの3分の1が内陸に営巣している。また，前述のようにタイゴノス半島で生息地が途切れるが，これは，北オホーツクのオオワシは西へ移動し，越冬地は北海道，カムチャツカのオオワシは越冬地が南カムチャツカであるというように，異なっていると

図V.3.10　タウイ川の春の洪水の様子(2009年6月)
Figure V.3.10　Spring high water on Tauy river, June 2009.

図V.3.11　タウイ川のマガダン自然保護センターが春の洪水で水没した様子(2009年6月4日)
Figure V.3.11　The ranger's station of the Magadan State Nature Reserve, 04.06.2009.

いうことである。北オホーツク個体群とカムチャツカ個体群，2つの比較的別個の個体群の存在を示唆するものである。これを裏付けるさらなる証拠を得るために，渡りのルート，タイゴノス半島付近における越冬場所について，さらなる調査が必要である。

Summary

For the past 20 years, we have monitored the numbers and breeding output of the Steller's Sea Eagles in Magadan District and the adjoining administrative territories with the Magadan State reserve as the core study area. Every year we checked 20-133 territories in constant 'model' study areas located near Magadan, amassing data from a total of 1,130 potential breeding attempts, 490 at home ranges which produced eggs (at least) in most years. The majority of eagle nests were found along the sea coasts (70%), the rest along rivers. The eagles breed more successfully along the sea coast than along the rivers, suggesting the existence of source-sink population dynamics. The total number of chicks fledged per successful pair was more or less stable across the years, with lower values along the rivers. The net chick output from all constantly monitored areas showed a statistically insignificant increase in the coastal environment, while along the rivers chick output declined significantly. We documented zero breeding success in the Kava-Chelomdja portion of the Magadan Reserve and along the upper stretch of the Tauy River in 2009. In view of these long-term data, it appears that the breeders along the rivers are gamblers as their breeding rate are very unstable in various years. In contrast, the sea coast territories are stable breeders, with the breeding rate being more stable across the years and much higher than that along rivers.

4

サハリン北部のオオワシ個体群の現状と開発地域における保全の展望

The Current State of the Steller's Sea Eagle Population in Northern Sakhalin and Conservation Prospects in the Development area

マステロフ, V.(モスクワ国立大学)
Vladimir MASTEROV (Moscow State University)

　オオワシは，太平洋の動物の中で最も存続が危惧されている種の1つである。どうすれば今後もオオワシを存続させていけるのか，これは非常に重要な問題だと思う。世界に生息するオオワシの15〜20%が，サハリンに生息している。そして，サハリンでは天然資源開発が活発に行われており，その過程でオオワシの生息地が大きく変化してきている。サハリンに生息するオオワシは，個体群のモデルとして最も適切であると考える。特に，資源開発に代表される経済活動が，沿岸部の生態系にどのような影響を及ぼすのかを調査するに当たって，オオワシは大変良いモデルになると考える(図V.4.1)。

　オオワシは，体重9kg，翼を広げると2.4mに達するものもおり，非常に体が大きいため，連続して長距離を飛ぶことはできない。翼を動かして飛ぶことは，1昼夜あたり平均25〜30分を超えることはない。また，オオワシは，食物連鎖の最高位に位置する肉食の鳥であり，水域の食物連鎖の変化に敏感に反応している。また，体が大きく特化したことで，相対的に狭い条件の中で生息していくことが困難である。オオワシを，水辺生態系の指標種として捉えてみると，現在，サハリンにおいて活発に行われている天然資源開発が，オオワシの個体群に与えている複合的な影響がはっきり表れてきている。まず，生息地の変化というものがあり，また，人の活動がオオワシに悪影響を与えてしまうということが，資源開発などによって起こっている。つまり，つい最近まで未開の地であった所に道路が建設され，オオワシの生息地にいきなり人が侵入してきたり，人が住むようになってきているということである。また，後に詳しく述べるが，サハリン北東部に特有の現象として，ヒグマによる捕食行動というものがある(図V.4.2)。

　さて，サハリンでの資源開発については，陸地の油田・ガス田の探査開発というものが40

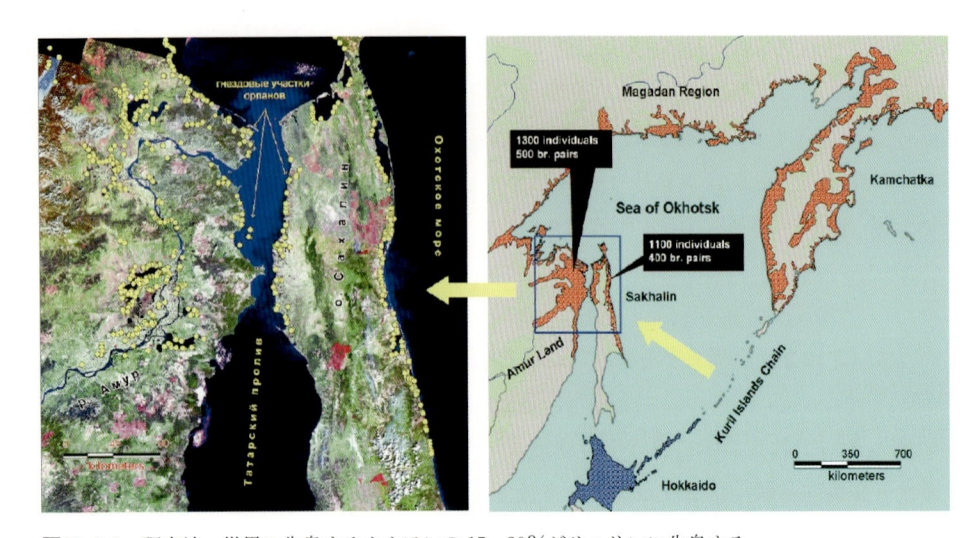

図V.4.1　調査地。世界に生息するオオワシの 15〜20％がサハリンに生息する。
Figure V.4.1　Study area. No less than 15-20 % of the world population of sea eagle is concentrated on Sakhalin.

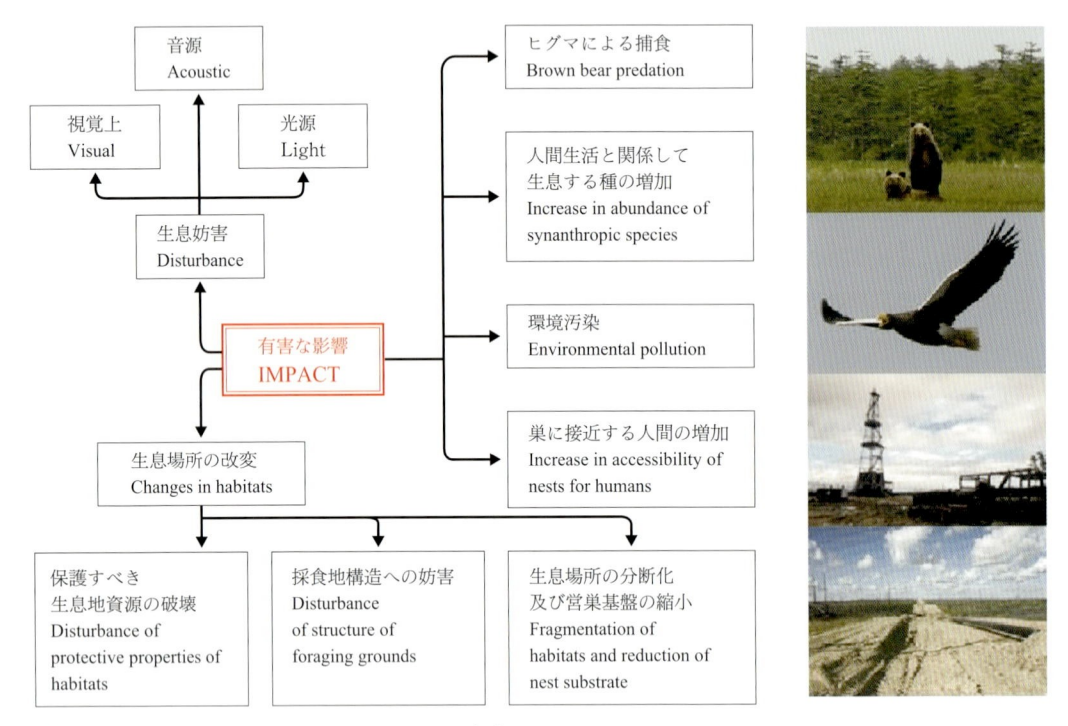

図V.4.2　サハリンにおけるオオワシへの主な脅威
Figure V.4.2　The main adverse impacts on Sakhalin.

年前から行われている。その結果，沿岸地域は大きく変化し，オオワシの生息に適する面積は，この数十年間で大幅に減少している。2002 年，サハリンでは大陸棚において大規模な油田・ガス田の開発が始まった。特にオオワシ生息地域であるサハリン東北部が，開発地域となっている。また，大変大きな潜在的脅威となっているのが，原油による沿岸水域の汚染である。鳥

図V.4.3　サハリン東北部の油田開発における生息地の改変
Figure V.4.3　Habitat alteration. North East Sakhalin is exploration and exploitation of oil-and-gas field area.

類は，短期間でも原油や石油製品に触れると，貧血を起こし，毒が体に回り，ついには死に至る（図V.4.3）。

　これらの汚染や生息地の変化といった直接的な目に見える脅威や変化に加え，人がオオワシに与える影響があり，これは一見目には見えないが，生息地の変化に匹敵するような大きな影響である。具体的には，人間がいること，または人間の行動によってオオワシを不安にさせてしまう，ということがある。オオワシが不安になると，行動が変わりエネルギーバランスが乱れる。つまり，逃避のための飛翔は，余分なエネルギーを消費することになる。成鳥がふいに巣を飛び立つと，卵や生まれたばかりのヒナを傷つける恐れがある。そして，そもそも親鳥が長時間巣を離れることは，卵やヒナが死亡するということにつながる。親鳥が巣を離れている間にカラスによる捕食も起きる。人の影響が大きい地域では，カラスによるオオワシへの脅威が実際に問題となっている。また，人が入り込むために，陸路や水路を用いた輸送手段が取られるようになったことがあり，これも実際にオオワシへ負の影響を与えている。しかし陸上や海上の輸送は均一の速度で巣に接近するため，人が歩いて巣に近づくよりは反応は敏感ではない（図V.4.4）。

　クマによるオオワシのヒナの捕食行為は，我々研究者にとってもかなり意外なことであった。最近，北サハリンのオオワシ個体群の再生産に大きな影響を及ぼしているのが，ヒグマによる捕食行為である。特に若いヒグマは頻繁に営巣を乱す。木に登ってヒナを殺し，巣を壊す。実際にヒナを捕食するので，オオワシの再生産に大きな影響を及ぼし，かつ，巣を直接壊すことや，巣のベースになる枝を壊すことも，個

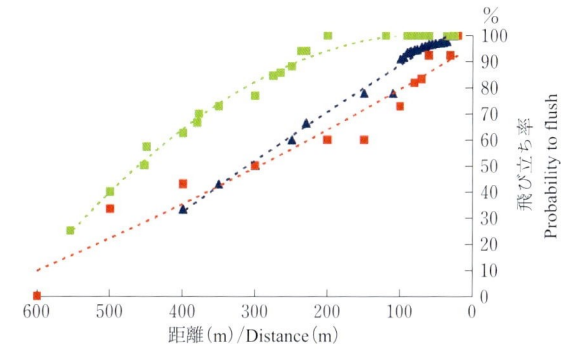

図V.4.4　人間によるオオワシへの営巣妨害。■：歩行者，▲：モーターボート，■：自動車。歩行者による脅威が最も大きい。
Figure V.4.4　Dependence of the flushing probability of birds on the type of disturbance source. ■: pedestrians, ▲: motorboats, ■: vehicles. Pedestrians cause the greatest disturbance to birds.

ヒグマはオオワシのヒナを食べるのみならず，巣の一部あるいは全部を破壊する。普通，オオワシは壊された巣を放棄する。
Bears not only eat SSE chicks, but quite often partly or completely destroy the nest. Usually sea eagles abandon the nests that were ravaged by the brown bear.

図V.4.5　ヒグマによるオオワシのヒナの補食と巣の破壊
Figure V.4.5　Predation by Brown bears.

体群に追加的な損害を与えている（図V.4.5）。

　サハリンにおけるオオワシの個体数モニタリング調査は，7年間行われている。オオワシの961巣，300の営巣地区について，データベース化されている。モニタリングで最も注目していることは，個体数の持続性を決めるキーファクターである。すなわち変化する環境への適応能力を調べている。個体数増減の速度，個体数，性別，年齢構成，年齢別の生存率，営巣地区の活用状況の変化といったものである。特に我々が注目しているのは，越冬地と営巣地との間の移動と空間的結びつきである。また，個体数増加のために，人的影響をどう減らせばよいかということや，レコメンデーション（勧告）の作成も行っている。オオワシの移動については，金属リング，羽への標識，発信機の装着などによって調べている（図V.4.6）。猛禽類医学研究所の齋藤先生を中心に，日本の研究者が北海道で越冬期

図V.4.6　テレメトリー調査の様子
Figure V.4.6　Migration study.

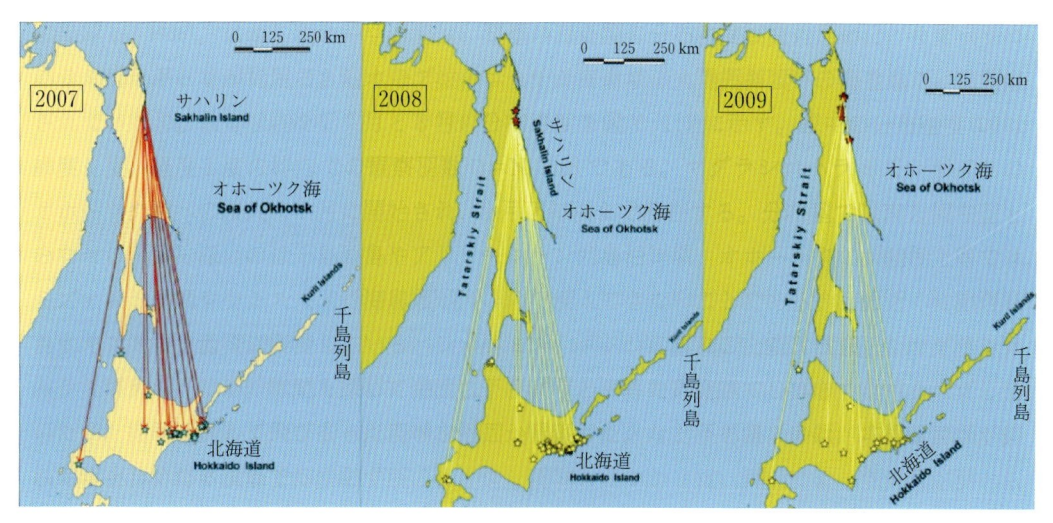

図V.4.7 テレメトリー調査による幼鳥の冬の移動
Figure V.4.7 Data of radio telemetry. Signals from 46 % individuals, tagged in Sakhalin, were recorded in Hokkaido. It proves that most of the birds, nesting in Sakhalin, spend winter in Hokkaido.

の個体の移動について追跡している。発信機は，最長7年間稼働するので，オオワシの一生のかなりの割合をカバーすることができる。図V.4.7に幼鳥の標識個体の冬のロケーション結果を示した。標識した個体の60％以上が，次の年に営巣地区に戻っていた。これは，生まれた場所へ戻ってくる傾向が強いことを証明している。また，サハリンだけではなく，アムール川下流域の生息地においても，北海道との空間的な結びつきが強い個体群であることが判明した(図V.4.8)。生存率は，5歳までで21％，6歳までで14％，7歳までで4％となっており，個体群の自然再生率は極めて低いという状況にある(図V.4.9)。

オオワシの巣は，大変強固な構造物であり，何年も，そして数世代が使うこともある。1つがいの営巣地区には，複数の巣，最大で11の巣がある。各営巣地区における営巣状況を，我々は，①アクティブ：無事子育てができたということ，あるいはその痕跡があったもの，②オキュパイド：巣を占有しているが，つがいに子ができなかったもの，に分類している。オオワシの営巣状況の変化としては，調査期間を通じて，いずれの分類においても低下していた。また，注目すべき傾向として，2004年は営巣地区の7～9割がアクティ

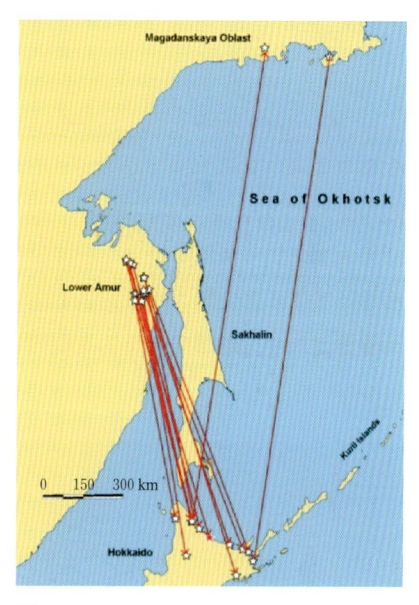

図V.4.8 アムール川下流域とマガダンで標識されたオオワシの北海道における確認地点
Figure V.4.8 Points of records of birds in Hokkaido that were tagged earlier in the Lower Amur Region and Magadan Region.

ブだったが，2010年には4割に低下し，約7年間で半分になってしまったことが挙げられる．図V.4.10に，営巣状況の変化を示した．緑の折れ線が，オオワシの子育てが成功した，すなわちアクティブであった割合である．2004年は，7～9割がアクティブであったが，2010年はそれが4割になっている．しかし，一方では，この地区のつがいの総数は減少していなかった．つまり，巣立った幼鳥は生まれた場所に留まったが，その後成長しても繁殖は行わなかった，または繁殖する割合は減ったということである．繰り返しになるが，調査期間を通じて，オオワシの繁殖成功率が低下しているということである．

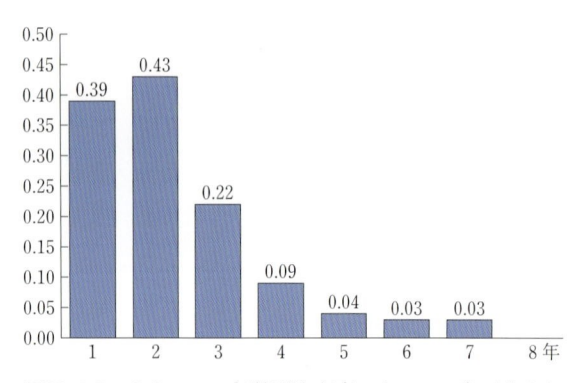

図V.4.9 オオワシの年齢別生存率．すべての鳥が生まれた年に標識された．
Figure V.4.9 Survival rate of birds of different age classes. All birds were tagged in the first year of life.

　生産力は，個体群の今後を示す重要な指数である．繁殖成功の有無，1つがいが1回に孵したヒナの平均数，そしてその1つがいあたりの個体数の実質生産性を図V.4.11に示した．青い折れ線は営巣つがいあたりのヒナ数で，過去7年を見てみると，マイナスの傾向が見られた．つまり，実質的な生産性は2004～2010年の7年間で減少していたということである．1つの占有されている営巣テリトリーあたりの生産力は，2004年は0.95であったのに対し，2010年は0.33であった．繁殖率が，急減少しているのは2005年であり，1回に孵ったヒナの5割が，ヒグマによる捕食で死亡していた．そして，現在は，ヒナの15～20％がクマの捕食により死亡している．そこでクマの影響を避けるため，クマが木に登るのを防ぐためのカバーを，巣が

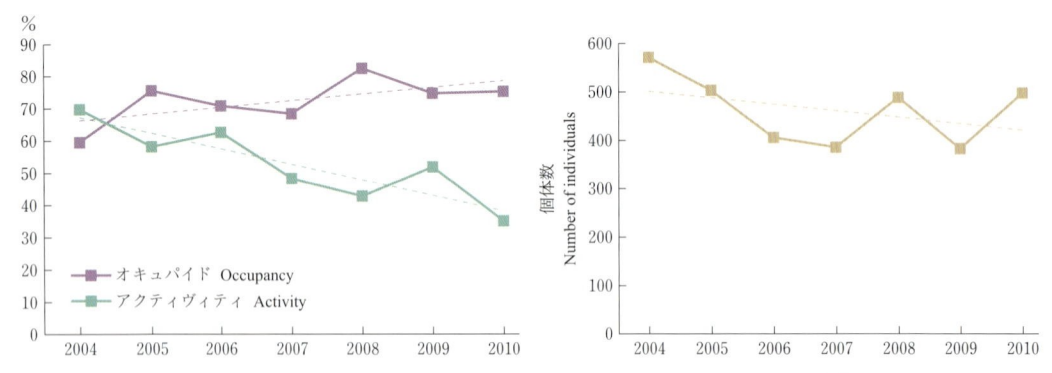

図V.4.10 サハリン北部におけるオオワシの個体群動態．左図：オキュパンシー（巣を占有していたつがい）の割合とアクティヴィティ（繁殖に成功したつがい）の割合の推移2004～2010年．右図：オオワシ個体数の推移（2004～2010年）
Figure V.4.10 Dynamics of the model population. (Left) Dynamics of occupancy and activity of Steller Sea Eagle territories in 2004-2010. Purple dots-index of occupancy: ratio of inhabited to all existing territories. Green dots-index of activity: ratio of active to all inhabited (active + occupied) territories. (Right) Number of observed Steller's Sea Eagle individuals in 2004-2010.

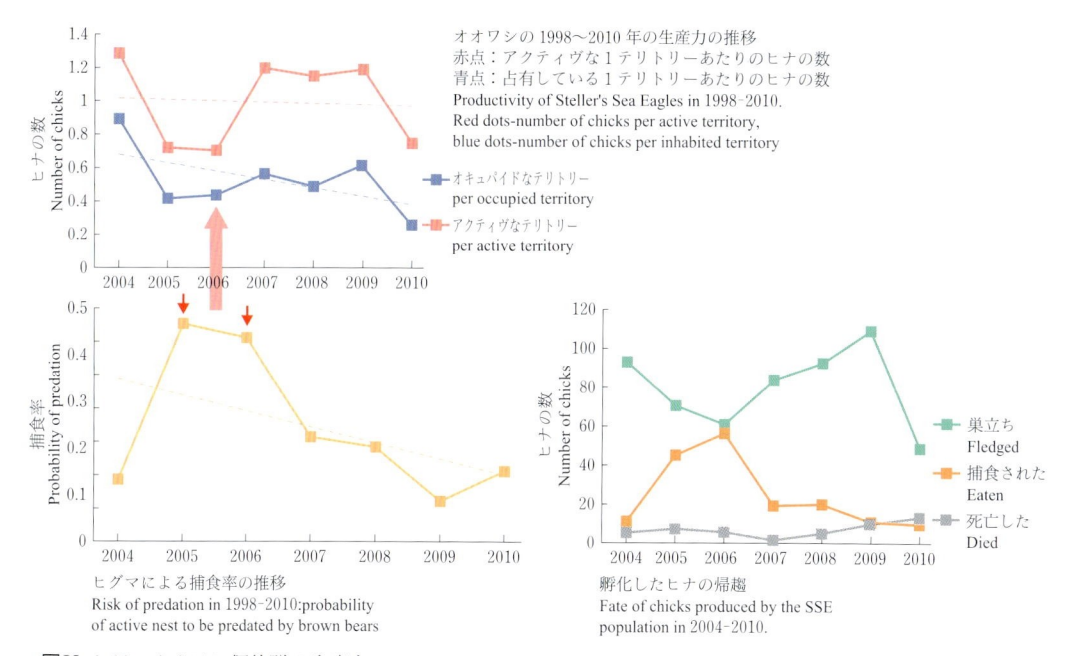

図V.4.11 オオワシ個体群の生産力。
Figure V.4.11 Productivity of the model population.

図V.4.12 ヒグマによる捕食の防止
Figure V.4.12 Protection from brown bears.

ある木に取り付けている(図V.4.12)。調査期間中に107の木登り防止カバーを取りつけ，その成果が既に上がっている。ヒナの死亡率の評価だが，すべてのヒナが，巣立ちまで生き残るわけではない。一部はヒグマの捕食により死亡し，一部は病気，ケガ，餌不足，体温が低下して

しまったこと，また，人によるディスターブが死亡要因として挙げられる。例えば，2010年はかなり異常な年で，ヒナの生存率がこれまでの調査の中で最低であった。

個体群の安定性の指標として重要なのは，個体群の年齢構成である。個体群が増加傾向である時は，若い個体の割合が大きいということだ。また，個体群が低調な時は，若い個体が少ないということになる。個体群が安定，または増加傾向にある個体群では，若鳥が占める割合が3〜4割となる。2004〜2010年の調査期間に，我々は3,000個体のオオワシを調査した。未成熟の個体の割合は，年によって異なるが，13〜20%だった。最近の20年間，この未成熟個体の割合は常に減少傾向だった。生産性の悪化と若い個体の占める割合の低さは，個体群に起きているプロセスが良くないということを裏付けているものである（図Ⅴ.4.13）。

個体群のトレンドとしては，2006〜2010年のデータを基に，個体群パラメータをレスリー行列に当てはめてシミュレーションを行ってみた。利用したパラメータは，年齢別の生存率，そして平均寿命，性別の構成である。図Ⅴ.4.14にシミュレーションの結果を示す。過去5年間のデータを入れたが，この方法により年による増減をほぼ平均化することができる。シナリオ1では，個体数の減少が1年あたり1.7%，41年間では個体数が半分になってしまうことを示している。クマによる捕食により，個体群増加率を1年あたり0.8%悪化させている。クマによる捕食が全くないと仮定したシナリオ2の場合でも，成長率は1年あたりマイナス0.9%で個体群の安定には不十分だった。すべての成熟個体が繁殖に参加するとしたシナリオ3の場合でも，年成長率は，マイナス0.8%で，安定化には至らなかった。

次に地球規模の気候変動が，オオワシに与える影響について考察する。まず，流氷の分布域の変化が起きている。北半球の流氷の南端は，北海道からサハリンにかけての地域だが，流氷の形成が悪化している。流氷の張り出しは毎年小さくなり，南端が北に移動している。北海道大学低温科学研究所の西岡・大島両先生の研究により，過去30年間でオホーツク海における海氷の面積は，温暖化の影響で20%減少している。越冬期のオオワシの生活は，餌を発見できるか否かにかかっており，それは流氷の動向に左右される。越冬地から繁殖地のサハリンに

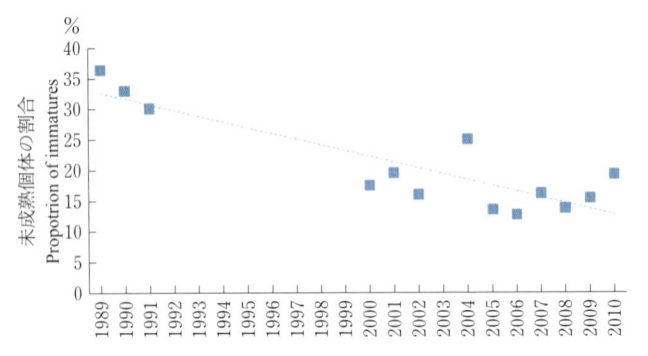

図Ⅴ.4.13 オオワシ個体群における未成熟/成熟個体数の割合推移（1989〜2010年）

Figure V.4.13 Dynamics of immature/adult ratio in the population of Steller's Sea Eagles in 1989-2010.

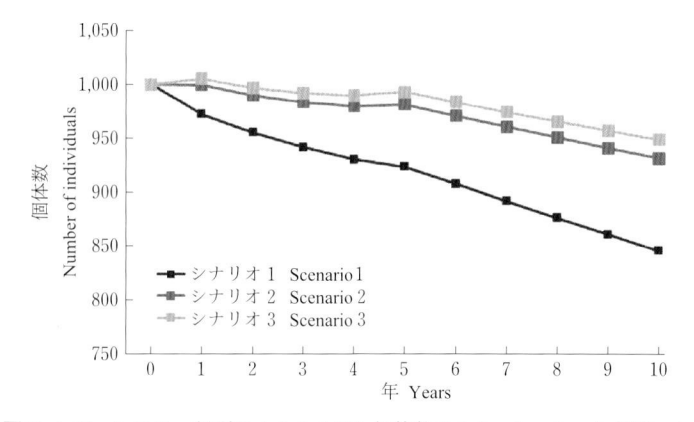

図V.4.14 レスリー行列によるオオワシ個体数のシミュレーション結果。いずれのシナリオでも，個体数の安定化には至らなかった(詳細は本文参照)。
Figure V.4.14 Population trends in Sakhalin: results of simulation using the Leslie matrix model. The population decrease rate, according to the combined results obtained in 2006-2010, accounts for at least 1.7% per year: twofold reduction of the population size within 41 years.

戻る，冬の終わりから春の始めの時期は，オオワシの主要な餌は，ゴマフアザラシの新生児である。アザラシ類が出産するのは，沿岸から1～数kmの離れた流氷上である。つまり，沿岸域の流氷が減少すると，アザラシの出産場の面積が減少するので，将来オオワシの冬季から春季の重要な餌を失う恐れが出てくる。また，営巣地における気候的な影響，オオワシの個体数変化における地球温暖化の影響の評価を，6年間の繁殖状況調査結果から行った。調査はヒナの孵化時期を外部計測値から判断したものである。

さて，オオワシの保護対策だが，産業施設の影響があるオオワシ生息地の保護のために，緩衝地帯(バッファーゾーン)を設けた。オオワシが最も神経質になる脆弱な時期を考慮して，一定の事業活動やレクリエーション活動による影響を軽減するためのものである。オオワシのすべての巣の周りに，2つのレベルの緩衝地帯を設けた。内側の，巣から半径350mの緩衝地帯の内部では，年間を通じてあらゆる事業活動とレクリエーション活動は禁止され，また，鳥が神経質になる繁殖時期は人の活動はすべて禁止される。その外側の緩衝地帯(巣から半径700mの内部，及びねぐらや止り木，主要な餌場を含む)では，秋季と冬季は，限られた事業のみが許可されている。また，人工的なオオワシの止り木や巣のベースとなるプラットフォームも設置している。人工的な止り木はこれまでに56カ所作成し，人工的な巣のプラットフォームは20カ所作成した。人工的な止り木は，オオワシのハンティング効率を向上させ，また，オオワシへのディスターブ要因を軽減させる。人工的な巣のプラットフォームの作成により，オオワシは自分のテリトリーと巣との結びつきを強め，営巣地をより安定化させることができる。

最後に，日露共同の野生復帰プログラムについて紹介する。現在，飼育下のオオワシの人工的な個体群が作られている。もし不測の事態が起きた場合，例えば北サハリンにおいて原油が流出してしまうなどの事態が予測されるが，オオワシの個体群をどう維持していくか，というのは重要なテーマである。現在，228羽のオオワシが70カ所の動物園や繁殖センターなどで

飼育されている。また，飼育下では，1997年からこれまでに180羽のヒナが生まれた。これらの人工的な個体群は増えている。年間20～23羽のヒナが飼育下で誕生しており，この増加率は年々上昇している。こうして人工繁殖で生まれたヒナを，人との接触を避けて育て，将来的にサハリンの自然生息地に放すことを，ハッキングの手法を用いて行うことを予定している。

Summary

No less than 15-20 % of the species population of Steller's sea eagles inhabits Sakhalin Island. Most of them spend winter in Hokkaido island and four northern islands. Signals from 46 % individuals tagged with transmitters in Sakhalin were recorded in Hokkaido. In NE Sakhalin, there are as many as 628 eagles' nests and 300 territories which are subject to complex monitoring.

During the lasts 7 years, the number of territorial pairs (inhabited sites) remains at almost the same level; however, the number of active nesting (where birds produced offspring) sites gradually decreases. The productivity of sea eagles calculated per one territorial pair also gradually decreases.

The pressure of brown bear predation was maximum in 2005-2006, when the predators destroyed as much as 45 % of sea eagle broods; after which is started to slowly decrease. In 2010, the pressure of predation decreased the productivity of the population by about 21 %.

The peak of chick mortality associated with brown bear predation was also observed in 2005-2006; since then, it has been gradually decreasing. At the same time, the number of cases of chick death for other causes slowly increases.

Currently, the reference population of sea eagles is still characterized by a decreased proportion of immature birds. By 2010, the proportion of immature birds in the population decreased to 13-20 %. Thus, the proportion of immature birds is below the normal value of 30 %, characteristic ratio of a stable population.

According to modeling of population dynamics results, the size of the sea eagle population reduces at a rate of 1.3-1.7 % per year, which may lead to a twofold decrease in the population size within 41-70 years. Although different scenarios vary greatly, all of them predict population decline.

5

北海道におけるオオワシへの脅威と保護の取り組み
Treats and conservation activities of the Steller's Sea Eagle, in Hokkaido Japan

齊藤慶輔(猛禽類医学研究所・獣医師)
Keisuke SAITO (Institute for Raptor Biomedicine Japan: Wildlife Veterinarian)

オオワシ *Haliaeetus pelagicus* は，日本とロシアを行き来する，世界最大級の渡り性猛禽類である。

この地球上に約5,000〜6,000羽が生息するとされており，日露両国の法律で厳重に保護されているとともに，日露渡り鳥等保護条約の対象種にも指定されている。

1999年から毎年，モスクワ大学のマステロフ教授らとともに北サハリンでオオワシの調査を行ってきた。発信機を用いた長年の調査で，サハリン北東部で生まれた多くのオオワシが，北海道各地で越冬していることが明らかになった。

図V.5.1 サケが上がる河畔の大木に止まるオオワシとオジロワシ
Figure V.5.1 The Steller's Sea Eagle (*Haliaeetus pelagicus*) and White-tailed Eagle (*Haliaeetus albicilla*) perching on a big tree.

北海道には毎年多くのオオワシが冬鳥として渡来する。サケなどの餌が集中する場所では，地元の方々が「ワシのなる木」と呼び，親しんできた光景を目にすることが出来る(図V.5.1)。

特に北海道東部の沿岸では，流氷上にとまるオオワシやオジロワシ *Haliaeetus albicilla* の美しい姿が観光の目玉にもなっている。しかしながら，毎年北海道で行われているオオワシとオジロワシの一斉調査のデータ(表V.5.1；オオワシ・オジロワシ合同調査グループ，2010，未発表)によると，越冬するオオワシの個体数は年々減少する傾向にあり，その詳しい理由は未だ定かでは

表V.5.1　北海道で確認されたオオワシ・オジロワシの越冬個体数の推移。オオワシ・オジロワシ合同調査グループ（未発表）
Table V.5.1　Population trends of eagles in winter, Hokkaido, Japan. From Eagle Research group unpublished data.

年/Year	2006	2007	2008	2009	2010
オオワシ　Steller's Sea Eagle	1,700	1,860	1,450	1,280	970
オジロワシ　White-tailed Eagle	770	900	710	780	650

ない。

　北海道にはオオワシ以外にも，シマフクロウ *Ketupa blakistoni*，タンチョウ *Grus Japonensis*，オジロワシといった数多くの希少種が生息している。

　これらの種に対する研究や保護活動の拠点として，北海道釧路市に釧路湿原野生生物保護センター（以下，センター）が環境省により設立されている。この施設には筆者らの所属する猛禽類医学研究所の医療器機が整備されており，獣医学的な検査や治療が行われている。猛禽類医学研究所は，センターを拠点に保全医学という新しい獣医学の分野からオオワシやオジロワシ，シマフクロウなどの希少猛禽類の保護や研究活動を展開している私設組織である。

　センターには毎年15〜20羽程のオオワシが搬入されているが，2000〜2010年までの間には180羽ものオオワシが収容された（死体として回収されたものを含む）。運び込まれたオオワシは，獣医師による専門的な検査や治療を受けるが，その内容は超音波診断や内視鏡検査，ガス麻酔下での手術など多岐にわたっている。また，治療によって回復したオオワシは，入院中に衰えた筋力や採餌能力を取り戻すため，専用の大型フライングケージの中でリハビリを受ける。リハビリテーション用のケージは奥行き40 m，幅15 mの大型のもので，翼を広げると2.5 m近くもあるオオワシでも悠々と飛び回ることができる（図V.5.2）。野生復帰が可能と判断されたオオワシは，追跡用の発信機を装着され，安全で餌が豊富な場所に放される。

　さらに，搬入されたすべての個体について傷病・死亡原因を明らかにする試みが，獣医師による診察や臨床検査，病理解剖などによって行われている（環境省委託事業）。2000〜2010年までの間に収容されたオオワシの疾病・事故原因としては，鉛中毒が約35％と最も多く，感電や交通事故でも高い値となっている（図V.5.3）。2006年，5,500羽以上の海鳥が石油に汚染された状態で知床半島に漂着したが，この時斜里周辺の浜辺で死体として回収された3羽のオオワシの胃から，石油にまみれた海鳥の羽毛や足が多数確認され，

図V.5.2　釧路湿原野生生物保護センターのフライングケージ内でリハビリを行うオオワシ
Figure V.5.2　Rehabilitation training of a Steller's Sea Eagle, in the flying cage of the Kushiro Shitugen Wildlife Center.

これらのワシが石油中毒によって死亡したことが明らかとなっている。このように，収容された原因の多くは事故や中毒で，そのほとんどが何らかの形で人間活動が関与しているものである。

猛禽類の事故は，かれらに特徴的な生態と深い関わりがある。例えば，監視や餌探しのため見晴らしの良い高い場所を頻用するため，感電する恐れのある送電鉄塔や配電柱に止まろうとする。また，餌を獲りやすい場所に依存しやすい習性から，獲物を発見しやすい公道や養魚場に頻繁に飛来するため，車と衝突したり，網にからむ事故に度々あっている。さらに，移動経路として車道や線路，河川など上空が開けた場所を利用するとともに，帆翔の際に必要な上昇気流が発生しやすい場所，すなわち大気が暖まりやすい高速道路や駐車場の上空，強風が頻発する風力発電施設周辺などの危険な場所に集まってくる。これら猛禽類ならではの習性が事故を誘発させる大きな原因になっている。

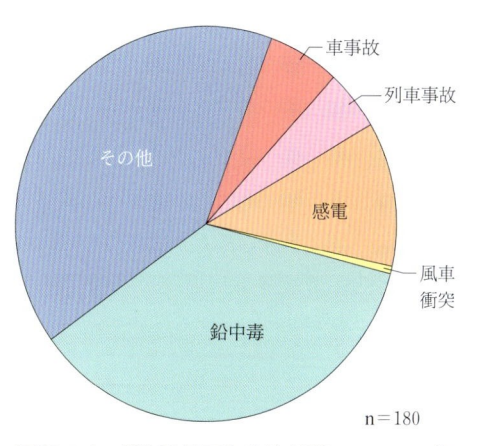

図V.5.3 釧路湿原野生生物保護センターに搬入されたオオワシの傷病・死亡原因(2000～2010年)
Figure V.5.3 Cause of accident and disease in Steller's Sea Eagle (2000-2010). Car accident, Train accident, Electrocution, Bird strike, Lead poisoning, Other

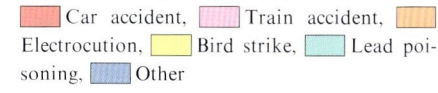

自然界では，地球環境の変化や食物連鎖，様々な感染症など，「自然の法則」に則った弱者の淘汰がはるか昔より繰り広げられてきた。しかしながら，人間活動がもたらす大規模な環境破壊や事故，中毒などは短期間のうちに野生生物に持続的な大量死をもたらす危険がある点で上記の法則と異なる。人間と野生動物の共存を考える上で，人間が野生生物にもたらしている軋轢を，人類が責任を持って排除するという考え方は非常に重要で，傷病野生鳥獣の救護活動はこれが達成されるまでの対症療法的な〝補償〟的な意味合いがある。

野生生物に与えている様々な人的影響のうち，きわめて大きな割合を占めているのが「事故」である。事故を未然に防ぐためには，被害に遭った個体を様々な観点から精査することによって発生状況を推察し，生息環境中からその原因や誘発要因を徹底的に排除する，すなわち事故の元栓を閉めるための「環境治療」という考え方が極めて重要である。

1．鉛弾による鉛中毒

1990年代の後半より，北海道ではオオワシやオジロワシの鉛中毒死が相次いで発生し，大きな社会問題になっている。山野で相次いで発見されたワシの死体を解剖すると，大量のシカの体毛や肉に混ざって，数多くの鉛の破片が検出された。レントゲン検査でも胃の中に含まれる大小の鉛片がはっきりと確認できることもあり，調査の結果，この鉛のほとんどがシカ猟に使われる鉛ライフル弾に由来するものと判明した(一部は大型獣猟用の鉛散弾)。

猟場で射止められたエゾシカの多くはその場でハンターによって解体される。その際，被弾した部分は損傷が大きく，人の食用には適さないため，多くは山野に放置されることが珍しくない。死体の被弾部には鉛弾の破片が数多く残っているが，シカの死体に引き寄せられたオオワシやオジロワシが肉とともに鉛片を摂食することによって重い鉛中毒に罹っているのである。

鉛弾（おもに鉛ライフル弾）による鉛中毒死は1996年に最初に発見されて以来，2010年現在までに130例以上も確認されている（図V.5.4）。

図V.5.4 鉛ライフル弾による鉛中毒で死亡したオオワシとオジロワシ
Figure V.5.4 Lead poisoned sea eagles killed by ingestion of lead rifle bullets.

これらの多くが，山菜採りや釣り人によって偶然発見されたワシの死体が，拾得者の好意で行政機関などに運ばれ，専門的な検査によって鉛中毒であると診断された数であることを忘れてはならない。人間がめったに足を踏み入れることのない厳冬期の山中で，発見されることもなく消失してしまった死体も多いと思われることから，実際の死亡数は把握されている数よりもはるかに多いと推察される。また，死亡しないまでも慢性中毒に陥り，体調不良により渡り行動や繁殖などの正常な生態を維持できなくなったワシも数多く存在したと考えられる。ワシ類の鉛中毒の特徴として，繁殖年齢に達した成鳥が数多く犠牲になっていることが挙げられる。この傾向は，若いワシよりも優位な彼らが真っ先に新鮮な残滓を独占し，より鉛を含む被弾部の肉を口にする機会が多かったことが原因になっていると思われる。本来，天敵などによって捕食される可能性が低い成鳥の犠牲が，他の原因よりも高い割合で認められたことは，単に鳥1羽の死亡のみならず，繁殖個体群が生み出す次世代の減少にまで影響が波及し，結果として種の存続をも脅かす重大な結果を招いてしまったと言える。

このような状況を鑑みて，日頃から野生動物の救護活動に携わってきた道東の獣医師らが中心となり，「ワシ類鉛中毒ネットワーク」（釧路市）が作られた。この民間団体は，鉛弾の規制とともに無毒の銅弾への移行を行政や狩猟関連団体に訴えかけ，さらには猟場に散らばるシカの死体を片付ける作業にも力を注いだ。

これに対し，北海道は告示という形で2000年度の猟期からエゾシカ猟における鉛ライフル弾の使用規制を開始し，さらに翌2001年度より，シカ猟用鉛散弾の規制にも踏み切った。また2003年度には，狩猟によって発生する獲物の放棄についても規制が加えられることとなり，2004年度からは，すべての大型獣（ヒグマ猟を含む）の狩猟を対象に道内での鉛弾が使用禁止となった。

鉛弾規制後，ワシの鉛中毒の発生は徐々に減少している。しかしながら，鉛弾の使用禁止が始まった2000〜2009年までの10年間の間に，53羽のオオワシと20羽のオジロワシが深刻な

鉛中毒に陥った生体や死体としてセンターに担ぎ込まれており，実際にはこの何倍もの猛禽類が未だに鉛被害に遭っていると推察される。このことは，鉛弾規制がいかに遵守されていないかを物語る結果となっている（図Ⅴ.5.5）。

現在の規制が鉛弾の使用を禁止することに留められ，流通（販売や購入），所有については何も制限がされていないこと，現行犯以外での取締りが極めて困難であることなどが，この問題を長引かせる大きな要因になっていると考えられる。厳冬期の山林で，鉛中毒問題の解決につながる完璧な取締りを行うことは全く非現実的であると言わざるを得ない。

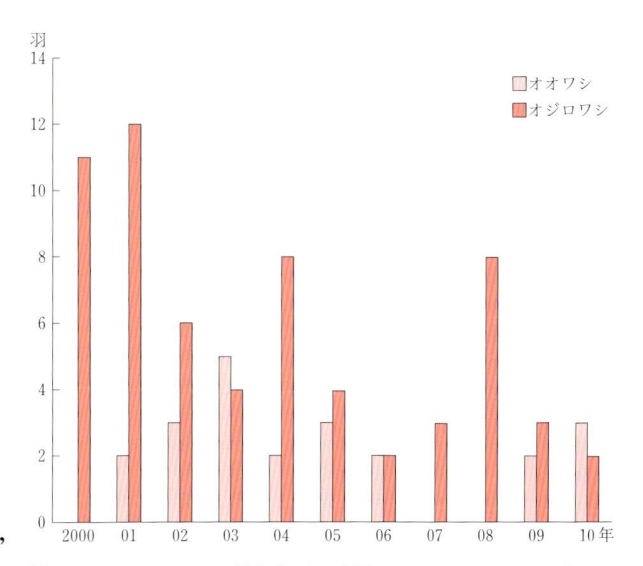

図Ⅴ.5.5 センターで鉛中毒死と確認されたオオワシとオジロワシの個体数推移
Figure V.5.5 Confirmed number of eagles dead by lead poisoning. White-tailed Eagle, Steller's Sea Eagle

鉛中毒の根絶を実現することができる唯一の抜本対策は，全国規模ですべての狩猟から鉛弾を撤廃することである。これ以上無駄な犠牲を増やさないために，早急に実現されるよう期待したい。

2．感電事故

送・配電設備による感電事故もオオワシにとって大きな脅威になっている。猛禽類は見晴らしの良い場所に好んで止まる習性があるが，特に沿岸部や平野部では送電鉄塔や配電柱が最も高い場所になっていることが多く，オオワシやオジロワシが頻繁に利用する（図Ⅴ.5.6）。このため，道内では大型猛禽類の感電事故が多発しており，被害鳥のほとんどが死亡している。事故発生箇所はもちろんのこと，類似の危険な電力設備に対しても事前の予防策を講ずることが極めて重要である。

1999～2010年8月までに道内で収容されたオオワシ，オジロワシ，クマタカ，シマフクロウの生体と死体のうち，感電と診

図Ⅴ.5.6 配電柱上で餌を食べるオオワシ
Figure V.5.6 Steller's Sea Eagle on a power pole.

断された事例は35件にのぼる。大型猛禽類における感電事故の発生は2004年が7件と最も多く，年平均(1999～2009年)で3.2件発生している。感電によって死亡した希少猛禽類は，オオワシ(51%)が最も多く，次いでシマフクロウ(23%)，オジロワシ(17%)の順になっている。

感電に至った経緯としては，鉄塔の腕金に止まろうとした際に電線に接近したり，対張型碍子列への止まり時に両アークホーンと接触した事例の他，懸架柱すれすれの飛行や，腕金上で放出した排泄物を通して感電するケース等も確認されている(図V.5.7，V.5.8)。感電個体の電流出入部には，皮膚や羽毛に重度の火傷が認められ，通電部には電撃斑(電流斑)と呼ばれる斑状の皮下出血が観察される。被害鳥から得られた様々な情報を基に，事故の状況や発生場所，鳥の姿勢や通電部位などを把握することは，再発防止策や予防策を考える上で重要な手掛かりとなる。

感電事故の防止には電柱や鉄塔の改良が必要とされるが，その方法として，構造の改良，止まり防止器具の設置，安全な止まり木への誘導がある。

構造の改良としては，塔体と電線間，もしくは電線同士の距離を，鳥が翼を広げた長さ(翼開長)や嘴の先から尾までの長さ(全長)よりも長く確保することが必要である。新設する送配電設備に対しては，周辺域における大型猛禽類の生息状況を把握し，これらの種が電力柱に止まった際にも安全が確保されるような設計を採用することが重要である。特に電線間や電線・塔体間の距離が短い66 kvの送電鉄塔及びパンザマスト，配線柱で感電事故が多発しており，大型猛禽類の生息を考慮した根本的な構造の改良が望まれる。

一方，既存の送配電設備に対しては，猛禽類を危険な場所に接近させないための器具や安全

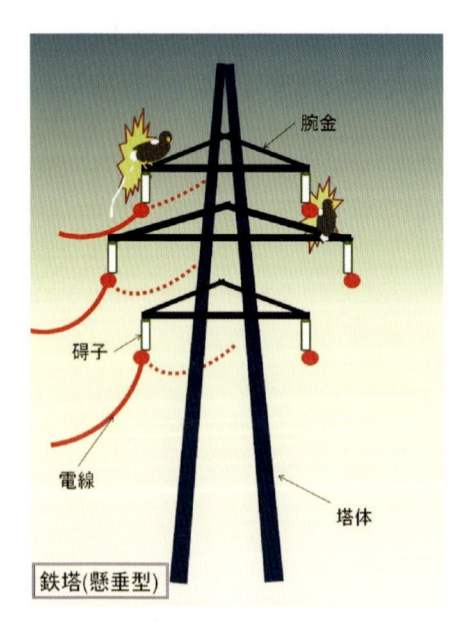

図V.5.7 懸垂型鉄塔における感電パターン
Figure V.5.7 Patterns of electrocution (suspension insulator type).

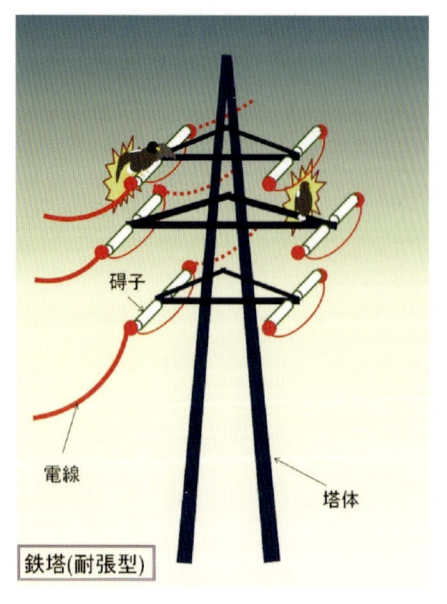

図V.5.8 耐張型鉄塔における感電パターン
Figure V.5.8 Patterns of electrocution (strain insulator type).

図V.5.9　オオワシを用いた感電防止器具の効果検証実験
Figure V.5.9　Improvement of the inhibitor against the electrical accident.

図V.5.10　配電柱上に設置された安全な止まり木への誘導
Figure V.5.10　Use of a safety perch by Steller's Sea Eagles.

な止まり木の設置・誘導等の対策が必要となる。センターでは，電力会社の協力の下，止まり防止器具の開発や有効性の検証を，野生復帰ができないオオワシやオジロワシを用いて実施している（図V.5.9）。

また，効果が検証されたものは，実際に野外の送配電設備に取り付けられ，その数は既に全道で1,000カ所以上にも及んでいる。さらに，利用しても感電する恐れのない止まり木を配電柱や送電鉄塔上に設置し，ワシをより安全な場所に誘導する取り組みも行われている（図V.5.10）。

3．列車事故

交通事故はオオワシの負傷・死亡原因において大きな割合を占めている。オオワシの交通事故は自動車もしくは列車との衝突によるもので，1999〜2010年8月までの間に19件（車11，列車8）発生しており，採餌場になっている海岸や湖沼，河川，森林に隣接した地域で頻発している。近年頻発している列車の衝突事故は，跳ねられたエゾシカの死体が線路上もしくは線路脇に放置され，それを求めて集まった猛禽類が二次被害に遭っている可能性が高いと思われる。事故に遭った個体の消化管からは未消化のシカ肉が検出されることが多く，線路上でエゾシカの死体を採食するワシの姿も道東各所で何度も目撃されている。列車事故に遭ったオオワシのほとんどが即死しており，致死率の高さからも問題の深刻さがうかがい知れる。

列車事故に遭ったワシにはいくつかの特徴が見られる。まず，被害個体の多くが頭部や体躯に重度の損傷を受けていることである。これは事故に遭った時に，ワシが低空飛行していたり，線路上に止まっていたことを物語っている。また，新鮮なシカ肉がワシの上部消化管から検出されることが多いことも特徴で，事故直前にシカの死体を食べていたことがうかがわれる。列車事故に遭った1羽のオオワシのそ嚢から，700gもの新鮮なシカ肉が検出された事例もあっ

事故を引き起こす原因としては，大きく分けて2つ考えられる。まず，地形的な要因として，平地や湿原域を走る線路は盛り土上に作られることが多いことが挙げられる。これは高い場所に好んで止まる猛禽類を線路上に誘引する恐れがある。さらに，線路脇の低みに下りていたワシは列車の接近を察知すると，状況を把握するため見晴らしの良い線路上に飛び乗ることもわかってきた。

また，生態的な要因としては，シカの轢死体をワシが餌資源として頻繁に利用していることが挙げられる。餌の少ない冬季に，効率よく餌を得られる路線を日常の餌場として利用しており，シカの轢死体への依存度は年々高くなっていると推察される。

図V.5.11 シカの轢死体に誘引され，線路上に降りるオオワシとオジロワシ
Figure V.5.11 Sea eagles on the railroad, attracted by the carcass of the Sika deer.

2010年と2011年冬季，事故が多発している地域の現状を把握するため，JR北海道の協力のもと，根室本線(花咲線)と釧網本線の沿線を車窓から調査した。その結果，数多くのエゾシカが線路上を利用しており，列車に対する警戒心がほとんどないことがわかった。多くの場所で線路脇のシカ轢死体に群がるオオワシやオジロワシの姿を観察することができ，線路近傍に放置されたシカの轢死体が，餌としてワシを線路内に誘引し，列車との衝突を助長する原因となっていることが判明した。また，列車が接近しているにもかかわらずワシが直前まで逃げない傾向も認められた(図V.5.11)。

特に餌が限られる厳冬期において，シカの轢死体が頻繁に供給される線路沿いの環境は，良好な餌場としてワシ類に頻繁に利用されていると考えられる。また，調査中にオジロワシの轢死体を発見したことから，回収されていない被害鳥も数多く存在することが示唆された。

ワシの列車事故を防ぐためには，まずシカの列車事故を減らすことが必要で，事故が頻発している場所の線路上にシカの侵入を防ぐため，柵やアンダーパス，オーバーブリッジの設置も検討されるべきである。また，ワシの列車事故に関するハザードマップを作成することも必要である。環境省などとの調整の上，その時期・場所における，ワシの推定個体数，餌場やねぐらの位置，過去の事故発生情報を盛り込み，運転士への具体的な注意喚起を行うことが重要である。そして対症療法的な措置として，線路上や線路脇にあるシカの死体の撤去を徹底することが重要である。シカとの衝突事故が発生した場合，状況と場所を管理部署に通報し，速やかにシカの死体を線路の周辺から完全に撤去するためのシステム作りが急務である。言うまでもなく，線路脇に死亡したシカを移動させるだけでは全く不十分だと言える。

傷ついた野生動物は，人間が変えてしまった自然界の姿を私達に教えてくれるメッセンジャーである．我が国で発生している様々な事例やそれに対する取り組みを，ロシアの関係者と共有することにより，オオワシと人間がより安心して住める環境をともに作り上げて行くことが今求められている．

【引用・参考文献】
齊藤慶輔(2006)：禁止されても無くならない不思議　鉛弾中毒死問, FAURA, 26-27.
Saito, K. (2008): Lead poisoning of Steller's Sea Eagle (*Haliaeetus pelagicus*) and White-tailed Eagle (*Haliaeetus albicilla*) caused by the ingestion of lead bullets and slugs, in Hokkaido Japan, In: Ingestion of spent lead from ammunition Conference Abstracts, pp. 302-309, The Peregrine Fund. Boise States University, Idaho.
齊藤慶輔(2009a)：北海道における大型希少猛禽類の事故およびその対策―特に交通事故と感電事故について, モーリー, 26-29.
齊藤慶輔(2009b)：鉛中毒から猛禽類を守る―オオワシ, In：日本の希少鳥類を守る, pp. 155-177, 京都大学学術出版会.
齊藤慶輔(2010)：獣医師は野生動物の保全に何をすべきか, 市民公開野生動物フォーラム, 第31回動物臨床医学会年次大会要旨集.
Saito, K., Kurosawa, N. & Shimura, R. (2000): Lead poisoning in endangered sea-eagles (*Haliaeetus albicilla*, *Haliaeetus pelagicus*) in eastern Hokkaido through ingestion of shot Sika deer (*Cervus nippon*), In: Raptor Biomedicine III including Bibliography of Diseases of Birds of Prey, pp. 163-166. Zoological Education Network, Inc., Florida.
齊藤慶輔・渡辺有希子(2006)：北海道における希少猛禽類の感電事故とその対策, 日本野生動物医学会誌, 11(1), 1-17.

4. Summary

　Various biomedical activities for the conservation of endangered raptors are now going into operation, by the Institute for Raptor Biomedicine Japan (IRBJ). Conservation medical activity of the Steller's Sea Eagle (*Haliaeetus pelagicus*), that winter in a large number in Hokkaido, is one of the primary practice of IRBJ. This includes medical treatment of injured birds, rehabilitation (pre-release training), determination of the cause of death and injuries, and pathological research of infectious diseases. IRBJ receives a large number of raptor carcasses each year, many more than live birds. Autopsy to determine the cause of death is always put in operation as the ordinary work. When the cause was an artificial thing, we keep in particular mind to send a proposal to the organization concerned, for the purpose of prevention of other similar incidents.

　Our 17 years data show the existence of the various conflicts between human and wild raptors. One hundred and eighty individuals of SSE (61% dead, 39% injured or sick) were brought to IRBJ, between year 2000 and 2010. Large proportion of lead poisoning (35%) and electrocution (11%) were observed as the cause of injury and illness.

　In 1996, lead shot was firstly found from the ventriculus of a Steller's Sea Eagle. In 1997, fragments of lead rifle bullet were also detected. The instance greatly increased after 1997, and it was clear that severe lead poisoning caused by lead hunting ammunitions (rifle bullets and shotgun slugs/pellets) was frequently occurring in raptors. Over population of Sika deer (*Cervus nippon*) in the Island of Hokkaido, is conducting an indirect adverse effect to the sea eagle. The increase in number of train accidents in deer, results in to provide a considerable amount of food source (deer carcasses) along the railroad. This phenomenon leads to rope eagles to the railway, and provide an environment conducive to the rail kill.

Electrocution of large sized raptors by power poles or lines is now one of the most serious problems. Close investigations were carried out, not only to make clear the background and mechanism of the accident, but also to suggest the practical prevention method to the power company.

6

北海道におけるオジロワシの繁殖の現状と保全上の課題
Breeding status and conservation of White-tailed Eagles in Hokkaido

白木彩子(東京農業大学生物産業学部)
Saiko SHIRAKI (Tokyo University of Agriculture)

1. はじめに

　オジロワシ *Haliaeetus albicilla* は，日本に生息するものとしては最大級の大型猛禽類である。主要な繁殖地はユーラシア大陸の北部と東部にある他，グリーンランド南西部，アイスランド西部，アラスカのアリューシャン列島のアッツ島等でも営巣が確認されている。但し，実際の営巣地の分布は海岸の他，河川や湖沼など餌場となる水域周辺に限られるため，局所的である(Hoyo et al., 1994)。極東地域では，ロシアの沿海地方，アムール川下流域，ハバロフスク地方，ヤクート地方，コリマ地方，カムチャッカ半島，アナディリ地方，コリヤーク高地，サハリン，千島列島，日本の北海道等で繁殖が確認されている。かつては中国の黒龍江省でも繁殖の報告があったが(Fu, 1986)現状は不明である。オジロワシの生息数は，ヨーロッパ地域では5,000～6,600つがいが繁殖していると推定されているが(BirdLife International, 2004)，極東では調査が進んでいない地域も多く，正確な生息数はわかっていない。
　寒冷な地域で繁殖するオジロワシの個体群の一部は越冬期に南下し，地中海やペルシャ湾の沿岸，パキスタン，北部インド，中国南東部，日本等に渡来する。越冬期には日本では全国的に観察され，本州にも定期的な渡来地があるが，主要な越冬地は北海道にある(遠藤, 1995；オジロワシ・オオワシ合同調査グループ, 1996；横山・渡辺, 2000；日本鳥学会, 2012)。オジロワシ・オオワシ合同調査グループ(1996)によれば，ピーク時期には500～700個体前後のオジロワシが北海道で越冬する。一方，北海道は極東地域における繁殖地の南限にもなっており，越冬期の北海道には，繁殖個体である留鳥とロシアの繁殖地から渡ってくる冬鳥の両方が生息している。このような点から北海道は極東地域のオジロワシ個体群にとって非常に重要な場所と言える。
　オジロワシは，環境省の絶滅の恐れのある野生動植物の種の保存に関する法律による国内希

少野生動植物種に指定され，同省による保護増殖事業の対象種となっている。また，文化財保護法による天然記念物である。環境省第 4 次レッドリスト (2012)（環境省自然環境局野生生物課 HP, 2012）においては絶滅危惧 II 類に，国際的には IUCN レッドリスト Version 2012.2.（IUCN HP, 2012）において軽度懸念種にそれぞれ認定されている。

　しかしながら，環境省保護増殖事業において本種の具体的な保全対策はまだ実施されておらず，北海道内の繁殖集団も越冬集団も，様々な問題を抱えている。本章においては，特に北海道で繁殖しているオジロワシに焦点を当て，その生息の現状と保全上の課題についての概要を述べる他，極東地域の個体群を対象にした研究と保全の取り組みの必要性についても触れる。

2．北海道におけるオジロワシの繁殖状況と保全上の問題点

　まずはじめに，北海道におけるオジロワシの営巣つがい数とその経年的な変化について報告する。北海道のオジロワシの営巣数についてはじめて言及した報告（中川ほか，1991）によれば，1990 年では推定 24 つがいとされている。この報告と，1991 年以降 2009 年までに北海道全域で行った現地調査で確認した，オジロワシの営巣つがい数の経年変化を図 V.6.1 に示した。

　1998 年では 56 つがい（白木，1999a），2009 年の繁殖期には約 150 つがい（白木ほか，2011）の営巣を確認しており，単純に考えると 20 年間でおよそ 5 倍に増えたことになる。但し，中川ほか (1991) による 24 つがいという推定数は，主にアンケートによって調べられたデータによるため実際には発見されていない営巣地も多かったかもしれない。また 1998 年以降の調査でも毎年新しくできたすべての営巣地を把握しているとは言えず，以前から営巣していたけれども発見されていなかっただけ，という営巣地もあると考えられる。したがって経年的な増加数が必ずしも新しく造られた営巣地数であるとはいえないが，以前はつがいの存在や巣がなかった所につがいが出現して巣が造られた場所も確認されているので，少なくともこの 20 年間で，オジロワシの営巣地が増加傾向にあることに間違いはないだろう。

　次に北海道におけるオジロワシの営巣地の分布を図 V.6.2 の地図に示した。この地図上には 2008 年に北海道で確認された営巣地を 1 つ以上含む，10 km×10 km の赤いメッシュが示されている。これより，オジロワシの営巣地は北部地域とオホーツク海沿岸部，根室半島や知床半島などの東部地域に集中している傾向が見られるが，2008 年時点では日本海側には営巣地は少なく，南部地域では営巣は確認されていない。

　近年の北海道のオジロワシの繁殖状況は，これまでの報告では比較的良好であることが示されてきた（白木，1999b；白木・中川，2005）。しかし，2008〜

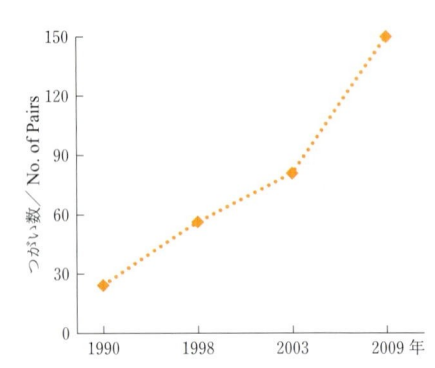

図 V.6.1　北海道におけるオジロワシ営巣つがい数の経年変化
Figure V.6.1　Temporal change of the number of nesting pairs in Hokkaido.

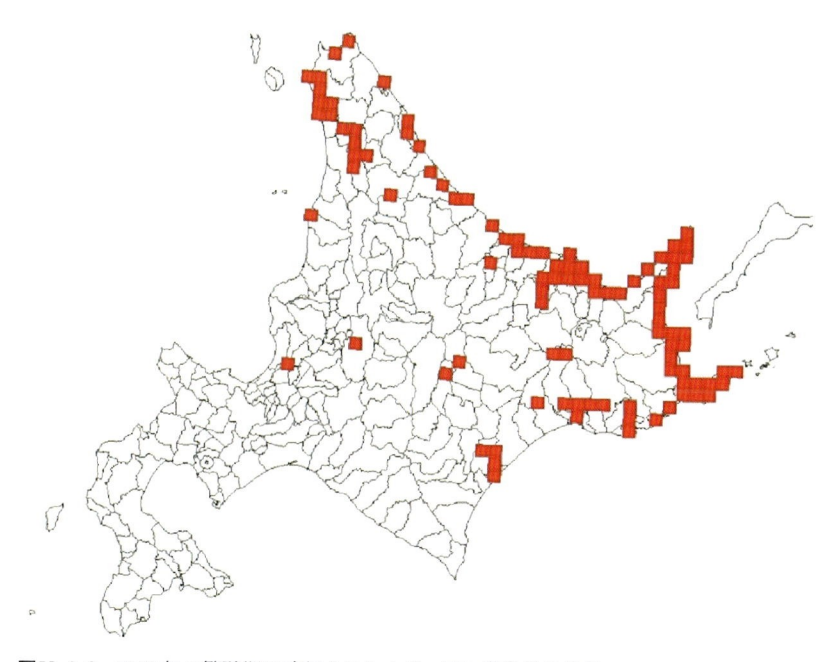

図V.6.2　2008年の繁殖期に確認されたオジロワシ営巣地の分布
　＊地図上に営巣地を1つ以上含む10 km×10 kmの赤いメッシュを示した．
Figure V.6.2　Distribution of nest sites for White-tailed Eagle breeding pairs in breeding season of 2008 in Hokkaido.
　Each red grid (10km×10km) includes one or more nest sites.

2010年度に環境省保護増殖事業の一環で行ったモニタリング調査では，繁殖成功率や巣立ちヒナ数の低下傾向が見られており，特にオホーツク海沿岸部などでは繁殖成功率の低い状況が続いている(白木，未発表)．繁殖成績は将来的な個体群の動向に大きく関わってくることから，この傾向が今後も継続するのかどうか，注意深く監視を続ける必要がある．

　一方，近年新しくできた営巣地は道路ぎわや市街地周辺などの人間の活動域，または隣接している林にあることが多くなり，営巣地数は増加しているものの，オジロワシにとって好適な営巣環境が不足している可能性が考えられる(図V.6.3)．

　このような環境下に造られた巣は当然人間に見つかりやすく，例えば繁殖中の巣に写真撮影などのために人間が近寄った場合，神経質になっているオジロワシの親鳥が営巣を放棄することがある．また，道路ぎわの巣では，親鳥が餌場の水域からヒナに与える餌を巣まで運搬する途中に道路を横切るため，車両と衝突する可能性が高まる．

　元々オジロワシは，林縁部や林木密度の低い林内，海岸に面した急な斜面林など周囲が開けた場所に生えている大径木の樹上を好んで巣を造り，森の内部や樹冠の混んだ林では営巣しにくい．したがって，このような環境にある林が伐採され，大径木がなくなれば営巣できなくなる．また，現在では海岸や湖岸，川岸と接する林縁部のほとんどに道路が造られ，人工建造物が隣接していることも多いため，営巣したとしても人間活動の影響を受けやすく，繁殖成績も不安定になりがちである．

図 V.6.3 道路ぎわに造られたオジロワシの巣。2010年に確認された。営巣地が特定されないように加工を施した。
Figure V.6.3 Recent nest of White-tailed Eagle built adjacent to a road.

図 V.6.4 風力発電施設内で風車に衝突したオジロワシ若鳥の死体。高田令子氏撮影
Figure V.6.4 Dead body of a young White-tailed Eagle by a collision with a wind turbine. Photo by Reiko Takada.

北海道内での営巣数が増加した一方で，繁殖成功率が低下傾向にある理由の1つとして，以下のような仮説が考えられる。本来，餌場である水域が凍結して利用できなくなる越冬期の厳しい餌条件は，個体数の制限要因となっていると推測されるが，この時期に大量の人為的な餌資源が供給されている近年では(Shiraki, 2001；白木, 2010)，越冬期の生存率が比較的高く維持されていると考えられる。実際に，オジロワシのライフステージのうち最も死亡率が高いとされている当歳幼鳥の最低生残率を根室地域で調べたところ，60％程度と高かった(Shiraki, 2002)。したがって多くの個体が出生後，繁殖齢である5年目まで生き抜き，繁殖に参加するオジロワシの個体数は増加したと考えられる。しかし，本来好適と考えられる営巣環境や餌場環境は開発のためむしろ減少しており，新しく繁殖を開始するつがいは必ずしも良好な環境とは言えない場所で営巣せざるを得なくなる。そのため繁殖成績が悪化しているのかもしれない。したがって，北海道で繁殖するオジロワシの個体群を安定的に維持するためには，営巣地として好適な環境を保全するだけでなく，増やす必要があるだろう。

一方，希少種個体群の保全において，死亡率の増加は衰退や絶滅をもたらす大きな危険因子となる。現在，北海道で繁殖するオジロワシは150つがい程度の小さい個体群であることから，人為的な要因による個体の消失はできる限り回避しなければならない。環境省オジロワシ・オオワシ保護増殖事業の目標の1つにも，人為的な死亡要因をなくすための努力をすることが挙げられている。しかし，先に挙げた車両による交通事故の他，感電事故や列車衝突事故等がたびたび報告され，発生件数は減少してきたもののエゾシカの狩猟に使われる鉛弾に起因する鉛中毒死も未だに発生している(齊藤, 2011)。さらに，近年増加しているのが風力発電用風車への衝突事故で(図V.6.4)，2004年～2011年5月に発見されたもの

だけで27個体のオジロワシが衝突死している(白木, 2012)。しかし,事故発生の現状については不明な点が多く,現在のところ,事業者や環境行政による有効な事故防止対策は取られていない。風力発電施設は今後の建設の増加が見込まれることからも,早急な対策の実施が望まれる。

3. 極東地域におけるオジロワシ個体群の今後の研究課題と保全

現在のところ,北海道で生息するオジロワシに関する個体数の増加や生息地保全に向けた具体的な計画はなく,その検討に必要な目標とする繁殖集団のサイズも明確になっていない。したがって,早急な研究課題としては将来,個体群が安定して存続可能な個体数を算出し,その目標数を維持するために十分なハビタットの面積や配置を提案することが挙げられる。そのためには,ロシア極東地域や千島列島などで生息するオジロワシの繁殖集団と,北海道の繁殖集団との関係について明らかにする必要がある。これらの関係には,渡りや季節的移動,出生地からの分散などによる繁殖地と中継地・越冬地との関係や,遺伝的な交流が含まれる。遺伝的交流の解明は,極東地域におけるオジロワシの繁殖集団を1つの個体群として見なすべきなのか,繁殖地域ごとに遺伝的に分化した局所集団から構成されているのかなど,保全の単位を明確にするために重要である。現在,北海道で繁殖している集団を対象としてミトコンドリアDNAの解析を行っており,北海道の個体からはヨーロッパやロシアの個体では確認されていない,出現頻度の低いハプロタイプが多く見つかっている(白木ほか, 2011)。これらのタイプを集団内で維持していくこと,つまり個体レベルの保全は遺伝的多様性の保全においても重要と考えられる。一方,北海道内においても地域的な遺伝的分化が示されており,複数の保全ユニットを考える必要があるかもしれない。また,このことからおそらく極東地域のオジロワシの個体群は,いくつかの遺伝的に分化した地域集団から構成されている可能性がある。このような遺伝的な解析も含め,日本とロシアが協力して極東地域全体におけるオジロワシ個体群の時空間構造を明らかにし,それを基に両国での具体的な保全策を構築する必要がある。

【引用・参考文献】

BirdLife International (2004): Birds in Europe: population estimates, trends and conservation status. BirdLife International, Cambridge, U. K, 374 pp.

Del Hoyo, J., Ellotto, A. & Sargatal, J. (eds) (1994): Handbook of the birds of the world, vol. 2. Lynx Editions, Barcelona, Spain, 638 pp.

遠藤孝一(1995):栃木県におけるオジロワシ・オオワシの越冬記録, Accipiter, 1, 7-18.

Fu Cheng-zhao (1986): A newly-discovered breeding area of White-tailed Eagle *Haliaeetus albicilla*, Chinese Wildlife, 4, 33-34, 15. (In Chinese)

IUCN (2012): IUCN Red List of Threatened Species. Version 2012.2. http://www.iucnredlist.org(2012年11月20日確認)

環境省自然環境局野生生物課(2012):[鳥類]環境省第4次レッドリスト(2012). http://www.env.go.jp/press/file_view.php?serial=20551&hou_id=15619(2012年10月6日確認)

中川元・田沢道広・大館和広・石井英二(1991):北海道におけるオジロワシの繁殖状況, In:環境庁委託平成

二年度特殊鳥類調査, pp 27-44. 財団法人日本野鳥の会, 東京.
日本鳥学会(2012)：日本鳥類目録改訂第7版. 日本鳥学会, 三田, 438 pp.
オジロワシ・オオワシ合同調査グループ(1996)：北海道と本州北部におけるオオワシとオジロワシの越冬数の年変動, In：希少野生動植物種生息状況調査報告書, pp. 1-9. 環境庁, 東京.
齊藤慶輔(2011)：傷病希少猛禽類からのメッセージ―人為的傷病発生のメカニズムと環境治療, 獣医畜産新報, 64(6), 476-480.
白木彩子(1999a)：オジロワシ, In：知床の鳥類(斜里町立知床博物館編), pp. 126-177. 北海道新聞社, 札幌.
白木彩子(1999b)：北海道におけるオジロワシ Haliaeetus albicilla の生息の現状とその保全, 野生動物医学会誌, 4, 33-37.
Shiraki, S. (2001): Foraging Habitats of Steller's Sea-Eagles during the wintering season in Hokkaido, Japan, Journal of Raptor Research, 35, 91-97.
Shiraki, S. (2002): Post-fledging movements and foraging habitats of immature White-tailed Sea Eagles in the Nemuro Region, Hokkaido, Japan, Journal of Raptor Research, 36, 220-224.
白木彩子・中川元(2005)：知床半島におけるオジロワシの繁殖状況, Strix, 23, 115-123.
白木彩子(2010)：越冬するオジロワシとオオワシの現状と課題, In：知床の自然保護(斜里町立知床博物館編), pp. 52-61. 北海道新聞社, 札幌.
白木彩子・杉本太郎・斎藤慶輔・大沼学(2011)：北海道で繁殖するオジロワシの遺伝的多様性, In：第58回日本生態学会大会講演要旨集, p. 214, 日本生態学会大会企画委員会, 京都.
白木彩子(2012)：北海道におけるオジロワシ Haliaeetus albicilla の風力発電用風車への衝突事故の現状, 保全生態学研究, 17, 85-96.
横山美津子・渡辺央(2001)：新潟県長岡市の信濃川に渡来するオジロワシの越冬生態, Strix, 19, 31-41.

4. Summary

In 2009, approximately 150 pairs of White-tailed Eagles *Haliaeetus albicilla* breed in Hokkaido, Japan, which is the southern limit of the breeding range in the Far East. Despite the small size of the population, measures to conserve it have been insufficient. In this report, the outline of breeding status of White-tailed Eagles in Hokkaido was given with some recent monitoring data.

The number of breeding pairs of White-tailed Eagles recognized in Hokkaido has been increasing about threefold in this decade. Meanwhile, the breeding success and average number of fledglings/pair are gradually decreasing in the last few years. While the increase of eagles in sexual maturity, probably being associated with a higher survival rate supported by abundant food from human activities during wintering period, suitable breeding habitats for the eagles are considered insufficient in Hokkaido.

Japan-Russia collaborative research to elucidate temporal and spatial population structure of White-tailed Eagles in the Far East, including genetic analysis, is required for the planning of conservation project.

7

シマフクロウの保護と研究の現状，将来
Current status and future directions of the conservation and research of Blakiston's Fish Owl

竹中健(シマフクロウ環境研究会)
Takeshi TAKENAKA (FILIN)

1. シマフクロウの概要と生息数の変化

シマフクロウは体長70 cm，翼開長180 cm，体重4,000 gの世界最大のフクロウの一種である(図V.7.1)。日本においては留鳥で，つがいは約10 km程度の大きさの縄張りを代々強固に維持しながら生息する(山本，1999；Hayashi, 1997；竹中，未発表)。フクロウ類の多くはネズミなどの小型哺乳類が主食だが，シマフクロウは魚類を主食とする(山本，1981；山本，1999；竹中，未発表)。また，シマフクロウは狩猟採取文化を持っていた北海道の先住民アイヌ民族により，最も高位の神(村の神)として敬われており，北方圏少数民族の歴史文化的重要性の側面を持っている。

図V.7.1 シマフクロウ
Figure V.7.1 Blakiston's Fish Owl.

シマフクロウは世界では極東地方だけに分布し，大陸及び環オホーツク島嶼の2亜種に分類されている(図V.7.2)。大陸亜種(*Ketupa blakistoni doerriesi*)は，ロシア沿海地方，マガダン付近にかけてのオホーツク沿岸域，アムール川中流域，レナ川上流，中国東北地方に数百つがいがいると推測されている(Surmach, 1998；Surmach，未発表)。オホーツク海沿岸の島々に分布する亜種(*Ketupa blakistoni blakistoni*)は，北海道本島，国後島，色丹島，サハリンに分布し，択捉島では情報はあるものの未確認である。日本では津軽海峡以南には過去も含め分布しておらず，島嶼亜種は北海道で約50つがい，国後で推定25つがい，サハリンではおそらくかなり少ないと推定され(竹中，未発表)，島嶼亜種の個体数は非常に少ないと考えられる。日本では国により天

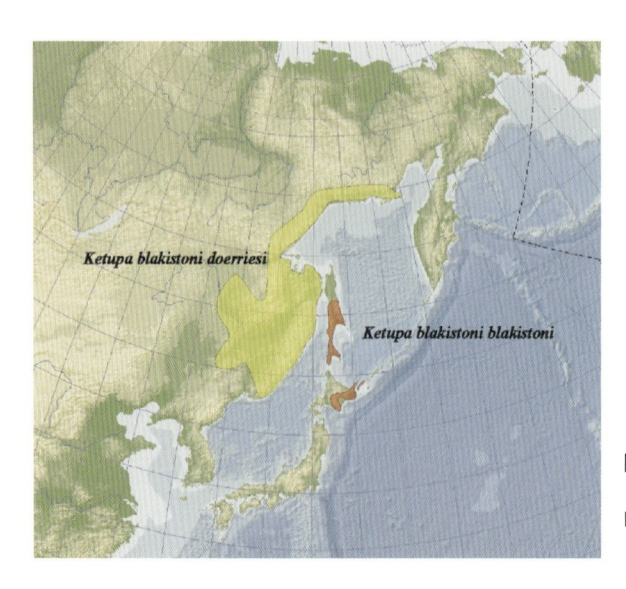

図V.7.2 シマフクロウ2亜種の分布。大陸及びサハリンは推定分布域
Figure V.7.2 Distribution of two subspecies of Blakiston's fish owls.

然記念物及び絶滅危惧種に指定され，種の保存法により保護されている。

　北海道のシマフクロウは，かつては広い範囲に多数生息していたが（永田，1972；Takenaka, 1998；早矢仕，1999），20世紀後半に激減した。生息数の減少の原因は，北海道の国土開発に伴う森林伐採，農地造成，ダムの建設，河川改修，河口でのサケマスの全量捕獲などにより，餌となる魚や巣となる大木や森が激減したためである。1980年代には生息数は80羽程度とされ（Brazil & Yamamoto, 1989），つがいは40つがいを下回ったと考えられている。一方，生息数の減少を受けて，1980年代後半から研究者と行政により，人工給餌，巣箱設置が積極的に行われてきた。2010年現在，人工給餌は13つがいに行われ，巣箱は160個以上設置されている（環境省資料）。巣箱は直径約65 cm，高さ90 cmの強化プラスチック製の大きなものである（図V.7.3）。また，感電防止，交通事故対策，捕食者であるクロテンの登攀防止策など，死亡事故対策も行われている。保護の着手から25年が経ち，その成果として，近年になり生息数がわずかに増加に転じた兆候が見られている（竹中，未発表）。但し，現在生息するつがいの10％以上が近親関係にあることがわかっており，このまま世代を重ねることの今後への影響が危惧されている。

　シマフクロウの保護は現場で観察する研究者の努力で大きく進んできたが，世間の関心の大きさに比例して生息地に入り込み生息に影響を与えるカメラ

図V.7.3 シマフクロウの巣箱
Figure V.7.3 Nest box for fish owl.

マン，バードウォッチャー，エコツアー等が増え，保護に携わる関係者の悩みの種となっている。そのため，知見の多さにもかかわらず，希少生物の保護と生息地情報秘匿の観点から，シマフクロウに関してあまり積極的な報告が成されてきていない。この本文に含まれる情報の多くはいずれ論文という形で発表される前の情報であるという点に留意をお願いしたい。

2. シマフクロウの生態と生息環境

シマフクロウを保護するためには，その生態を明らかにするとともに，その生息環境を可能な限り定量的に明らかにする必要がある。それを明らかにすることで，減少の原因と今後の保護の目標値が具体的に立てられるからである。

シマフクロウの生息数が減ったことと，北海道の森林から大木がほとんど消えてしまったことから，天然営巣木の発見は困難であったが，調査の積み重ねの結果，現在営巣木は約30本特定されている。その樹種はミズナラ，ニレ，シナノキ，カツラの4種で，平均胸高直径(dbh)は98 cm，川からの平均距離は120 mであった(図Ⅴ.7.4)。また，非常にまれな例として，1つがいのみ，崖の岩棚を利用して地面に産卵，営巣していた(竹中，未発表)。

知床半島に生息する自然採餌のつがいで育雛期の餌を調査した結果，巣に運ぶ餌の回数のうち，川魚が67%と多く占め，次にカエル22%，海水魚8%，小型哺乳類3%であった(図Ⅴ.7.5，図Ⅴ.7.6)。ヒナが巣内にいる期間の推定総給餌量は約50 kgであった。シマフクロウは魚食を基本とし，その営巣地周辺で利用可能な餌を選択していることが明らかとなった。

また，シマフクロウが自然採餌で生息する川には，100 m²あたり，25匹以上(平均70匹)，重量換算で1,000 g以上の魚が生息しており，それを下回ると生息が不安定になることも明らかになっている。シマフクロウは繁殖成功率が低く，半数以上が産卵や孵化に至ることがない。またせっかくヒナが生まれても，巣立ちの前後でクロテンに襲われるものが多い。繁殖率を上げるためには，繁殖期に生息域の静寂を維持するとともに，捕食者対策が非常に重要である(竹中ほか，2010)。

ヒナは巣立ち前後に環境省保護増殖事業の一環で標識(足輪)を装着し，同時に血液の採

図Ⅴ.7.4 シマフクロウの営巣木。この営巣木はシナノキ，胸高直径120 cm

Figure V.7.4 Fish owl nest. Japanese linden, dbh = 120 cm.

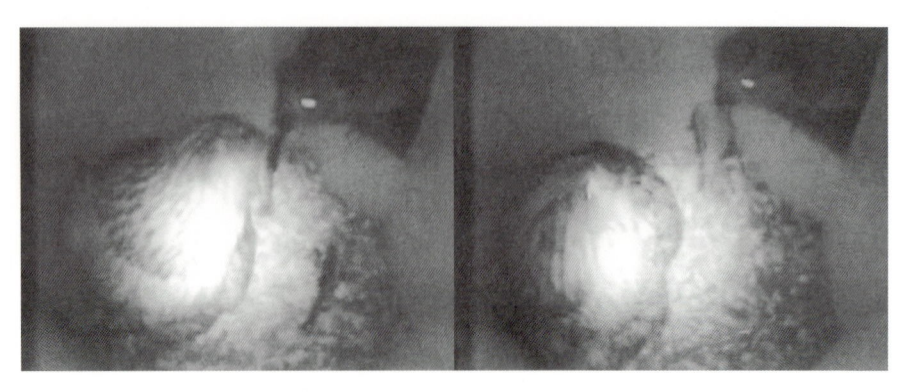

図V.7.5 シマフクロウの給餌。左図：オショロコマ *Salvelinus malma*，右図：スナガレイ *Limanda* sp.
Figure V.7.5 Feeding to the nest. (Left) river fish, (Right) salt water fish.

取も行っている。今までの25年間で355個体の捕獲を実施してきた(環境省資料，図V.7.7)。標識により個体識別が可能になった結果，野外での寿命が20年以上あることがわかってきた。また，出生地からの分散記録も徐々に確認事例が増えてきており，近距離のみならず，時には数百kmの分散事例も確認されている(早矢仕，2009；竹中，未発表；山本，未発表)。

少なくとも現在の保護管理の勢いを保つことができれば，今後シマフクロウの個体数は確実に増えると予想される。そして次の重要なステップとして，若い個体のための生息地の保全や再構築が必要となる。ただし，保護予算には限りがあるので，今後は人工給餌には頼らない，自然環境の再生を主眼として生息環境の質を向上させることが重要である。

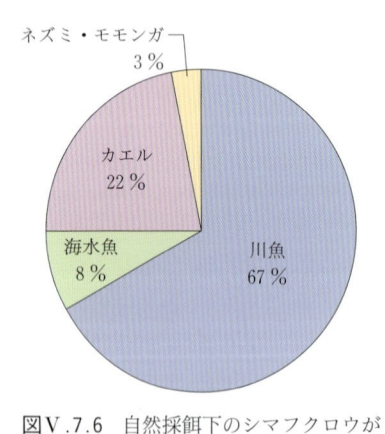

図V.7.6 自然採餌下のシマフクロウが繁殖巣に運ぶ餌の種別回数(ヒナ2羽)。知床半島の海側，N=465，50日
Figure V.7.6 Frequency of diet for two chicks during nesting period at Shiretoko seashore site (n=465, 50days). river fish, salt water fish, frog, mouse & flying squirrel

図V.7.7 巣立ち直後に標識されたヒナ
Figure V.7.7 Banded owlet just after fledgling.

3. 北海道以外の地域のシマフクロウ

続いて，北海道本島以外の国後島，サハリン，沿海地方の状況を概観する．国後島では今までのロシア人研究者による報告(Dykhan & Kisleiko, 1988；Voronov & Zdorikov, 1988)やこれまでの調査(竹中, 2003)から，シマフクロウが25つがい程度は生息すると思われる．魚類資源量は多く，北部の森林は豊富であるが，南部の森林は過去の伐採や山火事で二次林となっている．サハリンは近年まである程度の数のシマフクロウが分布していたことは明らかだが，最近の筆者らの数度の調査にもかかわらず生息情報のみで確認がとれないため，生息数はかなり少なくなっていると思われる．また，サハリンは冬に結氷のため大陸と陸続きになる一方で，北海道とは宗谷海峡を隔てているため，サハリンに分布する種はどちらの亜種かはっきりしていない．サハリンでは魚類は豊富だが，国後島と同じく山火事や森林伐採の影響で森林が極めて貧弱になっている．

大陸の沿海地方ではシマフクロウが高密度で生息しており(Surmach, 1998；竹中ほか, 2002)，魚類資源と河畔林が非常に豊かである．但し，沿海地方シホテアリン山脈の日本海側では，世界的な木材需要の高まりのため森林伐採が大規模に進行している．日本では機械力に依存した過剰な伐採により，森林が荒廃し，シマフクロウの生息や営巣が不可能になるのみならず，河川への土砂の流入で，河川の恒常的な汚濁や，土砂止めのダムの設置などにより，魚類の生息が激減した歴史がある．過去の日本の急速なシマフクロウの減少の歴史を鑑みれば，ロシア沿海地方でシマフクロウの生息数が多いからといって現状を楽観したり，土砂の流入を決して安易に考えてはならないと思われる．

4. 日露のシマフクロウ協力

今後の日本とロシアのシマフクロウに関する協力活動として，ロシアでの高精度の分布調査は重要だと思われる．それにより，各地の生息状況の評価が可能になる．広大なロシアは様々な監視の目が届かないため，気がつかないうちに生息環境や生息数が大きく変動する可能性があるため注意が必要である．

また，生息調査に基づいて，ロシアの好適な生息地の環境を定量的に調べ，その結果を日本に適用することで，日本の生息地保全や整備の目標値が得られる．

特に，今まで十分に行われてこなかった遺伝的多様性の共同研究は，各地域の個体群の特性や種分化の過程を知る上でも重要である．一度個体数が減り，近親つがいが多くなっている北海道の個体群の遺伝的な多様性は，個体数が多い大陸のシマフクロウ個体群と比較することでその健全性を具体的に評価できる．また，各島や大陸の広範囲に分布するシマフクロウの遺伝的な多様性がどのようになっているかは科学的にも非常に興味深い．また，日本やロシアの行政レベルでは，保護されたシマフクロウの別地域への放鳥がそれぞれ計画されているが，シマフクロウは渡り鳥ではないため，遺伝子情報を無視した人為的な地域を越えた移植放鳥は，進

化の撹乱を引き起こす非常に大きな問題となるため，注意が必要である．遺伝情報の研究は日露が協力すればわずか数年でその結果が得られるため，安易な個体の移植放鳥を行う前に，十分な研究協力が必要である．

　シマフクロウは，大木の多い河畔林を広く使い生活をしており，その主要な餌である魚の多くは，サケ科の回遊魚である．そのため，シマフクロウの生息には森－川－海のつながりが重要である．シマフクロウは典型的なアンブレラ種で，シマフクロウが生息する環境には，多種多様な生物が同時に生息する．シマフクロウを保全することは，流域の生態系をまるごと保全することと同義で，また同時に，シマフクロウの存在がその地域の自然の安定的な豊かさを表すと言える．シマフクロウは極東地域の自然生態系の中で，最も重要な指標生物の1つとして十分に保護することが必要である．

　今まで日本で培ってきた保護の歴史や手法は，日本のみならず，今後のロシアの生息地の保全にも十分役立つと考えられる．

【引用・参考文献】

Brazil, M. & Yamamoto, S. (1989): The distribution of owls in Japan, Raptors in the Modern World, 389-401.
Dykhan, M. B. & Kisleiko, A. A. (1988): The number and Distribution of Ketupa blakistoni on Kunashir Island in the Nesting Period, In: Rare Birds of the Far East and their Protection, pp. 29-32(藤巻裕蔵訳，極東の鳥類, 11, 108-111).
Hayashi, Y. (1997): Home range, habitat use and natal dispersal of Blakiston's Fish-owls, Journal of Raptor Research, 31, 283-285.
早矢仕有子(1999)：北海道におけるシマフクロウの分布の変遷, 山階鳥類研究所研究報告, 31(1), 45-61.
早矢仕有子(2009)：北海道北部へのシマフクロウの人為的移動, 保全生態学研究, 14(2), 249-261.
永田洋平(1972)：主として北海道東部におけるシマフクロウの生態について, 釧路博物館報, 217.
Surmach S. (1998): Present status of Blakiston's Fish Owl (Ketupa blakistoni Seebohm) in Ussuriland and some recommendations for protection of the species, In：第7期プロ・ナトゥーラ・ファンド助成成果報告書(日本自然保護協会編), pp. 109-123.
Takenaka, T. (1998): Distribution, habitat environments, and reasons for reduction of the endangered Blakiston's fish owl in Hokkaido, Japan. 北海道大学博士論文.
竹中健(2003)：国後島シマフクロウ調査報告, In：2003年「北方四島・国後島生態系専門家交流」訪問の記録(北の海の動物センター編).
竹中健・高田令子・大野信明(2010)：シマフクロウ雛のエゾクロテンによる捕食とその対策, 知床博物館研究報告, 31, 15-24.
竹中健・Sergey Surmach・Sergey Abdeyuk(2002)：ロシアにおけるシマフクロウの生息環境調査と日本の保護への応用(Habitat study of the Blakiston's Fish Owls in Russia and the application of its results to the conservation in Japan), In：第11期プロ・ナトゥーラ・ファンド助成成果報告書(日本自然保護協会編), pp. 29-38.
Voronov, G. A. & Zdorikov, A. I. (1988): Blakiston's eagle owl on Kunashir Island, In: Rare birds of the Far East and their Protection, pp. 23-28(藤巻裕蔵訳，極東の鳥類, 11, 105-108).
山本純郎(1981)：フクロウ類の食性, 鳥と自然, (20), 兵庫野鳥の会.
山本純郎(1999)：シマフクロウ, 北海道新聞社, 札幌, 189 pp.

5. Summary

Blakiston's Fish Owl - *Ketupa blakistoni* are divided into two subspecies, which are *K. b. doerriesi* on the Eurasian mainland (the coastal area of Okhotsk Sea from the northern part of North Korea to Magadan, Ussuri, Amur basin, part of Manchuria, and upper Lena) and *K. b. blakistoni* in coastal islands (Sakhalin, Hokkaido, Kunashiri, and Shikotan). The population and the status of the each area are unclear except Hokkaido and part of Ussuri.

The population of Fish Owl in Hokkaido had been decreased until 1980s by the habitat destructions, such as the forest cutting and the agricultural development. However, due to the enthusiastic conservation efforts by the researchers and governments, it starts to recover recently. Currently, approximately 50 pairs live in Hokkaido. The artificial feedings and nest boxes are basic and powerful conservation methods for their recovery. The next step for their conservation, the habitat recovery, is needed urgently.

The recent studies reveal their basic ecology and environmental requirements, such as, nest tree size (dbh 98 cm), fish biomass in the river (25 fish and 1000 g / 100 sq.m), productivity (44 %), age, diet during nesting, home range, dispersal records, etc. The DNA analysis of the owls in Hokkaido have just started and already achieved significant results.

The owl density on Kunashiri is very high due to the rich fish biomass on the island. On the other hand, the nesting environment is insufficient except southern Mt. Chacha region. Sakhalin also has rich fish biomass, however, recent Fish Owl record is unclear, although several research had been conducted. The status seems alert level.

In part of Ussuri, the research revealed that the high density of Fish Owl existence. The habitat has rich fish and nest trees in the riparian zone. The current problem seems that the intensive forest cuttings by the worldwide economical demand, which Japanese Fish Owl was once driven away to almost extinction.

Blakiston's Fish Owl is the most typical "umbrella species" in the forest-river-ocean eco system. The existence of the Fish Owl means that the area has quite rich and stable ecological landscape. To conserve Fish Owl is equal to keep total forest-river-ocean ecosystem in the basin. For bottom up the habitat quality in Japan, the comparison to Russian habitat is very important. On the other hand, the history and reason of the Fish Owl decrease and recovery are very important scientific and social experience for keeping Fish Owls in Russia.

8

チャイボ湾周辺の石油・天然ガス開発地域における鳥類多様性の保護

Protection of avian-biodiversity in the area of oil and gas development in the vicinity of Chaivo Bay (North-east of Sakhalin, RUSSIA)

ヴァルチュク, O.(ロシア科学アカデミー極東支部生物学土壌学研究所)
Olga VALCHUK (Institute of Biology and Soil Science, Far Eastern Branch of the Russian Academy of Sciences)

　ロシア科学アカデミー極東支部生物学・土壌学研究所アムールウスリースキー鳥類生物多様性センターからきたオリガ・ヴァルチュクです。石油掘削の行われるサハリン北東部チャイボ湾における鳥類の多様性と保護について，報告する。チャイボ湾は，国際的に鳥類の重要な生息地域となっている(図V.8.1)。地域レベルの保護鳥として，また国際的な保護対象種として様々なレッドデータブックに記載されている鳥類が生息している。私達が普段観察を行っている地域だけでも，オオワシ(*Haliaeetus pelagicus*)が7〜10つがい生息している。また，カラフトアオアシシギ(*Tringa guttifer*)は，1970年代から1980年代には営巣していたが，最近は見ることができない。ロシア連邦のレベルで保護鳥になっているハマシギのサハリン亜種(*Calidris alpina actites*)は毎年100つがい以上が安定して営巣し，コシジロアジサシ(*Sterna camtschatica*)＊も毎年巣を作っている。また，

図V.8.1　調査地。サハリン北東部，チャイボ湾
Figure V.8.1　Study area: Chaivo Bay, North-east of Sakhalin.

編者注：＊　コシジロアジサシの学名は *Sterna aleutica* を使うのが一般的。

注目すべき点として，チャイボ湾は，チドリ目やカイツブリ目などの様々な鳥類の営巣地域になっている。さらには，季節によって，または渡りの時期に，多くの群れが形成される。クロガモ (*Melanitta americana*)，タカブシギ (*Tringa glareola*) などの鳥類の繁殖地の南限にもなっている。

図V.8.2はサハリンのチャイボ湾の位置とチャイボ湾周辺の調査地である。オホーツク海沿岸のアストク湾からクレイエ海峡まで，及びチャイボ岬を含んでいる。砂州は，チャイボ湾の西方に拡がっている。この地域における鳥類の保護は，石油ガスの開発に関係して，非常に重要視されている。鳥類の長期のモニタリングが，サハリンエナジーインベストメント社の依頼によって，石油パイプライン建設によるリスクの評価と影響低減のために行われている。

図V.8.2にはサハリン2プロジェクトと，ピルトゥンアストス海の石油産地，パイプラインのある所，パイプラインの出口であるプリゴロトゥルーネ港などについて示している。

設計段階として，パインプラインのルートは2つが検討された。1つは，細い砂州の上を通り，湿地を通らないルートで，パイプラインから2kmの範囲に鳥があまりいないということで，鳥類保護の観点からは，リスクの少ないものであった。しかしながら，海域では，ちょうどパイプラインの出口に当たる場所が，コククジラの採餌場に当たるとのことから，採用されなかった。2つ目のルートは，私達の研究センターの提案で出されたものである。ここには，コシジロアジサシ，及びハマシギのサハリン亜種という，保護鳥の営巣地域があり，また湿原を通ることから，水文的状況が変わるかもしれないという欠点があった。湿原というのは，外的作用に脆弱であり，復元は難しいことから，3つ目のルートを提案した。このため，建設は1年延期になった。第3のルートは，湿原を通る部分が非常に少なく，乾いた陸地を通るということで，結果的にこのルートが採用になった。

図V.8.3は，最初に計画していたルートで，いろいろなセンシティブな場所を通ることから，却下されたものである。パイプラインの周辺2kmの様子を示したものが図V.8.4である。

図V.8.2　サハリン北東部，チャイボ湾の位置と調査地。Google Earth のデータを基に作成
Figure V.8.2　Study area: Location of the vicinity of Chaivo Bay, North-east of Sakhalin.

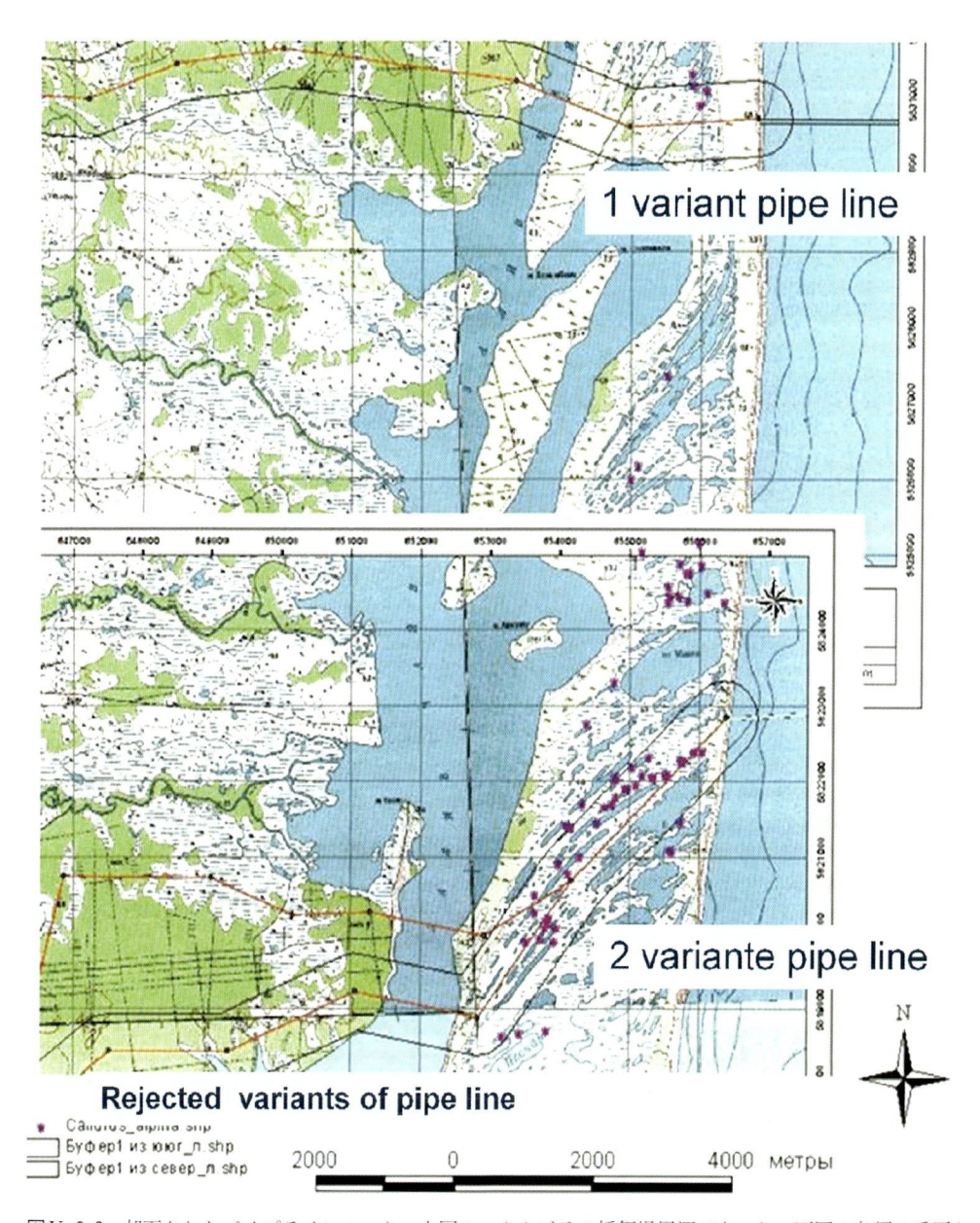

図V.8.3 却下されたパイプラインルート。上図：コククジラの採餌場周辺であった。下図：鳥類の重要な繁殖地であった。
Figure V.8.3 (Upper) First variant pipe line was rejected because it was to go through the feeding sites of grey whales. (Below) Second variant pipe line was also rejected because important nesting places of *Calidris alpina actites* and *Sterna camtschatica* were identified. (Red book of Russian Federation)

　この案は，採用された後に再度調査が行われ，その後2006年からパイプラインの建設が始まった。但し，鳥の繁殖期から渡りの時期まで建設は停止された。鳥類にとって外的作用により脆弱となる全期間について建設を停止するという決定がなされた。サハリンエナジー社によって，パイプライン建設による鳥類への悪影響低減のために行われたものである。ロシアの

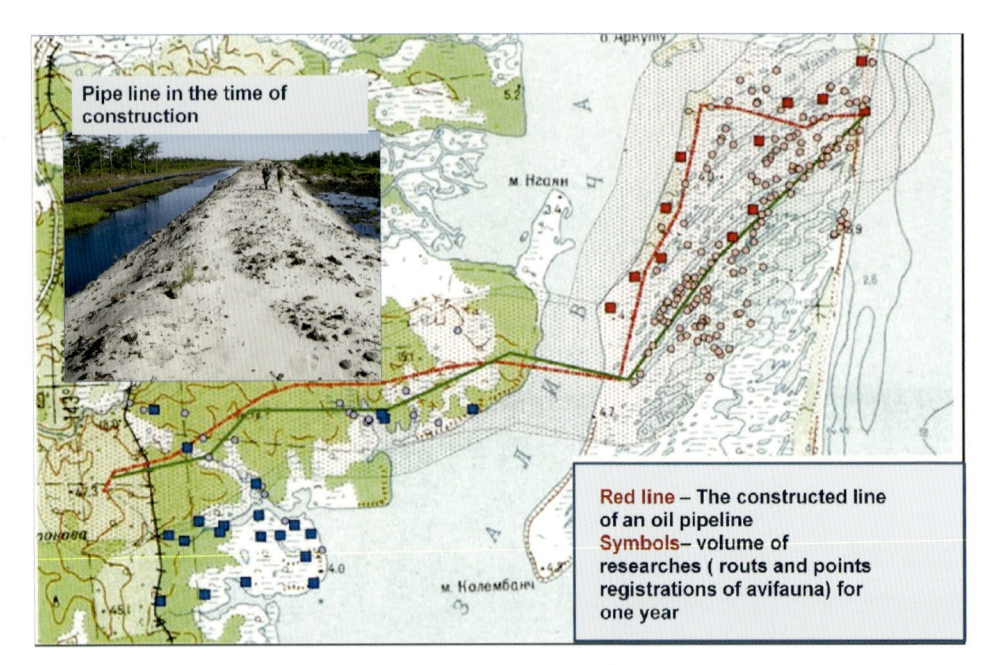

図V.8.4　採用されたパイプラインルート周辺2kmの様子。赤線：パイプラインルート。シンボル：調査ポイント

Figure V.8.4　Pipeline was re-routed to avoid impact on colonies of these birds. Red line - The constructed line of an oil pipeline. Symbols - volume of researches (routes and points censuses of avifauna) for one year.

　極東地域において，このように鳥類学者の提案をベースにしてルートが変更となり，また設計が見直されたということは，非常に重要であったと判断している。

　私達は，モニタリング調査として，パイプラインから2kmの範囲内で鳥類の繁殖期にルートセンサス及び定点における個体数調査を行った。私達は，徒歩，または車でセンサスを行なった。また，昼間の鳥の動きを観察し，渡り鳥の行動なども観察した。図V.8.5は，2007年と2009年に15km²にわたって行った鳥類センサスの結果で，保護対象種とその出現率，繁殖場所を地図に落としたものである。その結果，この地域は，秋季の鳥類の渡りにおいて，重要な場所であるということがわかってきた。

　チャイボ湾には，15目179種の鳥類が生息している。これは，サハリンで見られる鳥の44％に当たる。この中の，94種がここで繁殖を行い，64種が定期的に渡ってくる鳥である（図V.8.6）。

　鳥類の構成としては，スズメ目の鳥類，ガンカモ類，およびシギ・チドリ類が主となっている（図V.8.7）。多くの鳥類にとって，チャイボ湾は重要な繁殖地であり（図V.8.8），カモ類ではアメリカヒドリ，コオリガモ，スズガモ，ホオジロガモ，シギ類ではハマシギのサハリン亜種，タカブシギ，クサシギ，スズメ目の鳥類ではヒバリ，メボソムシクイ，ギンザンマシコなどが挙げられる。また，他の目の鳥，アカエリカイツブリ，ウズラ，アビ，クイナなどもこの地域で繁殖している。チャイボ湾に生息する鳥類のうち5目27種が保護対象種であり，私達研究

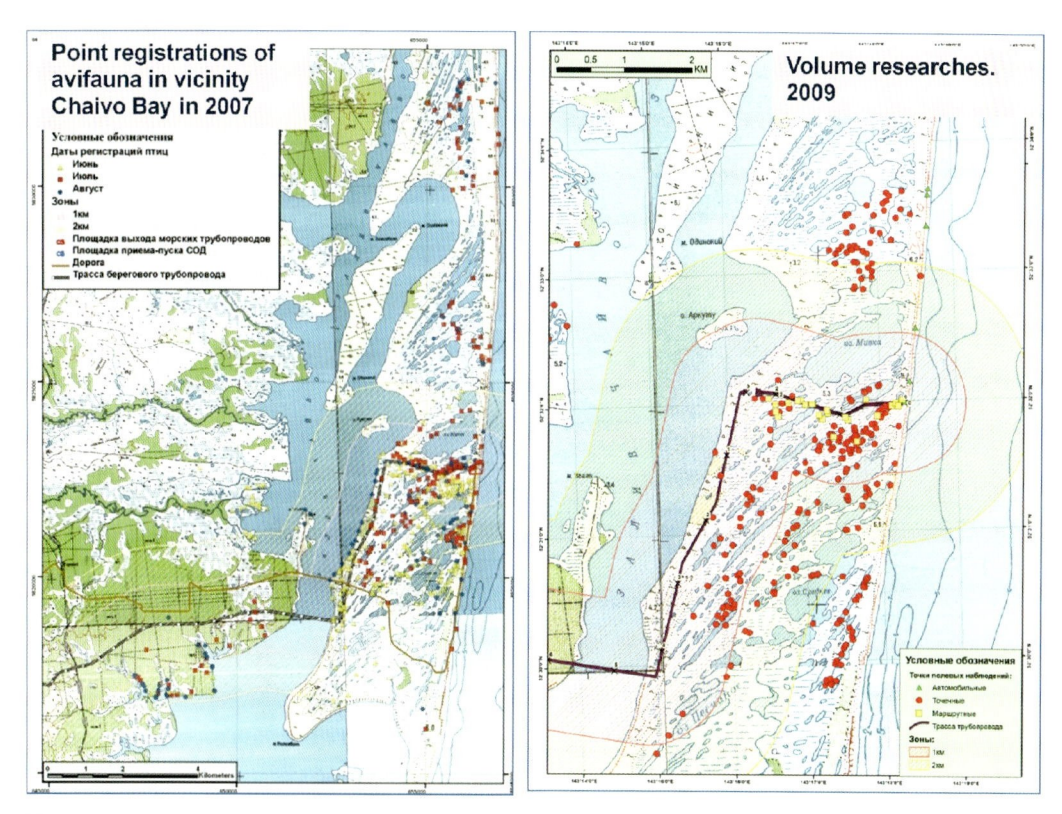

8 チャイボ湾周辺の石油・天然ガス開発地域における鳥類多様性の保護　337

図Ⅴ.8.5　モニタリング調査地域。鳥類の繁殖期にパイプラインから2 kmの範囲内でのルートセンサス及び定点における個体数調査を実施(2007，2009年)。保護対象種，出現率，繁殖場所を示した。
Figure V.8.5　In the nest period: In the area about 15 km² yearly (2007 and 2009) - routs and point censuses of avifauna. All data - nests, nest areas and record of rare birds are mapped with use of GPS.

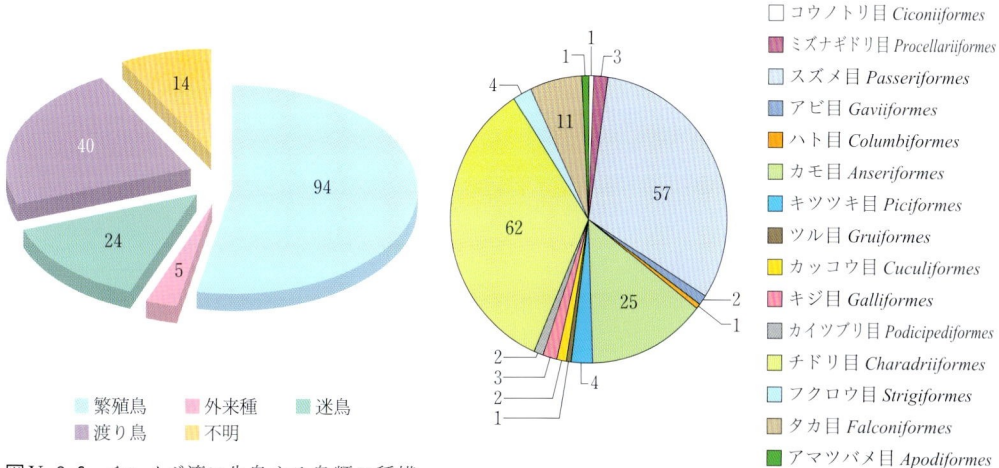

図Ⅴ.8.6　チャイボ湾に生息する鳥類の種構成
Figure V.8.6　Percentage of bird species in the vicinity of Chaivo Bay by their status.

図Ⅴ.8.7　チャイボ湾に生息する鳥類相の多様性
Figure V.8.7　Biodiversity of avifauna in the vicinity of Chaivo Bay.

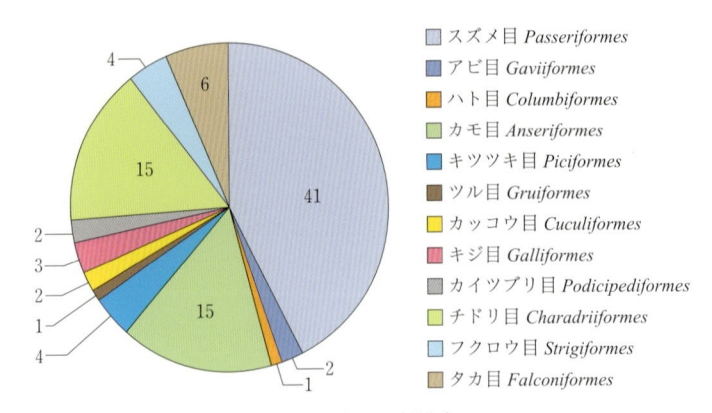

図V.8.8　チャイボ湾で繁殖する鳥類の種構成
Figure V.8.8　Species composition of the breeding bird population in the vicinity of Chaivo Bay.

図V.8.9　標識調査。ハマシギに金属製の足環とカラーフラッグを装着した様子
Figure V.8.9　Studies of behavior and breeding biology of Sakhalin Dunlin with metal rings and color flags.

者は，チャイボ湾ではこれらの種に特に注目してモニタリングを行っている。それは，ロシア連邦において保護対象種になっている多くの鳥類がチャイボ湾に生息しているからである。ハマシギ，アジサシなどはツンドラ地帯の代表種であり，重要種である。2010年には，確認した鳥類のうち13.91%が重要種であった。

また，私達は，ハマシギなどで標識調査を行っている。2006〜2010年に291羽のハマシギにメタルリングとカラーフラッグが付けられた。標識を付けた192羽のうち17羽が2009〜2010年に戻ってきており，新しい巣を作っている所で再発見された(図V.8.9)。私達は，1カ月程度の時間をとって，こういった作業をしてきた。鳥類は一般に，自分の巣があった場所に戻ってくるということが言われているが，放鳥した場所から，約100 m離れた場所で再捕獲されている。戻ってきた鳥は，7羽のメス，10羽のオスだった。リングを装着してから3年後に自分の巣に戻ってきた個体もおり，鳥類の強い帰巣本能が見うけられた。

2006〜2010年に行われた調査で，鳥類はパイプラインが作られている周りのツンドラに巣

を作るという状況が見られた。図V.8.10 はチャイボ湾周辺8～10 km² の範囲で、ハマシギ(サハリン亜種)が営巣している場所である。図V.8.11 は、2008 年 6 月にチャイボ周辺でハマシギに足環を付けたところである。この個体は、2008 年 10 月に、中国のチョンミン国立公園で再確認されている。その後 2009 年にまたチャイボに戻ってきたところで、私達は再び捕獲することができた。また、2007 年に中国チョンミン国立公園で標識された個体を私達は 2008 年 6 月にチャイボ湾で再捕獲した。その個体は抱卵中の雌成鳥だった。加えて、今回の報告の少し前に、新たに 2 羽が中国経由でチャイボ湾に戻ってきていることが確認された。私達のセンター以外にも、サハリンでは鳥類標識調査を行っているグループがあるが、私達は、カラーフラッグやリングを使っており、特徴としては

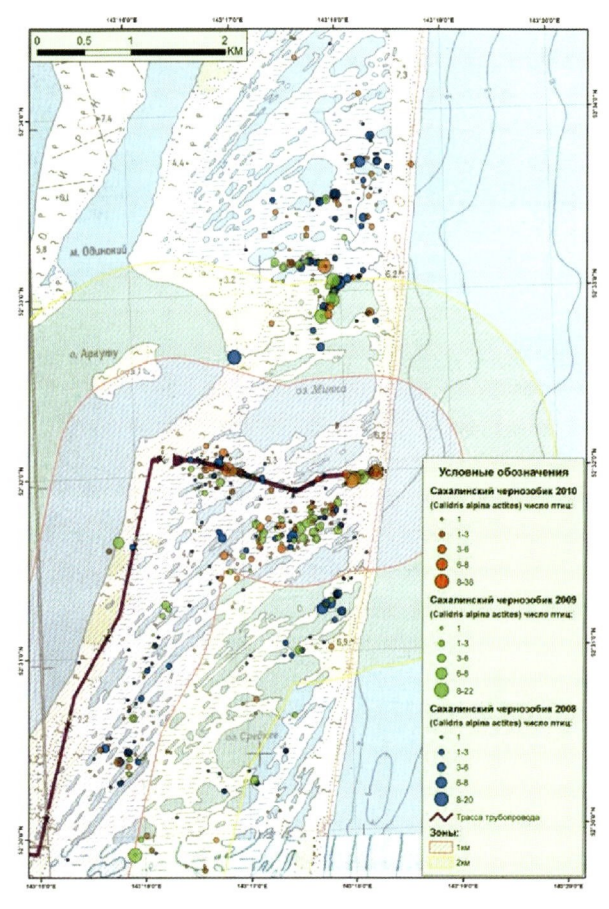

図V.8.10 チャイボ湾周辺 8-10 km² におけるハマシギの営巣場所
Figure V.8.10 Nest sites of Sakhalin Dunlin in the area of 8-10 km² in the vicinity of Chaivo Bay.

図V.8.11 2008 年 6 月にチャイボ湾で標識したハマシギ。この個体は、2008 年 10 月に中国のチョンミン国立公園で再捕獲、そして 2009 年にチャイボ湾で再々捕獲された。
Figure V.8.11 We were ringed Sakhalin Dunlin, in the vicinity of Chaivo Bay in June 2008. China birdwatcher observed this bird in October 2008 on stopover site on Chongming National Park, China.

サハリン定住のシギに注目して標識付けを行っているということである。

　チャイボ湾周辺におけるもう１つの鳥類の研究としては，コシジロアジサシについての研究がある(図Ｖ.8.12)。この種は砂浜に巣を作る鳥で，チャイボ湾の砂州が必ずしもメインの繁殖地ということではない。北部のピルトゥーン湾が主な繁殖地であり，チャイボ湾周辺では，ピルトゥーン湾から移動の時期に数が多くなる。コロニーの個体数は2008年に最大で1,930羽だった。さらに，チャイボ湾周辺では，2006年に国際自然連合のレッドリストに準絶滅危惧種として追加された，オグロシギ(*Limosa limosa*)も確認されている(図Ｖ.8.13)。

　最後に申し上げたいのは，このように，パイプラインのルートを変更することで鳥類の保護の効果が見られたということである。これは，繁殖期という重要な時期が守られ，コロニーや個体数が減らなかったということによる。これら鳥類を建設後もチェックし，繁殖や保護鳥に対するパイプラインの影響を調査して行く必要があると思われる。

図Ｖ.8.12　コシジロアジサシ。左図：チャイボ湾周辺における巣の位置
Figure V.8.12　*Sterna camtschatica*.　(Left) Important Nest area in 2008-2010.

図Ｖ.8.13　オグロシギ
Figure V.8.13　*Limosa limosa*

Summary

Chaivo Bay is recognized as an Important Bird Area crucial for reproduction of several protected bird species. Therefore bird conservation in this area is essential in the context of the rapid development of oil and gas projects on Sakhalin. Long-term monitoring of avifauna was started by Sakhalin Energy Investment Company Ltd. in order to assess the relevant risks and mitigation of impacts during pipeline construction (2004-2010). Avifauna of Chaivo Bay consist of 179 birds species (44% of Sakhalin avifauna), 94 of them are nesting here, and 64 have regular seasonal movement and migration. In some Red Books, 27 species are included. During the pre-construction stage, important nesting places of *Calidris alpina actites* and *Sterna camtschatica* were identified and the pipeline was re-routed to avoid impact on colonies of these birds. Furthermore, construction works were postponed during the nesting periods of 2006-2008. Studies of bird communities and species abundance, search and mapping of nesting sites, and studies of behaviour and breeding biology of dunlins and terns were also carried out. Banding was used to study the characteristics of population biology and seasonal migration of species. In 2007-2010 some 291 *Calidris alpine actites* were banded, 17 of 192 returned in 2009-2010 to their previous nesting places (recovered on the distance 1-300 m away from banding places). Areas with high abundance for this species are permanent. The numbers of dunlin was stable during 2004-2010, with up to 100 breeding pairs for the nesting season. For the Kamchatka Tern, fluctuation of abundance was recorded. The total number of its nests varied from 30 to 100. A few pairs of *Haliaeetus pelagicus*, *Calidris subminuta* and *Limosa limosa* breed here annually. Study area is important autumn stopover site for about 20 protected species, most of them are *Charadriiformes*. On the waters of the bay, about 3,500 *Cygnus cygnus* and *Cygnus bewickii* and nearly 5,000 of *Anatidae* may be observed.

VI

陸生哺乳類
ヒグマとコウモリ類

Land mammals
Brown bear and bats

オホーツク海沿岸を歩くメスヒグマとその子ども。サハリン島にて。
撮影：Ivan V. セリョートキン
Female brown bear with her cubs on the coast of Sakhalin along the sea of Okhotsk.
Photo by Ivan V. Seryodkin.

1

ヒグマ研究におけるユーラシア東部の重要性とサケとクマがつなぐ海と森

Role in the ecosystem of brown bears in Hokkaido and the Russian Far East

間野勉(北海道立総合研究機構 環境・地質研究本部)
Tsutomu MANO (Hokkaido Research Organization)

1. はじめに

　北海道では，クマの害をどう防ぐかということが最大の関心事であるが，北海道も含まれる北東アジア地域のヒグマは世界的に見ても大変ユニークな特徴を持ち，日露の生態系保全に関する協力でも欠かせない対象と言える。北東アジア地域は，ヒグマの遺伝的多様性を知る上でも大変興味深い地域であり，また，遡上するサケの捕食を通じてヒグマが海陸の物質循環に重要な役割を果たしている地域でもある。このうち，本章ではサケの補食を通じた海陸の物質循環に関する話題を扱うこととして，前者の遺伝子の多様性の話題については第Ⅵ部第3章で述べる。

2. ヒグマとタイヘイヨウサケ

　さて，日本で最もたくさん獲れる一般的なサケはシロザケである。シロザケはタイヘイヨウサケ属と呼ばれるサケの仲間であるが，陸水域と海域を回遊する遡河回遊魚で，非常に広い分布域を持っている。図Ⅵ.1.1は，タイヘイヨウサケが遡上する流域の範囲と海の回遊域を示している。このように北太平洋の中緯度以北に広く分布して，ユーラシア，アメリカの両岸の水系に遡上する。また，非常に現存量が多いという特徴がある。タイヘイヨウサケの世界的な漁獲量は，年間80万〜100万トンに及ぶ。

　一方，図Ⅵ.1.2に示すように，ヒグマの分布域も極めて広く，様々な環境に生息している。このため食べるものも様々で，人間同様に何でも食べると考えてよい。植物や草や木の実を食べる一次消費者であると同時に，大型の動物も食べる高次消費者でもあり，また，死体をあさ

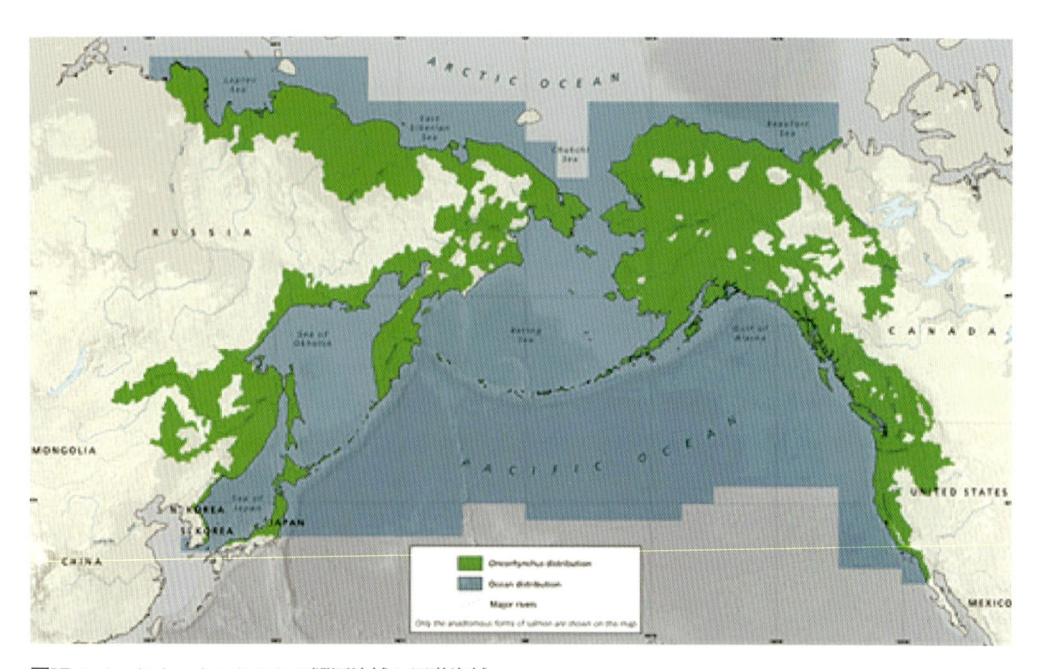

図VI.1.1 タイヘイヨウサケの遡河流域と回遊海域
　http://www.stateofthesalmon.org/resources/maps/distribution_allspecies.html から受信掲載
Figure VI.1.1　A distribution map of the pacific salmon.

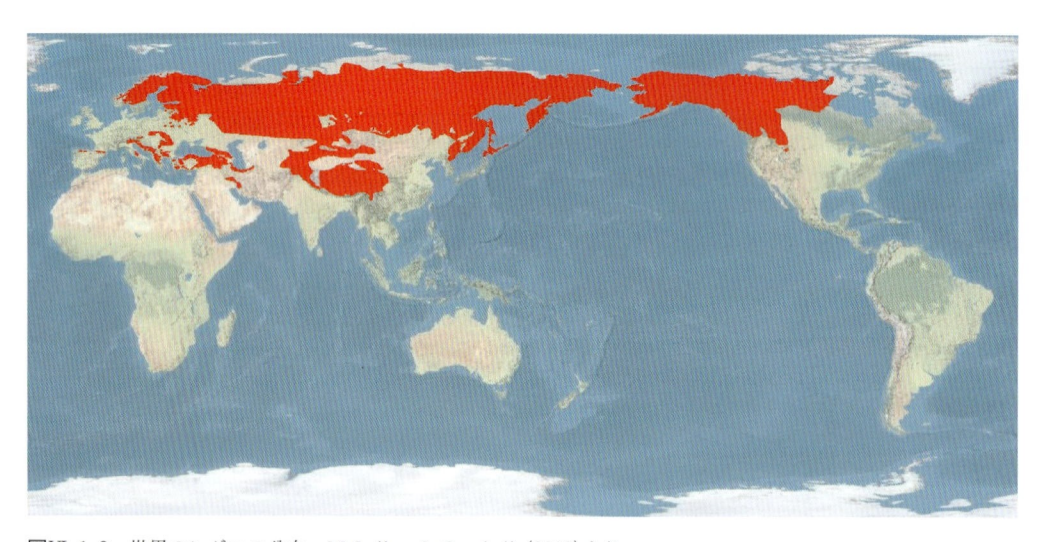

図VI.1.2　世界のヒグマの分布。McLellan & Garshelis (2012) より
Figure VI.1.2　Brown bear distribution in the world. From McLellan & Garshelis (2012).

る腐肉食者でもある。このように多様な環境で，様々な生態的地位を占め，いろいろな物を食べるということが，クマの大きさや形の大きな変異の原因と考えられている。

3. サケの補食とクマの大きさ

このような中で，環北太平洋地域のクマの特徴は，タイヘイヨウサケが遡上する地域と関連する。クマの大きさについて，頭骨基底長(CBL)を各地のクマで比較すると，環北太平洋の沿岸地域に生息しているヒグマが非常に大きいということがわかる(図Ⅵ.1.3)。この地域ではタイヘイヨウサケの資源量が豊富で，ロシアの研究者による最近の報告によれば，北海道に比較して，サハリン，シャンタル諸島，そしてカムチャツカのクマの頭が非常に大きい。これに対して，同じロシアでも，ヤクーティア，アナディリ川，さらにロシア西部に生息するヒグマは非常に小さく，北海道と同等か，それ以下ということが明らかになった(図Ⅵ.1.4)。小型のクマの分布域ではサケが得られないのに対し，サハリン，シャンタル諸島，あるいはカムチャツ

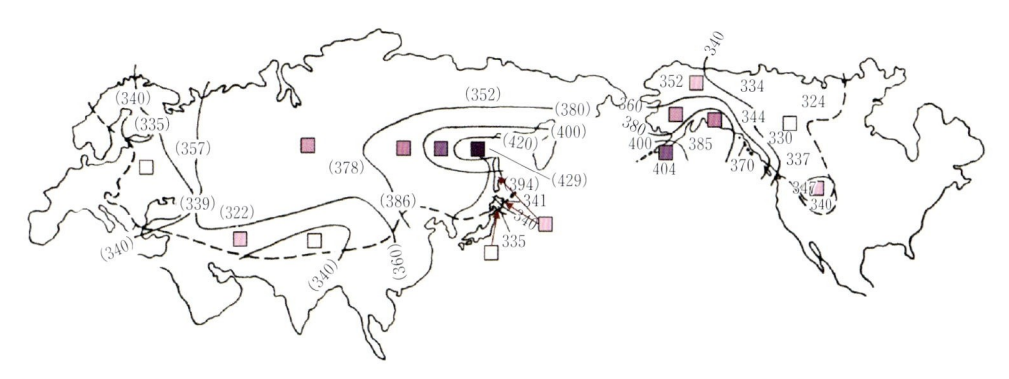

図Ⅵ.1.3 世界のヒグマ分布域における雄ヒグマの頭骨基底長(CBL)及び最大頭骨長(括弧書)の等傾斜線の分布。米田・阿部(1976)より
Figure Ⅵ.1.3 Preliminary isopleths for the Prosthion-Opisthion length (in parenthesis) and the codylobasal length of male brown bears in the world. From Yoneda & Abe (1976).

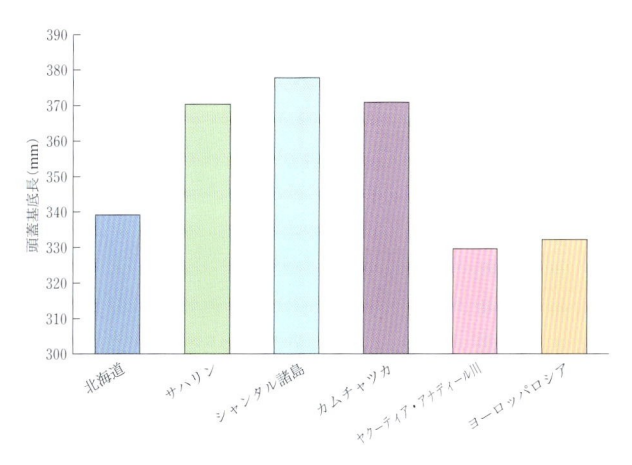

図Ⅵ.1.4 北海道とロシア各地のヒグマの頭骨基底長(CBL)の比較。Baryshnikov et al.(2004)より
Figure Ⅵ.1.4 A comparison of the codylobasal length of male brown bears among Hokkaido and several regions in Russia. From Baryshnikov et al. (2004).

カのクマは豊富なタイヘイヨウサケを利用することができる条件にある。サケ，マス類をクマが利用できることで体の成長が促進され，体が大きくなり，このことでたくさんの子供を産む，あるいは早く繁殖をするということが知られている。この地域では，このようにサケを食べるということが，クマの個体群の保全上も非常に重要な意味を持つ。

4. サケとヒグマを通した陸海の物質循環

次に，サケ類は産卵のために母川に回帰するという性質がある。図VI.1.5はカラフトマスの群れであるが，産卵後は死亡してホッチャレとなる。ホッチャレは様々な動物によって利用される。大量に川に帰ってくるタイヘイヨウサケがもたらす物質は莫大であり，それを捕食したり，死体を食べたりと様々な利用をされる。その中でも，ヒグマが陸上に引き上げたものの食べ残しや，糞として撒き散らす量を無視することはできないと考えられる。図VI.1.6はサケをくわえたクマが悠然と草原のほうに向かうベーリング海峡の対岸にあるアラスカでの光景である。

2002年，日本とロシアのビザなし交流事業の一環として実施した択捉島の生態系調査で，私たちは択捉島に生えている樹木のコアサンプルとヤナギの葉と種子を採取した。この研究は，ロシアの専門家と共同で実施したものであるが，そこで採取したヤナギの葉に含まれる窒素の安定同位体比を北太平洋生態系の対岸に位置するアラスカや，北海道本島の様々な河川とで比較した（図VI.1.7）。安定同位体比から，植物の中に海から由来したと考えられる窒素がどれだけ取り込まれているかを知ることができる。図VI.1.7の赤丸は，タイヘイヨウサケの遡上が見られ，また青丸は見られない河川を示す。北海道内では，いくつかの河川ではサケの遡上が

図VI.1.5 遡上するカラフトマス。北海道羅臼町にて。妹尾優二氏撮影
Figure VI.1.5 Running pink salmons in Rausu town. Photo by Yuji Seo.

図VI.1.6 捕獲したサケをくわえて草むらに向かうヒグマ。アラスカにて。間野勉撮影
Figure VI.1.6 An Alaskan brown bear holding cached salmon headed to a meadow. Photo by Tsutomu Mano.

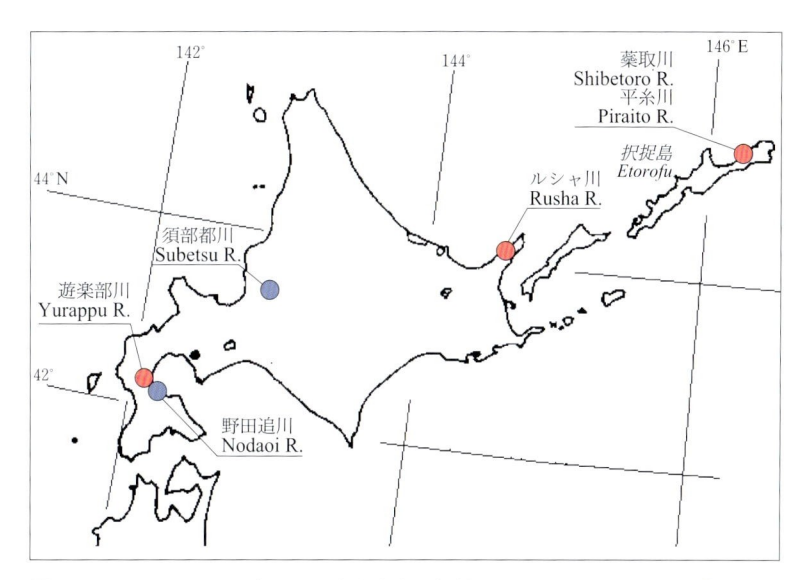

図VI.1.7 ヤナギの葉に含まれる窒素安定同位体比の比較調査実施河川。●はタイヘイヨウサケの遡上河川を，●は非遡上河川を表す。Nagasaka *et al.*(2006) より

Figure VI.1.7 Location of the sampling sites in Hokkaido main island and the Northern Territory, Japan. Red circles, spawning sites; blue circles, reference sites. From Nagasaka *et al.* (2006).

見られない条件にある。図VI.1.8の横軸は，距離あたりのホッチャレの密度，つまり河川の距離あたりどれくらい産卵後のサケの死体があるかを表す。縦軸が，この河川に生えていたヤナギの中に取り込まれている窒素の安定同位体比になり，高いものほど海由来の窒素が多いということが言える。図VI.1.8で赤く示した部分は北海道の河川で調べた結果であるが，北海道本島のヤナギに含まれる窒素の安定同位体比は低いのに対して択捉島では非常に高く，試料によってはアラスカ並みの高い値を示している。北方領土択捉島は北海道本島と近く，またよく似た生態系を持っているにもかかわらず，海陸の物質循環には大きな違いが存在することが示唆される。

産卵のためにサケが遡上し，その死体が動物によって利用され，分解されてゆき，さらに，クマによる捕食と陸上への死体の引き上げが，海からの物質を河川を経て陸上にまで広く還元する。そういう働きが，北海道本島と目と鼻の先の択捉

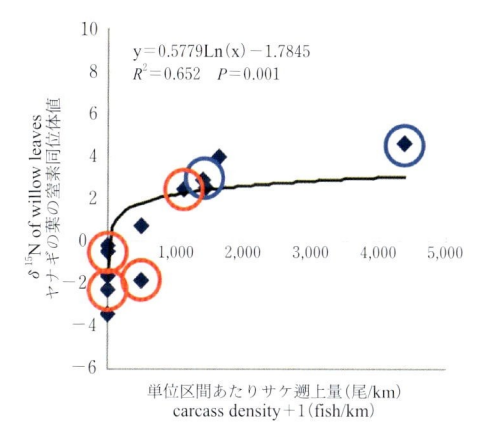

図VI.1.8 ホッチャレの密度と流域のヤナギの葉に含まれる窒素安定同位体比との関係。青○は択捉島，赤○は北海道の河川を示す。Nagasaka *et al.*(2006) より

Figure VI.1.8 The relationship between $\delta^{15}N$ of willow leaves and the density of carcasses. Carcass density is presented as the number of carcasses (or annual escapement) per kilometer of the main spawning reaches. Blue and red circles indicate the values of rivers in Etorofu Island and in Hokkaido main island respectively. From Nagasaka *et al.* (2006).

の生態系にはあると考えられる。

5. ヒグマを通したユーラシア東部地域生態系の理解へ向けて

　そこで，今後考えられる日本とロシアの共同研究課題として，サケとクマを介した生態系間の物質循環に関する研究を提案する。北東アジア地域の各地の生態系の間でクマの食べ物とクマの体内，そしてクマの生息する森林に，どれだけ海の物質が取り込まれているかを，比較することは，地域の生物多様性を理解して広く保全する上で，そして将来の北海道における生態系の復元を図る上で，極めて有意義なものと考える。

【引用・参考文献】
Baryshnikov, G. F., Mano, T. & Masuda, R. (2004): Taxonomic differenciation of *Ursus arctos* (Carnivora, Ursudae) from south Okhotsk Sea islands on the basis of morphologic analysis of skull and teeth, Russian Journal of Theriology, 3, 77–88.
Matsuhashi T., Masuda, R., Mano, T., Murata, K. & Aiurzaniin, A. (2001): Phylogenetic relationships among worldwide populations of the brown bear *Ursus arctos*, Zoological Science, 18, 1137–1143.
Matsuhashi T., Masuda, R., Mano, T. & Yoshida, M. (1999): Microevolution of the mitocondorial DNA control region in the Japanese brown bear (*Ursus arctos*) population, Molecular Biology and Evolution, 16(5), 676–684.
McLellan, B. N. & Garshelis, D. L. (2012): The IUCN Red List of Threatened Species: *Ursus arctos*. IUCN, http://maps.iucnredlist.org/map.html?id=41688
Nagasaka A., Nagasaka, Y., Ito, K., Mano, T., Yamanaka, M., Katayama, A., Sato, Y., Grankin, A. L., Zdorikov, A. I. & Boronov, G. A. (2006): Contributions of salmon-derived nitrogen to riparian vegetation in the northern Pacific region, Journal of Forest Research, 11, 377–382.
Eggers, D. M., Irvine, J. R., Fukuwaka, M. & Karpenko. V. I. (2005): Catch trends and status of North Pacific Salmon, North Pacific Anadromous Fish Commission Document No. 723 Revision 3, 35 p.
米田政明・阿部永. (1976)：エゾヒグマ(*Ursus arctos yesosnsis*)の頭骨における性的二型と地理的変異について，北海道大学農学部邦文紀要, 9(4), 265–276.

6. Summary

　Brown bears (*Ursus arctos*) which inhabit various types of habitat in the northern hemisphere show significant variation of physical shape and size. This variation must be derived by both genetic and environmental factors. Among the brown bear populations in the world, the body size is largest in the north Pacific coastal region where they can eat abundant spawning Pacific salmon. Moreover, it is apparent that the salmon stock is important for the conservation of brown bear population of the region considering that the benefits of salmon influence prolificity of bears. By contrast, the size of brown bears in Hokkaido is smaller than those in Kamchatka and Sakhalin, and the different habitat condition including spawning salmon availability could be the cause of this phenomenon. In the north Pacific coastal region, an important role of the Pacific salmon and brown bears in the ecosystem has become apparent. Specifically, spawning salmon lifted from the water by the brown bears provide marine derived nutrition to the terrestrial ecosystem where plants and animals receive significant influence. Although Hokkaido can be considered as a potential habitat where brown bear use spawning salmon, such a function of ecosystem would be very restricted by the human activities. It will be very meaningful to study the ecosystem through spawning Pacific salmon and brown bears in the Far East including Hokkaido for the biodiversity conservation of the region and also the ecosystem restoration in Hokkaido in the future.

2

ロシア極東のヒグマ
Brown bear (*Ursus arctos*) on the Pacific coast of Russia

セリョートキン, I. V.(太平洋地理学研究所)
Ivan V. SERYODKIN(Pacific Geographical Institute FEB RUS, Vladivostok)

1. 極東地域におけるヒグマの分布

　ヒグマはロシア極東周辺地域のほぼ全域に分布し，その推定生息数は約3万5,000頭である。生息密度は10 km² あたり平均約0.1頭と，ロシアの中で最も高い地域である。この中でもカムチャツカ地方は特に生息密度が高く，10 km² あたり平均約0.7頭，場所によっては3頭になることもある(図Ⅵ.2.1，表Ⅵ.2.1)。また，この地域の島々には固有の個体群が生息している。

2. 生物学的特徴

　極東地域に生息するヒグマの利用環境は多様である。この地域のうち，北部に生息するヒグマはツンドラ，森林ツンドラ，森林地帯(河岸の砂州，ハンノキの茂み，カラマツ疎林など)を，南部に生息するヒグマはチョウセンゴヨウ広葉樹混交林及び広葉樹林などを利用している(図Ⅵ.2.2)。

　極東地域のヒグマが利用する食物資源はサケ・マス類やドングリ類，ベリー類などであり，タンパク質は主にサケ・マス類から摂取している。春季には，軟体動物，海草，海岸に打ち上げられた魚類やクジラなどを採食し，特にクジラの死体には一度に10頭以上のヒグマが集まって採食することもある。また，夏季には主に草本類を食べている。

　サケ・マス類は，ヒグマにとって非常に重要なタンパク源となるが，沿海地方にはその数が少ないため，この地方に生息するヒグマが利用する食物資源の中でサケ・マス類の占める割合はそれほど多くない。また，アムール地方にはサケ・マス類はほとんど生息していないため，この地域のヒグマがそれらを利用することはない。したがって，サケ・マス類を多く利用するのは，主にカムチャツカ地方，ハバロフスク地方，マガダン地方，サハリン地方のヒグマであ

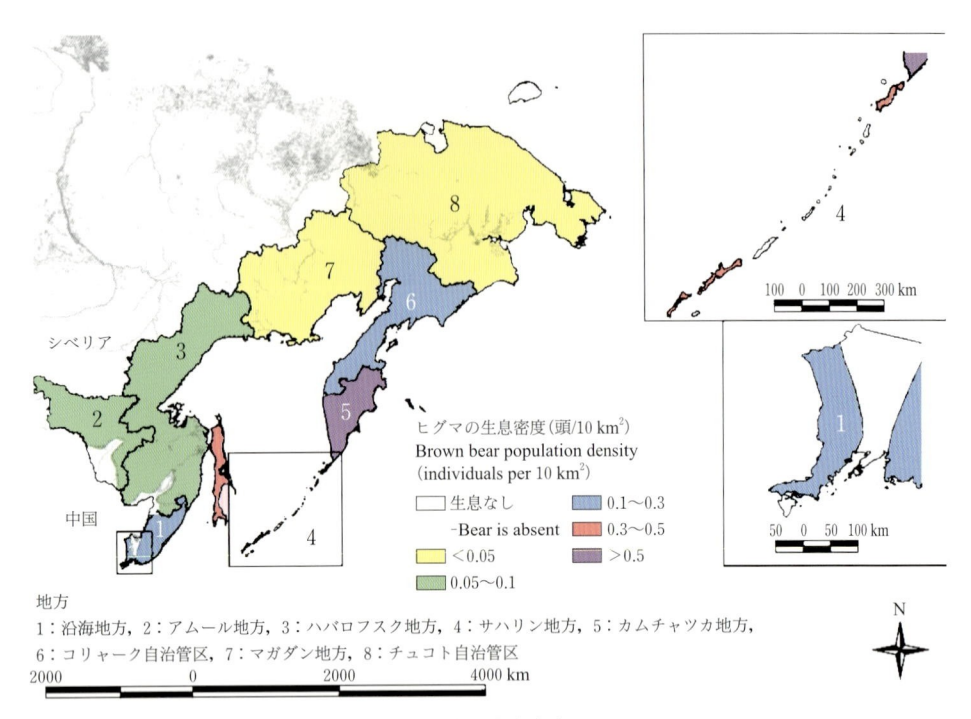

図VI.2.1 ロシア極東周辺地域におけるヒグマの分布と生息密度
Figure VI.2.1 Present distribution and population density of brown bears in the area around the Russian Far East. 1: Primoria Region, 2: Amur Region, 3: Khabarovsk Region, 4: Paramushir, Etorofu and Kunashiri Islands and Sakhalin, 5: Kamchatka Region, 6: Koryak Autonomous Okrug, 7: Magadan Region, 8: Chukotka Autonomous Okrug

表VI.2.1 ロシア極東周辺地域のヒグマの生息密度
Table VI.2.1 Population and density estimation of brown bears in the area around the Russian Far East

地方 Region	面積 Area (km^2)	推定生息数(頭) Population estimate (number of bears)	生息密度(頭/10 km^2) Density range (bears/10km^2)
マガダン地方(Magadan)	461,400	3,600〜6,000	0.03〜0.05
チュコト自治管区(Chukotka A.O.)	737,700		
コリャーク自治管区(Koryak A.O.)	301,500	2,500〜4,000	0.08〜0.13
カムチャツカ地方(Kamchatka)	170,800	10,000〜12,000	0.58〜0.7
サハリン地方(Sakhalin)	87,100	2,500〜3,500	0.29〜0.4
ハバロフスク地方(Khabarovsk)	824,600	8,000〜9,000	0.1〜0.11
沿海地方(Primorye)	165,900	2,300	0.14
合計 Total	2,749,000	28,900〜36,800	0.1〜0.13

る(図VI.2.3)。特にカムチャツカ地方にはサケ・マス類が多く，全世界における漁獲量の5分の1がこの周辺で水揚げされている。海岸地域ではサケ・マス類を利用できるため，内陸よりもヒグマの生息密度は高い。極東地域のヒグマが利用しているのはカラフトマス，ベニザケ，シロザケ，ギンザケ，サクラマスである。これらはクマにとって魅力的な食物資源であり，夏・秋の栄養源として特に重要である。サケ・マス類はカロリーが高く，採食をしない冬眠期

図VI.2.2 極東地域のヒグマの生息環境。ツンドラ(左上)，ハンノキの茂み(右上)，河畔林(左下)，チョウセンゴヨウ広葉樹混交林(右下)
Figure VI.2.2　Habitat types used by brown bears in Russian Far East. Tundra (upper left), Alder shrub patches (upper right), riparian forests (lower left), and Korean-pine broad-leaved forests (lower right).

図VI.2.3　ベニザケを捕食するカムチャツカ地方のヒグマ(左)と遡上するベニザケ(右)
Figure VI.2.3　The brown bear eating Sockeye salmon (left), the running Sockeye salmon (right).

間中や食物資源の乏しい早春期における生命維持と，出産や育児に必要な脂肪の蓄積とに極めて重要となる。また，サケ・マス類は効率的に得られるタンパク源である。例えばベリー類の場合，採食に同程度の時間をかけたとしても，サケ・マス類から得られるカロリーの10分の

1 を得られるにすぎない。これらのことから，極東地域のヒグマの密度が高い理由は，サケ・マス類が手に入るためと考えられる。

これまでの行動観察によってサケ・マス類の捕り方には以下の5種類があることが明らかになった。

①川岸を歩きながら探し，川に飛び込むか，腕を伸ばして捕獲する。
②始めから川の中に入って探し，捕獲する。
③水深が深い場合や水が濁っている場合に，顔を水中に入れた状態で探し，捕獲する。
④完全に水中に潜り，川底に沈んでいる死体を拾う。
⑤川岸でじっとしていて，目の前を魚が泳いだ時に捕獲する。

これらの行動のうち，最も頻繁に見られるのは①及び②である。捕獲は3回に1回の割合で成功し，18分に1回の割合で食べるということも判明した。ヒグマは川から上がって魚を食べるが，捕獲後川の中から採食場所まで獲物を運搬するために，川にいる時間全体のうちの18.5%を費やし，魚1尾を食べきるのに平均186秒の時間をかけていた。魚の量が少ないときには頭から尾びれまでのすべてを，十分に得られるときには胴体だけを食べることも明らかになった。

3．ヒグマとサケ・マス類との関係

ヒグマは，海岸の生態系に対して重要な役割を果たしている。ヒグマは最も大きな動物であり，死んだ魚や動物の主要な利用者でもある。併せて，サケ・マス類を食べることによって栄養物質を海から陸へ運び，広める役割も持っている。したがって，サケ・マス類とヒグマとの関係を研究することは，サケ・マス類がどのように陸上生態系に影響を及ぼすのかということを知る手がかりにもなる。

サハリン地方，カムチャツカ地方，沿海地方で実施された行動追跡調査の結果，カムチャツカ地方とサハリン地方のヒグマは，サケ・マス類の移動に合わせて，産卵期前に様々な川のサケ・マス類の量を確認しながら100 km以上遠くまで移動することが明らかになった。サケ・マス類の遡上数が少ない場合には，自分の決めた捕獲地点に関して，他のヒグマに対し排他的になるため，ヒグマどうしの競争は激化する。若い個体や子連れのメス個体はこの競争を避ける傾向がある。実際に，カムチャツカ地方においてGPSをつけた2頭のメスのヒグマの追跡調査を行ったところ，個体により移動距離は大きく異なった。片方の個体が利用した面積は1,160 km^{2}であったことに対し，もう一方の個体は60 km^{2}のみであった。前者は，様々な川を回りながらサケ・マス類を探していたが，後者は子グマを連れており，サケ・マス類を探すことはほとんどなかった。

図VI.2.4 ヒグマ個体群の存続に対する脅威。サケ・マス類の密漁(左上)，森林伐採(右上)，ヒグマの密猟(左下)，森林火災(右下)
Figure VI.2.4 The basic threats for brown bear populations. Fish poaching (upper left), logging (upper right), bear poaching (lower left), and forest fire (lower right).

4．ヒグマと人間との関係

　ヒグマの安定した生活を脅かすものとしては，ヒグマの密猟や森林伐採，森林火災による生息環境の改変・減少，食物資源(特にサケ・マス類)を巡る人間との競合，ヒグマの個体数管理が十分に行われていないことなどが挙げられる(図VI.2.4)。ヒグマの密猟では，掌や胆嚢といった身体の一部のみが採取され，アジアの国々へ不法に持ち出され，売買されている。また，サケ・マス類の利用に関しては人間とヒグマの利害が対立する。サケ・マス類が遡上する河川では，人間がワナを仕掛けたりヒグマを射殺したりしており，こういった中で，傷ついたヒグマが人間を襲う事故も毎年のように発生している。サケ・マス類の利用に関して，人間はヒグマの要求量を十分考慮しながら，合理的に進めていく必要がある。しかし，ヒグマとサケ・マス

類の関係はまだ十分には解明されていない。サハリン地方，カムチャツカ地方，沿海地方で既に10年ほど実施されている学術プログラムでは，人間とサケ・マス類とヒグマとの相互関係を解明し，人間とヒグマとの間に生じるあつれきを回避することを目的としている。人間のサケ・マス類の利用がどの程度になるとヒグマの個体数や沿岸地域の生態系に影響を及ぼすのかといったことの解明もその一部となっている。併せて，日本の研究者とともに極東におけるヒグマの遺伝学的研究も実施している。この学術プログラムの結果を根拠として，連邦機関に対し保護管理に関する提言も行っている。ヒグマの出産期である1月・2月におけるクマ猟は，この提言に基づき禁止された。その他，ヒグマの研究に関してはサハリン州行政府とも緊密な連携をとっている。

5．おわりに

　ロシア極東地域に生息するヒグマは世界で最も大きいクマ類の1つである。この地域のヒグマの個体数は全体的に安定していると考えられるが，地域によっては密猟や生息環境の減少・改変及び食物資源を巡る人間とのあつれきなどにより，数を減らしているところもある。極東地域のヒグマ個体群存続のためには，密猟の管理と生息環境の保全が最も優先的に進めるべき対策であると考えている。

【引用・参考文献】
Chernyavskiy, F., Krechmar, A. & Krechmar, M. (1993): The brown bear. The Northern Far East, In: Bears: Brown bear, polar bear, Asiatic black bear (Vaisfeld, M. & Chestin, I. ed.), pp. 318-448, Nauka, Moscow. (In Russian)
Seryodkin, I., Goodrich, J. & Kostyria, A. (2003): Diet of Asiatic black and brown bears in the central Sikhote-Alin, In: Terrafauna of Russia and Contiguous Territories (Orlov, V. ed.), pp. 314-315, Severtsov Institute of Ecology and Evolution, Moscow. (In Russian)
Seryodkin, I. & Pikunov, D. (2002): Resources of the Asiatic black and brown bears in the Primorsky Krai: Problems with conservation and rational use, In: Current problems with natural resource use, game management and animal husbandry (Saphonov, V. ed.), pp. 366-368, Kirov Press, Kirov. (In Russian)
Seryodkin, I. (2006): The biology and conservation status of brown bears in the Russian Far East, In: Understanding Asian bears to secure their future (Japan Bear Network ed.), pp. 79-85, Ibaraki Printing Co. Ltd., Ibaraki.

6．Summary

　The Russian Far East (RFE) states of Chukotka AO, Magadanskaya Oblast, Sakhalinskaya Oblast, Kamchatsky, Khabarovsky and Primorsky Krais border the Pacific Ocean and its seas (Sea of Japan, Sea of Okhotsk and Bering Sea) for some 4,500 km. Brown bear can be found across these regions, and the total population of brown bears in the RFE is around 35,000. These regions boast one of the highest population density in Russia (0.1 bears/10 km² average).

The major diet of brown bears in the RFE region includes anadromous salmonids as well as pine cones, oak nuts, and bramble berries. Usually there is a higher population density of brown bear along coastal habitats compared to those of the mainland due to better foraging conditions. Pacific salmon (*Oncorhynchus gorbuscha, O. keta, O. nerka, O. kisutch, O. masu*), which travel up rivers to spawn, are the primary food source for most bears of the RFE, especially during the summer and autumn seasons. The availability of salmon determines the degree of fat deposit necessary for surviving the winter and also bear reproductive success rate. Sea products collected on beaches (mollusks, fish, arthropods, seaweed and dead marine mammals) serve as another important food source. During the summer, bears feed mostly on the lush vegetation of coastal sedge meadows.

The brown bear plays an important role in coastal ecosystems as the largest predator and an important scavenger of dead fishes and mammals. In this respect, they act as an important vector of nutrients from sea to land.

Important threats to the sustainability of the RFE brown bear population are poaching, habitat loss, competition with humans for salmon, and poor wildlife management. Ecological studies of bear conducted at the Sakhalin, Kamchatka and in Primorsky Krai, include radio and GPS collaring with the objective of exploring the relationships within the "human-salmon-brown bear" system and the prevention of human-bear conflicts.

3

北海道及び周辺地域における
ヒグマの遺伝的構造

Genetic structure of brown bears in Hokkaido and neighboring regions

釣賀一二三[1]・間野勉[2]・小平真佐夫[3]・山中正実[4]・葛西真輔[5]・増田隆一[6]([1]北海道立総合研究機構 環境科学研究センター・[2]北海道立総合研究機構 環境・地質研究本部・[3]元 知床財団・[4]知床博物館・[5]知床財団・[6]北海道大学大学院理学研究院)
Hifumi TSURUGA[1], Tsutomu MANO[1], Masao KOHIRA[2], Masami YAMANAKA[3], Shinsuke KASAI[4] and Ryuichi MASUDA[5] ([1]Hokkaido Research Organization; [2]formerly Shiretoko Nature Foundation; [3]Shiretoko Museum; [4]Shiretoko Nature Foundation; [5]Hokkaido University)

1. はじめに

 北海道知床半島のヒグマは,小規模ながら最も生産力の高い個体群として,近隣の地域に対する供給源として機能していると推測されている。一方近年,知床国立公園内では人慣れした個体が増加し,これらの個体が公園外においても同様に振る舞うことが問題になりつつある(Kohira et al., 2009)。知床半島を含む広い地域を対象としたヒグマの分散や移動に関するデータは少ないことから,北海道国際航空(エア・ドゥ)寄付金事業「知床キムンカムイ・プロジェクト」ではこの地域のヒグマの保護管理に資する目的で,ヒグマの遺伝構造解析を試みた。本章では,このプロジェクトで得られた成果を紹介するとともに,北方圏の地域で構成する北方圏フォーラムヒグマワーキンググループによって環北太平洋のヒグマの保全と効果的な利用を目的として推進されている,この地域のヒグマを対象とした遺伝子研究プロジェクトについても紹介したいと思う。

2. 北海道のヒグマの遺伝的構造

 図Ⅵ.3.1は,母系遺伝するミトコンドリアDNAの分析によって得られた,北海道のヒグマの遺伝的なグループ分けを示している。北海道のヒグマは3つのグループに分けられ,中央部に広く分布するグループA,知床半島を中心とした道東地域に分布するグループB,そして南西部の渡島半島と石狩西部地域を中心に分布するグループCが存在する(Matsuhashi et al.,

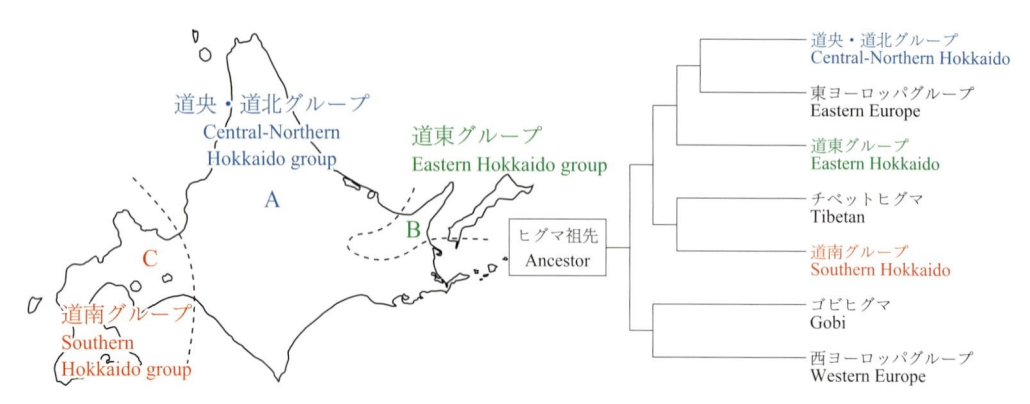

図VI.3.1 ミトコンドリアDNAの分析によって得られた北海道のヒグマの遺伝的なグループ分け(国後,択捉についてはデータなし)。Matsuhashi *et al.*(2001)を改変

Figure VI.3.1 Genetic relationship of brown bear subpopulations in Hokkaido (no data for Kunashiri and Etorofu Islands). Modified from Matsuhashi *et al.* (2001).

1999)。遺伝的な関係を世界的に見ると,グループAは東ヨーロッパや西アラスカのヒグマに近く,グループBは東アラスカのグループに,グループCはチベットのヒグマに比較的近いことがわかっている(Matsuhashi *et al.*, 2001)。

3. 知床キムンカムイ・プロジェクト

2006年度から3年間にわたって実施された,「知床キムンカムイ・プロジェクト」では,その一環として知床半島とその周辺地域におけるヒグマの遺伝的構造に関する研究が行われた。道内のヒグマ地域個体群を対象とする研究としては,最も詳細な研究が行われた事例である。

本研究では,1998〜2007年までの間に有害捕獲あるいは生態調査のために捕獲されたヒグマから採取した,304試料を用いた。図VI.3.2はその採取地点を示している。また,知床半島先端部の試料が少なかったことから,ルシャ地域にヘア・トラップを設置して体毛の採取を試み,34試料を得ることが出来た。この34の体毛試料から

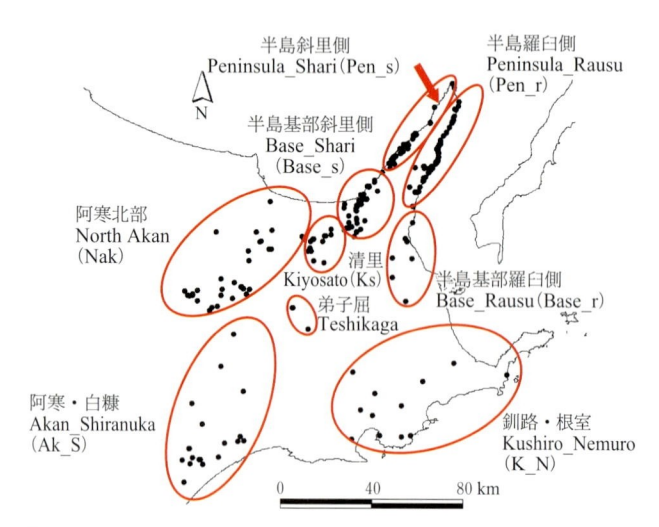

図VI.3.2 知床キムンカムイ・プロジェクトで用いたヒグマ試料の採取地点(矢印で示した地点は,ヘア・トラップを設置したルシャ地域)と,試料の分布に基づいて分けた9つの地域集団。釣賀ほか(未発表)

Figure VI.3.2 Sampling location of brown bear tissue and hair samples, and assumed subpopulation. Tsuruga *et al.* (unpublished data).

は，その後の分析によって11個体が識別されており，合計315個体を対象として以下の分析を実施した。分析は，すべての試料についてミトコンドリアDNAコントロール領域の一部塩基配列(約670塩基)を決定し，さらに17座位のマイクロサテライトDNA(Paetkau *et al.*, 1995; Taberlet *et al.*, 1997)の遺伝子型決定を実施した。分析データの解析は，試料の分布に基づいてこの地域のヒグマを便宜的に9つの地域集団に分けて実施した(図Ⅵ.3.2)。なお，弟子屈については試料数が2と少なかったために，解析からは除外し，半島基部羅臼側についても，試料数が7と少ないことから，一部の解析からは除外した。

3.1 ミトコンドリアDNA

分析結果のうち，ミトコンドリアDNAのハプロタイプ分布を図Ⅵ.3.3(釣賀ほか，未発表)に示した。グループAに属するHB 01とHB 02の2つのハプロタイプと，グループBに属するHB 10，HB 11，HB 12及びHB 13の4つのハプロタイプに加え，グループBに属する5つの新しいハプロタイプが検出された。これらのうち，グループBに属するハプロタイプは主に半島部に分布していたが，その一方で，グループAに属するハプロタイプは，半島基部の内陸部から南部の地域に広く分布していた。さらにグループBに属するハプロタイプでは，HB 13だけが広い分布を示すことが明らかになった。この結果を基に，想定した9つの地域集団のうち，試料数の少なかった弟子屈を除いた8つについて，近隣結合法(neighbor-joining method, Saitou & Nei, 1987)と多次元尺度構成法(multi-dimensional scaling method, Sneath & Sokal, 1973)を用いて系統関係を調べたところ，明確に2つのグループに分けられることが明らかになった。1つは半島部の5つの地域集団から構成され(半島グループ)，もう1つは内陸部の3つの地域集団から構成されていた(内陸グループ)(図Ⅵ.3.4，釣賀ほか，未発表)。半島グループにおいては，

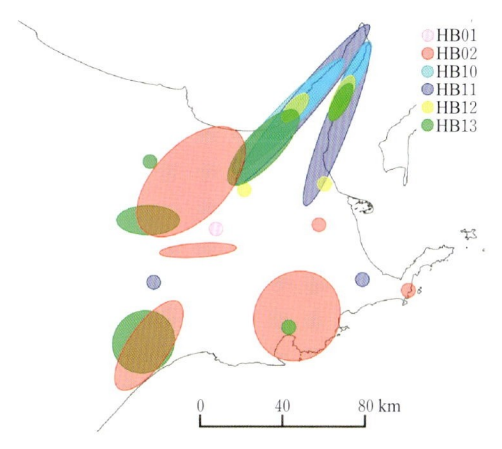

図Ⅵ.3.3 ミトコンドリアDNAハプロタイプの分布。釣賀ほか(未発表)
Figure VI.3.3 Distribution of mitochondrial DNA haplotypes. Tsuruga *et al.* (unpublished data).

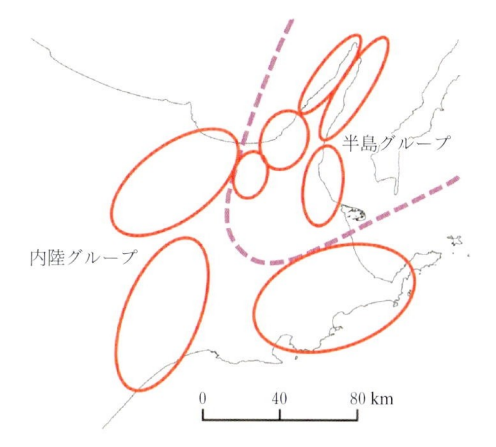

図Ⅵ.3.4 近隣結合法と多次元尺度構成法によって分けられた2つのグループ。釣賀ほか(未発表)
Figure VI.3.4 Two groups detected by phylogenetic trees constructed by using the neighbor-joining method and the multi-dimensional scaling method. Tsuruga *et al.* (unpublished data).

検出されたハプロタイプ数が多く、それぞれのハプロタイプが異なる分布を示していた。

このことから、半島グループを構成する地域集団では高い遺伝的多様性を保持しており、地域集団間の遺伝的分化も大きいことが明らかになった。

3.2 マイクロサテライトDNA

ミトコンドリアDNAが母系遺伝するのに対して、マイクロサテライトDNAは核ゲノム上に存在し、母方と父方の両方の遺伝子情報を含む。本研究では、マイクロサテライトDNAの分析結果から、9つの地域集団のうち試料数の少なかった弟子屈と半島基部羅臼側を除いた7つについて、各地域集団間の遺伝的分化を表すF_{st}の値を算出した。その結果、知床半島の両側の集団(半島斜里側と半島羅臼側)を除いたすべての組み合わせについて有意なF_{st}値が得られ、隣接した地域集団間では遺伝的分化の程度が小さく、地域集団間においては遺伝的交流が保たれていることが明らかになった(釣賀ほか、未発表)。また、F_{st}値は地域集団間の距離が離れるほど大きくなっており、半島羅臼側を起点として考えると、図Ⅵ.3.5(釣賀ほか、未発表)に示した矢印の方向に距離が離れるに従って遺伝的分化が大きくなってことから、距離による隔離の効果が働いているものと考えられた。

次に、それぞれの試料の分析によって得られた遺伝子型の情報から、コンピュータプログラム「STRUCTURE」(Evanno et al., 2005)を用いたアサインメントテストを実施した。その結果、2つのグループの存在が明らかになった。これらのうち1つのグループは半島に分布する個体で占められており、もう一方のグループは内陸部に分布する個体で構成されていた(図Ⅵ.3.6a、釣賀ほか、未発表)。この結果は、ミトコンドリアDNAの分析によって得られた結果と同じ傾向を示している。それぞれのグループの分布をさらに詳細に見るために、0.9未満の確率でそれぞれのグループに振り分けられた個体を、0.9以上の高い確率で振り分けられたものと区別して表してみたところ(図Ⅵ.3.6b、釣賀ほか、未発表)、0.9未満の確率で振り分けられた個体は半島の基部に多く分布しており、この地域で2つのグループが接していると考えられた。この結果を見ても、ミトコンドリアDNAの分析結果と同様の傾向を示しているが、境界域にはどちらにもはっきりと振り分けられない個体が分布しており、2つのグループの境界はそれほどはっきりしていない。境界域に分布する個体はその多くが半島側のグループに属するものの、内陸側のグループの影響を大きく受けていると考えられる。しかしながら、ミトコンドリアDNAだけでなくマイクロサテライト遺伝子の分析においても、このように狭い境界

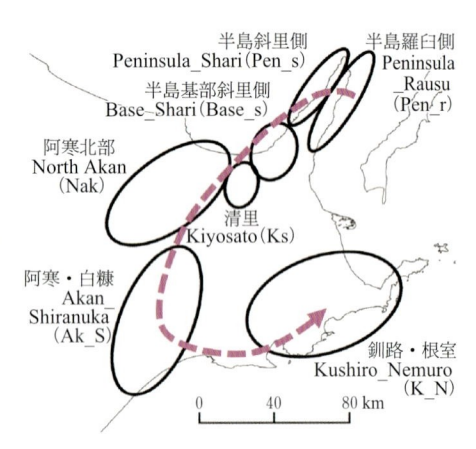

図Ⅵ.3.5 それぞれの地域集団間におけるF_{st}は、距離が離れるにしたがって大きくなっていた(釣賀ほか、未発表)。
Figure Ⅵ.3.5 As distance between two subpopulations became larger, the F_{st} values were getting higher Tsuruga et al., unpublished data.

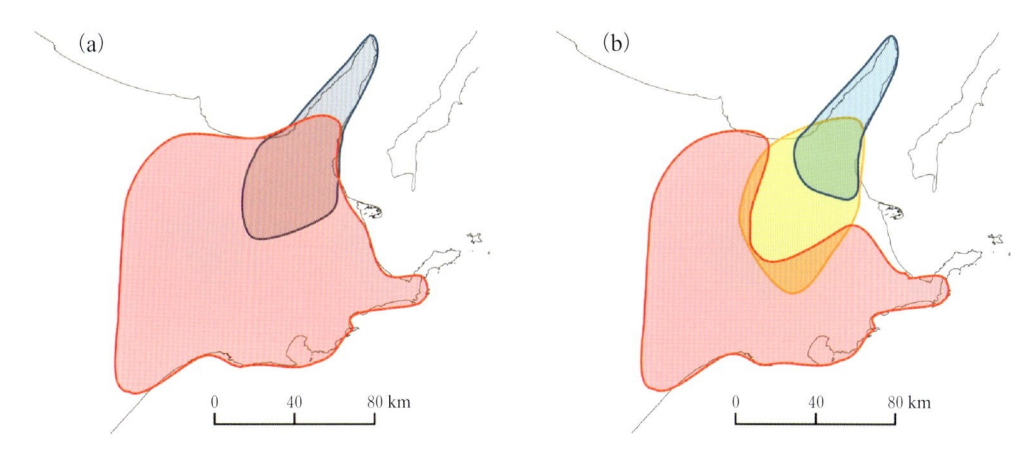

図Ⅵ.3.6 STRUCTURE 2.3によるアサインメントテストの結果。(a)アサインメントテストによって分けられた2グループ（赤，青）。(b)確率 Q＜0.9でアサインされた試料が分布する範囲を黄色で表したところ，2つのグループの境界域に集中して分布していた。釣賀ほか（未発表）

Figure Ⅵ.3.6 Distributions of individuals assigned to each of two groups using STRUCTURE 2.3. Red and blue indicate the distributions of individuals assigned to each group with Q≧0.9 (a). Yellow indicates the distribution of individuals assigned to one of two groups with Q＜0.9 and distributed around the basal area of peninsula (b). Tsuruga *et al.* (unpublished data).

域で2つのグループが分けられることは，非常に興味深い。

今回の研究で得られた結果からは，半島基部を含めた半島部のヒグマを1つの地域個体群として管理することが望ましいと考えられる。

4. 北方圏フォーラムヒグマワーキンググループによるプロジェクト

知床キムンカムイ・プロジェクトの例が示しているように，ヒグマの遺伝的構造についての知見は，その地域のヒグマ保護管理を進める上で重要な情報である。

1991年に設立された北方圏フォーラムは，現在7カ国13地域が参加する国際機関で，北方圏地域に共通する課題や北方圏地域に影響を与える世界的規模の問題解決のために，北方圏地域の地方政府が協力して様々なプロジェクトに取り組んでいる。その常設委員会の1つとして設置されたヒグマワーキンググループでは，環北太平洋地域におけるヒグマの遺伝子研究プロジェクトを推進している。このプロジェクトでは，それぞれの地域においてヒグマを効果的に保全し，資源として合理的に利用することを目指して，環北太平洋地域にどのような遺伝子を持つヒグマが分布しており，またそれぞれの地域個体群どうしが，遺伝的にどのような関係にあるかを明らかにすることを目的としている。

図Ⅵ.3.7には，世界に分布するヒグマの遺伝的関係をミトコンドリアDNAの分析結果に基づいて示した。アラスカには3つのグループが分布しており（Talbot & Shields, 1996），そのうち2つは北海道に分布するヒグマと同じグループに属しているが，前述のとおり東アラスカのグループは知床半島周辺のヒグマと同じグループを形成している。他方のグループはヨーロッパの東側に分布するヒグマと同じグループに属しているが，最近の研究では，ロシア国内のい

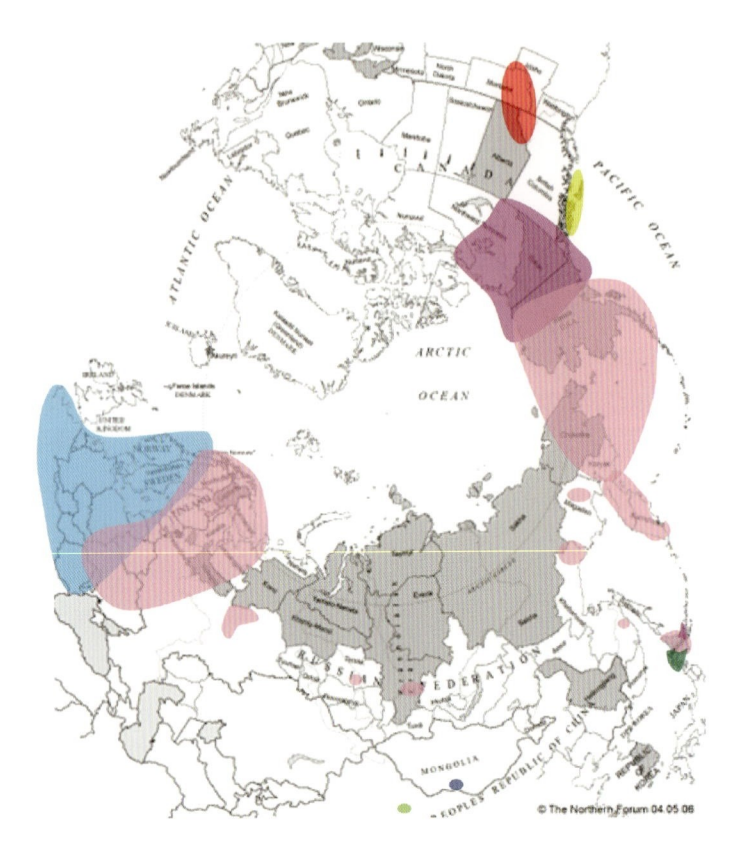

図VI.3.7 現在のヒグマにおける遺伝子グループの分布。同色は同じグループに属することを示す。Talbot *et al.*(1996)；Waits *et al.*(1998)；Matsuhashi *et al.*(2001)；Korsten *et al.*(2009)より
Figure VI.3.7 Current distribution of brown bear genetic groups. The same color indicates the same group. From Talbot *et al.* (1996); Waits *et al.* (1998); Matsuhashi *et al.* (2001); Korsten *et al.* (2009).

くつかの地域にも同じグループに属するヒグマが分布することが明らかになった(Korsten *et al.*, 2009)。北海道には，さらに南西部の渡島半島地域周辺にこれら2つとは異なるグループに属するヒグマが分布しており，狭い地域に3種のグループが存在することは非常に興味深い。現在，ヒグマワーキンググループでは，そのネットワークを利用してこれまで情報がなかった地域からの試料収集を進めているが，これまでにアラスカ，北海道では十分な数の試料が収集されてきた。さらにこれまであまり情報のなかったロシアの各地域においても試料収集が進められ，ロシア国内において分析作業も始まっている。近い将来に興味深い結果が得られることが期待される。

【引用・参考文献】

Evanno, G., Regnaut, S. & Goudet, J. (2005): Detecting the number of clusters of individuals using the software STRUCTURE: a simulation study, Molecular Ecology, 14, 2611-2620.

Kohira, M., Okada, H. Nakanishi, M. & Yamanaka, M. (2009): Modeling the effects of human-caused mortality on the brown bear population on the Shiretoko Peninsula, Hokkaido, Japan, Ursus, 20, 12-21.

Korsten, M., Ho, S. Y. W., Davison, J., Pähn, B., Vulla, E., Roht, M., Tumanov, I. L., Kojola, I., Andersone-Lilley, Z., Ozolins, J., Pilot, M., Mertzanis, Y., Giannakopoulos, A., Vorobiev, A. A., Markov, N. I., Saveljev, A. P., Lyapunova, E. A., Abramov, A. V., Männil, P., Valdmann, H., Pazetnov, S. V., Pazetnov, V. S., Rõkov, A. M. & Saarma, U. (2009): Sudden expansion of a single brown bear maternal lineage across northern continental Eurasia after the last ice age: a general demographic model for mammals? Molecular Ecology, 18, 1963-1979.

Matsuhashi, T., Masuda, R., Mano, T. & Yoshida, M. C. (1999): Microevolution of the mitochondrial DNA control region in the Japanese brown bear (*Ursus arctos*) population, Molecular Biology and Evolution, 16, 676-684.

Matsuhashi, T., Masuda, R., Mano, T. Murata, K. & Aiurzaniin, A. (2001): Phylogenetic relationships among worldwide populations of the brown bear *Ursus arctos*. Zoological Science, 18, 1137-1143.

Paetkau, D., Calvert, W., Stirling, I. & Strobeck, C. (1995): Microsatellite analysis of population structure in Canadian polar bears. Molecular Ecology, 4, 347-354.

Saitou, N. & Nei, M. (1987): The neighbor-joining method: a new method for reconstructing phylo genetic trees, Molecular Biology and Evolution, 4, 406-425.

Sneath, P. H. A. & Sokal, R. R. (1973): Numerical Taxonomy: The Principles and Practice of Numerical Classification, W. H. Freeman and Company, San Francisco, 573pp.

Taberlet, P., Camarra, J-J., Griffin, S., Uhrès, E., Hanotte, O., Waits, L. P., Dubois-Paganon, C., Burke, T. & Bouvet, J. (1997): Noninvasive genetic tracking of the endangered Pyrenean brown bear population, Molecular Ecology, 6, 869-876.

Talbot, S. L. & Shields, G. F. (1996): Phylogeography of brown bears (*Ursus arctos*) of Alaska and paraphyly within the Ursidae, Molecular Phylogenetics and Evolution, 5, 477-494.

Waits, L. P., Talbot, S. L., Ward, R. H. & Shields, G. F. (1998): Mitochondrial DNA phylogeography of the North American brown bear and implications for conservation, Conservation Biology, 12, 408-417.

5. Summary

We investigated genetic structure of brown bears (*Ursus arctos*) inhabiting in eastern Hokkaido including Shiretoko Peninsula, assuming nine subpopulations based on the sampling locations. Partial sequences (about 670 base-pairs) of the mitochondrial DNA (mtDNA) control region and genotypes of 17 loci of microsatellite DNA were determined on around 300 individuals. In those bears, two of three mtDNA haplotype lineages, which have been found through Hokkaido, were detected, and they coexisted in the interior area. MtDNA phylogenetic relationships among the subpopulations indicated the separation into two groups: the peninsular group and the interior group. In addition, microsatellite DNA analysis showed a relatively high genetic variability in each subpopulation and the separation into two genetic groups, of which borderline is consisted with that of mtDNA. These results clearly showed gene flow by the bears' migration between the peninsular and the basal regions. Based on the genetic data of the present study as well as previous behavioral data, we should consider the broad area including not only the peninsular region which is the heritage site but also the interior region in Hokkaido, for the effective conservation and management of the brown bear populations in the Shiretoko World Natural Heritage. In this way, knowledge of genetic distribution and relationships of brown bear populations are crucial for effective conservation of the species. The Northern Forum Brown Bear Working Group resolved to determine these genetic relationships of the brown bear populations of the north Pacific Rim. Results of this project will provide a much clearer picture of the similarities and isolation of brown bear populations within all of these regions to conserve this vital resource in the world.

4

国後島・択捉島のヒグマ
―― 特に白いヒグマについて

Brown bears of Kunashiri and Etorofu with particular reference to the white pelage

佐藤喜和[1]・中村秀次[2]・石船夕佳[3]・ログンツェフ, A.[4]（[1]日本大学生物資源科学部・[2]日本大学大学院生物資源科学研究科・[3]北海道大学大学院獣医学研究科・[4]クリル保護区）

Yoshikazu SATO[1], Hidetsugu NAKAMURA[2], Yuka ISHIFUNE[3] and Andrey LOGUNTSEV[4]
([1]College of Bioresource Sciences, Nihon University; [2]Graduate School of Bioresource Sciences, Nihon University; [3]Graduate School of Veterinary Medicine, Hokkaido University; [4]Kurilsky Nature Reserve)

1. はじめに

　本章では，国後島及び択捉島におけるヒグマの生態について，まず白い毛色をしたヒグマに注目した研究成果について述べる。この研究成果の一部は，太子・佐藤(2010)，Sato *et al.* (2011)にて既に公表されている。続いて，これまでに行ってきた現地調査から得られているヒグマの生態，特に食性に関する知見を報告し，北海道のヒグマの食性と比較を行う。最後に，これらの結果をまとめ，国後・択捉両島のヒグマ及びその生息環境の保全の重要性について考察する。

2. 白いヒグマ

　1791年に蠣崎波響という日本画家が描いたイニンカリ図という絵の中に，白いクマが描かれている(図Ⅵ.4.1；大塚，2005)。イニンカリというアイヌの首長が2頭の子グマを連れている絵で，そのうちの一頭が白い。目や鼻やツメは黒く描かれていることから，アルビノではないと思われる。ここで，この白い毛色のヒグマのことを，以後イニンカリグマと呼ぶこととする。当時イニンカリは北海道本島東部から国後・択捉島にかけて狩猟と交易をしていたと考えられていることから，イニンカリグマは国後・択捉島産のヒグマである可能性がある(太子・佐藤，2010)。そのように考えるのは，2001年から行われた北方四島ビザなし専門家交流の生態系調査の中で，国後島及び択捉島に毛色の白いヒグマがいるらしいことがわかりはじめてきたこと

による。

　クマ類の毛色多型に関しては，アメリカクロクマやヒグマでよく知られている (Garshelis, 2009)。個体群間または個体群内の毛色の変異は，アメリカクロクマについては生息地，行動，体サイズ，産子数等との関連において研究されてきたが，ヒグマでは研究例が少ない (Schwartz et al., 2003)。

　そこで私たちは，ヒグマの毛色多型に関する理解を深め，国後・択捉両島にイニンカリグマが分布する意味を考察するため，まず両島におけるイニンカリグマに関する過去のそして現在の情報を収集することを目的に調査を行った。過去の情報を整理するために文献調査を，また現在の情報を知るために2008～2010年に国後島における聞き取り調査及び現地行動観察調査を実施した。文献調査として，主に国立国会図書館近代デジタルライブラリーを利用して，1862年以降発行の文献について調べた。イニンカリグマに関する記述

図VI.4.1　蠣崎波響により1791年に描かれた『夷酋列像』よりイニンカリ。ブザンソン美術館所蔵。写真は釧路明輝高校・石塚耕一氏提供による。

Figure VI.4.1　*Ininkari-zu* drawn by Hakyo Kakizaki in 1791. Original drawing is owned by the Museum of Fine Arts and Archeology, Besançon, France. This photo of the painting was provided through the courtesy of Mr. Koichi Ishizuka, Kushiro Meiki High School.

が見られたもののうち，場所や年月が明らかなもののみを証拠として採用した。また，ヒグマの毛色の変異に関しても，世界の学術文献を調べた。

　聞き取り調査及び撮影された写真に関する調査を，2008～2009年に国後島の狩猟者，保護区職員，自然愛好家の方々に対して行った。聞き取り調査に関しては直接白いヒグマを目撃したという方の情報のみを証拠とした。写真調査に関しては，撮影地点と撮影年が明らかなもののみを証拠とした。

　また，2009年10月及び2010年9月には，国後島北東部のセオイ川やオンネベツ川周辺にて，定点観察及びカメラトラップを用いた撮影を行い，イニンカリグマの探索を行った。

3. 文献から見たイニンカリグマ

　文献調査の結果確認できた最も古い記録は、東京の上野動物園で1878～1881年の間に択捉島で生まれた白いヒグマが飼育されていたという記録だった（小宮, 2008）。また、択捉島に暮らしていた太田代(1893)は、1890年の野生鳥獣の捕獲数及びその製品の価格に関するレポートの中で、択捉島のヒグマの毛色について、金、黒、そして白という記述を残していた。さらに探検家の多羅尾(1893)は1891～1892年にかけて行った探検の記録の中で、択捉島に生息するヒグマについて、やはり金、黒に加えて白という記述を残していた。他にも白いクマに関する記述は見られたが、正確な場所や年代が明らかではないため、証拠として採用しなかった。

4. 聞き取り調査から見たイニンカリグマ

　聞き取り調査の結果、国後島の「保護区職員」、元「保護区職員」、狩猟者、自然愛好家、そして択捉島の元「保護区職員」を含む7名から信頼できる情報が得られた。これまでに目撃したクマ、狩猟によって捕獲したクマの構成から、国後島にいるヒグマの約10％がイニンカリグマであると推定されること、近年イニンカリグマの目撃情報が増加していること、国後島の北部で頻繁に目撃されていること、また択捉島にも分布しているという情報が得られた。目撃情報の増加については、イニンカリグマへの注目度が増していることが関係している可能性がある。また北部に多いという点については、元々国後島のヒグマは南部より北部で生息密度が高いことが原因と思われる。

5. 写真から見たイニンカリグマ

　8名の方々により国後島または択捉島で1990年以降に撮影された写真を調べた。両島に生息するヒグマの毛色には、濃い茶色から白にかけて様々なパターンが見られた。両島で撮影されたヒグマの多くは濃い茶色で、頭部から首、背中にかけて金色の刺毛を持っており、北海道に生息するクマと同じような毛色であった。このうち5名の方により国後島及び択捉島で撮影された写真から、鮮明なイニンカリグマを確認することができた。通常の濃い茶色のヒグマとは明らかに異なっている（図Ⅵ.4.2, 図Ⅵ.4.3, 図Ⅵ.4.4）。

図Ⅵ.4.2　2005年8月に国後島オンネベツ川で撮影されたイニンカリグマ。T. Shpilenok 氏撮影
Figure VI.4.2　A white-colored (Ininkari) brown bear in Kunashiri Island. Photo by T. Shpilenok, Aug. 2005.

図Ⅵ.4.3 2004年8月に国後島セオイ川で撮影されたイニンカリグマ。E. Grigoriev氏撮影
Figure Ⅵ.4.3 A white-colored (Ininkari) brown bear in Kunashiri Island. Photo by E. Grigoriev, Aug. 2004.

図Ⅵ.4.4 2010年10月に国後島オンネベツ川で撮影されたイニンカリグマ。D. Sokov氏撮影
Figure Ⅵ.4.4 A white-colored (Ininkari) brown bear in Kunashiri Island. Photo by D. Sokov, Oct. 2010.

写真調査の結果明らかになったイニンカリグマの毛色は，上半身，つまり頭，肩そして前肢が白く，そして下半身は濃い茶色または灰色の毛が混じるのが特徴である。

6．現地調査から見たイニンカリグマ

国後島北部太平洋側のオンネベツ川及びセオイ川の周辺地域において，2009年10月22～27日にかけて，及び2010年9月11～18日にかけて行動観察調査を実施した。2009年は，カラフトマスの遡上が既に終わっており，シロザケの遡上が多少見られる程度という時期であったため，あまり長い時間クマを観察することができなかったが，最低識別頭数で6頭のクマを確認した。そのうち1頭は亜成獣のイニンカリグマだった。2010年は，カラフトマスの遡上最盛期に観察を行うことができた。最低識別頭数で6頭のクマを確認し，やはりそのうち1頭はイニンカリグマだった（図Ⅵ.4.5）。

図Ⅵ.4.5 2010年9月に国後島オンネベツ川にて観察されたイニンカリグマ。カラフトマスを捕食している。図Ⅵ.4.4と同一個体と思われる。
Figure Ⅵ.4.5 A white-colored (Ininkari) brown bear in Kunashiri Island. (Sep. 2010). The bear attempted to catch a pink salmon.

行動観察調査と並行して，赤外線センサー式のカメラを用いたカメラトラップ調査も実施した。2009年には，オンネベツ川沿いの獣道に6日間で5台のカメラを設置した。その結果ヒグマが14枚撮影され，そのうちの1枚がイニンカリグマであった。2010年には，オンネベツ川及びセオイ川沿いの獣道に7日間で9台のカメラを設置した。その結果ヒグマが最低6頭29枚撮影され，そのうち1頭がイニンカリグマであった。

7．ヒグマの毛色多型

　ヒグマは北半球に広く分布している。世界のヒグマの毛色に関する文献情報を調べたところ，分布地域により淡褐色から，ブロンド，金，銀，シナモン，様々な濃さの茶色，そしてほとんど黒まで大きな変異が見られた(Garshelis, 2009)。この毛色の変異は，北米やアジアでは大きく，ヨーロッパでは少ないようである。また観察する角度や光の具合によって変わるという記述も見られた。さらに，加齢による変化，季節による変化に関する記述も見られた(Bochkin, 2005；Garshelis, 2009)。総じてヒグマの毛色は，頭部や肩は，体側面，腹部，足よりも淡い色になる傾向が見られた。

　アジアの一部のヒグマ，または北米の子グマは，胸部から首すじにかけて明瞭な「白い」斑を持つ場合があることが知られている(Garshelis, 2009)。またチベットのヒグマや北米のヒグマの毛色に関して，「白」という表現が用いられたことがあるが，イニンカリグマのように頭・肩・前足まで白いというヒグマは，国後島及び択捉島の他には見られなかった。

8．国後島・択捉島にだけ生息する白いヒグマ──イニンカリグマ

　国後島と択捉島には，白いヒグマ(イニンカリグマ)が分布することが明らかとなった。文献記録からは，択捉島では少なくとも100年以上前の1890年代に白いヒグマが生息していたこと，イニンカリ図の白いクマが国後島または択捉島産であるとすれば，さらに100年前から生息していたことになる。そして現在でも，両島に生息していることが明らかとなった。海外のヒグマに関する文献調査の結果，毛色には多型が多く，様々な毛色が報告されているが，イニンカリグマのように上半身が(頭，肩，前足まで)白いクマが一定の割合で存在するという報告は，国後島・択捉島の他には見られなかった。

　この上半身が白いというイニンカリグマが現在まで，そしてなぜこの2つの島にだけ見られるのかに関する仮説を考えてみよう。カナダ太平洋岸の島嶼部に，白いアメリカクロクマが黒いアメリカクロクマと同所的に生活していることが知られている。白色型は一遺伝子置換で生じることがわかっている(Ritland *et al.*, 2001)。白いクマは捕食されやすいなどのリスクが予想されるにもかかわらず今でも残っている理由として，白いアメリカクロクマが生息する島嶼には，潜在的な捕食者であるヒグマが分布せず，オオカミも少ないこと，またネイティブアメリカンは白いクマを神の使いと考えて畏敬の念を抱き，捕獲の対象としなかったことが影響した

と考えられている。さらにKlinka & Reimchen(2009)は，白いアメリカクロクマには，黒いアメリカクロクマよりも昼間のサケ捕獲効率が高いという適応的な利点があることを示した。

同様な考えが，国後・択捉両島の白いヒグマに関しても当てはまる可能性がある。つまり，両島には捕食者となり得るオオカミが分布していない。両島における人間の密度も低く，狩猟は行われてきたが白いヒグマを積極的に捕獲することはなかったことが聞き取り調査からわ

図VI.4.6 2010年9月に国後島オンネベツ川にて観察されたイニンカリグマ。捕まえたカラフトマスをくわえているところ。
Figure VI.4.6 A white-colored (Ininkari) brown bear with a pink salmon in his mouth, in Kunashiri Island. (Sep. 2010).

かっており，白いことによる死亡のリスクは高くなかったと予想される。また，晩夏から秋にかけての主食はサケ科魚類であり(図VI.4.6)，通常の茶色いヒグマよりもサケの捕獲効率が高いかもしれない。もちろんこの点に関しては，今は仮説にすぎない。今後さらなる研究により，なぜこのような毛色が維持されてきたのかが明らかにされれば，イニンカリグマの貴重さ，独特さが評価され，イニンカリグマをシンボルとして両島ヒグマとその生息地を保全するのに役立つことが期待される。

9. 国後島・択捉島のヒグマと北海道本島のヒグマ——食性の比較

これまでの現地調査を通じて得られてきた国後島・択捉島のヒグマの生態に関する情報として糞分析による食性分析の結果を紹介し，隣接する北海道本島におけるヒグマの食性と比較しながら，両島のヒグマの特徴を明らかにしたい。ここでは，2009年10月及び2010年9月に行った国後島オンネベツ川及びセオイ川周辺での調査結果と，これまで北海道本島で行われてきた研究結果を比較する。

図IV.4.7に国後島オンネベツ川及びセオイ川周辺におけるヒグマの糞内容物を示した。9月には，カラフトマスが大半を占めていることがわかる。またその他の採食物としては，ミズバショウの根茎，その他草本類が利用されていた。10月には，双子葉草本類の利用が約半分を占めた。次に利用が多かったのは，ナナカマドやハマナス，ミヤママタタビなどの液果類，次いでシロザケであった。

これを，北海道本島のヒグマの食性と比較してみると，春から初夏にかけて(4～7月)は主に草本類が，晩夏(8～9月)には農作物が利用され，その後秋(10～11月)になると液果類や堅果類

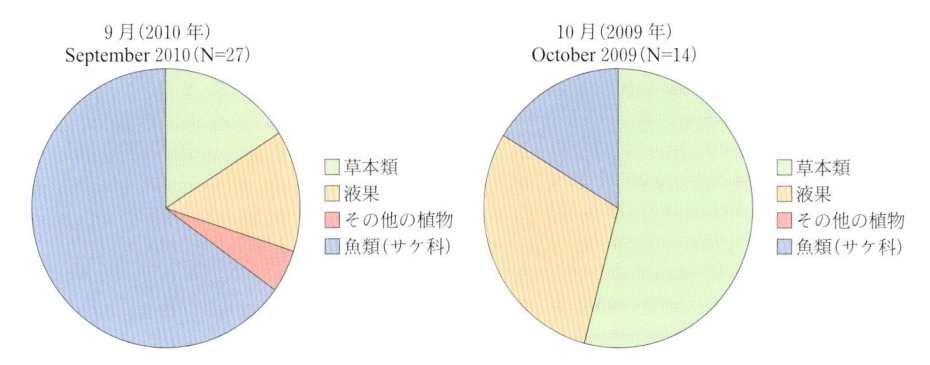

図Ⅵ.4.7　国後島オンネベツ川及びセオイ川周辺におけるヒグマの糞内容物の容量割合，2009年10月及び2010年9月

Figure Ⅵ.4.7　Percent volume of brown bear scat contents in Onnebetsu and Seoi River area in Kunashiri Island, October 2009 and September 2010.

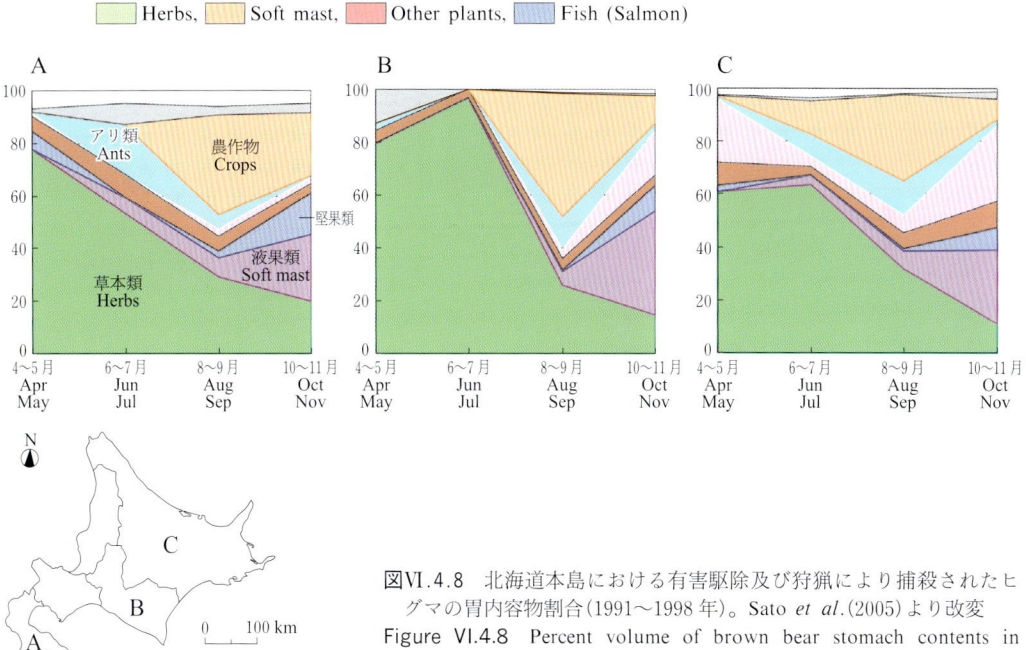

Herbs, Soft mast, Other plants, Fish (Salmon)

図Ⅵ.4.8　北海道本島における有害駆除及び狩猟により捕殺されたヒグマの胃内容物割合(1991～1998年)。Sato *et al*.(2005)より改変

Figure Ⅵ.4.8　Percent volume of brown bear stomach contents in Hokakido main island, 1991-1998. Modified from Sato *et al*. (2005).

の利用割合が増加していた(図Ⅵ.4.8，Sato *et al*., 2005)。

　このように北海道の多くの地域では，自然の採食資源に加えて，人由来の農作物が晩夏の主な採食資源となっていることがわかる。その結果人間との軋轢が増加するため，晩夏は駆除されるクマが最も多く，人間にとってもクマにとっても受難の季節となっていることがわかる。かつての北海道本島では，国後島で見られたように川にカラフトマスやシロザケが遡上し，ヒグマにとって晩夏の重要な採食資源となっていたはずである。しかし現在の北海道本島では，堰堤などの河川内構造物の存在によりサケ類が自然遡上できる河川が少ないのが現状である。またこうした障害を取り除くことで遡上できるようになったとしても河口に近い河川沿いには集落や農地が拡がっている場合が多く，そこにヒグマが現れても，それがまた新たな軋轢の原

因となるだろう。その結果，現在の北海道本島の多くの地域でサケ類はヒグマにとって利用可能な資源ではなくなっている。国後島は，かつての北海道本島で見られたヒグマの生活を見ることができる，貴重な場所と言うことができる。

10. ま と め

 国後・択捉両島には，他には見ることのできない白い毛色のヒグマが生息している。さらに，人間活動による影響の少ない原生的自然環境の中で多数のヒグマが生息している。この地域のヒグマの生態を理解することが，両島のヒグマの保全，さらには北海道本島のヒグマの保護管理のためにも重要な情報を提供するだろう。

【引用・参考文献】
Bochkin, E. (2005). Bear of Kolyma region, Hunting, 2005. 9, 14-17. (In Russian)
Garshelis, D. (2009): Family Ursidae. In: Handbook of Mammals of the World, vol. 1. Carnivora. (Wilson, D. E. & Mittermeier, R. A. eds.), pp. 448-497, Lynx Edicions, Barcelona.
Klinka, D. R. & Reimchen, T. E. (2009): Adaptive coat colour polymorphism in the Kermode bear of coastal British Columbia, Biological Journal of the Linnean Society, 98, 479-488.
小宮輝之(2008)：上野動物園のクマ飼育史, In：環境—文化と政策(松永澄夫編), pp. 227-254, 東信堂, 東京.
太田代十郎(1893)：千島実業地誌, 公販館, 東京, 208 pp.
大塚和義(2005)：開催の主旨と民博所蔵本について, In：大塚和義教授定年退職記念シンポジウム「夷酋列像を読み解く」抄録(国立民族博物館編), pp. 3-5, 国立民族博物館, 大阪.
Ritland, K., Newton, C. & Marshall, H. D. (2001): Inheritance and population structure of the white-phased "Kermode" black bear, Current Biology, 11, 1468-1472.
Sato, Y., Mano, T. & Takatsuki, S. (2005): Stomach contents of brown bears *Ursus arctos* in Hokkaido, Japan, Wildlife Biology, 11, 133-144.
Sato, Y., Nakamura, H., Ishifune, Y. & Ohtaishi, N. (2011): The white-colored brown bears of the Southern Kurils, Ursus, 22, 84-90.
Schwartz, C. C., Miller, S. D. & Haroldson, M. A. (2003): Grizzly bear. In: Wild Mammals of North America: biology, management and conservation (2nd ed.; Feldhammer, G. A., Thompson, B. C. & Chapman, J. A. eds.), pp. 556-586, The John Hopkins University Press, Baltimore.
太子夕佳・佐藤喜和(2010)：「夷酋列像」イニンカリ図の白い子グマについて, 北海道考古学会誌, 46, 189-196.
多羅尾忠郎(1893)：千島探検実記(1974, 復刊), 国書刊行会, 東京, 121 pp.

11. Summary

 We investigated the distribution of brown bears (*Ursus arctos*) with white pelage in Kunashiri and Etorofu Islands; we here name this white pelage form the Ininkari bear. The fur color of the brown bear varies considerably throughout its range, and many pelage variations have been reported. Ininkari bears are unique in having white fur only on the upper half of the body. There are no reports of bears with the Ininkari-type markings in other regions of the world.

According to literature and interview surveys, Ininkari bears have been recognized since at least the late 1800s on Kunashiri and Etorofu. We surmise the reasons that distribution of Ininkari bears is restricted to these islands are the lack of predators and the low hunting pressure on brown bears there; these factors may allow the bears to maintain such a unique pelage.

Brown bears at the mouth of Onnebetu and Seoi River area, eastern Kunashiri fed on salmon (*Oncorhynchus* spp.) in September, whereas brown bears in most of low altitude areas of Hokkaido main island fed on agricultural crops in August and September. Less human disturbed habitat for brown bears, which have been lost in Hokkaido main island, still remains in Kunashiri and Etorofu islands. Further study on ecology of brown bears with particular reference to the white pelage would contribute to conservation of bears and its habitat in both islands.

5

ロシア極東地域のコウモリの分布
Distribution of the bats in Russian Far East
(Problems and questions)

チウノフ, M. P.(ロシア科学アカデミー極東支部生物学土壌学研究所)
Mikhail P. TIUNOV(Institute Biology and Soil Sciences, Far Eastern Branch of the Russian Academy of Sciences)

1. ロシア極東地域におけるコウモリ相研究の概要

　コウモリ類は，ロシアの哺乳類動物相の中で最も研究が進んでいない分類群の1つである。また，東アジアのコウモリ類の移動や分布についての研究も遅れている。その理由として，調査が進んでいないことが挙げられる。調査がしにくい，または研究者が少ないことが，この原因として考えられる。ロシア極東地域における環境が近年急速に変化してきていることを考慮すると，種ごとの個体群の状態をさらに研究し，それを保護するための総合的なデータを入手し，各地域の種ごとの研究の程度を知ることが不可欠である。

　ロシア極東地域のコウモリ類について，最初のデータは19世紀後半のL. Schrenk, G. Radde, A. Middendorffらの採集によるものである。1914年に出版された「ロシア帝国の哺乳類検索図鑑」(Satunin, 1914)では，極東の生息地には5種のコウモリ類が生息しているとした。一方，Ognev(1928)は，13種確認している。旧ソビエト連邦のコウモリ類の研究では，Kuzyakin(1950)による論文が大きな意義を持っており，そこでロシア極東地域のコウモリ類の分布と生態についていくつかのことが報告された。1960年代中頃に，沿海州南部での翼手類の越冬について簡略なデータが得られた(Okhotina & Bromlej, 1970)。また，同時期にロシア極東南部でユビナガコウモリ属 *Miniopterus* の生息が確認され(Belyaev, 1968; Konyukhov, 1970)，ロシア極東地域のコウモリ類は15種となった。このように，私がコウモリ類の調査をし始める前までに，ロシア極東地域のコウモリ相については概要が示されていたが，それらの多くは沿海地方の最南端のもののみで，それ以外の地域についての情報は偶然採集された個体などによる古い記録が多かった。また，そのほとんどが1個体ずつ発見されたもの等であり，個体数や生態についての情報はほとんどない状態だった。このため，私は1980〜1995年の定点調査と探検調査及びそれ以前の文献調査によって，まず始めに1997年の私の著書『極東の翼手類』(Tiunov, 1997)

の中でロシア極東地域のコウモリ類の分布図を作成し分布の分析を行った。その次に種ごとの相対的数，遭遇頻度，性別及び年齢構成を調べた。この結果の一部を図Ⅵ.5.1として示した。

その後，さらに新種がある，生態的な新発見がある，または分布境界線が訂正された等して近年明らかになってきたのは，ロシア極東地域のコウモリ相はかなり独特であるということだろう。かつて旧北区に広く分布していると考えられていたコウモリ類の多くが，西の境界線はアルタイ地域またはバイカル地域までしか及ばないことが明らかになってきた。最近のデータに基づけば，ロシア極東地域では18種のコウモリ類が確認されている(表Ⅵ.5.1)。

このうち3種(*Myotis brandtii*, *Vespertilio murinus*, *Amblyotus nilssonii*)だけが旧北区全体に分布している。これらの種の分布図を図Ⅵ.5.2として示した。

その他の種は中国あるいは日本付近に分布している。ロシア極東地域はこれらの種の分布域の北限に位置しており，その観点からも多くの種が保護されている状況にある。1997年の著書のデータに，それ以降明らかになった分布情報を加えて種ごとに作成した分布図を図Ⅵ.5.3として示した。

2. コウモリ類研究における分類

多くの場合，特に野生動物保護に関わっている者に重要なのは，2つのグループが，亜種なのか，または形態学的に異なった独立種なのかをはっきりと区別することである。これまでのコウモリ類の分類は，主に歯と頭骨の外部形態とサイズ，その構造の特徴に基づいて行われてきた。

極東におけるコウモリ類の分類には分類学者の間に意見の相違が見られることから，私はいくつかの分類単位の構成要素と独立

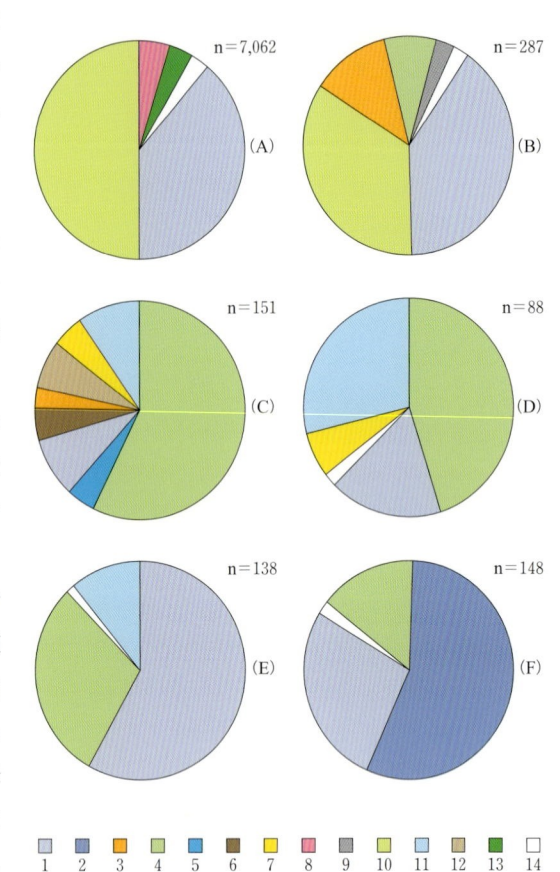

図Ⅵ.5.1 春〜夏にかけて捕獲された個体データによるロシア極東地域周辺の各地域におけるコウモリ類の種ごとの相対的個体数(%)。(Tiunov, 1997 より一部改変)

Figure Ⅵ.5.1 Relative abundance (in %) of bats in different regions of the Far East based on the spring - summer collection material. (Modified from Tiunov, 1997)

n = total number of specimens registered in different regions.
1: *Myotis daubentonii*, 2: *M. macrodactylus*, 3: *M. bombinus*, 4: *M. brandtii*, 5: *M. frater*, 6: *M. ikonnikovi*, 7: *Plecotus auritus*, 8: *Hypsugo alashanicus*, 9: *Vespertilio murinus*, 10: *V. superance*, 11: *Amblyotus nilssonii*, 12: *Murina leucogaster*, 13: *Miniopterus scheibersi*, 14: other (rare) species.
(A): The south of Primorye from 44°N, (B): Primorye and Khabarovsk Territories from 44°N to 49°N, (C): Khabarovsk Territory to the north of 49°N, (D): Amur Region, (E): Sakhalin, (F): Kunashiri Island

表VI.5.1 ロシア極東地域に分布するコウモリ類
Table VI.5.1 Bats of the Russian Far East.

・ *Myotis petax*	・ *Barbastella darjelingensis*
・ *Myotis macrodactylus*	・ *Pipistrellus abramus*
・ *Myotis bombinus*	・ *Hypsugo alashanicus*
・ *Myotis gracilis*	・ *Amblyotus nilssonii*
・ *Myotis brandtii*	・ *Vespertilio murinus*
・ *Myotis ikonnikovi*	・ *Vespertilio sinensis*
・ *Myotis frater*	・ *Murina ussuriensis*
・ *Plecotus ognevi*	・ *Murina hilgendorfi*
・ *Plecotus sacrimontis*	・ *Miniopterus fuliginosus*

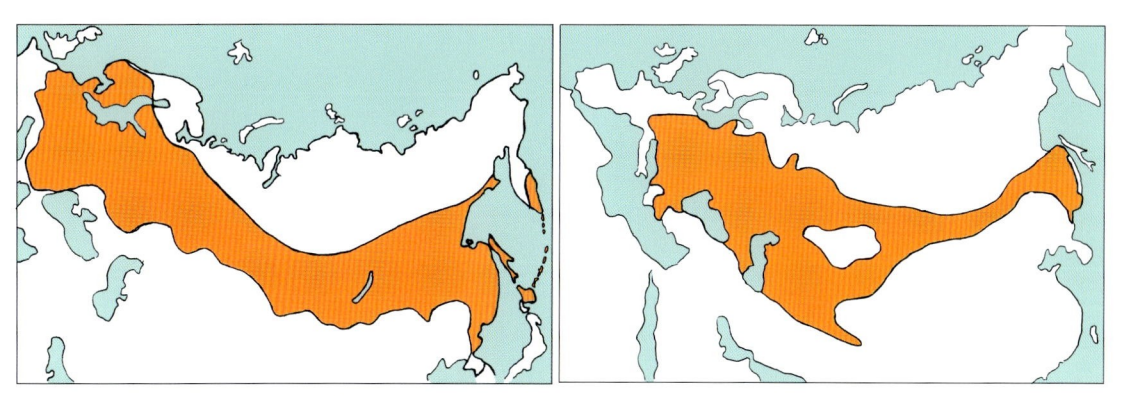

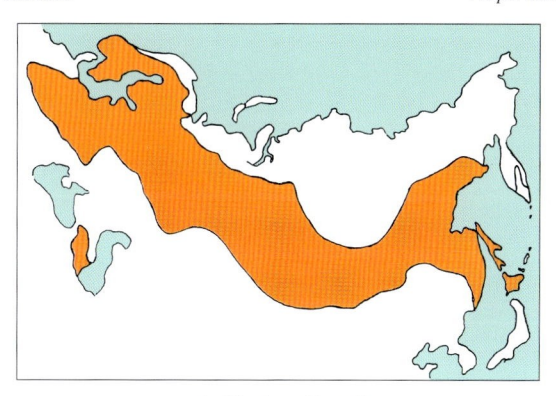

Myotis brandtii

Vespertilio murinus

Amblyotus nilssonii

図VI.5.2 旧北区に全体に分布するコウモリ類の分布図
Figure VI.5.2 The distribution map of the Palaearctic type species.

性の根拠となるクライテリアを示すことが不可欠であると考え，生殖器構造の特徴が系統分類学的に大変重要であるという指摘があることに注目した。コウモリ類の分類で多く用いられている生殖器構造の形質は陰茎骨の形態(Thomas, 1915, 1928; Topál, 1958; Lanza, 1969; Strelkov, 1986; Strelkov, 1989a, 1989b; Hill & Harison, 1987)である。一方で陰茎骨の形態は地理的な変異が認められ不安定な形質であるために系統分類学的な研究には向かないという指摘もある(Strelkov, 1986)。このため私は，コウモリ類の生殖器や生殖腺の形態について，種ごとの記載がある(Matthews,

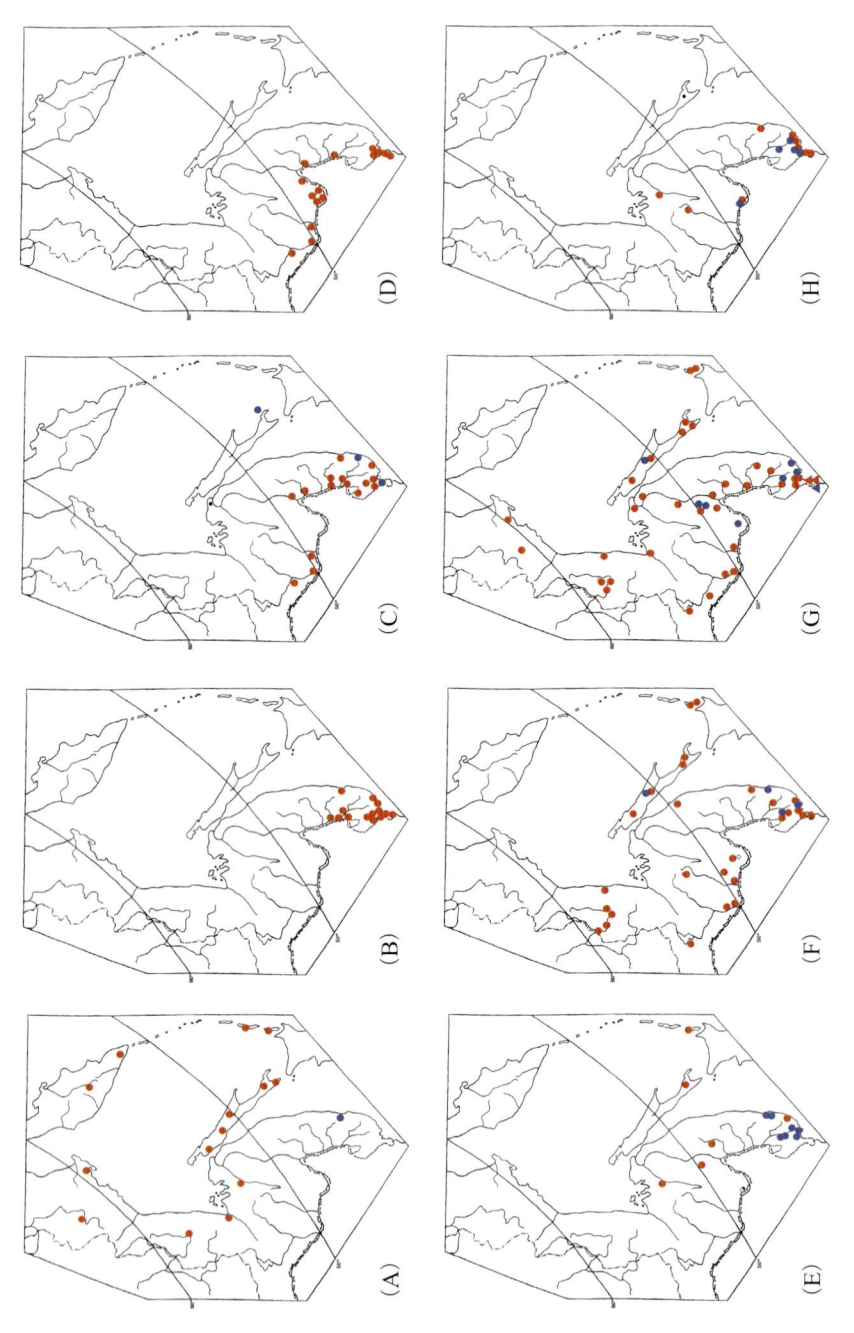

図VI.5.3(1) 極東ロシア周辺地域における各種コウモリの捕獲地点記録
Figure VI.5.3(1) The records of the points, where bats were cought around the Russian Far East.
Blue circles or triangles - winter records; Red circles or triangles - summer records.
(A) *Amblyotus nilssonii*; (B) *Hypsugo alashanicus*; (C) *Vespertilio murinus*; (D) *Vespertilio sinensis*; (E) *Myotis bombinus*; (F) *Myotis ikonnikovi*; (G) *Myotis petax*, circles - *M. petax ussuriensis*, triangles - *M. petax loukashkini*; (H) *Myotis frater*

図VI.5.3(2) 極東ロシア周辺地域における各種コウモリの捕獲地点記録
Figure VI.5.3(2) The records of the points, where bats were caught around the Russian Far East.
Blue circles or triangles - winter records; Red circles or triangles - summer records.
(I) *Myotis gracilis* and *Myotis brandtii*, circles - *M. gracilis*, triangles - *M. brandtii*; (J) *Myotis macrodactylus continentalis*, red triangles - *M. macrodactylus insularis*; (K) *Plecotus ognevi* and *Plecotus sacrimontis*, circles - *P. ognevi*, triangles - *P. sacrimontis*; (L) *Pipistrellus abramus*, *Miniopterus fuliginosus* and *Barbastella darjelingensis*, circles - *Pipistrellus abramus*, blue triangles - *M. fuliginosusii* (summer and winter records), red triangles - *Barbastella darjelingensis* (summer records); (M) *Murina hilgendorfi*; (N) *Murina ussuriensis*

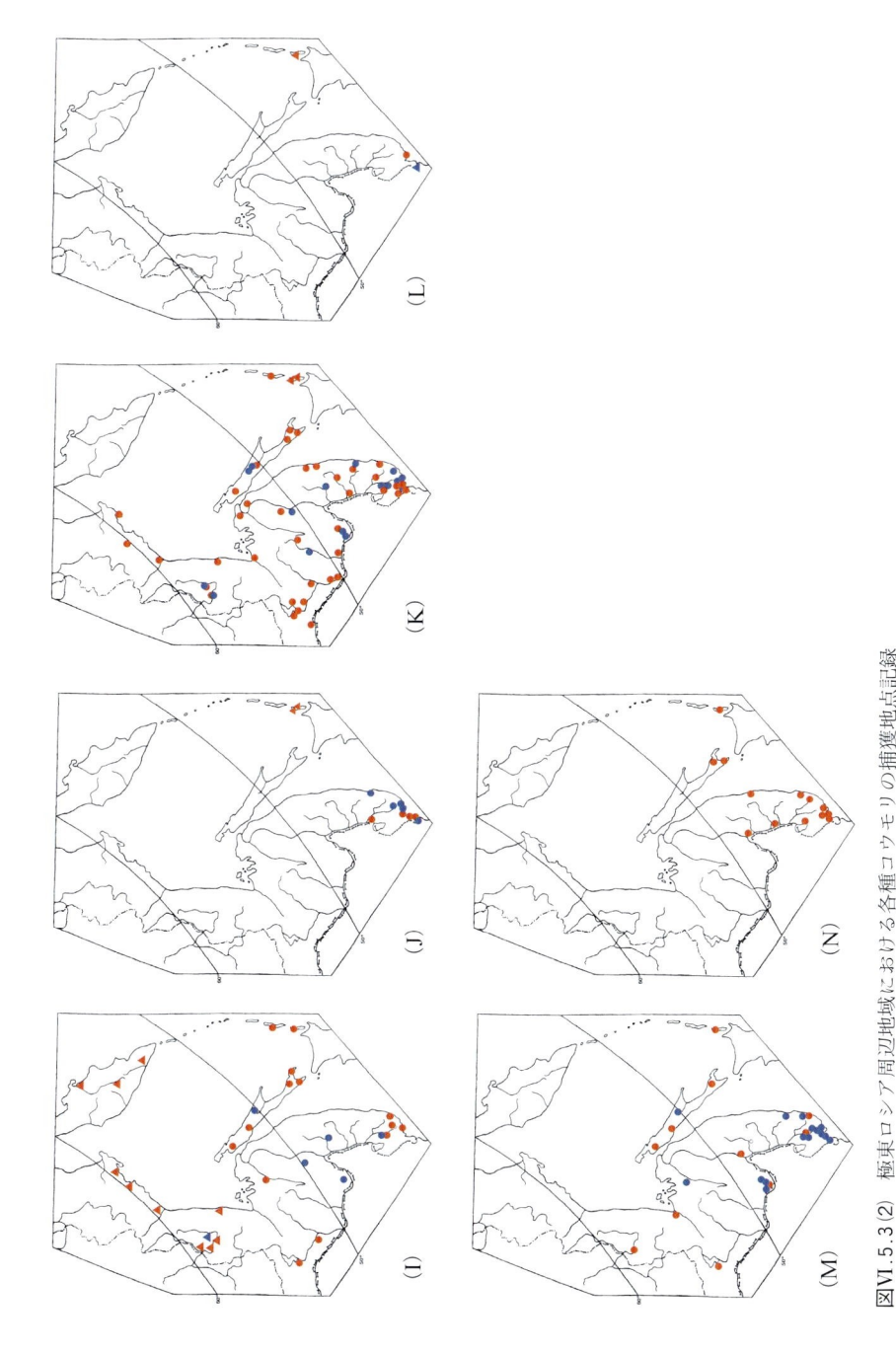

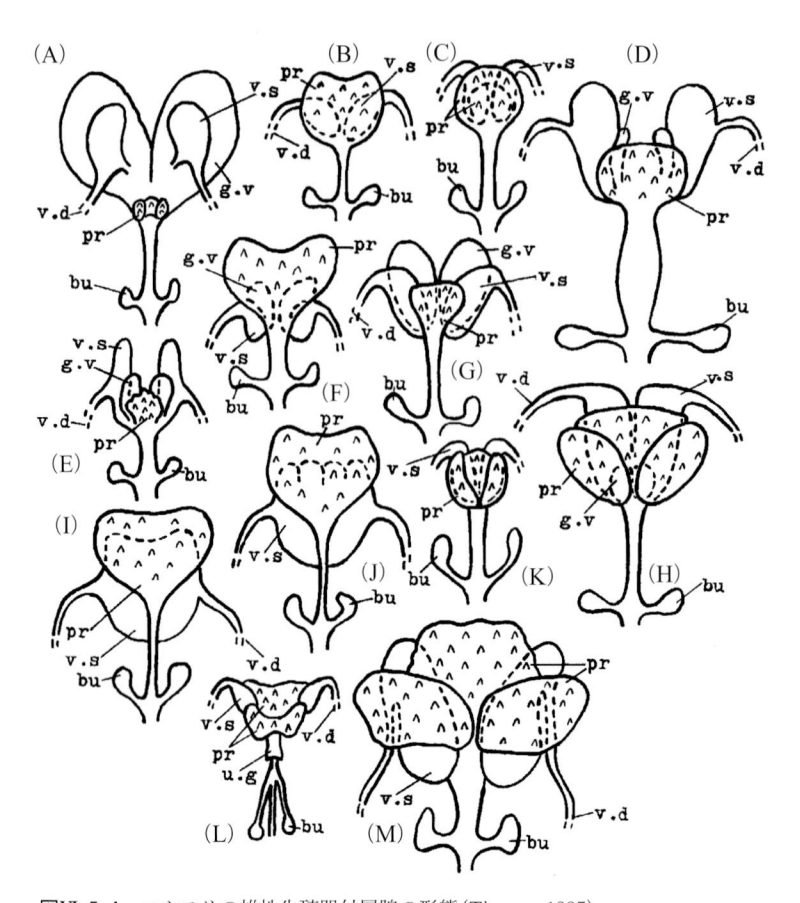

図VI.5.4 コウモリの雄性生殖器付属腺の形態(Tiunov, 1997)
Figure VI.5.4 Morphology of accessory glands in male bats. (Tiunov, 1997)
t: testis; bu: Cowper's gland; pr: prostate; v.d.: vas deferens; v.s: seminal vesicles; g.v.: ampullary glands.
(A) *Myotis brandtii, M. ikonnikovi, M. frater, M. Nattereri, M. bombinus, M. blythi, M. myotis, M. dasycneme, M. daubetoni, M. macrodactylus*; (B) *Plecotus auritus*; (C) *Barbastella barbastellus, B. leucomelas*; (D) *Nyctalus leisleri, N. noctula, N. lasiopterus*; (E) *Pipistrellus pipistrellus, P. nathusii, P. kuhli*; (F) *P. savii*; (G) *Eptesicus nilssonii, E. borinskii*; (H) *E. serotinus, E. bottae, E. nasutus*; (I) *Vespertilio murinus*; (J) *V. superans*; (K) *Otonycteris hemprichi*; (L) *Miniopterus schreiberis*; (M) *Murina ussuriensis, M. leucogaster*.

1941; Mokkapati & Dominic, 1977; Murthy & Vamburkar, 1978; Murthy, 1979, 1981; Madkour, 1989)にもかかわらず，コウモリ類の分類に使用されていないことに着目し，1997年の著書の中でヒナコウモリ科 Vespertilionidae 10種の雄性生殖腺とその付属器官の外部形態について記載を行った。ここにその一部の図をVI.5.4として示した。

この中でも特に，アブラコウモリ属 *Pipistrellus* に含まれていた *Pipistrellus savii* の生殖器の形態がアブラコウモリ属とは大きく異なっているため別属として区別する必要があることなど，属レベルまたは種レベルでの雄性生殖腺の形態の違いを指摘することができる。また，さらなる検証は必要だが，私は舌の形態学的なデータを科レベルでの特徴付けとして使えるのではな

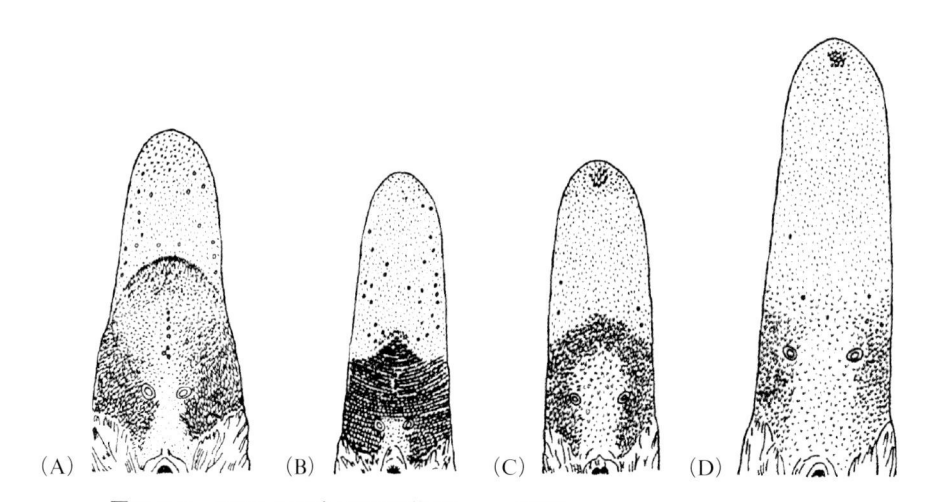

図VI.5.5 コウモリの舌上面の形態(Tiunov, 1997)
Figure VI.5.5 Different structure types of the upper surface of bat tongue. (Tiunov, 1997)
(A) *Nyctalus noctula*, (B) *Miniopterus schreibersi*, (C) *Rhinolophus ferrumequinum*, (D) *Hipposideros armiger*.

いかという考えを持っている。特にユビナガコウモリ属 *Miniopterus* の舌の構造は特徴的であり，他のヒナコウモリ科と区別することができ，ユビナガコウモリ属をヒナコウモリ科より独立させてユビナガコウモリ科 Miniopteridae として扱うべきであるという説を支持している。舌の形態を図VI.5.5に示した。

　形態学的に種の区別を付け難い場合は野生動物保護の観点からも，種の定義をどこに求めるのかが非常に重要となる。ある意味では，最近発達してきた分子生物学的手法を用いれば簡単なことかもしれないが，現在，いくつかの問題を指摘することができる。脊椎動物では，同じ種のいくつかの隔離個体群の遺伝的相違の程度が別種間の遺伝的相違の程度よりも大きくなることがあるという事実が知られている。ミトコンドリアDNAなどの塩基配列を用いた分子系統樹の解釈に関わることであると思われるが，過去の他種との交雑などが原因と考えられるイントログレッションという問題もある。このような状況から，専門の異なる研究者間で分類に関して意見の一致を見ることが大変難しい状況にある。また，初めてジェンバンクに登録された配列の種判別が正しく行われていなかった場合，多くの研究者の頭痛の種となる。

3. コウモリ類研究における分子系統学的研究と分類学的研究の課題

　例として，2003年に Kawai *et al*.(2003)によってミトコンドリアDNA遺伝子の *ND1* 配列及び *Cytb* 配列が登録された *Myotis davidii* について紹介する。それまで捕獲記録がほとんどなかったこの種が，2003年以降に中国のあちこちで記録され始めた。ところが中国の研究者が種の識別をこの配列に頼ったところ，問題が生じた。これは，*M. davidii* の記載によると歯の構造に非常に特徴がある(Tate, 1941)とされているのだが，この遺伝子配列で同定された個体

の歯を調べたところ，M. davidii が記載された際の歯の構造とは異なっており，いくつかの変異が含まれることがわかった。このため，さらに詳細に調べところ，遺伝子配列だけで種の同定が成された個体の下顎の臼歯の特徴から，2003 年に登録された個体は M. davidii とは別種である Myotis siligorensis と考えられた。M. siligorensis はネパールで記載され，北インド，南中国，マレーシア及びボルネオに分布しており，現在 4 亜種に分けられている。中国で記録された "M. siligorensis" をさらに詳しく調べると，全体的な遺伝的変異はほとんどないにもかかわらず，陰茎骨などの形態的特徴から 3 グループに分けることができた(unpublished data)。先に述べた通り陰茎骨は種ごとに特徴があるとされているため，このように陰茎骨の形態に違いがある個体群はそれぞれ種として扱われるべきだろう。このように，分子生物学的方法に頼っているだけでは，種を識別できないことが指摘できる。

　他に例を挙げるとすれば，歯の構造や陰茎骨が明らかに異なるのに，分子系統樹では非常に近いグループとなっている種群が中国のホオヒゲコウモリ属 Myotis に見られる。この理由としては，分子マーカが適切ではない，コウモリの種分化が私たちの理解を超え現実にそぐっていないのかもしれないなどの可能性が挙げられる。分子系統樹は，1 つまたはいくつかの遺伝子配列の系統を反映しているものであって，実際のコウモリの種分化を反映させていない可能性が考えられる。最近の分類学では遺伝子配列を調べることが新しい方法として着目されているが，私の考えではコウモリの分類の主要な難しさはまだこの先に来るのではないかと考えている。ロシア極東及び日本のコウモリの分類学は中国などから比べればやや進んでいると考えられるが，まだ完全とは言えない。それは例えば現在私が研究を進めているチチブコウモリ属 Barbastella の分類にも言えることだ。この属は，私の見解では島嶼個体群ごとに分類を見直す必要があると考えている。また，多くの研究者がウスリホオヒゲコウモリ Myotis gracilis が北海道及びロシア極東部に広く分布していると考えているが，ハバロフスク北部，マガダン及びカムチャツカ等に分布する北方個体群は，南方個体群とは頭骨形態が異なっているようだ。しかし，これらの個体群ではまだ分子系統学的研究は行われておらず，研究の余地があると言えるだろう。

4．コウモリ研究のこれからの課題と日露の協力

　多くのコウモリでは，昼間のねぐらと夜の採餌場所がかなり離れていることが知られている。また，冬と夏の間に長距離の渡りをする種があることが知られている。しかし極東ロシア地域ではこのような渡りや，採餌とねぐらに関するデータはほとんど知られていない。ところが，これらのデータを得ることは極めて今日的な課題だと言えるだろう。例えば，コウモリが放射能の汚染地帯で採餌することがあり，非汚染地帯にあるコウモリの昼間のねぐら付近ではコウモリの排泄物によって放射能のバックグラウンドが上がる可能性があることが報告されている(Orlov et al., 2005)。また，人畜共通感染症についての観点からも，コウモリの移動についてのデータは極めて重要であると言えるだろう。2 年前に沿海地方のある村の家にコウモリが迷い

込み，大音響で音楽を聴いている少女の下唇に，音に驚いたコウモリがひっかき傷を負わせた例を紹介する。彼女は1カ月後に亡くなった。その後，形態学，ウィルス学，分子遺伝学調査によって，彼女の死因はこれまで知られていなかったコウモリ由来の新しい狂犬病関連ウィルス株に感染したためとわかった(Leonova et al., 2010)。これは，ロシア極東地域よりコウモリの新しい狂犬病関連ウィルスが発見されたという最初の報告となった。

　このように，コウモリ研究は動物相調査や動物学的研究が進むことによって一定の成果が上げられたとしても，次に新たな未解決の課題を生む状況にある。このため，私は，新たに生まれた課題についてロシア-日本両国の研究者の協力によって取り組むことができるのではないかと考えており，またその必要性があると考えている。

　本章はチウノフ博士了承のもとに博士の原稿に河合が Tiunov (1997) の内容を加筆したものである。

【引用・参考文献】

Belyaev, V. G. (1968): Eastern long-winged bat (*Miniopterus schreibersi* Kuhl, 1817) new bat species for Primorsky Territory fauna, ZOOLOGICHESKY ZHURNAL (Russian Journal of Zoology), 89(10), 1273–1276. (in Russian)

Hill, J. E. & Harrison, D. L. (1987): The baculum in the Vespertilioninae (Chiroptera: Vespertilionidae) with a systematic review, a synopsis of *Pipistrellus* and *Eptesicus*, and the description of a new genus and subgenus, Bulletin of the British Museum (Natural History) zoology, 52(7), 225–305.

Kawai, K., Nikaido, M., Harada, M., Matsumura, S., Lin, L. K., Wu, Y., Hasegawa, M. & Okada, N. (2003): The status of the Japanese and East Asian bats of the genus *Myotis* (Vespertilionidae) based on mitochondrial sequences, Molecular Phylogenetics and Evolution, 28, 297–307.

Konykhov, E. N. (1970): Record of Eastern long-winged bat (*Miniopterus schreibersi* Kuhl, 1817) in Primorye, Fauna of Siberia, Novosibirsk, 262–263. (in Russian)

Kuzyakin, A. P. (1950): The bats. Moscow, Soviet Science, 443. (in Russian)

Lanza, B. (1969): The baculum of *Pteropus* and its significance for the phylogenesis of the bats (Mammalia, Megacgiroptera), Monitore Zoologico Italiano, Firenze (N. S. Supplemento 3), 69, 37–68.

Leonova, G. N., Chentsova, I. V., Petukhova, S. A., Somova, L. M., Belikov, S. I., Kondratov, I. G., Kryilova, N. V., Plekhova, N. G., Pavlenko, E. V., Romanova, E. V., Matsak, V. A., Smirnov, G. A. & Novikov, D. V. (2010): Firstly diagnosed lethal case of lyssavirus infection in Primorsky krai, Pacific Medical Journal, 2010(3), 90–94. (in Russian)

Madkour, G. (1989): Uro-genitalia of Microchiroptera from Egypt, Zoologischer Anzeiger, 222(5-6), 337–352.

Matthews, L. H. (1941): Notes on the genitalia and reproduction of some African Bats, Proceedings of the Zoological Society of London, B111, 289–346.

Mokkapati, S. & Dominic, C. J. (1977): Morphology of the accessory reproductive glands of some male Indian Chiropterans, Anatomischer Anzeiger, 141(4), 391–397.

Murthy, K. V. R. (1979): Studies on the male genitalia of Indian bats Part III Male genitalia of the Indian vampire bat *Megaderma lyra lyra*, Journal of Zoological Society of India, 31(1-2), 55–60.

Murthy, K. V. R. (1981): Studies on the male genitalia of Indian bats Part V Male genitalia of the Indian Vespertilionid bat *Pipistrellus ceulonicus chrysothrix*, Journal of Zoological Society of India, 30(1-2), 47–55.

Murthy, K. V. R. & Vamburkar, S. A. (1978): Studies on the male genitalia of Indian bats Part II Male genitalia of the gaint Indian fruit bat *Pteropus giganteus giganteus* (Brunnich), Journal of Zoological Society India, 30, 47–55.

Ognev, S. I. (1928): Wild animal of the East Europe and the North Asia, 1, 631. (in Russian)

Okhotina, M. V., & Bromlej, G. F. (1970): New data about bats of Primorsky Territory. Small mammals of Primorye and Priamurye, Vladivostok, 176–184. (in Russian)

Orlov, O. L., Smagin, A. I., & Tarasov, O. V. (2005): Researches of zoogenic output of radionucleids by bats, Problems of radioactive security, 4, 12–20. (in Russian)

Satunin, K. A. (1914): Keys of Russian Empire mammals. V. 1: Bats, Insectivores and Carnivores, Tiflis. (in Russian)
Strelkov, P. P. (1986): The Gobi bat (*Eptesicus gobiensis* Bobrinskoy, 1926), a new species of chiropterans of palaearctic fauna, ZOOLOGICHESKY ZHURNAL (Russian Journal of Zoology), 65(7), 1103-1108. (in Russian)
Strelkov, P. P. (1989a): New data on the structure of baculum in Palaearctic bats I The genera *Myotis, Plecotus*, and *Barbastella*. In: European Bat Research 1987 (Hanak, V., Horacek, I. & Gaisler, J. eds.), pp. 87-94. Charles Univ Press, Praha.
Strelkov, P. P. (1989b): New data on the structure of baculum in Palaearctic bats II Genus *Eptesicus*, In: European Bat Research 1987 (Hanak, V., Horacek, I. & Gaisler, J. eds.), pp. 95-100. Charles Univ Press, Praha.
Tate, G. H. H. (1941): Results of the archbold expeditions no 39 - A review of the genus *Myotis* (Chiroptera) of Eurasia, with special reference to species occurring in the East Indies, Bulltin of the American Museum of Natural History, 78, 537-565.
Thomas, O. (1915): Notes on the genus Nyctophilus, Annals And Magazine of Natural History, 15, 493-499.
Thomas, O. (1928): The Delacour Exploration of French Indo-China: Mammals. II. On mammals collected during the winter of 1926-27, Proceedings of the Zoological Society of London (Pt1), 139-150.
Tiunov, M. P. (1997): Bats of the Russian Far East, Dalnauka, Vladivostok, Russia, 134 pp. (in Russian)
Topál, G. (1958): Morphological studies on the os penis of bats in the Carpathian basin, Annales Historico-Naturales Musei Nationalis Hungarici, 50(7), 331-342.

5. Summary

It was a new finding for the region that taxonomic refinements, which clarified the boundaries of species' ranges, made in recent years have shown a greater degree of originality of the Far Eastern fauna of bats. A significant number of species previously considered Palaearctic are now divided into a few forms, and western borders of areas of the Far Eastern species in many cases are only up to the Trans-Baikal and Altai. According to recent reports, there are 18 species of bats found in the Far East of Russia, and only 3 species of them have a Palaearctic distribution. The main area of other species is in either China or Japan. Russian Far East, these species are at the northern limit of its range. Much new things were lately obtained through the use of modern methods of molecular research. At the same time, more cases were found in which the results of morphological and molecular genetic studies strongly disagree. A number of similar results were obtained in the study of endemic fauna of China. Perhaps these species are young and evolution rate of the molecular marker used is below the rate of speciation. Perhaps our views on the process of speciation is not entirely untrue, since the molecular phylogeny reflects the evolutionary history of one or a few elements of the genome, and how it relates to phylogeny of organisms is not yet clear. Despite the large study of fauna of bats in Russia and Japan, comparing to the fauna of China, it is likely that in the near future there will be discoveries of new species. In connection with the problems in the nuclear industry, there is a need for more extensive studies of daily movements and seasonal migration of bats. Discovery of a new rabies virus of bats in the Primorsky Region only confirms the poor exploration of epidemiological value of these animals. The solution of many problems is only possible by combining the efforts of scientists from different countries.

6

北海道東部と国後島のコウモリ類
Faunal survey of bats in the eastern part of Hokkaido and Kunashiri Island

近藤憲久(根室市歴史と自然の資料館)
Norihisa KONDO (Nemuro City Museum of History and Nature)

1. はじめに

全世界に1,100種余りのコウモリ類が生息し(Wilson & Reeder, 2005)，絶滅したコウモリも含め日本では37種，北海道では19種生息している。そのうち北海道東部では13種が確認されている(Ohdachi et al., 2009)(2011年及び2012年に2種が新たに発見され15種となった)。北海道のコウモリ類は温帯性で，昆虫，すなわち蛾やカ，ユスリカ等を捕食する。それらの昆虫は，原生的環境が整っている地域でも，開発が進んでいる地域でも個体数が比較的多い動物である。しかし，私は原生的環境が多い地域と開発された地域ではコウモリ類の種構成とその個体数が違うと考えている。

図Ⅵ.6.1に，私がこれまでに調査をしてきた地域の衛星写真を示した。私は主に，北海道東部及び国後島で捕獲調査を行ってきた。地勢は，針葉樹林，広葉樹林，農耕地及び防風林などが多く見られる。北海道東部は人為的環境が多く，「阿寒知床火山列」付近を除いてはほとんどの地域で農耕地等の開発が進んでいる地域と言える。北海道東部と比較すると，国後島は森林の原生的環境が多い地域と言えるだろう。

2. 北海道本島東部のコウモリ相

図Ⅵ.6.2は，北海道本島東部及び国後島で2000～2010年に行った調査地と調査結果を示している。赤色はカスミ網による夜間の捕獲調査を行った地点，黄色は日中ねぐらからの捕獲地点を示している。また，青色は文献による過去の捕獲記録の地点，緑色はこれまで発見された冬眠ねぐらの地点，空色は海上で捕獲された地点をそれぞれ示している。私はこの地域でこれまで13種，延べ4,384個体のコウモリ類を捕獲した(2010年12月時点)。内訳は，カスミ網によ

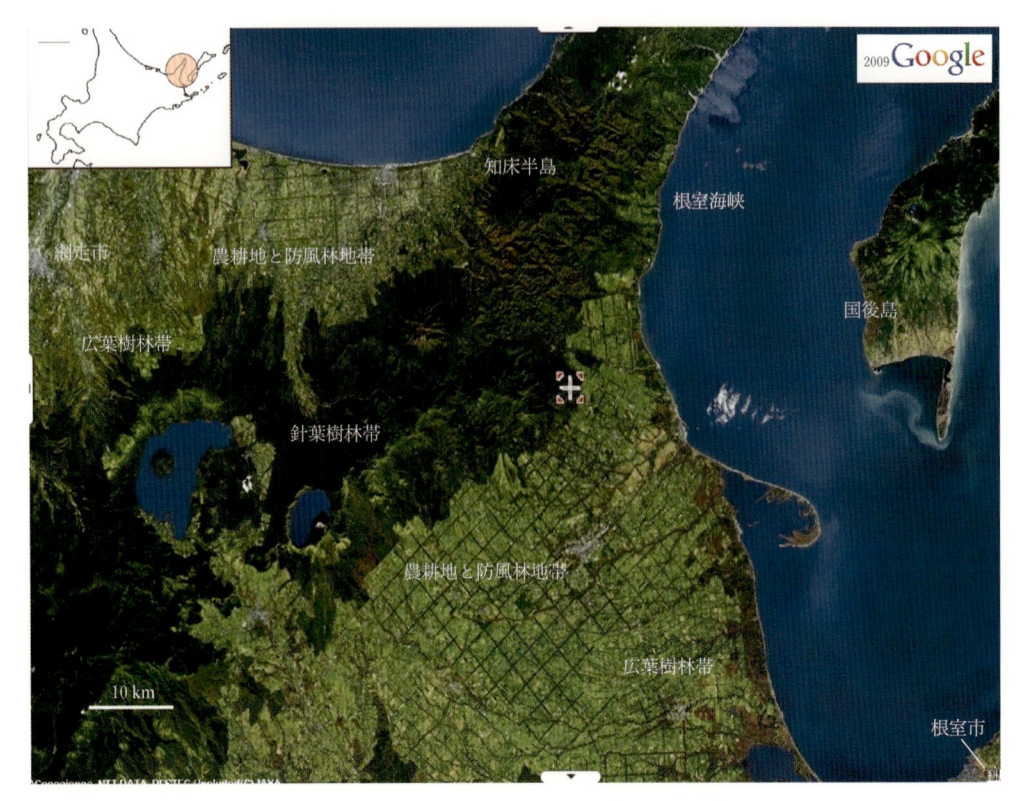

図Ⅵ.6.1 調査図の衛星写真。グーグルアースの衛星写真に土地利用状況を書きこんだものである。
Figure Ⅵ.6.1 Survey area.

る捕獲が2,805個体(国後島67個体を含む),ねぐらからの捕獲は1,579個体である(根室市教育委員会,2001;近藤ほか,2002;近藤ほか,2003;近藤ほか,2005;近藤・佐々木,2006;車田ほか,2006;近藤・佐々木,2008;近藤,2010;須貝ほか,2011参照)。なお,この13種には,レッドリストによって希少種とされている種,3種(ウスリホオヒゲコウモリ *Myotis gracilis*,ノレンコウモリ *Myotis nattereri*,テングコウモリ *Murina hilgendorfi*;環境省,2007)を含んでいる。

そのうちカスミ網による捕獲調査の結果をまとめ,種によってどのような環境で捕獲されたかを環境別(すなわち水面上と森林内のどちらで捕獲されたのか)に分けた(図Ⅵ.6.3)。モモジロコウモリ *Myotis macrodactylus* とドーベントンコウモリ *Myotis petax* は,森林内より水面上で多く捕獲される傾向にあり,種ごとの総捕獲数に対して水面上で捕獲されたのは,それぞれ93.8%(N=519),89.6%(N=502)を占めた。キタクビワコウモリ *Eptesicus nilssonii*(N=8),ヒナコウモリ *Vespertilio sinensis*(N=6),ヤマコウモリ *Nyctalus aviator*(N=1)の3種の捕獲個体数が比較的少なくなっているが,これらは街灯の周りや森林上などの比較的高い場所を飛翔することが知られている。このため,これら3種については地上に張ったカスミ網では捕獲効率が悪いと考えられる。他の8種は,種ごとの総捕獲個体数に対して森林内で捕獲された個体数はヒメホオヒゲコウモリ *Myotis ikonnikovi* 89.7%(N=545),カグヤコウモリ *Myotis frater* 88.9%(N=270),ノレンコウモリ 86.0%(N=50),チチブコウモリ *Barbastella*

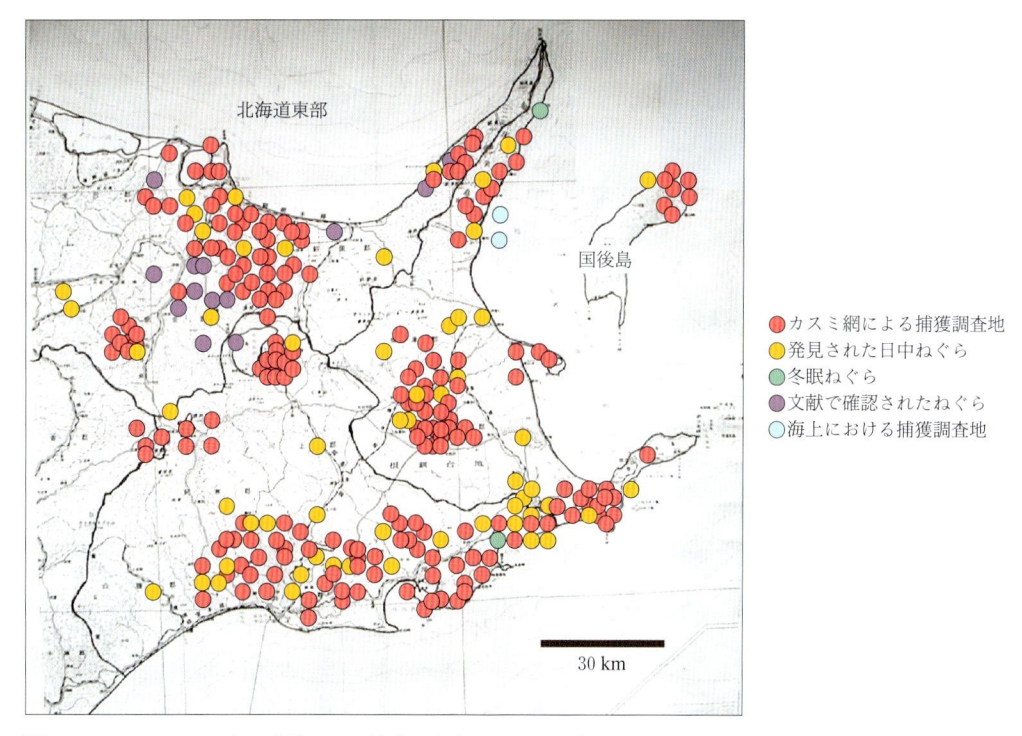

図VI.6.2 2000〜2010年に実施された捕獲調査地点。昭和52年発行国土地理院の地図に情報を書きこんだものである。
Figure VI.6.2 Survey sites by survey method. Survey sites (2000-2010) ● Mist net, ● Roost, ● Hibernation, ● Literature, ○ Above the sea

leucomelas 99.6%（N＝243），ウサギコウモリ Plecotus sacrimontis 94.0%（N＝252），テングコウモリ 92.4%（N＝40）及びコテングコウモリ Murina ussuriensis 93.6%（N＝264）だった。ウスリホオヒゲコウモリは，水面上で捕獲された個体が総捕獲個体数に対して30％強あり森林内で捕獲された個体は68.0%（N＝50）であった。

　これまで，コウモリ類の日中のねぐらは，54カ所で確認され，トンネルや廃屋等の人工物が利用されていた。これら発見されたねぐらのうち，出産哺育コロニーが利用していたのは，モモジロコウモリ（5カ所），ウスリホオヒゲコウモリ（3カ所），カグヤコウモリ（2カ所），キタクビワコウモリ（5カ所），ウサギコウモリ（16カ所）であった。1つのコロニーを形成する個体数はモモジロコウモリが多く，最大で約1,000個体が集合していた。なお，森林内の構造物（樹洞など）にねぐらを持つと考えられている種についてはラジオテレメトリーを用いた調査によって，日中のねぐらがどのような場所にあるかを調査中であるが，詳細は不明である。

3．知床半島のコウモリと海上のコウモリ

　図VI.6.5に，世界自然遺産に登録されている知床半島におけるコウモリ類の捕獲地点を示した。

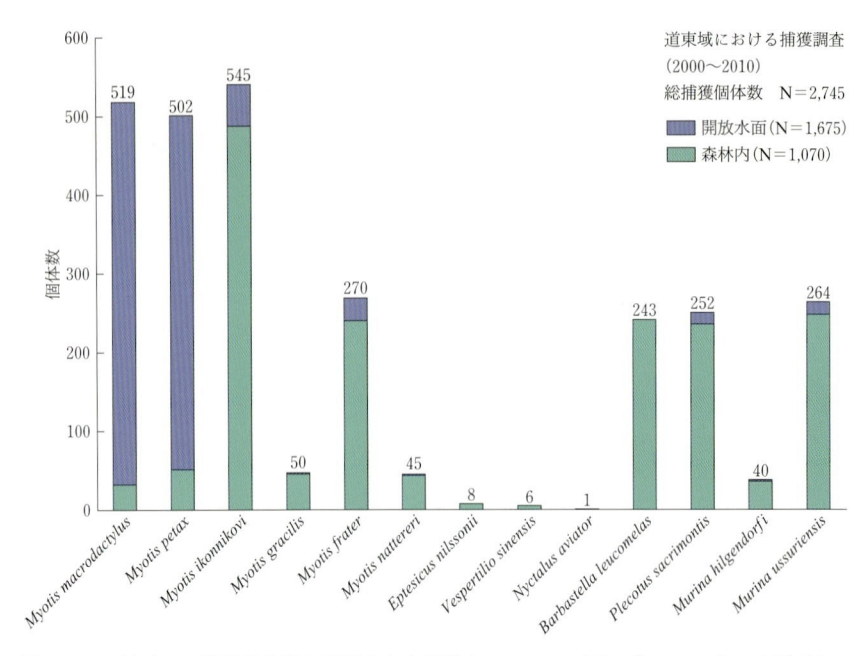

図Ⅵ.6.3 種ごとの捕獲個体数と捕獲された環境(2000〜2010年)。各バーの上には種ごとの総捕獲個体数を示した。
Figure VI.6.3 The number of individuals of captured bats subdivided two habitat types. Open water 1,675 individuals, Forest 1,063 individuals 2000-2010

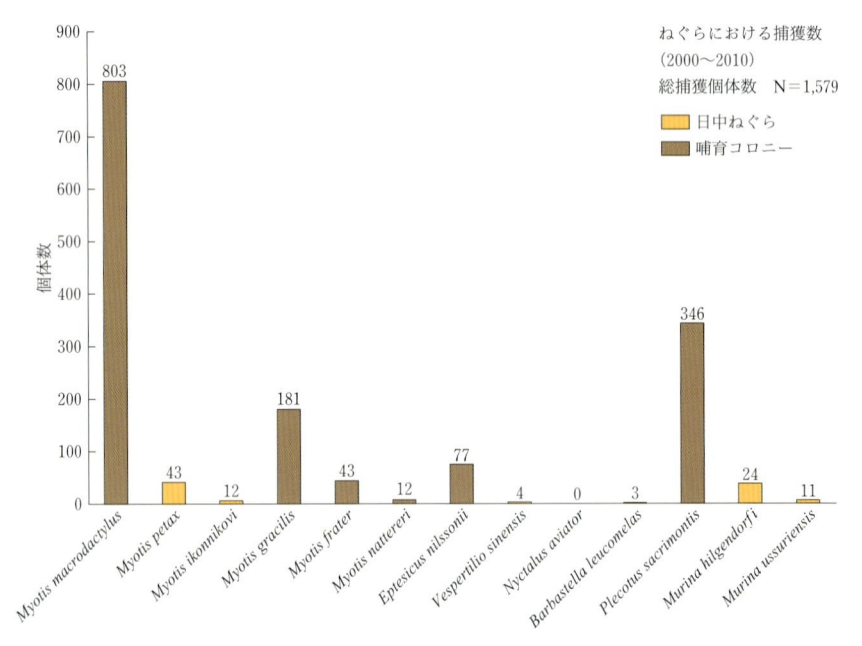

図Ⅵ.6.4 ねぐらにおける捕獲個体数(2000〜2010年)
Figure VI.6.4 The number of individuals of captured bats in roost site. Day roost Nursery colony 1,579 individuals 2000-2010

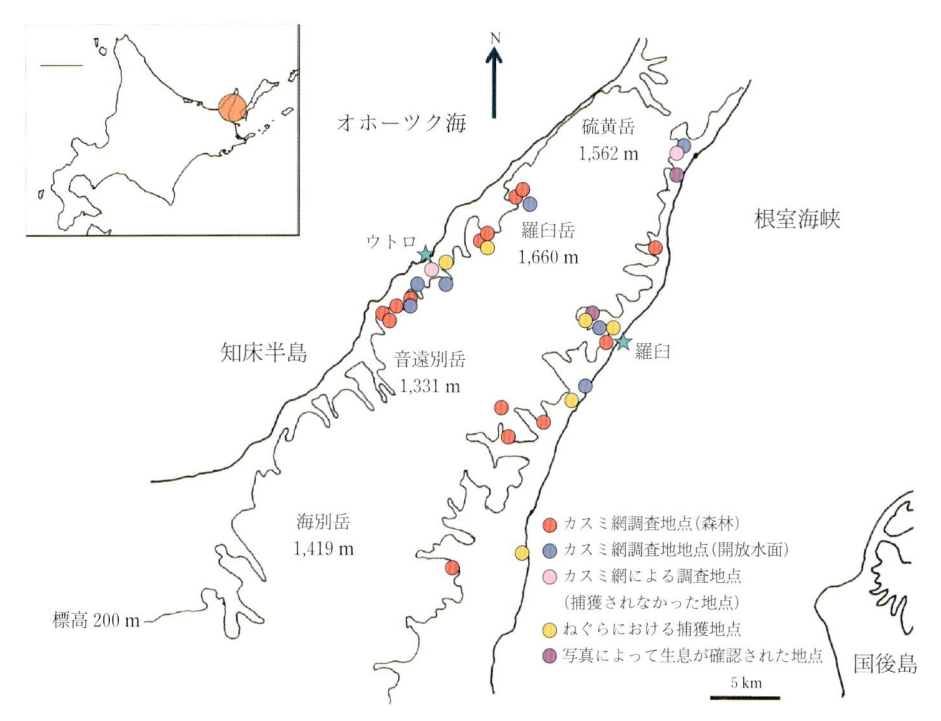

図VI.6.5　2007〜2008年に実施された知床半島の調査地。近藤(2010)より改変
Figure VI.6.5　Survey sites by survey method of Shiretoko Peninsula. Modified from Kondo (2010).
🔴 Forest, 🔵 Open water, 🩷 Not capture, 🟡 Roost, 🟣 Photograph

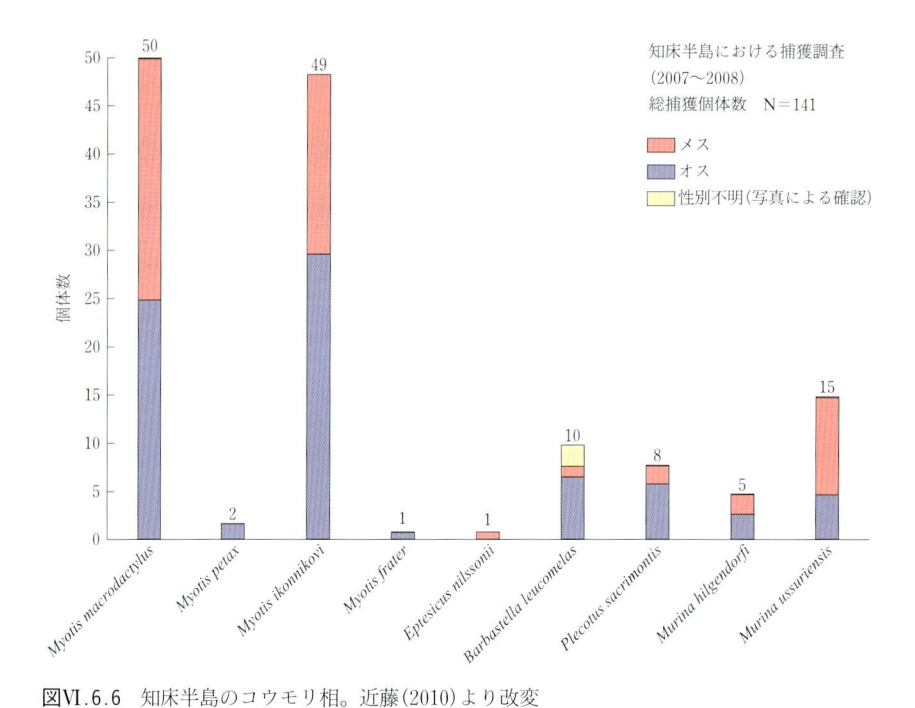

図VI.6.6　知床半島のコウモリ相。近藤(2010)より改変
Figure VI.6.6　Bats survey of Shiretoko Peninsula. 2007-2008　♀, ♂, Photograph Modified from Kondo (2010).

394　VI　陸生哺乳類　ヒグマとコウモリ類

　この地域は，急峻で平地に欠けるという特徴がある。捕獲調査は，森林内，水面上，ねぐら内で行った。図VI.6.6は，知床半島のコウモリ類の雌雄別捕獲頭数を種ごとに示している。これまで141個体捕獲され，全体の約80％が，モモジロコウモリ，ヒメホオヒゲコウモリ，コテングコウモリの3種で占められていた。またこれらの種については妊娠したメスや幼獣が捕獲され，この地域で繁殖を行っていることが確認された。図VI.6.7は知床半島羅臼町旧羅臼ビジターセンター裏の羅臼川の様子を撮影したものである。このように，川の流れが比較的緩やかになっている場所では，多くのモモジロが採餌していることが確認されている。

　また，モモジロコウモリは，海上で飛翔しているのが確認されている。図VI.6.8には，知床半島羅臼峯浜沖でモモジロコウモリが捕獲された場所を示した。海岸から，約1.8〜2.9 km

モモジロコウモリ
Myotis macrodactylus

図VI.6.7　旧羅臼ビジターセンター裏の羅臼川とモモジロコウモリ
Figure VI.6.7　The picture of Rausu river in the back of the old Rausu visitor center and *Myotis macrodactylus*.

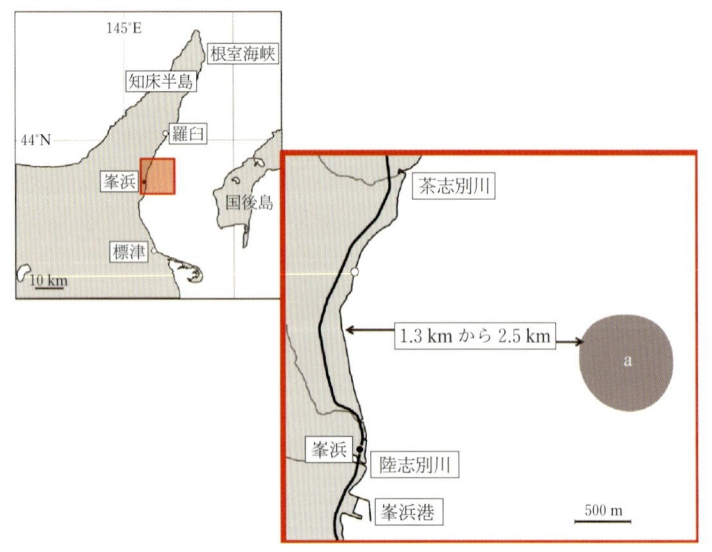

図VI.6.8　羅臼町峯浜沖の海上の調査地点(a)。
Figure VI.6.8　The landform of Minehama, Rausu town and Survey site (a).

離れた地点で，捕獲調査が行われた．S船長の話では，沖合9kmでコウモリが飛翔するのを目撃したとのことである．図Ⅵ.6.9は海上の捕獲調査の際に撮影された写真である．海上を飛翔している個体の多くは，霧の時に船に近づく傾向があることがわかっている．モモジロコウモリは，集団で船の周りを飛翔しており，時には船上を低空で飛翔しているのが観察された．このため，船上で捕虫網やカスミ網を用いて捕獲することができた．また，バットディテクターを用いた調査により，採餌時の音声が確認された．2009年に，オス2個体，メス6個体，2010年に，オス3個体，メス2個体のモモジロコウモリが海上で捕獲された．私は，これらのコウモリが，知床半島と国後島の間を採餌しながら，行き来しているのではないか考えている．ところが，コウモリの餌となる昆虫は海よりも陸の方が多いと考えられ，なぜ餌が少ない海に出るのかは不明である．さらに霧が出ると船にコウモリが近づく理由や，天敵，すなわちカモメ類とコウモリ類の関係もわかっていない．私は，それらを明らかにして行くことが，海の上を飛翔するモモジロコウモリの生態解明につながるのだろうと考えている．

4．国 後 島

この図は，根室海峡の衛星写真である（図Ⅵ.6.10）．知床半島と国後島の間に広がる根室海峡は狭く羅臼町，峯浜から国後島まで最短距離で24kmであり，国後島のニキショロ海蝕洞（図Ⅵ.6.11；モモジロコウモリのコロニーが確認されている）から知床半島まで，最短距離で36kmである．

図Ⅵ.6.12には，2010年9月に国後島で行った捕獲結果について，種ごとに捕獲された環境

図Ⅵ.6.9　羅臼町峯浜沖を飛翔するコウモリ．水面に浮くのは海藻，画面に白く写る点は霧．中島宏章氏撮影
Figure Ⅵ.6.9　Bats of the offing of Minehama, Rausu town. Photo by Hiroaki Nakajima

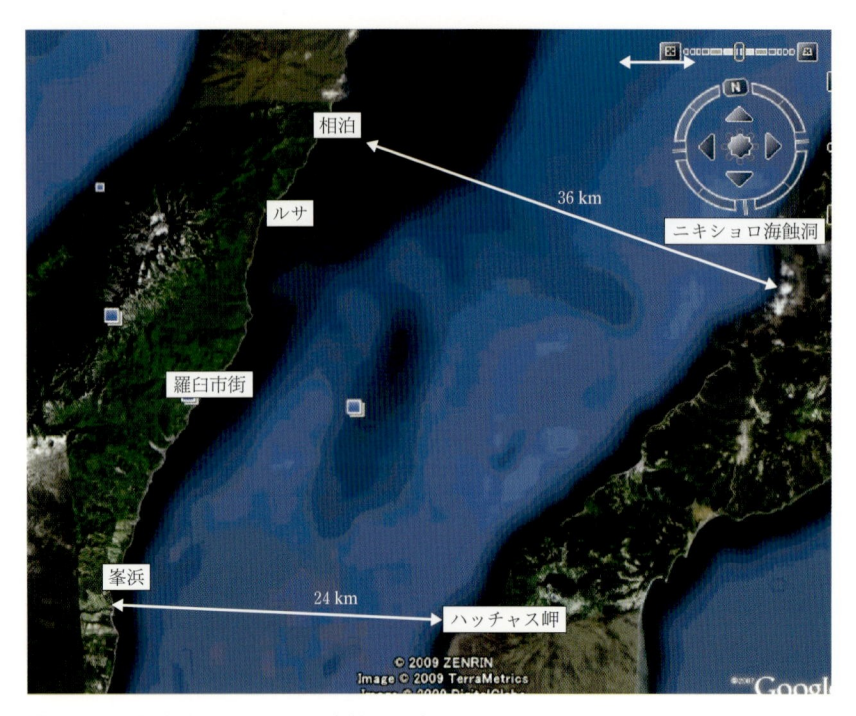

396   VI 陸生哺乳類　ヒグマとコウモリ類

図VI.6.10　根海峡図（ニキショロ海蝕洞とグアノ）
Figure VI.6.10　Map of the Nemuro Strait (Nikishoro sea cave and Guano)

図VI.6.11　国後島ニキショロ海蝕洞
　（A）第一ニキショロ海蝕洞入口，（B）第一ニキショロ海蝕洞遠影，（C）海蝕洞内部のグアノ。(A)・(C)：河合久仁子氏撮影，(B)：著者撮影
Figure VI.6.11　The picture of Nikishoro sea cave in the Kunashiri Island. (A)(C): photos. by Kuniko Kawai; (B): Photo. by Norihisa Kondo.

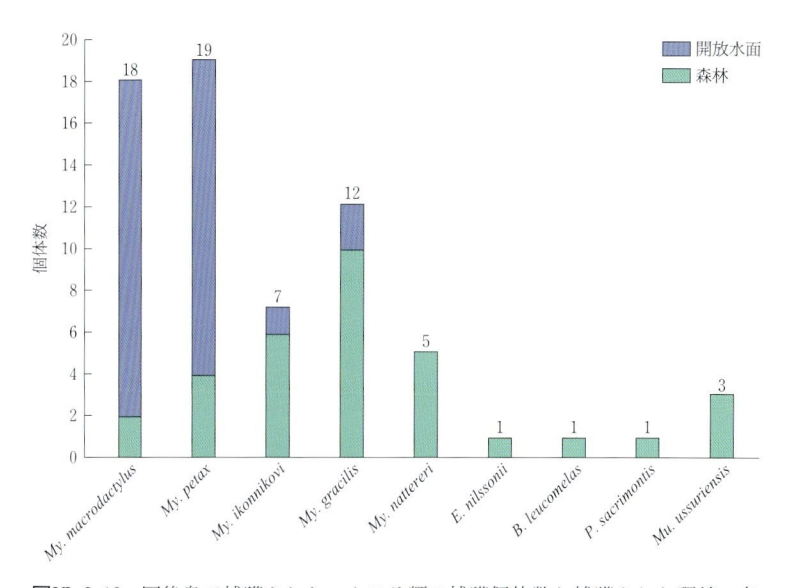

図VI.6.12 国後島で捕獲されたコウモリ類の捕獲個体数と捕獲された環境。各バーの上に，種ごとの総捕獲個体数を示した。河合ほか(2011)より
Figure VI.6.12 Bats fauna of Kunashiri Island. ■ Open water, ■ Forest From Kawai *et al.* (2011).

を整理し，水面上と森林内のどちらで捕獲されたかを示した。注目すべき点は，日本では希少種とされ，知床半島では捕獲記録のない種，ウスリホオヒゲコウモリとノレンコウモリが多く捕獲されたことである。

5．ま と め

今後の私の課題は，コウモリ類の保全のため，北海道本島東部の開発された地域と国後島のような原生的環境のある地域の種の構成を比較して種ごとの生息条件等を検討すること。ならびに，知床半島と国後島の間でコウモリ類の交流の有無を確認することだと考えている。

【引用・参考文献】
河合久仁子・近藤憲久・マキシム　アンチピン・大泰司紀之(2011)：国後島のコウモリ相，根室市歴史と自然の資料館，23, 63-68.
環境省自然環境局野生生物課(2007)：哺乳類，汽水・淡水魚類，昆虫類，貝類，植物I及び植物IIのレッドリストの見直しについて．報道発表資料，環境省．http://www.env.go.jp/press/press.php?serial=8648
車田利夫・近藤憲久・平川浩文・佐々木尚子・河合久仁子(2006)：北海道チミケップ湖周辺の哺乳類相，北海道環境科学研究センター所報，32, 85-100.
近藤憲久(2010)：コウモリ類の現状と課題，しれとこライブラリー，10, 108-118.
近藤憲久・アンドレィ　クラスネンコ・芹澤裕二(2002)：釧路東地区のコウモリ相，根室市博物館開設準備，16, 15-22.
近藤憲久・宇野裕之・芹澤裕二・アンドレィ　クラスネンコ・濱裕人(2003)：厚岸町のコウモリ相，東洋蝙蝠

研究所紀要, 3, 1-9.
近藤憲久・芹澤裕二・佐々木尚子(2005)：北海道浜中町のコウモリ相, 東洋蝙蝠研究所紀要, 4, 1-6.
近藤憲久・佐々木尚子(2006)：4. 自然調査-コウモリ調査, 中標津の格子状防風林保存活用調査報告書(中標津町文化的景観検討委員会編), pp.110-118, 中標津町.
近藤憲久・佐々木尚子(2008)：北海道東部「パイロット・フォレスト」のコウモリ相, 東洋蝙蝠研究所紀要, 7, 1-8.
根室市教育委員会編(2001)：根室半島コウモリ類調査報告書, 根室市教育委員会, 52 pp.
Ohdachi, S. D., Ishibashi, Y., Iwasa, M. A. & Saitoh, T. (2009): The wild mammals of Japan. Shoukadoh, Kyoto, 544 pp.＋Map 4.
佐々木尚子・近藤憲久・芹澤裕二(2006)：北海道釧路湿原のコウモリ相, 標茶郷土博物館, 18, 99-115.
須貝昌太郎・近藤憲久・相馬幸作・増子孝義(2011)：北海道藻琴山を起点とする3河川流域のコウモリ相, 東京農業大学農学集報, 56(2)：155-161.
Wilson, D. E. & Reeder, D. A. M. (2005): Mammal species of the world: a taxonomic and geographic reference (Third Edition), Vol. 1, The Johns Hopkins University Press, Baltimore, 743 pp.

6. Summary

Faunal surveys of bats in the eastern part of Hokkaido main island and Kunashiri Island were carried out between 2000 and 2010. As a result, 4,384 individuals belonging to 13 species were recorded. Among them, there were three threatened species of Japan; *Myotis gracilis*, *Myotis nattereri,* and *Murina hilgendorfi*. When classified by habitat, 1,709 bats were captured over the water by mist nets. Most of the captured bats over the water were *My. macrodactylus* and *My. petax*, and the ratio to the total captured number of the species is 93.8% and 89.6% respectively. Further, 1,096 bats were captured in the forest by mist nets. Mainly 8 species, i.e. *My. ikonnikovi*, *My. gracilis*, *My. frater*, *My. nattereri*, *Barbastella leucomelas*, *Plecotus sacrimontis*, *Mu. hilgendorfi*, and *Mu. ussuriensis*, were captured in the forest. For these species, 86.0〜99.6% of them were captured in the forest. Meanwhile, *Eptesicus nilssonii*, *Vespertilio sinensis*, and *Nyctalus aviator* were flying high over trees or around streetlamps, and they were not captured by the net above ground. Roosts of bats were found in 54 spots in the eastern Hokkaido and 1,579 bats were captured. Of these roosts, *My. macrodactylus*, *My. gracilis*, *My. frater*, *Ep. nilssonii*, and *Pl. sacrimontis* had nursery colonies. In Shiretoko peninsula, where there is few flat land, about 80% of the captured bats were *My. macrodactylus*, *My. ikonnikovi*, and *Mu. ussuriensis*, and they were breeding there as well. *My. macrodactylus* also foraged over the sea and conducted group hunting. The fisherman in Minehama, Rausu Town said that bats were seen over the ocean around 9km from the seashore. This species inhabit on Kunashiri Island in large numbers. The shortest distance between Shiretoko Peninsula and Kumashiri Island is about 24km. We should consider that *My. macrodactylus* of Shiretoko Peninsular and Kunashiri Island are interchanging. Also, the comparison of bat species between eastern Hokkaido, where most of the habitats are deforested and used for agriculture, and Kunashiri Island, which is still covered with the virgin forest, will be useful for the conservation of bats.

7

北海道のコウモリ類とその保全について
The bats of Hokkaido: Towards the conservation

河合久仁子(北海道大学北方生物圏フィールド科学センター)
Kuniko KAWAI (Field Science Center For Northern Biosphere, Hokkaido University)

1. 生態系の中のコウモリ類

　哺乳類で唯一飛翔可能なコウモリ類(翼手目：Order Chiroptera)は，現生の哺乳類の約20パーセントを占める1,100種以上が確認されており，全体として広大な分布域を有している(Simmons, 2005)。コウモリ類は，送粉者や昆虫捕食者としての高い生態系機能があることなどから環境変動に対する特異的な応答性があるとされ，様々な空間スケールでの環境改変に対する指標生物群としての可能性に注目が高まって来ている(例えばJones et al., 2009)。

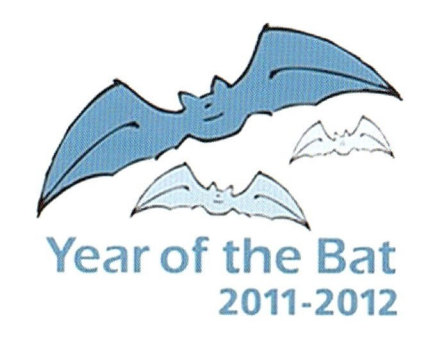

図VI.7.1　国際コウモリ年ロゴマーク
www.yearofthebat.org より
Figure VI.7.1　Logo of the Year of the Bat. From www.yearofthebat.org

　また，地球温暖化や人的な環境変異によって，絶滅が危惧される種も多いとされ，生息地を含めた保全の必要性が指摘されている。
　このようなコウモリ類に対して，理解を深めることを目的として2011年～2012年は国際コウモリ年に制定された。これは，UNEP(The United Nations Environment Programme：国連環境計画)とCMS(The Convention on the Conservation of Migratory Species：移動性野生動物種の保全に関する条約；ボン条約)，EUROBATS(The Agreement on the Conservation of Populations of European Bats：ヨーロッパのコウモリ保護に関する協定)が中心となって定めたものである。

2. 北海道のコウモリ類研究の現状と分類学的課題

　日本ではフルーツ食のオオコウモリ類と昆虫食者を合わせて34種が生息しているとされ(絶滅種3種をのぞく)，北海道には19種が確認されている(Sano et al., 2009)。19種のうち，7種が絶滅危惧または情報不足種として環境省の制定するレッドリスト(2007年)に載せられている(表VI.7.1)。

　ところが多くの種で，保全を考える上で必要不可欠な分布域，個体群サイズ，密度及び日中ねぐら(ルーストサイト)の特性といった生息状況に関する基礎的なデータが十分蓄積されている状況とは言えず，保全の対策や環境変動に対する応答予測を立てることができる状況に至っていない。また，ヨーロッパやアメリカで報告されているコウモリ類の長距離の季節移動(例えばBernardo & Colrum, 1962; Strelkov, 1969)があるのかどうかはわかっていない。

　このような状況を生み出した原因はいくつかあると考えられるが，分類学的な混乱が1つの大きな要因と考えられる。これは，第VI部第5章でチウノフ博士が述べているように，コウモリ類では現在でも分類学的な検討が必要であること，種としての認識が学者によって大きく分かれることによる。このため，どの"種"を保全対象とすべきなのかといったことについても，統一した見解を示すことが難しい状況が起こり得る。また，このような分類学的な混乱とあいまって，野外での種の識別が難しい(またはできない)ということがあり，生息情報を得にくい状態が生じる。例えば，国内ではある1つの属(ホオヒゲコウモリ属 Myotis)に対して，地域個体群の捉え方と亜種を含めた分類について見解が分かれていた(表VI.7.2)。このため，環境省のレッドデータブックに記載されている種(学名)と，現在一般的に使用されている学名(Sano et al., 2009によるもの)が異なるなど，混乱を招く事態となっている。

　国内でもこのような状況なので，海外の研究者と日本研究者の間にも当然見解の違いが見られる。また，極東ロシアのコウモリ類の分類学的研究をされているチウノフ博士と，日本人の研究者の間でも種の認識や学名について見解に相違がある。ここに北海道に生息する19種についての日本及びロシアの見解を示す(表VI.7.3)。チウノフ博士には，2011年現在の見解をおたずねし，"Tiunov 2011"として表の中に示した。いくつかの種で，使用されている学名の変遷が見られる，またはロシアと日本の見解の違いが見て取れる。今後は，このような状況を越えて，お互いに情報を共有していくことが必要だと考えられる。また両者で共同研究が進めば，今後，種の認識やそれに伴って学名が変わって行くことが予想される。

表VI.7.1　北海道に生息するコウモリのうち環境省レッドリストに載っている7種
Table VI.7.1　Seven bat species of Hokkaido in the Japanese Red List, 2007.

日本版レッドデータカテゴリー Japanese RDB Categorises	種名 Species list
絶滅危惧ⅠB種　IB　　Endangered	*Myotis ikonnikovi, M. ezoensis, M. gracilis*
絶滅危惧Ⅱ種　Ⅱ　　　Vulnerable	*Myotis nattereri, Murina hilgendorfi*
情報不足　DD　　　　Data Deficient	*Vespertilio murinus, Hypsugo alaschanicus*

表VI.7.2 日本に生息するホオヒゲコウモリ属 *Myotis* の学名の変遷
Table VI.7.2 History of scientific name in Japanese *Myotis*.

和名/Japanese name	Sano et al. (2009)	Maeda (2005)	Maeda (1996)	Yoshiyuki (1989)
		学名/Scientific name		
ヒメホオヒゲコウモリ	*Myotis ikonnikovi*	*Myotis ikonnikovi*	*Myotis ikonnikovi*	*Myotis hosonoi* (Nagano Pref.)
				Myotis ozensis (Oze)
				Myotis yesoensis (Hokkaido)
				Myotis ikonnikovi (Toya-lake)
				Myotis fujiensis (Honshu)
ウスリホオヒゲコウモリ	*Myotis gracilis*	*Myotis gracilis*	*Myotis mystacinus*	*Myotis gracilis* (Hokkaido)
カグヤコウモリ	*Myotis frater*	*Myotis frater*	*Myotis frater*	*Myotis frater kaguyae*
クロアカコウモリ	*Myotis formosus*	*Myotis formosus*	*Myotis formosus*	*Myotis formosus tuensis*
モモジロコウモリ	*Myotis macrodactylus*	*Myotis macrodactylus*	*Myotis macrodactylus*	*Myotis macrodactylus*
ドーベントンコウモリ	*Myotis petax*	*Myotis daubentoni*	*Myotis daubentoni*	*Myotis daubentoni*
クロホオヒゲコウモリ	*Myotis pruinosus*	*Myotis pruinosus*	*Myotis pruinosus*	*Myotis pruinosus*
ノレンコウモリ	*Myotis nattereri*	*Myotis nattereri*	*Myotis nattereri*	*Myotis nattereri bombinus*

表VI.7.3 ロシア及び日本の研究者による日本産小コウモリ類の分類学的見解
Table VI.7.3 Taxonomy for the Japanese Bats by Russian and Japanese researchers.

	和名/Japanese	ロシア名/Russian	学名/Scientific name			
			Sano et al. (2009)	Tiunov 2011	Tiunov (1997)	前田 (2005)
キクガシラコウモリ科 Rhinolophidae	キクガシラコウモリ	большой подковонос	*Rhinolophus ferrumequinum*	–	–	*Rhinolophus ferrumequinum*
	コキクガシラコウモリ	японский малый подковонос	*Rhinolophus cornutus*	–	–	*Rhinolophus cornutus*
ヒナコウモリ科 Vespertilionidae	モモジロコウモリ	длиннопалая ночница	*Myotis macrodactylus*	*Myotis macrodactylus*	*Myotis macrodactylus*	*Myotis macrodactylus*
	ドーベントンコウモリ	водяная ночница	*Myotis petax*	*Myotis petax*	*Myotis daubentoni*	*Myotis daubentonii*
	ウスリホオヒゲコウモリ	дальневосточная ночница Брандта	*Myotis gracilis*	*Myotis gracilis*	*Myotis brandti*	*Myotis gracilis*
	ヒメホオヒゲコウモリ	ночница Иконникова	*Myotis ikonnikovi*	*Myotis ikonnikovi*	*Myotis ikonnikovi*	*Myotis ikonnikovi*
	カグヤコウモリ	длиннохвостая ночница	*Myotis frater*	*Myotis frater*	*Myotis frater*	*Myotis frater*
	ノレンコウモリ	ночница Наттерера	*Myotis nattereri*	*Myotis bombinus*	*Myotis bombinus*	*Myotis nattereri*
	アブラコウモリ	восточный нетопырь	*Pipistrellus abramus*	*Pipistrellus abramus*	*Pipistrellus abramus*	*Pipistrellus abramus*
	オオアブラコウモリ	кожановидный нетопырь	*Hypsugo alaschanicus*	*Hypsugo alaschanicus*	*Hypsugo alaschanicus*	*Pipistrellus savii*
	キタクビワコウモリ	северный кожанок	*Eptesicus nilssonii*	*Amblyotus nilssoni*	*Amblyotus nilssoni*	*Eptesicus nilssonii*
	ヤマコウモリ	вечерница-авиатор	*Nyctalus aviator*	–	–	*Nyctalus aviator*
	ヒナコウモリ	восточный двухцветный кожан	*Vespertilio sinensis*	*Vespertilio sinensis*	*Vespertilio superans*	*Vespertilio sinensis*
	ヒメヒナコウモリ	двухцветный кожан	*Vespertilio murinus*	*Vespertilio murinus*	*Vespertilio murinus*	–
	チチブコウモリ	азиатская широкоушка	*Barbastella leucomelas*	*Barbastella sp. nov.?*	*Barbastella leucomelas*	*Barbastella leucomelas*
	ウサギコウモリ	обыкновенный ушан	*Plecotus sacrimontis*	*Plecotus sacrimontis*	*Plecotus auritus*	*Plecotus auritus*
	テングコウモリ	большой трубконос	*Murina hilgendorfi*	*Murina hilgendorfi*	*Murina leucogaster*	*Murina hilgendorfi*
	コテングコウモリ	уссурийский трубконос	*Murina ussuriensis*	*Murina ussuriensis*	*Murina ussuriensis*	*Murina ussuriensis*
オヒキコウモリ科 Molossidae	オヒキコウモリ	восточный складчатогуб	*Tadarida insignis*	–	–	*Tadarida insignis*

3. 日本のホオヒゲコウモリ属 *Myotis* について

　日本人研究者の中で分類学的な混乱があった *Myotis* について，私は，分子系統学的観点からの検討を行った(Kawai et al., 2003)。これによって，日本国内のホオヒゲコウモリ類についていくつかの新しい見解を示すことができた。例えば，日本国内の *Myotis* には，系統的に大きく，旧北区グループ，南方系グループ，アメリカ大陸グループの3つがあることが明らかになった。また，北海道に分布し，野外で識別が非常に困難で分類学的混乱があったウスリホオヒゲコウモリ *Myotis gracilis* 及びヒメホオヒゲコウモリ *Myotis ikonnikovi* は，前者がアメリカ大

陸グループに含まれ，後者が旧北区グループに含まれることから，遺伝的には大変離れた種であることが示された（図Ⅵ.7.2）。つまり，この2種は遺伝子マーカーを用いれば，種識別可能であることを結果的に示唆している。

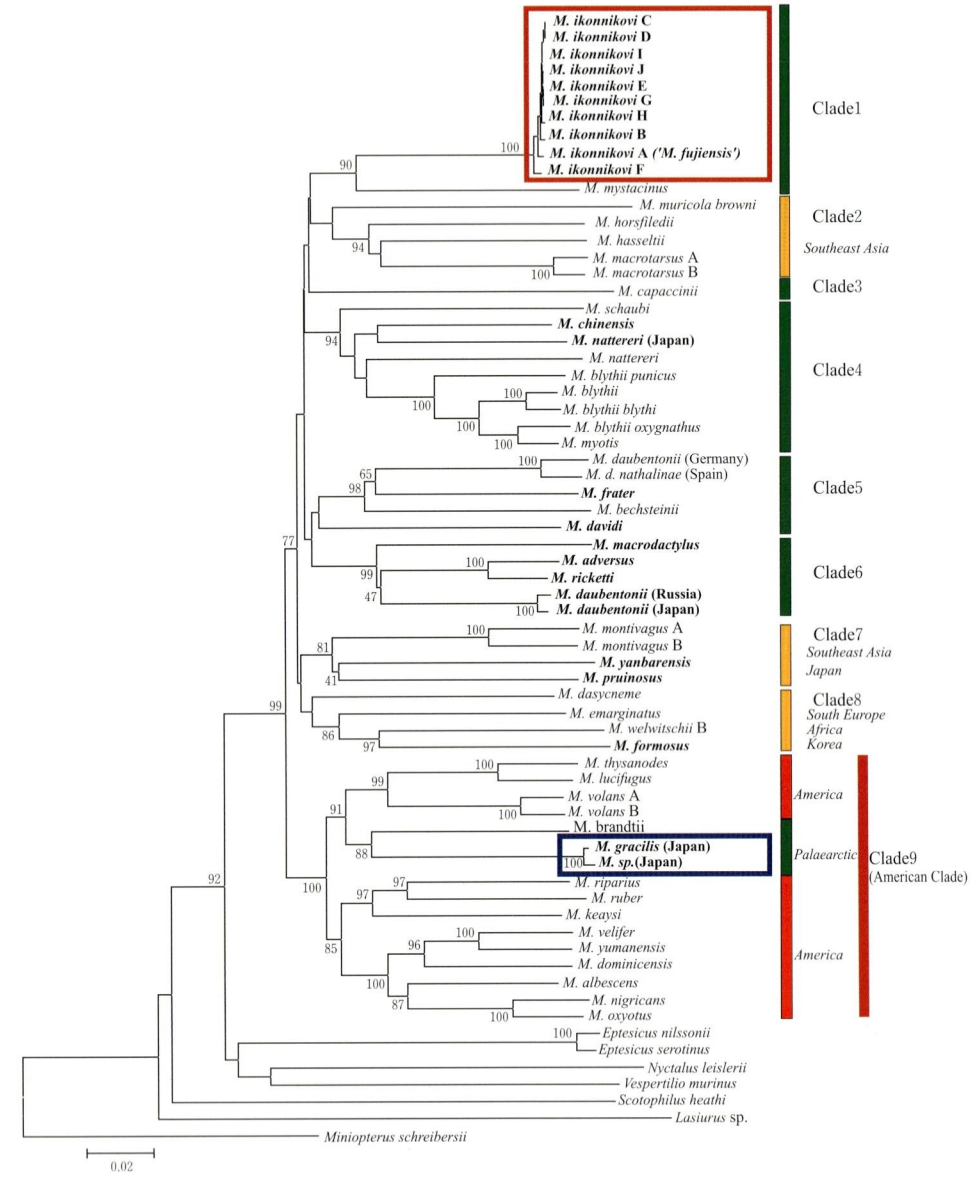

図Ⅵ.7.2 9つのクレードに分けられたホオヒゲコウモリ属。Kawai *et al.*(2003)より一部改変
Figure VI.7.2 The genus *Myotis* can be divided in to nine clades.
 The NJ tree was constructed based on combined sequences of *Cytb* (1140bp) and *ND1* (800bp). Vertical green, orange, and red lines indicate that the species were sampled from the Plaearctic region, East Asia and/or Oriental region, or the American continent, respectively. Blue rectangle and red rectangle indicate that the species were *Myotis gracilis* and *Myotis ikonnikovi*, respectively. Modified from Kawai *et al.* (2003).

近藤・佐々木(2005)によってこの2種の識別点として提案された尾膜血管走行パタンについて(図Ⅵ.7.3)検証するため，北海道内のコウモリ類研究者との共同研究により非致死的に組織を採集し，遺伝子マーカーと血管走行パタンによる種識別の整合性の検討を行った。この結果，遺伝子マーカーと血管走行パタンの整合性が認められ，さらに，Yoshiyuki(1989)が指摘していたような3種の識別が困難な姉妹種 *Myotis* が北海道に生息している可能性が低く，ウスリホオヒゲコウモリ *Myotis gracilis* 及びヒメホオヒゲコウモリ *Myotis ikonnikovi* の2種が姉妹種として北海道に分布していることが明らかになった(Kawai *et al*., 2006)。

4．北海道におけるコウモリ類研究の取り組み

　2012年現在，日本の他の地域と比較すると北海道はコウモリ類の調査が最も頻繁に行われている地域と言えるだろう。ところが，15年ぐらい前にはコウモリの調査はほとんど行われておらず，情報が非常に乏しい状況だった。このため，私たちは博物館や研究者など10名ほどで任意の団体北海道コウモリ研究グループ(EZOBAT)を立ち上げ，情報交換や共同調査を行い，基礎的データの蓄積を進めてきた。これにより，この15年で種ごとの分布情報が蓄積された。図Ⅵ.7.4にはこれまで蓄積されてきた各コウモリの捕獲地点及び予想される分布域を示した図を紹介する。この分布図は，EZOBATを中心とした道内のコウモリ研究者が地道に捕獲調査を行って積み上げてきたデータを示していると言えるだろう。

　また，最近では夜間に捕獲した個体に電波発信機を装着し，日中にその発信源を探し出すという手法で，種ごとの日中ねぐらの特性を明らかにする研究も進められている。例えば，コテングコウモリ *Murina ussuriensis* は，晩秋に笹に引っかかった枯葉の中をねぐらとすることが観察されるなど，いくつもの新しい知見が得られている(Hirakawa & Kawai, 2006)(図Ⅵ.7.5)。

　さらに，ヒメホオヒゲコウモリ及びウスリホオヒゲコウモリについては，野外での識別点が確立されたことで生態学的な調査が可能となった。また，非致死的な方法で捕獲地点を正確に把握することができるようになったことから，両者の分布パタンの違いが明らかになってきただけでなく(図Ⅵ.7.4参照。F：ウスリホオヒゲコウモリ，G：ヒメホオヒゲコウモリ)，日中ねぐらの利

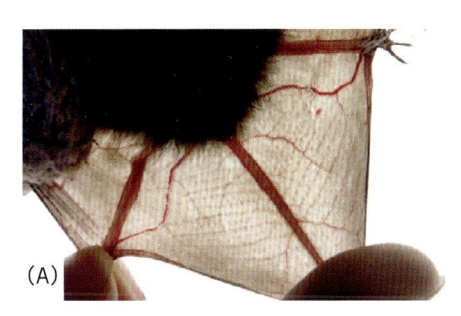

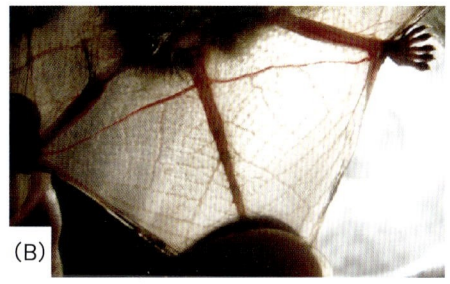

図Ⅵ.7.3　尾膜血管走行パタン。近藤憲久氏撮影
Figure VI.7.3　Venation shapes in the tail membrane.
(A) 'Dog-leg' type *Myotis ikonnikovi*, (B) 'Straight' type *Myotis gracilis*.　Photo by Norihisa Kondo

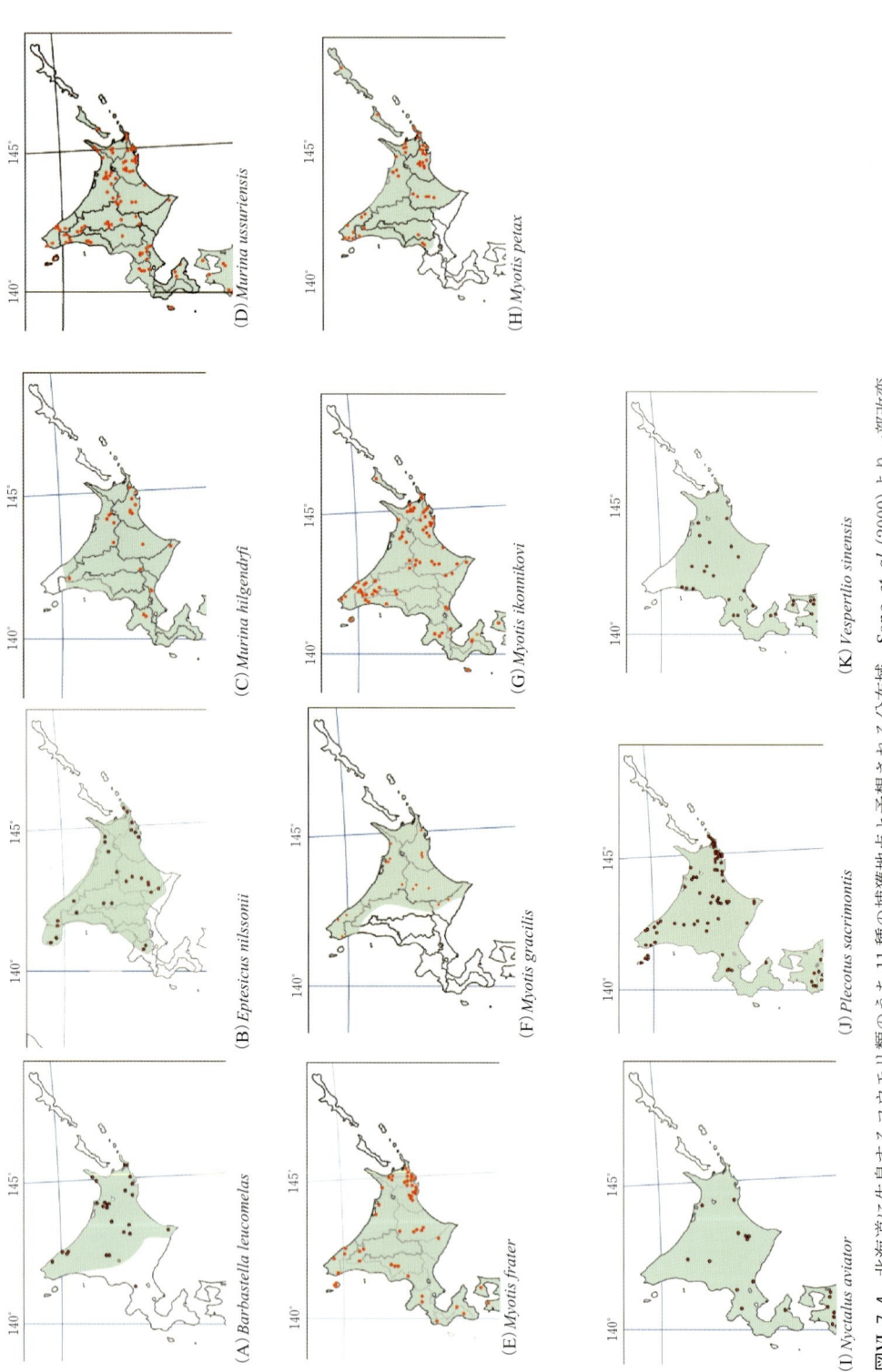

(A) *Barbastella leucomelas* (B) *Eptesicus nilssonii* (C) *Murina hilgendrfi* (D) *Murina ussuriensis*

(E) *Myotis frater* (F) *Myotis gracilis* (G) *Myotis ikonnikovi* (H) *Myotis petax*

(I) *Nyctalus aviator* (J) *Plecotus sacrimontis* (K) *Vespertlio sinensis*

図VI.7.4 北海道に生息するコウモリ類のうち11種の捕獲地点と予想される分布域。Sano *et al.* (2009) より一部改変
Figure VI.7.4 Capture point and expected distributional area of eleven bat species in Hokkaido.
Red circle indicate capture records, green solid color is expected distributional area. Modified from Sano *et al.* (2009).

5. ヒメヒナコウモリ *Vespertilio murinus*

　ヒメヒナコウモリ *Vespertilio murinus* は第Ⅵ部第5章でチウノフ博士が述べているように，旧北区全体に分布していることが知られている．また，ヨーロッパでは長距離の季節移動をしていることが確認されており(Strelkov, 1969)，最大で夏と冬の間に1,140 km 移動した記録がある種である(Masing, 1989)．この種は2003年に礼文島で記録されるまで日本では記録のない種だったが(Satô & Maeda, 2003) 2005年の12月に北海道(羽幌，千歳)と青森(三厩)で相次いで3個体拾得された．12月は北半球の温帯性のコウモリの冬眠時期と考えられること，日本にはこの種の越冬集団の記録がないことから，これらの個体がどこからどのように来たのか疑問が持たれた．そこで私は，遺伝子配列のデータバンクに登録されているヨーロッパやロシアの個体と，日本で拾得された個体の間にどのような遺伝的関係があるのかについて解析を行った(Kawai *et al.*, 2010)．

図Ⅵ.7.5　日中ねぐらの枯葉の中のコテングコウモリ．河合久仁子撮影
Figure Ⅵ.7.5　*Murina ussuriensis* on leaf roost. Photo by Kuniko Kawai.

　この結果，この3個体はそれぞれ少しずつ異なったミトコンドリア DNA *ND1* 遺伝子及び *Cytb* 遺伝子の配列を持っていたが，ヨーロッパ個体を含めたヒメヒナコウモリ全体の遺伝的分化が進んでいないことが明らかとなった(図Ⅵ.7.6)．しかし，この3個体がなぜ12月に拾得されたのかについては，ヨーロッパのように極東ロシアや北海道周辺でも本種が長距離の移動をしている可能性や，人為的な移動(飛行機貨物やフェリー貨物に紛れる例)などの可能性が考えられたが，推論の域を出ることが出来なかった．このヒメヒナコウモリの例は，ロシア，中国，韓国などの近隣の国との基礎データの共有の必要性が露呈された例と言えるだろう．ヨーロッパでは本種からも報告があるのだが(Davis *et al.*, 2005)，コウモリはリッサウィルスという狂犬病関連ウィルスを保有していることがあり，コウモリからヒトへの感染例も報告されている．日本列島内では45年間狂犬病の発生例がないが(Inoue *et al.*, 2003)，ロシア極東域を含めた近隣の諸国では狂犬病ウィルスがヒト，家畜，そしてコウモリを含めた野生動物から確認されている(Kuzmin *et al.*, 2006)．このため，国の枠を超えたコウモリの季節移動の情報は，環境指標としての重要な情報を提供するだけでなく，人畜共通感染症の面からも非常に重要な知見と言えるだろう．

6．今後の課題

　今後は，分類に関する知見を深め，種ごとに分布パタンや季節移動などの基礎的なデータの

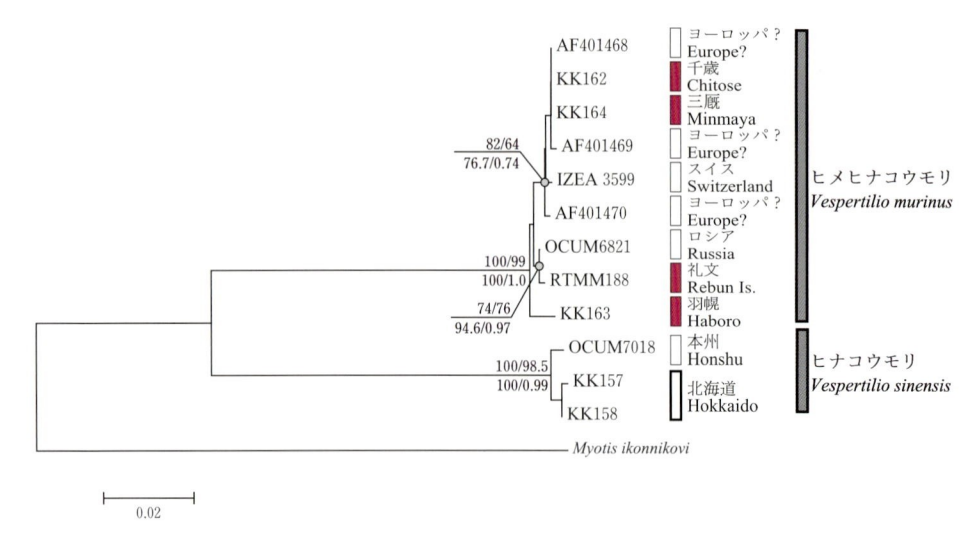

図VI.7.6 ミトコンドリアDNA *ND1* 遺伝子に基づくヒメヒナコウモリの系統関係。Kawai *et al.*(2010) より

Figure VI.7.6 Phylogenetic relationship of *Vespertilio murinus* based on *ND1* mitochondrial DNA sequence (800 bp). The scale indicates genetic distance estimated by Kimura's two parameter method on the NJ tree. Above each line, bootstrap values derived from 1000 replications for NJ tree / bootstrap values derived from 1000 replications for maximum parsimony, and below each line, maximum likelihood probabilities values derived from 1000 replications / Bayesian probabilities are shown. *Myotis ikonnikovi* (*ND1*, AB106575) was used as an outgroup. From Kawai *et al.* (2010).

蓄積を早急に行うこと，及び日本，ロシア，近隣諸国とこれらの情報を共有して行うことが非常に重要な課題と言えるだろう。これによって，生息環境の保全に対する対策や，人畜共通感染症に関する知見，さらには今後予想される温暖化などの気候変動や人的影響による環境か異変に対して，コウモリがどのように応答するかという予測が立てられるようになると考えられる。

【引用・参考文献】

Bernardo, V. R. & Colrum, E. L. (1962): Migration in the guano bat, *Tadaridan brasiliensis mexicana*, Journal of Mammalogy, 43, 43-64.

Davis, P. L., Holmes, E. C., Larrous, F., Van der Poel, W. H., Tjornehoj, K, Alonso, W. J. & Bourhy, H. (2005): Phylogeography, population dynamics, and molecular evolution of European bat lyssaviruses, Journal of Virology, 79, 10487-10497.

Hirakawa, H. & Kawai, K. (2006): Hiding low in the thicket: Roost use by lesser tube-nosed bats (*Murina ussuriensis*), Acta Chiropterologica, 8, 263-269.

Inoue, S., Motoi, Y., Kashimura, T., Ono, K. & Yamada, A. (2003): Safe and easy monitoring of anti-rabies antibody in dogs using His-tagged recombinant N-protein, Japanese Journal of Infectious Diseases, 56, 158-160.

Jones, G., Jacobs, D. S., Kunz, T. H., Willig, M. R. & Racey, P. A. (2009): Carpe noctem: the importance of bats as bioindicators, Endang Species Research, 8, 93-115.

環境省. (2007)：哺乳類，汽水・淡水魚類，昆虫類，貝類，植物I及び植物IIのレッドリストの見直しについて，報道発表資料，環境省. http://www.env.go.jp/press/press.php?serial=8648

Kawai, K., Nikaido, M., Harada, M., Matsumura, S., Lin, L. K., Wu, Y., Hasegawa, M. & Okada, N. (2003): The

status of the Japanese and East Asian Bats of the genus *Myotis* (Vespertilionidae) based on mitochondrial sequences, Molecular Phylogenetics and Evolution, 28, 297-307.
Kawai, K., Kondo N., Sasaki, N., Fukui, D., Dewa, H., Satô, M. & Yamaga, Y. (2006): Distinguishing between cryptic species *Myotis ikonnikovi* and *M. brandtii* in Hokkaido, Japan: evaluation of a novel diagnostic morphological feature using molecular methods, Acta Chiropterologica, 8, 95-102.
Kawai, K., Fukui, D., Satô, M., Harada, M. & Maeda, K. (2010): *Vespertilio murinus* Linnaeus, 1758 confirmed in Japan from morphology and mitochondrial DNA, Acta Chiropterologica, 12, 463-470.
Kuzmin, I. V., Botvinkin, A. D., Poleschuk, E. M., Orciari, L. A. & Rupprecht, C. E. (2006): Bat rabies surveillance in the former Soviet Union, Developments in Biologicals, 125, 273-82.
前田喜四雄(1996)：日本産翼手目(コウモリ類)の分類レビューと解説, 哺乳類科学, 36, 1-23.
前田喜四雄(2005)：翼手目, In：日本の哺乳類(阿部永編), pp. 25-64, 東海大学出版会, 秦野.
Masing, M. (1989): A long-distance flight of *Vespertilio murinus* from Estonia, Myotis, 27, 147-150.
Sano, A., Kawai, K., Fukui, D. & Maeda, K. (2009): Chiroptera. In: The Wild Mammals of Japan (Ohdachi, S. D., Ishibashi, Y., Iwasa, M. A. & Saitoh, T. eds.), pp. 51-126, Shoukadoh, Kyoto.
Satô, M. & Maeda, K. (2003): First record of *Vespertilio murinus* Linnaeus, 1758 (Vespertilionidae, Chiroptera) from Japan, Bulletin of the Asian Bat Research Institute, 3, 10-14.
Simmons, N. (2005): Order Chiroptera. In: Mammal species of the world: a taxonomic and geographic reference. (3rd edition). (Wilson, D. E. & Reeder, D. M. eds.) pp. 312-529, The Johns Hopkins University Press, Baltimore.
Strelkov, P. P. (1969): Migratory and stationary bats (Chiroptera) of the European part of the Soviet Union, Acta Zoologica Cracoviensia, 16, 393-439.
Tiunov, M. P. (1997): Bats of the Russian Far East, Dalnauka, Vladivostok, Russia. 134 pp (in Russian).
Yoshiyuki, M. (1989): A systematic study of the Japanese Chiroptera, National Science Museum, Tokyo, 242 pp.

7. Summary

Recently, bats have been recognized as excellent indicator to understand ecological habitat quality in the world. The U.N. launched the "Year of the Bat 2011-2012", hoping that putting these mammals in the public spotlight might help people gain a better understanding of their impact for our surrounding environment. There are 33 species of insectivorous bats in Japan and 19 of them inhabit in Hokkaido. In the Red List of Threatened Animals 2007 (Ministry of the Environment, Japan), seven of the 19 species in Hokkaido are classified as "Endangered", "Vulnerable" or "data deficient species". In spite of these classifications, general information on the conservation requirements of those bats are still lacking, and even basic distributional and abundance data are absent for many species in Hokkaido. In this talk, I will present that what are needed to understand basic information for those bats, and show recent data of distribution and new insights of phylogeography of bats in Hokkaido for forwarding the conservation.

VII

生物多様性保全のための
データベース作りと保護区管理

Ecosystem conservation and
management strategies

世界自然遺産地域の中央にある知床連山。知床五湖にて。撮影：村上隆広
Shiretoko mountain range in the middle of Shiretoko World Natural Heritage site, a view from Shiretoko-goko Lakes.　Photo By Takahiro Murakami.

1

オホーツク海及び沿岸陸域の生態系並びに生物多様性保全のための統一データベース作成について

The sharing and disclosure integrated GIS database for preservation of ecology and biodiversity in Okhotsk Sea and its surrounding area

金子正美[1]・小川健太[1]（[1]酪農学園大学）
Masami KANEKO[1] and Kenta OGAWA[1]（[1]Rakuno Gakuen University）

　本章では，著者らが専門とするリモートセンシング(RS)や地理情報システム(GIS)，全球測位システム(GPS)などの技術を活用したオホーツク海及び沿岸陸域の生態系を保全するための統一データベースの作成と情報交換体制の確立に焦点を当てる。

　日本における GIS やそのデータの整備は，阪神淡路大震災がきっかけと言われている。この大震災では，水道管やガス管などのライフラインに関する紙地図が消失し，また，デジタル化されていなかったために，復旧に時間がかかった。このため，急きょ GIS データの整備が進められたが，法制度の枠組み・裏付けがない状況であった。その後，2007 年に地理空間情報活用推進基本法(the Basic Act of the Advancement of Utilizing Geospatial Information)が制定されるなど GIS の法制度が整い，データの整備や標準化が進められた(図Ⅶ.1.1)。

　現在東日本大震災からの復旧を支援するために私たち酪農学園大学では，避難所の GIS システムを開発している。このシステムには一心(ISSHIN)という名称をつけている。図Ⅶ.1.2 がその画面例である。左には必要とされる物資のリスト，右上には避難所の地図，その下には避難所のリストが表示されている。地図上のアイコンは，現在避難所に滞在している人の人数により色分けして表示される。また必要な物資のリストと避難所のリスト，避難所の位置がデータベース化され連動して表示されるようにできている。

　現地ボランティアがこのシステムを使って必要な物資を避難所に届けられるよう支援している。酪農学園大学は 2011 年 4～7 月に学生を中心としたボランティア約 80 名を現地に送り込

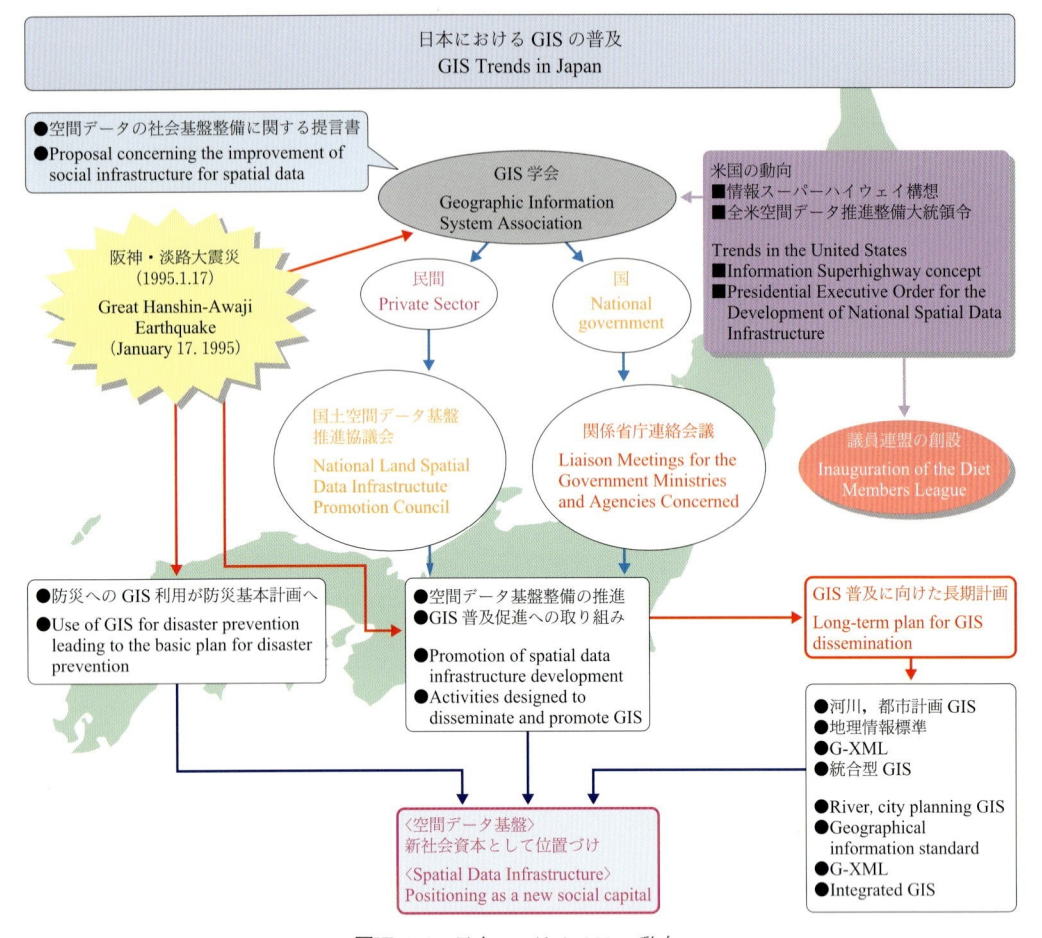

図Ⅶ.1.1　日本における GIS の動向
Figure VII.1.1　GIS Trends in Japan.

み，1チーム4名が1週間ほど現地に滞在して，物資の仕分けや避難所への配送の支援を行った。

このような GIS 技術は，オホーツク海や沿岸陸域の生態系に関する各種の調査結果を蓄積するためのデータベースとして応用することが可能である。

また，GIS の最近のトレンドとして，マッシュアップ技術が挙げられる。マッシュアップとは，各機関が作成し，インターネット等で公開しているデータを統合し，新たな1つの情報として配信することである。これにより，「異分野(例えば環境と建設，観光と交通)の情報の重ね合わせ」で新たな情報が生み出されることが期待できる。酪農学園大学ではこのマッシュアップ技術により，海洋の油汚染などの突発事故発生時に情報を共有し，迅速な行動を可能にするための海域－陸域統合型 GIS の開発を行った。図Ⅶ.1.3に表すように様々な機関で公開されている情報をあたかも1つの情報サイトであるかのように見せることができる。北海道大学が公開している短波海洋レーダーのリアルタイム情報や，海上保安庁の流氷分布やスペースフィッ

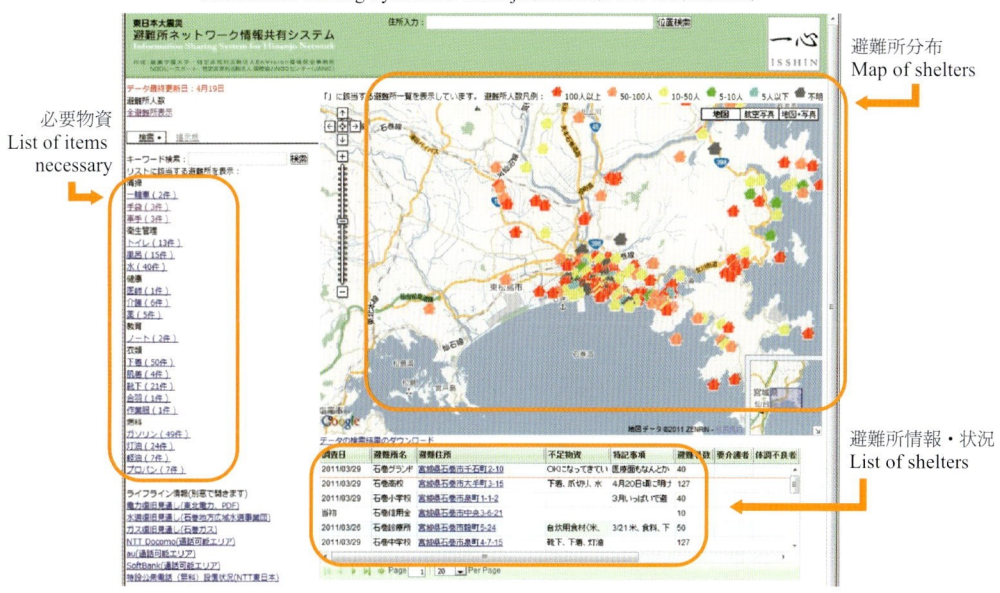

1 オホーツク海及び沿岸陸域の生態系並びに生物多様性保全のための統一データベース作成について 413

図Ⅶ.1.2 避難所情報情報共有システム「一心」
Figure VII.1.2 Information Sharing System for Hinanjo Netwark (ISSHIN).

シュ社が公開している MODIS の画像，油汚染鳥類の発見位置などを表示することが可能となっている。

現在，リモートセンシング，GIS 技術や IT 技術は様々な大容量のデータを共有することを可能にしてきている。研究者間の交流を深め人脈，組織間の協力体制を深め情報の共有と公開を進めるのが重要と考えている。そのためには，データ収集体制，データへアクセスできる仕組み，GIS により一元化されたビジュアルな情報提供，政府機関，大学・研究所間，NGO，NPO との協力体制が必要かと考えている。

図Ⅶ.1.4 には今後データベースの構築に向けてどのような項目について検討が必要となるか，を表している。2010 年 4 月のウラジオストックでの会議の際に議論されたように，日露双方の研究者がどのようなデータを保有しており，どのような目的でデータを蓄積し，さらにどのようなデータを作り出すか，について検討し，データベースを構築していくことが今後の生態系保全において必要となると考える。

マッシュアップ技術の一例

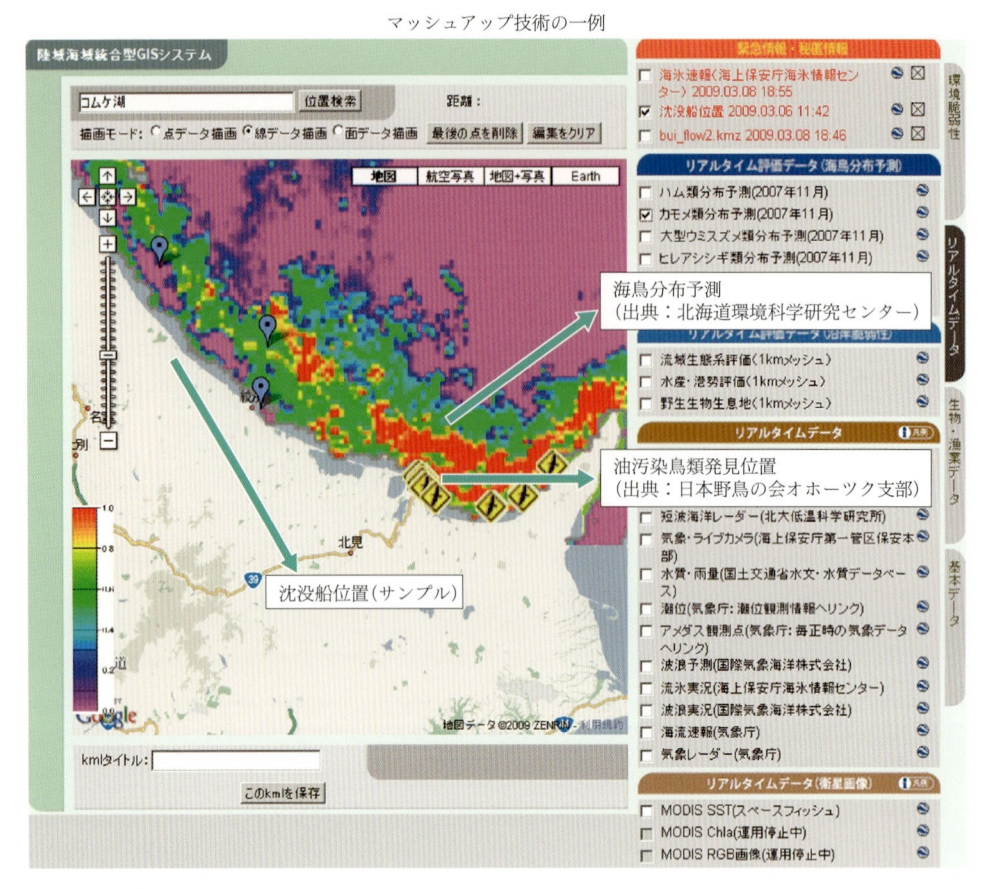

図Ⅶ.1.3　統合情報データベースのサンプル画面
Figure VII.1.3　A sample screen image for integrated GIS database information.

統合 GIS データベースの構築に向けて
Discussion for Integrated GIS Database

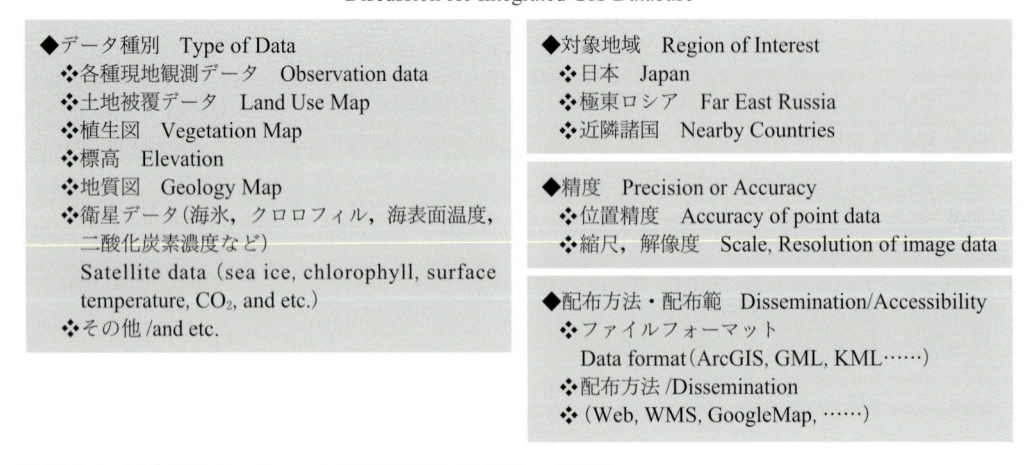

◆データ種別　Type of Data
　❖各種現地観測データ　Observation data
　❖土地被覆データ　Land Use Map
　❖植生図　Vegetation Map
　❖標高　Elevation
　❖地質図　Geology Map
　❖衛星データ（海氷，クロロフィル，海表面温度，二酸化炭素濃度など）
　　Satellite data（sea ice, chlorophyll, surface temperature, CO_2, and etc.）
　❖その他 /and etc.

◆対象地域　Region of Interest
　❖日本　Japan
　❖極東ロシア　Far East Russia
　❖近隣諸国　Nearby Countries

◆精度　Precision or Accuracy
　❖位置精度　Accuracy of point data
　❖縮尺，解像度　Scale, Resolution of image data

◆配布方法・配布範　Dissemination/Accessibility
　❖ファイルフォーマット
　　Data format（ArcGIS, GML, KML……）
　❖配布方法 /Dissemination
　　❖（Web, WMS, GoogleMap, ……）

図Ⅶ.1.4　統合 GIS データベースの構築に向けて議論すべき事項
Figure VII.1.4　Items to be discussed for Integrated GIS Database.

【引用・参考文献】
金子正美・鈴木透・田中克佳・吉村暢彦・立木靖之・星野仏方・長雄一・赤松里香(2009)：北海道における GIS を活用した自然環境情報の共有化と情報公開, In：地理空間情報の基本と活用(橋本雄一編), pp. 111-117, 古今書院, 東京.

Summary

Advances in GIS (Geographic Information System), GPS (Global Positioning System), RS (Remote Sensing), and ITC (Information Technology and Communication) make it possible to collect, analyze, and distribute relevant information timely for policy-making of environmental issue, and monitoring for government, NPO, NGO and etc.

In the point of view of legal frameworks to collect and manage GIS data in government level, there were progresses in recent years. It was in 2007 when Japan saw the introduction of the first GIS-related law: "Basic Act of the Advancement of Utilizing Geospatial Information". And the next year, "The Basic Plan of the Advancement of Utilizing Geospatial Information" was approved by the Cabinet.

Building useful GIS-based information system requires collection and organization of legacy analog data, easy access to raw data for further analysis, providing easy-to-understand visual information, intensive management, multilateral utilization of information, and cooperation among government, NPO and NGO.

2

知床世界自然遺産地域の管理
Management of the Shiretoko World Natural Heritage Site

山中正実[1]・村上隆広[1]（[1]知床博物館）
Masami YAMANAKA[1] and Takahiro MURAKAMI[1] ([1]Shiretoko Museum)

　私たちは，地元で知床半島の自然環境の保護管理や調査研究，自然教育活動に当たる知床財団，及び，知床博物館に所属している。知床博物館は，1978年斜里町によって開設され，知床の自然環境に関する調査研究や標本の収集を長年にわたって継続し，基礎的な資料を蓄積してきた。さらに新たな手法を様々に用いた自然観察会の取り組みは，知床における自然教育活動やその後大きく発展した自然ガイドによるエコツアーの基礎になっている。

　知床財団は，1988年に斜里町によって設立され，その後，世界自然遺産登録を機に，2006年に羅臼町も設立者として参画した。知床半島を構成する2つの町が一体となり，財団の活動を通じて知床の自然環境を保全していこうとしている。知床財団は，現場に密着して，「知床を知り，守り，伝える」をテーマに，知床の自然に関する調査研究，保護管理活動，普及教育活動に当たっている。当財団は，日本の国立公園に最も欠けている専門的な知識や技能を持った現場の実働部隊を，地元発の創意工夫で構築しようという日本で初めての組織である。

　さて，知床は，2005年UNESCOによって世界自然遺産に登録された。世界自然遺産地域は，知床半島の一部とその周辺海域の2万2,400 haを含む7万1,100 haに設定されている。知床世界自然遺産地域の主要部分を構成するのは知床国立公園で，全遺産地域の86%を占めている（図Ⅶ.2.1）。

　知床世界自然遺産地域の大部分を国立公園が占めているが，日本の国立公園システムには大きな課題がある。それは，国立公園利用の管理や生態系の保全のための明確な方針や有効に機能する管理計画が定められていないということである。国立公園管理計画，及び，その基礎となる自然公園法には，施設の建設や森林伐採などの開発行為を一定程度コントロールする機能はあっても，野生生物も含む生態系の保全管理や利用に関わる調整を行う機能は極めて乏しい。例えば，知床国立公園管理計画書の中で，野生動物に関する記述はわずか1ページ，ヒグマ5行，エゾシカ6行，といった具合である。これは知床に限ったことではなく，日本の国立公園

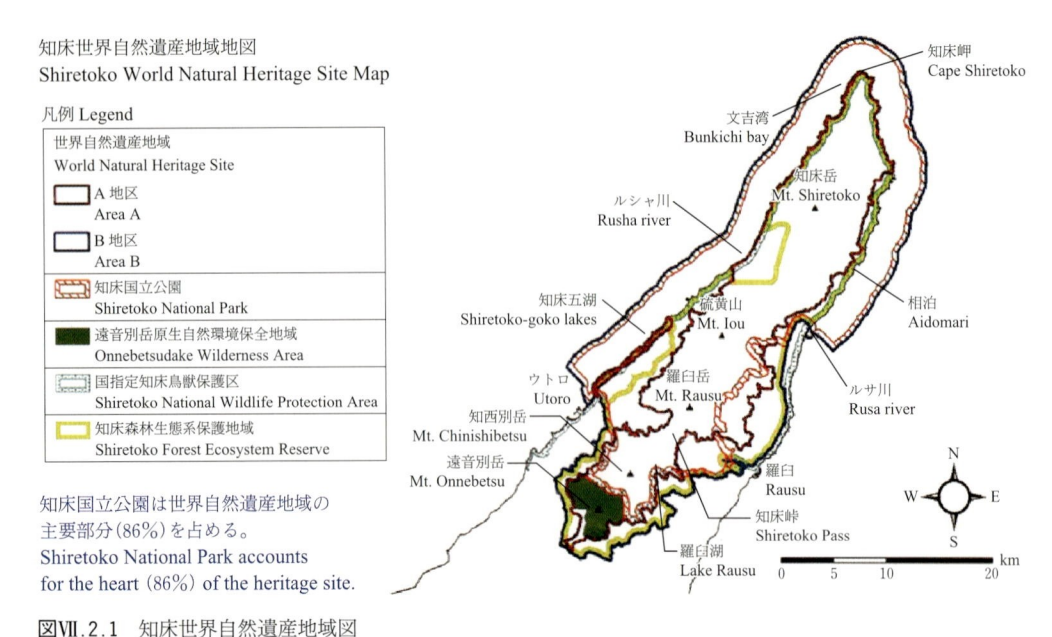

知床世界自然遺産地域地図
Shiretoko World Natural Heritage Site Map

凡例 Legend

世界自然遺産地域
World Natural Heritage Site
- A 地区 Area A
- B 地区 Area B
- 知床国立公園 Shiretoko National Park
- 遠音別岳原生自然環境保全地域 Onnebetsudake Wilderness Area
- 国指定知床鳥獣保護区 Shiretoko National Wildlife Protection Area
- 知床森林生態系保護地域 Shiretoko Forest Ecosystem Reserve

知床国立公園は世界自然遺産地域の主要部分 (86%) を占める。
Shiretoko National Park accounts for the heart (86%) of the heritage site.

図VII.2.1　知床世界自然遺産地域図
Figure VII.2.1　A map of the Shiretoko World Natural Heritage Site.

では一般的なことだ。また，最近指定することが可能となった「利用調整地区」の指定地以外では，自然公園法には利用者の数や行動をコントロールする機能がほとんどない。利用調整地区も，全国の国立公園の中で，2011年に指定された知床五湖地区などわずか2カ所しかない。

日本の国立公園のもう1つの大きな課題は，国立公園を一元的・統合的に管理運営する機関が存在しないことである。すなわち，複数の行政機関が役割分担と連携協力の下に運営することが前提となっている。公園管理は環境省，森林と土地の所有管理は林野庁，道路は国や地方自治体の建設部局がそれぞれ管轄している。河川も同様であり，また水生生物は水産庁や都道府県の水産部局が管轄しているといった具合である。各機関は異なる意志と目的を持って国立公園に関与し，自然環境の保全や国民へのすばらしい自然体験の提供といった公園機能の向上という点に向けての連携協力は限定的であるのが実態である (図VII.2.2)。

そのような実態では，当然，世界自然遺産登録は困難で，UNESCO/IUCNから様々な勧告が行われた。登録へ向けての取り組みは，これまでの多くの問題を抱えてきた知床の国立公園管理の大きな転換点となった。2009年，知床世界自然遺産地域の保護と利用を包括的に取り扱う「知床世界自然遺産地域管理計画」が完成した。それは従来の機能しなかった公園管理計画に比べて，飛躍的に進歩したものになった。急増して生態系に深刻な影響を与えているエゾシカの問題，ヒグマと人間との軋轢，適正な公園利用に向けての模索など，個別課題ごとの管理計画も策定されてきている。

従来，同じテーブルについて議論することさえ稀であった関係行政機関が，知床世界自然遺産管理という1つの目的のために協議する場が作られてきている (図VII.2.3)。まだまだ真の連携協力体制が実現したとは言いがたいが，これは大きな前進である。また，関係行政機関に加

2 知床世界自然遺産地域の管理

複数の行政機関が異なる業務上の目標や優先順位をもって管理を行う国立公園システム
PARK MANAGEMENT SYSTEM BY MULTIPLE GOVERNMENT AGENCIES WITH DISTINCT PRIORITIES AND GOALS.

各機関の管理目的は国立公園の生態系保全や利用者へのすばらしい自然体験の提供ではない。
The aims of management by each authority are not to preserve ecosystem in NP, not to offer great nature experience to visitors.

環境省以外の機関がそれぞれ国立公園を部分的に管理している。
Authorities other than the Ministry of Environment, separately manage several parts of national park.

* 森林　　　林野庁
  Forests:　Forestry Agency
* 道路　　　5つの行政機関
  Roads:　Five different organizations
* 河川　　　北海道または町
  Rivers:　Prefecture or town government
* 水産動物・植物　　　水産庁等
  Aquatic animals and plants:　Fisheries Agency etc.

No Ecological and Scenic Considerations!?

図VII.2.2　日本の国立公園は，複数の行政機関がそれぞれ異なる目的を持って管理してしまっている。
Figure VII.2.2　Japanese national parks are managed by multiple government agencies with distinct priorities and goals.

多様な課題や管理計画に関する検討組織が生まれた
ESTABLISHMENT OF SEVERAL COUNCILS FOR COORDINATING HERITAGE SITE MANAGEMENT AMONG GOVERNMENT AGENCIES AND OTHER LOCAL COMMUNITY GROUPS.

関係行政機関　MANAGING AUTHORITIES

環境省　Ministry of Environment
林野庁　Forestry Agency
北海道　Hokkaido Prefectural Government

地域連絡会議
Shiretoko World Natural Heritage Site Regional Liaison Committee
- Forestry Agency
- MOE
- Hokkaido
- Shari Town
- Rausu Town
- Fishery Cooperative
- Local Community Groups

科学委員会
Shiretoko World Natural Heritage Site Scientific Council
── 海域 WG　Marine Area WG
── 河川工作物 AP　River Construction AP
── エゾシカ・陸上生態系 WG
　　Sika Deer & Terrestrial Ecosystem WG
　├── ヒグマ管理方針検討会議
　　　Bear Management WG
── 利用適正・エコツーリズム WG
　　Proper Use & Ecotourism WG

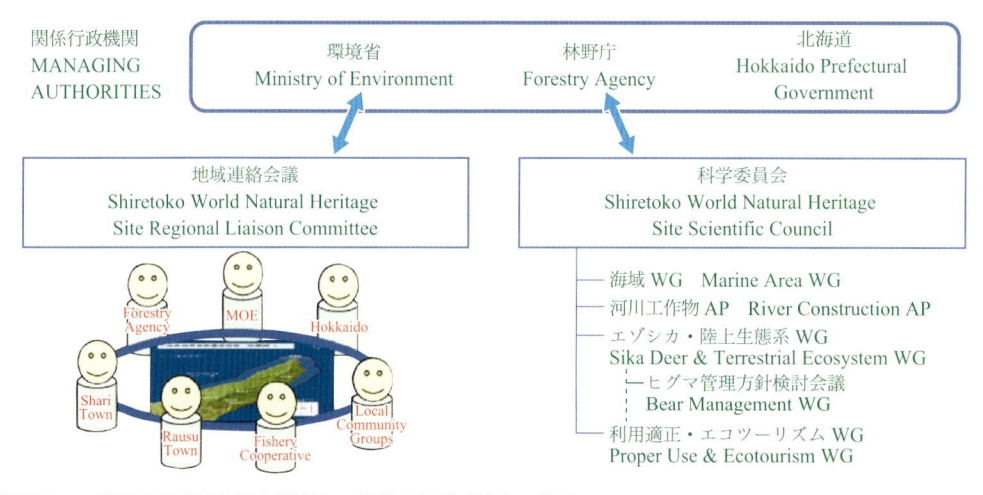

図VII.2.3　世界自然遺産地域を管理する組織や各種委員会の構成
Figure VII.2.3　Organizations of councils aim to manage Shiretoko World Natural Heritage Site.

えて，様々な地域関係団体も参集して，ともに議論する場として地域連絡会議も設立された．

　さらに知床世界自然遺産の管理体制の構築において，最も重要なトピックは「知床世界自然遺産地域科学委員会」の発足である．日本の自然保護区で，初めて知床には常設の専門家組織が設置されたのである．従来，国立公園の保全管理に関する検討の多くは，関係機関・地域団体などによる「協議」の場で行われてきた．その中では地域の利害関係や行政組織間の力関係が大きく作用するのが常で，施策の結果がきちんと科学的に検証されることは稀であった．科学委員会は利害やしがらみを離れて，第三者の立場で物申す御意見番としての役割を果たしてきている．

　科学委員会の下には，海域管理，エゾシカと陸上生態系管理，ヒグマ管理，適正利用とエコツーリズムの促進，そして，河川工作物の改良などの専門ワーキンググループ（WG）が設けられ，個別課題ごとの管理計画や実行計画の策定，モニタリング手法や結果の検討など多様な機能を果たしている．

　エゾシカ・陸上生態系ワーキンググループは，陸域の生態系を適正に保全すること，特に，高密度に増加したエゾシカによる生態系に対する過剰な影響を軽減することを目的に知床半島エゾシカ管理計画を策定してきた．また，毎年の事業の具体的な実行計画についても議論し，関係行政機関の施策に反映させている．現在，知床世界自然遺産地域とその周辺部をゾーニングし，ゾーンごとにエゾシカの個体数調整，及び，エゾシカそのものと植生などを含めた各種モニタリングが行われている（図Ⅶ.2.4）．

　海域ワーキンググループは，海洋生態系の保全と持続的な資源利用による安定的な漁業の存続を両立させることを目的に，「知床世界自然遺産地域多利用型統合的海域管理計画」を策定した．この計画は，従来からの漁業協同組合による自主的な資源管理と，水産関係の法令に

エゾシカ・陸上生態系ワーキンググループ
Sika Deer & Terrestrial Ecosystem Working Group

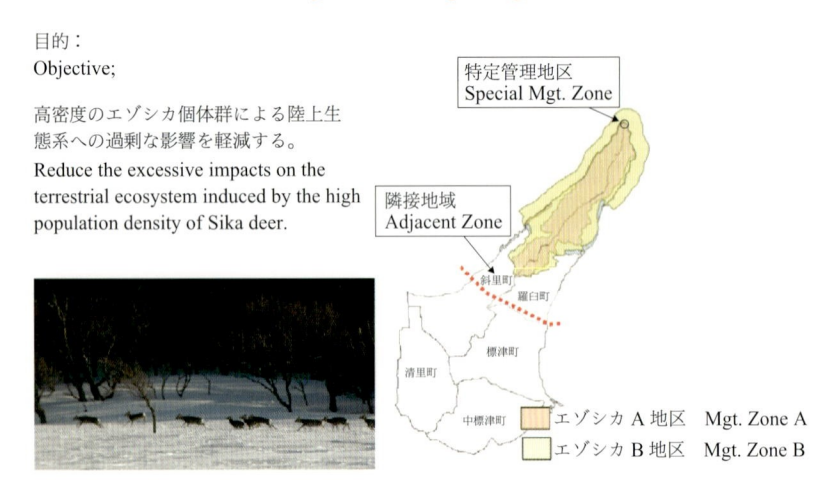

目的：
Objective;

高密度のエゾシカ個体群による陸上生態系への過剰な影響を軽減する．
Reduce the excessive impacts on the terrestrial ecosystem induced by the high population density of Sika deer.

特定管理地区 Special Mgt. Zone
隣接地域 Adjacent Zone
エゾシカ A 地区　Mgt. Zone A
エゾシカ B 地区　Mgt. Zone B

図Ⅶ.2.4　エゾシカ・陸上生態系ワーキンググループの目的
Figure VII.2.4　Sika Deer and Terrestrial Ecosystem working group.

よって行われてきた資源管理を積極的に評価して，それらを世界遺産の管理計画として整理するとともに，より有効に機能させようとするものである。ワーキンググループは定期的に会合を開いて，現状を点検し，管理計画の趣旨を達成させるために関係行政機関への助言等を行っている。

UNESCO/IUCN は，知床世界自然遺産の価値の1つであるサケマスと河川を通じた陸域と海域の物質循環を妨げる多数の河川工作物の撤去を求めた。これに対応するために発足した河川工作物ワーキンググループは，100 カ所のダムを点検・評価し，現時点で改修可能な13 基についてダムの改良を行うことを勧告。改良に関わる基本方針を示した。その後，ワーキンググループはアドバイザリーパネルに改組され，改良工事の効果のモニタリング結果の評価や追加の改良工事など，河川管理全般に対して勧告や提言を行っている。適正利用・エコツーリズムワーキンググループは，過剰利用などによる自然環境への悪影響を防止しつつ，国民に対してすばらしい自然体験を持続的に提供する仕組みを構築することを目的としている。

同ワーキングは国立公園の適正利用・エコツーリズムの基本方針やガイドラインは，既に定められていたが，世界自然遺産登録を受けて，UNESCO/IUCN の勧告に基づき，「知床世界自然遺産地域連絡会議」に参加する地域の関係団体とともにエコツーリズム戦略を再構築しようとしている。

ヒグマ管理方針検討会議は，知床世界自然遺産地域を中心とした地域個体群の存続と，ヒグマによる人身被害の防止と地域産業への経済的被害の抑制，利用者(Visitor)の安全確保と良質な自然体験の提供の両立，及び，サケ科魚類等の捕食を通じた海域と陸域の物質循環の担い手としての役割維持を目的に，管理方針(＝管理計画)を策定しようとしている。

表Ⅶ.2.1が全体を包括する「知床世界自然遺産地域管理計画」の下に位置づけられた項目別の管理計画の現在の進行状況である。

エゾシカ管理計画と海域管理計画については，既に策定済みである。河川工作物の改良については，「管理計画」ではないが，改良に関わる方針が定められている。ヒグマ管理計画，及び，適正利用とエコツーリズムを推進するための計画については，今まさに知床世界自然遺産地域科学委員会(科学委員会)の下のワーキングにおいて議論が進んでいる最中である。

次のステップへ向けての重要な目標は，個別課題にそれぞれ対応する実行計画の策定と，その実行を担保するための体制作りである。実行計画の策定については，まだ一部の項目に留まっている。

エゾシカ管理計画については，実行計画が毎年定められ，シカの個体数管理などに関する事業が行われている。河川工作物の改良については，実行計画としては具体的に定められていないが，科学委員会の下に設けられたアドバイザリーパネルの勧告に従って，毎年の改良事業が行われる体制が作られつつある。海域管理は，従来からの漁業協同組合による自主的な資源管理と，水産関係の法令によって行われている資源管理を，そのまま世界遺産の管理の一環として位置づけていることから，世界自然遺産に特化した実行計画は現在定められていない。ヒグマ管理計画や適正利用・エコツーリズムについては，管理計画自体が現在策定中で，実行計画

表VII.2.1 世界自然遺産地域の管理のための計画と進捗状況
Table VII.2.1 Status of plans for managing the World Natural Heritage Site.

	個別計画 Specific Plans	計画策定 Plan Formulation	実行計画 Action Plan	計画の実行 Implementation of Measures	順応的管理のためのモニタリング Monitoring System for Adaptive Management
知床世界自然遺産地域管理計画 Management Plan for the Shiretoko WNHS.	エゾシカ管理計画 Sika Deer Management Plan	策定済 completed	毎年計画を作成 planned annualy	進行中 in progress	進行中 in progress
	多利用型統合的海域管理計画 Multiple Use Integrated Marine Management Plan	策定済 completed	未着手 not yet	漁業協同組合による自主的な資源管理と水産関係の法令による資源管理が進行中 in progress under autonomous management by the fishrey cooperatives & fishery regulations	未着手 not yet
	河川工作物改良方針 Policy for Artificial River Constructions Improvement	策定済 completed	アドバイザー会議の勧告に応じて毎年手法を決定 measures determined annualy on the recommendation of the advisory panel	進行中 in progress	進行中 in progress
	ヒグマ保護管理方針 Brown Bear Management Plan	策定済 completed	未着手 not yet	進行中 in progress	未着手 not yet
	適正利用・エコツーリズム戦略 Plans for Proper Park Use & Ecotourism	策定済 completed	進行中 in progress	未着手 not yet	未着手 not yet

作りはこれからの課題である。

　このように実行計画レベルでは，管理施策の具体化はまだ十分ではない．また，長期的に計画を執行するための人的体制や財政的な担保も今後大きな課題となってくるだろう．さらに各計画は，順応的管理を基本理念としているが，そのために不可欠である継続的なモニタリング，その結果の評価とフィードバックの仕組み作りも検討途上と言える．エゾシカ管理計画と河川工作物の改良については，試行錯誤的ではあるがモニタリングが実際に動き始めている．しかし，その他については，世界自然遺産登録前からの従来の枠組みによるモニタリングが一部行われているものの，「知床世界自然遺産地域管理計画」に基づくモニタリング体制はまだ定められていない．

　まだまだ多くの課題を抱えながら産みの苦しみの中であるが，知床における管理システムが完成されれば，我が国の自然保護区制度の中では先進的なものとなることは間違いない．ここまで国内的な管理の現状について述べてきたが，ユネスコが認めた知床世界自然遺産の価値は，知床半島の保護だけでは保全できない．知床における北半球南限の流氷の形成，海洋生態系の高い生産性，海と陸の生態系の相互作用は，オホーツク海全体の海洋構造が支えている．知床

の生物多様性は，知床から環オホーツクを広く行き来する生き物たちが支えているのである。広域知床生態系〝Greater Shiretoko Ecosystem〞，あるいは，オホーツク生態系〝Okhotsk Ecosystem〞といった視点を持った保全が今後必須である。その実現のためには，日露両国の密接な協力が欠かせない。

Summary

Shiretoko was established as a World Natural Heritage Site (WNHS) in 2005, encompassing approximately 71,100 hectares (including 22,400ha of marine protected area). Shiretoko National Park accounts for the heart (86%) of the heritage site. In Japan, areas designated and managed as national parks have restricted land development potential, but capacity is limited for managing park use or conserving natural ecosystems. This situation is further hampered by the lack of a lead independent authority to manage parks in an integrated manner. Instead, multiple government agencies with distinct priorities and goals take separate management actions, and coordination among them is often limited.

This lack of coordinated management planning made it difficult to apply for WNHS status and was noted in initial UNESCO/IUCN evaluations and recommendations to the Japanese government. These assessments were a turning point and helped catalyze the preparation of practical coordinated management plans across the national park and larger world heritage nomination area. The application process itself led to the development of several councils for coordinating heritage site management among government agencies and other local community groups. In 2009, a comprehensive Management Plan for the Shiretoko WNHS was completed. As a part of its development, specific plans were drawn up to address challenges such as a rapidly growing deer population, conflicts between bears and people, and increasing demands for public use. However, these action plans are only the first of many that need to be prepared, and while adaptive management principles are integrated throughout, protocols and systems for effectiveness monitoring, evaluation, and management feedback are still in development. Given the investments being made in these systems and the underlying action plans, we expect that the Shiretoko WNHS will soon have some of the most advanced nature reserve conservation programs in Japan. The universal values recognized by UNESCO in its World Natural Heritage designation for Shiretoko were derived in many ways from the richness of the sea of Okhotsk and the diversity of species that migrate within it. With that in mind, we see many benefits for our work at Shiretoko in a strengthened partnership between Japan and the Russian Federation.

3

シホテアリン世界自然遺産地域の管理
Sikhote-Alin State Nature Biosphere Reserve -
the Territory of World Nature Heritage

アスタフィエフ, A. A.[1]・村上隆広[2]([1]シホテアリン国立自然保護区・[2]知床博物館)
A. A. ASTAFIEV[1] and T. MURAKAMI[2] ([1] Sikhote-Alin State Nature Biosphere Reserve; [2] Shiretoko Museum)

1. シホテアリン国立自然保護区
―― シホテアリン世界自然遺産地域の概要及び知床世界自然遺産地域との比較

　シホテアリン国立自然保護区は，1935年に設立された当時，保護地域の面積100万ha，緩衝地域70万haであった。現在，保護区域の面積は40万1,600haで，39万7,400haの地域と4,200haの飛び地の2つのユニットから構成されている。また，これらの地域には2,900haの海洋地域も含まれている(図Ⅶ.3.1)。シホテアリン国立自然保護区は標高600～1,000mの中央シホテアリン山岳地域にある。シホテアリン地域の西には比較的小規模で起伏の少ない斜面が続く。一方，東斜面は距離の短い大規模な起伏があり，日本海に面した急峻な岩場の海岸となっている。シホテアリン国立自然保護区の気候は明瞭なモンスーン型で，冬には厳しい偏西風が吹き，夏には弱い東風が吹く。

　面積，気象，地形を知床国立公園と比較したのが表Ⅶ.3.1である。面積はシホテアリン国立自然保護区が知床の6倍とかなり大きい。また，気候は沿岸地域どうしで比較すると少し知床のほうが気温が高く，降水量の多い傾向がある。

　保護区の95%は森林地域である。保護区では，針葉樹と広葉樹が混ざり合った特有の広大な森林と日本海沿岸生態系を自然の推移にまかせて保全している。保護区には1,076種の維管束植物，280種のコケ類，434種の地衣類，670種の草本類，740種の菌類がある(表Ⅶ.3.2)。保護区内には61種の陸生哺乳類が生息し，そのうち7種がIUCNの絶滅危惧種リストに掲載されている。海生哺乳類は11種が生息し，そのうち8種がIUCNの絶滅危惧種リストに掲載されている。その他保護区内には鳥類が350種以上生息しており，24種がIUCNのリスト掲載種，爬虫類が8種，魚類が32種，海産無脊椎動物が334種，陸生の無脊椎動物種が4,000種生息している(図Ⅶ.3.2，表Ⅶ.3.2)。主な動植物種数を知床と比較したのが表Ⅶ.3.2である。

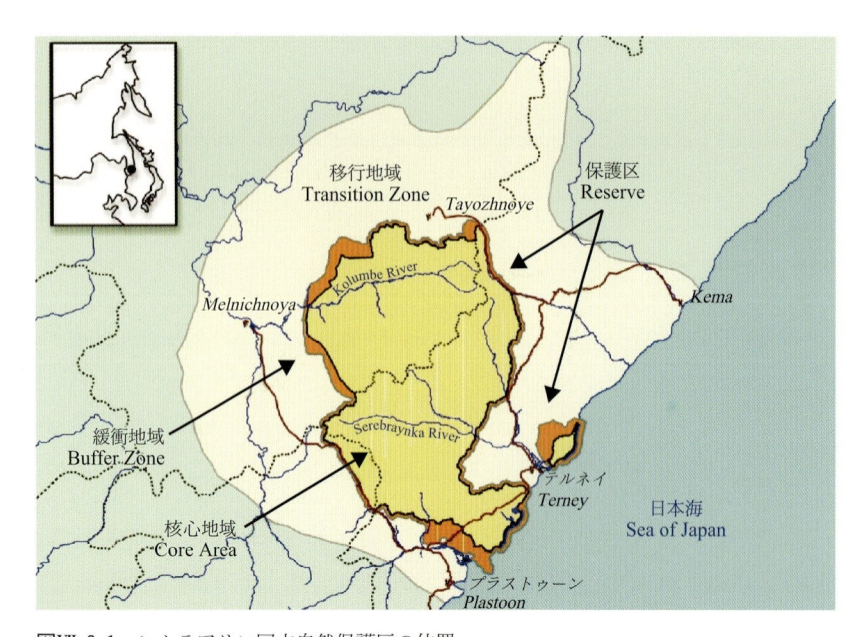

図VII.3.1　シホテアリン国立自然保護区の位置
Figure VII.3.1　Map of Sikhote-Alin State Nature Biosphere Reserve.

表VII.3.1　シホテアリン国立自然保護区と知床世界自然遺産地域の比較
Table VII.3.1　A comparison of geological and meteorological values between Sikhote-Alin State Nature Biosphere Reserve and Shiretoko World Natural Heritage.

	シホテアリン国立自然保護区 Sikhote-Alin State Nature Biosphere Reserve	知床世界自然遺産地域 Shiretoko World Natural Heritage
面積/Area （海域/Sea）	401,600 ha (2,900 ha)	71,103 ha (22,353 ha)
最高標高地/ Maximum Altitude	グルホマンカ山/Mt. Gluhomanka 1,598 m	羅臼岳/Mt. Rausu-dake 1,660.4 m
年平均気温/ Average Temperature	沿岸地域/Coastal Area　3.4°C 東斜面/Eastern Slope　1.6°C 西斜面/Wesetern Slope　0.4°C	ウトロ/Utoro Coastal Area　6.2°C 羅臼/Rausu Coastal Area　5.3°C
年間降水量/ Annual Precipitation	沿岸地域/Coastal Area　813 mm 東斜面/Eastern Slope　682 mm 西斜面/Wesetern Slope　689 mm	ウトロ/Utoro Coastal Area 1,102.3 mm 羅臼/Rausu Coastal Area 1,660.3 mm

2．シホテアリン国立自然保護区の業務

　保護区の職員の業務は，密猟の防止，森林火災の消火，保護区境界の設定と維持，保護区内のインフラ整備と維持，調査活動への参加，地域住民への環境教育活動などである．保護区では様々な遺伝子レベル，個体群レベル，生態系レベルで自然資源を保全している．保護区全域に森林施業用の道路が張り巡らされている．これによって，年間を通じて自然を破壊する人が

図Ⅶ.3.2 シホテアリン国立自然保護区の哺乳類(左)と鳥類(右)
Figure VII.3.2 Mammals (Left, Terrestrial mammals; 61 species, Marine mammals 11 species) and Birds (Right, Birds, >350 species) of Sikhote-Alin State Nature Biosphere Reserve.

表Ⅶ.3.2 シホテアリン国立自然保護区と知床世界自然遺産地域の主な動植物種数比較
Table VII.3.2 A comparison of animals and plants species between Sikhote-Alin State Nature Biosphere Reserve and Shiretoko World Natural Heritage.

			シホテアリン国立自然保護区 Sikhote-Alin State Nature Biosphere Reserve	知床世界自然遺産地域 Shiretoko World Natural Heritage
動物	Animals	哺乳類 Mammals	61	56
		鳥類 Birds	>350	281
		爬虫類 Reptiles	8	8
植物	Plants	維管束植物 Vascular plants	1,076	895
		コケ植物 Moss	280	98

どの場所にも入り込むことができるため，密猟の危険が年間を通じて高い。

シホテアリン国立自然保護区の最も重要な活動は，保護区内に設定された永久調査区，調査ルート，調査対象群集の調査であり，生態系とその構成要素の長期的な総合調査である（図Ⅶ.3.3）。この調査のために，保護区はロシアと国外の他の研究機関，高等教育機関，地域林業，工業，農業系企業，財団と密接に協力している。すべての調査結果は，保護区の活動を普及するために用いる他，書類として複数の行政機関に提出して自然保護活動の意志決定，例えば希少動植物種の保護や新しい保護区の設定や生態学的な評価，経済的プロジェクトの推進に用いられる。

住民への環境教育は，テルネイにある野生生物保護情報センターと保護区の境界近くにある4つの野外エリアで保護区職員によって行われる。これらの野外エリアには6つの見学コースが用意されている。環境教育は，地域の教育文化施設，旅行会社，企業，公的機関と住民とが連携して行っており，最も成功した活動は，学校の子どもたちが自然の知識を学ぶ体験キャンプである。

図VII.3.3　保護区における自然保護活動と調査活動
Figure VII.3.3　Nature protection and research activities in the reserve.

3. シホテアリン国立自然保護区の地域的特性

　世界自然遺産「中央シホテアリン」は，40万1,600 haの核心地域(コアゾーン，2,900 haの海域を含む)と6万7,660 haの緩衝地域(バッファゾーン，5,110 haの海域を含む)，101万9,340 haのゴラリー国立動物保護区からなっている。便宜的にこの地域の生態系を気候条件・生物多様性レベル・人間の影響によって次の3つに分ける。

　第1の地域すなわち日本海岸地域(長さ25 km)は，海域の影響を強く受ける(図VII.3.4)。最も多様で特異な生態系は海岸で，湿地や草原，岩場等と草地斜面，乾性植物の生える完新生の潟湖などが含まれる。主要な植生はナラ林(モンゴリナラ　*Quercus mongolica*)で，希少種と固有種は沿岸植生帯に集中している。7月に花が咲くアヤメ科の *Iris ensata*, *Iris laevigata* の草地や，コケの沼には希少種であるラン科 Orchidaceae，トキソウ *Pogonia japonica* など，完新世の台地にはウスユキソウ属の *Leontopodium palibinianum* が生育し，岩場にはキキョウ *Platycodon grandiflorus* が生育する。この地域には春にアカシカやニホンジカが土壌から塩分を得る代わ

図VII.3.4　日本海岸地域の様子と絶滅危惧種オナガゴーラル
Figure VII.3.4　The sea of Japan coast zone and endangered species, Amur long-tailed goral.

りに海水を飲みにやって来る。夕方から夜間にはキツネ，タヌキが湖岸に現れる。ノロジカは沿岸の草地を，イノシシはナラ林でどんぐりが実る頃に食べにやって来る。海岸の岩場には絶滅に瀕しているオナガゴーラルが生息している。この種は大変数が少なく絶滅に瀕しており，保護区内の個体数は200頭ほどである。この地域の海岸の道路沿いに人口密集地があり，沿岸生態系に影響を与えている。

第2の地域は保護区の中央部とシホテアリン山地の東斜面であるが，この地域は海の影響が少なく，生物多様性が低い地域である（図Ⅶ.3.5）。針葉樹と広葉樹の混交林が主で，樹木を輸送する道路が比較的多い。

第3の地域は保護区の北部とシホテアリン山地の西斜面である。大陸気候の影響を受ける地域で生態系の多様性が低く，種数も少ない地域である。主な森林はモミ属，トウヒ属，カラマツ属の針葉樹林である。

気候変動により過去30年間で森林火災の数が増え，規模が大きくなっている。1952～1977年に森林火災の数は10回で，焼けた面積は832.5 haであった。それが，1977～2005年には57回で2万5,000 haが焼けた。焼けた面積割合の年平均は，1950年代末の0.02％から1990年代の0.49％へと増加している。

ナラの林が枯れる現象が1976年に初めて確認され，その後1979年に31 haに，2003年には121.1 haに拡大している。日本の研究者はこの現象を温暖化と関連づけているが，私たちは温暖化だけでなく病原菌の侵入の影響もあると考えている（図Ⅶ.3.6）。

植生変化を把握するために設定した45の自然調査区と人為的な影響を受けている19の生態系地域がある。20年間のモニタリング結果からは，モンゴリナラに顕著な変化は見られていない。固定調査区の多面的な解析から，針葉樹と広葉樹の混交林では自己調節（フィードバック）的な仕組みが見られ，外部からの影響にあまり変化を示さなかった。植物の希少種5種の個体群が保護区内でモニタリングされているが，すべて比較的安定している。保護区内の哺乳類と鳥類の調査が1935年から実施されている。1962年に足跡による哺乳類の冬季調査が開始され，

図Ⅶ.3.5 保護区中央部の様子（左）と針広混交林（右）
Figure VII.3.5 The central part of the reserve (Left) and mixed forest (Right).

図Ⅶ.3.6　保護区北部の針葉樹(左)ナラ枯れ病の様子(右)
Figure VII.3.6　Conifer in the northern part of the reserve (Left) and shrinking oak forest (Right).

現在まで継続されている。この調査ルートは 460 km に達している。

4．保護区管理の課題

　地球温暖化に伴う火災の影響で，森林に裸地や孤立した林が増えている(図Ⅶ.3.7，図Ⅶ.3.8)。それによってアカシカやノロジカ個体群にとってプラスの影響が出ている。地域住民の中にはハンターが大変多く，狩猟鳥獣だけでなく，シベリアトラを含む他の動物種にも影響を与えている。法律の整備が不十分なこととコントロールシステムが未熟なために，密猟が増加している。

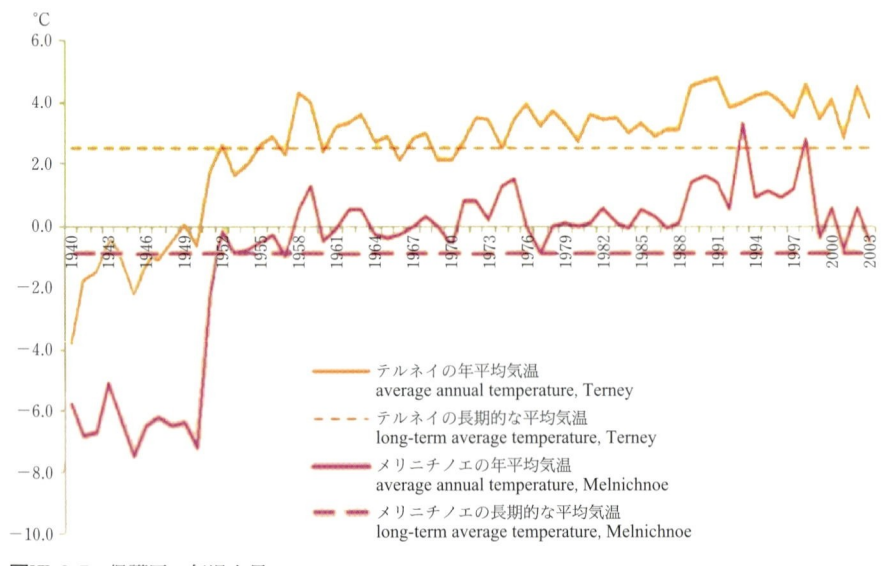

図Ⅶ.3.7　保護区の気温上昇
Figure VII.3.7　Increasing of air temperature in the reserve.

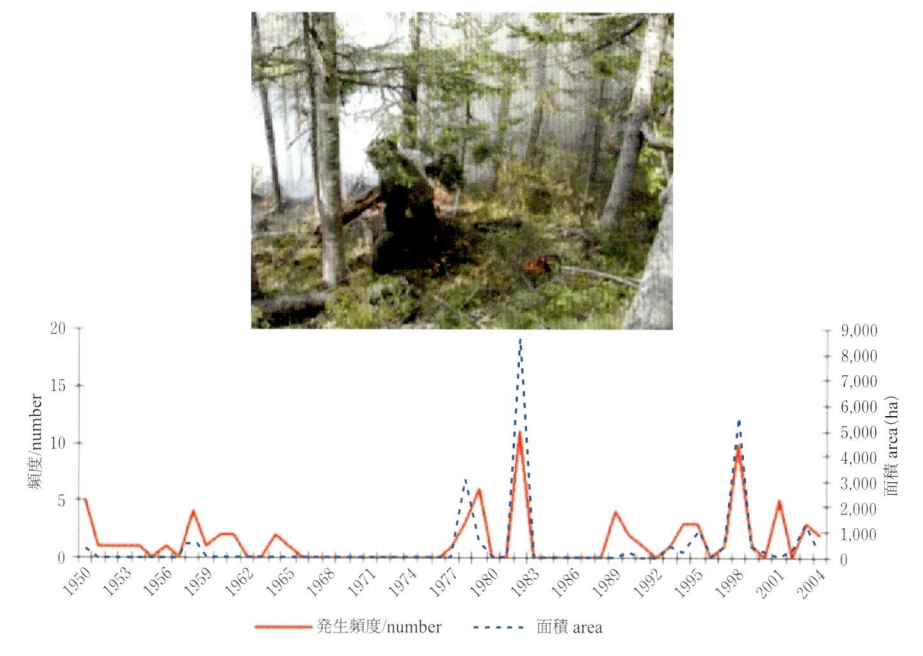

3 シホテアリン世界自然遺産地域の管理　431

図Ⅶ.3.8　森林火災の発生頻度
Figure VII.3.8　Frequencies of forest fire.

　1992年から，アメリカ合衆国の野生動物保護学会(WCS)の専門家と保護区の科学者との共同で，シベリアトラとトラの食物の調査を実施している。毎年捕獲し，発信機をつけて主要生息地を把握している。これらの調査によって，トラの生物学的知見が得られるのはもちろん，政府のシベリアトラ保護策にも影響を及ぼすと思われる(図Ⅶ.3.9)。

　1991年に新たな海域2,500 haが保護区に含まれた。この海域は漁業の影響を強く受けてい

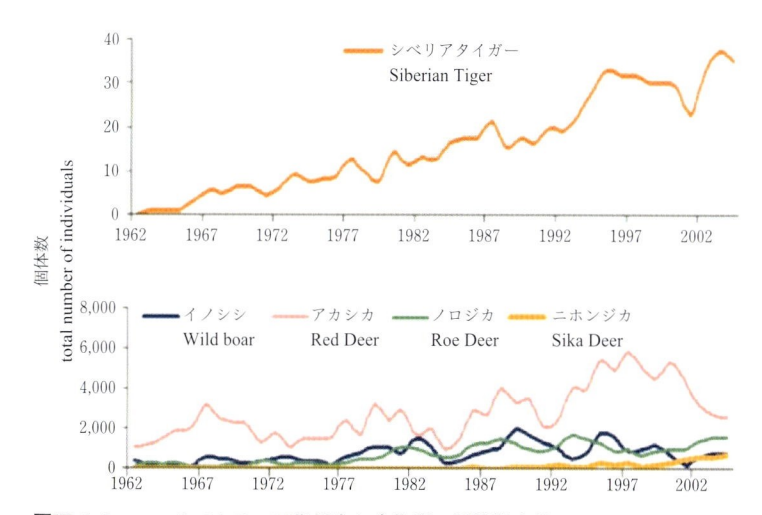

図Ⅶ.3.9　シベリアトラの回復傾向と食物種の個体数変動
Figure VII.3.9　Recovery of Siberian Tiger and fluctuation of prey species.

たが，保護区指定によって急速に回復し，ウニやカニなどが増加している。しかし過剰な漁業によって隣接地域の生態系が破壊されており，密猟の脅威は依然高い。海洋生態系と海洋資源の科学的調査も，ロシア科学アカデミー極東支部の協力を受けて保護区スタッフが実施している。タタール海峡（間宮海峡）から南向きの海流によって，沿岸水温の低下や中央シホテアリンの気候に影響するだけでなく，保護区内の種も含めて海洋生物の移動にも影響している。

　野外科学，教育，観光拠点などの多面的な機能を持つ海洋ステーションの建設が2000年からスタートした。このセンターでは，環境教育から観光客を対象とした活動まで幅広く行う予定である。しかし財政的援助がないため，ステーション建設は現在停止中である。

5. Summary

Sikhote-Alin Reserve is 401,600 ha area including 2,900 ha of marine zone. The 95% of the reserve is forest. More than 350 species of birds and 61 mammal species are in the reserve. The reserve is managed by state staffs. The most important research activity is long-term researches of ecosystems and their components. Ecological education of local residents is carried out by employees of the Reserve. To characterize the ecosystems of the reserve by their climate conditions, biodiversity level and human impact, 3 natural zones were distinguished. The first zone is the Japanese sea costal belt, where sea influence is strongly expressed. The majority of rare and endemic species is concentrated in the costal vegetation belt. Seaside rocks are inhabited by Amur long-tailed goral, a very rare species. The second zone is the central part of the Reserve, which is characterized by lower biodiversity level. The main forest type is the coniferous-broadleaved mixed forests. The northern part of the Reserve is the third zone. This zone is under influence of continental climate, and is characterized by less ecosystem diversity and less species richness. The main factor that causes transformations in the vegetation cover is forests fires. Climate warming in last 30 years was one of the main factors in the increase of forest fire incidence and its scale. Mortality of oak forests has gradually spread, and the area reached 121.1 hectares in 2003. We consider this was caused by climate warming and spread of pathogen fungi. Currently we research on Siberian Tiger and its prey. In 1991 two new marine sections with the total area of 2,500 hectares were included in the territory of the Reserve. These sea ecosystems, highly damaged by fishery, have recovered in rather short period. To protect sea ecosystems, the Reserve Ranger inspection team cooperates with the Federal frontier service.

VIII

ロシアとの共同研究と今後の課題

Outcomes and challenges of the collaborative researches between Japan and Russia

2012年9月下旬に行われた日中露モ4カ国の研究者によるアムール川国際共同観測参加者一同。ハバロフスクにて。写真提供：アムール・オホーツクコンソーシアム
Participants from Japan, China, Russia and Mongolia of the international collaborative research cruise along Amur River in late September, 2012 at Khabarovsk.　Photo provided by the Amur-Okhotsk Consortium.

1

日露米共同観測により 一挙にわかってきた海洋循環・物質循環

Ocean and material circulation clarified by Joint Japanese-Russian-U.S. Study

大島慶一郎(北海道大学低温科学研究所)
Keiichiro OHSHIMA (Institute of Low Temperature Science, Hokkaido University)

　オホーツク海の最も基本的な環境要素である海洋循環は，最近までよくわかっていなかった．1990年代以降，冷戦の終結によりオホーツク海内での国際共同観測が可能になり，この海の実態が一挙に明らかになってきた．中でも，北海道大学低温科学研究所とロシア極東海洋気象研究所(FERHRI)が中心となって行ってきた，クロモフ号による日露米共同オホーツク航海観測が果たした役割は非常に大きい．1998年の第1回航海観測以来，計8回(1998, 1999, 2000, 2001, 2006, 2007, 2010, 2011年)，大きな共同観測が行われており，今後も計画中である．図Ⅷ.1.1は，記念すべき第1回目のクルーズレポートの表紙であり，クロモフ号の甲板上で撮影された集合写真である．研究者レベルでは日本とロシアは非常に協力的であり，それが観測を成功へと導くこととなった．

　これらの観測の最も大きな成果は，オホーツク海の海洋循環・物質循環を明らかにしたことである．海洋循環は，大きく2つに分けることができる．1つは水平的な循環で，オホーツク海内には反時計回りの循環があり，その一部を成す形で，サハリン沖を南下する東樺太海流という強い海流が存在する．これはロシアの古い文献でも模式的には言われていたことであるが，共同観測により，実測からその詳細が明らかにされた．もう1つの循環は，鉛直(上下方向の)循環で，水平循環よりは流速としてはずっと小さいものの，オホーツク海から重い水が潜り込むことで北太平洋中層まで及ぶような大きな循環である．共同観測では，この重い水の潜り込みを直接捉える画期的な観測の他に，この循環は鉄分などの栄養分の循環を伴うものであり，生態系においても重要な循環であることが明らかにされた．

　前者の水平循環，特に東樺太海流は，サハリン油田に伴う流出油やアムール川起源の汚染物質などの漂流経路に直接関わってくるものである．東樺太海流は，流れが強くなる秋から冬にかけては，アムール河口域やサハリン油田周辺域の海水を2～3カ月で北海道沖まで運んでし

まうことになる(第Ⅰ部第1章)。北海道オホーツク沿岸は，ホタテの養殖等漁業に重要な海域という他に，知床自然遺産など豊かな自然を維持している海域でもある。流出油や汚染物質に対する防御対策や漂流・拡散予測は社会的に急務となっている問題であり，そのためにも海流の動態を解明・予測することの重要性が増している。最近では，高精度数値モデルシミュレーションによって流出油を予測するシステムも開発されつつある。

　後者の鉛直循環は，オホーツク海にある海氷生産工場とも言える北西部の沿岸ポリニヤで大量に海氷が生成され，重い水ができることで駆動される。重い水は，潜り込む際に鉄分などの栄養分も同時に運び，北太平洋中層全域に拡がって行く。すなわち，オホーツク海は北太平洋の心臓の役割を果たしている。このオホーツク海起源の鉄分が西部北太平洋域の高い生物生産を支えているという考え(中層鉄仮説)も提案されている(第Ⅰ部第2章)。さらに，この鉄分は元々は陸面よりアムール川を介して海へ供給されていると考えられ，まさに陸が海を涵養している「巨大魚附林(うおつきりん)」という概念を持ってアムール・オホーツクシステムを理解することが提唱されている(第Ⅰ部第5章)。一方で，オホーツク海は温暖化の影響を受けやすい海域であり，この50年で海氷生成量が減少，それに伴って重い水の潜り込みが減少，それが北太

図Ⅷ.1.1　1998年第1回目の日露米オホーツク海共同観測のクルーズレポートの表紙。ロシア極東海洋気象研究所の観測船クロモフ号の後部甲板上で撮影された集合写真
Figure VIII.1.1　Group photo on R/V Khromov of the Far Eastern Regional Hydrometeorological Research Institute. This was used for the front cover of the cruise report on the first expedition of Joint Japanese-Russian-U.S. Study of the Sea of Okhotsk in 1998.

平洋規模での鉛直循環の弱化を引き起こしていることもわかってきた(第I部第1章)。心臓の働きが弱まってきたとも言える。そうなると，北太平洋まで含めて鉄分の供給が弱まり，生物生産量さらには漁獲量まで減少する，というシナリオも可能性としては描ける。このような仮説・シナリオの検証のためには，物理・化学・生物・水産という分野を超えた学際的な研究とともに，国境を越えた国際共同観測がますます重要になってくる。

　海洋での観測に関しては，従来の船での観測に加え，新しい観測手法としてバイオロギング研究が期待される。これは，海獣類等の生き物にセンサーを取りつけてデータを取得する手法で，既にオホーツク海でも，トドやアザラシの行動生態学的研究において成果を挙げている(第IV部)。バイオロギングでは，海獣につけたセンサーにより，周りの海洋環境，すなわち水温・塩分・深さのデータ(CTDデータ)を取得することも可能となる。バイオロギングは，南大洋の海氷域では今や水温・塩分観測の主力となるほどの手法となっている。オホーツク海でも2011年5月より，トドによるCTDバイオロギング観測が開始された。バイオロギング研究の今後の進展が期待される。

2

アムール・オホーツクコンソーシアムの設立とその意義

Establishment of the Amur-Okhotsk Consortium and its implication

白岩孝行(北海道大学低温科学研究所)
Takayuki SHIRAIWA (Institute of Low Temperature Science, Hokkaido University)

1. 問題が顕在化しつつあるアムール川・オホーツク海システム

　我が国の北方に位置するオホーツク海は，世界的に見ても極めて生産性の高い海であり，千島列島を挟んで東に隣接する親潮海域とともに，我が国のみならず，ロシアや東アジア諸国の貴重な水産資源供給地となっている。2005～2009年にかけて総合地球環境学研究所と北海道大学低温科学研究所が中心になって実施したアムール・オホーツクプロジェクトは，この豊かな海洋生物資源の基礎となる植物プランクトンの生産性が，大陸を流れ，オホーツク海に流入するアムール川が輸送する溶存鉄に依っていることを明らかにした(白岩, 2011)。

　一方，アムール川は下流に益する物質だけを運ぶわけではない。アムール川の支流，松花江流域で2005年11月に発生した中国の石油化学工場の爆発事故による松花江とアムール川のニトロベンゼン汚染は，河川生態系並びに海洋生態系にとって有害な物質も流下する可能性を流域各国と日本に知らしめた。この問題は，同時に，アムール川流域とオホーツク海の環境を保全するための国際条約はもちろん，国際的な取り組みも存在しないことを白日の下にさらす出来事でもあった。

　日本とロシアによって領有されるオホーツク海は，これまで水産資源や生態系の管理を除き，多国間はもちろん，日露間においても長期的な視点に立った水域環境保全の取り組みが成されてきたとは言い難い地域である。アムール川を通じてオホーツク海に負荷を与える陸起源物質は，沿岸のロシアはもちろん，その上流域に位置する中国やモンゴルからの排出も無視できない。つまり，オホーツク海の環境保全は日露2国間だけで解決できる問題ではないのである。

2. アムール・オホーツクコンソーシアムの設立と運営

　2009年11月7日と8日に札幌で開催された「オホーツク海の環境保全に向けた日中露の取り組みにむけて」と題する国際シンポジウムには，多くの研究者や行政担当者，及び市民が参加し，様々な視点からオホーツク海の豊かさと脆弱性を討議した。その結果，この海域には様々な問題があり，放置したままでは，いずれ劣化する可能性が高いことが示された。これを受け，シンポジウムの参加者が中心となり，多国間の国境を越えてアムール・オホーツク地域の環境保全と持続可能な環境利用を定期的に議論する必要性が共有された。そして，シンポジウムの成果として1つの共同宣言を採択した（http://amurokhotsk.com/wp-content/uploads/2011/07/jointdeclaration_japanese.pdf）。この共同宣言により，多国間学術ネットワークとしてのアムール・オホーツクコンソーシアムが始動することとなった。

　2011年11月5日と6日に札幌で開催された第2回アムール・オホーツクコンソーシアム国際会合では，①アムール川流域の環境とその変化，②オホーツク海の環境とその変化，③福島第一原発事故とその海洋環境への影響，④アムール・オホーツク地域の社会と経済，⑤環オホーツク地域の環境保全に向けた国際連携，という5セッションで，24件の口頭発表があった（図VIII.2.1）。総合討論においては，国境を越えた環境データの共有化の必要性と実現性について議論を行い，アムール・オホーツクコンソーシアムを越境環境データのハブサイトとして機能させる必要性を確認した。その理由は，中国における2005年11月の石油化学工場の爆発事故による松花江・アムール川へのニトロベンゼン流出，そして2011年3月の東日本大震災

図VIII.2.1　第2回アムール・オホーツクコンソーシアム国際会合参加者一同
Figure VIII.2.1　Participants of the 2nd International Meeting of the Amur-Okhotsk Consortium

が引き起こした津波と引き続く原発事故がもたらした広域の放射能汚染は，東北アジア及び極東地域において，国境を越えて環境情報を共有することの重要性を広く認識させたからである。残念なことに，オホーツク海をとりまく日中露モ間の環境情報共有は，欧米の現状に比べ，はるかに遅れていると言わざるを得ない状況にある。この会合は，日・露・中の3カ国語同時通訳によって行われ，本会議で発表された成果は，平成23年度末に英文プロシーティングスとして出版された(http://amurokhotsk.com/wp-content/uploads/2012/04/Proceedings.pdf)。

　以上，アムール・オホーツクコンソーシアムの立ち上げ経緯と運営について紹介してきたが，最新の情報は，ホームページで逐次公開している。詳細はこちらを参照されたい。http://amurokhotsk.com/

【引用・参考文献】
白岩孝行(2011)：魚附林の地球環境学, 昭和堂, 226 pp.

3

北海道の水産試験場とサハリン漁業海洋学研究所との研究交流
Scientific exchange between Hokkaido Fisheries Research Institutes and Sakhalin Research Institute of Fisheries and Oceanography

鳥澤雅(北海道立総合研究機構 水産研究本部)
Masaru TORISAWA (Fisheries Research Department, Hokkaido Research Organization)

　現在，北海道には中央(余市町)，函館，釧路，網走，稚内，栽培(室蘭市)，さけます・内水面(恵庭市)の7つの水産試験場(以下，水試)がある。平成21年度まで，これら水産試験場は北海道庁直属の試験研究機関であった。しかし平成22年度に，農業試験場や工業試験場など，22の道立試験研究機関とともに「地方独立行政法人北海道立総合研究機構(通称：道総研)」として統合され，各水試は道総研の中の水産研究本部に属する機関となった。

　北海道の水試(以下，北水試)とサハリン漁業海洋学研究所(通称：サフニロ，SakhNIRO)(以下，サフニロ)との研究交流は1989年11月に，サフニロの前身であるソビエト社会主義共和国連邦太平洋漁業海洋学研究所(通称：チンロ，TINRO)サハリン支所の支所長から，稚内水試場長宛に研究交流を申し入れる書簡が届いたことから始まった。サフニロは，サハリンと北方四島及び千島列島周辺の海面並びに内水面を担当水域とし，海洋学的研究や様々な漁業資源の評価や生態学的研究を行っている。また，石油やガス開発に関わる海洋及び淡水域の環境調査なども行っており，近年は増養殖に関する研究や海産哺乳類の研究にも取り組んでいる。

　北水試とサフニロとの第1回「日口研究交流」は1990年11月に，サフニロから支所長以下3名の研究者を北水試が招待し，中央水試で開催された。その後，両国ともに1年に1回ずつ，3名の研究者を相互に招待し合う研究交流が40回以上にわたり20年間以上続いている。この間，交流会議だけではなく，以下のとおり1課題につき5年間にわたる共同研究を積み重ねてきた。

図Ⅷ.3.1　第1回研究交流(1990年11月，余市)
Figure VIII.3.1　The first scientific exchange (November, 1990 in Yoichi).

1. 第1期共同研究「スケトウダラ共同調査」(1993～1997年度)

　この共同研究では，北海道からサハリン南東部沖にかけてのオホーツク海及び北海道からサハリン南西部沖にかけての日本海におけるスケトウダラ調査が実施された。この時には，現在では行うことが困難な，サフニロの研究者も同乗した稚内水試調査船北洋丸によるロシア水域への入域調査も行われた。この共同研究により，サハリン沖と北海道沖の日本海を往来する北部日本海系群と，サハリン東岸沖と北海道沖のオホーツク海を往来する北見沖合系群の資源変動に連動が確認され，スケトウダラの資源評価や漁況予測の精度向上が図られた。

2. 第2期共同研究「宗谷海峡及び隣接海域における日露共同海洋観測と卵稚仔分布調査(ラ・ペルーズ プロジェクト)」(1998～2002年度)

　この共同研究では，互いの海域においてそれぞれの調査船による2隻同時観測が行われた。その結果，対馬暖流の津軽海峡へ流れ出る流量と北海道西岸を北上し宗谷海峡へ流れ出る流量が算出された。加えて，夏季，北海道オホーツク海北部沿岸に栄養豊富な冷水域が形成される要因は，サハリン西岸の深層水の湧昇であること，オホーツク海における麻痺性貝毒プランクトンの起源は，サハリン東岸のオホーツク海表層水にほぼ限定されることなどが明らかにされた。これらの成果はPICES(the North Pacific Marine Science Organization：北太平洋海洋科学機構)の会

議などで報告され，世界的にも高い評価を得た．

3．第3期共同研究「オホーツク海における貝毒プランクトンに関する日ロ共同調査」(2003～2007年度)

　上記ラ・ペルーズ プロジェクトに続くこの共同研究により，アニワ湾産麻痺性貝毒プランクトンの水温・塩分に対する生物特性などが明らかとなり，北海道オホーツク海沿岸の地蒔ホタテガイの貝毒発生予測精度が向上した．

4．第4期共同研究「コンブ漁場の環境変化に関する日ロ比較調査」(2008～2012年度)

　現在取り組んでいるこの共同研究では，磯焼け発生の末端域と考えられる北海道北部西岸及びサハリン西岸における藻場やウニの分布状況並びに海洋環境などの比較を行い，コンブ漁業やウニ漁業の将来像検討に役立てようとしている．また，北海道では主に南部の津軽海峡で採集され，近年健康食品として注目を浴びているガゴメが，時には流氷が接岸することすらあるサハリン西岸のクリリオン岬に分布していることなども確認されている．

　これら以外に，北海道庁が日本海のニシンを増やそうと，1996年度から12年間にわたり精力的に取り組んだプロジェクトにおいて，北海道でかつては漁獲量97万トンを記録したものの，現在はほとんど漁獲のない北海道—サハリン系ニシンについて，サハリンでの人工種苗生産用親魚確保や系群の遺伝解析などにも，北水試とサフニロは協力して取り組んできた．

　さらに，札幌で開催されたオホーツク生態系保全日露協力シンポジウムでは，共同調査以外の漁業情報を含むデータや情報についても，可能なものは共有化に向けて，双方で検討を進めていくことが確認された．今後のオホーツク海における海洋生態系と魚類の保全や持続的漁業の維持には，共同研究に限らず，上記のような研究交流やPICESなど国際会議の場における，日露双方の研究成果の公表や情報交換等を，今後も継続していくことが大切である．

【引用・参考文献】
大槻知寛・田中伊織(2010)：おやしお丸によるサハリン訪問航海について，北水試だより，80, 41-42.
Galanin, D., Balkonskaya, L. & Prokhorova, N. (2010): Resources of *Laminaria (Saccharina) japonica* on the southwestern coast of Sakhalin island in recent years. Tasks of investigations for the near period, Bulletin of Fisheries Research Agency, 32, 43-46.
Ivshina, E. R. (2002): Resource condition of herring populations caught by fisheries in Sakhalin Island waters (Review), Scientific Report of Hokkaido Fisheries Experimental Station, 62, 9-15. (In Russian with English abstract)
川井唯史・ドミトリーガラニン・四ツ倉典滋(2010)：サハリンにもガゴメが分布する，北水試だより，81, 10-12.

Mizuno, M., Kobayashi, T., Matsuishi, T., Maeda, K. & Saitoh, K. (2000): Stock structure of walleye pollock, *Theragra chalcogramma*, around Hokkaido and Sakhalin in the term of mitochondrial DNA RELP, Scientific Report of Hokkaido Fisheries Experimental Station 57, 1-8.

Nakata, A., Tanaka I., Yagi, H., Watanabe, T., Kantakov, G. A. & Samatov, A. D. (1999): Formation of high-density water (over 26.8 sigma-t) near the La Perouse Strait (the Soya Strait), In Extended Abstracts of the Fifth PICES Annual Meeting, Nanaimo, B. C., Canada, 145-147.

佐野満廣(1992)：サハリン訪問記—チンロサハリン支局との研究交流報告, 北水試だより, 18, 14-21.

Shimada, H., Motylkova, I. V., Mogilnikova, T. A., Mikami, K. & Kimura, M. (2010): Toxin profile of *Alexandrium tamarense* (Dinophyceae) from Hokkaido, northern Japan and southern Sakhalin, eastern Russia., Plankton and Benthos Research, 6, 35-41.

Shimada, H., Sawada, M., Kuriobayashi, T., Nakata, A., Miyazono, A. & Asami, H. (2010): Spatial distribution of the toxic dinoflagellate *Alexandrium tamarense* in summer in the Okhotsk Sea off Hokkaido, Japan, Plankton and Benthos Research., 5, 1-10.

Shimizu, Y., Takabatake, S., Sato, N. & Fujioka, T. (2005): Growth and maturation in hatchery-reared Pacific herring *Clupea pallasii*, Translation from English G. A. Kantakov, E. R. Ivshina, Transactions of SakhNIRO, 7, 398-417.

Takabatake, S. (2005): Experiment on transporting fertilized herring eggs from Hokkaido-Sakhalin population (brief note), Translation from English G. A. Kantakov, E. R. Ivshina. Transactions of SakhNIRO 7, 393-397. (In Russian with English abstract)

4

オホーツク海における
漁業資源の日露共同調査

Japan-Russia cooperative surveys on fishery resources and pinnipeds in the Okhotsk Sea

山村織生(水産総合研究センター 北海道区水産研究所)
Orio YAMAMURA (Hokkaido National Fishery Research Institute: FRA)

1. 日露間の漁業研究交流

　オホーツク海のロシア水域においては，これまで日本漁船による操業が行われてきた。これは1978年及び1984年にそれぞれ締結された「日ソ漁業協力協定」と「日ソ地先沖合漁業協定」に基づくもので，日本漁船がロシア水域でサケ・マス類，タラ類，スルメイカ，サンマ等を漁獲する一方で，ロシア漁船には我が国排他的経済水域内(EEZ)での浮魚類やイトヒキダラの漁獲を認めている(近年の漁獲実績はサンマのみ)。

　日露漁業に関するこれら2つの協定では研究交流においても相互主義を謳っており，それに基づき毎年「日露漁業専門家科学者会議」が開催されている。そこでは両国主要資源の動向に関してシンポジウム形式で情報交換が行われている。しかし，会議は非公開で議事資料も部内限りとされているため，得られた情報を外部向けに活用することは難しい。一方，北海道立水産試験場(現在は北海道立総合研究機構水産研究本部)でもサハリン漁業海洋学研究所(サフニロ)との間で同様な研究交流を行っており，地先資源を中心とした情報の交換を定期的に行っている(第Ⅷ部第2章)。

2. 漁業資源調査

　2000年代初頭までには，我が国の漁業調査船がロシア人研究者またはオブザーバー立ち会いの下，ロシア専管水域に入域し調査活動を行うケースが多数あった(表Ⅷ.4.1)。しかし，近年その機会は途絶している。その理由として，1996年より我が国で導入されたTAC制度の定着に伴い自国EEZ内の調査努力量が増加したことが挙げられる。また，北方四島周辺海域の

表VIII.4.1　1991年以降に水産庁(2001年は水産総合研究センター)所属調査船及び傭船によりロシア水域内で行われた資源調査一覧。2002年以降調査は実施されていない。
Table VIII.4.1　List of Japan-Russia cooperative surveys conducted in the area under the effective control of the Russian Fedaration; from top to bottom, saury, salmon, bottom fishes and squids. No survey has been conducted since 2001.

	1991	1992	1993	1994	1995	1996	1997	1998	1999	2000	2001
サンマ	○	○	○	○	○	○	○	○	○	○	○
サケ	○	○	○	○	○						
底魚類		○		○	○		○	○			
イカ					○	○					

みを対象とした「入域申請」は，我が国の外交上の立場と相容れない点が指摘された経緯もあったようだ。さらに，2002年以降には，ロシア水域での調査を計画するも出港当日までに入域許可が得られず中止に至る事例が続き，計画立案自体が困難となったまま今日に至っている。しかし，オホーツク海では以下の漁業資源に関してロシア水域での調査ニーズが存在し，これらの実施により以下の資源変動機構の解明と持続的利用に向けた知見の集積が期待される。①スケトウダラ根室海峡産卵群，②越冬期日本系サケ当歳魚，③ズワイガニオホーツク南部系群，④スケトウダラ太平洋系群とオホーツク海南部系群との交流実態。

3．鰭脚類調査

　北海道沿岸特に日本海沿岸においてはトドによる漁業被害が甚だしい(第Ⅳ部第2章)。近年その激化の原因の1つとしてサハリン東岸のチュレニー島繁殖場における個体数増加が挙げられる。日露オホーツクをとりまくトド繁殖場では，2001年以来ロシア研究者によりトド新生子の焼印標識づけが行われてきたが，チュレニー島はその対象から外れてきた(第Ⅳ部第1章)。そこで，2009年よりロシア科学アカデミー太平洋地理学研究所と水産総合研究センター北海道区水産研究所の間で研究協力に関する覚書を交換し，共同調査を開始することとなった。これまでに約500頭のトド新生子の標識づけとともに，繁殖期を通じた様々な調査を行ってきた。また，アザラシ類やキタオットセイに関しても北海道大学や東京農業大学の研究者が主にサハリンを舞台にロシアとの共同調査に着手しており，旧ソ連崩壊以降の調査活動が停滞していたオホーツク海南部における鰭脚類の生態解明が急速に進展することが期待される。

5

日露連携による鯨類資源共同研究と管理の今後

What should be done for enhancing collaboration of cetacean researches and stock managements between Japan and Russia

加藤秀弘(東京海洋大学大学院海洋科学技術研究科研究院)
Hidehiro KATO(Tokyo University of Marine Science and Technology)

　鯨類では大型種(全ヒゲクジラ鯨種とマッコウクジラ,キタトックリクジラ)については1946年に署名された国際捕鯨取締条約の下に設立されたIWC(International Whaling Commission：国際捕鯨委員会,1948年発足)の管掌下におかれ国際的な資源管理が行われてきた。その条約趣旨と持続的利用原則に対する立場と解釈はしばしば国家間の対立的問題となるが,幸いなことに日本とロシアでほぼ同じ考え方,つまり〝減少した鯨種は手厚く保護し,健全な鯨種は科学的手法によって持続的に利用して行く〟というコンセプトを少なくとも国家レベルでは共有している。こうした大枠での類似性から,日露間ではそれなりに妥当に共同研究を進めるバックグラウンドがある。
　一方,IWC自体は加盟国が現時点においては89カ国にものぼり,あまりにも規模が大きすぎるだけでなく,持続利用支持派と反捕鯨派の隔たりが甚だしく,統一に欠けるどころか突度の高い二極化構造にあり,今や崩壊の危機に直面している。前述のように日露は鯨類資源に対する基本的考え方が近く,また隣接する水域を持つことから,2国間の有機的な共同研究機構があれば,非常に効果的な連携ができるものと考えている。
　ロシアにおける鯨類資源研究はモスクワのVNIRO(Russian Federal Research Institute of Fisheries and Oceanography：全ロシア漁業海洋研究所)が主導しており,鯨類研究部門のリーダーであるK.ジャリコフ博士には本シンポジュウムにも貢献いただき,またしばしば日本の鯨類目視調査船にも乗船していただき監視とともに共同研究に当たっていただいている。しかし,この交流も特定の調査航海を対象とした限定的交流に留まっている。やはり,公的かつ永続的な共同研究機構や共通フォーラムの設立が切望される。
　次に考慮すべき点は鯨類資源の保全と管理面からの問題点である。ここ数年間アメリカ合衆国政府のフォーガス・コミッショナーがIWC議長に選任されて以来,いわゆる持続的利用支持と反捕鯨派双方の主張を斟酌した包括調停によって,IWC国際捕鯨委員会の正常化に向け

た努力が払われてきた。しかし，かなりの数の加盟国が賛同を示す中，どうしても一部の反捕鯨国が同調せず，また米国の政変によって共和党政権が任命したフォーガス議長の降板が響き，結局のところ2010年には包括調停は事実上不発に終わり現在に至っている。この包括調停はIWCの管理機能を復活させる最後の望みでもあったわけだが，その不発が意味するところは必然的にIWCの崩壊に帰着してしまう。したがって，鯨類資源管理は無政府状態の危機をはらんでいると考えるべきであろう。

しかし，北大西洋海域では既にこの将来的事態を見越していたかのように持続的利用各国は手を打っていて，NAMMCO (North Atlantic Marine Mammal Commission：北大西洋海産哺乳動物委員会）という国際的機関がほぼ10年前の1992年に結成され海産哺乳類の全般的資源管理を担ってきた。現時点では管理対象種に大型鯨類が入っていないが，IWCにひとたび何かあれば彼らはこの委員会にいつでも大型鯨類を取り込めるバックアップシステムを作り上げている。そして，このNAMMCOには活発な科学委員会があり，彼らには研究者間の交流から組織を立ち上げて管理体制を作り上げてきたという歴史への自負がある。鯨類のような高度移動性動物の将来的管理に向けては，北西太平洋海域ではとりわけ研究者ベース，特に日露の研究者交流が必要不可欠なものと思われるのである。

そして，もう一点留意しておきたいことがある。オットセイ条約（北太平洋のおっとせいの保存に関する暫定条約：1952年）が失効したことにより，北太平洋では長期にわたり同種の調査研究の空白期間が生じたことである。ある特定分野では多少の批判はあったが，水産庁が主導して資源研究を進めてきたことにより，高度移動性動物の典型であるオットセイの実態が解明され，さらに国際的な枠組みの下で調査研究が大いに促進されてきた。しかし，この条約の失効（1987年）により我が国では遠洋水産研究所オットセイ研究室が閉鎖されるなど，この分野は組織的にではなく個人単位あるいは小研究組織単位で調査研究を進めて行くしかない事態に陥り，多くの研究的，行政的空白が生じた。そもそも鯨類を含む高度移動性の海棲哺乳類は個人ベースで調査研究を進めて行けるような動物群ではなく，IWCの将来的受け皿的な意味合いも含め，いついかなる時にどの種を対象に管理関与するかを別としても，少なくともオホーツク海を含む北西太平洋の海棲哺乳類保存と管理委員会の設立を目指して行くことが肝要である。

オホーツク海は鯨の大いなる餌場である。韓半島周辺海域から回遊する多くの鯨類にも絶好の索餌環境を与えている。韓国と日本もこと鯨類に関しては長年にわたる協力体制ができあがっており，個別学術交流協定もあり，また研究者間の良いフォーラムも持っている。ロシアそして韓国も含められれば将来的にはアジア極東地域における国際的な鯨資源管理に結びつくと大いに期待される。さらに，管理委員会の設立は単に水産資源管理目的に留まらず，生態系の保全や生態系の多様性の維持についても包括できる潜在性がある。オットセイ条約が失効した多くのリスクを銘記し，共通基盤と組織的機構を築くことを忘れてはならない。適切な組織デザインによって，必要な研究分野を包括しつつ，個別にも対応しうるフォーラムを作ることがまず必要である。但し，理想だけを追ったものではなく，現実的かつ明確なゴールを目指し，是非ともオホーツク海を跨ぐ日露跨線橋を築くべきであると考える。

コラム3
国後・択捉・色丹及び歯舞群島における生態系共同調査
Joint ecosystem investigation on Kunashiri, Etorofu, Shikotan and Habomai Islands

小林万里[1,2]・大泰司紀之[2,3]（[1]東京農業大学生物産業学部・[2]北の海の動物センター・[3]北海道大学総合博物館資料部）

Mari KOBAYASHI[1,2] and Noriyuki OHTAISHI[2,3] ([1]Tokyo University of Agriculture; [2]Marine Wildlife Center of JAPAN; [3]The Hokkaido University Museum)

　本書の第Ⅲ部鯨類以後第Ⅵ部にかけて，北方四島における四島側専門家との共同調査の成果が記されている。本コラムでは，北方四島におけるこれまでの調査の概要を紹介しておきたい。

　北方四島における生態系関係の調査は，知床における調査の延長線上にあり，その一環を成しているという側面がある。「知床動物研究グループ」では，1979年以来知床半島の動物調査を行ってきたが，お世話になっていた番屋の漁師さんたちから，北方四島には，海獣類など野生動物が無数に生息していると聞き，何とか調査ができないものかと，熱望していた（大泰司・中川，1988；マッカローほか，2006）。

　1999年になって，北方四島調査は実現した。ビザなし訪問に「専門家交流」という枠組みが作られたからである。われわれは，北方四島側の「自然保護区」のレンジャーたちと「現地で実際に動物を見ながら，調査方法や保護対策の意見交換を行う」，ということで，1週間前後の調査を毎年1,2回継続してきた（表Ⅷ.C.1，図Ⅷ.C.1）。

　最初に行われた1999年の調査は好天に恵まれ，ラッコの他トド・アザラシ類及びシャチ，マッコウクジラ，ツチクジラなどの鯨類が高密度でヒトを怖れることもなく生息していた。北海道本島では絶滅寸前のエトピリカなどのウミスズメ類などが無数に飛び交い，河川を遡上するサケ類やそれを捕食するヒグマやシマフクロウが高密度で生息することなどが確かめられた。その様子は新聞・TVで広く全国に紹介され，北方四島は「野生動物の楽園」ということが全国的に定着した（Ohtaishi *et al.*, 2001；小林，2003；大泰司・本間，2008）。

1. 海棲哺乳撮影類

　2001年までに海上調査を一通り終えた。その結果，鯨類ではミンククジラ，ツチクジラ，マッコウクジラ，シャチ，イシイルカ，ネズミイルカ，カマイルカなどが，北方四島以外のオホーツク海での発見率よりもはるかに高いことが判明した（Miyashita, 1997；加藤・吉田，2003）。また，ザトウクジラとマッコウクジラの中型雄が，北方四島のオホーツク海側にも回遊していること，ツチクジラは他のオホーツク海域より北方四島海域をあえて選択している可能性が示

表Ⅷ.C.1 北方四島生態系関係共同調査。「ビザなし専門家」枠が始まった1998年から2011年までの調査概要。期間・行き先・主な調査内容・主催・参加人数を示す。
Table VIII.C.1 Outline of the joint ecosystem investigation of the Northern four islands from 1998 when non-visa exchange expeditions for specialists began to 2011. Periods, destination, main subjects, organizer and the number of participants and days are indicated in columns.

年	期間	行き先	主な調査内容	主催	人数・日数
1998	7/15～7/20	色丹・択捉	野鳥調査	日本野鳥の会	専門家4＋同行1・6日間
1999	8/6～8/12	択捉	海棲哺乳類調査	北海道新聞社・北海道海獣談話会	専門家3＋同行9・7日間
2000	7/19～28	国後・色丹	海獣・鳥類調査	北海道大学・毎日新聞社ほか	専門家19＋同行16・10日間
2001	6/26～7/3	色丹	植物・鳥類調査	北海道新聞社ほか	専門家14＋同行4・8日間
	8/14～8/22	歯舞・色丹	海棲哺乳類調査	北海道大学ほか	専門家17＋同行3・9日間
	8/29～9/6	択捉	鯨類調査	北海道大学ほか	専門家17＋同行3・8日間
2002	6/11～6/25	択捉	生態系調査	北の海の動物センター	専門家50＋同行4・15日間
2003	7/10～7/27	国後・択捉	生態系調査	北の海の動物センター	専門家43＋同行4・18日間
2004	9/2～9/8	歯舞・色丹 国後・択捉	海洋環境調査	北の海の動物センター	専門家7＋同行2・7日間
	9/14～9/21	択捉・色丹	一次産業聞き取り調査	北の海の動物センター	専門家10＋同行2・8日間
2005	6/7～6/13	歯舞・色丹	海洋生態系調査	北の海の動物センター	専門家20＋同行2・7日間
2008	6/30～7/4	国後	自然生態系情報交換	北の海の動物センター	専門家6＋同行2・5日間
2009	10/20～10/29	国後	陸棲哺乳類（白いヒグマ）調査	北の海の動物センター	専門家8＋同行2・10日間
2010	8/21～8/30	色丹	外来生物種・絶滅危惧種調査	北の海の動物センター	専門家5＋同行1・10日間
	9/10～9/20	国後	ヒグマ（白いヒグマ）・コウモリ類調査	北の海の動物センター	専門家10＋同行2・11日間
2011	7/29～8/1	国後	コウモリ類調査	北の海の動物センター	専門家2＋同行3・4日間

唆された。加えて，ミンククジラ，イシイルカ，カマイルカの沿岸分布密度が，他の地域に比べ非常に高かったことはこれらの鯨類本来の分布のあり方ではないか，と考えられ，他の地域では，沿岸を避けている（避けなければならない）状況なのかもしれないことが推測された。

　鰭脚類のトドの上陸場は，択捉島の南端のシカラガラシ岬（図Ⅷ.C.2）と歯舞群島のカナクソ岩にあり，シカラガラシ岬上陸場でのわれわれの調査で当歳子が確認されたことから，北方四島でも少しながら繁殖している可能性があり，今後北方四島の役割が重要になってくると考えられた。

　北方四島は，ゴマフアザラシとゼニガタアザラシの北海道から千島列島にかけての生息地の中心である。その中でも特に歯舞群島及び色丹島がアザラシの生息域として重要である（第Ⅳ部第6章第2節）。また，北方四島の各島ごとにゴマフアザラシとゼニガタアザラシにおける夏季の生息地の選択性が示された（第Ⅳ部，コラム2）。

　ラッコは，戦前択捉島で絶滅寸前まで追いやられたという事実を考えると，北方四島の個体数の回復は著しい。歯舞群島では，2001年のわれわれの調査で，海馬島，カブト島，カナクソ岩，ハルカリモシリ島，秋勇留島，オドケ島の6島でラッコが確認された。その中で親子が確認されたのは，ハルカリモシリ島と海馬島である（北海道大学北方四島グループ，2001a）。2000年にはハルカリモシリ島で親子を含む31頭，勇留島で1頭，秋勇留島で1頭が確認されてお

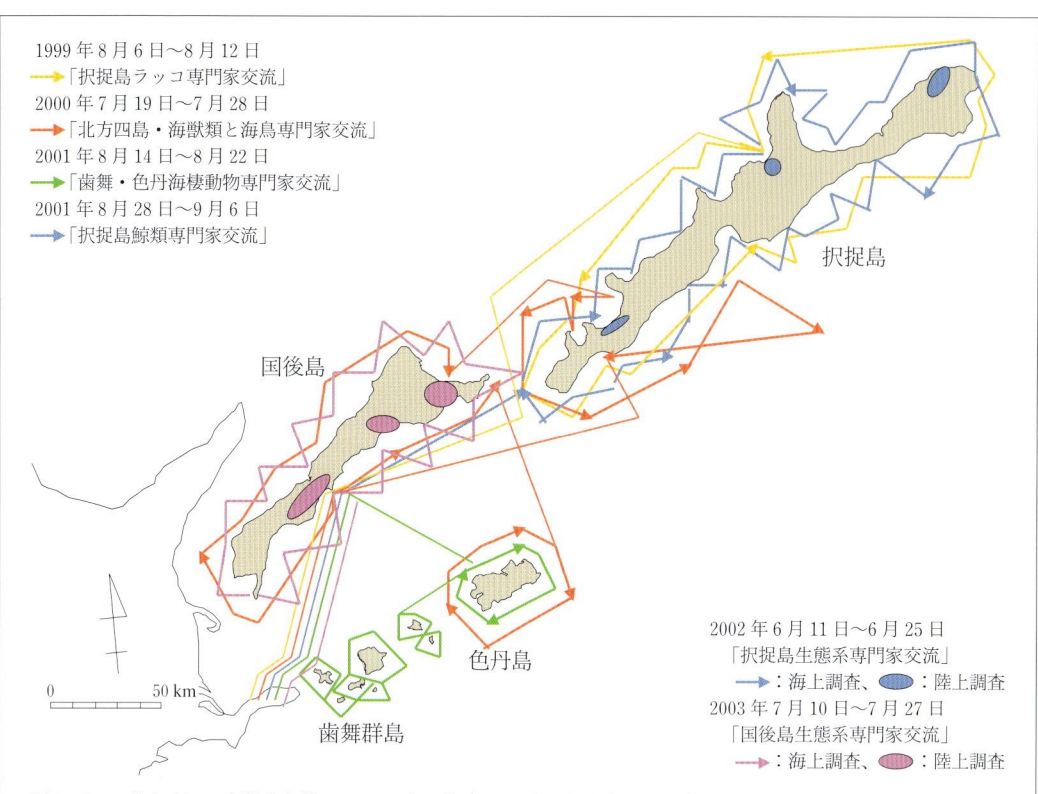

図Ⅷ.C.1 「ビザなし専門家」枠による調査の航路図及び調査地点。2001年までに一通りの海上調査を行い，その後2002年，2003年は海上調査に加え，それぞれ択捉島，国後島の陸上動植物相の総合調査を行った。その年度ごとの航路図と陸上調査の調査地点を示す。

Figure VIII.C.1 Chart and points of Joint Investigation on "non-visa exchange expedition for specialists". In 2001, the first stage of the marine investigation was completed, and in 2002 and 2003, research on the fauna and flora of Etorofu and Kunashiri islands was conducted in addition to the marine investigation.

図Ⅷ.C.2 択捉島シカラガラシ岬のトドの上陸場への糞採集調査
Figure VIII.C.2 Collection of Stellar sea lion's scats at their haul-out sites on Etorofu Island.

り（「北方四島・海獣類と鳥類専門家交流」派遣実行委員会，2000），2001年の結果も含めて考えるとハルカリモシリ島が歯舞海域におけるラッコの生息場所の中心であり，繁殖も行われており，歯舞群島の個体数は増加傾向にあると考えられた。近年，北海道でも来遊してくるラッコの目撃情報が増えており，これも歯舞群島の個体数増加に起因している可能性が高い。

2. 海鳥類・稀少猛禽類

　北方四島に出現する海鳥類は，大別して3群——南半球で繁殖し，越冬及び索餌のために飛来してくるミズナギドリ類，北方四島海域で繁殖及び生息しているウミスズメ科・ウ科・カモメ科など，北方四島以外の北半球で繁殖し索餌のためにやって来るアホウドリ科・トウゾクカモメ科・シギ科——に分かれる。南半球から4〜9月の時期に越冬及び索餌のため飛来してくるミズナギドリ類は，ニュージーランドから飛来した魚食性のハイイロミズナギドリとタスマニアから飛来した動物プランクトン食性であるハシボソミズナギドリが同所的に分布していることが明らかになった（小城，2002）。これは，生物生産力の高い地域に特有な植物プランクトンの長期的な大発生によるものと考えられ，両者にとって好ましい餌生物が同所的に存在していることが示唆された。北方四島海域で繁殖及び生息している海鳥類は沿岸性が強いウミスズメ科やウ科に代表されるが，特に歯舞群島・色丹島に多く生息しており，同所的に分布していた。北海道にも同種が生息するが，その個体数は減少傾向にある。しかし，北方四島にはこれらのどの種も多くの個体数が維持され，また繁殖も行われていることが確認された。

　以上からも，北方四島は海鳥にとって，越冬，索餌場，繁殖に極めて適した海域であることが明らかになった。

　オジロワシ・オオワシ・シマフクロウにとって北方四島は，川の魚が豊富なこと，営巣に適した環境や大径木が維持されてきたことにより生息密度や越冬個体が多いことなどが本書第Ⅵ部で紹介されている。

3. ヒグマ・コウモリ類・海洋由来MDM

　2002年，2003年は海上調査にそれぞれ択捉島，国後島の陸上動植物相の調査を加えた結果，陸上には莫大な海の生物資源を自ら持ち込むサケ科魚類（河川の魚）が高密度に自然産卵しており，それを主な餌資源とするヒグマは知床半島よりも体サイズが大きく生息密度も高いことが明らかになった。海上と同様，陸上にも原生的「手つかず」の生態系が維持されており，それは海と深いつながりがあることがわかってきた。

　北方四島には択捉島と国後島にヒグマが生息している。北海道と北方四島のヒグマの生息密度を比較した結果，北海道で最もヒグマの密度が高い知床半島より，北方四島の方がヒグマの生息密度が高いこと，足跡の大きさより，北海道よりやや大型の個体が存在すること，かなり栄養状態が良い個体が多いことが明らかになった（「北方四島・海獣類と鳥類専門家交流」派遣実行委

員会，2000；北海道大学北方四島グループ，2001b；村上ほか，2002；本書第Ⅵ部第4章第8節)。さらに，国後島と択捉島のヒグマには，世界で唯一の白いヒグマが含まれていることがわかった(第Ⅵ部第4章第1〜7節)。

コウモリ類については，2010年の国後島の調査で新たに2種が記録され，計10種の分布が同島で確認された。同島のモモジロコウモリは，知床半島のモモジロコウモリと行き来していることが考えられ，2010年以降，その確認のための調査が行われている。また，2010年調査では白化型のモモジロコウモリが1個体捕獲された。天敵に対して目立つ白化型の生存は，同島の生物多様性が非常に高いことによると考えられる(第Ⅵ部第6章第3・4節)。

海と陸とのつながりを知るために，河川に遡上したサケ科魚類がもたらす海洋由来の栄養分(Marine Derived Nutrients：MDN)が，どれだけ陸上の河畔林に利用されているのかを推定した。その結果，択捉島の2河川のヤナギでは，遊楽部川のヤナギより最高値が高い傾向が見られた(長坂ほか，2003)。よって，択捉島のヤナギは，北海道のヤナギよりもサケ由来のMDNを多く含んでいることがわかった。このことは，択捉島では海からのエネルギーが陸上の植物にも多く移行しており，陸と海の生態系が強くつながっていることを示している。

近年，人間活動の拡大，道路・飛行場等の整備，鉱山の開発，密猟や密漁が横行しており，北方四島をとりまく状況は変わりつつある。早急に北方四島保全のビジョンを準備し，科学的データに基づく保全案が求められている。

北方四島の生態系関係の調査の窓口としてNPO法人「北の海の動物センター」を立ち上げて，2002年の訪問からは，北の海の動物センター主催で実施してきた。その後「交流」には「調査」も正式に認められるようになり，2003年の小泉―プーチン会談による行動計画には，われわれの「調査」に基づいて，北方四島の環境問題が日露環境保護委員会で取り上げられることになった。その動きも，「日露隣接地域生態系保全協力プログラム」に結びついた流れの1つと考えることができる。

1999年に開始された共同調査は2006年・2007年は中断したが，「国後島保護区」のレンジャーやロシア科学アカデミー極東支部の研究所等に所属する専門家との共同調査は毎年継続され，多くの成果を生み出しつつある。また，北方四島側の生態系関係者を年に一度北海道本島に招待して1週間程現地案内と意見交換を行う受け入れ事業も定着してきた。今後，長期的な展望のもとに共同調査を積み重ねていくことにより，「世界で最も豊かな」生態系の解明とその保全に資する成果が得られるものと期待される。

【引用・参考文献】
北海道大学北方四島グループ(2001a)：「歯舞・色丹海生動物専門家交流」訪問の記録，56 pp.
北海道大学北方四島グループ(2001b)：「北方四島・択捉島鯨類専門家交流」訪問の記録，49 pp.
「北方四島・海獣類と鳥類専門家交流」派遣実行委員会(2000)：「北方四島・海獣類と鳥類専門家交流」訪問の記録，50 pp.

加藤秀弘・吉田英可(2003)：北方四島の鯨類—調査成果と今後の課題,「北方四島」シンポジウム—これまでの北方四島交流を振り返る—報告書, pp. 5-6.
加藤秀弘・吉田英可(2002)：鯨類から見た北方四島, 報告会・シンポジウム「北方四島の明日」—動物の専門家からみた交流と保全の将来像—報告書, pp. 6-7.
小林万里(編集・監修)(2003)：北方四島 北の海の生きものたち, 北の海の動物センター, 48 pp.
「国後シマフクロウ交流訪問団」実行委員会(2000)：国後シマフクロウ交流訪問団報告書, 64 pp.
マッカロー, D. R.・梶光一・山中正実(編著)(2006)：知床とイエローストーン, 知床財団, 315 pp.
Miyashita, T. (1997): Distribution of whales in the Sea of Okhotsk, results of the recent sighting cruises, IBI reports, 7, 21-38.
村上隆広・大泰司紀之・エフゲニーグリゴリエフ・山中正実(2002)：知床半島及び国後島におけるヒグマの生息状況の比較, Wildlife Conservation Japan, 7(2), pp. 75-81.
長坂有・長坂晶子・伊藤絹子・間野勉・山中正実・片山敦司・佐藤喜和・Grankin, A. L., Zdorikov, A. I. & Boronov, G. A.(2003)：植物体内の $\delta^{15}N$ 値について, 平成 12〜14 年度 重点領域特別研究報告書 森林が河口域の水産資源に及ぼす影響の評価, pp. 176-185, 北海道立林業試験場・北海道立中央水産試験場・北海道立水産孵化場.
小城春雄(2002)：海鳥・北方四島に集まるメカニズム, 報告会・シンポジウム「北方四島の明日」—動物の専門家からみた交流と保全の将来像—報告書, pp. 4-5.
大泰司紀之・中川元(編著)(1988)：知床の動物, 北海道大学図書刊行会, 420 pp.
Ohtaishi, N. *et al.* (2001): Biodiversity of Kunashiri, Etorofu, Habomai and Shikotan Islands. In: UNESCO/MAB-IUCN Workshop: Nature conservation cooperation on Kunashiri, Iturup, Shikotan and Habomai Islands (Agura, Y. ed.), pp. 36-45, Japanese Coordinating Committee for MAB and Biodiversity Network Japan.
大泰司紀之・本間浩明(2008)：知床・北方四島, 岩波書店(岩波新書), 東京, 195 pp.
特定非営利活動法人北の海の動物センター(2002)：「北方四島・択捉島生態系専門家交流」訪問の記録, 44 pp.

6

アザラシ類調査のこれまでの成果と日露の今後の課題

Results of seal survey and future subjects between Japan and Russia

小林万里(東京農業大学生物産業学部・北の海の動物センター)
Mari KOBAYASHI(Tokyo University of Agriculture; Marine Wildlife Center of Japan)

　北海道へ来遊・生息するアザラシ類5種(アゴヒゲアザラシ・クラカケアザラシ・ゴマフアザラシ・ゼニガタアザラシ・ワモンアザラシ)のうち，ゼニガタアザラシを除いたすべての種は，オホーツク海の流氷上で出産・育児をする。加えてゴマフアザラシは，日本海側のタタール海峡の流氷上でも出産・育児をしていることが最近の調査から明らかになった。近年，これらの出産海域の流氷の減少や質の低下が原因で，出産場の減少が危惧されている。そうであれば，海中での出産や出産場の集中が起こり，それにより天敵であるシャチなどに一網打尽にされたり，育児期の流氷減退による育児放棄等が起こると推定される。その結果，新生児の生存に大きく影響し，将来的に彼らの個体群動態が大きく変化すると考えられる。一方，1975年以降日本で，1994年以降ロシアでオホーツク海域でのアザラシ類の商業捕獲を廃止したため，近年は個体数が増加しているものと推測され，各地で漁業被害が深刻化している。これらの種は，日本とロシアの排他的経済水域を行き来していることからも，両国の共同調査は必須である。

　しかし，アザラシ類の商業捕獲を廃止した1994年以降，ロシア側は管理のみならず個体数調査さえも実施しなくなった。それまでは航空機によるセンサス結果や商業捕獲によって捕獲された個体数などの情報が蓄積されてきた。逆に，その当時の日本側でのアザラシの情報は，日本側における商業捕獲の推定数の情報があるに過ぎなかった。一方，日本でこれらアザラシ類(特に，主に観察されるゴマフアザラシ)の調査が本格的に始まったのは，来遊個体数の増加が騒がれるようになった2000年代に入ってからである。個体数調査による季節変動の把握や発信機を装着してのロシア海域の行き来を明らかにしてきたが，この時代の夏の生息地であるロシア側の情報はほとんどなく，過去に数回サハリンでアザラシの状況の聞き取り調査や現地調査，チュレニー島の現地調査を行ったに過ぎない。そのため，過去から近年の北海道からオホーツク海にかけてのアザラシ類の生息状況の全貌は全くつかめていない状況である。そのため，日

本とロシアの共同調査は急務である。

　ここで，流氷期における日露共同で，オホーツク海全域での航空機センサスを提案したい。オホーツク海全域で流氷期に行うことにより，オホーツク海で出産する種の出産数，流氷での種間の利用の違い，生息個体数の推定が可能になるだろう。加えて，ロシアは春から秋の種ごとの個体数の季節変動，日本は秋から春の種ごとの個体数の季節変動を把握することによって，それらを両国で情報交換ができれば，学術的にも彼らの生態をより理解でき，それを基に日露共同管理が可能となるであろう。

　一方，ゼニガタアザラシは，北海道の襟裳岬を南端に，北海道太平洋側から北方四島・千島列島にかけて生息している。1940年代には北海道全域で1,500〜4,800頭生息していたとされるが，1970年代には数百頭に減少したことから，環境省の絶滅危惧種に指定されている。しかし，近年その生息個体数は増加傾向にあり，定着性も高いことから，沿岸漁業との軋轢が深刻化している。遺伝子解析などから，北海道では襟裳グループと厚岸以東に分布する道東グループに分かれるとされる。さらに，ビザなし専門家交流の枠組で実施した，本種へのタグ装着，DNAの解析等により北海道の道東グループと北方四島の歯舞群島との行き来があることが明らかになった。しかし，歯舞群島以外の北方四島の島々からの北海道への行き来や，頻度，北方四島から千島列島にかけてどのようなグループが存在し，どれぐらいの個体数が生息しているのかなどは不明であり，それらを把握することにより，地域個体群を明らかにし，適正な管理をすることが可能となる。

　さらに，近年ゼニガタアザラシとゴマフアザラシの野生界での交雑の可能性が示されており，この2種が同所的に生息する北方四島における調査は，アザラシを管理する上でも今後ますます重要になるものと思われ，これこそ日露共同で実施する必要がある。

図VIII.6.1　2005年歯舞群島ハルカリモシリ島における日露合同調査
Figure VIII.6.1　Joint investigation of the ecosystem at Harukarimoshiri, Habomai in 2005.

7

鳥類の日露共同研究における今後の課題
The future subject for the Japan and Russia joint investigation of birds

中川元(知床博物館)
Hajime NAKAGAWA(Shiretoko Museum)

　オホーツク海周辺で繁殖し越冬する多くの鳥類がロシアと日本を行き来している。これら渡り鳥の保全のために日露が共同して行う研究の継続が重要である。

　希少種では，オオワシの共同研究が1980年代より継続され，繁殖状況や越冬状況，渡りルートが明らかにされてきた。一方，オホーツク海北部地域の生息状況や，越冬地として北海道と隣接する北方四島の生息状況調査が不十分であり，日露共同で調査を行うことが必要だ。また，オジロワシについてはロシアの繁殖状況や日露間の渡りについての調査が十分成されておらず，今後の共同調査が急がれる。オオワシやオジロワシの保全上の課題は日露両地域にある。サハリンのオオワシ繁殖地では石油や天然ガスなどの資源開発に伴う生息地への影響が懸念され，ヒグマによるヒナの捕食がオオワシの繁殖率を低下させている。北海道の越冬地ではワシ類の鉛中毒が未だ続いている。交通事故や感電事故に加え，最近は風力発電施設への衝突事故が増加し主要な死亡原因となっている。また，越冬期の自然餌資源が不十分で，厳冬期には漁業活動等の人為的餌資源に頼る状況も続いている。ワシ類にとって繁殖地と越冬地双方に保全上の問題があり，これらの問題解決に日露とも腰を据えて取り組む必要がある。

　シマフクロウの北海道個体群は絶滅が危惧されるレベルが続いており，人工巣箱や給餌活動に頼るつがいが少なくない。過去の大規模な森林伐採や河川環境の改変が現在の状況をつくり出した原因である。ロシア沿海地方では餌資源や河畔林が豊富であるものの，大規模な森林伐採が進行している地域もある。サハリンや国後島では森林伐採や山火事がシマフクロウの生息に影響を与えている。日本における生息地破壊と個体数減少の過程をロシアで繰り返してはならない。日露が協力してロシア沿海地方やサハリン・北方四島の分布と生息状況を詳細に調査することが急がれる。また，一時期100羽以下にまで減少した北海道のシマフクロウは遺伝的多様性が失われている可能性があり，ロシア極東の個体群との違いや今後の保全策を考える上でも日露共同で遺伝的多様性の研究を進めることが重要である。遺伝的な関係を明らかにする

ことは両国で繁殖するオジロワシについても同様に重要であり，研究資料の提供において両国の協力体制が確立される必要がある。

　オホーツク海とその沿岸部は，海鳥の摂餌海域や繁殖地として重要であり，豊富な餌資源を背景に海鳥の分布密度が高い海域となっている。一方，オホーツク海の高い生物生産を支えている海氷が，気候変動によって縮小する傾向が見られており，アムール川からオホーツク海にもたらされる栄養塩類や鉄についても，供給源である流域の湿原や森林の減少が及ぼす影響が懸念されている。2006年には油に汚染された海鳥が5,000羽以上知床の海岸に漂着する事件があった。サハリン沿岸やタンカーからの油流出，PCB等の残留性有機汚染物質のオホーツク海への流入も心配される。海鳥は汚染物質の直接的な影響や食物連鎖を通した影響を受けやすく，海洋汚染や環境変化に敏感な指標鳥とも言える。かつてオホーツク海全域で広く行われていた海鳥類調査が最近は少なく，日露が国境を越えた協力の下に海鳥の分布や繁殖状況調査を行う必要がある。加えて浮遊プラスチックを取り込む海鳥の調査や有機塩素化合物の蓄積など，汚染物質が海鳥に及ぼす影響の実態調査も重要である。

　オホーツク海と周辺地域に生息する鳥類の保全には国境を越えた協力体制が不可欠である。日露両国を中心に，米中の研究者も含めて一同に会したシンポジウムや会議を定期的に開催してゆくことがこれからも必要であろう。

8

ヒグマを通じた
日露環オホーツク生態系研究の今後

For the development of Japan-Russia brown
bear joint research in the circum-Okhotsk region

間野勉（北海道立総合研究機構 環境・地質研究本部）
Tsutomu MANO (Hokkaido Research Organization)

　日本ではヒグマは北海道のみに分布しているが，世界的に見れば北半球に広範に生息することから，日本の生態系の構成種の中でも，日本と他の地域間の良い比較材料となると考えられる。また，適正な保護管理によって，陸上生態系における代表的な食肉獣であるヒグマと人間の軋轢を軽減しながら共存を図ることは，地域共通の課題でもある。

　第Ⅵ部第3章で述べたように，北半球に広い分布域を持つヒグマは，環北太平洋地域ではその多くが遡上するタイヘイヨウサケを利用することで，大きな体サイズや高い繁殖ポテンシャルを実現していると考えられる。このことは，この地域のヒグマ個体群の保全にとってサケ資源の確保が重要なことを意味する。また，産卵のために遡上するサケの利用を通じた海域と陸域間の物質循環の担い手として注目される。

　オホーツク海をとりまく地域には，比較的人口密度が高く海岸線が人間の生活域と重なり，ほとんどの河川の中・下流域が治水や灌漑などを目的とした改修を受けることでサケの遡上や自然産卵が制約されている北海道のような地域から，人口密度が低く自然海岸線や自然河川が維持され多数のサケの遡上が見られる地域まで様々な環境条件の地域が見られる。これらのほぼすべての地域にヒグマが生息することから，地域間の比較研究が期待される。

　研究内容としては，ヒグマによるサケの利用状況と合わせて，成長や体サイズ，繁殖等の人口動態パラメータ，行動圏サイズや生息密度等の個体群の形質を明らかにすることや，サケとヒグマを通じた，海域と陸域間の物質循環への寄与の評価などが挙げられる。物質循環に関する検討では，安定同位体比分析等の手法が有効である。これらの結果は，急速に開発が進むシベリア以東のロシア各地における生態系保全の基礎資料となるだけでなく，開発の進んだ北海道の環境復元にも大いに役立つものと考えられる。

　次に，北海道における遺伝子レベルの研究から，世界的には異所的に遠く離れて分布してい

る系統の集団が，狭い島嶼内に見られること，目立った地理的障壁がないにもかかわらず，これらの異なる系統の集団が異所的に分布していることが明らかになった。これらは，大陸から北海道へのヒグマの移入が，異なる時期に複数回あったこと，系統の分布域を越えたメス同士の移動が長期間に渡り制限されていることを示している。また，これまでのところ，北海道規模の島嶼に複数の系統が見られる個体群は，北海道以外では知られていないことから，このことは北海道のヒグマ個体群の大きな特徴と言える。

　引き続き，北海道とその周辺域における遺伝学的な系統の分布状況を明らかにする研究を進めることで，北海道やその周辺地域におけるヒグマの移入経路や年代に関する考察を深めることが期待される。また，個体群の遺伝的構造に関する知見は，個体群管理の地域区分の決定や，人為的な構造物や人間活動による遺伝子流動への影響の検討等，ヒグマ個体群の適切な保全管理のための基礎情報となるだろう。

　日露間では，北方四島におけるビサなし日露専門家交流事業による共同研究や，北方圏フォーラムを通じた，地域行政府間のヒグマの生物学と保護管理に関する情報交換，研究協力事業も進んでいる。体制や歴史の相違はあるものの，環オホーツク地域における共通種ヒグマに対する人々の関心は高く，その適切な保護管理の推進は今後ますます重要な課題となることが予測される。領土問題等の懸案事項を乗り越え，関係地域関係者の連携の取り組みが強く求められる。

図Ⅷ.8.1　国後島及び択捉島におけるヒグマ共同調査。上左：2003年，東沸湖。山中正実氏撮影，上右・下左：2012年，内保。北の海の動物センター提供
Figure VIII.8.1 Scenes of field investigation on Kunashiri and Etorofu Islands under the Japan-Russia joint research project. Upper left: Lake Tofutsu-ko, Kunashiri Island, 2003. Photo by M. Yamanaka. Upper right and lower left: Naibo, Etorofu Island, 2012. Photo by NPO Marine Wildlife Center of Japan.

9

コウモリ類の日露共同研究の状況とこれからの課題

Japan-Russia joint bat research:
Current status and future direction

河合久仁子(北海道大学北方生物圏フィールド科学センター)
Kuniko KAWAI (Field Science Center for Northern Biosphere, Hokkaido University)

1. はじめに

　第Ⅵ部第5章でM. P. Tiunov博士(以下，チウノフ博士)が指摘しているように，コウモリ類は哺乳類動物相の中でも最も研究の進んでいない分類群の1つであり，また東アジアのコウモリの分布や移動についての研究は大変遅れている分野である。この理由として，第Ⅵ部第5章及び第7章で既に指摘されたように，分類学的な混乱が大きな問題となっている。分類学的な課題に比較的古くから取り組んできた日本及びロシアさえ，課題は解決されきっていない。例えば表Ⅵ.7.3に示されたように，ある種に対して使用される学名が日露両国間で異なる場合がある。このような表を示すことができるというのはまだ良い方で，日本列島に近接する東アジア諸国では，未だにコウモリ類の分類に関する課題が多く，いったい何種生息しているのかが明らかではない国もある。加えて，各国間での種の認識の違いが問題を大きくしている。隣接国間で種に対する共通認識がない場合，正確な種の分布を示すことが出来ず，さらに長距離の季節移動の確認，保全対象種の選定や保全に対する対策等が困難となる。このような状態を打開するには，まずは分類学的な混乱を取り除く努力を地道にして行く必要がある。

2. ロシアとの共同研究

　コウモリ類に対する日露の共同研究は，近年まで行われたことはなかった。2003年に岩手大学で行われた哺乳類学会において，関連シンポジウムとしてNPO法人東洋蝙蝠研究所主催の「極東のコウモリ」が開催された。その時，ロシア科学アカデミーのチウノフ博士がロシアから招待され「ロシア極東，及びサハリンのコウモリ研究」という講演を行い，また当時北海

道大学先端技術共同研究センター遺伝的多様性研究室に学術振興会の外国人研究員として所属していたK. Tsytsulina博士(以下カテリーナ博士)が「ロシアのコウモリ類の分類」という講演を行った。この時、日本とロシアのコウモリ研究者の意見交換が行われ、いずれは共同研究を行いたいという双方の希望が確かめられた。

　2008年に河合はカテリーナ博士と二人でウラジオストクのチウノフ博士を訪れ、ウラジオストクから東へ100 kmほど行ったロシア極東部のプリモルスキー地域の山岳地帯の森林内で共同調査を行った。この調査で、小コウモリ類7種が捕獲された。この中には、日本列島に分布している種と同種と考えられてきた種も含まれていたが、チウノフ博士と日本側との種に対する認識の違いが明確となり、大陸の種と日本列島の種が同種であるのか？　または大陸の個体群と日本列島の個体群は遺伝的にどの程度隔離されているのか？　等が今後の共通の課題となることが明確となった。また、カムチャツカ、サハリン及び北方四島等では、それまでコウモリ調査が積極的に行われてきていなかったが、これらの地域のコウモリ類を調査することが今後の課題を解決する1つの手掛りになることが確認された。

　その後の日露共同調査は、2010〜2012年にビザなし専門家交流枠を利用し、国後島で3回、択捉島で1回行われた。国後島では、「国後保護区」のロシア人研究者との共同調査として捕獲個体の種同定や分布状況の調査を行った。これにより、国後島ではこれまで主にロシア研究

図VIII.9.1　2010年度「国後島白いヒグマ・コウモリ調査専門家交流」集合写真
Figure VIII.9.1　Group photo of FY2010 Japanese and Russian researcher exchange program on white-colored brown bear & bats in Kunashiri Is.

者によって記録されてきた8種に加えて新たに2種の分布を確認し(河合ほか,2011)、アルビノのモモジロコウモリを捕獲する等(近藤ほか,2011)の成果を上げた。また、根室海峡側にある洞窟内のモモジロコウモリ *Myotis macrodactylus* をこれまでに350頭以上捕獲し、標識を付けて放逐した。今後はこれらの個体が知床半島と国後島の間を行き来するのか等の動態を「国後保護区」と知床側で観察していく予定である。加えて、ロシア研究者との共同研究として、この2地域に生息するモモジロコウモリに遺伝的な隔離または流動がどの程度あるのかを解析していく予定である。また、国後島及び択捉島で捕獲された個体について、分類学的検討をチュノフ博士とともに行うと同時に、一部の分類群については、モスクワ大学動物学博物館のS. V. Kruskop 博士も加わっていただき、分子系統学的な手法を用いた動物地理学的な研究を進めている。

図VIII.9.2 2010年に国後島で捕獲されたモモジロコウモリのアルビノ個体。小笹純弥氏撮影
Figure VIII.9.2 An albino bat of *Myotis macrodactylus*, which was captured on Kunashiri Is. in 2010. Photo by Junya Ozasa.

図VIII.9.3 2011年度北方領土訪問「コウモリ調査専門家交流」の調査の様子。近藤憲久氏撮影
Figure VIII.9.3 A snap-shot of joint field work on Kunashiri Is. at FY2011 researcher exchange program on bats. Photo by Norihisa Kondo.

3．今後の課題

　第Ⅵ部第5章及び第7章で指摘されているように，近年人畜共通感染症の観点からもコウモリ類は着目されている。もしも渡り鳥のように一部のコウモリ類が日本列島外から季節移動をして渡って来るのであれば，海外で指摘されているようなコウモリ類が持つ人畜共通感染症（例えばリッサウィルスなど）を国内に持ち込む可能性がある。この観点からも，分類学的混乱を取り除き，捕獲調査による分布状況の確認や動物地理学的な検討が両国間で共通の認識を持って早急に進められるべきだろう。また，日露双方の公衆衛生の専門家を交えた共同調査を行ったり，海を越えたコウモリ類の移動の有無を確認する等の努力を行っていく必要があるだろう。

【引用・参考文献】
河合久仁子・近藤憲久・マキシム　アンチピン・大泰司紀之(2011)：国後島のコウモリ相，根室市歴史と自然の資料館紀要，23，63-68.
近藤憲久・河合久仁子・マキシム　アンチピン・大泰司紀之(2011)：国後島で捕獲された白化型モモジロコウモリ(*Myotis macrodactylus*)，根室市歴史と自然の資料館紀要，23，69-70.

10

オホーツク生態系保全のための地理情報システムの活用について

Application of geographic information system (GIS) for protection of ecosystems in the Sea of Okhotsk

金子正美[1]・小川健太[1]（[1]酪農学園大学）
Masami KANEKO[1] and Kenta OGAWA[1] ([1]Rakuno Gakuen University)

　オホーツク海とは，日露両国のシベリア，カムチャツカ半島，千島列島，北海道，サハリンによって囲まれた海域であり，各種生物・水産資源，エネルギー資源に恵まれる一方で，海氷の融解など急速な環境の変化が起こっている領域でもある。オホーツク海の生態系保全のために，周辺国の陸域も含め，水産，海洋，河川生態系，海生哺乳類，植生，地球物理等，各分野の研究者の努力により，様々な現象の理解が進んでいる。また，日露及び周辺国により各種のデータが日々収集されている。

　一方で近年地理情報システム(GIS：Geographic Information System)の分野では，技術の発展及び普及が目覚ましく，行政や業界団体が主導するデータの整備や標準化も進み，様々な環境保全の取り組みの中で活用されるようになっている。その中では無料で使用出来るデータも整備が進んでいる。

　また，Web 上で利用できる地図ツールの活用も一般的になってきており，Google Earth やオープン・ソース・ソフトウェアである QuantumGIS など無料で利用できるソフトウェアの普及が進むとともに有償のソフトウェアの機能も向上し，比較的容易に Web 上でデータを公開したり，複数の組織が別々の場所で公開している情報を閲覧者自身が重ね合わせて表示したりすることができるようになっている(マッシュアップと言う)。

　話は，生態系保全とは離れるが，第VII部第 1 章でも触れたように 2011 年 3 月 11 日に発生した東日本大震災では，このマッシュアップ技術を使って様々な情報が発信された。例えば，米国が分析した津波の浸水域情報と従来の住宅図を重ね合わせることにより，被害にあった住民数の概要を早期に推定することができた。また，従来からの道路地図と地震後にカーナビ運営企業等が収集した通行実績情報を重ね合わせることにより，道路の復旧状況を推定することが

可能である。このような技術は生態系保全でも有用である。

　今後，オホーツク生態系保全のための地理情報システムについては次のような3つのステップで進めるべき，と考えている。

　1つ目のステップは，両国の公的機関が既に公開しているデータのうちオホーツク海及びその周辺地域のデータに統合的にアクセスできるポータルサイトを作成することである。これにより，生態系保全に関わるGIS技術者はどこにどのようなデータがあるか，を短時間で知ることができ，最小限の時間と努力で，必要な情報を入手し解析することができる。また重複したデータの作成を防ぐ意味でも重要である。

　2つ目は，上記の既存のデータを標準化し，Webからアクセスできる WMS(Web Mapping Service)等の形式で公開することである。これにより別々の機関が作成したデータは，マッシュアップ技術を用いて1つの地図上に表現することができる。例えば，海氷分布の変化と漁獲高の変化，海洋に生息する生物の変化，河川水質の変化，河川流域における植生の変化・開発状況など，互いに関連しうる情報を1つの地図上に表現することにより，両国研究者，関係者にとっての現象の理解と分析のための地理情報の利用が加速的に進むことが期待できる。

　3つ目は，上記の仕掛け作りに留まらず，データを公開する仕組みを維持・拡張することである。一般に公開することができないデータは，特定のユーザのみがアクセスできるような権限を付与できるシステムとしたり，対象となるデータを拡張したり，月単位あるいは日単位，時間単位，分単位で更新されるリアルタイムのデータにも対象を拡張することである。

　両国政府も世界的な景気停滞の中で環境保全に割ける予算を継続的に向上させることは難しい。その中で，地理空間情報の整備は比較的小規模な予算からスタートすることが可能であり，取り組みを継続的に行うことにより，長期的にデータを蓄積し，共有することは両国研究者，関係者にとっての相互理解を深めることにもつながる。他の取り組みと合わせて，両国の協力を効果的に進めるために，不可欠な取り組みであると考える。

11

オホーツク生態系保全の観点から見た
保護区の管理について

Managing protected areas for the conservation of the Okhotsk Sea ecosystem

村上隆広[1]・山中正実[1]（[1]知床博物館）
Takahiro MURAKAMI[1] and Masami YAMANAKA[1] ([1]Shiretoko Museum)

　日露両地域の保護区(海域も含む)は，オホーツク生態系保全のために重要な地域となってきた。さらに今後は保護区どうしの連携を強化することが重要である。特に，日露を往来する稀少鳥類，海獣類，鯨類等の保護を推進するためには，日露両国の連携体制が不可欠となる。今回の日露協力シンポジウムの成果も踏まえると，具体的には次のような課題がある。

　第一に，稀少種の生息・分布・繁殖に保護区が果たしている役割を調査・評価することである。現在，保護区が日露各地に点在しているが，稀少種にとってそれらの保護区の重要性が十分に明らかになってはいない。その機能が十分でない場合は新たな保護区の設定や，保護区以外の方法による対策の必要なケースもありうる。例えばオオワシ，オジロワシでは過去に実施された日露共同調査により，渡りルートや越冬地・繁殖地の生息状況の一部が明らかにされた。今後も同様な共同調査を継続して実施し，日露の地域集団間のつながりや重要な生息域を特定することにより，保護区の機能評価が可能になる。このように日露両国間を往来する種にとっては，日露で把握している生物学的情報を共有し，既存保護区の有効性や保護区新設等，今後の課題を検討して行く必要がある。

　第二に，保護区の保護管理体制を整えることである。今回のシンポジウムでは知床とシホテアリンという日露の世界自然遺産地域について報告があった。我が国では地域制の国立公園制度をとっており，複数の行政機関が分担して国立公園を管理する仕組みになっている。しかし，従来その利点よりも強固な縦割り行政による弊害が顕著であった。知床では世界自然遺産登録をきっかけに，それらの機関が協議しながら課題への対処や保護管理方針を定めるようになった。このような体制は日本国内では先進的な事例であるが，将来的には一元的な管理体制を構築し，現在大きく欠落している現地管理の専門的実動組織を配置して，効率的かつ実践的に保護区の管理に当たることが望ましい。知床と同じ世界自然遺産であるシホテアリンでは，多数

の保護区スタッフが森林管理，調査研究，環境教育と多様な業務を実施していることが報告されており，将来の日本における保護区管理を考える上で大変参考となる事例である。

　第三に，保護区における保護と利用との関係を調整することである。保護区に居住地域や経済活動を行う地域が含まれている場合，保護と利用とのバランスが必要となる。特に人身被害や経済的な被害をもたらしうる野生動物に対しては，単なる保護ではなく管理の視点が欠かせない。知床ではヒグマやエゾシカが高密度に生息する世界自然遺産地域や周辺部に居住域・農耕地・観光地がある。これまでに人々の生活や利用を守りつつ，野生動物の保護管理をどのように行えば良いのかを模索してきた。課題は残されているものの，これまでの成果を活かしながら，国立公園利用や経済活動と共存する保護区のモデルとするべく努力が必要である。

　最後に，オホーツク海全体や地球規模での環境問題への対応が課題である。2006年に知床半島沿岸に大量の油汚染海鳥が漂着した事例は，オホーツク海を航行する船舶からの重油が原因であると推定されている。オホーツク海沿岸では，現在，油田やガス田の開発が進んでいる他，アムール川流域の工業地帯からの汚染物質流入も問題となっている。これらが保護区に与える影響を防ぐためには，国際的な連携で環境汚染防止に取り組むことが必要である。また近年の気候変動により，オホーツク海の流氷減少が指摘されている。このような環境問題に対しては，保護区での努力だけでなく，世界各国の協力や，多くの人々の地道な努力が必要である。次世代を担う子どもたちへの環境教育等も，継続的に取り組んで行かなければならないだろう。現在，知床とシホテアリンは日露それぞれの世界自然遺産地域として，協力しようとしている。保護区のネットワークを拡げ，オホーツク海の生態系全体を保全する人々の連携につなげる第一歩としたい。

12

オホーツクと海洋保全生態学
The Sea of Okhotsk and marine conservation ecology

松田裕之(横浜国立大学大学院環境情報研究院)
Hiroyuki MATSUDA (Faculty of Environment and Information Science, Yokohama National University)

　海洋保全生態学という分野が育ちつつある。海の生物生産力を研究する海洋生態学という分野に加え，漁業の影響，他の海面利用との関係，陸域の河川改修などの影響を考慮し，総合的な海域管理のあり方を論じるものである。そのためには，法社会制度や経済的視点も欠かせない(加々美ほか，2012)。

　本書は，海洋物理化学，漁業と魚類，鳥類，鯨類を含む海獣類，陸上動物，保護区の日露の専門家が一堂に会し，オホーツク海の生態系を理解し，保全することを目指している。ヒグマ等の陸上動物を除いて，これらの生物は国境を越えて移動するため，両国の専門家どうしの交流が欠かせない。移動する生物という意味では，植物，プランクトンや微生物の専門家も必要かもしれない。

　オホーツク海のほとんどはロシアの排他的経済水域に属し，その沿岸はロシアと日本に属している。日本の漁業者もオホーツクの水産資源を利用している。オホーツク海はアムール川から供給される豊かな溶存鉄によって高い生物生産に恵まれている。そのアムール川はロシア，中国及びモンゴルの国境を流れている。この海域には日露両国が利用する豊富な水産資源がある(図Ⅷ.12.1)。これらの資源を，一方だけが漁獲量や漁法を規制しても効果がない。日露両国での漁業の共同管理は，漁業者が望むことでもある。

　日露間には領土問題もあり，政府間で共同管理を行うのは難しい面もある。しかし，両国ともに専門家が生物学的許容漁獲量を勧告する立場にある。したがって，まず，専門家どうしが情報を共有し，信頼関係を築き上げることが大切である。そのような趣旨もあり，2010年11月に，北海道大学において，日中露の専門家によってアムール・オホーツクコンソーシアムが結成された。本書の執筆者の多くもそれに参加している。

　さらに踏み込んで，両国の専門家が連携し，それぞれの政府に対して漁業管理の勧告を行えば，有効な資源管理が可能であろう。同じように，漁業者どうしが交流し，信頼関係を作るこ

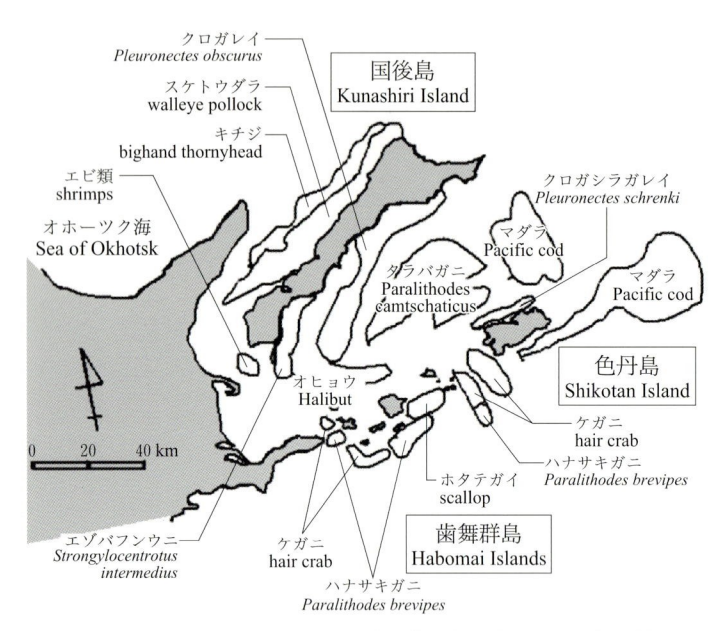

図VIII.12.1　北方領土周辺水域の主な魚種の分布。毎日新聞本間浩昭記者の聞き取りによる
Figure VIII.12.1　Spatial distribution of major fisheries resources surrounding Kunashiri, Habomai and Shikotan Islands. Source: Mr. Hiroaki Homma of The Mainichi Newspapers.

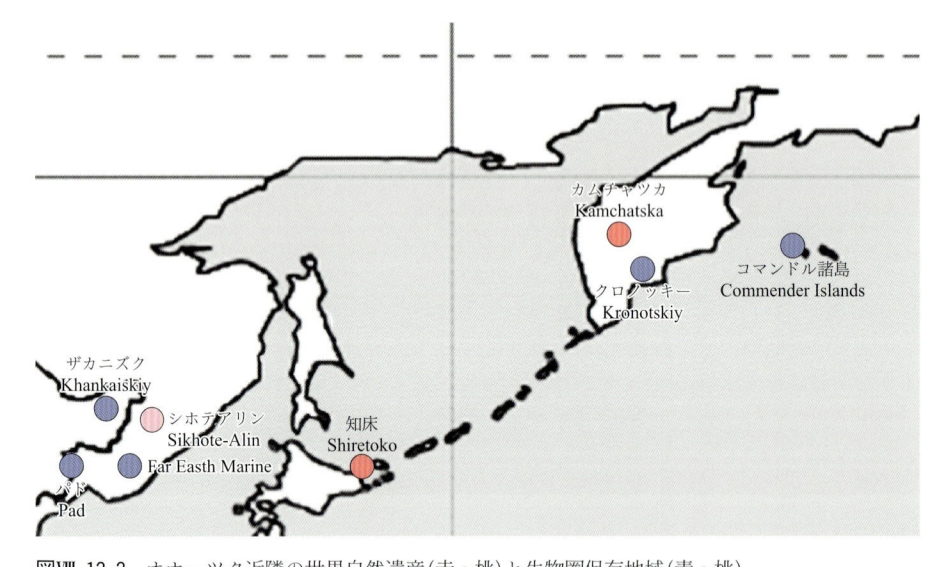

図VIII.12.2　オホーツク近隣の世界自然遺産（赤・桃）と生物圏保存地域（青・桃）
Figure VIII.12.2　Sites of natural World Heritage (red and pink) and Biosphere Reserve (blue and pink) surrounding the Sea of Okhotsk.

とも可能かもしれない。

　生物多様性条約では，2010年の愛知目標において，2020年までに海域の10%を保護区とすることが合意された。これは各国ごとに設けるものだが，本来は海域ごとに定めるべきだろう。この海域にロシアは多くの国立公園を定めている。ユネスコの国際的な保護区制度としては世

界自然遺産，生物圏保存地域とラムサール登録地がある。ロシア全体としては数多くの登録地があるが，オホーツク海域を登録地に含む世界自然遺産または生物圏保存地域は知床世界自然遺産のみである(図Ⅷ.12.2)。本書には保護区の専門家も参加しており，両国の国立公園どうしのネットワークを作ることは難しくないだろう。海域ではないが，知床世界自然遺産が登録される際に，類似の登録地とされたシホテアリン世界自然遺産と知床は，交流事業が進んでいる。将来は，オホーツク海域の世界自然遺産と生物圏保存地域を増やし，世界の保護区ネットワークに参加していくことも期待する。

　生態系保全の取り組みは，時代とともに変わってきている。以前は海獣類や鳥類が絶滅の危機に瀕し，手厚く保護することが最優先課題の1つだった。その保護の成果として，トドやアザラシ類などの個体数は回復傾向にあり，いくつかの種や個体群は絶滅危惧種から外れるものが出てきている。他方，回復した海獣類が及ぼす漁業被害が，特に北海道沿岸では深刻になっている。どの個体も手厚く守るという考え方から，個体群の存続を図りつつ，人間活動と両立を図る取り組みが必要になりつつある。また，海獣類を害獣として駆除するだけではなく，それをかつてのように肉や毛皮として利用することも検討すべきだろう。そのためには，生物だけでなく，それを利用する文化と地域経済の存続も視野に入れる必要がある。

　また，陸域と海域のつながりも重要である。陸域から海域への貢献だけでなく，知床世界自然遺産で評価されるように，海域から陸域への貢献も重要である。

　いずれにしても，専門家はそれぞれの政府に助言することができるとしても，国際管理をトップダウンの保全だけでは限界がある。そうだとすれば，専門家どうしの情報共有とともに信頼関係の醸成が極めて重要である。日露オホーツク生態系保全専門家交流とアムール・オホーツクコンソーシアムの未来に大いに期待したい。

【引用・参考文献】
加々美康彦・松田裕之・白山義久・桜井泰憲・古谷研・中原裕幸(編)(2012)：海洋保全生態学, 講談社, 287 pp.

索　引

項目の選定は，基本的に次の基準に拠った。①２単語以上にわたる説明的なものは収録しない。②２単語以上でもまとまった意味をなすものは収録する。③ごく一般的な単語は収録しない。④ページ数が連続する場合は最初のページだけを載せる。

ア 行

愛知目標　472
アイヌ民族　325
亜寒帯　9
　——循環　77
アゴヒゲアザラシ　237, 251
アサインメントテスト　364
アザラシ　243
　——猟　255
　——類5種　457
　アゴヒゲ——　237, 251
　クラカケ——　237, 251
　ゴマフ——　237, 251, 452
　ゼニガタ——　237, 251, 452
　ワモン——　237, 251
アナディリ川　347
アナディール湾　273
アニワ湾　243, 246
亜熱帯性魚類　93
油
　——汚染　287, 470
　——流出　460
アブラガレイ　80
アホウドリ　267
網目の選択性　153
アムール・オホーツクコンソーシアム　440, 471
アムール川　4, 7, 14, 20, 35, 48
アメリカクロクマ　370
アラスカ　348
アリューシャン低気圧　61, 69, 79
　——指数　112
安定同位体比　109, 348
アンブレラ種　330
育児場所　241
イシイルカ　157, 161, 169
夷酋列像　370
磯焼け　47
一次生産者　19
一夫多妻性　229
遺伝子
　——型　363
　——流動　462
遺伝的
　——交流　323
　——多様性　102, 329, 364, 459
　——分化　364
イトヒキダラ　78

イニンカリ　369
　——グマ　369
イルカ
　——漁業　211
　イシ——　157, 161, 169
　カマ——　161
イワシクジラ　189
岩棚　327
ウイングタッグ　294
(巨大)魚附林　47, 51, 436
ウ科　454
ウスリー川　49
ウスリホオヒゲコウモリ　386, 401
ウミガラス　272
ウミスズメ科　454
海鳥　16
ウルップ島沿岸水域　245
鱗分析　111
衛星追跡　211
衛星発信機　233, 294
営巣
　——環境　321
　——数　320
　——地の分布　320
　——木　327
栄養
　——塩　19
　——状態　255
　——分　10
エコパス・エコシム　195
餌
　——環境調査　190
　——競争の激化　255
　——条件　322
　——消費量　225
　——生物種組成　212
　——生物消費量　170
エゾシカ
　——・陸上生態系ワーキンググループ　420
　——管理計画　421
越境環境データ　440
越冬　454
択捉島　282, 348, 369, 464
沿海
　——型　266
　——地方　329, 354
沿岸
　——親潮　77

476　索引

　　──分枝　　12
　　──ポリニヤ　　6
塩基配列　　363
鉛弾　　311
鉛直循環　　3,5,10
堰堤　　375
塩分排出　　10
塩輸送　　29,32
オイミヤコン　　4
大阪コミュニケーションアート専門学校　　176
沖合域調査　　189
沖合い分枝　　12
オキアミ類　　121,170
オグロシギ　　340
汚染物質　　14,436,460
オットセイ　　237
　　──条約　　450
　　キタ──　　229,233
　　北太平洋のおっとせいの保存に関する暫定条約　　232,450
膃肭臍　　231
オホーツク海　　35,37,48,237,239
オホーツク町　　293
親潮(域)　　10,28,42,49
親潮生態系　　60
親潮フロント　　43
温暖化　　79,436
オンネベツ川　　370

カ 行

海域ワーキンググループ　　420
回帰　　348
海水温レジーム　　66
海生哺乳類　　245
改定管理方式　　188,208
海底
　　──堆積物　　43
　　──油田　　14
海氷　　3,92,96
　　──(域)面積　　8,30,32,66,110
　　──生産　　7
　　──生産(量)の減少　　27,29
　　──生成　　10
　　──の生産工場　　6
　　──の南限　　4
回遊
　　──型　　183
　　──経路　　224
海洋
　　──汚染　　196
　　──循環　　3,435
　　──生態系　　121,255
　　──生態系モデル　　42
　　──大循環モデル　　39,42
　　──保護区　　126
外洋性魚類　　91

外洋捕獲　　232
蠣崎波響　　369,370
河川
　　──工作物の改良　　422
　　──工作物ワーキンググループ　　421
　　──内構造物　　375
加速度ポテンシャル　　9
カナクソ岩　　452
河畔林生態系　　109
カマイルカ　　161
カムチャツカ　　347
　　──地方　　354
　　──半島の西岸　　240
カメラトラップ　　370,373
体サイズの小型化　　255
カラフトマス　　348,372,374
環オホーツク海域　　19
環北太平洋地域　　347,365
環境
　　──収容力　　113
　　──省　　418
　　──治療　　311
寒極　　4
勧告　　418
緩衝地帯　　307
感電　　310
　　──事故　　313,459
管理指針　　227
寒冷─温暖のレジームシフト　　123
気温　　8
　　──上昇　　30
鰭脚類　　229
気候
　　──のレジームシフト　　59,113
　　──変動　　460
　　──変動指数　　112
　　──変動に関する政府間パネル（IPCC）　　55
稀出現型　　266
キーストーン種　　109
季節
　　──海氷　　58
　　──風　　4
キタオットセイ　　229,233
北大西洋
　　──海産哺乳動物委員会　　450
　　──海洋開発理事会　　56
北太平洋　　5,9
　　──亜寒帯西部　　27
　　──海洋科学委員会　　56
　　──水　　29
　　──西部　　38,42
　　──中層水　　20
　　──のおっとせいの保存に関する暫定条約　　232,450
　　──の心臓　　436
北の海の動物センター　　455

旧北区　380
漁期　86
漁業
　　――形態　86
　　――就業者　84
　　――種類別漁獲量　86
　　――生産　84
　　――との軋轢　255
　　――被害　227, 234
魚種
　　――交替　59, 122
　　――別漁獲量　86
(巨大)魚附林　47, 51, 436
魚類相　139
駆除　375
クジラ
　　イワシ――　189
　　コク――　169, 334
　　ナガス――　161, 169
　　ニタリ――　189
　　ミンク――　157, 161, 169, 187
釧路沖
　　――海域　176
　　――シャチ個体群　183
釧路湿原野生生物保護センター　310
国後島　282, 329, 369, 389, 464
国後保護区　464
クマタカ　286
クラカケアザラシ　237, 251
黒潮　13
　　――続流　43
クロモフ号　5, 435
系(統)群区分(識別)　208
系統関係　363
係留系観測　14
鯨類　451
　　――相　208
　　――捕獲調査　211
毛色　371
　　――多型　370, 373
毛皮　231
結氷　4
　　――温度　4, 7
原生的
　　――環境　389
　　――自然環境　376
航空機
　　――センサス　458
　　――での個体数調査　239
黄砂　20
高度移動性動物　450
行動圏　182
後方粒子追跡　16
高密度陸棚水　20, 27, 35
コウモリ
　　――類　455

ウスリホオヒゲ――　386, 401
ノレン――　397
ヒメヒナ――　405
ヒメホオヒゲ――　401
ホオヒゲ――　397
ホオヒゲ――属　401
北海道――研究グループ　403
モモジロ――　394, 455, 465
高齢化　84
小型捕鯨　211
コククジラ　169, 334
国際鯨類調査十カ年計画　209
国際コウモリ年　399
国際捕鯨
　　――委員会　207, 449
　　――取締条約　208, 449
　　――取締条約八条　211
国立公園
　　――管理計画　417
　　――制度　469
コシジロアジサシ　334
個体群
　　――管理　462
　　――増加率　306
　　――動態　96, 457
個体識別　177
個体数
　　――管理　357
　　――の過密化　255
　　――変動　91
コニー半島　293
ゴマフアザラシ　237, 251, 452
コリャーク自治管区　354
混獲　234
コントロール領域　363

サ 行

再確認率　219
最高次栄養段階　183
採餌
　　――行動　294
　　――戦略　255
採食資源　375
再生産　123
　　――率　208
最大越冬個体数　225
索餌
　　――回遊　143
　　――期　133
　　――場　454
錯体　50
サクラマス　101
サケ　101
サケ・マス類　353
サケ捕獲効率　374
刺し網　86

サドルマーク　178
サハリン　39, 243, 329, 347
　　──II　14
　　──2プロジェクト　334
　　──地方　354
　　──油田　14
サハリンスキー湾　246
サフニロ　154, 443
三江平原　49
産卵
　　──期　132
　　──群　153
　　──場　131
シカラガラシ岬　452
資源開発　459
資源量　208
　　──推定　157, 221
嗜好性　195
自主
　　──管理型漁業　126
　　──的管理　86
自然
　　──餌資源　459
　　──産卵　101
　　──標識　211
持続的
　　──漁業　124
　　──利用　449
舌の形態　385
指標生物(群)　330, 399
シベリア高気圧　69
　　──指数　92
死亡要因　322
シホテアリン　469
　　──国立自然保護区　425
　　──山脈　329
　　中央──　428
シマフクロウ　325
社会的成熟　229
シャチ　162, 175, 179, 183
ジャルパン　187
シャンタル諸島　294, 347
集団遺伝学的情報　208
自由探索方式　177
種間競争　239
出現履歴　178
出産場所　241
出産率　220
種の保存法　281, 326
順応的
　　──管理　102, 114
　　──漁業　61
松花江　14, 49
商業
　　──捕獲　457
　　──捕鯨モラトリアム　207

上陸場　252, 255
初回繁殖年齢　220
初期死亡率　255
食性　374
植物プランクトン　19, 119
食物
　　──資源　353
　　──網　120
知床　16
　　──博物館　417
　　──半島　282, 361
　　──半島羅臼峯浜沖　394
　　──財団　417
知床世界自然遺産　61, 117, 473
　　──地域科学委員会　420
　　──地域管理計画　418, 421
白い
　　──アメリカクロクマ　373
　　──ヒグマ　369, 371
シロザケ　345, 372
人為的
　　──餌資源　285, 459
　　──環境　389
人工
　　──衛星データ　7
　　──給餌　326
新生仔　180
人畜共通感染症　386, 405, 466
森林伐採　459
水銀　196
水産
　　──資源の持続的利用　63
　　──庁　418
数値モデルシミュレーション　14
スケトウダラ　58, 77, 124, 170, 284, 448
巣立ち成功率　296
巣箱　326
棲み分け　201
西岸境界流　12
生残率　112
成熟
　　──オス　180
　　──メス　180
生息
　　──環境　101, 328
　　──地　452
　　──密度　353, 454
生息個体数　239, 252
　　──調査　241
生存率　220
生態系
　　──サービス　109
　　──の復元　350
　　──ベース　102
　　──モデル　36, 171, 187
生態的アプローチ　61

性的二型　229
性判定　180
生物
　　──圏保存地域　473
　　──資源　83
　　──生産　10, 28
　　──多様性　63, 127
　　──量　140
セオイ川　370
世界遺産
　　──管理計画　422
　　──地域連絡会議　421
世界最悪12品目　278
赤外線　240
石油
　　──中毒　311
　　──パイプライン建設　334
摂餌習性　225
絶滅危惧種　326, 458
ゼニガタアザラシ　237, 251, 452
背びれ　178
セミクジラ　161, 169
全ロシア漁業海洋研究所　449
総合地球環境学研究所　439
宗谷
　　──海峡　282
　　──暖流　65, 117
遡河性魚類　93
ソコイワシ科魚類　79

タ 行

大気
　　──循環　148
　　──ダスト　43
タイゴノス半島　292
大西洋マダラ　61
第二期北西太平洋鯨類捕獲調査　172
太平洋　37
　　──型　267
　　──十年規模振動　92, 112
　　──十年振動指数　149
　　──のサケ・マス　243, 244
タイヘイヨウサケ属　345
大陸棚　20
対流　4
タウイ川　295
多獲性浮き魚類　266
卓越年級群　71, 96, 149
タタール海峡　91
多面的な機能　84
多利用型統合的海域管理計画　117, 420
ダルマザメ　198
単位努力量当たり漁獲量　96
断熱材　6
地域間移動　182
地域個体群　458

地球温暖化　8, 117, 240, 255, 430
　　──シナリオ　60
地球規模海洋生態系変動研究　55
地球圏―生物圏国際協同研究計画　55
地球表面気温偏差値　112
千島
　　──海峡　12, 22
　　──海盆　12, 39
　　──列島　37, 42
着床遅延　252
中央シホテアリン　428
中深
　　──海水層　71
　　──層魚類　274
中層　5, 37, 39
　　──循環　10, 20, 35, 40
　　──水　9
　　──鉄仮説　10, 436
　　──鉄循環　24, 48
　　──の昇温化　27, 30, 32
チュコト自治管区　354
チュレニー島　237, 244, 448
長期滞在傾向　253
調査捕鯨　211
潮汐混合　23, 38
地理情報システム　411, 467
地理的障壁　462
対馬暖流　13, 93, 117
　　──系水　154
低温科学研究所　435
底魚類　120
定住性　183
定点観察　370
適正利用・エコツーリズムワーキンググループ　421
データベース　411
鉄(分)　10, 28, 35, 42
テルペニア湾　16, 245
テレコネクション　79
天然記念物　326
トゥアイサス岬　295
頭骨基底長　347
動態予測　287
動物プランクトン　19
等密度面　5
トガリイチモンジイワシ　274
独立観察者方式　158
土地利用変化　51
トップダウンコントロール　60
トド　237, 437, 448, 452
トロール漁法　153
ドングリ類　353

ナ 行

ナガスクジラ　161, 169
鉛中毒　286, 310, 459
南極海鯨類資源評価航海　210

南大洋生態系総合調査計画　210
南方
　　——系魚類　92
　　——振動指数　92
　　——全域型　266
　　——遍在型　266
南北回遊　230
ニイスキー湾　246
ニキショロ海蝕洞　395
西カムチャツカ海流　65
西サハリン　246
ニシン　170
ニタリクジラ　189
日露
　　——オホーツク生態系保全専門家交流　473
　　——共同鯨類目視調査　210
　　——漁業協定　447
　　——の共同調査　240
　　——ビザなし専門家交流　176,464
　　——米共同オホーツク航海観測　435
　　——隣接地域生態系保全協力プログラム　455
日ロ研究交流　443
日本とロシアの共同調査　457
人間との軋轢　375
熱収支　7,148
年級群　72,106
年齢構成　84
農作物　374
濃縮
　　——係数　111
　　——率　109
ノレンコウモリ　397

ハ 行

ハイイロミズナギドリ　268,454
バイオプシー　159,164
バイオマス　112
バイオロギング　437
パイカ現象　277
はえ縄　86
ハクジラ
　　——亜目　175
　　——類　208
薄氷域　6
ハシブトウミガラス　272
ハシボソミズナギドリ　268,454
パス・モデル　112
ハダカイワシ科魚類　78
バックカリキュレーション　110
発見状況　178
発見データ　178
ハバロフスク地方　354
ハプロタイプ　363
ハマシギ　334
ハルカリモシリ島　452
繁殖　454

　　——場　231
　　——成功率　304,327
　　——年齢の高齢化　255
　　——率　296
反時計回り循環　12
反捕鯨　449
東カムチャツカ海流　77
東樺太海流　11,65,78,91
東サハリン　246
光センサー搭載記録計　233
ヒグマ　369,454
　　——管理方針検討会議　421
　　——の密猟　357
ヒゲクジラ
　　——亜目　175
　　——類　208
ビザなし
　　——交流事業　348
　　——専門家交流　464
非繁殖集団　240
尾膜血管走行パタン　403
ヒメヒナコウモリ　405
ヒメホオヒゲコウモリ　401
氷縁生態系　57
表海水層　70
氷下待網漁　285
標識　328
　　——再捕法　233
　　——調査　217,338
氷上繁殖型　251
表層
　　——水温　110
　　——漂流ブイ　11
漂着　234
風成循環　40
風力発電施設　459
ふ化場　105,149
　　——魚　102,106
ふ化放流　105
　　——事業　105
浮魚　244
福岡エココミュニケーション専門学校　177
腐食食物連鎖　118
腐植鉄錯体　50
物質循環　20,41,349,435
　　——モデル　35
ブッソル海峡　11,22
不凍タンパク質　119
浮遊卵　126
冬の繁殖海域　253
ブライン　35
プラスチック微小粒子　277
フルボ酸鉄　48
フルマカモメ　268
ブルーミング　119
フロン　41

分集団　219
糞
　　──食性　271
　　──分析　374
分類学的な混乱　400, 463
ヘア・トラップ　362
ベリー類　353
ベーリング海峡　348
ベーリング海生態系　59
ベルホヤンスク　4
ペンシル型標識銛　211
放射能　386
放鳥　329
放流
　　──効果　101
　　──事業　101
ホエールウオッチング船　177
ホオヒゲコウモリ　397
　　──属　401
捕獲
　　──圧　238
　　──調査　190
　　──頭数　239
北西亜寒帯環流域　109
北西太平洋　43
　　──鯨類捕獲調査　187, 211
北西陸棚域　27, 36, 42
北部千島列島　245
保護
　　──管理　376
　　──区　86, 244
捕食者　373
母川　348
ポータルサイト　468
北海道
　　──海面漁業調整規則　153
　　──コウモリ研究グループ　403
北海道大学(北大)低温科学研究所　6, 439
北極海　8
ホッチャレ　348
北方全域型　266
北方四島　282, 451, 464
　　──海域　182
ボトムアップコントロール　59
ポリニヤ　36, 40

マ 行

マイクロ
　　──サテライトDNA　364
　　──ネクトン　78
　　──波放射計　7
マガダンスキー自然保護区　291
マガダン地方　354
マダラ　80, 124
マダラシロハラミズナギドリ　270
マッシュアップ　412, 468

ミズウオ　245
ミズウオダマシ　245
ミズナギドリ
　　──類　454
　　ハイイロ──　268, 454
　　ハシボソ──　268, 454
　　マダラシロハラ──　270
未成魚　133
密度(依存)効果　106, 113
ミトコンドリアDNA　361, 363, 405
ミンククジラ　157, 161, 169, 187
群れ
　　──のサイズ　181
　　──のタイプ　180
猛禽類医学研究所　310
目視調査　157, 190
モニタリング　87, 255
モモジロコウモリ　394, 455, 465
モンスーン指数　92

ヤ 行

ヤクーティア　347
野生
　　──界での交雑　458
　　──魚　106
　　──動物の楽園　451
　　──復帰プログラム　307
ヤツメウナギ　245
山火事　459
有機塩素化合物　196, 460
湧昇　38, 176
雄性生殖腺　384
優占種　142
油田・ガス田　300
幼魚　133
溶存
　　──酸素量　5
　　──鉄　43, 48

ラ 行

ラ・ペルーズ プロジェクト　444
来遊　252
　　──の南下　253
ライントランセクト法(方式)　176, 210
羅臼　153, 284
ラッコ　452
猟虎及膃肭獣保護国際条約　232
ラムサール登録地　473
ランギリ川の河口地域　246
陸上繁殖型　251
陸と海の生態系　455
リモートセンシング　411
流出油　14, 436
流氷　3
　　──の減少　237, 255
利用調整地区　418

林野庁　418
類似度　139
冷戦　5
レジーム　92, 147
　──シフト　79, 147
　気候の──　59, 113
列車事故　315
レッドリスト　400
ロシア極東海洋気象研究所　5, 21, 435
ロシア極東地域　379

ワ 行

ワシントン条約　211
渡り経路　282
ワモンアザラシ　237, 251

A

A1Bシナリオ　113
ALPI　112

C

C−Nマップ　109
CBL　347
CFC　41
coprophagy　271
CPUE　96
CREST　6
CTDデータ　437

D

DSW(Dense Shelf Water)　20, 27, 35, 42

E

East Sakhalin Current　11
Entire Type　267
epipelagic　70

F

F_{st}　364

G

GDP　83
GIS　411
GLOBEC　55

H

Harbour seal　251

I

ICES　56
IDカタログ　178
IGBP　55
IWC(International Whaling Commission)　207, 449
IPCC　8, 55, 113
IUCN　425
IWC／SC　188, 449

J

J系群　197
JAMSTEC　6
JARPN　187
JARPN II(計画)　172, 187, 211
JARPN II北西太平洋鯨類捕獲調査　182
JST　6

M

MDN　109
mesopelagic　71
MOI　92
MSC　102

N

NAMMCO　450
Neritic Type　266
North Atlantic Marine Mammal Commission　450
Northern Entire Type　266
NPIW(North Pacific Intermediate Water)　20

O

O系群　197
Orca. org さかまた組　177
Orcinus orca　175

P

Pacific Type　267
PBR法　227
PDO　69, 92, 112, 149
PICES　56

R

Revised Management Procedure:RMP
　158, 188, 208
Russian Federal Research Institute of Fisheries and
　Oceanography　449

S

SAT　112
SHI　92
SOI　92
Southern Entire Type　266
Southern Local Type　266
SST　110

U

UNESCO　417
UNESCO／IUCN　418

V

Vagrant Type　266
VNIRO　449

W

WMS　468

執筆者・編集担当者一覧(五十音順)

アスタフィエフ，A. A.：シホテアリン国立自然保護区，VII-3 執筆
アルチュホフ，A.：太平洋地理学研究所カムチャツカ支部，IV-1 執筆
アンドリュース，R. D.：アラスカ大学フェアバンクス校・アラスカ・シーライフ・センター，IV-1・IV-3 執筆
石船　夕佳：北海道大学大学院獣医学研究科，VI-4 執筆
磯野　岳臣：水産総合研究センター 北海道区水産研究所，IV-2 執筆
上原　裕樹：北海道大学低温科学研究所，I-3 執筆
内本　圭亮：北海道大学低温科学研究所，I-4 執筆
ウテキナ，I.：マガダン国立自然保護区，V-3 執筆
大島慶一郎：北海道大学低温科学研究所，I-1・VIII-1 執筆，第 I 部編集担当
大泰司紀之：北海道大学名誉教授・北海道大学総合博物館資料部・北の海の動物センター，コラム 3 執筆
小川　健太：酪農学園大学農食環境学群，VII-1・VIII-10 執筆
小城　春雄：北海道大学名誉教授・山階鳥類研究所，V-1 執筆
河合久仁子：北海道大学北方生物圏フィールド科学センター，VI-7・VIII-9 執筆，第 VI 部編集担当
カエフ，A. M.：サハリン漁業海洋学研究所，II-7 執筆
帰山　雅秀：北海道大学大学院水産科学研究院，II-8 執筆
葛西　真輔：知床財団，VI-3 執筆
加藤　秀弘：東京海洋大学大学院海洋科学技術研究科研究院，III-5・VIII-5 執筆，第 III 部編集担当
金子　正美：酪農学園大学農食環境学群，VII-1・VIII-10 執筆，第 VII 部編集担当
カルキンス，D. G.：北太平洋野生生物コンサルティング会社，IV-1 執筆
キム，S. T.：サハリン漁業海洋学研究所，II-2・II-11 執筆
クルツ，A. A.：ロシア極東海洋気象研究所，I-3 執筆
ゲラット，T. S.：国立海生哺乳類研究所，NOAA，IV-1 執筆
後藤　陽子：北海道立総合研究機構 稚内水産試験場，IV-2 執筆
小林　万里：東京農業大学生物産業学部・北の海の動物センター，III-3・IV-6・コラム 2・コラム 3・VIII-6 執筆，第 IV 部編集担当
小林　由美：北海道大学大学院水産科学研究院，コラム 2 執筆
小平真佐夫：元 知床財団，VI-3 執筆
近藤　茂則：大阪コミュニケーションアート専門学校，III-3 執筆
近藤　憲久：根室市歴史と自然の資料館，VI-6 執筆
近藤　麻実：北海道立総合研究機構 環境科学研究センター，第 VI 部編集担当
齊藤　慶輔：猛禽類医学研究所・獣医師，V-5 執筆
齊藤　誠一：北海道大学大学院水産科学研究院，V-1 執筆
桜井　泰憲：北海道大学大学院水産科学研究院，II-1・II-9・IV-2・V-1 執筆
笹森　琴絵：Orca. org さかまた組，III-3 執筆
佐藤　喜和：日本大学生物資源科学部，VI-4 執筆
佐野　満廣：元 北海道立中央水産試験場，コラム 1 執筆
下田　　絢：福岡エココミュニケーション専門学校，III-3 執筆
ジャリコフ，K. A.：全ロシア連邦漁業海洋学研究所，III-1・III-5 執筆
城者　定史：大阪コミュニケーションアート専門学校，III-3 執筆
白岩　孝行：北海道大学低温科学研究所，I-5・VIII-2 執筆
白木　彩子：東京農業大学生物産業学部，V-6 執筆
セリョートキン，I. V.：太平洋地理学研究所，VI-2 執筆
高橋　　萌：シャチラボ・東京海洋大学海洋科学部，III-3 執筆
竹中　　健：シマフクロウ環境研究会，V-7 執筆
田村　　力：日本鯨類研究所，III-2・III-4 執筆
チウノフ，M. P.：ロシア科学アカデミー極東支部生物学土壌学研究所，VI-5 執筆

津旨　大輔：電力中央研究所，I-4 執筆
釣賀一二三：北海道立総合研究機構 環境科学研究センター，VI-3 執筆
トゥルーヒン，A. M.：太平洋地理学研究所，IV-4 執筆
鳥澤　　雅：北海道立総合研究機構 水産研究本部，II-4・VIII-3 執筆，第II部編集担当
永田　光博：北海道立総合研究機構 さけます・内水面水産試験場，II-6 執筆
中川　　元：知床博物館，V-2・VIII-7 執筆，第V部編集担当
中塚　　武：名古屋大学大学院環境科学研究科，I-2 執筆
中村　知裕：北海道大学低温科学研究所，I-4 執筆
中村　秀次：日本大学大学院生物資源科学研究科，VI-4 執筆
西岡　　純：北海道大学低温科学研究所，I-2・I-4 執筆
パステネ，L. A.：日本鯨類研究所，III-4 執筆
服部　　薫：水産総合研究センター 北海道区水産研究所，IV-1・IV-2 執筆，第IV部編集担当
藤瀬　良弘：日本鯨類研究所，III-4 執筆
ブルカノフ，V. N.：太平洋地理学研究所カムチャツカ支部・国立海生哺乳類研究所，NOAA，IV-1 執筆
ヴァルチュク，O.：ロシア科学アカデミー極東支部生物学土壌学研究所，V-8 執筆
ヴェリカノフ，A. Ya.：サハリン漁業海洋学研究所，II-5・II-10・IV-5 執筆
ポタポフ，E.：ブラインアタイン大学，V-3 執筆
マクグレディ，M.：自然研究所，V-3 執筆
増田　隆一：北海道大学大学院理学研究院，VI-3 執筆
マステロフ，V.：モスクワ国立大学，V-4 執筆
松田　裕之：横浜国立大学大学院環境情報研究院，VIII-12 執筆
間野　　勉：北海道立総合研究機構 環境・地質研究本部，VI-1・VI-3・VIII-8 執筆，第VI部編集担当
三角　和弘：電力中央研究所，I-4 執筆
三寺　史夫：北海道大学低温科学研究所，I-4 執筆，第I部編集担当
三谷　曜子：北海道大学北方生物圏フィールド科学センター，IV-3 執筆
宮腰　靖之：北海道立総合研究機構 さけます・内水面水産試験場，II-6 執筆
宮下　富夫：水産総合研究センター 国際水産資源研究所，III-1 執筆
村上　隆広：知床博物館，VII-2・VII-3・VIII-11 執筆，第VII部編集担当
山中　正実：知床博物館，VI-3・VII-2・VIII-11 執筆
山村　織生：水産総合研究センター 北海道区水産研究所，II-3・IV-1・IV-2・VIII-4 執筆
ラドチェンコ，V. I.：太平洋漁業科学研究所，II-12・IV-5 執筆
リムリンガー，D.：サンディエゴ動物園，V-3 執筆
ログンツェフ，A.：「クリル保護区」，VI-4 執筆
和田　明彦：北海道立総合研究機構 稚内水産試験場，IV-2 執筆

桜井 泰憲（さくらい やすのり）

- 1950 年　岐阜県高山市に生まれる
- 1981 年　北海道大学大学院水産学研究科博士課程単位取得退学
- 現　在　北海道大学大学院水産科学研究院海洋生物資源科学部門
　　　　　教授　水産学博士（北海道大学）
- 専　門　水産学・海洋生態学，特に気候変化に応答するタラ類・イカ
　　　　　類の資源変動に関する研究
　　　　　水産海洋学会「宇田賞」(1999 年)，日本水産学会「進歩賞」
　　　　　(2001 年)，環境保全功労賞(2012 年)など受賞。海洋保全生態
　　　　　学（講談社，共編）など著書多数

大島 慶一郎（おおしま けいいちろう）

- 1960 年　北海道釧路市に生まれる
- 1986 年　北海道大学大学院理学研究科博士後期課程途中退学　理
　　　　　学博士（北海道大学）
- 現　在　北海道大学低温科学研究所水・物質循環部門　教授
- 専　門　海洋物理学・極域海洋学，特に高緯度海域の海洋循環と海洋
　　　　　海氷相互作用に関する研究
　　　　　第 32 次日本南極地域観測隊隊員として南極昭和基地にて越冬
　　　　　(1990～1992 年)。日本海洋学会「岡田賞」(1996 年)，日本気
　　　　　象学会「堀内賞」(2008 年)など受賞

大泰司 紀之（おおたいし のりゆき）

- 1940 年　公主嶺（旧満州国）に生まれる
- 1964 年　北海道大学獣医学部卒業　獣医学博士（北海道大学）
- 現　在　北海道大学名誉教授・北海道大学総合博物館資料部研究
　　　　　員・NPO 法人　北の海の動物センター会長
- 専　門　比較解剖学・進化系統分類学・動物地理学・保全生物学，特
　　　　　にシカ類の動物地理，知床・北方四島の保全生物学的研究
　　　　　環境大臣表彰(2008 年)，日本哺乳類学会賞(2010 年)など受賞。
　　　　　知床の動物（北海道大学図書刊行会，共編），知床・北方四島
　　　　　（岩波新書，共著）など著書多数

オホーツクの生態系とその保全

2013 年 2 月 28 日　第 1 刷発行

編著者　桜井泰憲
　　　　大島慶一郎
　　　　大泰司紀之

発行者　櫻井義秀

発行所　北海道大学出版会
札幌市北区北 9 条西 8 丁目 北海道大学構内（〒060-0809）
Tel. 011(747)2308・Fax. 011(736)8605・http://www.hup.gr.jp

㈱アイワード／石田製本㈱　　　Ⓒ 2013　桜井・大島・大泰司

ISBN 978-4-8329-8208-6

知床の動物 —原生的自然環境下の脊椎動物群集とその保護—	大泰司紀之 中川 元 編著	B5・420頁 価格12000円
エゾシカの保全と管理	梶 光一 宮本雅美 編著 宇野裕之	B5・266頁 価格4500円
動物地理の自然史 —分布と多様性の進化学—	増田隆一 阿部 永 編著	A5・302頁 価格3000円
淡水魚類地理の自然史 —多様性と分化をめぐって—	渡辺勝敏 髙橋 洋 編著	A5・298頁 価格3000円
植物地理の自然史 —進化のダイナミクスにアプローチする—	植田邦彦 編著	A5・216頁 価格2600円
鳥の自然史 —空間分布をめぐって—	樋口広芳 黒沢令子 編著	A5・270頁 価格3000円
カラスの自然史 —系統から遊び行動まで—	樋口広芳 黒沢令子 編著	A5・306頁 価格3000円
動物の自然史 —現代分類学の多様な展開—	馬渡峻輔 編著	A5・288頁 価格3000円
魚の自然史 —水中の進化学—	松浦啓一 宮 正樹 編著	A5・248頁 価格3000円
稚魚の自然史 —千変万化の魚類学—	千田哲資 南 卓志 編著 木下 泉	A5・318頁 価格3000円
トゲウオの自然史 —多様性の謎とその保全—	後藤 晃 森 誠一 編著	A5・294頁 価格3000円
サケ学入門 —自然史・水産・文化—	阿部周一 編著	A5・270頁 価格3000円
サハリン大陸棚石油・ガス開発と環境保全	村上 隆 編著	B5・450頁 価格16000円
環オホーツク海地域の環境と経済	田畑伸一郎 江淵直人 編著	A5・294頁 価格3000円

——————北海道大学出版会——————

価格は税別